Behavioral Genetics
Seventh Edition

行为遗传学

第七版

[美] 瓦莱丽·S·诺皮克
Valerie S. Knopik
[美] 杰纳·M·奈德希瑟
Jenae M. Neiderhiser
[美] 约翰·C·德弗里斯
John C. DeFries
[美] 罗伯特·普洛明
Robert Plomin
◎著

王 晶 等
◎译

华东师范大学出版社
·上海·

图书在版编目(CIP)数据

行为遗传学:第七版/(美)瓦莱丽·S·诺皮克等著;
王晶等译. —上海:华东师范大学出版社,2021
ISBN 978-7-5760-2246-9

Ⅰ.①行… Ⅱ.①瓦…②王… Ⅲ.①行为遗传学
Ⅳ.①Q351

中国版本图书馆 CIP 数据核字(2021)第 225158 号

行为遗传学(第七版)

著　者　[美]瓦莱丽·S·诺皮克(Valerie S. Knopik)
　　　　杰纳·M·奈德希瑟(Jenae M. Neiderhiser)
　　　　约翰·C·德弗里斯(John C. DeFries)
　　　　罗伯特·普洛明(Robert Plomin)
译　者　王　晶　等
责任编辑　彭呈军
责任校对　王　彤　时东明
装帧设计　卢晓红

出版发行　华东师范大学出版社
社　　址　上海市中山北路 3663 号　邮编 200062
网　　址　www.ecnupress.com.cn
电　　话　021-60821666　行政传真 021-62572105
客服电话　021-62865537　门市(邮购)电话 021-62869887
地　　址　上海市中山北路 3663 号华东师范大学校内先锋路口
网　　店　http://hdsdcbs.tmall.com

印刷者　杭州日报报业集团盛元印务有限公司
开　本　787×1092　16 开
印　张　30.25
字　数　635 千字
版　次　2022 年 1 月第 1 版
印　次　2022 年 1 月第 1 次
书　号　ISBN 978-7-5760-2246-9
定　价　106.00 元

出版人　王　焰

(如发现本版图书有印订质量问题,请寄回本社客服中心调换或电话 021-62865537 联系)

Behavioral Genetics 7e

by Valerie S. Knopik, Jenae M. Neiderhiser, John C. DeFries, Robert Plomin

First published in the United States by Worth Publishers

Copyright © 2017,2013,2008,2001 by Worth Publishers

Simplified Chinese translation copyright © East China Normal University Press Ltd., 2022.

All Rights Reserved.

本书英文原版由 Worth Publishers 在美国首次出版。
© 2017,2013,2008,2001 by Worth Publishers

中文简体字版由华东师范大学出版社出版。
©华东师范大学出版社,2021

版权所有。

上海市版权局著作权合同登记　图字：09-2019-060 号

推荐序言

行为遗传学是在遗传学、心理学、行为学和医学等多门学科发展的基础上形成的一门交叉学科。从 19 世纪末期到现在，行为遗传学已跨入第三个世纪。

20 世纪 90 年代开展的人类基因组计划，使得以基因组学为代表的各种组学研究蓬勃发展。组学大数据的积累与分子遗传学新技术的不断创新，使得我们能够从宏观迈入到微观，进一步去探索人类复杂行为的分子遗传机制。与此同时，科学家们日益清楚地认识到，导致某种疾病以及异常行为的各生物因素在系统层面是相互作用的，采用"系统"研究的思路，探讨表型、系统、分子、基因以及基因与环境等不同维度的相互作用，将使得心理学、行为学、遗传学、医学等基础研究和临床及社会应用有机融合在一起，更好地解析人类复杂行为的成因。

2021 年 7 月 1 日，中国向世界宣布全面建成小康社会，这标志着我国正式迈入全面建设社会主义现代化国家的新发展阶段，踏上开启第二个百年奋斗目标的新征程。此时值得我们关注的是，精神疾病、心理障碍、自杀、性犯罪、药物成瘾等高危行为已成为中国社会面临的突出问题，其导致的国家经济负担已占我国疾病总负担的首位。同时，解决这些重大现实问题也成为现代行为遗传学研究、发展的重要方向。面向未来，行为遗传学研究将更加注重建立、发展并完善新的研究方法和体系，综合运用各学科发展的技术与成果，从"系统"的层面，探索遗传学因素和正常及异常行为的关联及其机制，为"健康中国"和"平安中国"建设贡献力量。

在这样的时代背景下，《行为遗传学》第七版译著即将正式出版，令我感到万分欣喜。在此，我也由衷地祝贺中国科学院心理研究所王晶研究员团队在行为遗传学领域不断取得创新性成果。王晶研究员及其团队对《行为遗传学》第七版做了忠于原文且精彩的翻译，我相信无论您是专业读者，还是行为遗传学的业余爱好者，都将从本书中汲取知识，读得畅快淋漓。

傅小兰
中国科学院心理研究所所长
中国科学院大学心理学系主任
2021 年 12 月 21 日

译者前言

2019年,我接到了华东师范大学出版社关于翻译《行为遗传学》第七版的邀约,我深感荣幸,更使我不禁回想起与行为遗传学的三次结缘。所以不管日常工作多么繁忙,我欣然接受了邀请,希望能够通过我们的努力,让更多读者了解行为遗传学及其前沿进展,再续我与行为遗传学的缘分。

回首过往,我第一次与行为遗传学结缘,源于协助国内外几位知名教授组织第一届行为遗传学国际研讨会。彼时的我,正在北京大学的校园里读书。此后,作为国内第一批生物信息学专业的博士,我有幸参与了人类基因组计划,作为主要贡献人之一,负责人类3号染色体"北京区域"的分析与总结(Nature,2006)。基因组学和生物信息学的兴起与发展,为从分子层面探究行为遗传机制打开了一扇窗,在该领域的深耕与积累,是我与行为遗传学的第二次结缘。基于这些积累,2008年我有幸被聘为中国科学院心理研究所行为遗传中心(现为中国科学院心理健康重点实验室)特聘研究员,与行为遗传学第三次结缘。我的研究目标之一就是将以基因组学为代表的组学技术和生物信息学方法,应用于行为遗传学的研究中,通过学科交叉,深入探究人类复杂行为的分子遗传机制。

行为遗传学本身就是一门交叉学科,从最初研究者们尝试利用遗传学解释行为性状,到今天,尤其是多组学检测分析技术的不断突破,使得研究者们能够应用相关领域的研究成果与技术,从宏观到微观,以不同维度的视角,全面而系统地揭示行为特征背后的答案。多学科交叉的研究思路一直是我在科研工作中所推崇和践行的。因此,我迫不及待地想与读者分享《行为遗传学》第七版的内容。第七版的《行为遗传学》,在秉承了先前版本的深度的同时,系统阐述了相关学科的研究内容与进展,在广度上更具启发意义。具体来说,第七版对于遗传和环境共同作用于行为性状的方式和表现做了更为全面的论述;同时,得益于基因组学和表观遗传学研究的技术突破,第七版在分子层面进一步探究行为遗传的潜在机制。此外,对于学术界及社会普遍关注的热点问题,第七版也做了相关内容的阐述。因此,可以说第七版是对行为遗传学的历史和发展整合更新后的系统解读。

为了向读者呈现一部专业且精彩的译著,我组织了专业的翻译和审校团队,团队成员来自于我的学生和亲密的工作伙伴。在翻译和审校的过程中,他们从各自繁忙的工作中抽身出来，付出了巨大的心血和努力。具体翻译工作的分工如下：冯京京博士负责前言、第1章、第2章和第13章；马丽娟博士负责第3章和附录3；曲素素博士负责第4章、第9章和网址；黄茹博士负责第5章、第14章和第16章；刁智娟博士负责第6章、第12章和第19章；郭黎媛博士负责第7章；张译丹负责第8章和第18章；林葳负责第10章和第15章；张柳燕博士负责第11章和附录1；孙寅玮博士负责作者简介、第17章、第20章及全书人名校验；房柯池、张柳燕博士负责附录2。术语和主题索引由冯京京、孙寅玮、曲素素、林葳和张译丹共同完成。为了保证译著的专业性、准确性和可读性，黄茹博士和我对全书进行了严谨细致的统稿和审校；李昭全程协助我进行本书翻译工作的协调与组织。在此，我要对翻译团队的每一位成员表达我最诚挚的感谢！

同样要感谢《行为遗传学》第四版的所有译者，为我们第七版的翻译提供了优秀的范本。感谢华东师范大学出版社教育心理分社彭呈军社长，时刻给予我们专业细致的支持和指导。感谢中国科学院心理研究所傅小兰所长的引荐和大力支持，让我们有机会能够为中国行为遗传学的发展贡献绵薄之力。同时也感谢在本文的翻译和出版过程中一直鼓励和支持我们的所有人。本书的顺利面世，离不开他们的付出和精益求精、追求卓越的品质。

鉴于本书的巨大影响力，我们诚惶诚恐，丝毫不敢怠慢。尽管我们在翻译过程中，参考了许多专业技术资料，但是鉴于时间、精力和水平有限，书中难免有不当之处，敬请各位读者批评指正。

王晶
中国科学院心理研究所
2021年12月23日

目 录

作者简介　1
前言　3

第 1 章
概述　1

第 2 章
历史回溯　5

达尔文时代　5
　　查尔斯·达尔文（Charles Darwin）　6
　　弗朗西斯·高尔顿（Francis Galton）　9
　　专栏 2.1　弗朗西斯·高尔顿　10
孟德尔前派的遗传和变异的概念　12
　　遗传　12
　　变异　12
总结　13

第 3 章
孟德尔遗传定律及其扩充　14

孟德尔遗传定律　14
　　孟德尔第一遗传定律　15
　　专栏 3.1　格雷戈·孟德尔的幸运　16
　　专栏 3.2　我们如何知道 50 人中有 1 人是 PKU 携带者？　20
　　孟德尔第二遗传定律　20
孟德尔遗传定律的扩充　25
　　复杂性状　25

多基因遗传　29

数量遗传学　31

专栏3.3　疾病的易患性-阈值模型　32

X染色体：孟德尔遗传定律的扩充　35

总结　38

第4章
遗传的生物学基础 39

DNA　39

专栏4.1　分子遗传学的"中心法则"　42

染色体　46

总结　48

第5章
行为遗传学的动物模型 50

用数量遗传学实验研究动物行为　50

选择研究　53

近交系研究　56

鉴定基因和基因功能的动物研究　59

构建突变　60

数量性状基因座　65

共线同源性　69

总结　70

第6章
天性、教养和人类行为 71

人类行为遗传学研究　71

收养设计　72

专栏6.1　精神分裂症的首项收养研究　74

双生子设计　75

专栏6.2　收养研究存在的问题　76

专栏6.3　双生子方法　78

组合设计　80

总结　82

第 7 章
估算遗传与环境影响　83

遗传力　83

解读遗传力　85

　　专栏 7.1　从 DNA 直接估算遗传力　88

环境性　91

　　共享环境　91

　　非共享环境　92

　　估算共享与非共享环境影响　92

　　鉴别特定的非共享环境　93

　　鉴别预测行为结果的特定非共享环境　94

多元分析　96

总结　97

第 8 章
基因和环境间的相互作用　98

超越遗传力　99

基因型-环境相关性　100

　　教养中的天性　100

　　基因型-环境相关性的三种类型　103

　　检测基因型-环境相关性的三种方法　104

　　意义　107

基因型-环境的互作　108

　　动物模型　110

　　收养研究　110

　　双生子研究　111

　　DNA　112

总结　114

第9章
鉴定基因　　　　　　　　　　　　　　　　　　　　　　　　　116

突变　116
　　扩增三联体重复　117
检测多态性　119
　　专栏9.1　DNA标记　120
人类行为　122
　　连锁：单基因疾病　123
　　连锁：复杂疾病　123
　　关联：候选基因　125
　　专栏9.2　患病同胞对连锁设计　125
　　关联：全基因组　127
　　专栏9.3　SNP微阵列　128
总结　130

第10章
功能基因组学　　　　　　　　　　　　　　　　　　　　　　　132

基因表达和表观遗传学的作用　133
　　专栏10.1　层次分析法　134
转录组：整个基因组的基因表达　137
　　基因表达谱：RNA微阵列和基于测序的方法　137
　　基因表达和遗传学　139
　　基因表达作为环境影响的生物学基础　139
蛋白质组：整个转录组编码的蛋白质　140
　　脑　142
　　学习和记忆　142
　　专栏10.2　内表型　143
　　神经影像学　145
总结　147

第 11 章
认知能力　　　　　　　　　　　　　　　　　　　148

动物研究　149

一般认知能力　151

特定认知能力　154

认知能力的神经认知测量　156

学业成就　158

关于认知能力的三个特殊遗传发现　159

 遗传力随发育而增加　159

 选型婚配的重要性　164

 同一基因影响不同的认知和学习能力　165

鉴定基因　167

总结　170

第 12 章
认知障碍　　　　　　　　　　　　　　　　　　　171

一般认知障碍：数量遗传学　172

一般认知障碍：单基因病　173

 苯丙酮尿症　173

 脆性 X 染色体综合征　174

 雷特综合征　175

 其他单基因疾病　176

一般认知障碍：染色体异常　177

 唐氏综合征　177

 性染色体异常　178

 小片段染色体缺失　180

特定认知障碍　181

 阅读障碍　182

 沟通障碍　184

 数学障碍　184

 特定认知障碍中的共病　185

总结　185

第 13 章
精神分裂症　　　　　　　　　　　　　　　　　　　　187

家系研究　188

双生子研究　189

　　专栏 13.1　精神病遗传学的起源：皇家贝特莱姆-莫兹利医院　190

收养研究　191

是精神分裂症还是精神分裂征?　194

鉴定基因　195

总结　197

第 14 章
其他成人精神病理学　　　　　　　　　　　　　　　　198

情绪障碍　198

　　家系研究　199

　　双生子研究　200

　　收养研究　202

　　基于 SNP 的遗传力　202

　　鉴定基因　203

焦虑障碍　204

其他类型障碍　206

障碍的共现关系　208

　　鉴定基因　210

总结　211

第 15 章
发展精神病理学　　　　　　　　　　　　　　　　　　212

自闭症　213

　　家系和双生子研究　213

　　鉴定基因　214

注意力缺陷/多动障碍　216

　　双生子研究　216

　　鉴定基因　217

破坏性行为障碍 218

  焦虑障碍 220

  其他障碍 222

  儿童期精神障碍的双生子研究概述 223

  儿童期精神障碍基于 SNP 遗传力的发现 224

  总结 225

第 16 章
人格与人格障碍   226

  自陈问卷 227

  人格的其他测试方法 230

  其他研究发现 232

    情境 233

    发展 233

    天性与教养的相互影响 234

  人格和社会心理学 234

    关系 234

    态度和政治行为 236

    行为经济 237

  人格障碍 237

    分裂性人格障碍 239

    强迫性人格障碍 239

    反社会人格障碍和犯罪行为 240

  鉴定基因 243

  总结 243

第 17 章
物质使用障碍   245

  酒精依赖 245

    酒精相关表型的双生子和收养研究 245

    酒精相关表型的动物研究 248

    酒精相关表型的分子遗传学研究 250

尼古丁依赖　253
　　吸烟相关表型的双生子研究　253
　　吸烟相关表型的分子遗传学研究　255
其他药物　257
物质使用遗传学研究的复杂性　258
总结　259

第18章
健康心理学　260

遗传学与健康心理学　260
　　体重和肥胖　260
　　主观幸福感与健康　269
　　专栏18.1　遗传咨询　270
健康心理学和遗传咨询　270
总结　272

第19章
衰老　273

认知衰老　273
　　一般认知能力　274
　　特定认知能力　275
　　痴呆症　275
　　基因和正常认知衰老　278
健康与衰老　278
　　生理功能　278
　　行为和生理功能　278
　　自评健康　279
　　分子遗传学和身体健康　280
长寿　280
总结　282

第 20 章
行为遗传学的未来　　　　　　　　　　　　　　　　　　　　　　　　283

数量遗传学　283
分子遗传学　286
天性与教养的意义　287

附录
行为遗传学的统计学方法　　　　　　　　　　　　　　　　　　　　　290

1　引言　290
　　专栏 A.1　行为遗传学交互模型　291
　　关于作者　292
　　1.1　变异和协变：个体差异的统计描述　292
2　数量遗传学　304
　　2.1　生物计量模型　304
　　2.2　估算方差成分　309
3　分子遗传学　329
　　3.1　连锁分析　330
　　3.2　关联分析　333

网址　338
术语表　343
参考文献　354
姓名索引　435
主题索引　437

作者简介

瓦莱丽·S·诺皮克(Valerie S. Knopik)是罗德岛医院行为遗传学部门主任,也是布朗大学沃伦·阿尔珀特医学院精神病学与人类行为学及行为与社会科学系的教授。她于2000年获得科罗拉多大学博尔德分校的心理学博士学位,其间与德弗里斯一起在科罗拉多学习障碍研究中心进行研究。随后,她于2000年至2002年在圣路易斯的华盛顿大学医学院完成了精神病学遗传学和遗传流行病学的博士后研究,并继续担任了两年的初级教员。她于

2004年加入布朗大学,并在圣路易斯的华盛顿大学医学院兼任副教授。诺皮克的主要研究领域是遗传和环境(特别是产前和产后早期)风险因素对儿童和青少年外化行为、相关学习和认知缺陷以及后期物质使用的共同影响。目前她正在进行一项名为"密苏里母亲及其子女的研究"(Missouri Mothers and Their Children study)的家系研究,旨在将产前环境影响与遗传对儿童及青少年行为的影响区分开来。她的工作得到了酗酒研究协会、NIDA遗传学工作组和行为遗传学协会的认可,并于2007年获得富勒和斯科特青年成就奖(Fuller and Scott Early Career Award)。她曾任行为遗传学协会秘书(2013—2016),现任《行为遗传学》副主编,是《心理医学》编委会成员。

杰纳·M·奈德希瑟(Jenae M. Neiderhiser)是宾夕法尼亚州立大学的心理学文科研究教授。1994年在获得她的宾夕法尼亚州立大学人类发展和家系研究的博士学位之后,她加入了华盛顿特区乔治华盛顿大学精神病学和行为科学系的家系研究中心任教员,1994年至2007年从助理研究教授升任为教授。2007年,她加入宾夕法尼亚州立大学心理学系,并担任人类发展和家系研究的教授,同时兼任宾夕法尼亚州立大学基因与环境研究计划的联合主任。奈德希瑟的研究侧重于基因和环境如何在整个生命周期中协同

---

* 中文版边页空处的数字为原版书页码。——编辑注

工作。她特别关注基因型与环境的相关性,以及个体如何塑造其自身环境,尤其是家庭环境。在研究这个问题的过程中,她合作开发了许多新颖或未充分利用的研究设计,包括双生子女的扩展设计和正在进行的前瞻性收养研究、早期生长和发育研究。奈德希瑟目前任《行为和精神遗传学前沿》副主编,是多家发展心理学期刊的编委会成员。

约翰·C·德弗里斯(John C. DeFries) 是科罗拉多大学博尔德分校行为遗传学研究所的教职研究员,也是心理和神经科学系的名誉教授。1961 年在伊利诺伊大学获得农业博士学位(受到数量遗传学专业训练)之后,在该校任教 6 年。1962 年,他开始研究小鼠的行为遗传学,次年成为加州大学伯克利分校的遗传学研究员。1964 年回到伊利诺伊州后,德弗里斯对实验室小鼠的旷场行为进行了广泛的遗传分析。三年后,他加入了行为遗传学研究所,并于 1981 年至 2001 年担任所长。德弗里斯和史蒂夫·G·范登堡(Steve G. Vandenberg)于 1970 年创办了《行为遗传学》期刊,并与普洛明于 1975 年创立了科罗拉多收养研究项目。三十多年来,德弗里斯的主要兴趣一直在于阅读障碍的遗传学研究,1990 年他与理查德·K·奥尔森(Richard K. Olson)共同创办了科罗拉多学习障碍研究中心(Colorado Learning Disabilities Research Center)。1982 年和 1983 年他担任行为遗传学协会主席,并获得协会授予的杜布赞斯基杰出研究奖(Th. Dobzhansky Award),并于 1994 年成为美国科学促进协会(J 组,心理学)会员,于 2009 年成为美国心理科学协会的成员。

罗伯特·普洛明(Robert Plomin) 是伦敦精神病学、心理学和神经科学研究所的社会、遗传和发展精神病学中心的 MRC 行为遗传学研究教授。1974 年,他获得德克萨斯大学奥斯汀分校的心理学博士学位,这是当时为数不多提供行为遗传学专业的心理学研究生项目之一。随后,他加入了科罗拉多大学博尔德分校行为遗传学研究所成为教员,并与德弗里斯开始合作。他们共同创建了"科罗拉多州行为发展的纵向收养项目",该项目已经持续了 30 多年。普洛明从 1986 年开始在宾夕法尼亚州立大学工作,

直到 1994 年他迁至伦敦精神病学、心理学和神经科学研究所,并帮助发起建立了社会、遗传和发展精神病学中心。他的研究目标是将遗传和环境研究策略结合起来研究行为发展。1994 年至 1996 年,普洛明发起了对英国出生的所有双生子的研究,重点关注儿童期发育迟缓的问题。他曾担任行为遗传学协会秘书(1983—1986 年)和主席(1989—1990 年),并获得行为遗传学协会(2002 年)、美国心理学会(2005 年)、儿童发展研究学会(2005 年)和国际智力研究学会(2011 年)颁发的终身成就奖。

前　言

20 世纪一些最重要的科学成就发生在遗传学领域,以孟德尔遗传定律的重新发现为始,以人类基因组完整 DNA 序列草图的完成为终。在 21 世纪上半叶,遗传学研究不断加速发展。在过去的几十年里,行为科学最引人注目的发展之一是遗传因素对行为的重要影响得到了日益增长的认识和赞赏。遗传学不是一个隔着围栏并通过一些有用的提示和他的邻居闲聊的人——它是行为科学的核心。事实上,遗传学是所有生命科学的核心,并使行为科学在生物科学中占有一席之地。遗传学研究包括不同的策略,比如用于研究遗传和环境因素影响的双生子和收养研究(称为数量遗传学),以及鉴定特定基因的策略(称为分子遗传学)。行为遗传学家将这些研究策略应用于生物心理学、临床心理学、认知心理学、发展心理学、教育心理学、神经科学、精神药理学和社会心理学,以及越来越多的社会科学其他领域,比如行为经济学和政治学。

这本书的目的就是和大家分享我们在行为遗传学中感受到的兴奋,我们相信最近几年行为科学的一些最重要的发现都来自于这个领域。第七版继续强调我们对行为科学中遗传学的了解,而非认识它的方法。本书的目标不是将学生培养成为行为遗传学家,而是将行为学、社会学和生命科学领域的学生引入行为遗传学领域。

第七版代表了接力棒在两代作者之间的传递。两位新加入的年轻作者(诺皮克和奈德希瑟)与前几版的两位作者(普洛明和德弗里斯)联手合作,为本书带来了新的能量和想法,有助于跟上这个快速变化和高度跨学科领域的发展。除了更新 600 多篇新参考文献的研究之外,本版还代表了一次重大重组。本版的特点之一是它继续强调行为遗传学对于理解环境的价值(第 7 章)及其与遗传的相互作用(第 8 章)。乍一看,一本遗传学的教科书中关于环境的章节可能有些奇怪,但事实上环境对于基因、脑和行为这个通路上的每一步都至关重要。行为科学中最古老的争论之一,即所谓天性(遗传)与教养(环境)之争,已经让位于一种观点,即天性和教养二者都作用于对复杂行为性状的形成。此外,遗传学研究在环境如何影响行为发展的方面也取得了重要进展。

我们还扩大了书中关于全基因组测序、基因表达的覆盖面,尤其是作为基因和行为之间通路的表观遗传学(第 10 章)。对认知能力的回顾包括了一个关于神经认知测量的新章节(第 11 章)。对精神病理学和药物滥用的覆盖面也进行了扩展(第 13、14、15 和 17 章),列入了一个关于肥胖和微生物群的新章节(第 18 章),增加了一个关于衰老的新章节(第19章),反映了遗传学研究在这些领域取得的巨大进展。我们还重新组织了关于行为遗传学领域的历史介绍(第2章)。

我们先从一个导论性的章节开始介绍,希望借此激发读者在行为科学中学习遗传学的兴趣。接下来的几章介绍了历史观点、遗传的基本规律、其DNA基础,以及用于发现遗传影响和鉴定特定基因的方法。本书的其余部分强调了行为科学中关于遗传学的知识。最广为人知的领域是认知能力和缺陷、精神病理学、人格和药物滥用。我们还介绍了行为科学中最近引入遗传学的领域,比如健康心理学和衰老。在这些章节中,数量遗传学和分子遗传学交织在一起。行为遗传学最令人兴奋的发展成就之一是利用分子遗传学来评估遗传对行为性状的重大影响。最后一章展望了行为遗传学的未来。

由于行为遗传学是一个将遗传学与行为科学相结合的跨学科领域,所以它具有复杂性。我们试图在保证如实介绍的前提下尽可能简单地撰写本书。虽然我们的覆盖面具有代表性,但它并非面面俱到或百科全书式的。历史和方法的内容被归入专栏和附录,以保证本书重点始终围绕我们目前所知的遗传学和行为学。附录由肖恩·珀塞尔(Shaun Purcell)撰写,概述了统计学、定量遗传理论和一种称为模型拟合的定量遗传分析。在本版中,我们保留了一个交互式网站,通过演示使附录生动起来:http://pngu.mgh.harvard.edu/purcell/bgim/,该网站由珀塞尔设计和编写。附录之后是其他有用的网站列表,包括相关协会、数据库和其他资源的网站。网站列表后面紧接着是一个专业术语表;每个术语表条目首次出现在文本中时,将以粗体显示。

我们对以下各位表示感谢,他们为新版本提出非常有用的建议:阿夫沙洛姆·卡斯皮(Avshalom Caspi)杜克大学;塔利亚·埃利(Thalia Eley)伦敦国王学院;约翰·麦吉里(John McGeary)弗吉尼亚州普罗维登斯医疗中心;罗汉·帕尔默(Rohan Palmer)罗德岛医院和布朗大学;南希·佩德森(Nancy Pedersen)卡罗林斯卡学院;钱德拉·雷诺兹(Chandra Reynolds)加州大学河滨分校;海伦·塔姆(Helen Tam)宾夕法尼亚州立大学。

我们也非常感谢本书前几版合著者的重要贡献:杰拉尔德·E·麦克莱恩(Gerald E. McClearn)、迈克尔·路特(Michael Rutter)和彼得·麦格芬(Peter McGuffin)。我们要特别感谢阿什滕·巴茨(Ashten Bartz),他帮助我们组织了修订、整理了参考文献,并准备了最终手稿。最后,我们要感谢沃斯出版社的编辑萨拉·伯杰(Sarah Berger)和克里斯汀·M·卡多内(Christine M. Cardone),沃斯出版社的编辑助理梅丽莎·罗斯泰克(Melissa Rostek),以及高级项目编辑利兹·盖勒(Liz Geller),在我们为新版本努力的时候,他们给予了支持和帮助。

第 1 章

概 述

最近一些关于行为的最重要发现均与遗传学有关。例如,自闭症(第 15 章)是一种从儿童期早期开始的严重疾病,患病儿童表现出社交退缩,回避眼神交流或身体接触,有明显的沟通缺陷和刻板行为。直到 20 世纪 80 年代,自闭症一直被认为是由冷漠的、排斥交流的父母或脑损伤等环境因素造成的。但是,通过比较完全相同的同卵双生子(如同克隆)和只有 50% 遗传相似的异卵双生子患病风险的遗传研究发现,遗传在患病过程中具有显著影响。如果同卵双生子中有一个患自闭症,那么另一个也患上自闭症的风险会非常高,大约是 60%。相比之下,异卵双生子这种患病风险较低。分子遗传学研究正试图找出导致自闭症遗传易感性的**基因***。

在儿童期后期存在一个非常普遍的问题,尤其是在男孩中,会出现一系列注意力缺陷和破坏性行为问题,称为注意力缺陷/多动障碍(ADHD)(第 15 章)。从众多双生子研究中得到的结果表明 ADHD 是高度可遗传的(受遗传影响)。ADHD 是首批鉴定出由特定基因导致的行为领域之一。尽管儿童精神病理学中许多其他领域显示出遗传的影响,但没有一个领域像自闭症和 ADHD 那样具有如此显著的遗传性。一些行为问题,比如儿童期焦虑和抑郁,遗传对其产生适度作用,而另一些行为,比如青春期的反社会行为,则很少受到遗传影响。

与大学生更相关的行为分析面向其人格特质,比如冒险(通常称为感觉寻求)(第 16 章)、药物使用和滥用(第 17 章)和学习能力(第 11 章)。所有这些领域在双生子研究中一致显示出存在显著的遗传影响,并且最近发现导致它们**遗传力**的个体基因的线索。这些领域也是一个重要的普遍原则的示例:基因不仅导致诸如自闭症和 ADHD 之类的疾病,它们还在正常变异中发挥着重要作用。例如,你可能会惊讶地发现体重差异和身高差异几乎具有一样的可遗传性(第 18 章)。尽管我们可以控制自己吃多少,并且可以自由地进行快速节食,但我们之间体重的差异更多地是由天性(遗传)而

---

* 粗体表示术语表中的单词或短语在文中的首次出现。

不是教养(环境)造成的。此外,体重的正常变化与超重或肥胖一样具有高度可遗传性。同样的道理也适用于行为。遗传差异不仅使我们中的一些人变得异常;它们还导致我们所有人在心理健康、人格和认知能力方面的正常差异。

遗传学最成功的发现之一涉及到晚年最常见的行为障碍——阿尔茨海默症,阿尔茨海默症可怕的记忆力丧失和混乱折磨着将近五分之一的耄耋老人(第19章)。虽然阿尔茨海默症很少发生在65岁之前,但有一些早发性痴呆病例在家族中以一种简单模式世代相传,表明了单基因的影响。目前已发现三个基因对许多这类罕见的早发病例起作用。

这些早发性阿尔茨海默症的相关基因与更常见的65岁以后发病的阿尔茨海默症并没有关系。与大多数行为障碍一样,晚发性阿尔茨海默症并非仅由少量基因引起。尽管如此,双生子研究显示了遗传的影响:如果你有一个患有晚发性阿尔茨海默症的双生子同胞,并且如果你们是同卵双生子而不是异卵双生子,那么你患此病的风险将会是翻倍。这些发现表明了遗传的影响。

即使对于像晚发性阿尔茨海默症这样的复杂疾病,现在也有可能识别出导致这种疾病风险的基因。例如,已经发现的一种基因,它比任何其他已知的风险因素都更能预测晚发性阿尔茨海默症的风险。如果你遗传到了此基因某种特定形式的一份拷贝(**等位基因**),你患阿尔茨海默症的风险是得到另一种等位基因的四倍。如果你遗传了这种等位基因的两份拷贝(从父母双方各遗传一份),你的风险就会大得多。这些关于早发性和晚发性阿尔茨海默症基因的发现,大大加深了我们对导致痴呆症的脑发展过程的理解。

近期遗传学发现的另一个例子与智力障碍有关(第12章)。智力障碍最重要的一个成因是整个21号**染色体**的额外遗传。(如第4章所述,人类的**DNA**是基本遗传分子,它们被打包成23对染色体。)个体不是仅仅遗传了一对21号染色体,即一条来自母亲、一条来自父亲,还额外遗传了一整条通常来自母亲的21号染色体。通常被称为唐氏综合征的21三体综合征,是女性高龄妊娠的主要顾虑。当母亲怀孕年龄超过40岁时,唐氏综合征的发生更为频繁。这条额外的染色体可以通过多种方法在怀孕早期检测到,包括**羊膜穿刺术**、绒毛膜绒毛取样,以及新型无创方法检测孕妇血液中的胎儿DNA(Wagner, Mitchell, & Tomita-Mitchell, 2014)。

另一个基因已被鉴定为导致智力障碍的第二大常见原因,这类智力障碍被称为**脆性X染色体综合征**。致病基因在X染色体上。脆性X染色体综合征在男性中发生的频率几乎是女性的两倍,因为男性只有一条X染色体。如果一个男性的X染色体上有脆弱X等位基因,他就会患上这种疾病。女性有两条X染色体,因此必须在两条X染色体上均遗传脆性X等位基因时才会发展为该疾病。然而,携带一条脆性X等位基因的女性也会受到一定程度的影响。脆性X基因尤其有趣,因为它涉及到一种由于 DNA 短序列错误地重复数百次造成的遗传缺陷。这种类型的遗传缺陷现在也被认为是导致其他几种疑难疾病的原因(第 12 章)。

对行为的遗传学研究不仅证明了遗传学对行为科学的重要性，还让我们能够提出基因是如何影响行为的问题。例如，遗传影响在发育过程中会发生改变吗？再例如，考虑认知能力，你可能会认为随着时间的推移，我们日益受到了莎士比亚所谓"明枪暗箭的残酷命运"的外部影响。也就是说，环境差异在人的一生中可能变得越来越重要，而遗传差异可能变得不那么重要。然而，遗传学研究展示的结果却与上述推断恰恰相反：遗传对认知能力的影响在个体的一生中不断增强，在生命后期达到几乎与遗传对身高的影响一样高的水平(第 11 章)。这一发现是发育行为遗传学研究的一个实例。

学校成绩和你用于申请大学时的测试成绩，几乎与诸如智商(IQ)测试之类的认知能力测试结果一样受遗传影响的程度(第 11 章)。更有意思的是，这些成就和在测试中表现的出色能力之间的实质性重叠几乎都源于遗传。这一发现是称为**多元遗传分析**的一个实例。

遗传研究也在改变我们对环境的一贯看法(第 7 章和第 8 章)。例如，我们曾经认为在同一个家庭长大会使兄弟姐妹在心理上相似。然而，对于大多数行为维度和行为障碍，是遗传决定了同胞之间的相似性。虽然环境很重要，但是环境的影响会使在同一个家庭长大的同胞表现不同，而不是相似。这项遗传研究促进了环境研究寻找出导致同一家庭中同胞如此不同的环境原因。

最近的遗传学研究也显示出一个令人惊讶的结果，即强调在研究环境时需要一并考虑遗传学因素：许多行为科学中使用的环境测量揭示出了遗传的影响！例如，发展心理学的研究经常涉及到对父母育儿方式的测量，这些测量可以足够合理地假定为对家庭环境的衡量。然而，遗传研究令人信服地表明遗传对育儿方式的测量有影响。怎么会这样呢？一种解释是父母之间的遗传差异影响了他们对待孩子的行为。儿童之间的遗传差异可能也会起作用。例如，家里书越多的父母，他们的孩子在学校表现得越好，但这种**相关性**并不一定意味着家里有更多的书籍是导致孩子在学校表现良好的环境原因。遗传因素可能会影响父母的特质，这些特质既与父母在家里书籍的数量有关，也与孩子在学校的成绩有关。在许多其他环境表面测量上，也发现了遗传的介入，包括儿童期事故、生活事件和社会支持。在某种程度上，人们出于遗传原因创造自己所经历的现象(第 8 章)。

这些都将是你在本书中了解到的示例。其中所要传递的基本信息就是遗传在行为中起着重要作用。遗传学将行为科学融入生命科学。虽然行为遗传学的研究已经进行了多年，但专业领域的教科书仅在 1960 年才有出版(Fuller & Thompson, 1960)。自从那时起，行为遗传学的发现以一种其他行为科学领域几乎无法匹敌的速度增长。随着人类**基因组**测序的进行，这种增长正在加速，即测定 DNA 螺旋楼梯结构上 30 多亿个台阶中的每一个,从而识别人与人之间的DNA差异,而正是这些差异导致了正常和异常行为的遗传力。

认识到遗传学的重要性是过去几十年来行为科学最引人注目的变化之一。80多年前,华生(Watson,1930)的行为主义打消了行为科学对遗传学的兴趣。对行为的环境决定论的高度关注一直持续到20世纪70年代,随后开始转向更平衡的当代观点,即承认遗传和环境的影响同时存在。在行为科学中,这种向遗传学的转变可以从越来越多的关于行为遗传学的出版物中看出。如图1.1所示,人类行为遗传出版物飞速增长,自20世纪90年代以来出版数量平均每5年翻一番。在过去的5年里,每年发表的论文超过2 000篇。

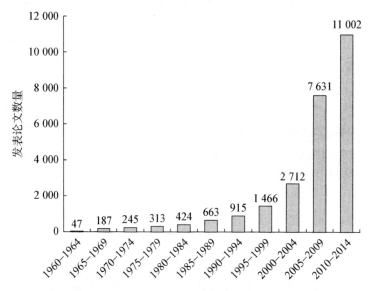

图1.1 自1960年发表行为遗传学专业领域教科书以来,以5年为间隔发表的人类行为遗传论文的数量。数据来自行为遗传学论文资源(Ayorech et al., 2016)。

第 2 章

历史回溯

每个人都可以举出一些例子,一定程度上个人的天赋高低、脾气好坏或其他特质亦是其所在家庭的特征。诸如"一个模子刻出来的"和"世代相传"这样的短语表明了一种观念,即行为性状,如生理特征,可以被遗传。"有其父必有其子"的概念在驯养动物的发展中具有重要的实际意义,这些驯养动物是为特定行为和形态特征而培育的(参见第5章)。遗传的概念,包括行为性状的遗传,出现在数万年前人类的思想中,即当犬类的驯化开始的时候。

在有历史记载的公元前4世纪,生物学思想由亚里士多德(Aristotle)主导,到了公元2世纪,以罗马人盖伦(Galen)关于解剖学的学说为主导。从5世纪到15世纪的中世纪,对生物现象理解的进程几乎停滞不前。然后在文艺复兴时期又继续发展,例如莱昂纳多·达·芬奇(Leonardo da Vinci)对解剖学的研究与艺术相关。达·芬奇的作品体现了文艺复兴时期学者们的广泛求知欲。正是1543年安德烈·维萨里(Andreas Vesalius)出版了关于人体解剖学的详尽著作,以及1628年威廉·哈维(William Harvey)发现的血液循环现象,为生命现象的实验打开了大门。

达尔文时代

在哈维的发现之后,生物研究的步伐加快了,在随后的一个世纪里,许多奠基性的技术和理论逐渐发展起来。生物学的基石之一是由瑞典人卡尔·冯·林奈(Karl von Linne, Linneaus更为人熟知)奠定的,他于1735年出版了《自然系统》(*Systema Naturae*),在此书中他建立了一个适用于所有已知生物的分类体系,强调了物种的独立性和独特性。因此,认为物种是固定的和不变的观点成为主流,这是一个符合圣经对造物描述的观点。然而,这并不是唯一的观点。例如,在18世纪后半叶,英国人伊拉斯谟斯·达尔文(Erasmus Darwin)认为植物和动物似乎有能力改进自身,尽管他相信上帝就是如此设计生命的。法国人让·巴蒂斯特·拉马克(Jean Baptiste Lamarck)

也提出了另一种观点,他认为,动物的蓄意努力可能会导致对其所涉及身体部位的改变,并且如此获得的改变可能会遗传给该动物的后代;这种改变可能会不断积累,因此最终物种的特征会发生变化。虽然拉马克并不是第一个认为以这种方式获得的变化可以传给下一代的人,但是他明确、具体化了这一概念,这种观点后来被称为拉马克学说,或称为"用进废退学说"。正如我们所知,这是一个不正确的进化论观点,但其重要之处在于,它质疑了物种不会改变的主流观点。

图2.1　年轻时的查尔斯·达尔文(Fine Art/Corbis.)。

查尔斯·达尔文(Charles Darwin)

有史以来最具影响力的著作之一是1859年的《物种起源》,其作者是伊拉斯谟斯·达尔文的孙子查尔斯·达尔文(图2.1)。1831年至1836年间达尔文著名的比格尔号环球考察航行,使他得以观察到物种对环境非凡的适应力。例如,他对加拉帕戈斯群岛一个小区域内发现的14种雀类进行了特别令人信服的考察;这些雀类之间的主要区别在于它们的喙,而每一种喙都完全适合该物种的特定饮食习惯(图2.2)。

当时的神学提出了"设计论"的观点,认为动物和植物对生活环境的适应证明了造物主的智慧。如此精致的设计,不仅使该观点得以发展,更暗示着一个"设计师"的存在。达尔文被要求在比格尔号考察航行中担任博物学家,以便为"设计论"提供更多的例证。然而,达尔文在航行中开始意识到,诸如加拉帕戈斯群岛雀类的物种并不是一劳永逸设计出来的。这种认识导致了他的异端学说,即一个物种是从另一个物种进化而来:"看到一个小的、关系密切的鸟类群体在结构上存在层次性和多样性,人们可能真的会想象原本在这个群岛上鸟类比较稀少,一个物种为了不同的目的被采用并修改"(Darwin, 1896,第380页)。在此次航行后的20多年里,达尔文才逐渐系统地为他的进化论收集整理证据。

达尔文的进化论始于种群内部的变异。种群中个体之间存在的差异,至少部分是由于遗传。如果存活到成熟和繁殖时期的个体受到某种特殊性状的影响,即便这种影响程度很小,存活者的后代会比他们的父辈表现出更多这样的性状。这样,一代又一代,一个种群的特征会逐渐改变。在足够长的一段时间内,累积的变化可能十分之大,以至于整个种群成为了一个新的物种,导致品种间再也不能成功杂交繁殖。

例如,达尔文在加拉帕戈斯群岛上看到的不同品种的雀类可能经历过进化,因为其祖代物种的个体在喙的大小和形状上略有不同。某些喙稍强的个体可能更有能力

图 2.2　加拉帕戈斯群岛和科科斯岛的 14 种雀类。(a) 一种类似啄木鸟的雀类，用树枝或仙人掌的刺代替舌头将昆虫从树皮缝中逐出。(b—e) 食虫者。(f, g) 食草者。(h) 科科斯岛雀。(i—n) 地上的鸟在吃种子。(i) 具有强有力的喙，它以坚硬的种子为食。(经许可转载。Copyright © 1953 Scientific American, a division of Nature America, Inc. 版权所有。)

打开坚硬的种子。当种子成为食物的主要来源时，这些个体就能够生存和繁殖。其他个体的喙可能更善于捕捉昆虫，这种形状的喙使这些个体在某些时候更具有选择性优势。一代又一代，这些微小的差异导致了其他的差异，比如栖息地的不同。吃种子的鸟类生活在地面上，而吃昆虫的则生活在树上。最终，差异变得太大，以至于食种者和食虫者的后代很少杂交。这样，不同的物种就诞生了。普利策奖获奖作品《雀喙之谜》(Weiner, 1994) 一书记录了 25 年来对达尔文雀类的反复观察，揭示了**自然选择**的作用(参见"加拉帕格斯雀类进化"：https://www.youtube.com/watch?v=mcM23M-CCog)。

虽然这是最常听到的故事版本，但存在另一种可能性，即栖息地偏好的行为差异导致了喙的进化，而不是反过来。也就是说，栖息地偏好的遗传个体差异可能早就存在，导致一些雀类更喜欢地面上的生活，而另一些雀类则更喜欢在树上生活。其他的差异，比如喙的大小和形状，与栖息地差异相比则可能是次要的。尽管这一提议似乎有些钻牛角尖，但这个迥异的故事提出了两个观点。首先，很难阐明驱动进化的机制。第二，虽然行为不如生理特征保留得好，但行为很可能经常影响着自然选择。人工选择研究(第5章)表明，行为可以通过选择来发生改变，这从犬类品种之间巨大的行为差异可以看出(见图5.1)，其变化形式往往遵循功能。

达尔文对进化论最显著的贡献是他提出的自然选择法则：

> 由于这种(为了生命的)斗争，无论是什么原因引起的，虽然变异细微，只要它们在任何程度上对一个物种内的个体有利，对它们与其他有机生物的无限的复杂关系有利，对它们生活的物理条件有利，这样的变异都将会被该个体保留下来，并且通常会遗传给后代。它们的后代也将因此有更好的机会生存下来，因为所有物种中许多个体都是周期性出生的，但只有少数能够生存下来(Darwin, 1859, 第51—52页)。

尽管达尔文用"适者生存"来描述自然选择的这一原则，但更恰当的说法应该是适者繁衍。生存是必要的，但仅仅生存是不够的。最重要的是生存和繁衍后代的相对数量。

达尔文使科学界相信物种是通过自然选择进化的。《物种起源》是近千年来大多数科学家书单上的第一本书，他的理论改变了我们对生命科学的所有看法。尽管如此，在科学之外，争议仍在继续(Pinker, 2002)。例如，在美国，几个州的教育委员会试图限制进化论的教学，以此回应来自神创论者的压力，这些神创论者相信圣经对造物的解释。在过去的40年里，神创论的拥护者们在美国联邦法院的每一个重大案件中都败诉了(Berkman & Plutzer, 2010)。尽管如此，最近关于州政府和学校中发生的进化论与神创论之争的调查显示，教师们不情愿教授进化论生物学。事实上，60%的教师既不是进化论的坚定拥护者，也不相信非科学。有趣的是，这种犹豫不决大部分，至少在一定程度上，是由于他们对自身捍卫进化论的能力缺乏信心，也许是因为他们自己缺乏与进化论课程接触的机会(Berkman & Plutzer, 2011)。然而，大多数人但并非每个人——例如，参见道金斯(Dawkins, 2006)与柯林斯(Collins, 2006)——接受科学和宗教是两个截然不同领域的观念，即科学在可验证的事实领域运作，而宗教则侧重于目标、意义和价值观。科学和宗教之间需要"井水不犯河水"(Gould, 2011)。

科学地讲，达尔文的进化论存在严重缺陷，主要是因为遗传的机制——基因，在当时尚未被理解。格雷戈·孟德尔(Gregor Mendel)关于遗传的著作直到《物种起源》出版7年之后才被出版,甚至直到世纪之交都没有被重视起来。孟德尔揭开了遗传之谜,使我们理解了变异是如何通过突变产生的,以及遗传变异是如何一代又一代地维持下去的(第3章)。《物种起源》一书的重写指出了自达尔文以来,进化论及其研究是如何发生变化的,并显示了达尔文是多么具有先见之明(Jones, 1999)。

达尔文认为行为性状和生理特征一样受自然的选择。在《物种起源》一书中,有整整一章专门讨论了本能的行为模式。在随后的《人类的由来及性选择》里,达尔文(1871年)讨论了动物和人类的智力和道德特质,认为人类和动物的思维之间的区别"肯定是程度上的区别,而不是种类上的区别"(第101页)。《物种起源》出版150多年后,达尔文的理论仍然对人类行为研究影响深远。

弗朗西斯·高尔顿(Francis Galton)

当时达尔文的支持者和崇拜者中还有伊拉斯谟斯·达尔文的另一个孙辈——弗朗西斯·高尔顿(参见专栏2.1)。到《物种起源》出版时,高尔顿已经确立了自己作为发明家和探险家的地位;然而,在阅读达尔文的著作后,高尔顿的好奇心和才能都被引导到生物学现象上。之后不久,他就发展了其余生核心且持久的兴趣:心理特征的遗传。

1865年,高尔顿在《麦克米兰杂志》上发表了两篇联合题为《天赋与性格的遗传》的文章。四年后,一本引起极大范围讨论的名为《遗传的天才:对其法则和结果的探究》的书出版了。书中提出的大致论点是,在有天赋的人的亲属中发现具有高心智能力的人数比随机预期的人数多。此外,高尔顿还发现,家庭关系越密切,高心智能力的发生率就越高。

高尔顿在他关于心理特征的工作中认识到正确评价的重要性。在一个庞大的研究项目中,他开发了测量听觉阈值、视力、色觉、触觉、嗅觉、纵向判断、长度判断、重量辨别、反应时间和记忆广度的仪器和程序。当然,有了所有这些数据,如何恰当地表达和评估所获得的数据成为一个棘手的问题,于是高尔顿把他旺盛的精力转到了统计学当中,开创了中位数、百分位数和相关性的概念。

高尔顿(1876年)引入了双生子来评估天性(遗传)和教养(环境)的作用。在他对双生子的研究中,至关重要的问题是,出生时十分相似的双生子,是否会因为他们在教养上的不同而变得更加不同。相反,出生时就不相似的双生子,会因为相似的教养而变得更加相似吗?高尔顿的工作为50年后发现的双生子方法(Rende, Plomin, & Vandenberg, 1990)的精髓奠定了基础,这也是第6章的主题。

从《物种起源》到《遗传的天才》的十年还不足以使达尔文的理论被完全接受。然而,对于那些接受达尔文理论的人来说,高尔顿的工作是一个自然的、合乎逻辑的延

专栏2.1　弗朗西斯·高尔顿

弗朗西斯·高尔顿(1822—1911)在读过其半表兄查尔斯·达尔文写的现代著名的进化论后,他那作为发明家和探险家的生活就发生了改变。高尔顿明白进化依赖于遗传,于是他开始反问遗传是否会影响人类行为。他提出了人类行为遗传学的主要研究方法——家系、双生子和收养设计——并进行了第一次系统性的家系研究,表明行为性状"在家族中遗传"。高尔顿发明了相关性这一概念,这是所有科学中最基本统计方法之一,用以量化家系成员之间相似性的程度(Gillham, 2001)。

高尔顿对智力的研究之一发表在1869年出版的《遗传的天才:对其法则和结果的探究》一书中。由于当时没有令人满意的方法来衡量心智能力,高尔顿不得不将声誉作为一个指标。他所说的"声誉",并不是指因某个单一行为而有名,也不单纯指社会或官职地位,而是"一个观念的倡导领袖或首创者的声誉,社会对其贡献慎重的致谢,并对其观念极大地感激"(1869,第37页)。高尔顿确定了大约

(Mary Evans Picture Library/Alamy.)

1000名"杰出"男性,发现他们只来自于300个家族,这一发现表明,"杰出"倾向具有家族性。

以每个家族中最杰出的男性为参照点,将其他获得卓越成就的个体与家族关系的亲缘关系列成表。正如对页的图表所示,近亲中出现杰出的可能性更大,随着亲缘关系越来越远,杰出的可能性降低。

伸:人类与动物在心智能力上的差异最为显著;和其他动物一样,人类已经进化;进化是通过遗传进行的;心理特质是可遗传的。高尔顿的结论"天性压倒性地胜于教养"(Galton, 1883,第241页)促成了一场天性与教养间不必要的争论。尽管如此,他的工作在记录人类行为的变化范围和提出遗传是行为变化的基础这些方面仍起到了关键作用。

高尔顿的研究与他所处的时代既不是完全同步,也不是完全脱节的。他生活在生

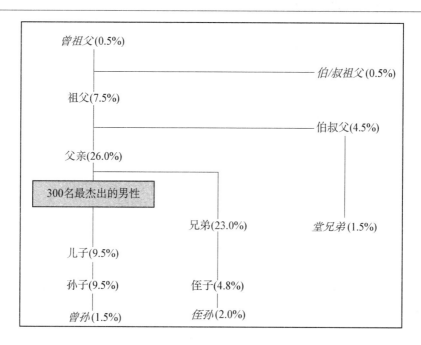

高尔顿意识到,杰出男性的亲属具有共同的社会、教育和经济优势这一观点可能存在异议。他对此的反驳之一是,许多男性出身低微,却获得了很高的社会地位。然而,这样的反驳如今并不能证明高尔顿的论断是正确的,即天才仅仅是天性(遗传)问题而不是教养(环境)问题。因为家系研究本身无法摆脱遗传和环境的影响。

高尔顿有句名言"天性压倒性胜于教养这一结论无一例外"(Galton, 1883)。这个夸张的说法引起了长达一个世纪的关于天性与教养的争论。尽管存在这种不必要的争论,高尔顿仍是记录人与人之间广泛行为差异和提出遗传是造成这些差异的原因的先驱。因此,高尔顿可以被认为是行为遗传学之父。

物学知识极度混乱的时期,他的研究既是取得进步的产物,也是取得进步的原因。他不是第一个坚持遗传对行为性状有重要影响的人,也不是第一个把自己的结论放在进化背景下的人。但正是高尔顿,倡导了行为遗传的理念,并大力巩固和扩展了这一理念。实际上,我们可以把高尔顿的成果看作行为遗传学的开端。

孟德尔前派的遗传和变异的概念

达尔文和高尔顿都不明白遗传作用的机制,也不明白遗传变异是如何持续的。

遗传

早在达尔文和高尔顿之前,就有大量的证据表明遗传的重要性,尽管其定律被证明是极其难以分析的。尤其是,从动植物育种中积累了大量的资料发现许多子代与亲本的其中一方更相似。子代的外貌水平处于亲本之间的现象也很常见,但来自同一对亲本的两个子代也可能相当不同。正如 J·L·勒什(J. L. Lush)之后所描述的情况那样,育种的第一条规则是"相似产生相似",而第二条规则是"相似并不总是产生相似"(1951,第 496 页)。

有一种遗传理论似乎最能充分地解释达尔文时代的事实混乱,那就是"临时的泛生假说"。按照这种观点,人体的细胞"除了具有普遍承认的通过自我分裂生长的能力之外,还可以释放出其内容物中自由而微小的原子,这就是泛子。它们繁殖并将自己聚合成芽和性元素"(Darwin, 1868,第 481 页)。泛子是母细胞的微型复制品,在每个细胞的发育过程中都可能被"关闭"。在胚胎发生和发育后期中,来自亲本的泛子,最初在不同发育阶段陷入休眠,但在适当的时候发挥作用,从而指导着类似亲本的新器官的发育。泛生论看似皆有逻辑(尽管它是错的)。它特别引人注目,因为它与拉马克将"用进废退"作为进化变异的根源的概念相一致。

变异

遗传变异的来源是进化论模型中达尔文解释起来最困难的部分。没有每一代的遗传变异,进化就无法继续。因为儿童经常表现出其双亲各自的一些相同的特征,所以人们普遍认为双亲的特征融合或混合出现在其后代身上。这种"混合"假设的麻烦之处在于,它暗示了每一代的变异将会大大减少(事实上,几乎减少一半)。例如,如果双亲的一方个子高,另一方个子矮,那么后代则为平均身高。因此,混合假设意味着,如果不以某种方式补充变异性,变异性将迅速减少到微不足道的水平。虽然达尔文担心这个问题,但他从来没有解决它。他提出了两种可以诱导变异的方法,但这两种方法都假定环境因素改变了遗传物质。泛生论认为泛子能反映环境的变化。达尔文含糊地得出了结论,生活条件的变化在某种程度上改变了动物生殖系统中的泛子,因此它们的后代比在稳定条件下出生的后代更加多变。通常,这种变异性的增加是随机的。自然选择将会保留那些偶然发生的并因此而更好地适应环境的偏差。

然而,有时环境条件可能会引起系统的变化。达尔文迟疑地接受了拉马克的用尽废退理论,以表明后天获得的身体特征可以被遗传。在《人类的由来》一书中,达尔文推测,与士兵相比,水手的腿更长、手臂更短:"如果许多代人都遵循同样的生活习惯,那么上述几项改变是否会遗传,目前还不清楚,但这是有可能的"(1871,第418页)。在他的一些著作中,达尔文似乎确信,生活经历的变化会增加基因的变异性:"毫无疑问,在我们的家畜中的"使用"强化和扩大了某些特征,而"不使用"则会减少这些特征;这些改变都是可遗传的"(1859,第102页)。同样,对于行为特征,他指出:"一些智能的行为,在几代人执行之后会转变成**本能**,并被遗传"(1871,第447页)。然而,在很大程度上,达尔文并不确定变异的根源:"我们对变异规律的无知是深刻的。在一百种情况中,没有一种情况我们能够自称指出这一部分或那一部分发生变化的原因……产生体质独特性的习惯,以及使用频次高会使某器官加强,频次低则会使该器官减弱和消失,在许多情况下,这种影响非常有效。"(1859,第122页)。

当达尔文为这些问题苦苦挣扎时,他的档案中有一份未被打开的手稿,其作者是一位奥古斯丁僧侣孟德尔(Allen,1975)。正如我们将在第3章中看到的,孟德尔对摩拉维亚修道院(布吕恩)花园中的豌豆植物的研究,为遗传之谜提供了答案。

总结

行为遗传学领域由来已久,但实际研究历史很短(Loehlin,2009)。虽然人们不能确定行为遗传学成为一门独立科学学科的确切日期,但行为性状遗传的概念是在古代随着对犬类行为和身体性状的驯化而出现的。行为遗传学的历史真正始于达尔文、高尔顿以及我们将在第3章看到的孟德尔。达尔文的自然选择理论作为物种起源的一种解释,对科学思维产生了重大影响。高尔顿是第一个研究心理特征遗传的人,并建议用双生子和被收养者来研究天性-教养的问题。

第 3 章

孟德尔遗传定律及其扩充

孟德尔遗传定律

亨廷顿舞蹈症（HD）的初期症状为性格改变、健忘和非自主性运动。它通常在成年中期发病，在发病后的 15—20 年中，导致患者完全丧失运动神经控制能力和智力功能。目前，尚未发现有效的方法能够阻止或延缓这种无情的病情进展。大萧条时期著名民谣歌手伍迪·盖瑟瑞（Woody Guthrie）就是患此病而失去生命。尽管每 20 000 个个体中仅有 1 个会受到影响，但是当今世界仍有 25 万人最终会患上亨廷顿舞蹈病。

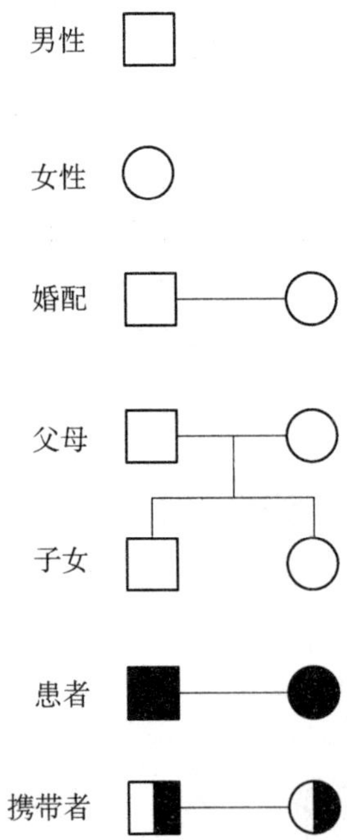

当这种疾病被追踪几代后，它展示出一种一致性的遗传模式。若患者的双亲之一也已患此病，患者的后代大约有一半会患此病（参见图 3.1 了解传统上用于描述家系树的符号，称为**系谱**。图 3.2 展示了一个亨廷顿舞蹈症谱系的示例）。什么样的遗传规律在起作用？为什么这种致死性的疾病在人群中持续存在？我们将在以下章节回答这些问题，但首先我们先来讨论另一种遗传疾病。

20 世纪 30 年代，挪威生化学家在一对智力缺陷的同胞兄弟尿液中检出过量的苯丙酮酸，并怀疑这种情况是由于苯丙氨酸代谢紊乱造成的。苯基丙氨酸是人体必需**氨基酸**之一，是蛋白质的组成成分，存在于人类日常饮食的许多食物中。其他智力缺陷的个体体内很快也发现同样有过量的苯丙酮酸，这种类型的智力缺陷后来被称为苯丙酮尿症（PKU）。

尽管 PKU 的发病率仅为 10 000 分之一左右，但是在

图 3.1 用于描述家族系谱的符号。

（男性、女性、婚配、父母、子女、患者、携带者）

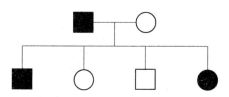

图 3.2 亨廷顿舞蹈症。HD 患者的双亲之一为 HD 患者。HD 患者的后代大约 50% 会患有 HD。

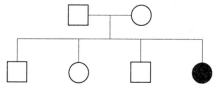

图 3.3 苯丙酮尿症。PKU 患者的双亲通常不患病。如果有一名孩子患有 PKU，其他同胞的患病风险则为 25%。正如后面所阐述的，这些患者的双亲是 PKU 基因的一个等位基因的携带者，他们的后代必须同时具有两个等位基因才会患上如 PKU 这样的隐性遗传疾病。

医疗机构的智力缺陷群体中 PKU 约占 1% 左右。PKU 的遗传模式与亨廷顿舞蹈症非常不同，患 PKU 的个体通常没有患病的父母。尽管乍一看，PKU 好像是不遗传的，但实际上 PKU 的确是"世代相传"的。如果一个家系中有一名孩子患 PKU，即使父母本身可能并不患病，其他同胞仍有 25% 的患病率（图 3.3）。还有一种情况是，当父母之间在遗传上相关（存在"血缘"关系），最典型的是堂表兄弟姐妹间通婚时，他们更有可能得到患 PKU 的后代。在这种病例中，遗传又是怎样起作用的呢？

孟德尔第一遗传定律

虽然亨廷顿舞蹈症和苯丙酮尿症这两种智力障碍的遗传传代看起来似乎很复杂，但实际上它们可以用一套简单的遗传规则来解释。这些规则的核心在一个多世纪前由孟德尔所得出（Mendel, 1866）。

孟德尔在现位于捷克共和国境内一座修道院的花园中研究了豌豆的遗传特性（专栏 3.1）。在众多实验的基础上，孟德尔得出结论，每一个体的每个性状都有两个遗传"元素"，且这两个元素在繁殖过程中分开，或者说分离。子代从两个亲代双方中各获得一个元素从而组成两个。此外，孟德尔还总结出，在这两个元素中，一个元素可以"主宰"另一个，这样个体只要有一个显性（主导）元素就能表现出其对应的性状。一个非显性（非主导）或者说**隐性**元素的性状仅在两个元素都为隐性时才能表达。这些结论就是孟德尔第一定律——**分离**定律的核心。

30 多年来都没有人关注孟德尔遗传定律。终于，在 20 世纪早期，几位科学家认识到孟德尔定律是一个普遍的遗传规律，而不是豌豆植物所特有的。孟德尔的"元素"就是现在所说的**基因**，是遗传的基本单位。一些基因在一个种群中可能只有一种形式，例如，各种豌豆植物的所有成员或一个**近交系**小鼠中的所有成员（参见第 5 章）。

专栏 3.1　格雷戈·孟德尔的幸运

在孟德尔（1822—1884）之前，已经有很多对不同种类植物之间进行杂交的遗传研究，但是交配产生的子代通常是不育的，这就意味着无法对下一代进行研究。在孟德尔研究之前的另外一个问题是，所研究植物的特性是复杂且难以确定的。孟德尔的成功在很大程度上可以归因于这些问题皆不存在。

孟德尔将同一物种的不同品种的豌豆进行杂交，因此所获得的子代是可育的。此外，他选取了简单的非此即彼的性状，即定性性状，这些性状只由单一基因控制。在选取性状方面他也很幸运，所选性状都是一个等位基因完全主导另一个等位基因，但实际上未必总是如此。然而，孟德尔研究有一个特点并不是靠运气。七年来，他种植了 28 000 多株豌豆植株，但他没有像之前的研究者那样仅对典型结果进行文字概述，而是把所有的子代都计算在内。

孟德尔研究了豌豆的七种定性性状，比如，种子是圆滑的还是皱缩的。他一共获得了 22 个豌豆品种，它们在这七种性状上有所不同。所有品种都是纯育植株：当用同种植株杂交时总是会得到相同的结果。孟德尔在 1866 年的论文中介绍了对豌豆的八年研究成果。这篇名为"植物杂交实验"的文章，现在成为遗传学的基石，是科学史

格雷戈·约翰·孟德尔。摄于孟德尔研究期间。（Authenticated News/Getty Images.）

上最有影响力的出版物之一。

在一次实验中，孟德尔将圆滑种子的纯育植株与皱缩种子的纯育植株进行杂交。在之后的夏季，当他打开含有子代（称为 F_1 代，或杂交子一代）的豆荚时，发现所有的种子都是圆滑的。该结果表明，当时传统的混合遗传观点是不正确的。也就是说，F_1 代中没有中度皱缩的种子。这些 F_1 代是可育的，这使得孟德尔能够进行下一代的研究，将 F_1 代进行自交，然后研究它们的子代，即 F_2 代。结果令人震惊：F_2 代的 7 324 粒种子中，5 474 粒是圆滑的，1 850 粒是皱缩的。也就是说，

3/4 的子代是圆滑的种子，1/4 的子代是皱缩种子。这一结果表明，导致种子皱缩的因子在 F_1 代中并没有丢失，只是被导致种子圆滑的因子所主导而没有显现出来。下图总结了孟德尔的结果。

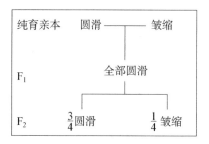

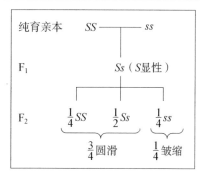

鉴于这些观察数据，孟德尔推导出关于两个假设的简单阐释。假设一，每个个体都有两个遗传"元素"，现在称为等位基因（一个基因的不同形式）。对于孟德尔的豌豆植株，这些等位基因决定种子是皱缩还是圆滑。因此，每个亲本有两个等位基因（或相同或不同），但是仅将其中之一的等位基因传递给每个子代。假设二，当一个个体的两个等位基因不同时，一个等位基因会主导（显性于）另一个等位基因。这两个假设清楚地解释了所得数据（参见右上图）。

具有圆滑种子性状的纯育亲本植株含有导致圆滑种子的两个等位基因（SS）。具有皱缩种子性状的纯育亲本植株含有导致皱缩种子的两个等位基因（ss）。第一代（F_1）子代从每个亲本中获得一个等位基因，因此为 Ss，因为 S 显性于 s，所以 F_1 代植株将为圆滑种子。真正的检测在 F_2 代。孟德尔的理论预测当 F_1 代个体自交或与另一个 F_1 代植株杂交时，F_2 代的 1/4 应该为 SS，1/2 为 Ss，另外 1/4 为 ss。假设 S 显性于 s，那么 Ss 应该和 SS 一样有圆滑种子。因此，F_2 代中 3/4 应该为圆滑种子，而 1/4 应该为皱缩种子，这与孟德尔的研究数据一致。孟德尔还发现一种性状的遗传不受另一个性状的影响，每个性状按预期的 3∶1 的比率进行遗传。

在另一方面孟德尔则没有那么幸运，上述工作在其有生之年并未受到认可。1866 年，当孟德尔发表他的遗传理论论文时，复印本曾被送予欧洲、美国的科学家及图书馆。然而，孟德尔对豌豆植物的遗传研究成果却被大多数生物学家忽略了 35 年，因为他们对可以解释变化性的进化过程更感兴趣，而不是连续性。孟德尔于 1884 年逝世，无法得知他的实验在 20 世纪将会产生如此深远的影响。

然而，遗传分析侧重的是具有不同形式的基因：导致一些豌豆种子皱缩或圆滑的基因差异，或导致一些人患有亨廷顿舞蹈症或 PKU 的基因差异。同一基因的不同形式称为等位基因。某一个体的等位基因的组合是其基因型，而观察到的性状是表型。行为科学中遗传的基本问题是在所观察到的个体间差异中，基因型差异在多大程度上是表型差异的成因。

本章以两个截然不同的遗传性疾病为例作为开始。那么孟德尔分离定律是如何能够同时解释这两个例子的呢？

亨廷顿舞蹈症 图 3.4 显示了孟德尔定律如何解释亨廷顿舞蹈症的遗传。HD 是由一个显性等位基因引起的。患病个体含有一个显性等位基因（H）和一个隐性的正常等位基因（h）。（HD 患病个体很少携带两个 H 型等位基因，除非双亲都患有 HD。）未患病个体含有两个正常的等位基因。

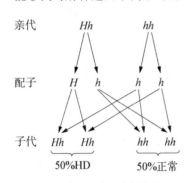

图 3.4 亨廷顿舞蹈症是由一个带 HD 显性等位位点的单基因引发的。H 表示 HD 显性等位基因，h 表示正常的隐性等位基因。配子是生殖细胞（精子和卵子），每个配子只携带一个等位基因。后代患 HD 的风险为 50%。

如图 3.4 所示，一个患 HD 的亲本基因型为 Hh，产生含有 H 型或 h 型的配子（卵子或精子）。未患病（hh）的亲本产生的配子都含有 h 型等位基因。来自母本或父本这些配子的四种可能的组合导致如图 3.4 底部所示子代的基因型。子代总是从未患病的亲代遗传正常的 h 型等位基因，但他们有 50% 的机会从患有 HD 的亲代遗传到 H 型等位基因。这种遗传模式解释了为什么 HD 患者总会有一个患 HD 的亲代，以及为什么双亲之一患有 HD，其后代 50% 会患 HD。

为什么这种致死性疾病在人群中持续存在？如果在生命早期就出现 HD 症状，HD 患者将活不到生殖期。那么在这一代人中，HD 将不再存在，因为任何携带 HD 等位基因的个体均活不到生殖期。HD 的显性等位基因之所以会从一代遗传给下一代，是因为它的致死效应直到生殖期之后才表现出来。

HD 尤其令人忧伤的一个特点是，患 HD 亲本的后代知道他们有 50% 的几率患病以及 50% 的可能性将 HD 基因遗传下去。1983 年，**DNA 标记**被用来证明 HD 基因在 4 号染色体上，这将在第 4 章进行讨论。1993 年，HD 基因自身被识别。现在可以确定一个人是否含有 HD 基因。

这种遗传学的进步也给其自身带来了问题。如果你的双亲之一患有 HD，你就能查明你是否含有 HD 等位基因。你有 50% 的机会发现你没有 HD 等位基因，但你也有 50% 的机会发现你携带 HD 等位基因，并最终会因它而丧命。事实上，大多数有 HD

患病风险的人决定不参加检测(Walker，2007)。然而，基因鉴定使确认胎儿是否含有 HD 等位基因成为可能，并有希望在将来通过干预措施矫治 HD 缺陷(第 9 章)。

苯丙酮酸尿症 孟德尔定律也可以解释 PKU 的遗传。与 HD 不同，PKU 的发病是由于存在两个隐性等位基因。要影响子代，必须同时存在两个拷贝的 PKU 等位基因。那些只含一个拷贝的 PKU 等位基因的子代不会发病，他们被称为**携带者**，因为他们携带致病等位基因，可以传给他们的后代。图 3.5 说明了双亲是未患病携带者时 PKU 的遗传情况。双亲各自有一个 PKU 等位基因和一个正常等位基因，子代从双亲一方遗传 PKU 等位基因的概率为 50%，从另一方遗传 PKU 等位基因的概率也为 50%，这两种情况同时发生的概率为 25%。如果你抛掷硬币，获得正面的概率为 50%，连续两次获得正面的概率是 25%(即，50%乘以 50%)。

这种遗传模式解释了为什么未患病的父母会有患 PKU 的孩子，以及为什么当父母双方都是携带者时，后代患 PKU 的风险是 25%。对于 PKU 和其他隐性疾病，基因鉴定可以确认即将为人父母者是否为携带者。PKU 基因鉴定也使确认特定妊娠中胎儿是否患病成为可能。事实上，大多数国家的所有新生儿都接受血液中苯丙氨酸水平升高的筛查，因为对 PKU 的早期诊断可以帮助父母通过为患病的孩子提供低苯丙氨酸的食物来预防智力迟滞的发生。

图 3.5 也显示，父母都为携带者时，50% 的孩子可能是携带者，25% 的孩子将从父母双方遗传到正常的等位基因。如果你了解诸如 PKU 这样的隐性性状是如何遗传的，那么如果父母一方患有 PKU，另一方为携带者，你就应该能够算出后代患 PKU 的概率(风险率为 50%)。

如何解释为什么像 PKU 这样的隐性性状更多见于那些父母之间有亲缘关系的子女身上？虽然 PKU 很罕见(每 10 000 人中有 1 人)，但大约每 50 人中就有 1 人是携带一个 PKU 等位基因的携带者(专栏 3.2)。如果你是 PKU 的携带者，你和同样是携带者的人结婚的几率是 2%。然而，如果你与一个跟你有亲缘关系的人结婚，由于你的家族中肯定存在 PKU 等位基因，那么你的配偶同样携带 PKU 基因的几率就会大大超过 2%。

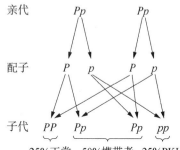

图 3.5 PKU 为单基因遗传。引起 PKU 的等位基因是隐性的。P 表示正常显性等位基因，p 为隐性等位基因。如果父母双方都是携带者，他们的孩子患 PKU 的风险为 25%。

> **专栏 3.2　我们如何知道 50 人中有 1 人是 PKU 携带者?**
>
> 　　如果将 F_2 植株随机交配获得 F_3 代，S 和 s 等位基因的频率将与 F_2 代相同，SS、Ss 和 ss 基因型的频率也将如此。在 20 世纪初重新发现孟德尔定律后不久，孟德尔定律的这一含义就被正式确定，并最终被称为**哈迪-温伯格平衡**：等位基因和基因型的频率不会随着世代而改变，除非自然选择或迁移等外力改变它们。这一规则是**群体遗传学**学科的基础，该学科的实践者研究的是改变**等位基因频率**的外力。
>
> 　　哈迪-温伯格平衡也使得估算等位基因和基因型的频率成为可能。显性等位基因和隐性等位基因的频率通常分别用 p 和 q 表示。卵子和精子中每个基因只有一个等位基因。任何一个特定的卵子或精子带有显性等位基因的频率是 p。因为精子和卵子是随机结合的，一个带有显性等位基因的精子与一个带有显性等位基因的卵子结合的频率是这两个频率的乘积，$p \times p = p^2$。因此 p^2 是具有两个显性等位基因的后代的频率（称为纯合显性基因型）。同样，纯合隐性基因型的频率为 q^2。如图所示，带有一个显性等位基因和一个隐性等位基因（称为杂合基因型）的后代的频率为 $2pq$。换而言之，如果一个种群处于哈迪-温伯格平

　　很有可能，我们都携带着至少一个某种有害的隐性基因。然而，我们的配偶也是同一疾病基因携带者的风险很小，除非我们与配偶有亲缘关系。相比之下，在父女乱伦关系中出生的孩子，约有一半表现出严重的基因异常，通常包括儿童期死亡或智力迟滞（Wolf & Durham, 2005）。这种遗传模式解释了为什么大多数严重的遗传疾病是隐性的：因为隐性等位基因携带者没有表现出这种疾病，他们逃过了被自然选择淘汰的命运。

　　值得注意的是，即使是像 PKU 这样的单基因疾病也不是那么简单，因为该基因发生了数百种不同的**突变**，这些突变又具有不同的影响（Mitchell, Trakadis & Scriver, 2011）。新的 PKU 突变出现在没有家族病史的个体中。一些单基因疾病主要是由新的突变引起的。此外，就和 HD 的情况一样，单基因疾病的发病年龄可能有所不同。

孟德尔第二遗传定律

　　亨廷顿舞蹈症的等位基因不仅在配子形成过程中独立分离，而且它们也是独立于 PKU 的等位基因进行遗传的。这一发现是有道理的，因为亨廷顿舞蹈症和 PKU 是由不同的基因引起的；而且这两个基因中的每一个都是独立遗传的。孟德尔对具有两种或两种以上不同性状的豌豆品种进行了系统的杂交实验，他发现两种基因的等位基因

衡,后代基因型的频率为 $p^2 + 2pq + q^2$。在随机交配的群体中,预期的**基因型频率**仅仅是母本等位基因频率 $p+q$ 和父本等位基因频率 $p+q$ 的乘积。也就是 $(p+q)^2 = p^2 + 2pq + q^2$。

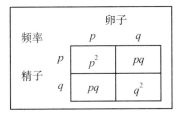

对于 PKU,PKU 个体(纯合隐性)的频率 q^2 为 0.0001。如果已知 q^2,假设在哈迪-温伯格平衡的情况下,则可以估算 PKU 等位基因和 PKU 携带者的频率。PKU 等位基因的频率是 q,即 q^2 的平方根。0.0001 的平方根是 0.01,所以种群中每 100 个等位基因中就有 1 个是隐性 PKU 等位基因。如果在 PKU 基因座上只有两个等位基因,则显性等位基因的频率(p)为 $1 - 0.01 = 0.99$。那么携带者的频率是多少?由于携带者是带有一个显性等位基因和一个隐性等位基因的杂合基因型,所以 PKU 等位基因携带者的频率为 50 分之 1(即 $2pq = 2 \times 0.99 \times 0.01 = 0.02$)。

是自由组合的。换而言之,一个基因的遗传不受另一个基因遗传的影响。这就是孟德尔**独立分配**定律。

关键概念

基因:遗传的基本单位。编码成特定产物的一段 DNA 碱基序列。

等位基因:同一个基因的几种不同形式。

基因型:个体在特定基因座上的等位基因的组合。

表型:可观察或测量的性状。

显性等位基因:一个等位基因在个体中无论存在一个或两个拷贝都会产生相同的表型。

隐性等位基因:一个等位基因只有存在两个拷贝时才产生其表型。

孟德尔第二定律最重要的一点是其有例外情况。我们现在知道基因并不是漂浮在卵子和精子中的。它们负载在染色体上。术语染色体的字面意思是"着色体",因为在某些实验室制备中,这些结构的染色特征与细胞中**细胞核**的其他部分不同。基因在染色体上所在位置的被称为**基因座**(*loci*,单数为 *locus*,来自拉丁语,意为"所在地")。

卵子只含有来自母本染色体的每对染色体中的一条,精子则只含有来自父本每对染色体中的一条。一个卵子和一个精子完成受精,从而补足成完整的染色体,就人类而言,完整一套为23对染色体。第4章将更详尽地讨论染色体。

当孟德尔同时研究两对性状(我们称之为A和B)的遗传时,他将A和B均表现显性性状的纯育亲本与A和B均表现隐性性状的纯育亲本进行杂交。他发现了子二代(F_2)所有四种可能的类型:A和B均显性、A显性和B隐性、A隐性和B显性、A和B均隐性。如果A和B的遗传是独立的,那么这四种类型后代的频率与将预期一致。然而,当两对性状的基因位于同一染色体上且彼此非常靠近时,情况将背离孟德尔定律。如果孟德尔研究了这两种性状的共同遗传,那么结果会令他大为吃惊。这两对性状并不是独立遗传的。

图3.6说明了如果性状A和B的基因位于同一染色体上且彼此非常靠近时会发生什么情况。孟德尔将发现只有两种类型:A和B均显性、A和B均隐性,而不会找到F_2代全部的四种类型。

这种背离孟德尔第二定律的情况之所以重要,是因为它们使得将基因定位在染色体上成为可能。如果一对特定基因的遗传违背了孟德尔第二定律,那么必然意味着它

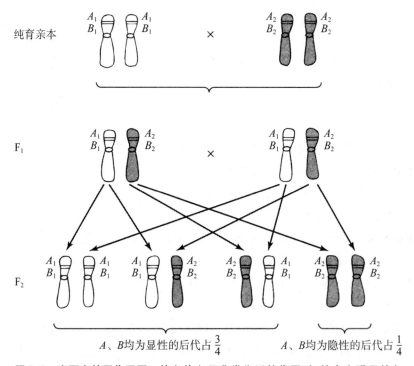

图3.6 当两个基因位于同一染色体上且非常靠近的位置时,就会出现孟德尔第二定律的例外情况。A_1和B_1等位基因均为显性;A_2和B_2等位基因均为隐性。

们趋向于一起被遗传,因而它们位于同一染色体上;这种现象称为**连锁**。然而,两个连锁基因仅位于同一条染色体上是不够的;它们还必须在染色体上靠得非常近。因为除非基因在同一染色体上彼此很接近,否则它们在染色体交换部件的过程中会发生重组。**重组**发生在卵巢和睾丸生成配子的**减数分裂**期间。

图 3.7 展示了单条染色体上三个基因座(A、B、C)的重组。携带等位基因 A_1、C_1 和 B_2 的母本染色体以白色表示;携带 A_2、C_2 和 B_1 等位基因的父本染色体以灰色底纹标记。在减数分裂过程中,每条染色体通过复制形成姐妹**染色单体**(图 3.7b)。这些姐妹染色单体可能会相互交换,如图 3.7c 所示。在减数分裂期间,这种重叠在每

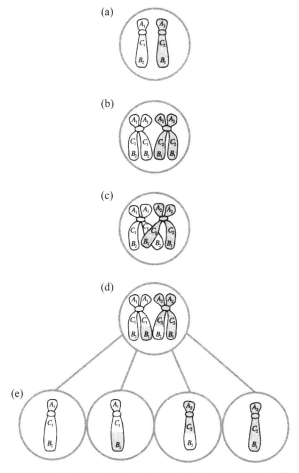

图 3.7 重组的图示。母本染色体携带 A_1、C_1、B_2 等位基因,以白色表示;父本染色体携带 A_2、C_2、B_1 等位基因为蓝色。母本染色体右侧的染色单体(减数分裂期间产生的重复染色体)与父本染色体左侧的染色单体发生交换(重组)。

条染色体上平均发生一次。在此阶段,染色单体可以断裂并重新连接(图 3.7d)。每一条染色单体将被传递到不同的配子中(图 3.7e)。暂且只考虑 A 和 B 基因座。如图 3.7e 所示,一个母本配子携带 A_1 和 B_2,而一个父本配子携带 A_2 和 B_1 基因。另两个配子分别携带 A_1、B_1 和 A_2、B_2。对于后两对配子来说,已经发生了重组——这些重组不存在于亲本染色体上。同一染色体上两个基因座间重组的概率是一个与其间距相关的函数。例如,图 3.7 中 A 和 C 基因座没有重组。所有配子和其亲本一样,均为 A_1C_1 或者 A_2C_2,因为这些基因座之间没有发生**交换**。A 和 C 基因座之间也存在发生交换的可能,但其发生的频率比 A 和 B 基因座之间发生交换的频率要低。

这些论据已经被用来在染色体上"定位"基因。两个基因座之间的距离可以通过每 100 个配子的重组个数来估算。这一距离被称为图距单位或**厘摩**,以 T·H·摩尔根(T. H. Morgan)的名字来命名,他是第一个在果蝇 *Drosophila* 中确定连锁群的科学家(Morgan, Sturtevant, Muller, & Bridges, 1915)。如果两个基因座相距很远,像 A 和 B 基因座这样,重组将会以分离两个位于不同染色体上的基因座一样的频率来分离这两个基因座,而且它们不太会产生连锁。

为了确定一个基因在特定染色体上的位置,可以使用**连锁分析**。连锁分析是指运用有关背离独立分配的信息来确定一个基因的染色体所在位置的技术。如第 9 章所讨论,DNA 标记被视为染色体上的路标。自 1980 年以来,随着无数个这种标记的发现,连锁分析的能力大大增强。连锁分析在一种性状和一个 DNA 标记之间寻找对独立分配的背离。换言之,连锁分析估算一个家族中 DNA 标记和性状匹配的几率是否比偶然出现的预期几率高得多。

1983 年,亨廷顿舞蹈症的基因被证明与一个位于较大染色体靠近顶端的 DNA 标记连锁(4 号染色体;参见第 9 章)(Gusella et al., 1983)。这是首次利用新 DNA 标记来证明一种尚不清楚其化学机制的疾病的连锁情况。后来,更接近亨廷顿基因的 DNA 标记被发现,并使精确定位该基因成为可能。如前所述,该基因自身最终于 1993 年被精确定位。

关键概念

染色体:包含 DNA 并位于细胞核的一种线状结构。人类含有 23 对染色体。

基因座:染色体上一个特定基因的位置。拉丁语意为"所在地"。

连锁:在一条染色体上位置靠近的几个基因座,因此在家族中一同遗传。连锁是孟德尔第二定律独立分配定律的例外。

重组:在减数分裂期间出现的染色体互换部件的过程。

一旦发现一个基因,有两件事就成为可能。首先,导致疾病的 DNA 变异可以被鉴

定。这一鉴定提供了一个与个体疾病直接关联的 DNA 测试，而不仅仅是根据孟德尔定律提供一个患病风险估算。也就是说，该 DNA 测试可以用于诊断个体的疾病，而不用考虑其他家庭成员的信息。其次，由基因编码的蛋白质可以被研究；这种研究是迈向理解基因如何产生其效应的重要一步，并可能由此通往治疗之路。对于亨廷顿舞蹈症的情况，基因编码了一种以前不为人知的蛋白质，叫做亨廷顿蛋白。这种蛋白与许多其他蛋白相互作用，阻碍了药物疗法的发展 (Ross et al., 2014)。

虽然亨廷顿基因的致病机理尚未被完全了解，但亨廷顿舞蹈症，与脆性 X 染色体综合征（在第 1 章提及，并在第 12 章中详细讨论）一样，也涉及一类基因缺陷，即一个 DNA 的短序列被重复多次。有缺陷的基因产物通过使脑皮质和基底神经节的神经死亡，从而在整个生命过程中慢慢发挥其效应。这就导致了亨廷顿舞蹈症特有的运动和认知问题。

发现 PKU 基因更容易一些，因为它的酶产物是已知的。1984 年，PKU 基因被发现并证明其位于 12 号染色体上 (Lidsky et al., 1984)。数十年来，PKU 患儿的鉴定仍是通过筛查 PKU 的生理效应——血液的高苯丙氨酸水平——但该检测的准确性不高。而针对 PKU 的 DNA 测试的开发一直受到以下发现的阻碍：PKU 基因座上存在数百种不同的突变，而且这些突变所导致的影响程度不同。这种多样性导致了 PKU 个体之间血液中苯丙氨酸水平的差异。

在已知的几千种单基因疾病（其中约一半涉及神经系统）中，这些基因的大多数在染色体上的精确位置都已被确定 (Rabbani, Mahdieh, Hosomichi, Nakaoka, & Inoue, 2012; Zhang, 2014)。至少一半的基因序列和特定突变已经被发现，而且这个数字还在增加。人类基因组计划的目标之一是对全基因组进行测序并鉴定所有基因。目前科学家面临的挑战是通过破译基因组序列、了解基因的工作原理，来发现人类健康和疾病的遗传基础，最终开发出针对个体遗传结构的药物（美国国家人类基因组研究所，2010）。在这些具有挑战性的领域所取得的快速进展，为导致复杂行为的基因的鉴定带来了希望，而这种复杂行为往往受多个基因和环境因素的影响。

孟德尔遗传定律的扩充

复杂性状

大多数心理特质表现出的遗传模式比亨廷顿舞蹈症或 PKU 的遗传模式要复杂得多，譬如精神分裂症和一般认知能力（智力）。

精神分裂症　精神分裂症（第 13 章）是一种以思维障碍为特征的恶劣精神状况。全世界近 100 人中有 1 人会在一生的某个时期遭受此种疾病的折磨，是亨廷顿舞蹈症或 PKU 患病几率的 100 多倍。精神分裂症展现的并非像亨廷顿舞蹈症和 PKU 那样的简单遗传模式,但它确实是家族性的(图3.8)。遗传研究中采用的一种特定的发病率系数,称为**罹病率风险值**(又称预期寿命),即在整个生命周期内的患病几率。这种估算是"年龄校正"过的,因为有一些未患病的家族成员并没有存活到发病危险期。如果你有一位**二级亲属**(外祖/祖父母或姑姨或叔舅)患精神分裂症,那么你患精神分裂症的风险率约为4%,是一般人群患病风险率的4倍。如果你有一位**一级亲属**(父母或同胞)患有精神分裂症,那么你的患病风险率约为9%。如果家族成员中有多位患病,那你的患病风险率就更高。如果你的异卵双生同胞患精神分裂症,你的患病风险率比其他同胞要高,约为17%,即便异卵双生子在遗传上并没有比其他同胞更为相似。最引人注目的是,若同卵双生子之一为精神分裂症患者,那么另一人的患病风险率则约为48%。同卵双生子是从同一个胚胎发育而来的,在生命初期的最初几天分裂成两个胚胎,二者具有完全一致的遗传物质(第6章)。

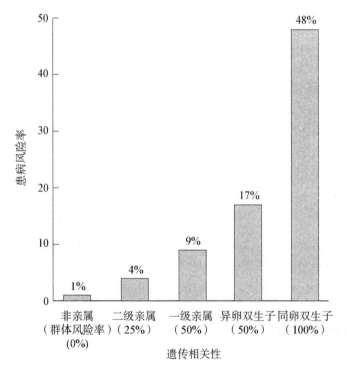

图3.8 精神分裂症的患病风险随着遗传相关性而增加。(数据摘自 Gottesman,1991。)

显然,精神分裂症患病风险会遵循个体与患者的遗传相似度的函数关系有规律地增加。遗传看似牵涉其中,但患病个体的模式并不符合孟德尔的比例。那孟德尔遗传定律究竟是否适用于这类如此复杂的结果呢?

一般认知能力 许多心理性状是数量特征,就像身高等生理性状以及血压等生物医学性状一样。数量化维度常表现为大家所熟悉的连续分布的钟形曲线图,大多数人分布在中间,较少人分布在两端。例如,一般智力测试中所得到的智力测试分数是认知能力多样性测试的综合分数,用于提供一般认知能力的指标。智力测试分数大体呈现正态分布。(参见第11章。)

因为认知能力是一个数量特征,所以不可能计算"患病"个体数。但是,很显然,一般认知能力在家族中是世代相传的。例如,智力测试分数高的父母往往有智力测试高于平均分的孩子。像精神分裂症一样,一般认知能力的传递似乎也不遵循简单的孟德尔遗传定律。

需要用数量性状的统计数据来描述家族的相似性(参见附录)。一百多年前,行为遗传学之父高尔顿解决了描述数量性状的家族相似性这一问题。他提出一个他称之为相互关系的统计量,这已演化成现在广泛使用的相关系数。更正式一点来讲,它被称为皮尔森积差相关法,是以高尔顿的同事卡尔·皮尔逊(Karl Pearson)的名字命名的。*相关性*是相似性的一个指标,取值范围从-1.0,即指完全相反的关系;到0.0,即指没有相似之处;到1.0,即指完全正向相似。

智力测试分数的相关性表明了家族成员的相似性依赖于遗传关系的亲密程度(图3.9)。人群中随机抽取两个个体的智力测试分数的相关性为0.00。堂(表)兄弟姐妹

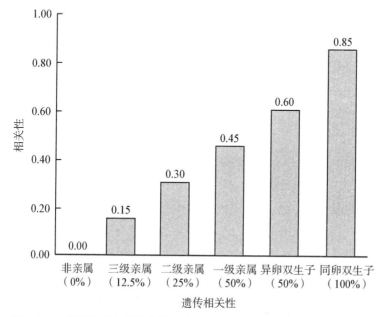

图3.9 一般认知能力的相似性随遗传相关性的增加而提高。(数据资料摘自 Bouchard & McGue, 1981,修正 Loehlin, 1989。)

间的相关性为 0.15。对于同父异母或同母异父的**半同胞**，相关性为 0.30。对于同父同母的**全同胞**，相关性约为 0.45；这种相关性近似于亲代与子代间的相关性。异卵双生子的相关性约为 0.6，高于全同胞 0.45 的相关性，但低于同卵双生子约 0.85 的相关性。另外，丈夫和妻子的相关性约 0.40，这一结果为解释同胞间和双生子间的相关性提供了启示，如同第 11 章中所述。

孟德尔遗传定律如何应用于像一般认知能力这样的连续维度呢？

豌豆大小　尽管豌豆植株可能看起来与精神分裂症或认知能力无关，但是它们为复杂性状的研究提供了一个很好的范例。孟德尔能成功总结出遗传定律很大程度上是因为他选取了简单性状，也就是非此即彼的定性性状。举个例子，假如孟德尔以直径为指标来研究豌豆籽的大小，那么他会发现不同的结果。首先，和大多数性状一样，豌豆籽的大小是连续分布的。如果他选取大籽植株与小籽植株进行杂交，子代豌豆籽的大小既不会大也不会小。事实上，豌豆籽的个头会大小不等，且大多数子代豌豆籽在平均大小左右。

在孟德尔文章发表仅十年后，高尔顿研究了豌豆籽的大小并得出它是可遗传的这个结论。例如，大籽亲代很可能产出比平均大小更大一些的子代。事实上，高尔顿为描述亲代和子代豌豆籽大小的数量关系，提出了回归和相关性的基本统计量。他用亲代和子代豌豆籽的大小绘制出与观察数据最相符的回归线（图 3.10）。回归线的斜率为 0.33。这意味着，就整个群体而言，亲代豌豆籽的大小每增加一个单位，子代豌豆籽的平均大小就增加三分之一个单位。

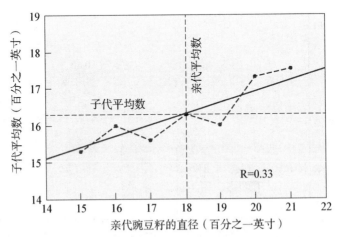

图 3.10　第一条回归线（蓝色实线），由高尔顿于 1877 年绘制，用于描述亲代与子代豌豆籽大小的数量关系。蓝色虚线连接的是实测数据点（由高尔顿实验室提供）。

高尔顿还论证了人类身高具有相同的遗传模式。孩子的身高与其父母的平均身高相关。高个父母会有身高高于平均水平的孩子,一高一矮父母的孩子的身高很可能为平均水平。这种性状的遗传定量多于定性。数量遗传是几乎所有复杂行为和生理特性的遗传方式。

数量遗传是否背离孟德尔遗传定律呢？当孟德尔遗传定律在20世纪初被重新发现时,许多科学家认为确实如此。他们认为遗传必定涉及某种混合,因为子代与亲代平均水平相似。孟德尔遗传定律被当做是豌豆植株或异常情况的一种独特性,因此被忽视。然而,承认数量遗传并不违背孟德尔遗传定律,孟德尔遗传定律是理解行为遗传学的基础,如下一节所述。

关键概念

罹病率风险值：个体在整个生命周期内患病的概率。

相关性：两个变量之间关系的一个指标。

多基因遗传

孟德尔所研究的性状,以及亨廷顿舞蹈症和PKU,都是单个基因作为致病的必要充分条件的例子。也就是说,只有在带有 H 等位基因(必要条件)的情况下,你才会患亨廷顿舞蹈症；如果你带有 H 等位基因,就会患亨廷顿舞蹈症(充分条件)。其他基因和环境因素对其遗传的影响很小。在这种情况下,会发现一种二分类(非此即彼)的疾病：有无特定的等位基因,决定你是否患某种疾病。超过3 000种这样的单基因疾病是明确已知的,此外还存在许多可能的单基因疾病(Zhang, 2014)。

与上述情况相反,不止一个基因可能影响着诸如精神分裂症这样的复杂疾病,以及诸如一般认知能力这样的连续维度。当孟德尔遗传定律在20世纪初被重新发现时,孟德尔学派和生物统计学派之间展开了一场激战。孟德尔学派坚持寻找单基因效应,而生物统计学派则认为孟德尔遗传定律不适用于复杂性状,因为复杂性状并不表现为简单的遗传模式。孟德尔遗传定律看起来尤其不适用于数量维度。

事实上,双方既都对又都错。孟德尔学派正确之处在于认为遗传是以孟德尔所说的方式发挥效用,其错误之处在于认为复杂性状也会展现出简单的孟德尔遗传模式。生物统计学派正确之处在于认为复杂性状是在数量上而不是在定性上分布的,其错误之处在于认为孟德尔遗传遗传定律是豌豆植物特有的,而不适用于高等生物。

直到生物学统计派认识到孟德尔单基因遗传定律也适用于受几个基因影响的复杂性状,孟德尔学派与生物统计学派之间的这次论战才偃旗息鼓。这样的复杂性状被称为**多基因性状**。每个有影响力的基因都根据孟德尔遗传定律进行遗传。

图 3.11 说明了这一重要观点。顶部的分布图显示了单个基因的三种基因型,其中两个等位基因在人群中等频率出现。如专栏 3.1 中所讨论,25% 的基因型是 A_1 等位基因纯合子(A_1A_1),50% 的基因型是杂合子(A_1A_2),25% 的基因型是 A_2 等位基因纯合子(A_2A_2)。如果 A_1 等位基因是显性的,那么 A_1A_2 基因型的个体与 A_1A_1 基因型的个体会表现一样。在这种情况下,75% 的个体将会出现显性等位基因可观察到的性状(表型)。例如,如专栏 3.1 中所讨论,在孟德尔的豌豆植株圆滑与皱缩种子的杂交中,他发现在 F_2 代中,75% 的植株有圆滑种子,25% 有皱缩种子。

(a)
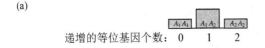

(b)
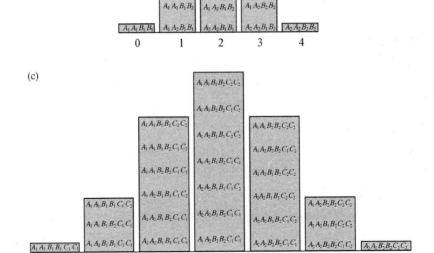

(c)

(d)
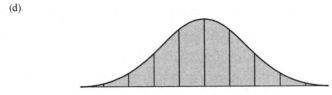

图 3.11 伴有加性基因效应的性状的单基因分布和多基因分布。(a)有两个等位基因的单基因产生三种基因型和三种表型。(b)两个基因,各自有两个等位基因,产生九种基因型和五种表型。(c)三个基因,各自有两个等位基因,产生二十七种基因型和七种表型。(d)连续变化的正态钟型曲线图。

然而，并非所有等位基因以完全显性或隐性的方式运作。许多等位基因是加性的，因为它们各自对某一表型均有贡献。在图 3.11a 中，每个 A_2 等位基因对表型的贡献是均等的，因此如果你有两个 A_2 等位基因，则得分将高于仅含一个 A_2 等位基因的情况。图 3.11b 增加了第二个影响性状的基因（B）。同样，每个 B_2 等位基因都有贡献。现在这里有 9 种基因型和 5 种表型。图 3.11c 增加了第三个基因（C），从而有 27 种基因型。即便我们假定不同基因的等位基因对性状的影响都是均等，且没有环境变化，仍然会有 7 种不同的表型。

因此，即使仅有三个基因，且每个基因仅有两个等位基因，表型在群体中也开始接近于正态分布。当我们考虑导致变异的环境来源，以及等位基因的效应不可能均等这一事实时，很容易看出即使是几个基因也会形成数量分布。再者，行为遗传学家感兴趣的复杂特质可能受几百甚至几千个基因的影响。这样，在表型水平上发现连续变异不足为奇，即使每个基因都按照孟德尔定律遗传。

数量遗传学

多基因效应造成数量性状的观点是遗传学分支之一**数量遗传学**的奠基石。

R．A．费希尔（R. A. Fisher，1918）和休厄尔·赖特（Sewall Wright，1921）在他们的论文中引入了数量遗传学。他们对孟德尔单基因模型向数量遗传学的多基因模型（Falconer & MacKay，1996）的扩展在本书附录进行了介绍。这一多基因模型充分说明了亲属的相似性。如果遗传因素影响某个数量性状，那亲属的表型相似度应随**遗传相关性**的增加而增加。一级亲属（父母/子女、全同胞）之间的遗传相似性是 50%。对此，最简单的思考方式是子女各从双亲处遗传了一半的遗传物质。如果一个同胞从一位双亲处遗传了某一等位基因，那么其他同胞有 50% 的机会遗传到相同等位基因。其他亲属的表型相似度则会因遗传相关性程度的不同而不同。

图 3.12 以男性亲属为例说明了大部分常见亲属类型的遗传相关性。以**指示病例**（或**先证者**）为中心根据亲缘关系列出各亲属。这一例子追溯了前三代和后三代。一级亲属（如，父亲/儿子），具有 50% 的遗传相似性，与指示病例相距一级。二级亲属（如，叔伯/侄子）与先证者相距两级，遗传相似性是一级亲属的一半（即 25%）。**三级亲属**（如，堂兄弟）与先证者相距三级，遗传相似性是二级亲属的一半（即 12.5%）。同卵双生子是一种特殊情况，因为他们在遗传上相当于同一个人。

就我们所举的两个例子，精神分裂症和一般认知能力，亲属的表型相似性会随着遗传相关性的增加而增加（参见图 3.8 和 3.9）。如果是许多个基因一起导致精神分裂症，那又怎么会呈现出二分类的疾病？一种可能的解释是，遗传病患病风险是服从正态分布的，但只有在达到一定阈值的情况下，精神分裂症的症状才能显现出来。另一种解释是，疾病实际上是以诊断为基础的人为划分的维度；也就是说，在正常和异常之

专栏 3.3 疾病的易患性-阈值模型

如果像精神分裂症这样的复杂疾病受许多基因的影响,那么为什么它们被诊断为**定性障碍**而非定量维度呢?从理论上来讲,不带有任何增加患精神分裂症风险的等位基因的人到带有大多数增加患病风险等位基因的人,他们之间应该存在一个遗传病风险率的连续体。大多数人应该介于这两个极端之间,对精神分裂症只有中度的易感性。

有一种模型认为患病风险率,或者说易患性呈正态分布,只有当超过一定的易患性阈值,疾病才会发生,如附图(a)阴影区域所示。患者亲属有较高的易患性;也即,他们的易患性分布曲线向右偏移,如附图(b)。因此,患者的亲属有更高的比例会超过阈值而表现出疾病。如果存在这样的阈值,

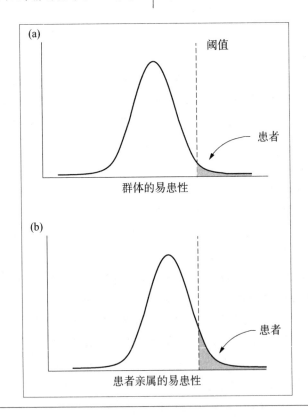

间可能是一个连续体。这两种解释在专栏 3.3 进行了详细介绍。

精神分裂症(图 3.8)和一般认识能力(图 3.9)的这些数据与遗传影响的假设一致,但它们无法证明遗传因素的重要性。家族相似性很可能会由于环境的原因随着

只有当遗传或共享环境影响非常大时，家族患病风险才会很高，因为许多患者亲属可能恰好低于阈值而不患病。

易患性和阈值都是假设的概念。不过，可以利用**易患性-阈值模型**从家族患病风险数据中估算相关性（Falconer，1965；Smith，1974）。例如，就精神分裂症而言，一级亲属相关性估算值为0.45，该估算基于1%的群体基数率和一级亲属9%的患病风险率。

虽然易患性-阈值模型估算的相关性在精神障碍中被广泛报道，但应该强调的是，该统计参考的是从诊断中衍生出的阈值和潜在易患性这两个假设性建构，而非实际的疾病诊断患病风险率。在前面的示例中，一级亲属的精神分裂症的实际患病风险率是9%，即便易患性-阈值相关性为0.45。

另一方面，第二种模型认为疾病实际上是连续的表象。这就是说，疾病的症状可能从正常状态持续增加到异常状态；只有当症状的严重程度达到一定水平时才能被诊断出来。这意味着常见疾病实际上是数量性状（Plomin，Haworth，& Davis，2009）。从正常到异常的连续体似乎很可能发生诸如抑郁、酗酒这些常见疾病。例如，人们的抑郁症发生频率和严重程度各不相同。一些人很少抑郁；而对于另一些人，抑郁完全扰乱了他们的正常生活。被诊断为抑郁症的个人可能是极端的病例，他们与群体中的其他人只是量上的差异而无质上的区别。这种情况下，可以直接估算连续体，而不是利用易患性-阈值模型从二分法诊断中假设一个连续体。即使对于精神分裂症这种不太常见的疾病，人们也越来越关注这样的可能性：可能不存在一个绝对的阈值区分正常和异常，而是存在一个从正常到异常思维过程的连续体。一种称为*DF极值分析*的方法可用于研究正常和异常之间的联系（参见第12章）。

特征和疾病之间的关系是至关重要的，这将在之后的章节进行探讨。二者的遗传联系的最佳证据来自于特定行为基因的发现。例如，一个与抑郁症有关的基因是否也与正常范围内的情绪差异有关？

遗传相关性而增加。一级亲属更为相似可能是因为他们生活在一起，二级亲属和三级亲属相似性较低可能是养育环境相似性低的缘故。

下面两种针对天性的实验是人类行为遗传学的主要研究方法，有助于理清家族相

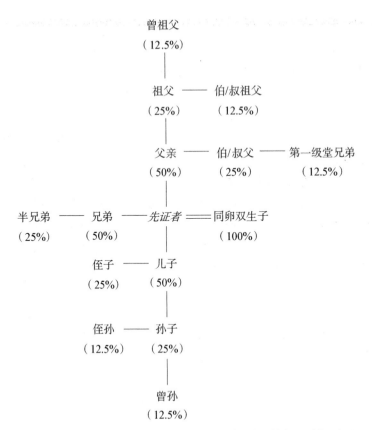

图 3.12 遗传相关性：男性指示病例(先证者)的男性亲属,括号内为遗传相关性的程度。

似性的遗传来源和环境来源。一种是**双生子研究**,它将遗传上完全相同的同卵双生子间相似性与异卵双生子间的相似性进行比较,后者与其他同胞一样有 50% 的遗传相似性。第二种是**收养研究**,它将遗传和环境的影响区分开来。例如,一个孩子出生时就被收养,如果不存在选择性安置,那么被收养孩子与其亲生父母之间的任何相似之处都可以归因于遗传而不是共享环境。此外,养父母与被收养孩子之间的任何相似之处都可以归因于共享环境而不是遗传。第 6 章对双生子研究和收养研究方法进行了讨论。

关键概念

多基因的：受多个基因的影响。

遗传相关性：亲属拥有共同基因的范围或程度。**先证者**的一级亲属(父母和同胞)在遗传上有 50% 的相似性。先证者的二级亲属(外祖/祖父母、姑姨和叔舅)在遗传上有 25% 的相似性。先证者的三级亲属(第一代堂/表同胞)在遗传上有 12.5% 的相似。

易患性-阈值模型：假设二分类疾病是由正态分布的潜在遗传易患性引起的一种模型。只有当超过易患性的阈值时，疾病才会发生。

X 染色体：孟德尔遗传定律的扩充

色盲是一种复杂性状（Deeb, 2006；Neitz, 2011），展现了一种看似不符合孟德尔定律的遗传模式。虽然色盲有着相当多的表型（Deeb, 2006），但主要有两种类型的色盲：难以区分红色和绿色的红绿色盲症，与难以区分蓝色和黄色的蓝黄色盲症。在本节中我们主要集中讨论最常见的红绿色盲症，这种疾病是由于眼睛视网膜缺乏某种吸收颜色的色素导致的。它在男性中比在女性中更为常见。更有趣的是，当母亲是色盲而父亲不是时，他们的儿子全是色盲，而没有一个女儿会是色盲（图 3.13a）。当父亲是色盲而母亲不是时，子女很少出现色盲（图 3.13b）。但是，色盲父亲的女儿表面上看似正常，却在之后发生异常情况：她们的儿子有一半可能是色盲。这就是众所周知的隔代遗传现象——父亲是色盲，女儿不是，但有些外孙却是色盲。按照孟德尔遗传定律来看，这可能是发生了什么呢？

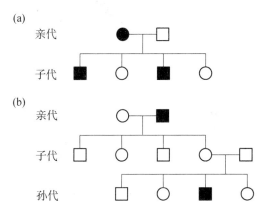

图 3.13 色盲的遗传。(a)色盲母亲和正常父亲的儿子均是色盲而女儿均不是色盲。(b)正常母亲和色盲父亲的子女均不是色盲，但女儿的儿子患色盲风险率为 50%。（关于描述家族系谱的符号请参见图 3.1）。

X 染色体上的基因 之前提到的 23 对染色体包括了一对**性染色体**，因为它们对于男性和女性是不同的。女性有两条 X 染色体，而男性只有一条 X 染色体和一条称为 Y 的较小染色体。

色盲，尤其是红绿色盲症，是由 X 染色体上的一个隐性等位基因引起的。但是男性只有一条 X 染色体；因此，如果他们的单条 X 染色体上有一个色盲等位基因（c），他们就会是色盲。女性要患色盲症，必须在她们的两条 X 染色体上均遗传到 c 等位基因。因此，一个性别连锁(指的是 ***X*-连锁**)隐性等位基因的标志是疾病多发于男性。例如，如果一个引起某种疾病的 X-连锁隐性等位基因(专栏 3.2 中的 q)频率为 10%，那么男性得该疾病的预期概率为 10%，而女性的预期概率(q^2)仅为 1%(即 $0.10^2 = 0.01$)。

图 3.14 解释了性染色体的遗传。儿子和女儿均从母亲处遗传到一条 X 染色体。女儿遗传到父亲唯一的一条 X 染色体，而儿子遗传到父亲的 Y 染色体。儿子不可能从父亲那里遗传到 X 染色体上的等位基因。因此，X-连锁隐性性状的另一个特征是父子的相似性可以忽略不计。女儿从父亲遗传到一个 X-连锁的等位基因，此时除非她们从母亲处得到的 X 染色体有同样的等位基因，否则她们不会表现出这种隐性性状。

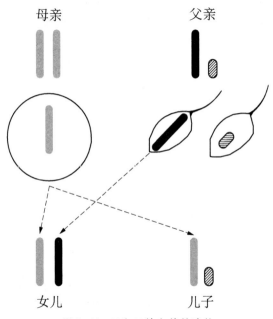

图 3.14　X 和 Y 染色体的遗传

图 3.15 进一步阐述了色盲的遗传。对于色盲母亲和非色盲父亲来说(图 3.15a)，母亲在其两条 X 染色体上均有 c 等位基因，而父亲在其单条 X 染色体上有正常的等位基因(C)。因此，儿子总是从母亲处遗传一条带有 c 等位基因的 X 染色体而成为色盲。女儿虽然也从母亲处遗传一个 c 等位基因，但却不会得色盲症，因为她们从父亲处还遗传到一个正常的显性 C 等位基因。她们虽然携带 c 等位基因但并不表现出这种疾病，所以被称为携带者，在图 3.15 中用双色圆形表示这种情况。

在第二个示例中(图 3.15b)，父亲是色盲，母亲既不是色盲也不是 c 等位基因携带者。子女中没有色盲，但女儿都是携带者，因为她们必定从父亲处遗传了那条带隐性

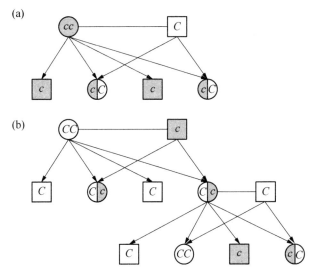

图 3.15 色盲是由 X 染色体上一个隐性等位基因遗传的。c 表示色盲的隐性等位基因，C 是正常等位基因。(a)色盲母亲是纯合隐性(cc)。(b)色盲父亲在其单条 X 染色体上有一个 c 等位基因，而该等位基因只传女不传男。

c 等位基因的 X 染色体。现在你应该能预测这些携带者女儿的子女患色盲症的风险。正如图 3.15b 最下面一行所示，当携带者女儿(Cc)与正常男性(C)婚配有子女时，她的儿子半数可能是色盲，而她的女儿则无一人色盲，但其中半数成为携带者。这种遗传模式解释了隔代遗传现象。色盲父亲没有色盲的儿子或女儿(假设母亲为正常，非携带者)，但他们的女儿是 c 等位基因的携带者。而女儿的儿子有 50% 的几率成为色盲。

性染色体的遗传对于男性和女性是不同的，所以检测 X 染色体连锁比鉴定其他染色体上基因的位置要容易得多。色盲是第一个被报告的人类 X 染色体连锁。X 染色体上已有超过 1500 个基因被鉴定出来，单基因疾病显示出了异常高的比例(Ross et al.，2005)。Y 染色体有超过 200 个基因，包括用于确定雄性的基因，以及和任何染色体比最少的疾病相关基因(Bellott et al.，2014；Cortez et al.，2014)。

一些其他的遗传现象似乎也不符合孟德尔遗传定律，因为它们不以简单的方式在代际间遗传。最常见的是新的突变，或新发突变，它们并不影响亲代因为突变发生在亲代的卵子或精子的形成过程中。不过这种情况并不是真的背离孟德尔遗传定律，因为新突变仍会根据孟德尔定律遗传给子代，即使患者拥有未患病的双亲。许多遗传疾病都与这种自发性突变相关，而不是从上一代遗传获得。一个例子是雷特氏症，它是一种 X-连锁显性遗传疾病，发生频率约为 10 000 个女孩中出现 1 个。虽然具有雷特氏症的女孩第一年发育正常,但之后会退化并最终导致精神和身体的残疾。单条 X 染色体上带有这种突变的男孩会在出生前或出生后头两年内死亡。(参见第 12 章。)

此外,DNA 突变更多地发生在体细胞中,而不是发生在产生卵子和精子的生殖细胞中,并不会遗传给下一代。例如,这种突变类型是许多癌症的引发因素。虽然这些突变影响了 DNA,但它们是不可遗传的,因为它们并未发生在卵子和精子中。其他孟德尔遗传定律的例外情况包括染色体异常(比如染色体的多倍体)、部分染色体的重复序列和基因组印记。这些将在之后的章节讨论。

关键概念

性连锁(X-连锁):由 X 染色体上的基因影响的一种表型。X-连锁隐性遗传疾病在男性中发生更频繁,因为他们只有一条 X 染色体。

携带者:某一特定位点上为杂合子的个体,同时携带一个正常等位基因和一个突变隐性等位基因,并且表现出正常的表型。

总结

亨廷顿舞蹈症(HD)和苯丙酮尿症(PKU)分别是显性疾病和隐性疾病的例子,它们遵循着一个多世纪前孟德尔描绘的遗传基本法则。一个基因可能存在两种或更多的不同形式(等位基因)。一个等位基因可以主导另一个等位基因的表达。分别来自双亲的两个等位基因,在配子形成过程中分开(隔离)。这一规则是孟德尔第一定律——分离定律。

孟德尔第二定律是独立分配定律:一个基因的遗传不受另一个基因遗传的影响。但是,同一染色体上紧密相连的基因可以共分配,这就背离了孟德尔自由组合定律。这种背离使得利用连锁分析在染色体上定位基因成为可能。对于亨廷顿舞蹈症和苯丙酮尿症来说,连锁已经建立,且导致疾病的基因也已经被鉴定。

然而,孟德尔遗传定律并不能解释所有遗传现象。X 染色体上的基因,比如红绿色盲基因,需要孟德尔遗传定律的扩充来进行解释。此外,大多数心理维度和精神障碍比单基因疾病(如亨廷顿舞蹈症、苯丙酮尿症或红绿色盲症这种 X-连锁情况)显示出更复杂的遗传模式。复杂疾病(如精神分裂症)和连续维度(如认知能力)很可能是受到多个基因以及多重环境因素的影响。数量遗传学理论将孟德尔的单基因定律扩展到多基因体系。该理论的精髓在于,复杂性状可能受许多基因的影响,但是每一个基因都遵照孟德尔遗传定律进行遗传。数量遗传学方法,尤其是双生子研究和收养研究,可以检测复杂性状所受的遗传影响。

第 4 章

遗传的生物学基础

尽管孟德尔并不清楚遗传在化学或生理层面上如何起作用，他仍能推断出遗传定律。诸如双生子和收养研究这样的数量遗传学依赖的是孟德尔遗传定律，并不需要了解遗传的生物学基础。然而，理解遗传背后的生物学机制仍是非常重要的，原因有二：首先，理解遗传的生物学基础可以清楚地认识到基因影响行为的过程其实并不神秘。其次，基于这种认识，有助于理解行为相关的基因鉴定所取得的令人兴奋的进展。本章主要介绍遗传的生物学基础。已有许多优秀的遗传学文献提供了有关该主题的详细信息（例如，Hartwell, Goldberg, Fischer, Hood & Aquadro, 2014）。遗传的生物学基础包含这样一个事实，基因存在于染色体上。在染色体上非常邻近的基因间的连锁使人类基因组的**定位**成为可能。此外，染色体异常对行为障碍，尤其是智力障碍有重要影响。

DNA

在孟德尔实验过去近一个世纪之后，DNA（脱氧核糖核酸）是遗传分子的事实变得明朗。1953年，詹姆斯·沃森（James Watson）和弗朗西斯·克里克（Francis Crick）提出了DNA的分子结构，可用以解释基因是如何复制的，以及DNA如何编码蛋白质。如图4.1所示，DNA分子由两条链组成，其中四种碱基相互配对：腺嘌呤、胸腺嘧啶、鸟嘌呤和胞嘧啶。由于这些碱基的结构特性，腺嘌呤总是与胸腺嘧啶配对，而鸟嘌呤总是与胞嘧啶配对。每条链的骨架由糖和磷酸盐分子组成。这两条链彼此缠绕形成著名的DNA双螺旋（图4.2）。

这些双链分子中碱基的特异性配对使DNA能够执行两个功能：自我复制和指导蛋白质的合成。DNA的复制发生在细胞分裂过程中。DNA分子双螺旋的解螺旋，将配对的碱基分离（图4.3）。两条链解开，每条链吸引与之配对的碱基构成其互补链。通过这种方式，在复制之前仅有一条DNA的位置上产生了两条完整的DNA双螺旋。

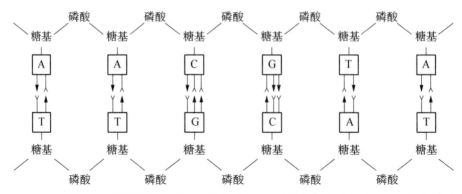

图 4.1 四种 DNA 碱基的平面示意图。其中腺嘌呤（A）总是与胸腺嘧啶（T）配对，鸟嘌呤（G）总是与胞嘧啶（C）配对。（摘自 *Heredity, Evolution, and Society* by I. M. Lerner. W. H. Freeman and Company. © 1968）

图 4.2 DNA 片段的三维视图。（摘自 *Heredity, Evolution, and Society* by I. M. Lerner. W. H. Freeman and Company. © 1968）

这一复制过程是生命的本质，始于数十亿年前第一批细胞的自我复制。这也是我们每个生命的本质，从单个细胞开始，在数万亿个细胞中忠实地复制着我们的 DNA。

DNA 的第二个主要功能是依据位于特定碱基序列中的遗传信息指导蛋白质的合成。DNA 编码 20 种氨基酸的各种序列，这些氨基酸又合成了生物体内数千种特定的酶和其他蛋白质。专栏 4.1 描述了这一过程，即**分子遗传学**的中心法则。

包含在 DNA 碱基序列中、先被转录为**信使 RNA（mRNA**；参见专栏 4.1），然后被翻译成氨基酸序列的遗传密码究竟是什么？该密码是由三个碱基的各种序列组合而成，被称为**密码子**（表 4.1）。例如，DNA 分子中三个连续的腺嘌呤（AAA）在 mRNA 中将被转录成三个尿嘧啶（UUU）。此 mRNA 密码子编码苯丙氨酸。虽然有 64 种可能的**三联体密码子**（$4^3=64$），但仅存在 20 种氨基酸。有些氨基酸由多达六种密码子编码。三种特定密码子中的任何一个都表示转录序列的终止

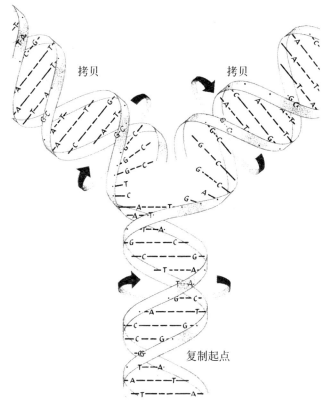

图 4.3　DNA 的复制。(摘自 *Molecular Biology of Bacterial Viruses* by G. s. stent. W. H. Freeman and Company. © 1963.)

(终止信号)。

同样的遗传密码适用于所有生命有机体。遗传密码的发现是分子生物学的伟大胜利之一。人类 **DNA 序列**(基因组)由大约 30 亿个**碱基对**组成,其中每对染色体仅计算一条。30 亿个碱基对包含约 20 000 个蛋白质编码基因,其长度范围约为 1 000 个碱基至 200 万个碱基不等。大多数基因的染色体位置是已知的。大约三分之一的蛋白质编码基因仅在脑中表达;这些基因可能对行为是最重要的。人类基因组序列就像一本包含 30 亿个字母的基因百科全书,长度相当于约 3 000 本且每本 500 页的书籍。继续这个比喻,基因百科全书是用 4 个字母(A、T、G、C)组成的字母表编写的,由 3 个字母组成的单词(密码子)组织而成的 23 卷书(染色体)。然而,这个比喻并不能全然解释每本百科全书都不同的事实;任意两个人有数百万个字母(约千分之一左右)都不相同。即,不存在单一的人类基因组;除了同卵双胞胎,我们每个人都有不同的基因

专栏 4.1　分子遗传学的"中心法则"

遗传信息从 DNA 流向 RNA 再到蛋白质。这些蛋白质编码基因即是 DNA 片段，其长度为几千到几百万个 DNA 碱基对。DNA 分子包含由四个碱基（腺嘌呤、胸腺嘧啶、鸟嘌呤和胞嘧啶）组成的线性信息；在这个双链分子中，A 总是与 T 配对，G 总是与 C 配对。

遗传信息分两个基本步骤进行解码，如图所示：（a）将 DNA 转录成另一种不同的核酸，该核酸被称为核糖核酸或 RNA；（b）将 RNA 翻译成蛋白质。

在转录过程中，DNA 双螺旋的一条链的碱基序列被复制成 RNA，有一

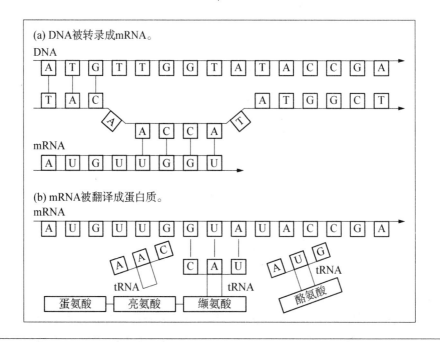

组。大多数生命科学都关注于基因组的一般性，但疾病和障碍的遗传原因在于基因组中的变异。人类主题的这些变异是行为遗传学研究的焦点。

20 世纪被称为基因的世纪。此世纪开始于孟德尔遗传定律的再发现。遗传学这个词于 1905 年被首次提出。大约 50 年后，克里克和沃森描述了 DNA 的双螺旋结构，成为了科学界最重要的里程碑。在接下来的 50 年里，遗传学的发现速度大大加快，在 21 世纪之际，人类基因组测序达到高潮。到 2001 年，大部分的人类基因组已经完成测序（International Human Genome Sequencing Consortium, 2001; Venter et al., 2001）。随后的出版物发表了所有染色体的完成序列（例如，Gregory et al., 2006）。

种特别的 RNA，叫做信使 RNA (mRNA)，因为它可以传递 DNA 密码。mRNA 是单链的，并且通过一个类似于 DNA 复制的碱基配对过程而形成，只不过尿嘧啶替代了胸腺嘧啶(使得 A 与 U 配对，而不是与 T 配对)。在图中，一条 DNA 链正在被转录——DNA 碱基 ACCA 刚被复制为 mRNA 中的 UGGU。mRNA 离开细胞核并进入细胞体(细胞质)，在那里与核糖体结合，核糖体是构建蛋白质的工厂。

第二步是将 mRNA 翻译成形成蛋白质的氨基酸序列。另一种形式的 RNA，称为转运 RNA(tRNA)，它将氨基酸转运到核糖体。每种 tRNA 特定对应于 20 种氨基酸中的 1 种。当核糖体沿着 mRNA 链移动时，附着特定氨基酸的 tRNA 分子与 mRNA 配对，配对的顺序是由 mRNA 的碱基序列决定的。蛋白质中发现的 20 种氨基酸中的每一种都由三个连续 mRNA 碱基组成的密码子指定。在图中，mRNA 密码已经开始指示合成一种蛋白质，其中包括甲硫氨酸-亮氨酸-缬氨酸-酪氨酸这样的氨基酸序列。缬氨酸被添加到已含有甲硫氨酸和亮氨酸的氨基酸链中。mRNA 三联体密码 GUA 吸引携带与之互补密码 CAU 的 tRNA。该 tRNA 转运与之相连的缬氨酸，然后缬氨酸被粘合到正在生长中的氨基酸链。下一个 mRNA 密码子 UAC 正在吸引携带与之互补密码子 AUG 的 tRNA，它转运的是酪氨酸。虽然这个过程看起来非常复杂，但氨基酸以每秒约合成 100 个的惊人速度整合到肽链中。蛋白质由约 100 至 1000 个氨基酸的特定序列组成。氨基酸序列决定了蛋白质的形状和功能。蛋白质的形状随后会被其他方式改变，称为翻译后修饰。这些变化影响其功能，并且不直接受遗传密码的控制。

令人吃惊的是，像这样转录和翻译的 DNA 只占基因组的 2%，那么其余的 98% 呢？答案请见第 10 章。

人类基因组的测序及其相关技术带来了遗传学新发现的爆发。其中一个是**可变剪接**，其中 mRNA 被剪切拼接以产生不同的转录本，然后将其翻译成不同的蛋白质(Brett, Pospisil, Valcárcel, Reich, & Bork, 2002)。可变剪接在生物复杂性的产生中起着至关重要的作用，该功能的混乱可导致多种人类疾病(Barash et al., 2010; Matera & Wang, 2014)。现在遗传学的发现速度如此之快，以至于无法预测未来 5 年会发生什么，更不用说未来 50 年了。大多数遗传学家会同意美国国家健康研究院院长和人类基因组计划领导者弗朗西斯·柯林斯(2010, 2015)的说法，他预计所有新生儿的整个基因组很快会被测序用以筛查遗传问题，最终我们每个人将拥有一个包含了

表 4.1 遗传密码

氨基酸*	DNA 密码
丙氨酸	CGA、CGG、CGT、CGC
精氨酸	GCA、GCG、GCT、GCC、TCT、TCC
天冬酰胺	TTA、TTG
天冬氨酸	CTA、CTG
半胱氨酸	ACA、ACG
谷氨酸	CTT、CTC
谷氨酰胺	GTT、GTC
甘氨酸	CCA、CCG、CCT、CCC
组氨酸	GTA、GTG
异亮氨酸	TAA、TAG、TAT
亮氨酸	AAT、AAC、GAA、GAG、GAT、GAC
赖氨酸	TTT、TTC
蛋氨酸	TAC
苯丙氨酸	AAA、AAG
脯氨酸	GGA、GGG、GGT、GGC
丝氨酸	AGA、AGG、AGT、AGC、TCA、TCG
苏氨酸	TGA、TGG、TGT、TGC
色氨酸	ACC
酪氨酸	ATA、ATG
缬氨酸	CAA、CAG、CAT、CAC
(终止信号)	ATT、ATC、ACT

*20种氨基酸是通过肽键连接在一起形成多肽的有机分子,多肽是构建酶和其他蛋白质的组成部分。氨基酸的特定组合决定了多肽的形状和功能。

我们 DNA 序列的电子闪存驱动器。个体的 DNA 序列将预示着个体化医疗的一场革命,在这场革命中,治疗方案可以根据个人情况进行定制,而不是依赖于我们目前一刀切的方法。换而言之,DNA 可以让我们预测问题并通过干预进行预防。在不久的将来,医生们可以期待一个医学前景,其中可负担的、高效的 DNA 测序和电子医疗记录的组合可为终生的医疗保健策略提供信息(Collins, 2015)。这就可能涉及到改变 DNA 的基因工程;然而,在历史上对人类物种的基因治疗一直都是很困难的,即使对单基因疾病也是如此。更重要的是,为了预防受多个基因和多个环境因素影响的复杂行为问题,行为工程和环境工程都将成为必需。

我们现在能够更好地理解 DNA 在健康、行为和疾病方面的变化,而这在五年前是无法想象的。目前已有详细的遗传变异图谱,并且人们对基因的功能和遗传变异的影响有了更多了解。由于新测序技术的成本降低(参见第 9 章),研究人员正在研究导致遗传性罕见和常见疾病的基因组变化。研究的另一个新方向包括努力了解人类微生物群系(Lepage et al.，2013)，即生活在我们体内和体表的微生物基因组，以及**表观基因组**(参见第10章)，即DNA上能调节基因表达的化学标记(Rivera & Ren, 2013)。对于行为遗传学来说，了解遗传的 DNA 基础时最重要的是明白基因影响行为的过程并不神秘。基因编码氨基酸的序列，这些氨基酸构成生物体的数千种蛋白质。蛋白质创造出骨骼系统、肌肉、内分泌系统、免疫系统、消化系统，以及对行为最为重要的神经系统。基因并不直接编码行为，但造成这些生理系统差异的DNA变异会影响行为。我们将在第9章中讨论 DNA 变异。

关键概念

密码子：由三个碱基组成的序列，用于编码特定氨基酸或转录序列的末端。

转录：在细胞核中，从 DNA 合成 RNA 分子。

翻译：以信使 RNA 编码的信息为基础将氨基酸组装成肽链。该过程发生于细胞质中的核糖体上。

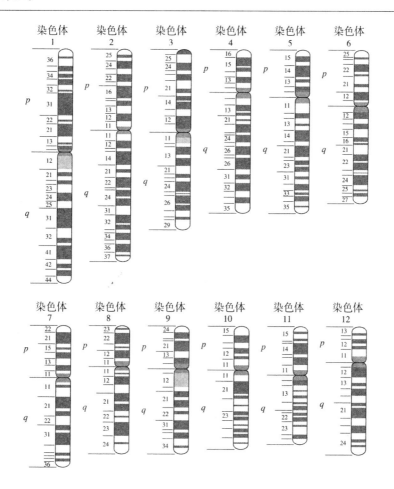

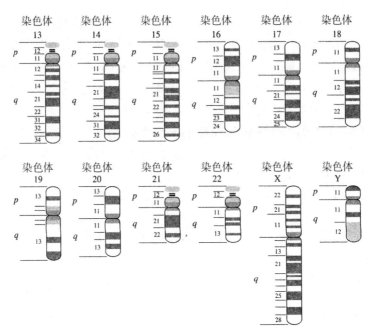

图4.4 人类的23对染色体。着丝粒上方的短臂称为 p，着丝粒下方的长臂称为 q。通过染色形成的条带用于识别染色体和描述基因所在位置。染色体区域由染色体编号、染色体臂以及染色体带一起表示。因此，1p36是指1号染色体上 p 臂3区6带。有关每条染色体和主要遗传疾病位点的详细信息请参阅 http://www.ornl.gov/sci/techresources/Human_Genome/posters/chromosome/chooser.shtml。

染色体

正如第3章所讨论那样，孟德尔并不知道染色体上的基因是聚集在一起的，因此他假设所有的基因都是独立遗传的。然而，当同一条染色体上的两个基因靠得很近时，孟德尔的第二个定律独立分配就被违反了。这种情况下，这两个基因不是独立遗传的；并且，在这种非独立分配的基础上，DNA标记之间的连锁已被鉴定，并被用来绘制基因组图谱。用同样的技术，定好位的DNA标记被用来识别与疾病和特征（包括行为）的联系，如第9章所述。

我们人类有23对染色体，共计46条染色体。染色体对的数目因物种而异，果蝇有4对，小鼠有20对，狗有39对，蝴蝶有190对。我们的染色体与类人猿（黑猩猩、大猩猩和猩猩）的染色体非常相似。虽然类人猿有24对染色体，但它们的两条短染色体已经融合形成我们人类的一条大的染色体。

正如第3章所述，在我们所有的染色体中，有一对染色体为性染色体X和Y。女性是XX，男性是XY。其余所有染色体都称为**常染色体**。如图4.4所示，当染色体被一种特定的化学物质染色时,染色体呈现其特有的带型。这些功能尚不清楚的**条带**被用来识别染色体。在每条染色体的某个点上,都有一个**着丝粒**,这是一个没有基因的染色体区域,当细胞进行繁殖时,染色体通过着丝点与其新的拷贝黏连在一起。着丝粒上方的染色体短臂称为 p,着丝粒下方的长臂称为 q。基因的位置是根据其所在条带上的位置来描述的。例如,亨廷顿舞蹈症的基因是 $4p16$,这意味着其位于 4 号染色体短臂的一个特定条带上,也就是在 1 区第 6 号带上(Bobori, 2015)。

　　除了为**基因定位**提供基础外,染色体在行为遗传学中也很重要,因为在细胞分裂过程中染色体复制出现的错误会影响行为。细胞分裂分为两种。正常的细胞分裂称为**有丝分裂**,发生在所有不参与生成配子的细胞中。这些细胞被称为**体细胞**。生殖细胞产生配子:卵子和精子。在有丝分裂过程中,体细胞中的每条染色体都进行复制和分裂,产生两个完全相同的细胞。另一种叫做减数分裂的特殊细胞分裂发生在卵巢和睾丸的生殖细胞中,从而产生卵子和精子,两者均只含有每对染色体中的一条。23 对染色体组合的可能性有超过 8 百万(2^{23})种,每个卵子和每个精子会包含这些可能性中的一种。此外,每对染色体中两个成员之间的交叉(重组)(参见图 3.7)大约在每次减数分裂中发生一次,并产生更多的遗传变异。当精子使卵子受精产生**受精卵**时,每对染色体中的一条来自母亲的卵子,另一条来自父亲的精子,从而重组互补构成完整的 23 对染色体。

关键概念

着丝粒:一个没有基因的染色体区域,在细胞分裂过程中染色单体被其黏连在一起。
有丝分裂:发生在体细胞内的细胞分裂,其中细胞复制其自身及其 DNA。
减数分裂:在配子形成过程中发生的细胞分裂,导致染色体数目减半,因此每个配子只含一对染色体中的一条。

　　染色体复制的一个常见错误是减数分裂过程中染色体对的不均匀分裂,称为**不分离**(参见图 4.5)。最常见的智力障碍,唐氏综合症,是由最小的染色体之一,即 21 号染色体的不分离引起的。许多其他的染色体问题也会发生,例如染色体的断裂导致反转、缺失、重复和易位。大约一半的人类受精卵有染色体异常。这些异常大多导致早期自发性流产(流产)。出生时,大约每 250 个婴儿中就有 1 个有明显的染色体异常。诸如缺失这样的小异常原本很难被检测到,但是通过 DNA **微阵列**和测序可以更容易地检测出,这些内容将在第 9 章中介绍。尽管染色体异常发生在所有染色体上,但只有异常严重程度最低的胎儿能存活到出生。其中一些婴儿出生后不久就会夭折。例如,含三条 13 号染色体(三体)的婴儿大多在第一个月死亡,而那些 18-三体的婴儿大多在第一年内死亡。其他染色体异常的致死率较低,但会导致行为和身体问题。几乎

所有严重的染色体异常都会影响认知能力,正如认知能力受到许多基因的影响。由于染色体异常导致的行为效应常常涉及智力障碍,这些将在第12章中讨论。

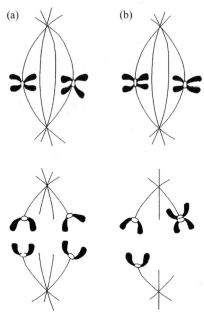

图4.5 染色体不分离。(a)当卵子和精子形成时,每对染色体排成一行,然后分裂,每一个新的卵子或精子只分配到每对染色体中的一条单体。(b)有时这种分裂不能正常进行,因此一个卵子或精子同时分配到一对染色体中的两条单体,而另一个卵子或精子却没有分配到任何染色单体。

除了 X 和 Y 染色体之外,缺失整条染色体是致命的。拥有整条额外的染色体也是致命的,除了最小的染色体和最大染色体之一的 X 染色体。X 染色体之所以是例外的原因,也是新生儿中染色体异常有一半涉及性染色体的原因。在女性中,两条 X 染色体中的一条是失活的,因此它的大部分基因没有被转录。在含额外 X 染色体的男性和女性中,额外的 X 染色体也是失活的。因此,即使 X 是一个拥有大量基因的大染色体,在男性或女性中多一条 X 染色体也不是致命的。最常见的性染色体异常是 XXY(男性多一条 X)、XXX(女性多一条 X)和 XYY(男性多一条 Y),每种的发病率约为 1/1 000。XO(仅有一条 X 染色体的女性)的发病率较低,出生率为 1/2 500,因为 98% 的此类胎体会自发性流产。

总结

生物学最令人兴奋的成就之一是对孟德尔遗传学"元素"的理解。DNA 的双螺旋结构与其自我复制和蛋白质合成的双重功能有关。遗传密码由三个 DNA 碱基序列组成，从而编码氨基酸。DNA 被转录成 mRNA，mRNA 被翻译成氨基酸序列。

  基因是在染色体上进行遗传的。DNA 标记和行为之间的联系可以通过寻找孟德尔独立分配定律的例外情况来检测，因为如果一个 DNA 标记和一个行为基因在同一条染色体上紧密相连，那么它们就不是独立遗传的。我们人类有 23 对染色体。染色体复制产生的错误经常会直接影响行为。大约每 250 例新生儿中就有 1 例存在严重的染色体异常，其中约一半与性染色体有关。

第 5 章

行为遗传学的动物模型

行为遗传学研究包括对人类和动物的研究。在本章中,我们将介绍有助于我们理解基因和环境在行为中作用的不同动物研究方式。本章的第一部分将侧重数量遗传设计,而第二部分将介绍动物研究如何帮助鉴定基因并阐明其功能。

用数量遗传学实验研究动物行为

犬类为种内的遗传变异性提供了常见且有力的例子(图 5.1)。尽管它们在大小和体貌上有很大的差异——从六英寸高的吉娃娃到三英尺高的爱尔兰猎狼犬——它们都属于同一物种。分子遗传学研究表明,大约 30 000 年前由被驯养的狼演化而来的犬类,可以通过反复与狼杂交来丰富其遗传变异性(vonHoldt et al., 2010)。目前已对家犬的基因组进行了测序(Lindblad-Toh et al., 2005),让单纯基于 DNA 技术鉴定犬类品种成为了可能,同时也表明,犬类有四种基本的遗传簇:狼和亚洲犬类(最早驯化的犬类,如秋田犬和拉萨犬),獒犬类(如獒犬和拳师犬),工作犬类(如柯利犬和牧羊犬),猎犬类(狩猎犬和梗类犬)(Parker et al., 2004)。通过对犬类的分子遗传学研究,一个令人惊讶的发现是只有少数主要基因参与了对犬种高度多样性的塑造(Wayne & vonHoldt, 2012)。

犬类的研究也阐明了遗传对于行为的影响。虽然犬类品种间的外在差异是最明显的,但几个世纪以来,犬类的育种不仅看其外表更看其行为。在 1576 年,最早出版的关于犬类的英文书籍以行为为主要依据对品种进行分类。例如,梗类犬(terriers 源自拉丁语 terra,意为"大地")被培育用来溜进洞穴逐出小动物。另一本于 1686 年出版的书籍,记述了最初挑选西班牙猎犬的行为标准,它们被培育用来匍匐接近鸟类然后跃起以惊吓鸟类使其落入猎人的捕捉网,此为史宾格猎犬的来历。随着猎枪的出现,不同的西班牙猎犬被培育出来,它们只需指示猎物所在处而非采用跳跃惊吓猎物的方式来帮助狩猎。上述著作的作者对犬类的性情尤为关注:"西班牙猎犬天生就

图 5.1 犬类品种说明了行为和体貌的种内遗传多样性。

讨人喜爱,胜过所有其他动物,无论酷暑严寒,无论晴雨,无论白天黑夜,它们决不背弃它们的主人。"(摘自 Scott & Fuller, 1965, 第 47 页)。这些性情特点使得西班牙猎犬这类犬被特定地选育为宠物,例如以其讨人喜爱和温顺的性情闻名的查尔斯王猎犬。

犬类的行为分类法一直沿用至今。几乎不需要训练,牧羊犬就能放牧,寻回犬就能寻回猎物,追踪犬会追踪,指示犬会指示猎物所在处,警卫犬会执行守卫任务。不同品种的犬在受训能力以及情绪性、活动性、进攻性等性情特质上具有显著差异,在每个品种内这些特质也有很大差异(Coren, 2005)。这一选择过程可以说是相当精细。例如，法国犬类主要从事农场工作，有 17 个品种的牧羊犬和畜牧犬专门从事此项工作。而在英国，饲养犬类主要是为了狩猎，现有 26 个公认的猎犬品种。这些犬类都是独特的，因为不同品种被有目的地培育以加强其某种行为的遗传差异。人们还研究了犬类特定行为的遗传性，尤其是社交行为。也就是说，虽然有品种特异性的行为，但还有大量的个体差异也是可遗传的（如，Persson, Roth, Johnsson, Wright, & Jensen, 2015），这有助于解释为什么即使在良好表征的犬种中，我们也能看到大量的变异。

J·保罗·斯科特和约翰·富勒（J. Paul Scott & John Fuller, 1965）对犬类品种实施了一项长达 20 多年深入的行为遗传学研究。他们研究了图 5.2 中所示五个品种的纯种和杂交种犬类的成长：刚毛猎狐梗、可卡犬、贝生吉犬、设得兰牧羊犬和比格犬。这些品种的犬类体型大小都差不多，但它们在行为上却明显不同。虽然每个品种内都存在着相当大的遗传差异，但不同品种间的平均行为差异反映了它们的选育历史。举例来说，正如它们的血统所表明的，猎狐梗是好斗者，而可卡犬不好斗且亲人类。与其他品种不同，设得兰牧羊犬被驯养用来在主人的密切指导下执行复杂的任务，而不是驯养用来狩猎；它们对训练非常敏感。简而言之，斯科特和富勒发现行为的品种差异无处不在——包括在合群性、情绪性和可训练性，以及许多其他行为中。他们也发现了品种和训练之间互作的证据。例如，被猎狐梗漠视的斥责却可能会使牧羊犬受到精神创伤。

图 5.2　斯科特和富勒与实验中所采用的五个品种犬类。从左至右：刚毛猎狐梗、美国可卡犬、非洲贝生吉犬、设得兰牧羊犬和比格犬。（摘自"Genetics and the Social Behavior of the Dog" by J. P. Scott & J. L. Fuller © 1965 by The University of Chicago Press. 版权所有。）

选择研究

实验室的行为选择实验为证实遗传影响行为提供了最明确的证据。正如几个世纪以来犬类及其他动物育种专家所知,如果一种性状是可遗传的,那么你就可以有选择地对其进行育种。狐类对人类的高警惕心是众所周知的,俄罗斯开展了一项狐类驯养研究,旨在了解人类祖先是如何把狼类驯养成犬类的。那些在被喂食或抚摸时表现最为温顺的狐类被繁育了超过40代。这项选择研究产生了一个新的狐类品种,它们与犬类一样友善并渴望与人类接触(图5.3),这些狐狸目前在俄罗斯已成为颇受欢迎的家养宠物(Kukekova et al. , 2011;Trut, Oskina, & Kharlamova, 2009)。

实验室的实验除了维持非选择性的对照家系之外,通常还会选择高家系和低家系。例如,在规模最大、时间最长的一项行为选择研究中(DeFries, Gervais, & Thomas, 1978),让被选中的小鼠在明亮的盒子即旷场里活动,用来测量其恐惧程度(图5.4)。在这个旷场中,有些小鼠被吓得动弹不得,屁滚尿流,而另一些则积极地进行探索。低活动性得分被假定为恐惧指标。

图5.3 狐类通常对人类很警惕,还喜欢咬人。经过40年的驯养选择,一项涉及45 000只狐狸的培育计划培育出了既温顺又友好的动物。这只一个月大的小狐崽不仅容许人的拥抱而且轻舐这名女子的脸。吕德米拉·N·特鲁特(Lyudmila N. Trut)

图5.4 处于旷场中的小鼠。箱底附近的小孔传输光束以电子方式记录小鼠的活动。(由E·A·托马斯提供。)

选择最活跃的小鼠与其他高活动性小鼠进行交配,最不活跃的小鼠则互相进行交配。从高活动性和低活动性的小鼠子代中,再次选择最活跃和最不活跃的小鼠依上述方式进行交配。这一选择过程被重复了30代。(对小鼠而言,繁衍一代仅需要三个月左右的时间。)

图 5.5 和 5.6 显示重复实验得出的高、低和对照家系的结果。经过多次传代，选择取得了成功：高家系变得更为活跃，低家系则变得更不活跃（参见图 5.5）。只有当遗传起重要作用时，选择才可能成功。经过 30 代这样的**选择育种**之后，活动性达到了 30 倍的平均差异。低家系和高家系的活动性之间没有重叠（参见图 5.6）。高活动性家系的小鼠在 6 分钟测量时段内大胆跑动的总距离相当于一个橄榄球场的长度，而低活动性的小鼠则躲在角落里发抖。

另一重要的发现是，高、低家系之间的差异在每一代都稳定增加。这一结果是行为性状选择研究的独特发现，它强有力地表明许多基因参与了行为的变异。如果对旷场活动性起作用的仅是一个或两个基因，那么两个家系在繁衍几代之后就会分离开来，并且后代之间的差异不会再进一步扩大。

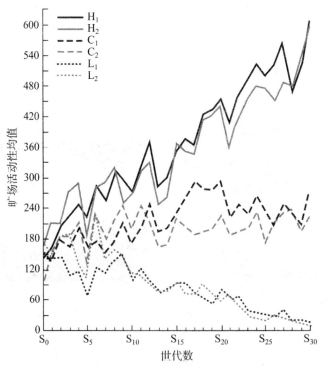

图 5.5 旷场活动性选择研究的结果。两个家系被选为旷场高活动性（H_1 和 H_2），两个家系被选为旷场低活动性（L_1 和 L_2），两个家系在各自家系内随机进行交配用以作为对照家系（C_1 和 C_2）。（数据摘自 "Response to 30 generations of selection for open-field activity in laboratory mice" by J. C. DeFries, M. C. Gervais, & E. A. Thomas. *Behavior Genetics*, 8, 3–13. © 1978 by Plenum Publishing Corporation. 版权所有。）

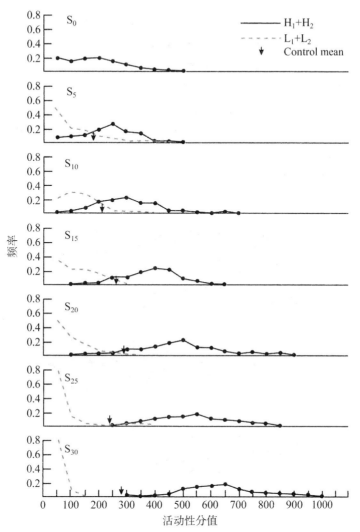

图 5.6　30 代(S_0 至 S_{30})选择过程中旷场高、低活动性家系的活动性分值分布。对照家系每一代的平均活动性用箭头标示。(数据摘自"Response to 30 generations of selection for open-field activity in laboratory mice" by J. C. DeFries, M. C. Gervais, & E. A. Thomas. *Behavior Genetics*, 8, 3 - 13. © 1978 by Pienum Publishing Corporation. 版权所有。)

尽管进行选择研究需要巨大的投入,但该方法仍将继续用于行为遗传学研究,一方面原因是它给行为受遗传影响的观点提供了令人信服的证据,另一方面,针对某一特定行为它可以产生尽可能多的遗传上不同的动物家系。(如,Zombeck, DeYoung, Brzezinska, & Rhodes, 2011)。

近交系研究

另一种主要的动物行为数量遗传设计是比较近交系,在近交系中,兄弟与姐妹配对了至少20代。这种密集的**近亲繁殖**使近交系内的每个动物实际上都是品系内所有其他成员的遗传克隆。由于近交系之间存在遗传上的差异,受遗传影响的性状在同一实验室环境饲养的近交系之间会呈现出平均差异。品系内的差异取决于环境影响。在动物行为遗传学研究中,小鼠研究是最多的(Beck et al., 2000)。一些最常见用作研究的近交系如图5.7所示。将近交小鼠系间差异进行分类编目的数据库——包括如焦虑、学习与记忆以及压力反应等行为差异——可于以下网站查找:http://phenome.jax.org/,该网站包括了来自300多个近交系的超过3 500种不同测量值的数据(Grubb, Bult, & Bogue, 2014)。

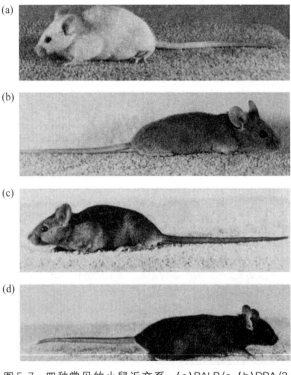

图5.7 四种常见的小鼠近交系:(a)BALB/c;(b)DBA/2;(c)C3H/2;(d)C57BL/6。(由普洛明教授提供。)

近交系研究表明,小鼠的大部分行为受遗传影响。例如,图5.8显示了BALB/c和C57BL/6这两个近交系的旷场活动性的平均分值。C57BL/6小鼠比BALB/c小鼠活跃得多,这一观察结果表明,遗传作用于旷场活动性。另外,还显示了几个杂交系的平均活动性分值:F_1、F_2和F_3代(专栏2.1中有说明)为近交系间的杂交系,F_1与

BALB/c 系间的回交(图 5.8 中的 B_1),F_1 与 C57BL/6 系间的回交(图 5.8 中的 B_2)。平均旷场分值和从 C57BL/6 亲本系获得的基因百分比紧密相关,再次印证了遗传的影响。

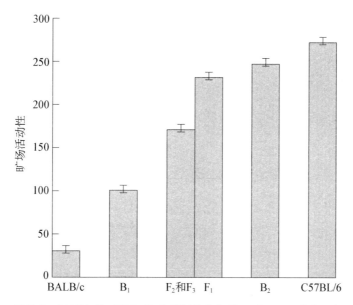

图 5.8　BALB/c 和 C57BL/6 小鼠以及它们的 F_1 代、F_1 回交(B_1 和 B_2)、F_2 代和 F_3 代旷场活动性的平均值(±标准误差)。(数据摘自"Response to 30 generations of selection for open-field activity in laboratory mice" by J. C. DeFries, M. C. Gervais, & E. A. Thomas. *Behavior Genetics*, *8*, 3 - 13. © 1978 by Plenum Publishing Corporation. 版权所有。)

不同于仅比较两个近交系的杂交,**双列设计**比较的是几个近交系以及它们之间所有可能的杂交 F_1 代。图 5.9 展示了 BALB/c、C57BL/6 与另两个近交系(C3H/2 和 DBA/2)之间双列杂交的旷场研究结果。C3H/2 较 BALB/c 更为不活跃,而 DBA/2 几乎与 C57BL/6 一样活跃。杂交 F_1 代的活动性往往等于亲本的平均分值。例如,C3H/2 和 BALB/c 杂交 F_1 代的旷场活动性介于两个亲本之间。

近交系研究也有助于检测环境影响。首先,由于同一近交系的成员在遗传上是完全相同的,所以品系内的个体差异必然归咎于环境因素。旷场活动性和大部分其他行为研究所发现的近交系内部的巨大差异,提醒我们出生前和出生后的教养与遗传一样重要。

其次,通过比较母本来自一方或另一方品系的杂交 F_1 代的情况,近交系可用于评估母本照料的净效应。例如,BALB/c 母本和 C57BL/6 父本的杂交 F_1 代可以与在遗

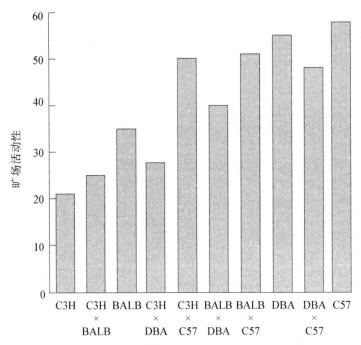

图 5.9 四个小鼠近交系旷场活动性的双列杂交分析。F_1 代品系按其近交亲本旷场活动性平均分值的高低来排序。(数据摘自 Henderson, 1967。)

传上相等的 C57BL/6 母本和 BALB/c 父本的杂交 F_1 代进行比较。在如图 5.9 所示的双列研究中,这两个杂交品种有几乎完全相同的分值,其他杂交系间的对比结果也是如此。这一结果表明来自母本的产前和产后环境效应对旷场活动性的影响并不是很重要。如果发现存在母本效应,那么通过由不同品系的母鼠交叉抚育其他品系的幼鼠,就可能分离产前和产后的效应。

第三,正如第 8 章所讨论的那样,近交系的环境可在实验室中进行操控从而研究基因型与环境之间的互作。一篇极具影响力的论文报道了一种**基因型-环境的互作**,该论文阐述,尽管旷场活动性的研究在跨实验室间的结果非常牢固可靠,但对于某些行为的研究由近交系评估出的遗传影响在跨实验室间的结果并不相同(Crabbe, Wahlsten, & Dudek, 1999b)。随后的研究表明,近交品系之间表现出较大品系差异的行为的等级顺序在实验室间是稳定的(Wahlsten et al., 2003)。例如,通过 50 多年对近交系自发运动和酒精偏好的研究比较,得到各品系等级排序相关性为 0.85 至 0.98(Wahlsten, Bachmanov, Finn, & Crabbe, 2006)。另一项对 2 000 多只远交小鼠的研究也显示,旷场活动性与实验条件变量之间几乎没有相互作用,如实验人员以及实验顺序等条件(Valdar et al., 2006b)。尽管如此,就近交系研究结果的普遍性而言，多实验室研究还是有价值的(Kafkafi, Benjamini, Sakov, Elmer, & Golani, 2005)。近交系也被更广泛地应用于检测基因-环境互作对各种各样行为表型和环境条件的影响。例如，模仿自闭症谱系障碍遗传学的小鼠系已被用作模型，以确定暴露于环境有毒物质中对自闭症谱系障碍和相关疾病的发展是否重要(Schwartzer, Koenig, & Berman, 2013)。

1922年至1973年间发表了1 000多项有关从遗传上定义小鼠系的行为研究(Sprott & Staats, 1975)，而且，进入20世纪80年代后研究的步伐开始加快。诸如此类的研究，在论证遗传学作用于大部分行为这一论点上发挥了重要作用。尽管，现在更复杂巧妙的遗传学分析使近交系研究相形见绌，但近交系研究仍然为检验遗传影响的存在提供了一种简便而高效的方法。例如，近交系最近已被用于筛选全基因组基因表达谱与行为之间的关联(Letwin et al., 2006; Nadler et al., 2006)，我们将于第10章回顾这一主题。

关键概念

选择育种：通过选择某种表型得分高的亲本，使其交配，并评估其后代以确定此选择所引起的反应，如此持续几代对该表型进行育种。双向选择研究也会从另一个方向进行选择，即从表型得分低的亲本进行选择。

近交系：一种由同胞配对繁衍至少20代而形成的动物品系（通常为小鼠），其个体在遗传上几乎完全相同。近交系的使用使得研究遗传和环境对行为的影响成为了可能。

鉴定基因和基因功能的动物研究

本章的第一部分描述了近交系和动物的选择研究如何提供直接实验来探究遗传的影响。相比之下，正如我们将在第6章中描述的那样，对人类行为的数量遗传学研究还仅限于不太直接的设计，主要是基于领养的教养实验，以及基于双生子的天性实验。同样，动物模型提供了比我们人类模型更强大的鉴定基因的方法，因为其基因和基因型可以通过实验来操控。第9章将描述鉴定人类基因的方法。

早在20世纪80年代DNA标记出现之前（更多关于DNA标记的信息，参见专栏9.1），单个基因和行为之间的关联就已被发现。第一个例子是1915年由染色体图谱的发明者A·H·斯特蒂文特(A. H. Sturtevant)发现的，他发现一种改变果蝇眼睛颜色的单基因突变也会影响它们的交配行为。另一个例子表明引起白化病的单隐性基因同时也会影响小鼠的旷场活动性，患有白化病的小鼠在旷场不太活跃。事实证明，这种效应主要归咎于白化小鼠对旷场的强光更为敏感。使用红灯则会减少视觉刺激，白化小鼠就会和正常体色小鼠几乎一样活跃。这些所举例的关系叫做**等位基因关联**，即某一特定等位基因与某种表型之间的联系。现在可以直接利用 DNA 本身中数百万个**多态性**，或者自然发生的 DNA 多态性来进行研究，比如决定眼睛颜色或白化病的基因，或者人工构建的突变，而不是仅使用已知其表型效应的基因，比如已知的眼睛颜色和白化病这些表型。

构建突变

除了研究自然发生的遗传变异外，遗传学家长期使用化学物质或 X 射线使 DNA 发生突变，从而识别影响复杂性状的基因，包括行为性状。本节重点关注在动物模型中利用突变筛选来识别影响行为的基因。

数以百计的行为突变体已经在不同的生物体中被构建出来，如各种细菌、线虫、果蝇、斑马鱼和小鼠（图 5.10）。有关这些模型和其他动物模型的遗传研究信息可从

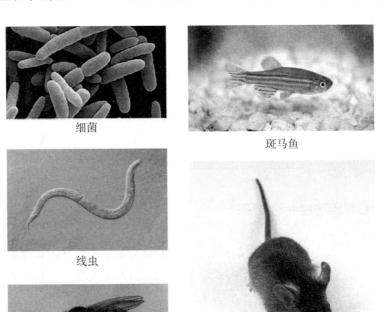

图 5.10　行为突变体已在细菌（放大 25 000 倍）、线虫（约 1 毫米长）、果蝇（约 2—4 毫米长）、斑马鱼（约 4 厘米长）和老鼠（刨除尾巴约 9 厘米长）中构建。（细菌：Scimat Scimat/Science Source/Getty Images。线虫：Sinclair Stammers/Science Source。果蝇：Biosphoto/Bartomeu Borrell。斑马鱼：Mirko_Rosenau/iStock/Getty Images。小鼠：Redmond Durrell/Alamy。）

http://www.nih.gov/science/models 网站上获取。这项研究表明，大多数正常行为受多基因影响。虽然单基因多个突变中的任何一个都有可能会严重扰乱动物行为，但正常的发育是由许多基因协同作用的。一个类比物是汽车，它需要数以千计的零件才能正常运转，如果任何一个零部件发生故障，汽车都可能无法正常运行。同样的道理，如果任何一个基因由于突变而发生损坏，它很可能会影响多种行为。换而言之，单个基因的突变会显著影响通常受多基因影响的某种行为。一个重要的原则是**多效性**，即单个基因对许多性状会产生影响。其推论是，任何复杂的性状都可能是多基因的，即会受许多基因的影响。此外，自然发生的遗传变异与实验产生的遗传变异之间也没有必然的关系。也就是说，构建一种影响行为的基因突变并不意味着该基因的自然变异与行为的自然变异相关。

细菌 虽然细菌的行为一点也不吸引眼球，但它们确实有行为活动。它们通过旋转其螺旋桨状的鞭毛来接近或远离多种化学物质。自1966年分离出细菌中的第一个行为突变体以来，已经构建的数十种突变体强调了在简单生物体中看似简单行为的遗传复杂性。例如，许多基因都参与了鞭毛的旋转和控制其旋转的持续时间。

线虫 在20 000种线虫（圆虫）中，秀丽隐杆线虫（*Caenorhabditis elegans*）长约1毫米，在土壤中生存周期为三周，尤其是在腐烂的植被中，它以细菌等微生物为食。非常方便的是，它也可以在实验室培养皿中生长。秀丽隐杆线虫曾被认为是一种无趣的、无特征的细胞管体，但现在它被成千上万的研究人员研究。它有959个细胞，其中302个是神经细胞，包括原始脑系统的神经元，即神经环。秀丽隐杆线虫具有研究价值的一个原因是，它的所有细胞都可以透过其透明身体用显微镜观察到。由于它的生命周期比较短，生长迅速，细胞发育的整个过程都可以被观察到。

它的行为比细菌等单细胞生物的行为更为复杂，并且其许多行为突变体已被识别（Hobert，2003）。例如，研究人员已确定影响运动、觅食行为、学习和记忆的突变（Ardiel & Rankin，2010；Rankin，2002）。对秀丽隐杆线虫的研究对遗传功能分析尤为重要，因为对于其每个细胞的发育命运及其302个神经细胞的连接图都已了解清楚。此外，它的20 000个基因中大多数是已知的，尽管我们对其中一半的功能还不清楚（http://www.wormbase.org/；Harris et al.，2010）。目前已知大约有一半的基因与人类基因相匹配。秀丽隐杆线虫是第一个通过完整测序获得1亿个碱基对基因组的动物（相当于3%的人类基因组大小）（Wilson，1999）。尽管行为实验分析有这些巨大的优势，但将基因、脑和行为之间进行联系却仍然很困难（Schafer，2005），我们将在第10章返回讨论这方面的经验。

果蝇 果蝇 *Drosophila* 大约有2 000种，是行为突变体方面的明星生物，自西莫尔·本则尔（Seymour Benzer）的开创性工作（Weiner，1999）以来，已有数百种果蝇被鉴定。其优点包括体积小（2—4毫米）、易于在实验室生长、繁殖周期短（约两周）、生育率高（雌性可在十天内产卵 500 个）。其基因组已于 2000 年完成测序。

果蝇的最早行为研究涉及对光（趋光性）和对重力（趋地性）的反应。正常果蝇会向光移动（正向趋光性）并远离重力移动（负趋地性）。许多构建的突变体会变为负趋光性或正趋地性。

数以百计的其他行为突变体，包括迟缓（*sluggish*，通常行动缓慢）、多动（*hyperkinetic*，通常行动快速）、易休克（*easily shocked*，双翅震动引起癫痫）和瘫痪（*paralyzed*，当温度超过 28℃时发生虚脱）。一种暴毙（*drop dead*）突变体是正常行走和飞行几天之后会突然背部着地而亡。更复杂的行为也被研究过，尤其是求偶和学习行为。在求偶和交配的多个方面都发现了行为突变体。有一种雄性突变体被称为无果实（*fruitless*），其既向雄性也向雌性求爱，但不进行交配。另一种雄性突变体在交配后无法抽离雌性，由此得了一个耻辱的头衔卡住（*stuck*）。第一个学习行为的突变体被称为愚笨者（*dunce*），无法学会避开与休克相关的气味，即使它有正常的感官和运动行为。

果蝇同样也提供了构建遗传嵌合体的可能性，即个体中突变的等位基因仅存在于体内的某些细胞中，而不存在于其他细胞（Hotta & Benzer, 1970）。随着个体的发育，携带突变基因的细胞的比例及分布因个体而异。通过比较特定部位携带突变基因的不同个体——用与突变基因一起遗传的细胞标记基因进行检测——就有可能确定某个突变基因在哪个部位对行为产生了影响。

最早的嵌合突变体研究涉及性行为和 X 染色体（Benzer, 1973）。针对果蝇的 X 染色体构建嵌合体：有些身体部位有两条 X 染色体，为雌性，而其他身体部位仅有一条 X 染色体，为雄性。只要靠近脑后部的一小块区域为雄性，求偶行为则表现出雄性特征。当然，性别并不是仅表现于脑部。神经系统的不同部分参与求偶行为的各个方面，比如轻拍双翅、"歌唱"和舔舐。成功的交配还需要雄性胸腔（包含果蝇变体的头部和腹部之间的脊髓），当然也需要雄性生殖器官（Greenspan, 1995）。

果蝇中的许多其他基因突变已被证明会影响行为（Sokolowski, 2001）。果蝇无与伦比的基因组资源（通常被称为**生物信息学**）确保了其在未来行为研究中的重要性（Matthews, Kaufman, & Gelbart, 2005）。例如，果蝇不同组织的基因表达数据可在互联网上进行查阅，（http://flyatlas.org 和 http://flyatlas.gla.ac.uk；Robinson, Herzyk, Dow, & Leader, 2013）。

斑马鱼 尽管像秀丽隐杆线虫和果蝇这样的无脊椎动物在行为遗传学研究上很有用，但行为的许多形式和功能的研究对脊椎动物来说却是全新的。斑马鱼以其水平条纹命名，在很多水族馆中非常常见，可生长至约 4 厘米，可生存 5 年。斑马鱼已成为研究早期发育的重要脊椎动物，因为其发育中的胚胎可以直接观察——不像哺乳动物的胚胎那样隐藏在母体内。此外，它的胚胎本身是半透明的。斑马鱼在感官与运动发育（Guo, 2004）、食物与阿片制剂偏好（Lau, Bretaud, Huang, Lin, & Guo, 2006）、包括攻击性在内的社会行为(Jones & Norton，2015；Miller & Gerlai，2007)、联想性学习(Sison & Gerlai，2010)、复杂的脑疾病(Kaluëff，Echevarria，& Stewart，2014)、饮酒(Sterling，Karatayev，Chang，Algava，& Leibowitz，2015)等行为遗传学研究中有非常重要的价值。人类约70%的基因与斑马鱼基因相似(Howe et al.，2013)。

小鼠和大鼠 小鼠是用于突变筛选的主要哺乳动物物种(Kile & Hilton，2005)。数百个携带影响行为的突变的小鼠系已被构建(Godinho & Nolan，2006)。其中许多以冷冻胚胎的形式保存，可以按订购需求"再生"。描述突变引起的行为和生物学效应的资源可供使用(如 http://www.informatics.jax.org/)。目前正在进行的主要研究是利用化学诱变技术筛选小鼠，在针对复杂性状的一系列测量中找到相关的突变(Kumar et al.，2011)，并了解生物信息的传递过程，从分子到细胞再到复杂表型，以及中间的所有步骤，即系统遗传学(Civelek & Lusis，2014)。行为筛选是这些举措的一个重要组成部分，因为行为可能是突变效应的一个特别敏感的指标(Crawley，2003；Crawley，2007)。

继人类之后，小鼠成为了另一个哺乳动物全基因组测序的目标，并已于2001年完成测序(Venter et al.，2001)。大鼠因其更大的尺寸成为了生理学和药理学研究中最受欢迎的啮齿动物，其在基因组学研究中也表现出强大的优势(Jacob & Kwitek，2002；Smits & Cuppen，2006)。大鼠基因组测序已于2004年完成(Gibbs et al.，2004)。啮齿动物的生物信息学资源迅速增长，目前大鼠的基因组数据库可供使用(http://rgd.mcw.edu/；Shimoyama et al.，2015)。

靶向突变 除了突变筛选，小鼠也是用于构建**靶向突变**以敲除特定基因表达的主要哺乳动物物种。靶向突变是以特定方式改变某个基因从而使其功能发生变化的过程(Capecchi，1994)。最常见的基因被"敲除"是指通过删除关键的DNA序列从而阻止该基因被转录。许多技术对基因产生更为微妙的变化来影响对基因的调控；这些变化会导致基因的低表达或超表达，而不是完全将其敲除。在小鼠中，突变基因被转移到胚胎中(当突变基因来自另一个物种时，此技术被称为**转基因**)。一旦获得**敲除**基因的纯合小鼠，就可以研究被敲除的基因对行为的影响。

超过20 000个基因敲除的小鼠系已被构建，其中有很多会影响行为。例如，超过200个基因已被基因工程改造以影响机体对酒精的反应(Crabbe，Phillips，& Belknap，2010；Koscielny et al.，2014；也可参见 http://www.mousephenotype.org/)。另一个例子是雄性小鼠的攻击性行为，这也是基因工程改造的效果(Maxson，2009)。对国际联盟创建的250个基因敲除的小鼠系进行成鼠表型的系统性筛选，可重复出已知表型，也为已知基因鉴定出许多新的表型(White et al.，2013)。

基因靶向策略并非没有其局限性(Crusio，2004)。基因敲除小鼠存在的一个问题是靶向基因在其整个生命周期里都处于失活状态。在发育过程中，机体会通过尽可能地补偿敲除基因后缺失的功能来应对。例如,删除编码多巴胺转运蛋白的基因(该蛋白负责通过将神经递质转移回突触前终端来失活多巴胺能神经元),会导致小鼠在全新的环境中极度活跃(Giros, Jaber, Jones, Wightman, & Caron, 1996)。这些基因敲除的突变体在整个多巴胺能系统中会表现出复杂的补偿,该系统不是专门由多巴胺转运体本身决定(Jones et al., 1998)。然而,在大多数情况下,对基因功能丧失的补偿是研究人员所看不到的,必须谨慎行事以避免将补偿导致的变化归结于基因本身的作用。这些补偿性过程可以通过构建调控元件的条件性敲除来克服;这些条件性突变能够实现在动物生命周期的任何时候开启或关闭基因表达的可能性,或者靶向脑的某些特定区域(例如,White et al., 2013)。

基因沉默 与改变DNA的敲除研究不同,另一种方法是使用双链RNA"敲减"具有相同序列的基因的表达(Hannon, 2002)。**基因沉默**技术于1997年被发现,并于2006年获得诺贝尔奖(Bernards, 2006),被称为 *RNA 干扰(RNAi)* 或 *小干扰 RNA (siRNA)*,因为它可以降解与其互补的RNA转录本(http://www.ncats.nih.gov/rnai)。siRNA试剂盒现已商品化,几乎可以靶向人类和小鼠基因组中的所有基因。仅2010年就有8 000多篇关于siRNA的论文发表,主要表明使用细胞培养将siRNA输送至细胞已不成问题。不过,行为分析所必需的活体动物模型研究也已经开始。尽管将siRNA输送至脑仍然是个问题(Gavrilov & Saltzman, 2012; Thakker, Hoyer, & Cryan, 2006),但在小鼠脑中注射siRNA对行为的敲减结果达到了与敲除研究类似的预期效果(Salahpour, Medvedev, Beaulieu, Gainetdinov & Caron, 2007)。siRNA有希望将很快应用于治疗(Kim & Rossi, 2007),例如,用于预防呼吸道病毒感染(Yin et al., 2014)。

CRISPR 基因编辑 一个令人兴奋的改变特定基因序列的新方法,称为*CRISPR/Cas9* 系统。CRISPR/Cas(规律成簇的间隔短回文重复序列)、Cas9(CRISPR 相关蛋白酶9)是一种酶系统,工作原理有点类似于RNAi,切割外来DNA并将自己插入该DNA中(Doudna & Charpentier, 2014)。CRISPR/Cas9变得很流行是因为它几乎可以切割任何DNA序列,这使在任何物种中添加或删除特定基因、碱基对都变得相对容易(Haimovich, Muir & Isaacs, 2015)。研究表明它可以用来改变人类的生殖系统,因此引起了越来越多人的关注(Lanphier, Urnov, Haecker, Werner, & Smolenski, 2015)。

关键概念

突变:DNA碱基对序列中一个可遗传的变化。

靶向突变:以特定方式改变一个基因以改变其功能,比如基因敲除。

基因沉默:抑制一个基因的表达。

数量性状基因座

构建一个对行为有重大影响的突变并不意味着该基因对此行为负有具体责任。此前以汽车作为类比，许多零部件中的任何一个都有可能会出错，从而使汽车无法正常运行。尽管出现故障的这个零部件带来很大的影响，但该部件仍然只是正常运行所需的众多部件之一。此外，人工构建的基因突变未必是造成数量遗传研究中检测到的自然发生的遗传变异的原因。鉴定影响行为的自然遗传变异的相关基因，只在最近几年才成为可能。困难之处在于，我们寻找的不是一个有重大影响的单一基因，而是寻找众多基因，其中每个基因都具有相对较小的**效应量——数量性状基因座（QTL）**，这一术语主要用于农业遗传学（Wallace，Larsson，& Buckler，2014）。

动物模型在探索 QTL 时特别有用，因为遗传和环境都可以在实验室中被操纵和控制。用于自然遗传变异和行为研究的动物模型主要是小鼠和果蝇 Drosophila（Kendler & Greenspan，2006）。虽然本节强调对小鼠的研究，但类似的方法已被用于果蝇（Mackay & Anholt，2006）并应用于许多行为的研究中（Anholt & Mackay，2004），比如攻击行为（Shorter et al.，2015）、酒精使用（Grotewiel & Bettinger，2015）、回避行为（Ghosh et al.，2015）、交配行为（Moehring & Mackay，2004）、气味引导行为（Sambandan，Yamamoto，Fanara，Mackay，& Anholt，2006），以及运动行为（Jordan，Morgan，& Mackay，2006）。此外，如上一节所述，对大鼠的行为遗传研究也在迅速增加（Smits & Cuppen，2006）。

在动物模型中，基因连锁可通过利用孟德尔杂交追踪已知染色体定位的标记与单基因性状的共同传递来识别，如图 3.6 所示。当结果违反孟德尔第二定律独立分配时，建议考虑基因连锁，这在第 9 章中也有描述。然而，正如前几章所强调的，行为维度和疾病很可能受许多基因的影响；因此，任何一个基因都可能仅有很小的影响。如果许多基因对行为起作用，那么行为性状就会量化分布。我们的目标是在许多影响数量性状的基因中找到一些数量性状基因座（QTL）。

F_2 杂交 尽管基因连锁技术可以扩展到探讨数量性状，但大多数动物模型 QTL 分析使用等位基因关联，此方法对于检测 QTL 预期的小效应量来说更为强大。等位基因关联是指等位基因与性状之间的关联。例如，DNA 标记的等位基因频率可用来比较某一数量性状高或低的动物群体。这种方法已用于小鼠的旷场活动（Flint et al.，1995）。F_2 小鼠来自旷场活动性高家系和低家系之间的杂交，随后再进行 30 多代的兄弟-姐妹近亲杂交。每只 F_2 小鼠都有来自原始亲本系的独特等位基因组合，因为从 F_1 亲本系遗传的每条染色体中平均均有一次重组（图 3.7）。对最活跃和最不活跃的 F_2 小鼠进行了 84 个 DNA 标记，这些标记分布在小鼠染色体上，以确定与旷场活动相关的染色体区域（Flint et al.，1995）。该分析简明地比较了最活跃和最不活跃组的标记等位基因频率。此方法已应用于如药物偏好等其他行为的研究(Doyle et al.，2014)。

图 5.11 显示了第 1、12 和 15 号染色体上与旷场活动性相关的 QTL 的区域。15 号染色体上的 QTL 主要与旷场活动性有关,而不是与其他恐惧性测量有关,这一观察结果表明,可能存在特定的与旷场活动性相关的基因。另一方面,1 号和 12 号染色体上的 QTL 区域与其他恐惧性测量有关,这些关联表明这些 QTL 区域会影响恐惧的不同衡量结果。随后,用最初选择来做旷场活动的重复组的近交系,进行了两个大型的 ($N=815$ 和 821) F_2 杂交实验,来绘制 QTL 图谱(Turri, Henderson, DeFries, & Flint, 2001)。这项研究结果既证实又扩展了弗林特(Flint)等人以前报道的研究发现(1995)。再次证明了在 1、4、12、15 号染色体上的 QTL 区域与旷场活动性有关,并获得在 7 号染色体和 X 染色体上存在额外 QTL 的新证据。一个例外是在迷宫的封闭

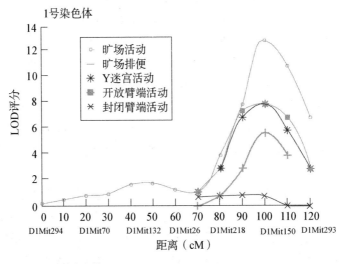

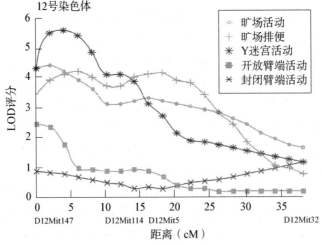

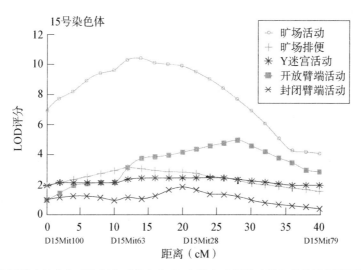

图 5.11 旷场活动性高家系和低家系的杂交 F_2 小鼠在旷场活动性和其他恐惧性测量中所得到的 QTL。五个测量是：(1)旷场活动(OFA)、(2)旷场排便、(3)Y 迷宫活动、(4)进入开放的高架十字迷宫的臂端，以及(5)进入封闭的高架十字迷宫的臂端(此项不属于恐惧性测量)。LOD(对概率取以 10 为底的对数)评分表示效果的强度；3 分或更高的 LOD 评分通常被认为效果显著。厘摩(cM)为单位的距离表示染色体上的位置，每个厘摩大致对应 1 百万个碱基对。在距离刻度的下方列出了用于小鼠基因检测和定位的特定短序列重复标记。(经允许转载自"A simple genetic basis for a complex psychological trait in laboratory mice" by J. Flint et al. *Science*, 269, 1432 – 1435. © 1995 American Association for the Advancement of Science. 版权所有。)

臂中探索(参见图 5.11)，这被作为对照纳入研究，因为其他研究表明，这种测量与恐惧测量没有遗传相关性。一些研究也报道了 1 号染色体远端标记与情绪行为数量测量之间的联系，尽管很难鉴定负责该关联的具体基因(Fullerton, 2006)。

异质种系与商品化远交系 由于 F_2 小鼠的染色体在其母本和父本染色体之间平均只有一个交叉，尽管该方法具有良好地识别 QTL 区域在哪条染色体上的能力，但它对精确定位几乎没有分辨能力。换而言之，利用 F_2 小鼠发现的 QTL 关联仅指向笼统的"邻域"，而不是指向特定位点。QTL 的邻域通常非常大，大约有 1 000 万到 2 000 万个 DNA 碱基对，其中可能包含成千上万个基因。一种增加分辨能力的方法是使用染色体被更大程度重组的动物，可将两个近交系进行多代杂交(深度异质杂交) (Darvasi, 1998)或者将多个近交系(异质种系)进行多代杂交(Valdar et al., 2006a)。后者被用于恐惧性 QTL 研究，提高了 30 倍的分辨能力(Talbot et al., 1999)。旷场活动性分值处于前 20% 和后 20% 的小鼠是从 751 只异质种系小鼠中挑选出来的。结果证实了 1 号染色体的标记与情感之间的关联，这种关联更接近于 1 号染色体 70 - cM 区域，而不是早先研究发现的 100 - cM 区域(参见图 5.11)。另外发现在 12 号染色体也存在 QTL 的一些证据，但并没有发现 15 号染色体的证据。使用商品化远交系小鼠可获得分辨率更高的图谱(Yalcin et al.，2010)。例如,使用商品化远交系小鼠,1号染色体与情感的关联被定位于一个仅包含单个基因的区间(Yalcin et al.，2004)。商品化远交系是小鼠**全基因组关联研究**的资源,它具有鉴定行为所涉及的多个基因的潜力。这种深度异质杂交技术也被用于其他物种,比如果蝇(Long, Macdonald, & King, 2014),用来研究例如攻击性行为(Shorter et al.，2015)。

小鼠的QTL研究大多集中在**药物遗传学**领域,在这个领域研究人员研究遗传对药物反应的影响。数十种药物反应的QTL已被定位,比如饮酒、酒精性右反射作用丧失、急性酒精中毒和戊巴比妥戒断、可卡因诱发癫痫、吗啡偏好和镇痛(Crabbe et al.，2010; Crabbe, Phillips, Buck, Cunningham, & Belknap, 1999a)。在某些情况下,一个已定位QTL的位置足够接近先前已定位并已知其功能的基因,从而使该基因的研究为人类研究提供丰富的信息(Ehlers, Walter, Dick, Buck, & Crabbe, 2010)。药物遗传学的QTL定位研究也已扩展至大鼠模型(Spence et al.，2009)。

重组近交系 另一种用于鉴定行为QTL的方法涉及到特殊近交系,称为**重组近交(RI)系**。RI系是两个近交系的杂交F_2代;此过程导致亲本系的部分染色体发生重组(图5.12)。数以千计的DNA标记在RI系定位,从而使研究人员能够使用这些标

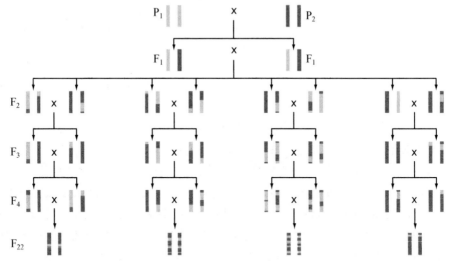

图5.12 通过两个亲本近交系杂交构建一系列重组近交系。F_1代在所有位点都是异质的,与亲本系不同。F_1代小鼠杂交产生F_2代小鼠,等位基因从亲本系分离,因此每个F_2小鼠在遗传上都是独一无二的。通过将F_2小鼠与其兄妹-姐妹近交配对繁殖多代后,重组持续直至每个RI系被同源地固定在每个基因上,因此单一的等位基因会从一个或另一个祖源近交系所继承。与F_2杂交不同,RI系是遗传稳定的,因为每个品系都是近交配对产生的。这意味着对于一组RI系只需进行一次DNA标记的基因型分析,或只需进行一次行为的表型分析,而这些数据可用于同样使用这组RI系的任何其他实验。与F_2杂交相似,QTL关联可以通过比较RI系的数量性状分值来检测,而这些RI系的特定DNA标记基因型不同。

记来鉴定行为相关的 QTL,无需任何额外的基因型分析(Plomin & McClearn,1993)。RI QTL 方法的特殊价值是让所有研究人员能够研究本质上相同的动物,因为 RI 系是高度近亲交配的近交系。RI QTL 分析的这一特性意味着每个 RI 系只需进行一次基因型分析,就可以跨测量方法、跨研究和跨实验室来评估遗传相关性。该 QTL 分析本身与之前讨论的 F_2 QTL 分析非常相似,不同之处是,RI QTL 不是比较具有重组基因型的个体,而是一种比较重组近交系的试验方法。RI QTL 分析也侧重于药物遗传学。例如,RI QTL 研究已经证实了利用 F_2 杂交发现的对酒精反应的一些关联基因(Buck, Rademacher, Metten, & Crabbe, 2002)。结合 RI 和 F_2 QTL 方法的研究也在鉴定酒精相关行为的基因方面取得了进展(Bennett, Carosone-Link, Zahniser, & Johnson, 2006; Bennett et al., 2015)。

RI QTL 方法最初遇到的一个问题是,当时只有几十个 RI 系可用,这意味着只有较大效应量的关联可以被检测到。并且,很难定位到负责关联的特定基因。一个重大的进展是构建了一个新 RI 系列,其中包括通过八个近交系间杂交得到的多达 1000 个 RI 系(Chesler et al., 2008)。当八个近交系杂交时,所得 RI 系会显示出比图 5.12 中两系构建的 RI 示例更大程度的重组;它们还将产生足够的能力来检测中度效应量的 QTL 关联。被称作协同杂交的项目现已开始提供宝贵的资源,不仅可用于鉴定复杂性状相关的基因,还可用于包括基因表达、神经、药理和行为数据在内的复杂系统的综合分析(Aylor et al., 2011; Buchner & Nadeau, 2015),正如第 10 章所述。此外,协同杂交小鼠在近交的不同阶段会进行异质杂交,以构建具有不同程度亲缘关系的小鼠(Svenson et al., 2012)。由此得到的多样化远交种群可作为对协同杂交种群的补充,以帮助提高 QTL 定位的精准性及其行为表型的相关性(Chesler, 2014)。

一个类似于使用 RI 系的策略是**构建染色体替代系(CSS)**,在帮助阐明小鼠复杂性状的遗传因素上非常有用。通过将供体近交系的单个染色体导入宿主近交系的背景中来构建 CSS,从而产生一组由 22 个小鼠品系构成的群体,这些来自两个良好表征的近交系的小鼠仅在单个染色体上存在差异(Singer et al., 2004)。CSS 已被证明在鉴定 QTL 方面非常强大,如鉴定体重和活动水平等性状的 QTL(Buchner & Nadeau, 2015)。

共线同源性

在小鼠中发现的 QTL 可作为人类研究的候选 QTL,因为几乎所有的小鼠基因都类似于人类基因。此外,与小鼠行为相关的染色体区域在人类研究中可用作候选区域,因为小鼠的部分染色体与人类部分染色体具有相同的顺序,这种关系被称为**共线同源性**。小鼠染色体上大约有 200 个染色体区域就像被重新洗牌后分布到人类不同的染色体上(有关共线同源性的详情请参阅 http://www.informatics.jax.org/)。例如，图 5.11 所示的和旷场活动性相关的小鼠 1 号染色体区域与人类有着相同的基因顺序，而且恰好是人类 1 号染色体长臂的一部分，尽管共线区域通常位于小鼠和人类的不同染色体上。由于这些发现，人类 1 号染色体的这个区域已经被认为是导致人类焦虑症的候选 QTL 区域，其与人类 1 号染色体共线区域的关联已经在几项大型研究中被报道(如，Ashbrook, Williams, Lu, & Hager, 2015；Fullerton et al. , 2003；Nash et al. , 2004)。小鼠和人类染色体共线区域的 QTL 也被报道用于研究酒精使用的行为(Ehlers et al. , 2010)。

总结

动物行为的数量遗传学研究为遗传影响行为提供了强有力的测试。这些研究包括选择研究和近交系研究；通过这些方法的使用，对于基因和环境如何影响行为我们学到了很多。例如，对小鼠的研究有助于阐明基因是如何参与恐惧性和攻击性行为的，并且目前对小鼠的酒精相关行为已经有了很多研究。动物行为研究也被用来鉴定基因。许多行为突变体是从对单细胞生物、线虫、果蝇和小鼠等多种生物的化学诱导突变研究中发现的。这种单基因突变和行为之间的关联通常强调一个观点，即单基因的破坏会极大地影响通常受多基因影响的行为。近交系的杂交实验是鉴定遗传和行为关联的有力工具，甚至可以鉴定许多基因参与的复杂数量性状。几种小鼠行为的数量性状位点(QTL)已被鉴定，如恐惧性和对药物的反应。

第 6 章

天性、教养和人类行为

大多数行为性状比亨廷顿舞蹈症和苯丙酮尿症(参见第3章)这样的单基因疾病要复杂得多。复杂特征和疾病受遗传影响,但这种影响不仅仅来自一个基因,通常涉及到多个基因,也涉及多重环境。本章旨在介绍我们可以用于研究人类复杂行为性状的遗传影响的方法。第5章描述了如何通过动物模型检测复杂的行为性状。天性与教养这两个词,在此领域有一段丰富而有争议的历史,但它们在本文中,仅作为广义分类,分别表示遗传和环境的影响。它们并非各自完全独立——第8章将讨论这两者的互作。基因与环境互作的重要意义交织贯穿全书。

关于行为性状需要问的第一个问题是,遗传是否至关重要。对单基因疾病而言,这并不是问题,因为明显遗传是很重要的。例如,对于像亨廷顿舞蹈症基因这样的显性基因,即使你不是遗传学家,也会注意到每个患者都有一位患病的父母。隐性基因的传递并非那么容易观察到,但预期的遗传方式是明确的。对人类复杂的行为性状而言,天性实验(双生子)和教养实验(收养)被广泛应用于估算遗传和环境的净效应。这些研究方法所依据的理论称为数量遗传学。使用数量遗传学估算个体间观测差异程度的原因,是由于存在各种类型的遗传差异和环境差异,但并不确定产生作用的具体基因或环境因素。既然遗传很重要——而且对于像行为这样的复杂性状几乎总是如此——那么现在就可以采用分子遗传学方法来鉴定特定的基因,这是第9章的主题。行为遗传学采用数量遗传学和分子遗传学的方法研究行为。使用遗传敏感设计也更利于鉴定特定的环境因素,这是第7章的主题。

人类行为遗传学研究

用数量遗传学方法研究人类行为,不如第5章中描述的动物方法那样有效、直接。人类研究并不使用遗传定义明确的种群,如近交系小鼠,或对环境进行实验操控,而是局限于观察自然发生的遗传和环境变异。尽管如此,收养和双生子提供了可用于检测天性和教养相对影响的实验条件。正如第1章中所提及的,过去三十年来人们对遗传学的日益重视是行为科学最引人注目的转变之一。这种转变很大程度上是由于收养和双生子研究数据的不断积累,这些研究一致指出遗传学对于行为性状甚至是复杂心理特质都发挥着重要作用。

收养设计

很多行为"世代相传",家族相似性可归咎为天性,或教养,或两者兼而有之。解开家族相似性的遗传和环境源头之谜最直接的方式就是收养。收养使一组有亲缘关系的个体被分开而不再共享同一个家庭环境,他们的相似性程度用于评估遗传对家族相似性的作用。

收养还产生了被收养的家庭成员,他们在遗传上与原家庭成员无亲缘关系但共享同一个家庭环境。他们的相似程度用于评估家庭环境对家族相似性的作用。通过这种方式,我们就可以从收养设计中推断出天性和教养的贡献。如前所述,数量遗传学研究自身并不会鉴定出特定基因或环境因素。在数量遗传学设计中可以把对基因和环境的直接测量合并,目前有一些此类研究正在进行中(第7章)。

以父母与子女为例。**家系研究**中的父母是"遗传+环境"的父母,因为他们与其子女既存在遗传关联又共享环境。收养过程造就了"遗传的"父母和"环境的"父母(图6.1)。"遗传的"父母是亲生父母,在子女出生后不久就将其交给别人收养。亲生父母与其被收养的子女之间的相似性直接评估出遗传对亲代-子代间相似性的作用。"环境的"父母是养父母,他们收养遗传上无亲缘关系的孩子。当被收养子女从婴儿期就被收养,养父母与其收养子女之间的相似性直接评估出生后的环境对亲代-子代相似性的作用。对被收养子女的其他环境影响还来自其生母提供的产前环境。遗传的影响也可以通过比较"遗传+环境的"家庭与只共享相同家庭环境的收养家庭来评估。

图6.1 收养是一个研究教养的实验,它造就了"遗传的"亲属(亲生父母及其被收养子女;分开收养的同胞)和"环境的"亲属(养父母及其收养子女;收养于同一收养家庭的遗传上无亲缘关系的孩子)。这些"遗传的"和"环境的"亲属的相似性可以用来检验通常情况下"遗传+环境的"亲属间的相似性在多大程度上取决于天性或教养。

"遗传的"同胞和"环境的"同胞一样可以被研究。"遗传的"同胞是早年就因分开收养而在不同家庭长大的全同胞。"环境的"同胞是指一对被同一家庭抚养的遗传上无亲缘关系的孩子。这种同胞关系可以是两个孩子在生命早期被同一养父母收养而形成,也可以是被收养孩子与养父母的亲生孩子在同一个家庭成长而形成,或者在继亲家庭中父母各从前一次婚姻中带一个孩子而形成。如附录中所述,这些收养设计可以更精确地描绘为路径模型用于**模型拟合**,以测试模型拟合度、比较替代模型,以及估算遗传和环境影响(参见附录;Boker et al., 2011; Boker et al., 2012)。

收养研究经常为遗传对行为性状的影响研究提供证据,虽然结果取决于研究的性状和被收养儿童的年龄。具体来说,尽管存在基因-环境互作的证据,但是对于婴儿和学步期儿童行为的研究结果发现遗传的主要效应甚微(如,Natsuaki et al., 2010)(参见第8章)。当研究儿童后期的行为性状,比如认知能力或其他行为结果时,遗传因素似乎就变得很重要(Plomin, Fulker, Corley, & DeFries, 1997)。

图6.2概括了一般认知能力的收养结果(详情参见第11章)。即使因收养而分离,并不共享家庭环境,"遗传的"母与子女以及"遗传的"同胞之间仍有显著的相似。你可以看出遗传占"遗传+环境的"父母与同胞相似性的一半左右。家族相似性的另一半似乎可以用共享家庭环境来解释,通过养父母与被收养子女之间的相似性及**收养同胞**之间的相似性来直接评估。第7章描述了一个重要发现,即共享环境对认知能力的影响从儿童期到青春期呈急剧下降趋势。

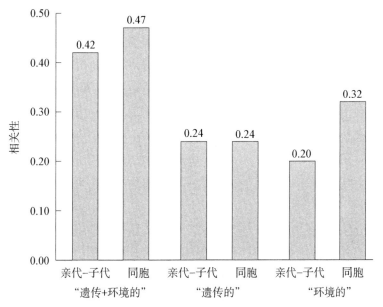

图6.2 收养数据表明,家族认知能力的相似性既取决于遗传相似性,又取决于环境相似性。"遗传的"亲属指遗传上相关但因收养而分开的亲属。"环境的"亲属指遗传上无关但因收养而在同一个家庭生活的亲属。(数据来自 Loehlin, 1989。)

> **专栏6.1 精神分裂症的首项收养研究**
>
> 环境决定论，即主张"我们是习得的我们"的假说，一直主导着行为科学，直到20世纪60年代，承认天性与教养同样重要这样更为平衡的观点出现。这个重大转变的原因之一是赫斯顿于1966年报告的一项关于精神分裂症的收养研究。虽然数十年来，双生子研究表明了遗传影响的存在，但人们还是普遍认为环境是精神分裂症的根源，是由和父母的早期互动引起的。
>
> 赫斯顿采访了47名成年的被收养者，且其母亲均有精神分裂症住院史。他将他们的精神分裂症发病率，与亲生父母无精神病史的被收养者对照组的发病率进行比较。在这47位生母为精神分裂症患者的被收养者中，有5名被收养者因精神分裂症住院，其中3名慢性精神分裂症住院治疗已经好些年了。而对照组的被收养者中无一人患精神分裂症。
>
> 精神分裂症生母的被收养子女的精神分裂症发病率为10%，这种风险与患精神分裂症双亲所抚养长大的子女的精神分裂症风险相近。这些发现不仅表明遗传对精神分裂症起主要作用，而且表明抚养环境几乎不影响发病。当亲生父母患有精神分裂症时，一出生即被收养的子女与由患精神分裂症的亲生父母抚养的子女，患精神分裂症的风险率一样高。
>
> 其他几项收养研究也证实了赫斯顿的研究结果。他的研究是名为被收养者研究方法的一个范例，因为该研究中的精神分裂症发病率是在精神分裂症生母的被收养子女中调查而获得的。第二种主要策略称为被收养者家系法。不同于从双亲着手研究，这一方法是从患病的被收养者（先证者）和未患病的被收养者着手。对被收养者的亲生家庭和收养家庭的疾病发病率进行评估。如果患病的被收养者亲生亲属的发病率，比未患病的对照组被收养者的亲生亲属发病率更高，表明存在遗传影响。如果患病被收养者的收养亲属发病率，高于对照组被收养者的收养亲属发病率，表明存在环境影响。
>
> 第13章对精神分裂症的这些收养研究方法和研究结果进行了阐述。

遗传学研究最令人惊叹的研究结果之一，是对于大部分心理特质而言，亲属之间的相似性都是由共享遗传而不是共享环境导致的。例如，患精神分裂症的风险对于患精神分裂症父母的后代来说在任何情况下都很大，无论是由亲生父母抚养还是出生时就由养父母抚养。这一发现意味着共享家庭环境对拥有该心理特质的家族相似性的作用并不重要。但这并不意味着一般情况下环境乃至家庭环境不重要。正如第7章所讨论,诸如收养研究之类的数量遗传学研究为环境影响的重要性提供了最佳证据。精神分裂症先证者的一级亲属与先证者有50%的遗传相似性,但他们的患病风险仅为10%左右,而非50%。此外,尽管家庭环境并不造成家庭成员在大多数性状上的相似性,但这些因素可能导致家庭成员之间的差异,即**非共享环境影响**(第7章)。

伦纳德·赫斯顿(Leonard Heston)于1966年报告了首项精神分裂症的收养研究,这是一项对扭转局面影响巨大的经典研究,这种扭转是从假设精神分裂症完全由早期家庭经历引起,转变为承认遗传学的重要性(专栏6.1)。专栏6.2讨论了收养研究中的一些方法学问题。

双生子设计

另一个区分亲属间相似性的遗传来源与环境来源的主要方法涉及双生子(Segal, 1999)。同卵双生子,也被称为**单卵(MZ)**双生子,因为他们由一个受精卵(合子)发育而来,在遗传上完全相同。如果遗传因素对某一性状很重要,这些遗传上完全相同成对的个体必定比只有50%遗传相似性的一级亲属更为相似。相较于将同卵双生子与非双生同胞或其他亲属进行对比,自然界提供了一个更好的对照组:异卵(**双卵**,或**DZ**)双生子。与同卵双生子不同,异卵双生子由不同的受精卵发育而来;他们是一级亲属,与其他同胞一样在遗传上有50%的相似性。半数异卵双生子是同性别的,而另一半则是异性别的。双生子研究通常侧重于同性别异卵双生子,因为同卵双生子总是同性别的,同性别异卵双生子是更好的对照组。如果遗传因素对于某一性状很重要,那么同卵双生子必定比异卵双生子在该性状上更为相似。(有关双生子方法的更多详情请参见专栏6.3)

如何断定同性别双生子是同卵双生还是异卵双生呢?DNA标记可以分辨出来。如果一对双生子的DNA标记不同(排除实验误差或新突变,即新发突变),那么他们必定是异卵的,因为同卵双生子在遗传上几乎完全相同。如果分析了许多标记,未发现差异,那么这对双生子非常可能是同卵。诸如眼珠颜色、发色、毛发质地等体貌特征均可用类似方式来判断双生子究竟是同卵还是异卵。这些特征是高度可遗传的,并受许多基因的影响。如果一对双生子在这些特征上有任何一个不同,那么他们极可能是异卵;如果他们如此多特征都相同,那么他们很可能是同卵。在大多数情况下,分辨双生子是同卵还是异卵并不困难(图6.3)。事实上,有一个问题就很管用,因为它概括了许多这样的体貌特征:在双生子年幼时,区分他们有多困难?被误认为是另一个人,需要许多遗传性的体貌特征是完全相同的。与DNA标记结果相比,利用体貌相似性来确定双生子究竟是同卵还是异卵的准确性一般超过95%(如,Christiansen et al., 2003b; Gao et al., 2006)。

> **专栏 6.2　收养研究存在的问题**
>
> 收养设计就像一种解开家族相似性的天性和教养起因之谜的实验法。首项调查 IQ 的收养研究报道于 1924 年(Theis, 1924)。精神分裂症的首项收养研究报道于 1966 年(参见专栏 6.1)。由于过去 50 年来美国国内收养数量的减少,收养研究变得越来越难以进行。随着避孕和堕胎的增加,以及越来越多的未婚母亲决定自己抚养孩子,国内收养变得越来越少见。然而,国际收养有所增加,收养的儿童通常在 1 岁及以上。
>
> 关于收养研究的一个问题是是否具有代表性。如果亲生父母、养父母或收养子女不足以代表其他人群,收养研究结果的可推广性会受到影响。然而,与方差相比,均值更容易受到影响,而遗传估算主要依赖于方差。例如,在以群体为基础的科罗拉多收养项目(Petrill, Plomin, DeFries, & Hewitt, 2003)中,亲生父母和养父母似乎较好地代表了非收养父母,被收养儿童似乎较合理地代表了非收养儿童。类似研究结果的代表性也在早期生长发育研究中发现(Leve et al., 2013b)。然而其他收养研究有时表现出较差的代表性。收养家庭环境的范围限制也会约束收养研究的推广性(Stoolmiller, 1999),尽管至少一项研究发现即便有范围限制,但这对儿童发育并不造成重要影响(McGue et al., 2007)。
>
> 另一个问题涉及产前环境。因为生母为她们被收养的子女提供了产前环境,所以生母和被收养子女间的相似性可能反映了产前环境影响和遗传影响。收养研究的一个优势是,通过比较生母和生父的相关性,可以独立于产后环境测试产前效应。虽然研究生父更困难,但有关生父的小样本研究显示了与研究生母相似的结果,涉及一系列行为,包括幼儿的执行功能、内化问题(Leve et al., 2013a; Brooker et al., 2014)与成年被收养者受教育程度和物质使用(Björklund, Lindahl, & Plug, 2006; Kendler, ohlsson, Sundquist, & Sundquist, 2015)。这一问题的另一个解决方法是比较被收养者的同母异父半同胞(母系半同胞)与同父异母半同胞(父系半同胞)。就精神分裂症而言,患精神分裂症的被收养者的父系半同胞显示出与母系半同胞相同的精神分裂症患病风险,一项观测数据表明产前因素可

如果某一性状受到遗传影响,那么同卵双生子必定比异卵双生子更为相似。然而,MZ 双生子的更大相似性也可能是由环境而非遗传造成的,因为 MZ 双生子同性别、同年龄,并且看起来很相像。双生子方法的**等量环境假设**认为由环境引起的相似

能对精神分裂症的发展并不十分重要(Kety, 1987)。另一个区分遗传影响效应和产前环境影响效应的策略是,直接测量产前环境,比如生母孕期的抑郁症状。早期生长发育研究已发现当产前环境影响被纳入模型时,它们会对儿童行为表现产生效应,然而纳入遗传影响后经常减少或消除这些直接的产前影响(Pemberton et al., 2010; Marceau et al., 2013; Leve et al., 2013a)。换而言之,看起来像是产前环境造成的效应可能是还是归因于遗传影响。

过去二十年来,美国大多数国内收养在某种程度上是"开放的"。这意味着亲生父母和养父母家庭互相认识或与第三方及被收养子女分享彼此的信息。正在进行的关于国内收养的研究已经检测了收养的开放程度对养父母和亲生父母的角色定位的影响,并发现一般而言,更开放的收养与更好的心理健康有关(Ge et al., 2008)。收养的开放性引起一些担忧,关于被收养儿童的抚养环境在多大程度上真正独立于亲生父母遗传影响。这个领域大部分的研究表明,即使亲生父母、养父母、被收养子女之间可能存在接触,这种接触也是相对较少的,当作为分析中的加性变量被包括进去,开放性不会发挥重要作用。

最后,**选择性安置**把因收养而分开的"遗传的"亲属安置到相关的环境中,会掩盖天性和教养的相互独立性。例如,如果将最聪明的亲生父母的被收养子女,安排给最聪明的养父母收养,就会发生选择性安置。如果选择性安置对亲生父母和养父母进行了匹配,那么遗传影响会夸大养父母与其收养子女之间的相关性,而环境影响可能夸大亲生父母与其被收养子女的相关性。如果能够获得亲生父母和养父母的资料,我们可以直接估算选择性安置的效应。如果在收养研究中发现了选择性安置,在解释遗传和环境研究结果时必须考虑其效应。尽管一些收养研究显示 IQ 存在选择性安置,但其他的心理维度和疾病指标几乎没有选择性安置存在的证据。早期生长发育研究检测了选择性安置效应,并发现在 132 项对比案例中,只有 3 项有显著意义,这表明选择性安置在美国的国内家庭收养中并不是系统性发生的(Leve et al., 2013b)。

性对于在同一家庭中抚养长大的两类双生子是大致相同的。如果因为同卵双生子经历了比异卵双生子更为相似的环境,从而违背了这一假设,那么这一违背将夸大对遗传影响的估算。等量环境假设经多种方法检验,对大部分性状而言是合理的(Bouchard &

> **专栏6.3 双生子方法**
>
> 高尔顿(1876年)曾研究过双生子相似性的发展变化,不过首批真正的双生子研究之一开展于1924年,对同卵和异卵双生子进行比较,试图估算遗传影响(Merriman, 1924)。这次双生子研究评估了IQ,发现同卵双生子显著地比异卵双生子更为相似,这一结果表明了遗传影响。随后的数十项双生子IQ研究证实了这一发现。许多其他心理维度和疾病也进行了双生子研究;它们为遗传普遍影响行为性状提供了大量证据。虽然大多数哺乳动物是一胎多子,但是灵长类动物,包括我们人类往往只是一胎一子。不过,灵长类动物有时候也会一胎多子。人类双生子比人们通常认为的要多——在美国,每1000次分娩中约有32个双生子(即16对双生子)出生。令人惊讶的是,多达20%的胎儿是双生子,只不过由于双胎妊娠所伴随的危险性经常使得其中一个胎儿在妊娠早期就夭折了。在存活胎中,同卵双生子和同性别的异卵双生子的数目大致相等。也就是说,在所有双生子中,大约三分之一是同卵双生子,三分之一是同性别的异卵双生子,三分之一是异性别的异卵双生子。
>
> 同卵双生子是由单个受精卵(称为合子)因未知原因分裂而来,产生了两个(或者有时更多个)在遗传上完全相同的个体。对约三分之一的同卵双生子而言,合子分裂发生在受精后的

Propping, 1993; Derks, Dolan, & Boomsma, 2006)。

出生前,同卵双生子可能比异卵双生子经历了更大的环境差异。例如,同卵双生子比异卵双生子有更大的出生体重差异。这一差异可能是由较大的产前竞争造成,尤其是对于共享同一*绒毛膜*的大多数同卵双生子而言(参见专栏6.3)。从这个角度上讲同卵双生子经历的是并不太相似的环境,双生子方法将低估遗传力。出生后,对那些被父母或自己错误分类为同卵或异卵的双生子,进行了双生子对的分类标签效应研究(如,Gunderson et al., 2006; Scarr & Carter-Saltzman, 1979)。当父母认为双生子是异卵而实际上他们为同卵时,这些被错误分类的双生子在行为上的相似性与正确分类的同卵双生子一样。

测试等量环境假设的另一种方法,是利用同卵双生子间的差异只能由环境影响造成的这一事实。如果那些更被个别化对待的同卵双生子,在行为上较之其他双生子并没有更多的不同之处,那么等量环境假设就得到了支持。这种情况在大多数行为障碍和特征的研究测试中均有发现(如,Kendler, Neale, Kessler, Heath, & Eaves, 1994; Mazzeo et al., 2010)。

头五天,即当它移动到达子宫时。在这种情况下,同卵双生子在胎盘内拥有不同的囊(称为绒毛膜)。另有三分之二的情况,合子植入胎盘之后才分裂,因而双生子共享同一绒毛膜。与不共享同一绒毛膜的同卵双生子相比,共享同一绒毛膜的同卵双生子在一些心理特质上可能更相似,虽然在文献中对此没有体现太多支持(如,Hur & Shin, 2008, Marceau et al., 2016)。如果合子在大约两周后分裂,双生子的身体可能会部分融合——连体双生子。两个卵子分别受精则产生异卵双生子;他们拥有不同的绒毛膜。与其他同胞一样,他们在遗传上有50%的相似性。

各国的异卵双生率不同,且随母亲年龄的增长而增加,在某些家族中可能有遗传。生育药使用的增加导致了异卵双生子数量的增加,因为这些药物促使排出的卵子不止一个。自20世纪80年代初以来,体外授精也使异卵双生子数量有所增加,因为多个受精卵被植入子宫且有两个存活下来。同卵双生率不受上述任何因素的影响。

同卵双生子几乎拥有完全相同的DNA序列,新发突变除外。然而,同卵双生子在DNA表达(转录)方面存在不同,就像我们自己在不同时刻因基因表达的差异而变得不同。同卵双生子对中的这些表达差异包括表观遗传差异,这将在第10章中讨论。

图6.3 双生子研究是一种自然实验法,它创造了在遗传上完全相同的同卵双生子和仅有50%遗传相似性的异卵双生子。如果遗传因素对于某一性状是重要的,那么同卵双生子必定比异卵双生子更为相似。DNA标记可以用于检测双生子究竟是同卵还是异卵,不过对于大部分双生子而言非常容易分辨,因为同卵双生子(左图)通常比异卵双生子(右图)在外貌上更加相像。(由普洛明教授提供。)

一个微妙但重要的问题是,同卵双生子可能会比异卵双生子有更为相似的经历,因为同卵双生子在遗传上更为相似。也就是说,一些经历可能是由遗传驱动的。同卵和异卵双生子之间这样的经历差异并不违背等量环境假设,因为这些差异并不是由环境引起的(Eaves, Foley, & Silberg, 2003)。这一主题将在第8章中讨论。

    与任何实验一样,通用性也是双生子方法的一个问题。双生子能代表普通人群吗?双生子在两个方面与一般情况不同,双生子经常早产三到四周,还有当双生子共享一个子宫时,子宫内环境可能是不利的(Phillips, 1993)。出生时,双生子新生儿比一般单生子新生儿的平均体重要轻30%左右,这一差异直到儿童中期才消失(MacGillivray, Campbell, & Thompson, 1988)。也有迹象表明婴儿早期的脑发育在双生子与单生子之间存在差异(Knickmeyer et al., 2011)。在儿童期,双生子的语言发育更慢些,而且双生子在语言能力和IQ测试上的表现也稍差些(Ronalds, De Stavola, & Leon, 2005)。MZ和DZ双生子的这种发育滞后情况相近,似乎都归因于出生后的环境,而不是早产所致(Rutter & Redshaw, 1991)。这种认知缺陷大多数在学龄初期就可恢复(Christensen et al., 2006a)。双生子与单生子在人格(Johnson, Krueger, Bouchard, & McGue, 2002)、精神病理(Robbers et al., 2011)或运动发育(Brouwer, van Beijsterveldt, Bartels, Hudziak, & Boomsma, 2006)方面似乎并没有显著的不同。此外,青少年双生子和同胞的研究中发现,没有证据表明双生和非双生同胞在一系列广泛的心理结果上存在系统性差异(Reiss, Neiderhiser, Hetherington, & Plomin, 2000)。

    总之,双生子法是筛选行为维度和行为障碍的遗传影响的一个有价值的工具(Boomsma, Busjahn, & Peltonen, 2002; Martin, Boomsma, & Machin, 1997)。从2010年至2014年的这五年内,超过20 000篇关于双生子研究的文章被发表,其中超过半数集中在行为研究(Ayorech et al., 2016)。双生子方法的研究价值解释了为什么大多数发达国家都有双生子登记簿(Hur & Craig, 2013)。双生子方法的基本假设与收养方法不同,但两种方法在遗传学对行为科学的重要性上达成了一致结论。回想一下精神分裂症,若双生子同胞之一患有精神分裂症,对于异卵双生子另一同胞的患病风险率约为15%;对于同卵双生子另一同胞的患病风险率约为50%(参见图3.8)。就一般认知能力而言,异卵双生子的相关性约为0.60,而同卵双生子约为0.85(参见图3.9)。同卵双生子比异卵双生子更为相似这一事实有力地表明了遗传影响的存在。然而,在各种行为上,异卵双生子比非双生同胞更为相似,可能是因为双生子在同一时间内共享同一子宫,且年龄全然相同(Koeppen-Schomerus, Spinath, & Plomin, 2003; Reiss et al., 2000)。

组合设计

    在过去的二十年间,行为遗传学家已经开始采用组合家系、收养和双生子方法的设计,使这些分析产生更大的力量。例如,为检验双生子与单生子是否有统计意义上的差别以及异卵双生子是否比非双生同胞更为相似,将非双生同胞纳入双生子研究就非常有用。

两种主要的组合设计是将收养设计分别与家系设计、双生子设计组合在一起。通过家系设计中"遗传+环境的"亲属的加入,为对比"遗传的"和"环境的"亲属的收养设计增添了更多的效力。这是两项规模最大的关于行为发展的收养研究所采用的设计,科罗拉多收养项目(Rhea, Bricker, Wadsworth, & Corley, 2013)和早期生长发育研究(Leve et al., 2013b)。科罗拉多收养项目持续关注儿童从婴儿期直至成人期,是目前正在进行的时间跨度最长的收养研究,举例来说,该研究已发现,遗传对一般认知能力的影响在婴儿期和儿童期是增加的(Plomin et al., 1997)。

收养-双生子组合是将因收养而分开的双生子与一起长大的双生子进行比较。两项此类重要研究目前已经开展,一个在明尼苏达州(Bouchard, Lykken, McGue, Segal, & Tellegen, 1990; Lykken, 2006),一个在瑞典(Kato & Pedersen, 2005; Pedersen, McClearn, Plomin, & Nesselroade, 1992)。例如,这些研究已发现,就成年后的一般认知能力而言,早年就被分开抚养的同卵双生子在成年后的一般认知能力几乎与一起抚养长大的同卵双生子相似,这一结果表明遗传影响很强,而在同一家庭中一起长大所受到的环境影响(共享家庭环境影响)却很小。

双生子方法和家系方法的一个有趣的组合来自对双生子家系的研究,也就是现在所知的双生子家系方法(Knopik, Jacob, Haber, Swenson, & Howell, 2009; Singh et al., 2011)。当同卵双生子成人后拥有各自的子女时,就出现了令人感兴趣的家族关系。例如,在男性同卵双生子的家族中,侄子在遗传上与其叔伯父之间的关系和他们与自己父亲之间的关系是一样的。也就是说,在遗传相关性方面,一级堂兄弟犹如拥有同一个父亲。此外,堂兄弟彼此之间就跟半同胞一样关系紧密。采用这一设计,在检测代际传递时我们可以将家庭养育的环境效应与遗传影响剥离开来(McAdams et al., 2015)。双生子家系研究方法的一种延伸包括双生子及其子女的组合研究(**双生子后代设计**),以及双生子及其父母的研究样本(Narusyte et al., 2008; Silberg, Maes, & Eaves, 2010)。这个**扩展的双生子后代设计**使父母对子女的影响以及子女对父母的影响均得到评估(参见第8章中详细的讨论及对此的解释)。

由离异和再婚形成的继亲家庭数量不断增加,近来一些研究小组采用继亲家系设计,虽然它不如标准收养设计或双生子设计那样强大(Harris et al., 2009; Reiss et al., 2000)。半同胞通常出现在继亲家庭,因为妇女将前段婚姻中所生的孩子带到新的婚姻中,然后又与新的丈夫生育了另一个孩子。这些孩子仅共有双亲中的一位(母亲),具有25%的遗传相似性,与共有双亲、具有50%遗传相似性的全同胞不一样。继亲家庭中的半同胞可与全同胞进行比较,用以估算遗传影响。当母亲将前段婚姻所生的全同胞子女带到新家庭或者与新的丈夫一起生育了一个以上的孩子时,继亲家庭就会出现全同胞。一种检验继亲家庭是否不同于从未离异的家庭的一个有用方法,是将这两种类型家庭的全同胞进行比较。这种类型的设计还可以包括遗传上无亲缘关系的继亲同胞,因为他们是父母分别在前段婚姻所生的孩子;在继父母没有进行**选型婚配**(第11章)的情况下,继亲同胞的相似性可用于评估共享环境影响的重要性。

总结

数量遗传学方法可检测复杂性状的遗传影响。收养和双生子研究是人类数量遗传学的有力工具,它们利用收养和双生子构成的准实验情境评估天性与教养的相对贡献。例如,就精神分裂症和认知能力而言,亲属间的相似性随着遗传相关性而增加,这是一个表明遗传影响的直接证据。收养研究表明,即使家庭成员因收养而分开,他们之间仍然彼此相似。双生子研究显示同卵双生子比异卵双生子更为相似。家系、收养、双生子研究的结果一致认为,遗传因素在很大程度上对复杂人类行为性状起作用,包括其他性状。

有一种新的研究趋势即组合设计,比如包括双生子的后代或非双生同胞对的研究。这些组合和延伸的设计有助于提升我们测试基因和环境在行为中的作用的能力,也增强了我们的信心,即这些研究中的新发现不止针对双生子、被收养者等特殊人群,而是具有普遍性意义的。在第7章和第8章中,这种组合设计的重要性会更详细地展开讨论。

第 7 章

估算遗传与环境影响

到目前为止,我们通过不同的概念和策略描述了遗传与环境对于行为的影响。第 5 章描述了动物研究,第 6 章讲述了在这一领域对人类的研究。尽管能够表明环境和遗传因素对行为有影响是很有用的,但量化这些影响更能体现每个影响的相对重要性。在本章中,我们将使用第 6 章中描述的设计来介绍用于量化人类研究中遗传和环境影响的技术。如本书其他部分所述,以及第 8 章中更详尽的描述,遗传和环境是共同作用而对行为产生影响的,它们的影响随着时间的推移或视情况而变化。尽管量化遗传与环境的影响是有可能的并且是有用的,但也有必要认识到,这些值会根据所研究的人群、样本的年龄和许多其他因素而改变。

遗传力

对于行为科学家所关注的复杂性状,他们不仅可以问遗传影响是否重要,还可以问遗传对于该性状有多少贡献。遗传影响是否重要这一问题涉及统计显著性,效应的可靠性。例如,我们可以评估"遗传的"父母与其被收养子女之间的相似性是否显著,或同卵双生子是否明显比异卵双生子更相似。统计显著性依赖于效应量大小和样本量大小。例如,如果收养研究包含至少 45 个亲代-子代对,则"遗传的"亲代-子代相关系数 0.25 在统计学上是显著的。这样的结果会表明真实相关性极有可能(95%的概率)大于零。

效应量是指遗传对某一性状贡献的多少,探究群体中个体性状的差异在多大程度上是由个体间的遗传差异所致。从这个意义上来说,效应量是指某一性状在整体人群中的个体差异,而非具体的个体。例如,如果苯丙酮尿症(PKU)得不到治疗,将会对隐性等位基因纯合子个体的认知发育产生巨大的效应。然而,因为此类个体仅代表群体中的 1/10 000,对于这几个个体而言这种巨大效应在整体人群的认知能力中导致的变化,总体来说只有很小的效应。因此,PKU 在群体中的效应量很小。

行为科学中许多具有统计学显著性的环境效应在人群中的影响非常小。例如，出生次序与智商测验(IQ)分数(头胎儿童具有更高的IQ)显著相关。对于整个群体来说，这是一个小效应，因为头胎和二胎同胞之间的平均差异小于两个IQ点，并且他们的IQ分布几乎完全重叠。在其余因素不变的情况下，出生次序约占IQ分数变化原因的1%。换而言之，如果你对两个同胞的了解仅限于他们的出生次序，那你基本上对他们的IQ一无所知。

　　相比之下，遗传效应量通常比较大，是行为科学中发现的最大效应之一，占所有变异的一半。估算遗传效应量的统计量被称作遗传力，遗传力是可以用个体间遗传差异来解释的表型方差的比例。如附录中所述，遗传力可以通过亲属的相关性来估算。例如，如果"遗传的"亲属(因收养而分离)之间的相关性为零，那遗传力也为零。对于一级"遗传的"亲属，他们的相关性仅能反映基因效应的一半，因为他们在遗传上只有50%的相似性。也就是说，在遗传力为100%的情况下，他们的相关性将为0.50。如图6.2所示，"遗传的"同胞(因收养而分离)IQ分数相关性为0.24。加倍这种相关性则得到48%的遗传力估算，这表明大约一半的IQ分数差异可以通过个体之间的遗传差异来解释。

　　与所有统计方法一样，遗传力估算包括对误差的估算，通过一个包含效应量和样本量的函数实现。对于因收养而分离同胞的IQ相关性为0.24的研究，同胞对样本量为203个。真实相关性有95%的概率在0.10到0.38之间，这意味着真实遗传力可能在20%到76%之间，是一个非常宽泛的范围。因此，除非研究规模非常大，不然基于单项研究的遗传力估算只能被认为是在一个大型置信区间内的非常粗略的估算。例如，如果0.24的相关性是基于2 000个样本而非200个样本，那么真实遗传力就会有95%的概率在40%和56%之间。跨研究和跨设计的重复实验也可以得到更精准的估算。

　　如果同卵和异卵双生子的相关性是相同的，遗传力则估算为零。如果同卵双生子相关为1.0和异卵双生子相关为0.50，则暗示遗传力是100%。换而言之，个体之间的遗传差异完全可以解释其表型差异。在双生子研究中，粗略的遗传力估算可以通过同卵和异卵双生子相关性之差再加倍而得[遗传力 $= 2(r_{MZ} - r_{DZ})$]。如附录中所述，由于同卵双生子在遗传上是完全相同的，异卵双生子在遗传上有50%相似性，因此他们之间的差异反映了一半的遗传效应，使之加倍即可得到遗传力估算值。例如，在图3.9中，同卵和异卵双生子的IQ相关性分别为0.85和0.60。这两个相关性之差加倍后得到遗传力估算为50%，这也表明一半的IQ分数差异是由遗传因素决定的。因为这些研究中包括了超过10 000对的双生子，估算的误差很小。其真实遗传力有95%的概率在0.48到0.52之间。

　　由于通过非此即彼的二分法诊断疾病，疾病的家族相似性是通过**一致性**而非相关性来评估的。如附录所示，一致性是一个风险指数。例如，如果对于某一疾病同胞的一致性是10%，我们就会说先证者的同胞有10%的风险会得此疾病。用一致性来估算疾病的遗传风险在医学遗传学上十分常见，如心脏病和癌症（Lichtenstein et al., 200；Wu, Snieder, & de Geus, 2010）以及应用在精神病遗传学中（参见第13、14章关于精神障碍的行为遗传学研究的更多信息）。

如果同卵和异卵双生子的一致性相同，那么遗传力必须为零。只要同卵双生子的一致性比异卵双生子高，就暗示着存在遗传影响。对于精神分裂症（参见图3.8），同卵双生子的一致性为0.48，远远高于异卵双生子的0.17，这一差异表明存在大量的遗传力。在52%的病例中，同卵双生子患精神分裂症的情况表现不一致，尽管他们在遗传上是完全相同的，这一事实意味着精神分裂症的遗传力远远低于100%。

估算疾病遗传力的一种方法是使用易患性-阈值模型（参见专栏3.3）将一致性转换为相关性，前提是假设遗传风险的连续性是基于二分法诊断。对于精神分裂症，同卵和异卵双生子的一致性0.48和0.17分别被转换为0.86和0.57的易患相关性。把这些易患相关性的差加倍后可得到约60%的遗传力。对12项已发表的精神分裂症双生子研究的元分析发现精神分裂症易患性的遗传力为81%（Sullivan, Kendler, & Neale, 2003）。如专栏3.3所述，此统计量是指一个从精神分裂症二分法诊断所推导出的连续易患性的假设概念，而非精神分裂症诊断本身。

现代遗传学研究通常使用一种称为模型拟合的方法进行分析。模型拟合使用**结构方程模型（SEM）**测试遗传和环境相关模型与观测数据之间拟合的显著性。可以比较不同的模型，并采用最佳拟合度的模型来评估遗传与环境效应的效应量。附录中介绍了模型拟合。

数量遗传设计间接地从家族相似性估算遗传力。它们最大的优势在于无论基因的数量、基因效应的大小或复杂性如何，都可以估算遗传影响。正如第9章所述，迄今为止的DNA研究表明行为障碍的遗传力与维度是高度多基因决定的，即归因于许多基因相对较小的效应。因此，很难确定导致其遗传力的特定基因。不过，一种令人兴奋的新方法可以直接从个体间的DNA差异来估算遗传力，即便我们不清楚哪些基因贡献于遗传力。用此方法估算的一种类型的遗传力，称为**SNP遗传力**，参见专栏7.1。

解读遗传力

遗传力是指对个体差异的遗传贡献，而非对单一个体表型的遗传贡献。对于单一个体，基因型和环境都是不可或缺的——一个人没有基因和环境根本就不会存在。正如行为遗传协会的首任会长西奥多修斯·杜布赞斯基（Theodosius Dobzhansky，1964）所说：

然而,天性-教养的争论是毫无意义的。在科学上,提出正确的问题往往是迈向正确答案的一大步。关于基因型与环境在人类发展中所起作用的问题应该被重构为:人群中观察到的差异在多大程度上是由基因型的差异以及由人们的出生、成长和抚养的环境之间的差异所致?(第55页)

这一问题对于遗传力的解读至关重要(Sesardic, 2005)。譬如,询问长度和宽度对单个长方形面积的单独贡献是毫无意义的,因为面积是长度和宽度的积。没有长度和宽度二者的同时存在,面积就不存在。然而,如果我们问的不是关于单个的长方形,而是一个长方形的群体(参见图 7.1),不同长方形面积的差异可能完全取决于长度(b)、完全取决于宽度(c),或者同时取决于两者(d)。显然,若非生物体与环境同时存在,也不可能存在行为。科学上有用的问题是关心个体间差异的根源。

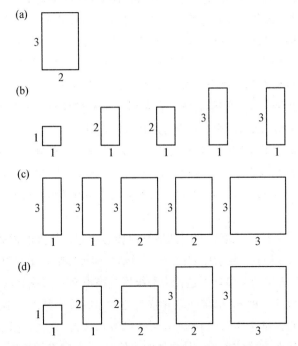

图 7.1 个体与个体的差异。遗传与环境对行为的作用不针对于单一个体,如同单个长方形(a)的面积无法归因于长与宽相对的贡献,因为面积是长与宽的积。然而,在一个长方形群体中,就可以考察长与宽对面积差异的相对贡献。长度单独(b)、宽度单独(c),或两者同时(d)都可能导致长方形面积的差异。

例如,身高的遗传力约为90%,但这并不意味着由于遗传力的帮助,你长到了身高的90%,然后剩余的其他英寸都是环境添加的。它真正的意思是,个体之间的身高差异大多数是由遗传差异导致的。遗传力是一个统计量,用于描述遗传差异对特定时间、特定人群所观测得到的个体差异的作用。在不同的群体中或不同的时间段内,环境或者遗传影响可能不同,这些群体中所测得的遗传力估算也会不同。

一个违反直觉的例子涉及到了平衡环境的影响。如果特定群体中所有人的环境都保持相同,那么在这个群体中遗传力将会很高,因为群体中仍然存在的个体差异则完全是由于遗传差异造成的。以教育为例,如果一个社会能够给所有孩子同样的教育,与教育机会不同的社会相比,该社会教育成就的遗传力将会很高。

一个与之相关的问题涉及到群体间的平均差异,例如男女之间、不同社会阶层之间或不同种族之间的平均差异。应该强调的是,导致群体内个体差异的原因对导致群体之间平均差异的原因没有影响。具体而言,遗传力是指群体内个体差异的遗传贡献。群体内遗传力高不一定意味着群体间的平均差异都是出于群体间的遗传差异。即使群体内的遗传力很高,群体间的平均差异也可能仅仅由环境差异所致。

这一观点超出了性别、社会阶层与种族差异等政治敏感问题。如第 13 章和第 14 章所述,心理学关心的一个关键问题涉及正常与异常之间的联系。在正常变异范围内寻找个体差异的遗传力并不一定意味着极端群体与其余群体间的平均差异也是由遗传因素导致的。例如,如果随机样本个体间抑郁症状的差异是可遗传的,这一发现并不一定意味着重度抑郁症也是由遗传因素引起的。这一点值得重复强调:导致群体间平均差异的原因不一定与导致群体内个体差异的原因有关。

一个相关的观点是,遗传力描述的是在特定时间内一个特定群体的*现实存在*什么,而不是*可能存在*什么。也就是说,如果遗传影响发生变化(如,由于迁移而变化)或是环境影响发生变化(如,教育机会的变化),那么基因和环境的相对影响均会随之发生变化。即使对于诸如身高这样的高度可遗传的性状,环境变化也可能造成性状的巨大差异,例如,如果疫情爆发或儿童饮食情况改变。事实上,在上个世纪,儿童身高的大幅度增长主要是饮食改善的结果。与之相反,一个很大程度上受环境因素影响的性状也可能表现出巨大的遗传效应。例如,基因工程可以敲除一个基因或插入一个新基因,从而极大地改变性状的发展,正如第 5 章中所述,现今这些都可以在实验动物上实现。

尽管思考可能发生的情况是有用的,但重要的是从现有情况开始——现有群体的遗传和环境差异的来源。对现有事实的了解有助于指导关于可能发生的事情的研究,以 PKU 为例,这个单基因遗传病的效应可以通过低苯丙氨酸饮食来阻止(第 3 章)。最重要的是,遗传力对应该发生什么没有发言权。行为受遗传影响的证据是可以与广泛的社会和政治观点并存的,这些观点大部分取决于价值,而非事实。例如,没有政策必然遵循已发现的遗传影响甚至是认知能力的特定基因。比方说,这并不意味着我们就应该把所有的资源都用于教育最聪明的孩子。根据我们的价值观,我们可能更担心儿童在日益科技化的社会里跌入钟型分布曲线的低端,并且决定将更多的公共资源用于那些有掉队风险的儿童。例如,我们可能会决定要求所有的公民都需要达到识字和

专栏 7.1 从 DNA 直接估算遗传力

一项令人兴奋的数量遗传学新技术通过测量基因型直接估算遗传影响，而不是通过比较遗传平均水平不同的群体来间接获取，比如单卵（MZ）与双卵（DZ）双生子（Yang, Lee, Goddard, & Visscher, 2011a）。这类估算，有时称为 SNP 遗传力，需要对数以千计的个体的数十万被称为**单核苷酸多态性**（SNP）的 DNA 标记进行基因分型，如第 9 章所述。SNP 微阵列能够快速、低成本对数十万个 SNP 进行基因分型，因此许多满足这些要求的样本得益于此。此类研究是为了鉴别特定基因而创建的（参见第 9 章），但一个重要的副产品是它们从 DNA 直接估算遗传力的能力。

SNP 遗传力方法比较了数千个不相关个体组成的矩阵中每对个体间数十万 SNP 的随机遗传相似性。然后这种随机遗传相似性用于预测每对个体的表型相似性，如下图所示。也就是说，SNP 遗传力的测量不是比较遗传相关性不同的群体间的表型相似性，比如 MZ 双生子（100%）和 DZ 双生子（~50%），而是在个体的大量样本中一对对地比较随机遗传相似性，即使他们的总体遗传相似性只有 1% 或 2% 的差异，如随机遗传相似性分布所示（参见下一页）。尽管这种遗传相似性上的差异微小，但大样本量使得从阵列上测量的 SNP 直接估算遗传力成为可能。例如，一个包含 3 000 个个体的样本可以产生 450 万对的比较。类似于估算遗传力的数量遗传学方法，比

遗传相似性 →					表型相似性			
	S_1	S_2	S_3	S_4	S_1	S_2	S_3	S_4
S_1		+0.1%	−0.5%	+0.1%		++	−−	+
S_2			−0.2%	+0.5%			−	++
S_3				+0.2%				+
S_4								

SNP 遗传力的估算使用基于数十万个 SNP 评估遗传相似性，来预测一个含数千个不相关个体的矩阵中的个体对的表型相似性。该矩阵仅列出了四个个体作为示例来说明遗传相似性，用于预测其表型相似性，此处用减号和加号表示。

如双生子方法，SNP 遗传力估算表型方差在多大程度上可以通过遗传方差进行解释。通过 SNP 估算遗传力的最大的优势是它们直接来自于个体之间测量的 SNP 差异。最近已经表明，SNP 遗传力也可以仅仅通过全基因组关联研究中的每个 SNP 关联结果来估算，而不是通过使用个体的 SNP 数据（Bulik-Sullivan et al.，2015）。应该要注意的是，SNP 遗传力是一个数量遗传学方法，不能鉴别具体哪个 SNP 导致了某个性状的遗传力。

SNP 遗传力提供了基于双生子和收养研究的数量遗传估算的直接 DNA 检测。一个问题是成千上万的个体都需提供可靠的估算，另一个问题是 SNP 遗传力局限于 SNP 阵列上特定的 SNP，且这些阵列侧重于常见的 SNP。因此，SNP 遗传力估算一般约为双生子和收养研究中生理性状（Yang et al.，2011b）和认知能力（Davies et al.，2011；Plomin et al.，2013）估算的一半。SNP 遗传力的价值在于它不需要诸如双生子或被收养者之类的特殊样本；在 SNP 阵列上进行 DNA 基因分型的任何大样本中，SNP 遗传力都可以用于估算行为性状的遗传影响。SNP 遗传力的多变量扩展（Bulik-Sullivan et al.，2015；S. H. Lee et al.，2012）可以用于估算性状之间或年龄段之间的遗传重叠。

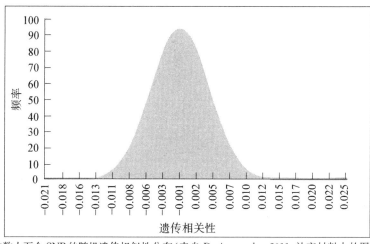

个体对的数十万个 SNP 的随机遗传相似性分布（来自 Davies et al.，2011，补充材料中的图 8）。SNP 遗传力方法通过遗传相似性预测表型相似性来估算遗传影响。（数据来自于 Macmillan Publishers, Ltd：*Molecular Psychiatry*，16，996-1005，© 2011。）

算术的基本水平,这样他们才能有权参与社会事务。

一个相关的观点是遗传力并不意味着遗传决定论。某个性状表现出受遗传影响并不能说明它无法被其他因素所改变。即使对于单基因疾病,环境改变性状也是有可能的。例如,当PKU被发现是单基因导致的智力障碍时,它没有得到优生(生育)干预或者通过基因工程的方式来进行预防治疗。通过环境干预成功地避免了血液中高水平苯丙氨酸的遗传问题:实行低苯丙氨酸饮食。这种重要的环境干预之所以可行,正是因为建立在对这类智力障碍的遗传基础认知之上。

对于行为障碍与维度,特定基因和行为之间的联系较弱,因为行为性状通常受多个基因和环境因素影响。因此,遗传对行为的影响体现为概率倾向而非预定方案。换而言之,大部分行为系统的复杂性意味着基因不是主宰。虽然导致诸如晚发性阿尔茨海默症之类的复杂疾病的特定基因开始被鉴定,但这些基因仅代表增加发病几率的遗传风险因素,并不保证疾病一定会发生。遗传力不等同于遗传决定论这一观点的重要推论是遗传力并不限制诸如心理治疗之类的环境干预。

我们迫切要指出的是,发现一个与疾病相关的基因并不意味着该基因是"坏的"或应该被消除掉。例如,与新奇寻求性有关的一个基因(第16章)可能是反社会行为的风险因素,但同时也会使个体倾向于具有科学创造力。导致一些亚洲人个体对酒精有脸红反应的基因同时也会保护他们避免其成为酗酒者(第17章)。经典的进化例子就是在隐性条件下导致镰状细胞贫血症的基因,在杂合子的情况下该基因携带者却可以免受疟疾的侵害。正如我们将会看到的,大多数复杂性状受多个基因影响,所以我们都有可能携带许多导致某些疾病风险的基因。

最后,发现遗传对复杂性状的影响并不意味着环境不重要。对于单基因疾病,环境因素可能影响甚微。相反,对于复杂性状,环境影响通常与遗传影响一样重要,或者在某些情况下比遗传影响更重要。例如,当同卵双生子之一是精神分裂症患者时,在约一半的情况下另一个都不是精神分裂症,即便这两个同卵双生子在遗传上完全相同。同卵双生子间的这种差异只可能是由非遗传因素导致的。抛开其名字,行为遗传学在环境研究和遗传学研究中一样有用。在提供所有遗传影响对行为的"底线"估算时,遗传研究也提供了环境影响的"底线"估算。事实上,遗传研究也为环境的重要性提供了最好的证明。此外,近年来遗传研究在环境如何在心理发展中产生效应方面已经有了一些最重要的发现(第8章)。

关键概念

遗传力:可归因于个体间遗传差异的表型差异的比例。

效应量:群体中估算或效应的大小。

双生子相关性:双生子1与双生子2的相关性。通常单卵和双卵双生子单独计算。

用于估算遗传和环境影响。

一致性：双生子对的两名成员都出现的相同性状。用于估算疾病风险。

模型拟合：一种统计策略，用于检测遗传与环境相关性的模型与观测数据之间拟合的显著性。

结构方程模型（SEM）：一种用于检测概念或理论模型的统计方法。在行为遗传学中，该方法用于根据家庭成员之间的相似性和差异性来估算遗传力和环境性。

SNP 遗传力：直接通过个体间 DNA 差异估算的遗传力。

环境性

从弗洛伊德开始，大多数关于环境在行为发展中如何运作的理论都含蓄地认为，子女与父母相似是因为父母为子女提供了家庭环境，同胞之间彼此相似是因为他们共享家庭环境。过去三十年的双生子与收养研究极大地改变了这种观点。事实上，遗传学研究设计，如双生子和收养研究方法，是专门设计以证明这种广泛的家系相似性是由于共享遗传所引起而**非共享环境影响**。

与遗传力一样，我们可以估算有多少环境影响导致了复杂行为的个体差异。在第 6 章描述的双生子、收养、同胞还有组合设计有助于在估算遗传影响的同时阐明环境影响。我们可以用计算遗传影响统计显著性的方法同样地来计算这些**环境性**的统计显著性。

共享环境

共享环境影响指的是使家庭成员彼此相似的所有非遗传影响。这可能涵盖很大范围的多种因素，包括社区、父母教育以及家庭因素，比如养育方式和家庭冲突或混乱程度。只有当这些因素导致在同一家庭生活的个体之间相似性更大且不作为遗传相关性的函数随其变化时，这些因素才会成为共享环境影响。换言之，如果异卵双生子和同卵双生子一样相似，并且这种相似性不容忽视，那么共享环境影响就很重要。同样的，如果"环境的"同胞和"遗传的"同胞一样相似，则表明共享环境影响的存在。附录中提供了有关如何在双生子、同胞和组合设计中估算共享环境影响的更多详细信息。

关于共享环境影响一直有个令人疑惑之处。正如第 11 章至第 19 章所述，在许多共同被研究的行为中几乎没有证据表明共享环境影响的存在，比如人格与认知能力，尤其是在青春期之后。已发现的共享环境影响通常只在儿童期和青春期很显著（Polmin，2011；Plomin & Daniels，1987），特别对于某些类型的行为问题（Burt，2009b）。换而言之，在同一个家庭生活确实会增加家庭成员的相似性，尽管一旦孩子离开家后,这些效应似乎就不再持续。

非共享环境

非共享环境影响是指所有对家庭成员独立的(或不关联的)非遗传影响,包括测量误差。因为生活在同一家庭的同卵双生子共享所有的基因与环境,能解释同卵双生子对之间差异的唯一因素就是非共享环境影响。非共享环境影响的来源包括家庭经历的差异,比如被父母区别对待,或者家庭外的不同经历,比如有不同的朋友。

数量遗传设计为量化所研究的群体遗传和环境影响的净效应提供了一个必要起点。如果遗传因素的净效应量是相当大的,寻找鉴定导致遗传效应的特定基因就非常有价值。同样,如果环境影响很大程度上是非共享的,而不是共享的,这一发现就能防止研究者仅仅依靠家庭范围内的风险因素进行研究,这些因素不重视对同一家庭的不同儿童产生差异性影响的方式。当前的研究正在尝试确定非共享环境的特定来源并调查非共享环境与行为性状之间的联系,如之后讨论的那样。

估算共享与非共享环境影响

遗传设计如何估算共享与非共享环境的净效应?例如,可以通过比较同卵与异卵双生子的相似性或利用收养设计的方法来估算遗传力。在数量遗传学中,环境方差是遗传无法解释的方差。共享环境用遗传无法解释的家系相似性来估算。非共享环境是方差的残余部分:那些既不能被遗传也不能被共享环境所解释的方差。成人行为的环境方差在很大程度上是不共享的,这一结论即是指方差的残余部分,通常是通过模型拟合分析来估算。但是,对共享与非共享环境进行更直接的检测可以更容易理解如何估算它们。

一个对共享环境的直接测量是收养亲属之间的相似性。为什么遗传上不相关的收养同胞在儿童期的一般认知能力约有 0.25 的相关性?在没有选择性安置的情况下,答案必然是共享环境,因为收养同胞在遗传上不相关。这一结果与第 11 章的结论相符,即儿童期一般认知能力的方差大约有四分之一可以归因于共享环境。到青春期,收养同胞间的相关性骤降至零,这是得出共享环境从长远看对一般认知能力的影响微不足道这一结论的基础。对于成人的人格和一些精神病理学的指标,收养同胞的相关性近乎为零,这个数值意味着共享环境不重要,同时重大的环境影响是非共享的。对于一些儿童和青少年行为问题的测量,收养同胞之间的相关性显著大于零,这表明共享环境影响是存在的(Burt, 2009b)。

正如遗传上不相关的收养同胞提供了一个共享环境的直接测量一样,一起成长的同卵双生子提供了一个非共享环境的直接测量。由于在遗传上本质是完全相同的,双生子对之间的差异只能是由非共享环境造成的。例如,同卵双生子在人格自陈问卷调查中通常相关性为 0.45。这个数值意味着约 55％的方差是由非共享环境加上测量误差导致的。同卵双生子在大多数精神障碍方面的相似性同样也只体现出中等水平，这一观测暗示非共享环境的影响起主要作用。

同卵双生子对之间的差异提供了一个对非共享环境的保守估算，因为双生子通常共享增加其相似性的特定环境，但这种特定环境却不会增加"普通"同胞间的相似性。例如，对于一般认知能力，同卵双生子的相关性在 0.85 左右，这一结果似乎没有给非共享环境留下太大的空间（即，$1-0.85=0.15$）。然而，异卵双生子相关性约为 0.60，且非双生子同胞相关性约为 0.40，这意味着双生子约 20％的方差归因于特有的双生子共享环境(Koeppen-Schomerus, Spinath, & Plomin, 2003)。因此，同卵双生子间高达 0.85 的相关性可能是由于这个特有的双生子共享环境贡献的 0.20 而被高估了。然而，一项包含不同家庭的双生子和非双生子同胞的研究中，采用了范围很广的青春期适应测量，并没有发现存在特有的共享双生子环境(Reiss, Neiderhiser, Hetherington, & Plomin, 2000)。

鉴别特定的非共享环境

对非共享环境的研究的下一步，是确定导致同一个家庭成长的儿童之间存在差异的特殊因素。为了鉴别出非共享环境因素，有必要先评估每个儿童所特有的环境方面，而不是从同胞间共享的方面入手。行为发展研究中所用的许多环境测量都是适用于某个家庭的一般指标而非专门针对某个儿童。例如，父母是否离婚对于家庭中的两个子女都是一样的。用这种家庭一般方式进行评估，离婚并不能作为导致同胞间结果差异的来源，因为离婚对于同一家庭中的两个子女并无不同。然而，有关离婚的研究表明，离婚对一个家庭中子女的影响是不同的(Hetherington & Clingempeel, 1992)。如果离婚从儿童特定的角度进行评估（如，通过评估子女对父母离婚导致的压力的看法，事实上可能在同胞之间有差异），那离婚很可能是造成同胞结果差异的根源。

一些家庭结构变量，比如出生次序和同胞年龄间距，在定义上属于非共享环境因素。然而这些因素一般只占引起行为结果方差的一小部分。对非共享环境更动态方面的研究发现在同一个家庭长大的儿童令人惊讶地踏入了截然不同的人生(Dunn & Plomin, 1990)。同胞认为父母对待自己和其他同胞的方式大相径庭，尽管父母通常认为他们对子女都是一视同仁的，这取决于评估的方法。观测性研究往往支持儿童的观点。

表 7.1 展示的是在一项侧重于这些问题的研究中通过家庭环境测量得出的同胞相关性，该研究称为非共享环境与青少年发展项目(NEAD)(Reiss et al., 2000)。对有两个年龄在 10 到 18 岁间子女的 720 个家庭分别进行了两次 2 小时的访问，在访问期间，对父母双方和同胞双方都进行了一系列关于家庭环境的问卷调查和访谈。在讨

论家庭关系问题时,父母-子女的互动被录音记录。子女对家庭互动的报告(如,由子女报告的父母的消极方面)体现的同胞相关性是中度的;在子女-父母互动和父母-子女互动方面进行的观测评定中,同胞相关性也呈现为中度。这些发现说明这些经历在很大程度上是非共享的。相反,父母报告产生的同胞相关性较高,例如,当父母报告自己对每个子女的消极方面时。尽管这一结果可能是出于父母同时评定两个子女所导致的"评分者"效应,高的同胞相关性也说明了父母对儿童环境的报告不是评估非共享环境因素的优秀候选资源。

表 7.1 家庭环境测量的同胞相关性

数据类型	同胞相关性	数据类型	同胞相关性
子女报告		同胞关系	0.80
育儿	0.25	观测数据	
同胞关系	0.40	子女对父母	0.20
父母报告		父母对子女	0.30
育儿	0.70		

来源:数据来自 Reiss et al.(2000).

如前所述,非共享环境并不局限于家庭环境测量。事实上,因为同胞各自以自己的方式处于世间,家庭之外的经历更有可能成为非共享环境影响的候选(Harris,1998)。例如,同胞间所经历的同伴、社会支持与生活事件有多相似?答案是"仅在有限程度上";共享环境影响仅有中等程度或完全没有,大部分差异归因于遗传和非共享环境效应(Plomin, 1994; Horwitz & Neiderhiser, 2015)。一些非系统因素,比如意外和疾病,也可能导致同胞之间差异。久而久之,经历中的微小差异,可能引发结果的巨大差异。

鉴别预测行为结果的特定非共享环境

一旦确定了儿童特定因素,下一个问题就是这些非共享经历是否与行为结果相关。例如,父母的区别对待在多大程度上影响了对人格和精神病理学起重要作用的非共享环境方差?从同胞经历的差异中预测适应差异已经取得了一些成功。之前提到的 NEAD 项目提供了一个例子,即只针对某一个青少年同胞的消极的父母行为(以父母对待其他同胞的行为作为对照)与这个孩子的反社会行为有很强的关联,与这个孩子的抑郁关联则要弱一些(Reiss et al., 2000)。这些关联大都涉及育儿的消极方面,比如冲突,以及引起消极结果,比如反社会行为。诸如喜爱之类的积极育儿与行为间的关联通常要弱一些。

一项综合43篇论文的元分析讨论了非共享经历与同胞差异结果之间的关联,得出结论"已测量的非共享环境变量并不能成为非共享变异性的主要部分"(Turkheimer & Waldron, 200,第78页)。然而,从同一项研究来看,一个乐观主义者可能得出结论,这项研究是一个良好的开端(Plomin, Asbury, & Dunn, 2001)。行为适应、人格和认知结果的总方差各因素所占比例分别为:家庭系统排列(如,出生次序)占0.01,父母的差异化行为占0.02,同胞间的差异化互动占0.02,同伴差异化或与老师间互动的差异化占0.05。此外,这些效应在很大程度上是独立的,因为它们在预测结果时可以叠加——整合这些差异化环境的所有测量约占结果测量总方差的13%。如果非共享环境占这些差异的40%,我们就可以说杯子已满四分之一以上。

当非共享环境与行为结果之间的关联被发现时,效应方向的问题就会被提出。即,差异化育儿消极性究竟是引起同胞反社会行为差异的原因还是结果?遗传研究开始认为大多数父母对于同胞子女的区别对待事实上是同胞差异产生的效应而非原因。同胞间存在差异的其中一个原因就是遗传。同胞间在遗传方面有50%相似性,但这种说法同时意味着同胞间也存在着50%的遗传差异。非共享环境的研究需要嵌合到遗传敏感研究设计中,以便区分真正的非共享环境效应与遗传引起的同胞差异。因此,NEAD项目包括同卵与异卵双生子、全同胞、半同胞和遗传上不相关的同胞等多个组别。育儿消极性与青少年行为适应之间的关联的多元遗传分析得出了一个出乎意料的发现:这些关联大多由遗传因素调节,尽管还发现了一些非共享环境影响(Pike, McGuire, Hetherington, Reiss, & Plomin, 1996a)。这一发现及其他类似研究(Burt, McGue, Krueger, & Iacono, 2005; Moberg, Lichtenstein, Forsman, & Larsson, 2011)暗示父母对同胞子女的区别对待很大程度上反映了同胞间的遗传影响差异,比如人格上的差异。遗传在环境影响中所起作用会在下一章中详讲。

由于单卵(MZ)双生子在遗传方面完全相同,他们为非共享环境影响提供了极好的测试。如果MZ之间经历的差异与结果的差异存在关联则提示存在非共享环境影响。在NEAD项目中,对MZ差异的分析证实上述全部多元遗传分析的结果(Pike et al., 1966a),显示MZ在育儿消极性的经历差异与他们在行为适应结果上的差异间存在中度的相关性(Pike, Reiss, Hetherington, & Plomin, 1996b)。其它对MZ差异的研究也识别出了非共享环境因素且无遗传因素混淆其中(如,Barclay, Eley, Buysse, Maughan, & Gregory, 2011; Hou et al., 2013; Viding, Fontaine, Oliver, & Plomin, 2009)。一项从婴儿期到儿童中期的MZ差异的纵向研究发现,MZ在出生时的体重差异以及婴儿期的家庭环境差异,与其在7岁时老师评定的行为问题和学业成绩相关(Asbury, Dunn, & Plomin, 2006)。另一项对MZ差异的纵向研究表明了消极育儿和儿童行为问题之间的非共享环境影响的互作呈有害螺旋式下降(Burt et al., 2005)。一项不同的也使用了MZ双生子差异方法的研究发现,幼儿园朋友攻击性差异的增大与一年级双生子攻击性差异的增大有关(Vitaro et al., 2011)。

对偶然性在非共享环境中发挥重要作用这一假设的支持来自年龄变化和连续性的纵向遗传分析。纵向遗传研究显示出非共享环境对精神病理学(Kendler, Neale, Kessler, Heath, & Eaves, 1993; Van den Oord & Rowe, 1997)、人格(Loehlin, Horn, & Willerman, 1990; McGue, Bacon, & Lykken, 1993a)和认知能力(Cherny, Fulker, & Hewitt, 1997)的影响呈现年龄特异性。也就是说,一个年龄段的非共享环境影响与另一年龄段的非共享环境影响有巨大差别。为了更好地理解非共享环境影响是否在短时间内更稳定,一项研究检测了行为影响在七天范围内的稳定性以及七分钟内由观察者评定的热情与控制的稳定性。遗传与共享环境影响在这两个时间跨度内都高度稳定,但非共享环境影响却并不稳定(Burt, Klahr, & Klump, 2015)。除了偶然性之外,很难想象有其他环境过程可以解释这些结果。尽管如此,我们的观点是,偶然性是零假设——在我们下结论认为偶然性因素是造成非共享环境的原因之前,需要彻底地检查非共享环境的系统来源。

多元分析

遗传与环境影响的估算不局限于检测单一行为的方差。同样的模型可以应用于研究遗传和环境对两个或多个性状间协方差的影响,这是过去几十年数量遗传学最重要的进展之一(Martin & Eaves, 1977)。正如单变量遗传分析估算遗传与环境因素对于性状差异的相对作用一样,多变量遗传分析估算遗传和环境因素对于多性状间协方差的相对作用。换而言之,多元遗传分析可以估算相同的遗传与环境因素对不同性状的影响程度。多元遗传分析的一个重要发展应用是研究遗传与环境对于稳定性的作用,以及对同一个体从一个时代到另一个时代的纵向变化的作用。

如附录所述,多元遗传分析的实质就是对相关的交叉协方差的分析。也就是说,交叉协方差是指双生子之一的性状 X 与双生子中另一同胞的性状 Y 之间的协方差,而非探讨双生子之一的性状 X 与双生子中另一同胞的性状 X 是否存在协变。多元遗传分析中两个新的统计结构是遗传对 X 和 Y 的影响之间的相关性,以及两个性状的环境影响之间对应的相关性。**遗传相关性**侧重于遗传对于性状 X 与性状 Y 之间协方差的作用,估算影响 X 的遗传偏差与影响 Y 的遗传偏差实际相关的程度。遗传相关性独立于遗传力。也就是说,性状 X 与 Y 可能是高度可遗传的,但它们彼此间的遗传相关性可能为零。或者性状 X 与 Y 可能只是轻微可遗传,但它们彼此间的遗传相关性可能为 1.0。遗传相关性为零表明对性状 X 的遗传影响与性状 Y 的遗传影响无关联。相反,1.0 的遗传相关性意味着对性状 X 的所有遗传影响同时也影响性状 Y。多元遗传分析的另一个有用的统计量是二元遗传力,用于估算遗传影响对两个性状之间表型相关性的作用。

多元遗传分析会在随后的许多章节中进行介绍。最有趣的结果发生在性状之间的遗传结构与表型结构不同时。例如，如第14章所述，多元遗传分析已表明精神病理学的遗传结构不同于表型诊断，精神病理学的许多方面在遗传上是彼此相关的。基因的一般效应模式对于特定的认知能力也是相同的（第11章）。一个出人意料的例子是那些表面上是环境测量的检测往往与行为测量在遗传上相关（第8章）。另一个例子是跨年龄的多元遗传分析通常会发现大量的年龄段间的遗传相关性，这表明遗传因素在很大程度上有助于年龄段间的行为稳定性；而环境因素在很大程度上导致了年龄段间的行为改变。

关键概念

环境性：由环境因素导致的表型方差的比例。
共享环境影响：使家庭成员相似的非遗传影响。
非共享环境影响：与家庭成员不相关的非遗传影响。
遗传相关性：一个统计指标，反映了一个性状的遗传影响与另一性状的遗传影响间的相关程度，与性状的遗传力无关。

总结

数量遗传学方法可以检测复杂性状的遗传影响。这些遗传影响通过遗传力量化，该统计量描述了遗传差异在特定时间对特定群体观测到的差异的作用。对于大多数行为维度和行为障碍，包括认知能力和精神分裂症，遗传影响不仅可以被检测到，而且其量很大，往往占群体方差的一半。行为科学中的遗传影响一直备受争议的部分原因在于对遗传力的误解。

遗传对行为的影响只是——一种影响或促成因素，而不是预先设置和确定性的因素。环境影响通常与遗传影响一样重要；它们被量化为共享环境影响和非共享环境影响。行为遗传学侧重于为什么人与人之间会有差异，即特定群体在特定时间存在的个体差异的遗传与环境来源。行为遗传学研究已经帮助我们加深了对于环境因素如何影响行为结果的理解。一个主要示例是，行为遗传学研究发现了中度的共享环境影响的证据，以及往往巨大的非共享环境影响的证据。理解遗传和环境影响如何造成家庭成员间的相似和不同，有助于指导旨在改善个人发展结果的工作。下一章继续讨论基因和环境如何协同作用。

第 8 章

基因和环境间的相互作用

之前的章节阐述了如何评估遗传和环境影响，以及通常用于人类和动物行为遗传学研究的各种设计。正如第 7 章所述，行为遗传学研究不仅有助于增进我们对基因如何影响行为的理解，而且有助于促进我们对环境如何影响行为的理解。尽管基因和行为之间的通路所涉及的具体机制仍有很多需要了解，但我们对基因的了解远远超过对环境的了解。我们知道基因位于细胞核的染色体上，知道它们的信息是如何存储在 DNA 的四个核苷酸碱基中，如何转录以及之后又是如何使用三联体密码进行翻译的。相比之下，我们仍不知道环境影响在脑的哪个部位表达，它们在发育中是如何变化，以及它们如何导致个体行为的差异。鉴于这些了解程度的差异，遗传对行为的影响可能被视为比环境影响更容易研究。

有一点我们可以肯定的是，环境很重要。正如第 11 章至第 19 章对数量遗传学研究的回顾，环境是整个行为领域中个体差异的一个重要来源。此外，数量遗传研究正在改变我们对环境的思考方式。行为科学中遗传研究的三个最重要的发现是关于教养而不是天性。第一个发现是，非共享环境影响在解释个体差异时显示出惊人的巨大且重要的作用。第二个发现同样令人惊讶：许多在行为科学中广泛使用的环境测量显示出存在遗传影响。这项研究表明，人们创造独属于自己的经历，部分是由于遗传的原因。这个话题被称为教养中的天性，尽管在遗传学中它被称为**基因型-环境相关性**，因为它指的是与遗传倾向相关的经历。在天性与教养交界处的第三个发现是，环境效应可以取决于遗传，遗传效应可以取决于环境。这个主题被称为基因型-环境互作，遗传环境敏感性。

基因型-环境相关性和基因型-环境互作——经常统称为基因-环境相互作用——是本章的主题。本章的目的是展示遗传学研究中涉及环境的一些最重要的问题，以及环境研究中涉及遗传学的一些最重要的问题。遗传学研究往往会受益于复杂的环境测量，而环境研究会受益于遗传设计的使用，遗传学家和环境论者之间的合作将促进行为科学的发展。这是行为科学家在发展的研究中将天性和教养结合在一起的一些方法，以了解基因型最终导致表型的过程(Rutter，Moftt，& Caspi，2006)。

关于环境的三个观点被证明具有充分根据。首先，如上所述，遗传学研究为环境因素的重要性提供了最充足的证据。遗传研究惊人地发现，遗传因素对整个行为科学是如此的重要，经常占整个方差的一半。然而，并不应该因为这一发现引起的兴奋而掩盖环境因素至少是同样重要的事实。遗传力几乎从未超过50%，因此环境性很少低于50%。

其次，在数量遗传理论中，环境一词囊括了除遗传之外的所有影响，该词的使用比行为科学通常用的概念要广泛得多。通过这一定义，环境包括出生前事件以及诸如营养和疾病的生物事件，而不仅仅是指家庭社会化因素。

第三，正如第7章所解释的，遗传学研究描述是什么，而不是预测会是什么。例如，身高的高遗传力意味个体之间的身高差异在很大程度上是由遗传差异导致的，考虑到特定群体特定时间存在的遗传和环境影响（是什么）。即便对于像身高这样高度可遗传的性状，环境干预，比如改善儿童的饮食或预防疾病也可能会影响身高（会是什么）。例如，这些环境因素被认为是导致几代人平均身高增加的原因，即便每一代人的身高差异都很大。

超越遗传力

正如第1章所提到的，在过去的几十年里，行为科学最引人注目的变化之一是朝着一种平衡的观点发展，即认识到天性和教养在个体行为差异发展中的重要性。行为遗传学研究发现，遗传影响看起来几乎无处不在。事实上，很难找到不受遗传影响的行为维度或障碍。另一方面，行为遗传学研究也为环境影响的重要性提供了一些最有力的证据，原因很简单，遗传力很少大于50%。这意味着环境因素也很重要。关于天性和教养的重要性在之后的章节中反复出现。这一信息似乎已经传达给了公众和学术界。例如，一项对父母和幼儿教师的调查发现，超过90%的人认为对于精神疾病、学习障碍、智力和人格来说，遗传至少与环境同等重要(Walker & Plomin，2005)。

由于遗传对行为产生影响这一观点的接受度越来越高，本书其余部分所回顾的大多数行为遗传学研究都不仅仅局限于估算遗传力。估算遗传是否影响以及在多大程度上影响行为是理解个体差异起源的重要的第一步。但这只是第一步。正如本书所阐述的，数量遗传研究在三个方面超越了遗传力。第一，多元遗传分析不是一次估算一个行为方差的遗传和环境影响，而是调查行为之间协方差的来源。行为遗传学的一些最重要的进展都来自于多元遗传分析。行为遗传研究超越遗传力的第二种方式是研究发展的连续性和变化的起源；这就是为什么最近这么多行为遗传研究是发展性的，正如在第 11 章至第 19 章中所反映的那样，最显著的是第 15 章，其中涉及发展精神病理学。第三，行为遗传学考虑天性与教养之间的交界，这是本章的主题。此外，我们鉴定基因的能力（第 9 章）和通过分子遗传学将基因与行为联系起来的能力的迅速发展，彻底改变了我们整合遗传和社会科学研究的能力。将来有可能更精确、更简便地解决多变量、发育和基因-环境相互作用等问题；如第 10 章所述，我们在理解基因和行为之间的通路方面也取得了进展。事实上，这许多进步已经促使研究跨越了多个不同的领域，包括遗传学、社会学、家庭关系和预防科学，仅举几例。本章的其余部分将重点讨论基因和环境如何协同工作，即基因-环境相互作用。

基因型-环境相关性

如第 7 章所述，行为遗传学研究有助于澄清遗传和环境的影响。遗传学研究也正在改变我们对环境的看法，表明我们创造自身经历部分是出于遗传原因。也就是说，遗传倾向与个体经历差异相关，这是一个名为基因型-环境相关性现象的例子。换而言之，环境效应能够反映出遗传影响，因为这些经历受个体遗传差异的影响。这正是过去十年遗传学研究的发现：当环境测量在双生子和收养研究中作为表型进行检验时，结果一致指向一些遗传影响，如之后所讨论的那样。正因为如此，基因型-环境相关性曾被描述成暴露于环境的遗传控制（Kendler & Eaves, 1986）。

基因型-环境相关性增加了性状的表型方差（参见附录），但很难检测出表型方差在多大程度上取决于遗传和环境效应之间的相关性（Plomin, DeFries, & Loehlin, 1977b）。因此，下面的讨论侧重于检测特定的基因型-环境的相关性，而不是估算它们对表型方差的整体贡献。

教养中的天性

关于该主题的首次研究成果发表于二十年多前，几十项研究采用各种遗传设计和测量，都得出环境测量显示存在遗传影响的结论（Plomin & Bergeman, 1991）。在列举这类研究的一些例子之后，我们将讨论如何测量环境能够显示出遗传影响。

一种广泛使用的结合观察和访谈的家庭环境测量称为"环境测量的家庭观测"（HOME; Caldwell & Bradley, 1984; Caldwell & Bradley, 2003）。HOME 评估家庭环境的各个方面，比如父母的责任、对进步的鼓励以及提供玩具等。一项收养研究中，在每个儿童 1 岁时和 2 岁时分别对非收养同胞和收养同胞的 HOME 相关性进行了比较（Braungart, Fulker, & Plomin, 1992a）。在 1 岁和 2 岁时，非收养同胞之间的

HOME 得分比收养同胞之间更为相似(1 岁为 0.58 对 0.35,2 岁为 0.57 对 0.40),结果说明 HOME 得分受遗传影响。据估计,遗传因素占 HOME 分数方差的 40% 左右。

其他观测性研究采用了不同的遗传学设计,在婴儿期、儿童期和青春期的父母-子女互动中已发现了遗传影响的证据(参见最近的元分析 Klahr & Burt, 2014)。这些研究表明,遗传对家庭成员互动的效应并非仅仅为旁观者观察所见。大多数关于教养中的天性的遗传学研究都采用了问卷调查而不是观察法。问卷调查增加了另一个可能的遗传影响来源:家庭环境观念所涉及的主观过程。这一领域的开创性研究包括两项青少年双生子对其家庭环境观念的研究(Rowe, 1981; Rowe, 1983)。这两项研究都发现,青少年对其父母接受的看法存在大量的遗传影响,而对父母控制的看法没有遗传影响。

在第 7 章提到的"青少年发展的非共享环境"(NEAD)项目,部分是为了研究遗传对家庭环境各种测量的贡献。如表 8.1 所示,青少年对其父母的积极性和消极性的复合变量的评分有显著的遗传影响(Plomin, Reiss, Hetherington, & Howe, 1994)。组成这些复合变量的 12 个量表中,遗传力最高的是亲密度的测量(如,亲密性、支持性),由青少年对母亲的亲密度和父亲的亲密度评分,两者所得到的遗传力均约为 50%。正如罗韦(Rowe)最初的研究和其他几项研究(Bulik, Sullivan, Wade, & Kendler, 2000)所发现的那样,对父母控制的测量的遗传力低于亲密度的遗传力(Kendler & Baker, 2007)。NEAD 项目还评估了父母对自身育儿行为的看法(表 8.1 的下半部分)。父母对自身行为的评分所得遗传力估算与青少年对父母行为评价相似。因为在这些研究中,双生子是儿童,对父母育儿的遗传影响来自于父母对遗传影响下的子女特征的反应。相反,当双生子为人父母时,遗传对育儿的影响可能来自于其他来源,比如父母的人格。然而,对双生子作为父母的研究通常会取得相似的结果,表明存在广泛的遗传影响(Neiderhiser et al., 2004; Klahr & Burt, 2014)。

对双生子和被收养者进行的其他二十多项研究报告了遗传对家庭环境的影响(Plomin, 1994)。最近对双生子、同胞和收养者的育儿研究结果进行了一项元分析,发现父母和子女对待双亲温情、控制和消极方面均存在遗传影响(Avinun & Knafo, 2013; Klahr & Burt, 2014)。此外,也有证据表明,从儿童期到青春期,共享环境对育儿的影响减少,非共享环境的影响增加,而遗传影响始终如一地贯穿整个孩童期。多元遗传学研究表明,遗传对家庭环境观念的影响部分是由人格所介导的(Horwitz et al., 2011; Krueger, Markon, & Bouchard, 2003),并且遗传对人格的影响同样也可以解释家庭关系不同方面之间的协变,比如婚姻质量和抚养子女(Ganiban et al., 2009b)。

表 8.1 育儿问卷评估的遗传力估算

评定者	被评定者	测量	遗传力
青少年	母亲	积极性	0.30
		消极性	0.40
青少年	父亲	积极性	0.56
		消极性	0.23
母亲	母亲	积极性	0.38
		消极性	0.53
父亲	父亲	积极性	0.22
		消极性	0.30

Plomin et al. (1994).

遗传对环境测量的影响范围已经延伸到家庭之外。例如，一些研究已经发现遗传对生活事件和压力的测量有影响，尤其是我们有一定控制的生活事件，比如人际关系问题和金融动荡（如，Federenko et al.，2006；Plomin, Lichtenstein, Pedersen, McClearn & Nesselroade, 1990b；Thapar & McGufn, 1996）。与遗传对家庭环境观念的影响一样，遗传对生活事件和压力的影响也是部分由人格所介导（Kendler, Gardner, & Prescott, 2003a；Saudino, Pedersen, Lichtenstein, McClearn, & Plomin, 1997）。

遗传影响也被发现存在于儿童的朋友和同伴群体的特征上（如，Brendgen et al.，2009；Iervolino et al.，2002），以及成年朋友的特征上（Rushton & Bons, 2005），随着儿童离开他们的家园，创造自己的社交世界，遗传在青春期和青年期早期的影响越来越大（Kendler et al.，2007a）。几项研究发现，遗传因素对儿童中期和后期以及青春期受欺凌的倾向（如，Ball et al.，2008；Brendgen et al.，2011）以及反复受害的可能性有影响（Beaver, Boutwell, Barnes, & Cooper, 2009）。值得注意的是，在欺凌和同龄人侵害的研究中，与父母评定和自陈报告相比（Ball et al.，2008；Beaver et al.，2009；Bowes, Maughan, Caspi, Moftt, & Arseneault, 2010），采用同伴提名（Brendgen et al.，2008；Brendgen et al.，2011）得出的遗传力略低。

学校环境也表现出遗传影响。例如，在儿童对其课堂环境的看法中（Walker & Plomin, 2006）、在教师对青少年学生投入努力的报告中（Houts, Caspi, Pianta, Arseneault, & Moftt, 2010）、在同伴学习环境中（Haworth et al.，2013）都发现了遗传影响。其他具有遗传影响的环境测量包括观看电视（Plomin, et al.，1990b）、学校联系（Jacobson & Rowe, 1999）、工作环境（Hershberger, Lichtenstein, & Knox, 1994）、社会支持（Agrawal, Jacobson, Prescott, & Kendler, 2002；Bergeman,

Plomin, Pedersen, McClearn, & Nesselroade, 1990)、儿童期意外事故(Phillips & Matheny, 1995)、结婚倾向(Johnson, McGue, Krueger, & Bouchard, 2004)、婚姻质量(Spotts, Prescott, & Kendler, 2006)、离婚(McGue & Lykken, 1992)、毒品接触(Tsuang et al., 1992)以及遭受创伤(Lyons et al., 1993)。事实上，在遗传性敏感设计中，很少有经历测量检测不显示遗传影响。有人建议其他领域，比如人口统计学，也需要考虑基因型-环境相关性的影响(Hobcraft, 2006)。

总之，各种遗传学设计和测量汇集得出结论，即遗传因素对经历起作用。对55项采用环境测量的独立的遗传学研究进行回顾发现，35种不同的环境测量的平均遗传力为0.27(Kendler & Baker, 2007)。已发现大量不同的环境测量显示遗传影响的存在，这表明遗传影响在个体经历的环境中发挥着关键作用。基因与环境之间相互作用研究的一个关键方向是研究遗传对环境测量产生影响的原因和结果。

基因型-环境相关性的三种类型

遗传因素导致我们经历的环境差异的过程是怎样的？有三种类型的基因型-环境的相关性：被动型、唤起型和主动型(Plomin et al., 1977b)。**被动型的基因-环境相关性**发生在当子女被动地继承与其遗传倾向相关的父母的家庭环境时。**唤起型的**，或回应型的**基因-环境相关性**发生在当个体基于其遗传倾向而引起其他人的反应时。**主动型的基因型-环境相关性**发生在当个体选择、修改、建构或重建与其遗传倾向相关的经历时(表8.2)。

我们以音乐能力为例。如果音乐能力是可遗传的，有音乐天赋的孩子很可能拥有具有音乐天赋的父母，为他们提供有利于音乐能力发展的基因和环境(被动型的基因型-环境相关性)。有音乐天赋的孩子也可能在学校被挑选出来，并得到特殊的机会(唤起型的基因型-环境相关性)。即便无人对他们的音乐天赋采取任何行动，有音乐天赋的孩子仍可能通过选择音乐同伴，或用别的方法创造音乐经历(主动型的基因型-环境相关性)。

表8.2 基因型-环境相关性的三种类型

类型	描述	环境影响的来源
被动型	儿童获得的与其家庭环境相关的基因型	父母和同胞
唤起型	个体的反应是基于他们的遗传倾向	任何人
主动型	个体寻求或创造与其遗传倾向相关的环境	任何人或任何事

经科罗拉多大学行为遗传学研究所普洛明许可转载。

被动型的基因型-环境相关性需要遗传相关个体之间的互作。唤起型可以由任何人对基于其遗传倾向的个体做出反应而引发。主动型可以涉及环境中的任何人或任何事。我们倾向于认为积极的基因型-环境相关性，比如提供一个音乐环境，与孩子的音乐倾向积极相关；但基因型-环境相关性也可能是消极的。消极的基因型-环境相关的例子，如慢速学习者可能需要给予特别的关注以提高他们的成绩。

检测基因型-环境相关性的三种方法

有三种方法可用来研究遗传因素对某一环境测量与行为性状之间的相关性的作用。这些方法的区别在于它们可以检测到的基因型-环境相关性的类型不同。第一种方法仅限于检测被动型。第二种方法检测唤起型和主动型。第三种方法检测所有三种类型。所有三种方法还可以为无基因型-环境相关性的环境影响提供证据。

第一种方法比较非收养与收养家庭中的环境测量和行为性状之间的相关性（图8.1）。在非收养家庭中，通常认为一个家庭环境的测量和一个儿童的行为性状之间的相关性可能源于环境。然而，遗传因素也可能有助于这种相关性。如果受遗传影响的父母行为性状与环境测量以及儿童行为性状相关，就说明存在遗传介导。例如，HOME得分与儿童认知能力之间的相关性可以通过影响父母认知能力和他们HOME得分的遗传因素来介导。相反，在收养家庭中，家庭环境与儿童行为性状之间的这种间接的遗传通路不存在，因为养父母与收养子女之间没有遗传关系。因此，如果非收养家庭的相关性比收养家庭的高，那么说明遗传对家庭环境与儿童特质之间的协同变化都有作用。遗传作用反映了被动的基因型-环境相关性，因为非收养家庭的儿童被动地从父母那里继承了与特质相关的基因和生活环境。在非收养和收养家庭中，环境测量可能是儿童特质产生的结果而不是导致儿童某特质的原因，这可能涉及到唤起型的或主动型的基因型-环境相关性的遗传影响。然而，这种遗传影响的来源将同等地有助于非收养家庭和收养家庭的环境-结果的相关性。只有在被动型的基因

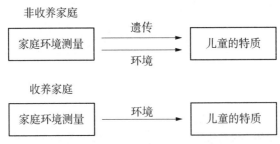

图8.1 通过比较非收养和收养家庭环境测量与儿童的特质之间的相关性，可以探测被动型的基因型-环境相关性。

型-环境相关性存在的情况下,非收养家庭的相关性才会增加。在科罗拉多收养项目中,该方法揭示了遗传对家庭环境与儿童行为发展之间的关联有着显著作用。例如,非收养家庭2岁儿童的认知发展与HOME分数之间的相关性比收养家庭的高(Plomin, Loehlin, & DeFries, 1985)。HOME分数和语言发展之间的相关性也表现了相同的结果模式。

双生子后代设计(COT)方法可用于解决类似的问题(McAdams et al., 2014)。如第6章所述,COT方法提供了一个强有力的伪收养设计,允许控制父母变量的遗传风险,比如家庭冲突和父母物质滥用,以审查家庭环境对儿童行为是否有直接效应,或是由遗传介导。例如,COT分析对家庭功能的一般测量,包括家庭冲突、婚姻质量和育儿协议在内,发现家庭冲突与青少年的内化和外化问题既有直接的联系,也有遗传介导的联系(Schermerhorn et al., 2011)。使用COT设计的其他尝试侧重于父母的物质滥用,包括怀孕期间的药物滥用,发现母亲饮酒和儿童注意力缺陷/多动障碍(ADHD)之间的关联受遗传影响(Knopik et al., 2006);而父亲饮酒与儿童ADHD之间的关联更有可能是间接的,是多种通路的结果(Knopik, Jacob, Haber, Swenson, & Howell, 2009b)。其他母亲变量,比如怀孕期间物质滥用,似乎对儿童ADHD有遗传介导和直接环境影响(Knopik et al., 2006; Knopik et al., 2009b)。

唤起型的和主动型的基因型-环境的相关性被认为同时影响收养和非收养家庭的儿童,并不能用第一种方法检测到。寻找特定基因型-环境相关性的第二种方法涉及到亲生父母的特质与收养家庭环境之间的相关性(图8.2)。这种方法可解决其他两种基因型-环境相关性问题,即唤起型和主动型。亲生父母的特质可作为被收养儿童基因型的一个指标,并且可以与被收养儿童环境的任何测量相关。尽管亲生父母的特质是其被收养子女基因型的一个相对较弱的指标,但发现亲生父母的特质与其被收养子女所处的环境相关,这表明环境测量反映了被收养儿童的遗传影响特征。也就是说,被收养儿童的遗传倾向引起了养父母的反应。在科罗拉多收养项目中运用这种方法的尝试只得出很少的唤起型和主动型的基因型-环境相关性的证据(Plomin, 1994),然而这一策略在最近的早期生长发育研究中被证明更为成功(Leve et al., 2013b)。例如,在儿童早期和中期的抚养(Fearon et al., 2014; Harold et al., 2013)

图8.2 利用亲生父母的特质(作为被收养儿童的基因型指标)和收养家庭环境之间的相关性,可以检测唤起型和主动型的基因型-环境相关性。

和同龄人问题(Elam et al., 2014)中发现了唤起型的基因型-环境相关性的证据。

检测基因型-环境相关性的第三种方法涉及环境测量与特质之间相关性的多元遗传学分析(图8.3)。这种方法是最有通用意义的,它可以检测任何一种类型的基因型-环境相关性——被动型、唤起型和主动型。如附录所述,多元遗传学分析估算的是一种测量的遗传效应与另一种测量的遗传效应之间重叠的程度。在这种情况下,如果环境测量的遗传效应与特质测量的遗传效应重叠,则隐含基因型-环境相关性。

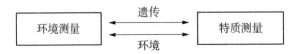

图8.3 利用环境测量和特质之间相关性的多元遗传分析,可以检测出被动型、唤起型和主动型的基因型-环境相关性。

多元遗传分析可用于任何遗传设计和任何类型的环境测量,而不仅仅是家庭环境的测量。然而,由于所有的遗传学分析都是对个体差异的分析,因此环境测量必须针对每个个体。例如,某一环境测量对所有家庭成员都相同,比如家庭的社会经济地位,就不能被用于这些分析。然而,可以分析这样一项对儿童特定的测量,比如儿童对其家庭社会经济地位的认知。这种类型的首批研究之一采用了同胞收养设计,科罗拉多收养项目中,在2岁的非收养和收养同胞之间对一位同胞的HOME分数(儿童的特定环境指标而不是家庭普遍的环境指标)和另一位同胞的一般认知能力之间的交叉相关性进行了比较(Braungart et al., 1992a)。多元遗传学模型-拟合表明,HOME分数和儿童认知能力之间的表型相关性约有一半是由遗传介导的。据报道,在儿童期和青春期期间的抚养、儿童亲社会性和问题行为上,也有类似的发现(如,Knafo & Plomin, 2006; Reiss, Neiderhiser, Hetherington, & Plomin, 2000; Burt, Krueger, McGue, & Iacono, 2003)。对于其中的每一种相关性而言,其超过一半都是由遗传介导。还有证据表明,遗传影响可以解释同龄人特征与青少年饮酒(Loehlin, 2010)、成年早期吸烟(Harakeh et al., 2008)之间的关联。遗传介导的证据也在成人期的各种与成人身心健康相关的环境测量中发现(如,Boardman, Alexander, & Stallings, 2011; Bergeman, Plomin, Pedersen, & McClearn, 1991; Spotts et al., 2005; Lichtenstein, Harris, Pedersen, & McClearn, 1992; Carmelli, Swan, & Cardon, 1995)。

多元遗传分析可与纵向分析相结合,以解开环境测量与行为测量之间的因果关系。例如,如果某年龄段消极的抚养行为与儿童在后期的反社会行为有关,那么似乎有理由认为,消极的抚养行为导致了儿童的反社会行为。然而,此类的首项双生子研究发现,这个通路主要是由遗传介导的(Neiderhiser, Reiss, Hetherington, & Plomin,

1999),在后续的研究中使用了不同的样本,依然支持了这个发现(Burt, McGue, Krueger, Iacono, 2005; Moberg, Lichtenstein, Forsman, & Larsson, 2011)。与此相反,一项探讨儿童逆境对青春期和成年早期反社会行为影响的双生子纵向研究发现,尽管被动型的基因型-环境相关性是显著的,但大部分方差是由儿童逆境的直接环境影响造成的(Eaves, Prom, & Silberg, 2010)。

最近的研究试图澄清,父母教养与儿童适应之间的关联究竟是由唤起型的基因型-环境相关性引起的或是由被动基因型-环境相关性引起的,还是由父母教养对儿童适应的直接环境影响引起的。为了解开这些不同的机制,可以将结合父母教养和儿童适应的多元遗传分析应用到双生子后代和双生子父母的研究设计中,这通常被称为扩展的双生子后代设计(ECOT; Narusyte et al., 2008)。使用 ECOT 设计的研究已经为消极的父母教养和儿童内化外化行为的唤起型的基因型-环境相关性找到了证据(Marceau et al., 2013; Narusyte et al., 2008; Narusyte et al., 2011)。换而言之,青少年的行为引起了父母受遗传影响而产生的特殊反应。与此相反,有两份报告已经发现了直接环境影响的证据,但在父母批评与青少年躯体症状之间(Horwitz et al., 2015),以及在父母监督和青少年外化行为之间没有基因型-环境相关性(Marceau et al., 2015b)。这些发现强调了如何将多种策略结合起来,以得到关于基因和环境如何协同工作的新信息,并有助于说明环境影响的细微差别。

通过鉴定一些导致行为遗传力的基因,将极大地促进基因与环境相互作用的研究(Jaffee & Price, 2007)。本节回顾的研究得出的结论是,我们也许能够鉴定出与环境测量相关的基因,因为这些基因是可遗传的。例如,最近基于 SNP 的遗传力以及多基因评分的研究发现,遗传对儿童的家庭社会经济地位(SES)以及家庭 SES 与儿童教育成就之间的关联都具有显著影响(Krapohl & Plomin, 2015; Plomin, 2014)。当然,环境本身不是遗传的;遗传影响在其中有作用是因为这些环境测量涉及到行为。例如,许多生活事件和压力源并不是被动地发生在我们身上——在某种程度上,我们自己决定了这些经历。

意义

运用各种遗传设计和测量进行的研究得出这样的结论,即遗传因素往往极大地有助于对环境的测量。找到遗传对环境测量作用的最重要的意义在于,环境测量与行为性状之间的相关性并不必然意味着环境是唯一的起因。遗传学研究经常表明,遗传因素在很大程度上涉及环境测量和行为性状之间的相关性。换句话说,看似环境风险的情况实际上可能反映了遗传因素。当然,反之,看似遗传风险的情况实际上可能反映了环境因素。

这类研究并不意味着经历完全由基因所驾驭。被广泛采用的环境测量显示出显著的遗传影响,但这些测量的大部分方差并不是遗传的。然而,不能仅仅因为环境测量被称为是环境的,就认为它们完全是环境的。事实上,迄今为止的研究表明,假定环境测量包括一些遗传效应是更安全的。尤其是在遗传相关的家庭成员中,绝不能认为家庭环境测量与儿童发展结果之间的关联纯粹源自环境。出于对这种观点的极大推崇,有两本书认为社会化研究在根本上存在缺陷,因为它没有考虑遗传的作用(Harris, 1998; Rowe, 1994)。

这些发现都支持当前所做的转变,即从思考环境如何影响个体的被动模式转变为认识到我们如何在选择、改进和创造我们自己的环境方面发挥积极作用的模式。通过开发出那些能反映我们在构建经历中起积极作用的环境测量,将有助于推动这一领域的进步。

关键概念

被动型的基因型-环境相关性:当儿童遗传的基因效应与其家庭环境协变时,遗传和环境影响之间的一种相关性。

唤起型的基因型-环境相关性:当个体引起环境的效应与其遗传倾向协变时,遗传和环境影响之间的一种相关性。

主动型的基因型-环境相关性:当个体选择或构建环境的效应与其遗传倾向协变时,遗传和环境影响之间的一种相关性。

双生子后代设计:一项包括父母为双生子及其各自子女在内的研究。

扩展的双生子后代设计:一项结合了双生子后代设计,以及子女为双生子与其父母作为可比样本的研究设计。

基因型-环境的互作

上一节重点介绍了基因型与环境之间的关系。基因型-环境相关性是指遗传在环境暴露中起的作用。相反,基因型-环境互作涉及遗传对环境的敏感性或易感性。基因型-环境互作的思考方式有很多种(Rutter, 2006; Reiss, Leve, & Neiderhiser, 2013),但在数量遗传学中,这个术语通常意味着环境对表型的影响取决于基因型,或者相反,即基因型对表型的影响取决于环境(Kendler & Eaves, 1986; Plomin, DeFries, & Loehlin, 1977a)。正如在第7章所讨论的那样,这种说法不同于遗传和环境的效应因为是"互作"而不能分清的说法。当考虑表型方差时,基因会独立于环境效应来影响表型,环境会独立于遗传效应来影响表型。此外,基因和环境可以通过互作来影响表型,超越了基因和环境是单独作用的预测。

这一点如图8.4所示,其中,低风险与高风险环境下成长的个体在某个特质上的得分针对低风险与高风险基因型进行绘图。遗传风险可以使用动物模型、收养设计或DNA来评估,如下所述。图中展示了以下例子:(a)有基因效应而无环境效应,(b)有环境效应而无遗传效应,(c)基因和环境都有效应,(d)基因和环境都有效应,并且遗传和环境之间还存在互作。在最后一种情况下,这种互作对遗传风险在高风险环境中产生更大的效应。在精神病学遗传学中,这种类型的互作被称为**素质-压力**模式(Gottesman,1991;Paris,1999)。也就是说,有精神病理学遗传风险的个体(易患某病的素质或体质)对压力环境的影响特别敏感。尽管有证据表明这类基因型-环境互作的存在,但一些研究则表明在宽松的、低风险的环境中,遗传影响更大(Kendler,2001)。

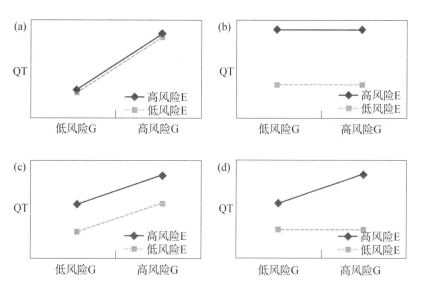

图8.4 遗传(G)和环境(E)的效应及其互作。QT是指一种表型数量性状。(a)G可以产生效应而E无效应,(b)E可以产生效应而G无效应,(c)G和E都可以产生效应,(d)G和E都可以产生效应,G和E之间也可以产生互作。

与基因型-环境相关性一样,基因型-环境互作增加了某一特质的表型方差(参见附录),但很难检测出表型方差总体在多大程度上是由遗传和环境效应的互作造成的(Jinks & Fulker, 1970; Plomin et al., 1977b; van der Sluis, Dolan, Neale, Boomsma, & Posthuma, 2006)。因此,接下来讨论的重点是检测特定的基因型-环境的互作,而不是估算它们对表型方差的总体贡献。

动物模型

基因型-环境的互作在实验室动物中更容易研究,因为基因型和环境都可以被操控。第 11 章描述了基因型-环境互作最著名的示例之一。与在标准实验室环境中饲养的聪明大鼠和愚笨大鼠相比,被选育出来的聪明大鼠系与愚笨大鼠系对"丰富型"和"限制型"的环境有不同的反应(Cooper & Zubek, 1958)。丰富型条件对选育的聪明鼠系没有影响,但是它提高了愚笨鼠系走迷宫的表现。限制型环境不利于聪明鼠走迷宫的表现,但对愚笨鼠几乎没有影响。这个结果是一个互作,因为限制型和丰富型环境的效应取决于动物的基因型。在动物研究中还发现了其他例子,其中环境对行为的效应因基因型函数而不同(Erlenmeyer-Kimling, 1972; Fuller & Thompson, 1978; Mather & Jinks, 1982)。然而,一系列在小鼠中的学习研究未能发现可重复的基因型-环境互作(Henderson, 1972)。

正如在第 5 章所提到的,一篇有影响力的论文报道了基因型-环境的互作,其中基因型是使用小鼠的近交系进行评估,环境由不同实验室构建(Crabbe, Wahlsten, & Dudek, 1999b)。然而,随后的研究发现这种特定类型的基因型-环境互作的证据要少得多(Valdar et al., 2006a; Wahlsten et al., 2003; Wahlsten, Bachmanov, Finn, & Crabbe, 2006)。尽管动物模型研究具有操控基因型和环境的能力,但基因型与环境互作的系统研究却少得惊人。(实验室的动物模型研究不太适合基因型-环境相关性的研究,因为这种研究要求动物可以自由选择和改变其环境,而这在实验室的实验中很少发生。)

收养研究

虽然基因和环境不能像动物模型研究那样在人类物种中进行实验操控,但收养设计也可以探索基因型-环境的互作,如图 8.4 所示。第 16 章描述了在两项收养研究中发现的犯罪行为的基因型-环境互作的例子(Bohman, 1996; Brennan, Mednick, & Jacobsen, 1996)。亲生父母有刑事犯罪记录的被收养者有增高的犯罪行为风险,表明遗传影响的存在;养父母有刑事犯罪记录的被收养者也有增高的犯罪行为风险,这表明环境影响的存在。然而,基因型-环境的互作则体现在,主要是当亲生父母也有刑事犯罪记录时,那么养父母有刑事犯罪会导致其被收养子女刑事犯罪的增加。

另一个类似的基因型-环境互作的例子则是已报道的青少年品行障碍(Cadoret, Yates, Troughton, Woodworth, & Stewart, 1995b)。遗传风险用亲生父母反社会人格的诊断或药物滥用作为指标,而环境风险则用收养家庭的婚姻、法律或精神问题来评估。遗传风险高的被收养者对收养家庭压力产生的环境效应更为敏感。遗传风险低的被收养者不受收养家庭压力的影响。这一结果证实了先前的研究,该研究也表明在青少年反社会行为发展中,遗传风险和家庭环境之间存在互作(Cadoret, Cain &

Crowe，1983；Crowe，1974）。

早期生长发育研究（EGDS；Leve et al.，2013b）是一项纵向的收养研究，追踪被收养儿童、他们的养父母和他们的亲生父母。从婴儿期到儿童期中期，儿童行为的EGDS中出现了数量惊人的基因型-环境互作。例如，对于那些亲生父母有更多精神病理学症状（抑郁和焦虑症状、反社会行为、药物和酒精的滥用）的儿童，收养母亲在被收养儿童18个月大时使用更结构化的育儿方式，与使用不太结构化的育儿方式相比，儿童行为问题会明显减少（Leve et al.，2009）。在儿童行为抑制（Natsuaki et al.，2013）、内化问题（Brooker et al.，2014）、外化问题（Lipscomb et al.，2014）和社交能力（Van Ryzin et al.，2015）中也发现存在基因型-环境互作。

然而，也有基因型-环境互作无法被发现的例子，尤其是在认知发展方面。例如，研究人员利用斯科达克和斯基尔斯（Skodak & Skeels，1949年）经典收养研究的数据，比较了被收养儿童的一般认知能力得分，他们亲生父母受教育程度或高或低（作为基因型指标），他们养父母受教育程度或高或低（作为环境指标）（Plomin et al.，1977b）。虽然亲生父母受教育程度对被收养儿童的一般认知能力有显著影响，但没有发现养父母受教育程度作为环境的影响，也没有发现基因型-环境互作。采用更极端群体的一项类似于收养的研究发现，遗传和环境效应都存在，但同样没有证据表明基因型-环境互作（Capron & Duyme，1989；Capron & Duyme，1996；Duyme，Dumaret，& Tomkiewicz，1999）。其他采用收养分析来寻找婴儿期和儿童期认知能力的基因型-环境互作的尝试都没有成功（Plomin，DeFries，& Fulker，1988）。

双生子研究

双生子方法也被用来识别基因型-环境互作。一个双生子的表型可用作另一个双生子的遗传风险指标，以尝试探索与环境测量的互作。使用这种方法，研究人员发现，压力生活事件对具有抑郁遗传风险的个体的影响更大（Kendler et al.，1995）。另一项研究发现，生理虐待对遗传风险高的儿童的品行问题影响更大（Jaffee et al.，2005）。当研究被分开抚养的双生子时，这种方法更为有力，也为基因型-环境互作提供了一些证据（Bergeman，Plomin，McClearn，Pedersen，& Friberg，1988）。

双生子方法在研究基因型与环境互作时，最常见的方法只是询问这样一个问题：两种环境下的遗传力是否不同。需要大量样本来检测这种类型的基因型-环境互作。每种类型的双生子大约需要1 000对才能检测到60%和40%的遗传力差异。例如，第17章提到了几个示例，其中酒精使用及滥用的遗传力在更宽松的环境下更大。对作为环境函数的遗传力差异的分析，可以把环境视为一个连续变量，而不是将其视为二分化（Purcell，2002；Purcell & Koenen，2005；van der Sluis，2012）。事实上，检验适量的遗传力和环境性的研究已经爆炸式激增（如，Brendgen et al.，2009；Feinberg，Button，

Neiderhiser, Reiss, & Hetherington, 2007；Tuvblad, Grann, & Lichtenstein, 2006)。

一项这种类型的分析表明,在父母受教育程度较高的家庭中一般认知能力的遗传力(74％)显著高于父母受教育程度较低的家庭的遗传力(26％)(Rowe, Jacobson, & van den Oord, 1999)。随后的研究在父母教育和社会经济地位方面产生了明显不一致的结果,但最近的一项元分析发现,这种效应主要存在于美国的研究中,而不是在美国以外的研究中。这表明一个耐人寻味的可能性,即基因型-环境的互作可能不会在那些高质量教育机会比美国更均一的国家中发现(Tucker Drob & Bates, 2016)。

此外,几项双生子研究表明,儿童行为问题的遗传力受社会环境的调节,比如抚养行为(Alexandra Burt, Klahr, Neale, & Klump, 2013；Lemery Chalfant, Kao, Swann, & Goldsmith, 2013；Samek et al., 2015)、同伴排斥(Brendgen et al., 2009)、与教师的积极关系(Brendgen et al., 2011)。随着基因型-环境互作分析中的适当数据的变得持续可用,我们将持续揭示基因和环境如何协同作用以影响行为结果的细微差别。尽管对基因型-环境互作的纵向研究才刚刚开始(Burt & Klump, 2014),这些过程也可能随着时间的推移和儿童的年龄而改变(Marceau et al., 2015a)。

DNA

在行为遗传学中被引用最多的两篇论文中,基因型-环境互作的 DNA 研究取得了令人振奋的结果。第一项研究涉及成人反社会行为、儿童虐待和单胺氧化酶 A (MAOA)基因的功能多态性,该基因广泛参与多种神经递质代谢(Caspi et al., 2002)。如图 8.5 所示,儿童期虐待与成人的反社会行为有关,在几十年前就已经为人

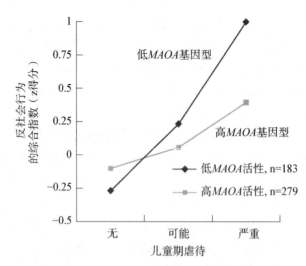

图 8.5 基因-环境互作：MAOA 基因多态性对反社会行为的效应取决于儿童期虐待。(数据摘自 Caspi et al. 2002)

所知。MAOA 与大多数没有儿童期虐待经历的个体的反社会行为无关——也即，携带低和高 MAOA 基因型的儿童的反社会行为没有区别。然而，MAOA 却与儿童期遭受严重虐待的个体的反社会行为密切相关，这表明了素质-压力类型的基因型-环境互作。这个基因的罕见形式降低了 MAOA 水平，使个体特别容易受到儿童期虐待的影响。虽然对这一发现进行的重复尝试的研究结果参差不齐，但它依然得到了所有现存研究的元分析的支持(Byrd & Manuck, 2014)。

第二项研究涉及抑郁、压力生活事件，以及血清素转运蛋白基因($5-HTTLPR$)启动子区域的功能多态性(Caspi et al., 2003)。如图 8.6 所示，在所报告承担较小压力生活事件的个体中，基因与抑郁症状之间没有关联。抑郁症状与生活事件数量增加相关联，这是基因型-环境互作的素质-压力模式的另一个例子。这种互作在若干项研究中也被重复验证(如，Vrshek Schallhorn et al., 2013)。这一发现也存在于小鼠和非人类灵长类动物研究中，血清素转运蛋白基因被发现参与对环境威胁的情绪反应(Caspi, Hariri, Holmes, Uher, & Moffitt, 2010)。关于压力生活事件与血清素转运蛋白基因之间的互作，文献中已经出现一系列的元分析和争论。2009 年报道的两项统合分析发现，这种互作的证据仅为偶然出现(Munafo, Durrant, Lewis, & Flint, 2009)或根本不存在(Risch et al., 2009)。然而，最近的两项元分析发现，在抑郁风险中压力与血清素转运蛋白基因之间存在互作的证据(Karg, Burmeister, Shedden, & Sen, 2011; Sharpley, Palanisamy, Glyde, Dillingham, & Agnew, 2014)。针对这个主题以及互作存在条件的研究将持续进行(McGuffin & Rivera, 2015; Dick et al., 2015)。

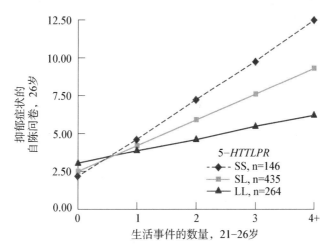

图 8.6 基因-环境互作：$5-HTTLPR$ 基因多态性对抑郁的效应取决于生活事件的数量。与长等位基因(L)相比，短等位基因(S)与 $5-HTTLPR$ 基因启动子区域的转录效率较低有关。(数据来自于 Caspi et al. 2003)

迄今为止,许多研究已经报道了基因型-环境互作,大多数侧重于这些首次研究中涉及的基因。然而,在考虑**候选基因-环境互作**的研究结果时,需要谨慎。一份报告调查了所有发表的候选基因-环境互作的研究——2000年至2009年的103项研究——发现96%的新报告具有显著性,而重复尝试的研究却只有27%具有显著性(Duncan & Keller, 2011)。最近的一份报告回顾了候选基因-环境互作的文献,并为该领域之后的研究列出了一系列的建议(Dick et al., 2015)。

利用整个基因组的 DNA 变异的全基因组方法也开始应用于寻找**全基因组基因-环境互作**(Aschard et al., 2012; Thomas, Lewinger, Murcray, & Gauderman, 2012)。目前已有研究人员提出从全基因组关联研究中挖掘数据以检查基因型-环境互作的系统策略(Thomas, 2010),另外还提出了一种操控环境方式的实验干预方法(van Ijzendoorn et al., 2011)。

关键概念

基因型-环境互作:对环境的遗传敏感性或易感性。基因型-环境互作通常局限于统计上的互作,比如在不同环境中不同的遗传效应。在研究基因型与环境互作时,最常见的用法是测试不同环境下的遗传力是否不同。

素质-压力:一种基因型-环境的互作,有疾病(易患的素质)遗传风险的个体对有风险的(压力)环境的影响特别敏感。

候选基因-环境互作:基因型与环境的互作,其中某一特定(候选)基因与某一表型之间的关联在不同环境是不同的。

全基因组基因-环境互作:一种寻找基因型-环境互作的方法,用于评估到整个基因组的 DNA 变异。

总结

基因与环境之间的互作一直是大量研究的主题,尤其是在过去十年。这项工作主要有两个重点:基因型-环境相关性和基因型-环境互作。从这项研究中可以清楚地看到,基因和环境通过基因型-环境相关性以及互作来共同作用以影响行为。

遗传学研究中最令人惊叹的发现之一,是我们的经历有部分受遗传因素的影响;这一发现是基因型-环境相关性的研究主题。数十项使用各种遗传设计和环境测量的研究汇聚而得出的结论是,遗传因素会影响环境测量的方差。基因型-环境相关性有三种类型:被动型、唤起型和主动型。有几种不同的方法可用于评估行为性状与环境测量之间的特定的基因型-环境相关性。这些方法已经验证了基因型-环境相关性的几个示例,并有助于阐明基因型-环境相关性如何随着时间而变化。

基因型-环境互作是基因与环境共同作用的第二种方式。基因型和环境在动物研究中都可以被操控,利用动物研究已得到一些实例,其中环境作为基因型的函数对行为的效应不同。人类行为的基因型-环境互作的例子也在收养研究、双生子研究以及使用**候选基因**功能多态性进行的分子遗传学研究中发现。这些互作的一般形式是,压力环境主要对有遗传风险的个体产生影响,这是一种素质-压力型的基因型-环境互作。

通过行为遗传学研究对基因型-环境相关性和互作的认识,强调遗传学研究对阐明环境风险机制的重大作用。随着更多与行为和经历相关的基因被鉴定出来,将会促进我们对天性和教养是如何相关和互作的理解。

第 9 章

鉴定基因

更多的类似于第 6、7、8 章所述的数量遗传学研究用来确定最可遗传的组分和影响行为的基因,研究发育的变化和连续性,并探索天性与教养之间的互作。然而,行为遗传学研究最令人兴奋的方向之一是结合数量遗传学和分子遗传学,尝试鉴定对行为有遗传影响的特定基因,面向的行为中,甚至包括由许多基因和许多环境因素起作用的复杂行为。

数量遗传学和分子遗传学都始于 20 世纪初。如第 2 章所述,生物统计学派(高尔顿学派)和孟德尔学派这两个学派很快就陷入了争论。他们的想法和研究渐行渐远,因为数量遗传学家专注于自然发生的遗传变异和复杂的数量性状,而分子遗传学家分析那些通常由化学物质或 X 射线辐射(如第 5 章所述)人工造成的单基因突变。然而,自 20 世纪 80 年代以来,数量遗传学和分子遗传学又开始结合起来,为复杂的数量性状鉴定基因。在多基因系统中这样一个基因被称为**数量性状位点**(QTL)。与单基因对疾病发展的充分必要的效应不同,QTL 的贡献类似于概率风险因素,产生的是数量性状,而非定性疾病。QTL 的遗传以与单基因效应相同孟德尔方式进行;然而,如果有许多基因影响同一个性状,那么每个基因可能具有相对较小的效应(参见第 3 章)。

除了产生无可争议的遗传影响证据外,通过为更精确地调查提供测量的基因型,特定基因的鉴定将彻底改变行为遗传学,多元、发育和基因-环境互作问题已成为数量遗传研究的焦点。在第 5 章中,我们简要介绍了在动物模型中鉴定基因的各种方法。现在,我们把注意力转向鉴定与人类行为相关的基因。一旦一个基因或一组基因被鉴定出来,就存在开始探索基因和行为之间通路的可能,这是第 10 章的主题。

突变

行为遗传学研究的问题是为什么人们在行为上不同——例如,为什么人们在认知能力及障碍、精神疾病和个性方面存在差异。因此,它侧重于研究遗传和环境的差异,这些差异可以解释观察到的人与人之间的差异。当复制 DNA 时,由于发生错误导致出现新的 DNA 差异,称为突变。这些突变导致形成不同的等位基因(称为多态性),比如孟德尔在豌豆植物中发现的导致变异的等位基因,导致亨廷顿舞蹈症和 PKU 的等位基因,以及导致精神分裂症和认知能力等复杂行为性状的等位基因。在卵子和精子形成过程中发生的突变将被准确地遗传,除非出现自然选择干预(第2章)。自然选择方面的影响主要是来自生存和繁殖的影响。由于进化已经如此精细地调整了遗传系统,被翻译成氨基酸序列的 DNA 区域中的大部分新突变都会产生有害效应。然而,有时这样的突变总体上是中性的,偶尔的一次突变可能会使系统功能更好一些。从进化的角度来看,这一结果意味着带有突变的个体更有可能生存和繁殖。

单碱基的突变可导致一个不同的氨基酸插入蛋白质中。这种突变可以改变蛋白质的功能。例如,在专栏 4.1 的图中,如果第一个 DNA 密码子 TAC 被错误复制为 TCC,精氨酸将取代蛋氨酸(表 4.1 显示 TAC 编码蛋氨酸,TCC 编码精氨酸)。在构成蛋白质的数百个氨基酸中,这种单一氨基酸的替换对蛋白质的功能可能无明显影响;然而,它可能会带来一个很小的效应,也可能会带来一个严重的、甚至致命的效应。单碱基丢失引起的突变可能比单碱基替换引起的突变更具破坏性,因为单个碱基丢失会导致三联体密码阅读框的移位。例如,如果删除专栏图中的第二个碱基,TAC‐AAC‐CAT 就变 TCA‐ACC‐AT。突变后的氨基酸链不再含有蛋氨酸(TAC)和亮氨酸(AAC),而是含有丝氨酸(TCA)和色氨酸(ACC)。

扩增三联体重复

突变往往不是那么简单。例如,一个特定的基因可以在几个位置发生突变。举一个极端的例子,在负责 PKU 的基因中发现了数百种不同的突变,其中一些不同的突变有不同的效应(Scriver,2007)。另一个例子涉及到 DNA 的**重复序列**。虽然我们不知道为什么,有一些非常短的 DNA 片段——两个、三个或四个 DNA 核苷酸碱基(第4章)——重复几次或多达几十次。不同的重复序列可以在人类基因组的 50 000 多个位置找到。每个重复序列都有几个,往往是十几个或更多等位基因,这些等位基因由不同数量的相同重复序列组成;根据孟德尔定律,这些等位基因通常代代相传。由于这个原因,也因为重复序列的数量如此之多,重复序列被广泛地用作 DNA 标记用于连锁研究,我们将在本章后面看到这些内容。

亨廷顿舞蹈症的大多数病例(第3章)是由三个重复碱基(CAG)引起的。正常的等位基因在基因内部有 11 到 34 个 CAG 重复序列,该基因编码一种在整个脑部都能发现的蛋白质。对于亨廷顿舞蹈症患者,CAG 重复的次数从 37 次到 100 多次不等。三联体重复的扩增数是不稳定的,并且在随后的几代中可能会增加。这种现象解释了一个以前神秘的非孟德尔过程,称为**遗传早现**,在这个过程中,症状出现的年龄逐渐提前,并在后续几代变得更严重。对于亨廷顿舞蹈症来说,越长的扩增会导致该疾病越早发作,以及症状越严重。因为三联体重复包含三个碱基,所以任意数量重复的存在都不会改变转录的阅读框。然而,导致亨廷顿舞蹈症的**扩增三联体重复**(CAG)被转录成 mRNA 并翻译成蛋白质,这意味着一种氨基酸的多次重复被插入到蛋白质中。哪一个氨基酸? CAG 是 mRNA 的编码,所以 DNA 编码是 GTC。表 4.1 显示了 GTC 编码的是谷氨酰胺。含有许多谷氨酰胺额外拷贝的蛋白质会降低蛋白质的正常活性;因此,延长的蛋白质会表现出功能的丧失。然而,虽然亨廷顿舞蹈症是一种显性疾病,但另一个等位基因应该正常运作,产生足够的正常蛋白质以避免麻烦。这种可能性表明,亨廷顿等位基因,在蛋白质中加入数十个谷氨酰胺后,可能赋予其一种新的特性(比如功能上的增加),从而造成亨廷顿舞蹈症的问题。

脆性 X 染色体综合征是排在唐氏综合症之后导致智力障碍最常见的原因,它也是由扩增的三联体重复引起的。尽管已知此类智力障碍在男性中发生的频率几乎是女性的两倍,但其遗传模式并不符合性别连锁,因为它是由不稳定的扩增重复造成的。正如第 12 章所解释的,扩增的三联体重复使 X 染色体在特定的实验室制备中变得脆弱,这就是脆性 X 染色体得名的由来。遗传了特定位点上重复次数正常(5 至 40 次)的 X 染色体的父母,有时却会产生重复次数扩增(多达 200 次重复)的卵子或精子,称为**前突变**。这种前突变不会导致后代的缺陷,但它是不稳定的,并常常导致下一代出现更多的扩增(200 次或更多重复),这则确实会导致缺陷(图 9.1)。与导致亨廷顿舞蹈症的扩增重复序列不同,脆性 X 染色体综合征的扩增重复序列(CGG)干扰 DNA 转录成信使 RNA(Bassell & Warren, 2008;参见第 12 章)。

我们 30 亿个碱基对中的很多碱基在个体之间存在差异,而超过 2 百万个碱基对在至少 1%的人群中存在差异。正如下一节所述,这些 DNA 多态性使得鉴定负责性状遗传的基因成为可能,包括复杂的行为性状。

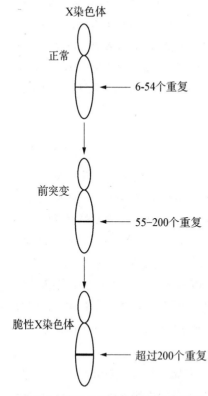

图 9.1 脆性 X 染色体综合征涉及 X 染色体上的一段三联体重复序列,可跨代扩增。

检测多态性

分子遗传学的成功很大程度上来自于数百万种 DNA 多态性的可用性。以前遗传标记仅限于单个基因的产物，比如定义血型的红细胞蛋白。1980 年人们发现了新的基因标记，即 DNA 实际上的多态性。由于数以百万计的 DNA 碱基序列是多态的，这些 DNA 多态性可以在全基因组连锁研究中用于确定单基因疾病的染色体位置，本章稍后将对此进行描述。1983 年，这种 DNA 标记首次被用于定位 4 号染色体短臂顶端的亨廷顿舞蹈症基因。技术已经进步到我们现在可以使用数百万个 DNA 标记进行全基因组关联研究，以识别与复杂疾病相关的基因，包括行为障碍（Hirschhorn & Daly, 2005）。

我们还能够通过测序每个个体的整个基因组来检测每个单独的 DNA 多态性，称为**全基因组测序**（Lander, 2011）。如何以低于 1 000 美元的价格对个人的 30 亿个 DNA 碱基进行测序的竞赛已经开始（Hayden, 2014）。目前在降低成本方面已经取得了一些成功，但仅限于极高通量的研究（Illumina, 2015；参见 Sadava, Hillis, Heller, & Berenbaum, 2010 以及高通量测序的动画 http://bit.ly/1YvWlX5）。全基因组测序的发展将使研究人员不仅关注参与编码基因的 2% 的 DNA，而且关注任何可能有助于遗传的 DNA 序列变异。2008 年启动的 1 000 人基因组项目旨在描述全球人类遗传变异的特征（Altshuler et al., 2010a；1 000 人基因组项目联盟，2012）。最近，10 000 人基因组项目开始了，目标是鉴定更罕见的 DNA 变异（http://www.uk10k.org/）。正如第 4 章中所提到的，随着全基因组测序逐渐变得经济实惠，所有新生儿的整个基因组都有可能被测序，以筛查遗传问题，最终我们每个人都有机会知道自己的 DNA 序列（Collins, 2010）。在全基因组测序变得可负担之前，对包含蛋白质编码信息的 2% 的基因组测序已经得到广泛应用，特别是用于发现未解决的孟德尔疾病的罕见等位基因（Bamshad et al., 2011）。

虽然罕见的大效应等位基因有可能解释一些复杂性状的遗传力，但两种常见的 DNA 多态性可以在检测小效应关联所需的大样本中进行基因分型：具有许多等位基因的**微卫星标记**，和只有两个等位基因的单核苷酸多态性（SNP）（Weir, Anderson, & Hepler, 2006）。专栏 9.1 描述了如何检测微卫星标记和 SNPs，并解释了**聚合酶链式反应（PCR）**技术。这是检测所有 DNA 标记的基础，因为 PCR 可以将一小段 DNA 复制出数以百万计的拷贝。与亨廷顿舞蹈病有关的三联体重复是微卫星标记的一个例子，它可以涉及两个、三个或四个碱基对，重复次数多达 100 次，在整个基因组中多达 50 000 个位点被发现。每个位点的重复次数因个体而异，并以孟德尔方式遗传。例如，一个微卫星标记可能有三个等位基因，其中两个碱基序列 C-G 重复 14、15 或 16 次。

专栏9.1　DNA标记

微卫星重复序列和SNPs是DNA中的遗传多态性。它们被称为DNA标记而不是遗传标记，因为它们可以直接在DNA本身上识别，而不是归因于基因产物，比如负责血型的血红细胞蛋白。对这两种DNA标记都可通过聚合酶链反应（PCR）技术进行研究。在几个小时内，可以构建一段长度从几百到两千个碱基对的特定DNA小序列的数百万份拷贝。要进行此复制，必须要知道DNA标记周围的DNA序列。从这段DNA序列中，合成多态性两侧的20个碱基。这20个碱基的DNA序列，被称为*引物*，在基因组中是独一无二的，并识别多态性的精确位置。

聚合酶是一种启动DNA复制过程的酶。它以结合在每条DNA链上的引物为起点开始。一条链从左边的引物向右进行复制，而另一条链从右边的引物向左进行复制。通过这种方法，PCR产生了两个引物之间的一个DNA拷贝。当此过程重复很多次时，即使副本也会被复制，两个引物之间的双链DNA会产生数百万份拷贝（相关动画，请参见 http://www.dnalc.org/resources/animations/pcr.html）。

从PCR扩增的DNA片段中识别多态性最简单的方法是对片段进行测序。测序将表明有多少重复序列出现在微卫星标记中，以及SNPs存在于哪些等位基因中。因为每个SNP都有两个等位基因，所以我们可以有两个不同的等位基因（杂合的）或两个相同拷贝的等位基因（纯合的）。对于微卫星标记，可使用一种更经济有效的方法，按长度对DNA片段进行排序；这表示重复序列的次数。对于SNPs，可以将DNA片段单链化，然后让它们找到可以与其匹配（杂交）的含某个SNP等位基因的单链探针。例如，此专栏中的图片所示，目标探针是ATCATG，在第三个核苷酸碱基上有一个SNP。PCR扩增的DNA片段TAGTAC已成功与该探针杂交。在高通量方法中，荧光分子附着在DNA片段上，这样，如果DNA片段成功与探针杂交，片段就会发光。（TATTAC等位基因无法与探针杂交。）

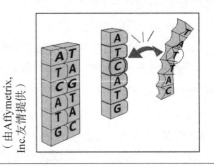

（由Affymetrix, Inc.友情提供）

SNPs（称为"snips"）是迄今为止最常见的DNA多态性类型。顾名思义，SNP涉及单个核苷酸的突变。如之前所述，专栏4.1中第一个密码子从TAC被更改为TCC的突变在基因转录并翻译成蛋白质时,精氨酸将取代蛋氨酸。像这样涉及氨基酸序列变化的 SNP 被称为非同义突变,因此可能具有功能:产生的蛋白质将含有不同的氨基酸。**编码区域中**的大多数 SNP 是*同义突变*:它们不涉及氨基酸序列的变化,因为 SNP 仅涉及同一氨基酸的另一种备用 DNA 密码子(参见表 4.1)。虽然非同义 SNP 更有可能发挥作用,因为它们改变了蛋白质的氨基酸序列,但同义 SNP 可能通过改变 mRNA 翻译成蛋白质的速率产生影响。这个领域刚开始着手研究基因组中其他 SNP 的功能效应,比如基因组中**非编码 RNA(ncRNA)**区域的 SNP(参见第 10 章)。全世界人群中有超过 3 800 万个 SNP 被报道(1 000 人基因组项目联盟,2012),其中大部分已经被证实(http://www.ncbi.nlm.nih.gov/SNP/)。这项工作正由国际人类基因组单体型图(HapMap)联盟(http://hapmap.ncbi.nlm.nih.gov/)进行系统化,该联盟最初为来自四个族群的 270 名个体进行了超过 3 百万个 SNP 基因分型(Frazer et al.,2007);最近,国际 HapMap 联盟三对来自 11 个种群的 1 184 名个体进行了 160 万个常见 SNP 的基因分型,并对其中 692 名个体的特定区域进行了测序(Altshuler et al.,2010b)。这个项目被称为 HapMap,因为其目的是在整个基因组中创建一个与 SNP 相关的图谱。染色体上密集的 SNP 不太可能通过重组来分离,但重组在整个基因组中并不是均匀发生的。有一些 SNP 块彼此高度相关,被所谓的**重组热点**分隔开。这些块称为**单倍型域**。(与**基因型**不同,基因型是指一对染色体,一条染色体上的 DNA 序列称为**单倍体基因型**,简称为单倍型。)通过识别几个标记单倍型域的 SNP,只必要对五十万个 SNP 进行基因型分析,而不是对数百万个进行分析,就可以扫描整个基因组,寻找与表型的关联。

直到最近,只有常见的 DNA 变异,比如 SNP,即在人群中出现频率相对较高时,才被很好地研究。然而,罕见的 SNP 无疑也会导致常见疾病的遗传风险;许多 SNP 只发生在一个个体中(Manolio et al.,2009)。其他类型的罕见多态性已经引起了相当大的关注。一个例子是**拷贝数变异(CNV)**,它涉及到长链 DNA 的重复或缺失,通常包括蛋白质编码基因以及非编码基因(Conrad et al.,2010;Redon et al.,2006)。最近的报告表明,罕见的 CNV 在一系列常见疾病的风险中发挥作用,如自闭症谱系障碍(Pinto et al.,2014)和精神分裂症(Malhotra & Sebat,2012)。与其他突变一样,许多 CNV 并不是遗传而来的,而是在个体中独特地出现(新发)。然而,11 700 个 CNV 的综合图谱显示,4.8% 的基因组涉及到 CNVs,80% 至 90% 的 CNV 在人群中出现的频率至少为 5%(Zarrei,MacDonald,Merico,& Scherer,2015)。全基因组测序大大增加了在 DNA 序列中发现的罕见变异的数量。这些有关群体遗传变异的进展无疑将有助于回答遗传学在人类疾病和行为中所起作用的问题。

关键概念

数量性状位点(QTL)：在多基因系统中具有不同效应量的基因，其对表型的数量（连续）变异有贡献。

多态性：具有两个或两个以上等位基因的位点；希腊语中表示"多种形式"的意思。

微卫星标记：重复多达一百次的两个、三个或四个DNA碱基对。与通常只有两个等位基因的SNP不同，微卫星标记通常有许多以孟德尔方式遗传的等位基因。

单核苷酸多态性(SNP)：最常见的一种DNA多态性，涉及单个核苷酸的突变。SNP（发音为"snips"）可以产生氨基酸序列的变化（称为非同义突变，而不是同义突变）。

聚合酶链反应(PCR)：扩增特定DNA序列的方法。

引物：标记DNA复制起点的短（通常为20个碱基）DNA序列。多态性两侧的引物标记了DNA序列的边界，该序列将通过聚合酶链反应(PCR)进行扩增。

重组热点：所在染色体位置受到大量重组；经常标记单倍型域的边界。

单倍体基因型（单倍型）：一个染色体上的DNA序列。与基因型不同，基因型是指一对染色体，一条染色体上的DNA序列被称为单倍体基因型，简称为单倍型。

单倍型域：一系列高度相关的SNP（即很少被重组分开）。单倍型图项目正在对几个族群的单倍型域进行系统化（http://hapmap.ncbi.nlm.nih.gov）。

拷贝数变异(CNV)：一种涉及长链DNA重复或缺失的多态性，通常包括蛋白质编码基因以及非编码基因。常被更广泛地用于指代DNA的所有结构变异，包括插入和缺失。

人类行为

在研究人类时，我们不能像在基因敲除研究中那样操纵基因或基因型，也不能像在实验室中那样将环境变异进行最小化。尽管这一禁律使得鉴定与行为相关的基因变得更加困难，但这片乌云中也有一线希望，促使我们去应对自然发生的遗传和环境变异。令人欣慰的是，人类研究的成果将普及到实验室之外的世界，并更有可能转化为临床相关的诊断和治疗进展。

如第3章所述，连锁在定位单基因疾病的染色体邻域方面非常成功。几十年来，当一种疾病的物理标记物可用时，单基因疾病的实际所在位置就能被精准定位，就像1984年鉴定出PKU（高苯丙氨酸水平）的致病基因一样。随着20世纪80年代DNA标记的发现，对任何单基因疾病进行基因组连锁筛选成为可能，这在1993年促成了亨廷顿舞蹈症基因的鉴定（Bates, 2005）。

在过去的十年中，对负责复杂性状遗传力的基因的鉴定尝试已经迅速从传统的连锁研究转向**QTL连锁分析**、候选基因关联以及全基因组关联研究。最近,研究人员正在使用全基因组测序来识别基因组中的所有变异,因为很明显,基因对复杂性状的影响是由比预期效应量小得多的基因造成的。本节将简要介绍这一快速发展的过程。

连锁: 单基因疾病

对于单基因疾病,可以通过使用一些大型的家族谱系来识别连锁,其中DNA标记等位基因和疾病的共传可以被追踪。由于重组发生在从父母传给后代的配子形成过程中,每条染色体平均只发生一次重组,因此同一条染色体上的标记等位基因和疾病等位基因通常会在一个家族中同时遗传。1984年,第一个亨廷顿舞蹈症的DNA标记连锁在一个单一的五代谱系中被发现,如图9.2所示。在这个家族中,亨廷顿舞蹈症的等位基因与标记为C的等位基因关联。除了一个亨廷顿舞蹈症患者外,这个家族中的所有人都遗传了一个恰好有C等位基因的染色体。这个标记不是亨廷顿舞蹈症基因本身所携带的,而是因为在一个个体的标记等位基因和亨廷顿舞蹈症等位基因之间发生了重组;在第四代中,最左边箭头标记的女性患有亨廷顿舞蹈症,但并没有继承该标记的C等位基因。也就是说,这个女性接收了其受影响的母亲染色体上携带亨廷顿舞蹈症基因的那部分,通常在这个家族中与C等位基因连锁,但在这个女性身上,亨廷顿舞蹈症基因却与来自母亲另一条染色体上的A等位基因重新结合。标记离疾病基因越远,在一个家族中就会发现越多的重组。后来发现了更接近亨廷顿基因的标记。最后,在1993年,如上文所述,一个基因缺陷被确定为与大多数亨廷顿舞蹈症病例相关的CAG重复序列。类似的方法也被用来定位导致数千种其他单基因疾病的基因,如12号染色体上的PKU和X染色体上的脆性X染色体综合征。

连锁: 复杂疾病

虽然对大型谱系的连锁分析对于定位单基因疾病的基因非常有效,但当涉及多个基因时,这种分析就不那么有效了。另一种连锁方法具有更强的检测效应量较小的基因的能力,可以将其推广到数量性状。这种方法不是像传统的连锁方法那样只研究几个亲属多的家庭,而是研究许多亲属少的家庭,通常是同胞。最简单的方法是检测许多不同家庭中患病同胞对之间的**等位基因共享**,如专栏9.2所述。

基于等位基因共享的连锁也可以通过将DNA标记的等位基因共享与数量性状上的同胞差异相关联来研究数量性状。换而言之,一个与数量性状相关的标记会显示出同胞的等位基因共享大于预期,这些同胞的特质更相似。同胞对QTL连锁设计首先用于识别和复制在6号染色体(6p21;Cardon et al.,1994)上的阅读障碍的连锁,该QTL连锁已在其他几项研究中被重复出来(参见第12章)。如随后章节所述,许多全基因组连锁研究已经被报道。然而,这些连锁结果的重复性通常不像阅读障碍那样清

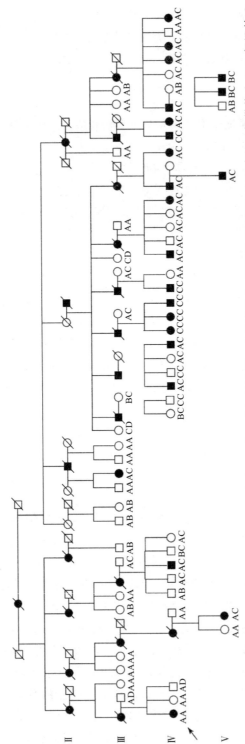

图 9.2 亨廷顿舞蹈症基因与 4 号染色体短臂顶端的 DNA 标记之间的连锁。在此谱系中,亨廷顿舞蹈症发生了携带作为 DNA 标记的 C 等位基因的染色体的个体中。单个个体显示出重组(用箭头标记),其中亨廷顿舞蹈症发生在 C 等位基因缺席的情况下。(信息来自 "DNA markers for nervous-system diseases" by J. f. Gusella et al. *Science*, 225, 1320–1326. © 1984)

晰，例如，从对 31 种人类疾病的 101 项连锁研究的综述中就可以看出这一点（Altmuller, Palmer, Fischer, Scherb, & Wjst, 2001）。

关联：候选基因

连锁方法的一个强大之处在于，它们仅用几百个 DNA 标记系统地扫描基因组，在疾病和标记之间寻找违反孟德尔独立分配定律的位点。然而，连锁方式的一个弱点在于它们无法检测大多数复杂疾病所预期的效应量小的基因连锁（Risch, 2000; Risch & Merikangas, 1996）。使用连锁就像是使用望远镜系统地扫描地平线以寻找

专栏 9.2　患病同胞对连锁设计

数量遗传学中使用最广泛的连锁设计包括有两个同胞患病的家庭。受影响可能意味着两个同胞都符合诊断标准，或者两个同胞在数量性状的测量上都有极高的分数。**患病同胞对连锁设计**基于等位基因共享——患病同胞对是否共享 DNA 标记的 0、1 或 2 个等位基因（参见图）。为简单起见，假设我们可以区分特定标记的所有四个亲本等位基因。连锁分析需要使用具有多个等位基因项的标记，以便理想地区分所有四个亲本等位基因。下图显示父亲具有等位基因 A 和 B，而母亲具有等位基因 C 和 D。同胞对等位基因的共享有四种可能性：他们可能不共享父母的等位基因，可能共享一个来自父亲或母亲的等位基因，或者可能共享两个亲本的等位基因。当一个标记与该疾病的基因不连锁时，每种可能性的概率都有 25%。换而言之，同胞对不共享任何等位基因的概率为 25%，共享一个等位基因的概率为 50%，共享两个等位基因的概率为 25%。偏离等位基因共享的这种预期模式表明存在连锁。也就是说，当一个标记与影响该疾病的基因连锁，则会有超过 25% 的患病同胞对共享该标记的两个等位基因。患病同胞对连锁分析的几个示例在后面的章节中会提到。

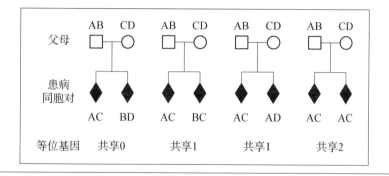

远处的山脉(大 QTL 效应)。然而,当试图探测附近的山丘时,望远镜会失焦(小 QTL 效应)。

与系统但并不强大的连锁相比,等位基因关联是强大的,但直到最近,它还没有系统化。关联之所以强大,是因为它不依赖于家系内部的重组,而是简单地比较群体内的等位基因频率,比如患有疾病(病例)与对照的个体之间,或低得分与高得分个体之间的数量性状比较(Sham, Cherny, Purcell, & Hewitt, 2000)。例如,参与胆固醇转运的基因的特定等位基因(在 19 号染色体上的所谓载脂蛋白 E 的等位基因 4)与晚发性阿尔茨海默症相关(Corder et al., 1993)。在数十项关联研究中,发现等位基因 4 的频率在阿尔茨海默症患者中约为 40%,在对照组中约为 15%。近年来,所有行为领域的等位基因关联都已经被报道,如随后章节所述,尽管没有一个与载脂蛋白 E 和阿尔茨海默症之间的关联有几乎一样大的影响。

等位基因关联的弱点是只有当 DNA 标记本身是功能基因(称为**直接关联**)或非常接近它(称为**间接关联**或**连锁不平衡**)时,才能检测到关联。如果连锁是望远镜,则关联是显微镜。因此,需要对数十万个 DNA 标记进行基因分型以彻底扫描基因组。出于这个原因,直到最近,等位基因关联主要还是用于研究与关联候选基因相关的关联。例如,最常用于治疗多动症的药物哌醋甲酯,因其作用于多巴胺系统,与多巴胺相关的基因,如多巴胺转运蛋白和多巴胺受体,已经成为多动症候选基因关联研究的目标。涉及 D4 多巴胺受体(*DRD4*)和其他多巴胺基因的 QTL 与多动症关联的证据正在增加(Banaschewski, Becker, Scherag, Franke, & Coghill, 2010; Sharp, McQuillin, & Gurling, 2009)。例如,对 27 项研究的元分析发现,*DRD4* 7-重复(*DRD4-7r*)等位基因增加了注意力缺陷/多动障碍的风险(ADHD; Smith, 2010)。具体来说,与多动症相关的 *DRD4* 等位基因频率对于多动症儿童约为 25%,对照组约为 15%。候选基因方法的问题在于我们通常对哪些基因是候选基因没有强有力的假设。事实上,正如第 5 章所讨论的,多效性使得脑中表达的数千种基因中的任何一种都可以被认为是候选基因。此外,候选基因研究仅限于编码区域中 2% 的 DNA。

最大的问题是候选基因关联的报道难以被重复出来(Tabor, Risch, & Myers, 2002)。这是所有复杂性状的一个普遍问题,而不仅仅是行为性状的问题(Ioannidis, Ntzani, Trikalinos, & Contopoulos-Ioannidis, 2001)。例如,在一项对 600 例报告的与常见医学疾病关联的综述中,只有六例被持续重复(Hirschhorn, Lohmueller, Byrne & Hirschhorn, 2002),尽管后续的元分析表明越大型的研究(Lohmueller, Pearce, Pike, Lander, & Hirschhorn, 2003)结果的可重复性越高。从根本上来说,如下一节所述,未能重复的原因是最大效应的大小远小于预期。换而言之,这些候选基因的研究不足以检测这些影响。在全基因组关联研究中,很少的候选基因关联被重复出来(Siontis, Patsopoulos, & Ioannidis, 2010)。

关联：全基因组

总之，连锁是系统的但不够强大，候选基因的等位基因关联是强大的，但不够系统。通过使用致密的标记图，可以使等位基因关联更加系统化。从历史上看，使用致密的标记图谱进行基因组扫描的问题在于所需的基因分型的数量及其费用。例如，为 1 000 个个体（500 病例和 500 对照）精心挑选的 750 000 个 SNP 基因型将需要进行 7.5 亿个基因分型。直到最近，这样的努力仍将花费数千万美元。这就是为什么在过去大多数关联研究仅限于考虑几个候选基因。

技术的进步使全基因组关联研究成为可能（Hirschhorn & Daly，2005）。微阵列可用于在邮票大小的"芯片"上对数百万个 SNP 进行基因分型（专栏 9.3）。使用微阵列，上述实验的成本不到五十万美元而不是几千万美元。由于微阵列的出现，全基因组关联分析开始主导近年来鉴定复杂性状基因的尝试。然而，全基因组研究发现，最大的效应远小于原先的预期，并且有证据表明，500 000 或更多 SNP 的基因组扫描需要非常大的样本（数以万计的人），以确定可重复的关联。截至 2016 年，已发表 2 414 项全基因组关联研究，总共有 16 696 个独特的 SNP-性状关联（http://www.ebi.ac.uk/gwas/；Welter et al.，2014）。报告表明，将所有已知的 SNP 关联结合起来可以解释遗传力的一小部分，即从约 1% (Manolio et al.，2009) 到最多 20% 的已知遗传力 (Park et al.，2010)。全基因组识别的关联和遗传力之间的这种差距被称为**遗传力缺失**问题 (Maher，2008；参见第 7 章)。

如果基因的效应量如此之小，那基因鉴定又有什么好处呢？一个答案是我们可以研究每个基因和行为之间的通路。即使对行为效应非常小的基因，路标也会在自下而上的分析中明确标出，这种分析始于**基因表达**，尽管这些通路迅速分裂，并变为更难以遵循更高水平的分析，比如脑和行为分析。然而，即使有成百上千个基因对特定行为影响很小，这组基因也会在以行为开始的自上而下分析中发挥作用；继续研究多变量、发育和基因型-环境界面问题，然后将这些发现转化为基于基因的诊断和治疗以及疾病的预测和预防。关于基因和行为之间的通路的这些问题是第 10 章的主题。对于 DNA 微阵列，如果有成百上千个基因预测某一种特定性状，自上而下的分析就无关紧要了。事实上，对于每种性状，我们可以想象含数千个基因的 DNA 微阵列，其中包括与该性状的多元异质性和**共病**相关的所有基因、其发育变化及其与环境的互作和相关性。然而，全基因组测序将消除对这种微阵列的需求，因为它识别整个基因组中的所有 DNA 序列变异。

最近的研究已经考虑到聚合与某一性状相关的许多个小效应量 DNA 变异的可能性 (Wray et al.，2014)。这些复合多基因评分通常侧重于常见的 DNA 变异，被称为多基因遗传易感性评分 (Pharoah et al.，2002)，*基因组档案* (Khoury, Yang, Gwinn, Little, & Flanders，2004)，*SNP 组* (Harlaar et al, 2005a)，以及综合风险评分 (Purcell et al.，2009)。

专栏 9.3　SNP 微阵列

微阵列使得研究整个基因组（DNA）、**转录组**（RNA）（Plomin & Schalkwyk, 2007），甲基化组（基因组中**甲基化**位点, 在第 10 章中讨论），以及整个外显子组（或编码区）成为可能, 覆盖了人群中仅 0.1% 的变异。微阵列是一张邮票大小的载玻片, 点缀着称为探针的短 DNA 序列。微阵列最先用于评估基因表达, 这将在第 10 章中讨论。在 2000 年, 微阵列被开发用于对 SNP 进行基因分型。微阵列使用专栏 9.1 中描述的相同杂交方法来检测 SNP。不同之处在于微阵列在一张邮票大小的平台上探测数百万个 SNP。这种小型化需要很少的 DNA, 使该方法快速且廉价。这是目前暂时的优势, 因为我们还在等待全基因组测序变得广泛可用。有几种类型的微阵列可供商业使用; 图中显示了由 Illumina 制造的称为 BeadChip 的微阵列的一个例子。如图所示, 围绕并包含一个 SNP 的某个靶核苷酸碱基序列的许多拷贝被用于可靠地探测 SNP 的每个等位基因。用**限制内切酶**将个体的 DNA 切割成微小的片段, 然后通过 PCR 进行扩增（参见专栏 9.1）。使用单个 PCR 切割和扩增整个基因组, 称为**全基因组扩增**, 这是使得微阵列成为可能的关键技巧。将 PCR 扩增的 DNA 片段单链化, 并对芯片上的探针进行清洗, 以便个体的 DNA 片段在找到与其精确匹配的探针之后能够杂交上去。微阵列包括两种等位基因的 SNP 探针来指示个体是纯合子还是杂合子。

微阵列使得用数百万个 SNP 进行全基因组关联的研究成为可能。然而, 不是任何 DNA 探针都可被选择用于微阵列的基因分型。如上所述, 微阵列可以包括稀有 SNP 而不是常见的 SNP, 或者可以包括用于 CNV 的探针（在本章前面部分提到）。微阵列也可针对某些疾病进行定制, 比如现在可用于与心血管（CardioChip）和免疫（ImmunoChip）

随着罕见变异基因分型的出现, 新方法结合了罕见和常见变异的效应, 包括具有风险性和保护性的变异（Neale et al. , 2011, Ionita-Laza et al. , 2013）。这些多基因组合有可能有助于解释更多的遗传变异。此外, 在某些研究领域, 如难以研究大样本量的神经成像领域, 它们还可用于识别遗传风险高低的个体群。多基因评分通常被称为多基因风险评分, 因为它们的组成关联来自病例-对照研究, 即比较一组被确诊的患者个体和对照个体。然而, 重要的是要记住, 由于这些多基因分数呈正态分布, 其分布有正尾和负尾。这为**积极遗传学**提供了机会——如何让儿童茁壮成长而不是痛苦挣扎, 如何变得坚韧而不是脆弱（Plomin, Haworth, & Davis, 2009; Plomin, DeFries, Knopik,

Infinium 操作步骤

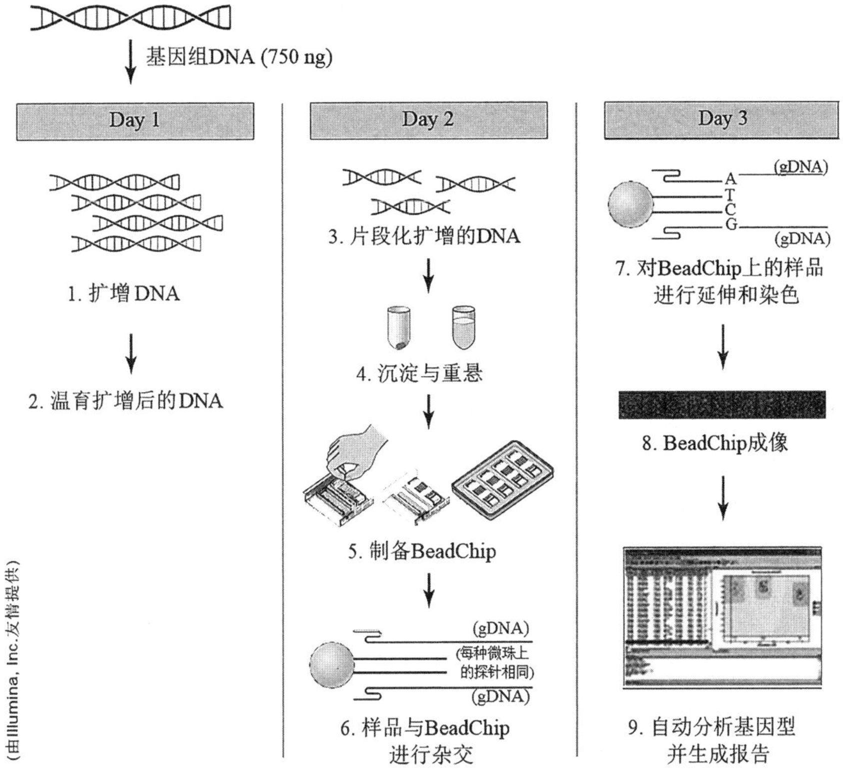
基因组DNA (750 ng)
Day 1
1. 扩增DNA
2. 温育扩增后的DNA
Day 2
3. 片段化扩增的DNA
4. 沉淀与重悬
5. 制备BeadChip
(gDNA)
(每种微珠上的探针相同)
(gDNA)
6. 样品与BeadChip进行杂交
Day 3
A
T
C
G
(gDNA)
(gDNA)
7. 对BeadChip上的样品进行延伸和染色
8. BeadChip成像
9. 自动分析基因型并生成报告
(由Illumina, Inc.友情提供)

功能与功能障碍相关的所有DNA变异的专用微阵列，以及精神疾病相关的专用微阵列(PsychChip)。微阵列的成本正在稳步下降；然而，对数千个受试者进行检测小效应关联的研究仍然相当昂贵。

& Neiderhiser, 2016)。最后，关联研究无法解释大部分已被报告的遗传性，这也导致研究者对家庭设计的使用重新产生了兴趣，这表明罕见的变异方法和全基因组测序将增强基于家庭的研究方法的力量(Ott, Kamatani, & Lathrop, 2011; Perdry, Müller-Myhsok, & Clerget-Darpoux, 2012)。 147

尽管目前遗传力缺失问题没有明确的答案，但行为遗传学领域的发展速度表明，已知DNA关联与遗传力之间的差距将缩小。全基因组测序具有对个体整个基因组进行测序的能力，为基因鉴定带来了新的希望。然而，通过确定整个基因组序列获得的信息的重要性是未知的。每一个体基因组包含数百万个遗传变异，然后将其与人类参考基因组序列(比如,如上所述的单体型图个体)进行比较,以找出差异所在的位置。其中一些差异可能不会影响健康或行为,而其他差异可能具有临床意义。研究人员面临的挑战是如何分析、解释和管理全基因组测序技术产生的大量数据。最终,了解全基因组测序发现的个体因果变异如何影响健康和行为,将有助于诊断以及理解基因和行为之间的通路(Dewey et al.,2014)。

关键概念

连锁分析:一种检测 DNA 标记和性状之间的连锁的技术,用于将基因定位到染色体上。

等位基因关联:等位基因频率与表型之间的关联。

候选基因:一种基因,其功能表明它可能与一种性状有关。例如,多巴胺基因被认为是多动症的候选基因,因为最常用于治疗多动症的药物哌醋甲酯作用于多巴胺系统。

连锁不平衡:违反孟德尔独立分配定律。它最常用于描述 DNA 标记在染色体上位置的接近程度;当连锁不平衡的值为 1.0 意味着 DNA 标记的等位基因完全相关;为 0.0 则表示没有相关性。

全基因组关联研究:一项评估整个基因组中数量性状和 DNA 变异的个体差异之间关联的研究。

遗传力缺失:从全基因组鉴定的关联和数量遗传研究的遗传力估算值之间的差异,比如双生子和家庭设计。

微阵列:通常称为基因芯片,微阵列是邮票大小的载玻片,上面有数十万 DNA 序列用作检测基因表达(RNA 微阵列)或单核苷酸多态性(DNA 微阵列)探针。

全基因组扩增:在聚合酶链反应(PCR)中使用一些限制性内切酶来切割和扩增整个基因组;这也使微阵列成为可能。

总结

虽然行为科学需要更多的数量遗传研究,但其最令人兴奋的遗传研究方向之一涉及利用分子遗传学的力量来鉴定导致遗传对行为的广泛影响的特定基因。

鉴定人类行为性状基因的两个主要策略是等位基因关联和连锁。等位基因关联仅仅是群体中个体的等位基因和性状之间的相关性。连锁就像家庭内部的联系,追踪 DNA 标记的共同遗传和家庭内部的疾病。连锁是系统的,但对于检测小效应量的基因来说并不强大;关联更强大,但直到最近还没有系统化,并且仅限于候选基因。SNP 微阵列已经可以同时检测数百万个 SNPs,并结合常见和罕见的变异,使得全基因组关联研究成为可能。

对于复杂的人类行为,已经报道了许多关联和连锁。正在进行的全基因组关联研究使用 SNP 微阵列与大量样本鉴定了与行为相关的小效应量基因。全基因组关联的结果揭示基因对遗传变异的影响比曾经预期要少得多,留给我们遗传力缺失的问题。诸如全基因组测序等新技术可能会开始阐明这一问题;然而,在此期间,结合多个小效应量基因的影响可能更有助于解释遗传对行为的影响。

正如下一章所讨论的,目标不仅是寻找与行为相关的基因,而且还要了解基因与行为之间的通路,即基因影响行为的机制,有时称为**功能基因组学**。

第 10 章

功能基因组学

数量遗传学研究一致表明,遗传学在几乎所有行为的个体差异中均起着重要作用,比如学习能力和障碍、精神病理学和人格。在之后的章节中,你将看到数量遗传学和分子遗传学在研究复杂性状和常见疾病方面正齐头并进。分子遗传学研究已经开始对这些影响相应行为遗传力的特定基因进行鉴定,正如第 9 章所述,虽然使用大样本进行全基因组关联扫描的研究表明复杂性状和常见疾病的遗传力是由许多个小效应量基因引起的。尽管如此,行为遗传学的底线是:遗传力意味着 DNA 变异产生行为变异,我们需要找到这些 DNA 序列来理解基因影响行为的机制。

目标不仅是找到与行为相关的基因,还要理解基因和行为之间的通路,即基因影响行为的机制,有时称为**功能基因组学**(图 10.1)。本章思考研究人员试图将基因和行为之间的点联系起来的方式。(一些相关哲学问题的讨论请参见专栏 10.1。)我们从对基因表达的描述开始,包括**表观遗传学**如何与表达相关,然后扩展我们的讨论以思考基因组所有基因的表达,称为**转录组**。从基因到行为通路的下一步是转录组编码的所有蛋白质,称为**蛋白质组**。接下来是脑,它延续了组学的主题,被称为**神经组**。本章停留在脑层面的分析,因为意识(认知和情绪)与行为——有时被称为表型组——

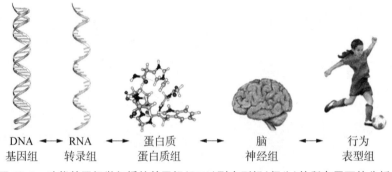

图 10.1　功能基因组学包括从基因组(DNA)到表型组(行为)的所有层面的分析。

将是第 11—19 章的重点。

应该重申的是,本章通过表观基因组、转录组、蛋白质组和脑来连接基因和行为之间的点。它并不意味着要描述这些领域中每一个领域本身,而是描述所有生命科学中最活跃的四个领域。虽然我们在这里关注的是基因和行为之间的联系,但也应该记住,环境在基因和行为之间通路的每一步都扮演着至关重要的角色(第 8 章)。

关键概念
功能基因组学:通过追踪基因、脑和行为之间的通路以研究基因是如何工作的。它通常指从一个细胞中的分子开始的一种自下而上的方法,与行为基因组学相对。
行为基因组学:研究基因在整个基因组中如何对行为层面起作用。与功能基因组学相对,行为基因组学是理解基因在整个生物体行为方面如何工作的一种自上而下的方法。
基因组:一个生物体的所有 DNA 序列。人类基因组包括大约 30 亿个 DNA 碱基对。
表观基因组:在整个基因组中影响基因表达的表观遗传事件。
转录组:从所有基因组 DNA 转录过来的 RNA。
蛋白质组:所有从 RNA(转录组)翻译过来的蛋白质。
神经组:基因组对整个脑的效应。

基因表达和表观遗传学的作用

基因不会盲目地生产它们的蛋白质产物。正如专栏 4.1 中所述,遗传信息是从 DNA 流向信使 RNA(mRNA)再流向蛋白质的。当需要特定基因的产物时,将存在许多该基因的 mRNA 拷贝,但除此之外,很少有 mRNA 拷贝被转录。事实上当阅读这句话时,你正在改变神经递质基因的转录速率。因为 mRNA 只存在几分钟,然后便不会再被翻译成蛋白质,所以 mRNA 转录速率的变化可以用来控制基因生成蛋白质的速率。这就是*基因表达*的含义。

RNA 不再仅仅被认为是将 DNA 编码翻译成蛋白质的信使。从进化的角度来看,RNA 是原始的遗传密码,同时它还是大多数病毒的遗传密码。双链 DNA 相比于 RNA 可能具有选择性优势,因为单链的 RNA 使其容易被掠夺性的酶降解。因此 DNA 成为了一种可靠的遗传密码,在所有细胞、所有年龄和任何时候都是相同的。相反,RNA 的降解速度快,并且存在组织特异性、年龄特异性和状态特异性。因此,RNA 可以通过调控编码蛋白的 DNA 的转录和翻译来对环境变化作出反应。这是基因表达过程的基础。

> **专栏 10.1　层次分析法**
>
> 自从笛卡尔（Descartes）提倡身心二元论认为心智是非物质的，四个世纪以来，脑和"心智"（心理结构）之间的关系一直是哲学的核心问题。因为这种身心二元论现在普遍不被认可（Bolton & Hill, 2004; Kendler, 2005），所以我们将简单地断言所有行为都是生物学的，一般意义上即行为取决于物理过程。这是否意味着行为可以转化为生物学（Bickle, 2003）？因为所有行为都是生物学的，所以从逻辑上看答案似乎必须为"是的"。然而，说所有行为都是生物学的，类似于说所有行为都是遗传的（因为没有DNA就没有行为），或者说所有行为都是环境的（因为没有环境就没有行为）。
>
> 行为遗传学摆脱这一哲学难题的方法是从经验上关注行为的个体差异，并研究遗传和环境差异在多大程度上可以解释这些行为差异（参见第7章）。本章的要点是考虑基因和行为之间的层次分析。行为遗传学的最终目标是了解所有层次分析中基因和行为之间的联系。
>
> 不同层次分析或多或少地有助于解决不同的问题，比如关于原因的问题和关于治疗的问题（Bolton & Hill, 2004）。功能基因组学通常采用一种自下而上的方法，从细胞和分子生物学开始。**行为基因组学**这个概念的提出就像一种解毒剂，它强调一种自上而下方法的价值，试图理解基因如何在整个生物体的行为水平上发挥作用（Plomin & Crabbe, 2000）。行为基因组学在预测、诊断、干预和预防行为障碍等方面，可能比其他层次分析法更有成效。
>
> 最后，层次分析法的层次之间的关系应该被视为相关，直至证明存在因果关系，这就是图10.1中层次之间的连接是双向头箭的原因。例如，脑差异和行为差异之间的关联不一定是由脑差异引起的：行为可以导致脑的结构和功能的变化。一个引人注目的例子是，伦敦出租车司机的后海马体显著变大，后海马体属于脑的一部分，用于存储环境空间表征（Maguire et al., 2000）；并且体积大小与驾驶出租车的年限相关（Maguire, Woollett, & Spiers, 2006）。同样，基因表达和行为之间的相关性不一定是因果关系，因为行为也可以改变基因表达。关键的一点是，这个规则的唯一例外是DNA：DNA序列差异和行为差异之间的相关性是因果关系，因为行为不改变DNA的核苷酸序列。从这个意义上来说，DNA在属于自己的因果类别中。

与基因表达相关的一个领域在过去的几十年里得到了迅速的发展，那就是表观遗传学。表观遗传学侧重于了解在基因表达的特定机制中一种慢动作的、发展稳定的变化，这种变化不会改变 DNA 序列并且可以从一个细胞传递到其子细胞(Bird，2007)。前缀"*epi-*"表示"在上面"。你可以把表观基因组看作位于基因组顶部或外部的细胞物质。正是这些表观遗传标记告诉你的基因要打开或关闭、尖叫或耳语。表观遗传标记可能是通过如饮食、压力和产前营养等环境因素改变从一个细胞到其子细胞的基因表达，在某些情况下，会从一代传到下一代，称为**印记**(参见第 12 章)。

有杰出的表观遗传学课本提供关于这些行为模式非常详细的信息(如，Allis，Caparros，Jenuwein，Reinberg，& Lachlan，2015)。我们将简要地集中介绍研究最广泛的基因表达的表观遗传学调控机制：**DNA 甲基化**(Bird，2007)。甲基基团是有机化学中的一个基本单位：一个碳原子与三个氢原子相连。当一个甲基基团附着在一个基因启动子区域的特定 DNA 序列上时——这一过程称为*DNA 甲基化*——它会通过阻止基因转录使基因的表达沉默。相反，当一个基因的启动子未被甲基化时，该基因便不会被沉默(Maccani & Marsit，2009)。

有研究证据表明直接接触毒素，比如药物滥用或污染，与甲基化模式的改变有关(Zhou，Enoch，& Goldman，2014；Yang & Schwartz，2012)；然而，关于表观遗传效应是否真的可以跨多代遗传仍存在相当大的争议。虽然代际效应(比如母亲在怀孕期间暴露于毒素的效应)确实发生在哺乳动物中，但表观遗传效应在多大程度上可以跨代遗传尚不清楚(Heard & Martienssen，2014)。因此，例如，如果一位母亲在怀孕期间吸烟，她会使得正在发育的胚胎及其生殖系(最终将用于生育孙辈)都暴露于毒素。跨代的表观遗传效应需在曾孙代才能看到，并且要保证其母亲怀孕期间不能抽烟(Daxinger & Whitelaw，2012)。迄今为止，我们尚未在人类身上看到强有力的证据支持这一现象。

与影响基因表达长期发展变化的表观遗传标记不同，基因表达的许多变化是短期的，并对环境的变化有快速反应。最近发现的一种基因调控机制叫做*非编码 RNA*。正如专栏 4.1 中所提到的，只有大约 2% 基因组为中心法则所描述的编码蛋白的 DNA。那么另外 98% 的基因组有什么作用呢？人们曾认为其余的基因组是"垃圾"，只是在进化上搭了便车。然而，我们现在知道大多数人类 DNA 被转录成 RNA，而不仅仅是能翻译成氨基酸序列的 mRNA。这种所谓的非编码 RNA 反而在调节编码蛋白 DNA 的表达方面发挥着重要作用，尤其在人类中。

人们对非编码 RNA 的认识已近 40 年。嵌在蛋白编码基因中的 DNA 序列，称为**内含子**，它们被转录成 RNA，但在 RNA 离开细胞核之前会被剪接出来。RNA 的剩余部分被拼接在一起，离开细胞核并翻译成氨基酸序列。蛋白编码基因中转录成 mRNA 并翻译成氨基酸序列的 DNA 序列称为**外显子**。外显子通常仅由几百个碱基对构成，但内含子的长度范围差异很大，从 50 个到 20 000 个碱基对不等。只有外显子会被翻译成构成蛋白质的氨基酸序列。然而,内含子并不是"垃圾",在许多情况下,内含子调节其所在基因的转录,在某些情况下它们还调节其他基因。

内含子约占人类基因组的四分之一。另有四分之一的人类基因组在全基因组任何地方产生非编码 RNA,而不仅仅在蛋白编码基因附近。其中一种引起广泛关注的非编码 RNA 被称为**微小 RNA(microRNA)**,长度为 21 个至 25 个核苷酸的 microRNA 能够转录后调控基因。尽管 microRNA 很小,但它们在基因调控中发挥着重要作用,并表现出组织特异性的表达和功能。microRNA 也已被证明对环境暴露有反应,比如香烟烟雾(Maccani & Knopik, 2012)。人类基因组被认为编码近 2 000 个 microRNA,通过与目标 mRNA 结合(从而在转录后沉默)可以调节多达 60% 的蛋白编码基因(Nair, Pritchard, Tewari, & Ionnidis, 2014)。此外,microRNA 似乎只是非编码 RNA 对基因调控的影响的冰山一角。非编码 RNA 能调控基因表达的新机制的列表正在迅速增加(Cech & Steitz, 2014)。

表观遗传学和非编码 RNA 是最近发现的调控基因表达的机制。图 10.2 显示了调控如何更普遍地作用于经典的蛋白编码基因。这些基因中有许多包括通常用来阻

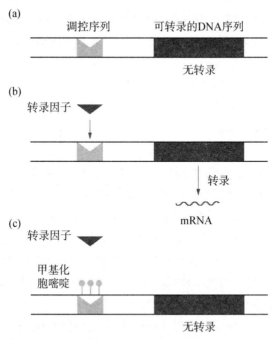

图 10.2 转录因子可以通过控制 mRNA 转录来调控蛋白编码基因。(a)调控序列通常抑制其基因的转录;(b)但是当特定的转录因子与调控序列结合时,该基因会被释放出来并进行转录。(c)一种涉及基因启动子区域内胞嘧啶残基的 DNA 甲基化的表观遗传调控;这可以通过改变微环境来调控转录,使得转录因子不能结合其调控序列,从而减少或停止转录。

止基因被转录的调控序列。如果一个特定分子与调控序列结合,它将释放基因进行转录。图 10.2 也说明了表观遗传调控。大多数基因调控涉及数个机制,其作用类似一个委员会能够对增加或减少转录进行投票。也就是说,几个转录因子共同作用以调控特定 mRNA 的转录速率。非编码 RNA 转录本可以调控其他基因的表达而不被翻译成蛋白质。非编码 RNA 主要通过改变转录速率调控基因表达,但其他因素包括 RNA 转录本自身的变化以及 RNA 转录本与其调控靶点(通常为信使 RNA 转录本)相互作用的方式。

研究人员现在不是仅看几个基因的表达,而是使用微阵列来评估基因组中所有基因在同一时间的表达程度,包括非编码 RNA(*转录组*),和基因组中所有编码基因的 DNA 甲基化分析(称为*甲基化组或表观基因组*),如下节内容所述。微阵列对行为遗传学的基因表达和甲基化组分析的重要性在于表观基因组和转录组是基因与行为之间相关性研究的第一步。由于基因表达和甲基化(影响基因表达)对环境敏感,转录组和表观基因组可作为环境变化的生物标志物(Heard & Martienssen, 2014),包括产前经历(Zhang & Meaney, 2010; Hochberg et al., 2010)和母婴互动(Champagne & Curley, 2009; Meaney, 2010)。

转录组:整个基因组的基因表达

正如上文所概述,基因表达是任何从基因到行为通路的第一步:DNA 中的多态性只有在基因表达时才会产生影响。一些基因,被称为管家基因,在我们的大多数细胞中以稳定的速率表达。其他基因只有在需要它们的产物响应环境时才会进行表达。对蛋白编码基因而言,表达受转录起始的速率影响最大,但影响表达的其他因素包括 RNA 转录本的改变、信使 RNA 通过核膜的通道、细胞质中 RNA 转录本的保护或降解、蛋白质翻译以及翻译后修饰的速率。

基因表达谱:RNA 微阵列和基于测序的方法

无论是蛋白编码还是非蛋白编码 DNA,基因表达都可以通过 RNA 转录本的数量来进行索引,这是上述各种过程的最终结果,而不仅仅是初始转录过程。在任何细胞、任何年龄和任何时间,DNA 都忠实地保持了遗传密码;与 DNA 不同,如之前所述,RNA 降解迅速,且具有组织特异性、年龄特异性和状态特异性。"转录组学"的两个关键目标是对所有类型的转录本进行分类,包括 mRNA、非编码 RNA 和小 RNA,并量化它们在发育期间和不同条件下表达水平的变化(Wang, Gerstein, & Snyder, 2009)。各种技术已经被开发出来检测转录组,或者换而言之,同时评估基因组中所有基因的表达,称为**基因表达谱**。

专用的基因表达(RNA)微阵列已被设计出来,与专栏9.3中描述的DNA微阵列大致相同,只一点不同,RNA微阵列上的探针能检测特定的RNA序列,而不是识别DNA序列中的特定SNP等位基因。此外,使用RNA微阵列的目的是检测每个RNA转录本的数量;因此,每个探针都代表多个拷贝。相反,SNP探针检测是否存在SNP等位基因;每个等位基因的多个探针仅用于提高基因分型的准确性。RNA微阵列最初仅限于针对外显子的探针,用于评估涉及蛋白编码基因的2%基因组的转录。遗传学近代史上最重要的发展之一是对个体整个基因组进行测序的能力(第9章)。这一发展也提供了一种通过RNA测序来量化转录组的新方法(Wang et al., 2009)。RNA测序已经产生并在未来几年毫无疑问将继续推动许多令人兴奋的发现(McGettigan, 2013)。例如,RNA外显子组测序,只对外显子转录得到的RNA进行测序,目前被广泛用于鉴定基因编码区域中有巨大影响的罕见突变(Bamshad et al., 2011)。然而,与全基因组测序(第9章)类似,个体RNA测序成本仍然相当高。因此在成本降低之前,可能会采用多种方法的组合,比如使用测序数据检测到DNA和RNA中所有可能的多态性来指导定制微阵列的创建,这种微阵列的成本远低于测序。

转录组学,包括RNA微阵列和测序,使在不同的时间(如在发育期间或干预前后)和不同的组织(如在不同的脑区域)对整个基因组的基因表达拍摄快照成为可能。已有数十项研究调查了在药物响应上基因表达谱的变化(Zhang et al., 2015)以及精神疾病患者和对照组之间基因表达谱的变化(Torkamani, Dean, Schork, & Thomas, 2010; Mistry, Gillis, & Pavlidis, 2013)。脑的基因表达谱类似于结构性遗传神经成像,因为它可以在整个脑中创建基因表达的局部模式图谱。因为遗传神经成像需要脑组织,在人类研究中仅限于使用死后的脑组织(Kleinman et al., 2011),这就提出了关于死亡时缺乏基因表达控制的问题(Konradi, 2005),以及使用手术中移除的组织样本,比如肿瘤(Yamasaki et al., 2005)。因此,结构性遗传神经成像研究历来都是在小鼠身上进行的,而不是在人类身上。基因表达的结构性脑图谱十分重要,因为基因只有在表达时才能发挥作用。通过艾伦脑图谱可以公开获取成年小鼠脑中20 000个基因完整的表达谱(Lein et al., 2007; http://mouse.brain-map.org/)。另外可获得的还有成年人脑(Hawrylycz et al., 2012; http://human.brain-map.org/)和人胎儿脑(Miller et al., 2014; www.brainspan.org)的脑图谱。这些都是理解异常和正常人脑功能及发育的丰富资源。进一步的努力包括功能性遗传神经成像——研究在发育过程中、在诸如药物或认知任务之类的干预后,或在诸如睡眠剥夺之类的暴露后基因表达在脑中的变化(Havekes, Meerlo, & Abel, 2015)。2011年,为获得人类基因组在脑的发育、功能和衰老中的作用的全球分子视角,BrainCloud宣告成立。研究人员利用从胎儿发育到衰老的一系列死后人脑来研究人类前额叶皮质转录的时间和遗传控制,发现胚胎发育期间发生的基因表达变化的波动在出生后早期发生了逆转

(Colantuoni et al.，2011，http://braincloud.jhmi.edu/）。BrainCloud 应用的扩展描述了在发育过程中发生的甲基化变化(BrainCloudMethyl；Numata et al.，2012)，其结果显示，如上所述，DNA 甲基化与基因表达密切相关，其中包括参与脑发育的基因。

由于使用死后脑组织的实际和科学局限性，如果如血液等容易获得的组织可用于基因表达谱，那么 RNA 微阵列将更广泛地应用于人类研究。血液和脑之间基因表达的一些相似性已经被报道(如 Tian et al.，2009)。虽然血液中的基因表达不能用于定位脑的基因表达模式，但血液可以用来解决一些重要的问题，最显著的是，基因表达谱差异可以与发育或干预形成函数关系。研究人员不需要单独研究每个基因的表达，而可以使用 RNA 微阵列和测序来研究转录组中的基因表达谱，从而理解整个基因组中基因表达的协调性(Ghazalpour et al.，2006；Schadt，2006)。

基因表达和遗传学

到目前为止，我们已经从规范的角度讨论了基因表达，而不是考虑个体差异。基因表达领域也考虑个体差异及其原因和后果(Cobb et al.，2005；Rockman & Kruglyak，2006)。许多研究都致力于将基因表达视为一种表型性状，并在小鼠(Schadt，2006；Williams，2006)和人类(Morley et al.，2004)中发现与基因表达相关的位点(称为**表达数量性状基因座**或 *eQTL*)。这些联系已经变得明确，因为研究使用 DNA 微阵列(参见第 9 章)扫描的整个基因组的 SNP 与使用 RNA 微阵列评估的全基因组基因的表达之间存在关联(Skelly, Ronald, & Akey，2009；Powell et al.，2013)。

啮齿动物全基因组范围基因表达的研究得益于近交系尤其是重组近交系的可用性，这有助于数量遗传学和分子遗传学研究(Chesler et al.，2005；Letwin et al.，2006；Peirce et al.，2006)，并提供了访问脑组织的途径。然而，对于啮齿类动物研究以及人类研究，尽管已经报道许多 eQTL 的关联，但大多数都是低功效的并且很少能被重复出来(Skelly et al.，2009)。这里再次提到第 9 章所述内容，即遗传对复杂性状的效应，包括基因表达的个体差异，似乎是由许多小效应量的 QTL 引起的。因此，需要非常大的样本才能获得足够的统计功效来检测与基因表达性状的可靠关联。

基因表达作为环境影响的生物学基础

基因表达的个体差异在多大程度上源于遗传？我们不能假定基因表达的个体差异是高度可遗传的，因为基因表达已经进化到对细胞内和细胞外环境的变化有反应。事实上，人类 RNA 转录本水平的数量遗传学研究表明整个基因组的平均遗传力似乎为中度，这意味着转录本水平的大部分差异是由环境因素造成的(Cheung et al.，2003；Correa & Cheung，2004；McRae et al.，2007；Monks et al.，2004；Sharma et al.，2005)。在整个生命周期中，同卵双生子对的成员在基因表达谱上变得越来越不

158 同（Fraga et al., 2005；Petronis, 2006；Zwi jnenburg, Meijers-Heijboer, & Boomsma, 2010）。与基因表达有关的环境因素是目前迅速扩大的研究领域的一部分。但值得注意的是，基因表达是一种表型；表达本身的个体差异或导致个体表达差异的表观遗传过程可能是由遗传差异（Richards, 2006；Numata et al., 2012）或环境差异造成的。转录组和甲基化组（或表观基因组）可以作为环境变化的重要生物标记物，因为它们已经进化到对环境十分敏感。此类环境的例子包括但不限于产前经历、母婴互动和遭受创伤。这一视角可以提供一个生物学基础，在此基础之上建立对行为研究中通常更为复杂的环境层次分析的理解。它还可以为鉴别诊断提供生物标记物，并为监测诸如药物和其他疗法之类的环境干预措施提供生物学基础，从而对转化研究产生深远影响（Li, Breitling, & Jansen, 2008）。

正如本章开头所指出的，我们并不能提供一个对所有已知的基因表达或表观遗传学在基因表达中的作用的回顾。就基因和行为之间的通路方面，特别令人感兴趣的是DNA与行为的关联在多大程度上是由基因表达的个体差异介导的。在下一节中，我们将继续沿着基因和行为之间的途径，思考下一层次的分析，即蛋白质组。

关键概念

基因表达：从DNA到mRNA的转录。

表观遗传学：在不改变DNA序列的情况下影响基因表达的DNA修饰；参与基因表达的长期发育变化。

DNA甲基化：一种表观遗传过程，通过添加一个甲基基团使基因表达失活。

非编码RNA：不被翻译成氨基酸序列的RNA。

内含子：基因内的DNA序列，被转录成信使RNA，但在翻译成蛋白质之前被剪切出来。（与外显子相对。）

外显子：转录成信使RNA并翻译成蛋白质的DNA序列。（与内含子相对。）

微小RNA：一类包含21至25个核苷酸的非编码RNA，可通过与信使RNA结合从而降解或抑制基因表达。

基因表达谱：使用微阵列同时评估基因组中所有基因的表达。

表达数量性状基因座（eQTL）：当将基因表达作为表型来对待时，可以鉴定QTL并以其解释遗传对基因表达个体差异的影响。

---

159 **蛋白质组：整个转录组编码的蛋白质**

蛋白质组是指蛋白质的整体，它的高复杂性有三个原因。第一，蛋白质远多于基因，部分原因是基因的选择性剪接可以产生不同的信使RNA转录本（Brett et al.，2002）。第二，信使RNA翻译成氨基酸序列后会经过修饰，称为翻译后修饰，从而改变其结构，进而改变其功能。第三，蛋白质不是单独工作的；当它们形成蛋白质复合物时，它们的功能受到与其他蛋白质相互作用的影响。

蛋白质组可以在电场中用凝胶进行识别（电泳），根据其电荷在第一维度中分离，再根据其分子量在第二维度中分离，这种技术称为二维凝胶电泳。质谱法在原子水平上分析质量和电荷，该技术的使用大大提高了识别蛋白质的精度（Aebersold & Mann，2003）。基于这些技术，目前已经在果蝇中获得了近5 000种蛋白质和5 000种蛋白质复合物的蛋白质组图谱（Giot et al.，2003）；小鼠海马（Pollak, John, Hoeger, & Lubec，2006a）和大鼠海马（Fountoulakis, Tsangaris, Maris, & Lubec，2005）也有类似的资源。随着质谱技术在蛋白质组样品的高分辨率和高通量表征方面的进一步改进，目前已经完成人类蛋白质组的草图（Kim et al.，2014，http://humanproteomemap.org/；Wilhelm et al.，2014）。

除了质量和电荷外，还可以估算每种蛋白质的相对数量。特定组织中蛋白质数量的个体差异代表了类似于上一节讨论的RNA转录本特性的一种蛋白质特性。与转录组一样，蛋白质组需要被视为一种可归因于遗传和环境因素的表型。这种蛋白质特性可能与个体行为差异有关。例如，使用脑脊液进行的人类研究发现在精神疾病（Fountoulakis & Kossida，2006）、诸如帕金森病之类的神经退行性疾病（Kroksveen, Opsahl, Aye, Ulvik, & Berven，2011）和风湿类疾病（Cretu, Diamandis, & Chandran，2013）中，蛋白质水平和蛋白质修饰已经产生数百种差异。对精神分裂症特定脑区域的蛋白质组表征进行的复杂研究也表明了存在可能影响行为的差异（Matsumoto et al.，2011；Wesseling et al.，2013）。

从历史上看，与蛋白质组相比，转录组一直是而且仍然是更多遗传研究的目标；然而，对蛋白质组的兴趣正势如破竹。正如人类基因组计划彻底改变了生物学驱动研究的方式，目前正在进行一项系统的研究来描述人类基因组的蛋白质产物——人类蛋白质组计划（http://www.thehpp.org；Legrain et al.，2011）。这个项目的任务是提供一个帮助阐明生物学和分子功能，并促进疾病诊断和治疗的资源。

与转录组的研究相同，由于脑组织的可用性，小鼠历来是蛋白质组研究的重点对象。一项开创性研究检测了来自小鼠脑和其他组织的8 767种蛋白质，发现其中1 324种蛋白质在大规模回交中显示出在数量、结构和功能上存在可靠的差异（参见第5章）（Klose et al.，2002）。在这些蛋白质中，466个被定位到染色体上。虽然这种连锁需要被重复，但遗传结果很有趣，原因有二：大多数蛋白质都显示出与几个区域的连锁，并且染色体位置往往与编码蛋白质的基因不同。这些结果表明，多种基因影响蛋白质特性。另一项关于海马蛋白表达的研究也得到了类似的结果（Pollak, John,

Schneider, Hoeger, & Lubec, 2006b)。随着方法变得更为高效，它们已被应用于人类精神病学和行为表型的研究(Benoit, Rowe, Menard, Sarret, & Quirion, 2011; Filiou, Turck, & Martins-de-Souza, 2011; Patel, 2012; Schutzer, 2014)。

脑

从基因组到转录组再到蛋白质组的每一步都伴随着复杂性的大幅增加，但与脑的复杂性相比，这些都显得微不足道。脑有数万亿个神经元(**突触**)连接点，而不仅仅是数十亿个 DNA 碱基对，还有数百个神经递质，而不仅仅是四个 DNA 碱基。虽然蛋白质的三维结构及其在蛋白质复合物中的相互作用导致了蛋白质组的复杂性，但这种复杂性与脑神经元之间三维结构以及相互作用的复杂性相比微不足道。

神经科学，对脑结构和功能的研究，是另一个极其活跃的研究领域。本节概述了与行为有关的神经遗传学。如专栏 10.2 所述，因为脑在基因和行为之间的通路中起中枢作用，脑的表型有时被称为**内表型**。

正如本章之前所提到的，转录组和蛋白质组的研究已经开始通过在脑中构建基因和蛋白质表达图谱来建立与脑之间的桥梁。由于非人类动物脑组织的可用性，这种研究大多涉及动物模型。人类神经遗传学研究的一个巨大优势是神经成像的可用性，正如之后讨论的，它使得评估人脑的结构和功能成为可能。然而，在接下来的章节中，我们描述了神经遗传学研究的一个主要领域，它侧重于动物模型，尤其是果蝇(*Drosophila*)和小鼠：学习和记忆。利用动物模型进行神经遗传学研究的优势在于能够利用自然和诱导的遗传突变来剖析神经元和行为之间的通路。

关键概念

翻译后修饰：mRNA 翻译后的多肽(氨基酸序列)发生的化学变化。

电泳：一种按大小分离 DNA 片段或蛋白质的方法。当电荷作用于凝胶中的 DNA 片段或蛋白质时，较小的片段会移动得更远。

内表型：与显性行为有因果关系的"内部"或中间表型。

突触：两个神经细胞之间的连接，通过诸如多巴胺或血清素之类的神经递质的扩散来传递神经冲动。

学习和记忆

神经遗传学研究的一个重要领域是学习和记忆，这是脑的关键功能。该研究大部分涉及果蝇。果蝇确实可以学习和记忆，这些能力已经被研究并且主要与空间学习和嗅觉学习有关(Moressis, Friedrich, Pavlopoulos, Davis, & Skoulakis, 2009;

专栏 10.2　内表型

行为遗传学的目标是在所有层次分析上理解基因和行为之间的通路。此外，每一层次的分析本身都值得注意（参见专栏 10.1）。以脑的层次分析为例，无论脑与基因或行为的关系如何，脑本身就有很多知识需要了解。然而，行为遗传学和本章关注的重点在于脑作为基因和行为之间的通路方面。

低于行为本身的分析水平有时被称为内表型，"endo"的意思是"内在的"。术语中间表型也被用作内表型的同义词。有研究表明，这些较低层面的层次分析，比如脑的层次可能比行为更适用于遗传分析（Bearden & Freimer, 2006; Gottesman & Gould, 2003）。此外，较低层面的过程，比如脑的神经递质水平，在动物和人类中可以比行为本身更紧密地建模（Gould & Gottesman, 2006）。具体来说，我们希望基因在较低层面的层次分析中具有更大的效应，从而更容易被鉴定。最近对表型的脑神经成像的遗传学研究支持这一假设（参见正文），例如，在酗酒研究中（Hill, 2010）。然而，在这些 DNA 关联被重复出来之前必须保持谨慎，因为对于脑性状以及行为性状来说，遗传影响可能是多效的和多基因的（Kovas & Plomin, 2006）。此外，

对内表型报告的遗传关联的一项综合分析得出结论，内表型的遗传效应量并不比其他表型大（Flint & Munafo, 2007）。此外，最近的研究工作建议，应谨慎关注因果关系、测量误差和环境因素，这些因素会影响内表型和最终结果（Kendler & Neale, 2010）。

尽管不如行为性状复杂，脑的特性仍然非常复杂，而复杂性状通常受许多小效应量的基因影响（参见第 9 章）。事实上，基因表达这个最基本的层次分析似乎显示出受许多小效应量的基因影响以及大量的环境影响。有人可能会认为较低层面的层次分析更可遗传，但事实似乎并非如此。再次以基因表达为例，因为它是最基本的层次分析，全基因组转录水平的个体差异似乎并不是高度可遗传的。

另一个问题是行为遗传学的目标是理解基因、脑和行为之间的通路。发现与脑的表型相关的基因在脑的层次分析方面很重要，但它们对行为遗传学的有用性取决于它们与行为的关系（Rasetti & weinberger, 2011; Glahn et al., 2014）。换而言之，当基因被发现与脑的特性相关联时，需要评估而不是假设基因与行为性状之间关联的程度。

Skoulakis & Grammenoudi, 2006）。果蝇的学习和记忆被视为将基因、脑和行为之间的点连接起来的最早的领域之一（Davis, 2011; Margulies, Tully, & Dubnau, 2005;

McGuire, Deshazer, & Davis, 2005)。例如,在化学方法诱导黑腹果蝇突变的研究中,研究人员已经发现了几十个基因,当它们发生突变时会破坏学习能力(Waddell & Quinn, 2001)。通过使用这些突变来剖析记忆过程,已经建立了一个记忆模型。从影响整体学习和记忆的数十种突变开始,研究人员经过更仔细的研究发现一些突变(比如 *dunce* 和 *rutabaga*)会破坏早期记忆处理,被称为*短期记忆*(STM)。对于人类来说,这是当你想要临时记住一个电话号码时所使用的记忆存储系统。虽然 STM 在这些果蝇突变体中减少,但后期的记忆巩固阶段,比如长期记忆(LTM)是正常的。其他突变影响 LTM,但不影响 STM。

神经遗传学研究正在试图确定这些基因产生其作用的脑机制。通过筛选获得的几种突变被发现影响细胞中涉及环磷酸腺苷(cAMP)的基本信号通路。例如,*dunce* 过早地降解 cAMP 以阻止学习过程的早期步骤。正常情况下,cAMP 会刺激一系列神经元的变化,包括产生一种调节 *cAMP 反应元件*(CRE)基因的蛋白激酶。CRE 被认为通过改变基因系统的表达参与稳定记忆,基因系统的表达可以改变神经元之间突触连接的强度,被称为*突触可塑性*,这已是小鼠研究的重点(参见下文)。就脑区域而言,果蝇研究的一个主要目标是一种神经元,称为*蘑菇体神经元*,它似乎是昆虫嗅觉学习的主要部位(Busto, Cervantes-Sandoval, & Davis, 2010),虽然许多其他神经元也参与其中(Davis, 2011)。当电击与嗅觉线索配对时会触发一系列复杂的信号,导致不同基因的级联表达。基因表达的这些变化在突触中产生持久的功能和结构变化(Liu & Davis, 2006)。

学习和记忆也是小鼠研究活动的一个密集领域。然而,小鼠学习和记忆的神经遗传学研究并不是依靠随机产生的突变,而是使用了靶向突变。它还侧重于称为海马的一个脑区域,已有人脑损伤的研究显示海马对记忆起着至关重要的作用。1992 年,报道了首个针对行为的基因靶向实验(Silva, Paylor, Wehner, & Tonegwa, 1992)。研究人员敲除了一个通常编码 $\alpha\text{-}Ca^{2+}$ 钙调蛋白激酶 II 的基因($\alpha\text{-}CaMKII$),小鼠出生后该基因在海马和其他对学习和记忆至关重要的前脑区域表达。尽管基因敲除的纯合突变小鼠在其他方面的行为表现似乎很正常,但学习空间任务的能力明显低于对照组小鼠。

在 20 世纪 90 年代,利用小鼠的靶向突变来探索学习和记忆的研究呈爆炸式激增(Mayford & Kandel, 1999),22 个敲除突变的结果显示会影响小鼠的学习和记忆(Wahlsten, 1999)。这些靶向突变中有许多涉及突触间连接强度的变化,并且已经成为许多研究突触可塑性遗传学的主题。记忆是由长期突触变化构成的,称为*长时程增强*(Lynch, 2004)。1949 年首次提出通过改变神经元之间的突触连接将信息存储在神经回路中的观点(Hebb, 1949)。

尽管基因驱动着长时程增强,但要理解这是如何发生的并不容易,因为每个突触都受一千多个蛋白质成分的影响。α-CaMKII 基因,这个前文提到首次报道的学习和记忆基因敲除研究相关的基因,它激活 CRE 编码表达蛋白,称为 CRE-结合蛋白 (CREB),该蛋白影响长期记忆而非短期记忆((Silva, Kogan, Frankland, & Kida, 1998)。与果蝇一样,CREB 表达是小鼠突触细胞变化的关键步骤。在果蝇中,激活 CREB 的另一个基因是条件性敲除的靶点,可以在温度的作用下表达或沉默。CREB 表达的这些变化与长期记忆的变化相对应(Yin, Del Vecchio, Zhou, & Tully, 1995)。小鼠中完全敲除 CREB 是致命的,但大量减少 CREB 的删除也已证明会损害长期记忆 (Mayford & Kandel, 1999)。

一种由基本兴奋性神经递质谷氨酸参与神经传递的受体在小鼠和人类的长时程增强和其他行为中起着重要作用(Newcomer & Krystal, 2001)。N-甲基-D-天冬氨酸(NMDA)受体通过检测不同神经元同步放电来作为记忆形成的开关;它影响 cAMP 系统。过度表达一种特定的 NMDA 基因(NMDA 受体2B)可以增强小鼠在各种任务中的学习和记忆(Tang et al., 1999)。条件性敲除用于将突变限制在脑的特定区域——在这个例子中为前脑。正常情况下,这个基因的表达在成人期会减少;这种表达模式可能导致成人记忆力下降。在这项研究中,该基因被改变,使其能在成年后继续表达,从而增强学习和记忆。然而,这个特定的 NMDA 基因是蛋白质复合物(N-甲基-D-天冬氨酸受体复合物)的一部分,该复合物一共涉及 185 个蛋白质;许多与这种蛋白质复合物有关的基因突变显示与小鼠和人类的行为有关(Grant, Marshall, Page, Cumiskey, & Armstrong, 2005)。

靶向突变表明了脑系统对学习和记忆的复杂性。例如,果蝇和小鼠中发现任何与学习和记忆有关的基因和信号分子都不是学习过程所特有的。它们参与许多基本的细胞功能,这一发现引出了一个问题,即它们是否仅仅调节记忆编码的细胞背景 (Mayford & Kandel, 1999)。这样看来似乎学习涉及到一个相互作用的脑系统网络。

神经影像学

人类的脑区域结构和功能可以用非侵入性神经成像技术进行评估。扫描脑的方法有很多种,每种都有不同的优缺点。例如,使用磁共振成像(MRI)可以清楚地看到脑结构(图 10.3)。功能性磁共振成像(fMRI)能够可视化脑中不断变化的血流,这与神经活动相关。fMRI 的空间分辨率很好,约为两毫米,但其时间分辨率仅限于几秒钟内发生的事件。脑电图(EEG)使用放置在头皮上的电极测量作为电活动指标的脑电压差异。它提供了出色的时间分辨率(小于 1 毫秒),但其空间分辨率很差,因为它平均了脑表面相邻区域的电活动。将 fMRI 的空间优势和 EEG 的时间优势结合起来是可能的(Debener, Ullsperger, Siegel, & Engel, 2006),这可以通过使用一种不同的技术来实现,即脑磁图(MEG; Ioannides, 2006)。

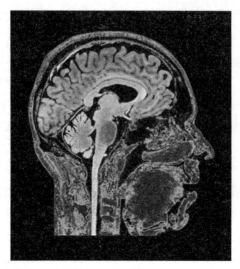

图 10.3 人脑的磁共振成像(MRI)扫描图(DU CANE MEDICAL IMAGING LTD/SCIENCE PHOTO LIBRARY/Getty Images)

神经影像学现常用于遗传研究。例如,IMAGEN 研究被宣布为首个多中心遗传神经成像研究,旨在识别冲动、强化敏感性和情绪反应在个体差异中的遗传和神经生物学基础,以及这些因素如何影响精神疾病的发展(Schumann et al., 2010)。利用结构神经成像的几项双生子研究表明,许多脑区域体积的个体差异是高度可遗传的,并与一般认知能力(Posthuma et al., 2002; Thompson et al., 2001; Wallace et al., 2006)和精神病性状的脆弱性(Rijsdijsk et al., 2010)相关。双生子数据最近被用于开发首个仅基于遗传信息数据的人脑皮质表面区域图谱(Chen et al., 2012)。如图 10.4

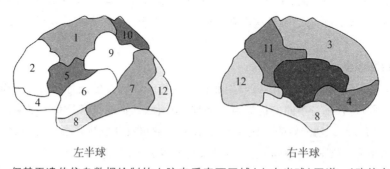

图 10.4 仅基于遗传信息数据绘制的人脑皮质表面区域(左右半球)图谱。(改编自 Chen et al., 2012。)人脑皮质表面的 12 个遗传簇图谱:1、运动-前运动皮质;2、背外侧前额叶皮质;3、内侧额叶皮质;4、眼眶额叶皮质;5、额下回的岛盖部和接近中心区域;6、上颞叶皮质;7、后外侧颞叶皮质;8、内侧颞叶皮质;9、下顶叶皮质;10、上顶叶皮质;11、楔前叶;12、枕叶皮质。这些基因簇往往与传统的皮质结构相对应。(经 AAAS 许可再版,来自 Chen et al. (2012), "Hierarchical genetic organization of human cortical surface area," 335, 1634 - 1636;通过版权许可中心有限公司获得许可。)

所示,该图谱是利用脑皮质表面不同点之间的双生子数据估算的遗传相关性来绘制的。

总结

随着与行为相关的基因的鉴定,遗传研究将从寻找基因转向利用基因来理解从基因到行为的通路,即基因影响行为的机制。基因和行为之间的三个普遍分析层次是转录组(整个基因组的基因表达)、蛋白质组(整个转录组的蛋白质表达)和脑。RNA 测序和 RNA 微阵列使得研究基因组中所有基因跨越不同的脑、发育、状态和个体的表达成为可能。基因和行为之间所有通路都通过脑传送,这一点在学习和记忆的神经遗传学研究中可以窥见。

第 11 章

认知能力

认知能力,在诸如推理和记忆之类测试中的个体表现差异,是行为遗传学中历史最悠久和研究最多的领域之一。在某种程度上,对认知能力的兴趣是由认知能力在我们日益以知识为基础的社会中的重要性所驱动的,在这个社会中,"智力资本"是关键(Neisser et al., 1996)。此外,认知测试对诸如教育成功和职业成功等主要社会结果的预测远远优于其他任何特质(Gottfredson, 1997; Strengze, 2007);它们还可以预测健康和寿命(Deary, 2013)。

遗传研究以一个模型为基础,其中认知能力是按层次组织的(Carroll, 1993; Carroll, 1997),从单个测试到特定认知能力到一般认知能力(图 11.1)。目前有数以百计种对不同认知能力的测试。这些测试可测量几个特定的认知能力,比如语言能力、空间能力、记忆和处理速度,这些特定认知能力中度地相互关联。一般认知能力(g),即特定认知能力中的共同点,是查尔斯·斯皮尔曼(Charles Spearman)在一个多世纪前发现的,同一时期孟德尔遗传定律被重新发现(Spearman, 1904)。一般认知能

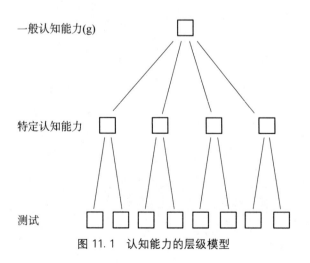

图 11.1 认知能力的层级模型

力一词比智力一词更为可取,因为后者在心理学和社会中有着许多不同的含义(Jensen,1998)。现在也有关于 g 的普通读物(Hunt,2011;有关其他书籍的概述,请参阅 Deary,2012)。

大多数人熟悉智力测试,通常被称为IQ测试(智力商数测试)。这些测试通常评估几种认知能力并且得出可作为 g 的合理指标的总分。例如,在临床上广泛使用的韦克斯勒智力测试包括十个子测试,比如词汇、填图(指出图片中缺少的部分)、类比以及积木设计(用彩色积木搭出与图片相一致的图案)等。在研究情境下,通常通过一种称为因子分析的技术推导出 g,该技术根据测试对 g 的贡献程度来确定不同的权重。可以将权重看作该测试与所有其他测试相关性的平均数。这不仅仅是一个统计抽象概念——人们只需查看这些测量之间的关联矩阵,就会发现所有测试彼此之间都是正相关的,并且某些测量(比如空间和语言能力)之间的关联性要高于其他测量(比如非语言记忆测试)。一个测试对 g 的贡献与其评估的认知操作的复杂程度有关。诸如抽象推理之类更复杂的认知过程比简单的感官辨别等不太复杂的认知过程更适合作为 g 的指标。

尽管 g 解释了这些测试中约 40% 的方差,但是特定测试的大多数方差与 g 无关。显然,更多的是与认知能力而不是 g 有关,因此我们会考虑特定的认知能力以及教育相关认知技能。此外,成就远不止认知能力。人格、心理健康和动机都会影响一个人的生活状况。

本章从动物研究的简要概述开始,我们对认知能力的行为遗传学研究进行总结。

动物研究

虽然许多动物研究都集中在学习上,但大多数研究都没有考虑到个体在性能上的差异,这正是遗传研究的起点。在本节中,我们将描述两个经典的大鼠认知能力遗传学研究。最早的研究之一是 1924 年开始的一项为期 20 年的研究,采用选择性设计,对大鼠学习在迷宫中寻找食物方面的表现进行选育。如图 11.2 所示,经过几代选择性育种后,聪明鼠(很少出错)和愚笨鼠(出很多错)的数据之间几乎没有重叠;聪明鼠系的所有大鼠能够学会在迷宫中奔跑,且所犯的错误要少于愚笨鼠系的任何一只大鼠。

选育出的聪明鼠和愚笨鼠被用于基因型-环境互作最著名的心理学研究之一(Cooper & Zubek, 1958)。两种选育系的大鼠分别在两种条件下饲养。第一种条件是"丰富型",即所居住的笼子宽敞,里面有许多可移动的玩具。第二种条件称为"限制型",笼子狭小而灰暗且没有可移动的物体。这两种条件下饲养的大鼠与在标准的实验室环境下饲养的聪明鼠和愚笨鼠进行比较。

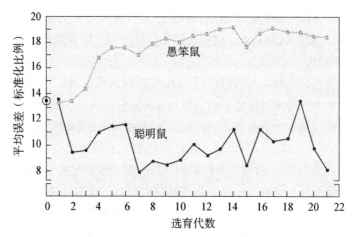

图 11.2 聪明鼠系和愚笨鼠系在大鼠中的选择性育种结果。（数据摘自"The inheritance of behavior" by G. E. McClearn. In L. J. Postman (Ed.), Psychology in the Making. © 1963.）

图 11.3 展示了在上述条件下饲养的聪明鼠和愚笨鼠的测试结果。意料之中的是，选育的两个大鼠系在正常型环境下的表现有着很大的差异。在丰富型和限制型环境下则出现了明显的基因型-环境互作。丰富型条件对聪明鼠没有影响，但是大大提高了愚笨鼠的表现。另一方面，限制型环境对聪明鼠有害，而对愚笨鼠却没有什么影

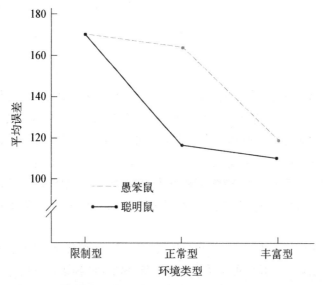

图 11.3 基因型-环境互作。在限制型、正常型或丰富型环境下饲养对迷宫学习错误的影响因选育的聪明鼠和愚笨鼠而异。（摘自 Cooper & Zubek, 1958.）

响。换而言之,在这项研究中,关于限制型和丰富型环境的影响,并没有简单的答案;这取决于动物的基因型。此示例说明了基因型-环境的互作,正如第8章所讨论的,不同的基因型对环境有不同的反应。尽管这个例子很有说服力,但其他关于学习的系统性研究一般都未能找到基因型-环境互作的明确证据(Henderson,1972)。

20世纪50年代和60年代,小鼠近交系的研究表明遗传对学习的许多方面有着重要的作用。遗传差异不仅表现在走迷宫学习上,也表现在其他类型的学习上,比如主动回避学习、被动回避学习、逃避学习、按奖励压动杠杆、逆转学习、辨别学习和心率调节(Bovet,1977年)。

一般认知能力

人类遗传学和 g 的研究史上的亮点包括两项早期的收养研究,这两项研究发现非收养家庭的 IQ 相关性要高于收养家庭,表明存在遗传影响(Burks,1928;Leahy,1935)。首个包括被收养子女亲生父母 IQ 数据的收养研究也显示,存在显著的父母-子女相关性,再次说明存在遗传影响(Skodak & Skeels,1949)。路易斯维尔双生子研究始于20世纪60年代早期,是有关 IQ 的首个大型纵向双生子研究,描绘了遗传与环境影响的发展进程(Wilson,1983)。

1963年一篇对 g 的行为遗传学研究的回顾性综述产生了深远的影响,所汇聚的证据直指遗传影响(Erlenmeyer-Kimling & Jarvik,1963)。1966年西里尔·伯特(Cyril Burt)总结了他几十年来对 MZ 双生子的分开抚养研究,并补充了戏剧性的证据说明分开抚养的 MZ 双生子相似程度几乎与一同抚养的 MZ 双生子一样。1973年伯特去世后,他的研究受到了攻击,控诉他的一些数据具有欺诈性(Hearnshaw,1979)。随后的两本书再次披露这一情况(Fletcher,1990;Joynson,1989)。尽管审查委员会仍在处理一些控诉(Mackintosh,1995;Rushton,2002),目前看来伯特的数据至少有一些是可疑的。

20世纪60年代期间,在美国心理学界曾盛行一时的环境论开始衰落,为人们更多地接受遗传对 g 的影响搭建了舞台。然后,在1969年阿瑟·詹森(Arthur Jensen)的一本智力遗传学专著几乎使得这个领域停滞下来,因为这本冗长的专著中有几页表明,IQ 的种族差异可能涉及遗传差异。二十五年之后,这个问题在《钟形曲线》一书(Herrnstein & Murray,1994)中复活,并引起了类似的喧嚣。正如我们在第7章所强调的,导致群体间平均差异的原因并不一定与导致群体内个体差异的原因有关。前者比后者更难研究,后者是绝大多数 IQ 遗传学研究关注的焦点。詹森的专著所引发的风暴导致了对所有行为遗传学研究的猛烈批评,尤其是认知能力领域的研究(如,Kamin,1974)。这些对早期研究的批评产生了积极的效应,出现了一批更具规模、更加完善的行为遗传学研究，主要采用家系、收养和双生子设计。与过去50年相比，这些新项目产生的关于 g 的遗传学数据要大得多。这些新数据在一定程度上促成了20世纪80年代心理学发生的巨大转变，即心理学转而接受个体间遗传差异与 g 差异显著关联的结论(Snyderman & Rothman, 1988)。

20世纪80年代初发表了一篇关于 g 的遗传学研究综述，总结了数十项研究的结果(Bouchard & McGue, 1981)。图11.4是第3章早前介绍的回顾总结的拓展版本(参见图3.9)。

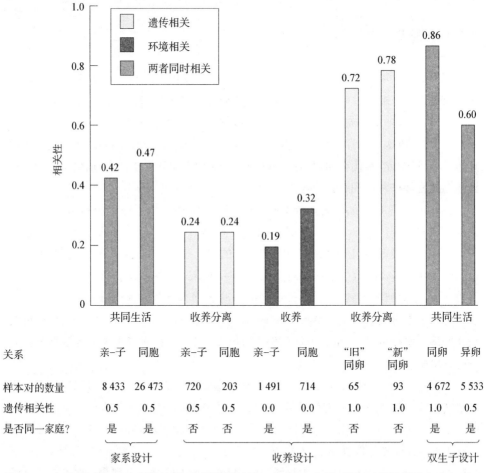

图11.4 家系、收养和双生子设计的 IQ 平均相关性。亲-子 = 父母-子女。根据综述 Bouchard & McGue, 1981, 修正 Loehlin, 1989。同卵双生子收养分离的"新"数据包括 Bouchard et al., 1990 和 Pedersen et al., 1992。

共同生活的一级亲属与 g 中度相关(约为0.45)。这种相似性可能取决于遗传或环境影响，因为这类亲属同时共享这两种因素。收养设计分解出了相似性的这些遗传和环境来源。因收养而分开的亲生父母与子女，以及被不同家庭收养的同胞之间共享遗传而不是家庭环境，因此他们的相似性表明，家庭成员之间的相似性部分取决于遗传因素。被收养子女与其亲生父母在 g 上的相关性为 0.24。分开抚养的遗传相关同胞的相关性也为 0.24。因为一级亲属在遗传上仅有 50% 的相似性，加倍这些相关性，就可以粗略地估计遗传力为 48%。正如第 7 章所述，这一结果意味着对于这些研究取样的总体而言，IQ 分数的差异约有一半可用个体之间的遗传差异来解释。

双生子方法支持这一结论。同卵双生子测试结果几乎就像是同一个人测了两次（g 的测试-重测相关性通常在 0.80 和 0.90 之间）。同卵双生子（MZ）的平均双生子相关性为 0.86，异卵双生子（DZ）为 0.60。将 MZ 和 DZ 相关性差异加倍，就可以估算出遗传力为 52%。最引人注目的收养研究设计涉及分开抚养的 MZ 双生子，他们的相关性提供了遗传力的直接估算。显而易见，这类双生子对的数量很少。对于 1981 年之前发表的几项小型研究，分开抚养的 MZ 双生子的平均相关性为 0.72（不包括伯特的可疑数据）。这一结果表明，这类设计得到的遗传力（72%）高于其他设计。这一高遗传力估算在另外两项双生子分养研究中得到了证实（Bouchard et al., 1990; Pedersen et al., 1992）。尽管小样本量在解释这种分养 MZ 双生子较高的遗传力估算时需要谨慎，但随后在关于遗传力发展变化的章节中将讨论一种可能的解释。

模型拟合分析同时分析了所有的家系、收养和双生子研究数据，总结如图 11.4 所示，得出遗传力估算值约为 50%（Chipuer, Rovine, & Plomin, 1990; Loehlin, 1989）。值得注意的是，遗传学可以占一般认知能力这样复杂性状方差的一半。此外，总方差还包括测量误差。如果对测量的不可靠性进行校正的话，遗传力估算值将会更高。无论遗传力估算的精确度如何，重点是遗传对 g 的影响不仅仅具有统计学显著性而且数值相当大。

基于 SNP 的遗传力估算也发现了遗传对 g 影响的证据。如第 7 章所述，SNP 遗传力使用数十万个 SNP 对大样本进行基因分型从而估算直接来自于 DNA 的遗传力。它不指明哪些 SNP 与表型相关联。相反，它将 SNP 的偶然遗传相似性与大样本中常规不相关个体中成对出现的表型相似性联系起来。SNP 遗传力估算值通常约为 g 和其他行为性状的双生子研究估算值的一半（Plomin et al., 2013）。例如，最近在共计 12 000 个体的两批样本中估算 g 的 SNP 遗传力为 28%（Davies et al., 2015）。

尽管不同的文化背景下遗传力有所不同，g 的遗传力水平似乎也适用于北美和西欧国家之外的人口，虽然大多数研究是在这些国家进行的。俄罗斯（Malykh, Iskoldsky, & Gindina, 2005）和前东德（Weiss, 1982）的双生子研究也发现了相似的遗传力，印度农村、印度城市和日本（Jensen, 1998）的结果也是如此。

如果 g 方差的一半可以用遗传解释，那么另一半则可以归因于环境（加上测量误差)。家庭成员似乎共享某些环境影响,使得他们彼此相似。共享环境影响重要性的直接估算来自父母和子女的相关性以及收养同胞之间的相关性。尤其令人印象深刻的是收养同胞相关性为 0.32(参见图 11.4)。因为他们在遗传上不相关,所以使得收养同胞相似的原因就是共同养育——有相同的父母、相同的饮食、在同一学校上学,等等。收养同胞的相关性为 0.32,表明总方差的三分之一可以通过共享环境影响来解释。养父母和被收养子女的相关性($r=0.19$)低于收养同胞之间的相关性,这一结果表明共享环境对父母和子女相似性的影响要比对同胞间相似性的影响小。

共享环境影响也是存在的,因为共同生活的亲属间的相关性高于收养分离的亲属间的相关性。双生子研究也表明了共享环境影响。此外,共享环境影响似乎对双生子的相似性比对非双生同胞的相似性贡献更大,因为 DZ 双生子的相关性为 0.60,超过了非双生同胞 0.47 的相关性。双生子可能比其他同胞更相似,因为他们共享过同一个子宫并且年龄完全相同。因为双生子年龄相同,所以他们也往往在同一学校读书,有时在同一班级,并共享许多相同的伙伴。

根据图 11.4 中的数据,模型拟合估算了共享环境对 g 的作用,父母和子女约为 20%,同胞约为 25%,双生子约为 40%(Chipper, Rovine, & Plomin, 1990)。其余环境方差归因于非共享环境和测量误差。然而,当以发展的眼光审视这些数据时,会出现一个不同的情况,正如本章后面所讨论的那样。

特定认知能力

特定认知能力通常会产生类似于 g 的遗传结果,尽管非常少的研究集中在特定认知能力上。对特定认知能力最大型的家系研究涉及一千多个家庭,被称为夏威夷家庭认知研究(Defries et al., 1979)。与该领域的其他工作一样,该研究采用一种称为因子分析的技术识别最紧密的交互相关测试组。四个群因子来自 15 个测试:语言(包括词汇和流利度)、空间(在二维和三维空间中可视化和旋转对象)、感知速度(简单算术和数字比较)以及视觉记忆(线条图形的短时和长时认知)。所有因子都表现出显著的父母-子女相似性,尽管语言和空间因素表现出比感知速度和记忆因素更多的家族相似性。

图 11.5 对数十项特定认知能力的双生子早期研究结果进行了总结(Nichols, 1978;另参见 DeFries, Vandenberg, & McClearn, 1976)。当我们将同卵双生子相关性和异卵双生子相关性之间的差进行加倍来估算遗传力(参见第 6 章),这些结果表明特定认知能力比一般认知能力表现出的遗传影响略小。记忆和语言流利度表现出较低的遗传力,约为 30%;其他能力遗传力为 40% 至 50%。言语和空间能力的遗传力通常高于感知速度,并且尤其高于记忆能力(Plomin, 1988)。

第 11 章 认知能力　155

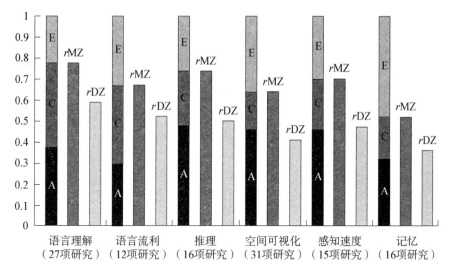

图 11.5　特定认知能力测试的双生子平均相关性。A＝加性遗传影响；C＝共享环境影响；E＝非共享（独特）环境影响；r＝相关系数；MZ＝单卵双生；DZ＝双卵双生。（数据摘自 Nichols，1978。）

与 g 的结果相似，图 11.5 中的双生子相关性也意味着共享环境对特定认知能力的中度影响；然而，收养设计显示几乎不存在共享环境影响。例如，收养同胞的相关性仅为 0.10 左右，这表明只有 10％的语言和空间能力差异是由共享环境因素造成的。图 11.6 总结了语言和空间能力的家系、双生子和收养研究的结果。这些结果都汇聚成一个结论，即语言和空间能力都表现出大量的遗传影响，而共享环境影响仅为中度。

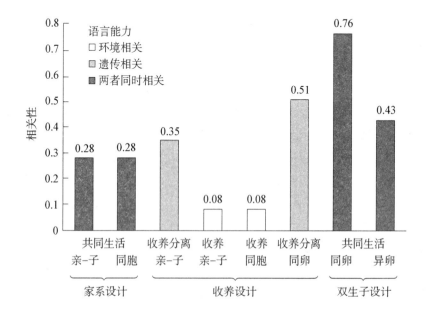

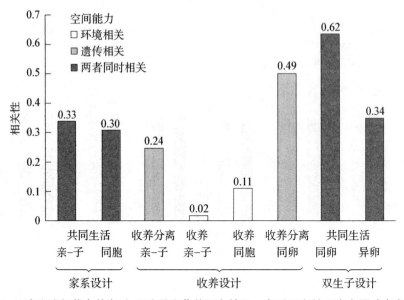

图11.6 语言和空间能力的家系、双生子和收养研究结果。家系研究结果来自夏威夷家庭认知研究的近1000个白人家庭,父母-子女(亲-子)的相关性为母亲和父亲的平均数(DeFries et al., 1979)。收养数据来自科罗拉多收养项目,所显示的父母-子女相关性是在被收养子女16岁时的数据,收养同胞的相关性为9至12岁的平均值(Plomin et al., 1997)。因收养而分离的MZ双生子数据是来自Bouchard et al. (1990)和Pedersen et al. (1992)报道的95对双生子结果的平均值。双生子研究的相关性基于来自四个国家七项研究中的1500多对年龄范围宽泛的双生子(Plomin, 1988)。(数据摘自"Human behavioral genetics of cognitive abilities and disabilities" by R. Plomin & I. W. Craig. BioEssays, 19, 1117-1124. © 1997。)

认知能力的神经认知测量

许多研究已使用认知心理学家开发的实验室任务来评估信息是如何被处理的,通常使用反应时间来测量信息处理速度(Deary, 2000)。这些测量和模型与认知能力的层次模型是分别发展起来的,但它们已经朝着相似的方向发展。被引用最广泛的模型,称为工作记忆模型,它假设一个中央执行系统,该系统可调节涉及注意力、短时和长时记忆以及其他过程的子系统(Baddeley, 2007)。尽管这些过程中的个体差异往往不是神经认知研究的重点(Miyake & Friedman, 2012),双生子研究表明,执行功能和工作记忆的测量是高度可遗传的(Blokland et al., 2011; Friedman et al., 2008; Panizzon et al., 2011)。这些认知过程的具体测试仅与 g 中度相关(Ackerman, Beier & Boyle, 2005; Friedman et al., 2006),但复合测量与 g 密切相关(Colom, Rebollo, Abad & Shih, 2006)。一项研究报告,一般执行功能因子与IQ之间的遗传相关性为

0.57(Friedman et al.，2008)。(如第 7 章所述,遗传相关性估算影响一种性状的遗传差异在多大程度上与另一种性状的遗传效应相关。)

一些遗传学研究系统地探索了使用反应时间测量法评估的基本信息处理任务(T. Lee et al.，2012；Neubauer, Spinath, Riemann, Borkenau & Angleitner, 2000; Petrill, Thompson & Detterman, 1995; Singer, MacGregor, Cherkas & Spector, 2006; VinkhuyzeN, van der Sluis, Boomma, de Geus & Posthuma, 2010)。这些研究普遍发现越复杂的任务越具遗传性,并且在遗传上与 g 越相关(Plomin & Spinath, 2002)。

研究更基础的神经认知过程的尝试已引向神经传导速度和事件相关脑电位的脑电波(EEG)测量的研究。然而,认知能力和周围神经传导(Rijsdijk & Boomma, 1997)与这些 EEG 测量(Posthuma, Neale, Boomma & de Geus, 2001b; van Baal, Boomma & de Geus, 2001)之间的遗传以及表型相关性较低。

磁共振成像(MRI)和其他脑成像技术提供了更高的脑区域分辨率和更强的与认知能力的相关性。将这类脑成像技术与遗传学相结合,已经形成了一个新的领域,称为影像遗传学(Thompson, Martin & Wright, 2010)。影像遗传学研究从脑结构开始,脑结构比脑功能可以被更可靠地评估。最有力的发现之一是,脑的总体积以及大多数脑区域的体积,与认知能力中度相关(~0.40)(Deary, Penke & Johnson, 2010)。双生子研究发现,许多脑区域的大小的个体差异存在很强的遗传影响(Blokland, de Zubicaray, McMahon & Wright, 2012; Pennington et al.，2000; Thompson et al.，2001)。多元遗传双生子分析表明,这些脑结构测量与认知能力测量之间的相关性主要源于遗传(Betjemann et al.，2010; Hulshoff Pol et al.，2006; Peper, Brouwer, Boomma, Kahn & Hulshoff Pol, 2007; Posthuma et al.，2002),这些遗传效应大多由脑的总体积而不是特定脑区域的体积来解释(Schmitt et al.，2010)。最近,双生子研究根据各区域间的遗传相关性绘制了皮质脑区域的表面和厚度图(Chen et al.，2011; Eyler et al.，2011; Rimol et al.，2010)。其他更具体的脑结构测量方法开始被探索。例如,青春期脑皮质变薄程度的个体差异高度可遗传(Joshi et al.，2011; van Soelen et al.，2012),并且与认知能力相关(Shaw et al.，2006)。连通性的结构测量也显示出很高的遗传力,并且与认知能力有很强的相关性(Chiang et al.，2009)。

功能成像研究识别对任务作出反应的脑激活区域。一个令人惊讶的发现是,高认知能力与较低的脑区激活相关,大概是因为这些脑区更高效(Neubauer & Fink, 2009)。与结构成像结果类似,功能成像研究表明,激活发生在不同的脑区域,而不是局限于单个脑区域(Deary et al.，2010)。双生子研究正开始理清这些影响的遗传和环境来源。例如,使用功能性磁共振成像(fMRI)的双生子研究发现,几个脑区域在认知任务期间的激活的个体差异中存在中等遗传力(Blokland et al.，2011; Koten et al.，2009)。脑各区之间功能连通性的 fMRI 双生子研究也表明了中度的遗传力(Posthuma et al.，2005）。多元遗传分析正开始被用来绘制脑区域间遗传驱动的活动模式（Park，Shedden & Polk，2012）。目标是了解与认知能力相关的脑结构和功能上存在个体差异的遗传和环境原因（Karlsgodt，Bachman，Winkler，Bearden & Glahn，2011）。

学业成就

乍一看，学业成就测试似乎与特定认知能力测试相当不同。学业成就测试侧重在学校教授的特定学科中的表现，比如读写（阅读）、算术（数学）和科学。虽然有些学科，比如历史，似乎主要涉及记忆事实，但在这类学科中做得好需要认知技能，比如提取复杂信息和推理。其他学科，比如阅读、数学和科学，似乎更类似于认知能力，因为它们显然涉及超出特定内容的一般认知过程。就阅读而言，大多数儿童在学龄初期进步迅速，从学习阅读到在阅读中学习，即利用阅读来吸收信息。一个区别是，阅读和数学的基础是学校教授的，而先前讨论过的认知能力——g 及其语言、空间、记忆和感知速度成分——并没有明确地教授。然而，正如我们将看到的，多元遗传学研究发现学业成就和认知能力领域之间存在着相当大的遗传重叠。

成就一词本身就意味着，学业成就是凭借努力，这被认为是一种环境影响，相反对于能力，其受到遗传影响似乎更为合理。在过去的半个世纪里，教育研究的重点是环境因素，比如学校、社区和家长的特性。几乎没有人考虑到遗传对儿童特性的作用会影响其在校学习情况的可能性（Asbury & Plomin，2013；Wooldridge，1994）。

这里的讨论考虑了学业成就中个体差异的正常范围；第 12 章讨论了阅读和数学障碍及其他认知障碍。迄今为止，研究最为深入的领域是阅读能力（Olson，2007）。如图 11.7 所示，对十几项双生子研究的元分析表明，阅读相关的过程，比如单词识别、拼写和阅读理解，均表现出大量的遗传影响，所有平均遗传力估算值均在 0.54 至 0.63 的狭窄范围内（Harlaar，2006）。一项有趣的跨国数据分析表明，澳大利亚、北欧国家和美国一年级阅读能力的遗传力相似（Samuelsson et al.，2008）。从此类测试中获得一般阅读复合能力的平均遗传力估算值为 0.64。尽管汉字的拼写法不同，但中国的一项双生子研究也报告了类似的结果（Chow，Ho，Wong，Waye & Bishop，2011）。

虽然可以合理地预期，学习阅读（如，单词识别）可能比在阅读中学习（如，阅读理解）的可遗传性低，但学龄初期的阅读能力也是高度可遗传的（Harlaar，Hayou-Thomas & Plomin，2005b；Petrill et al.，2007）。即使是预读技能，比如语音意识、快速命名和语言记忆，也显示出大量的遗传影响（Hensler，Schatschneider，Taylor & Wagner，2010；Samuelsson et al.，2007）。另一个有趣的发现是基因型-环境的互作。基因型-环境互作的双生子研究表明，低收入社区家庭的阅读能力遗传力较低（Taylor & Schatschneider，2010b），而有更好教师的学生的阅读能力遗传力较高（Taylor，

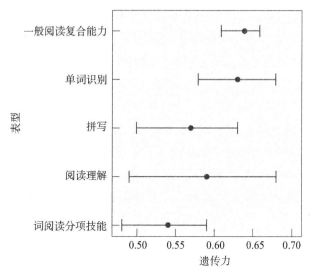

图 11.7 阅读相关过程遗传力的元分析。圆圈表示平均遗传力,圆圈周围的线表示 95% 置信区间。(数据摘自 Harlaar, 2006。)

Roehrig, Hensler, Connor & Schatschneide, 2010a)。

除了阅读以外的其他学科呢?早期的双生子研究表明,所有受试者都有大量的遗传力和中度的共享环境影响(Husén, 1959; Loehlin & Nichols, 1976)。荷兰(Bartels, Rietveld, van Baal & Boomma, 2002)、澳大利亚(Wainwright, Wright, Luciano, Geffen & Martin, 2005)和英国(Kovas, Haworth, Dale & Plomin, 2007)也取得了类似的结果。在后一项研究中,使用基于英国国家课程的标准评估的英语、数学和科学的双生子研究结果在各学科和各年龄段之间非常一致,表明遗传力约为 0.60,共享环境影响仅为 0.20,尽管事实上双生子在同一个家庭长大、在同一所学校上学,并且经常在同一个教室里由同一个老师教授。最近,英国 16 岁义务教育结束时全国范围的教育成绩测试也报告了类似的结果(Shakeshaft et al., 2013)。

关于认知能力的三个特殊遗传发现

正如你将在本书的其余部分看到的,这些关于认知能力的结果显示,中度的遗传影响和非常小的共享环境影响是大多数行为性状的典型特征。然而,有三个关于认知能力的遗传学发现是特殊的。

遗传力随发育而增加

试问大家这样一个问题:当你经历一生,你认为遗传的影响是变得越来越重要还是越来越不重要？大多数人通常会猜测"越来越不重要"，原因有二。首先，生活事件，比如意外事故和疾病、教育和职业以及其他经历似乎很明显在一生中日积月累起来；这一事实意味着环境差异对表型差异的作用越来越大，所以遗传力必然会降低。第二，大多数人都误认为遗传效应从受孕的那一刻就永不改变。

因为假设遗传差异随着经历在生命过程中的积累而变得不那么重要是合情合理的，所以关于认知能力最有趣的发现之一是，与之相反的结论更接近于真理。遗传因素在个体的生命周期中变得越来越重要。

例如，一项被称作科罗拉多收养项目（Plomin et al.，1997）的纵向收养研究，提供了父母-子女在一般认知能力上从婴儿期到青春期的相关性。如图11.8所示，对照（非收养）家庭中父母与子女之间的相关性从婴儿期的不到0.20增长至儿童中期的0.20左右，再到青春期的约0.30。亲生母亲与其被收养子女之间的相关性遵循类似模式，这表明父母-子女在 g 上的相似性可归因于遗传因素。养父母及其被收养子女的父母-子女相关性徘徊在零左右，这表明父母和子女共享的家庭环境对父母-子女在 g 上的相似性没有重要作用。养父母及其被收养子女的父母-子女相关性略低于其他收养研究中报告的相关性（参见图11.6），可能是因为科罗拉多收养项目中的选择性

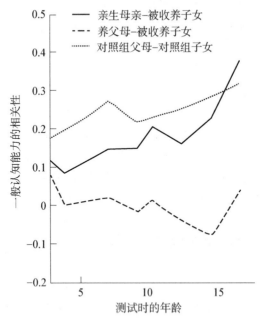

图11.8　父母-子女 g 分数的相关性，其中涉及养父母与子女、生母与子女以及对照组父母与子女的相关性，所取子女的年龄分别为3岁、4岁、7岁、9岁、10岁、12岁、14岁和16岁。父母-子女的相关性是母亲和父亲的加权平均值，以简化陈述。（数据摘自"Nature, nurture and cognitive development from 1 to 16 years: A parent-offspring adoption study" by R. Plomin, D. W. Fulker, R. Corley, & J. C. DeFries. Psychological Science, 8, 442-447. © 1997.）

安置被忽略不计(Plomin & DeFries，1985)。

双生子研究也表明,从儿童期到成人期的遗传力增加(McCartney,Harris & Bernieri,1990;Mcgue,Bouchard,Iacono & Lykken,1993b;Plomin,1986)。最近有一项关于 11 000 对双生子样本的研究,收集了比以往所有研究总和还要大的样本,该研究报告首次显示,一般认知能力的遗传力从儿童期(9岁)的40%左右大幅增长到青春期(12岁)的55%,再到成人早期(17岁)的65%(Haworth et al.，2010),如图11.9 所示。对纵向双生子和收养研究结果的元分析也发现从婴儿期到青春期的遗传力增加(Briley & Tucker-Drob,2013)。这种遗传力的增加甚至更为显著,因为在整个生命周期大多数性状的遗传力略有下降(Polderman et al.，2015)。

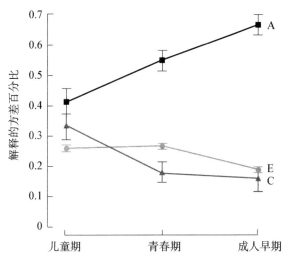

图 11.9　双生子研究显示,一般认知能力从儿童期到成人期增加的遗传力与降低的共享环境影响。A=加性遗传;C=共同或共享环境;E=非共享环境。(数据摘自 Haworth et al.，2010.)

尽管在整个成人期,遗传力的增长趋势似乎持续到65岁时的80%左右(Mcgue & Christensen,2013;Panizzon et al.，2014),但一些研究表明,遗传力在生命后期会下降(Reynolds & Finkel,2015)。从儿童期到成人期的遗传力的增长可以解释之前提到的被收养而分离的 MZ 双生子的高遗传力估算值:被收养分离的 MZ 双生子比图 11.4 中总结的其他双生子和收养研究中受试者的年龄要大得多。

为什么遗传力会在生命过程中增加?也许在成人期出现了影响 g 的全新基因。然而,对于认知能力和大多数行为性状,纵向遗传学研究表明,相同的基因在很大程度上影响着不同年龄的性状,有助于年龄之间的连续性,而年龄之间的变化则主要是由环境因素造成的(Briley & Tucker-Drob,2013)。这一发现产生了一个明显的悖论:如果遗传效应在各年龄段基本上是稳定的,那么 g 的遗传力如何在整个发育过程中如此大幅度地增加?最合理的可能性是,随着时间的推移,发育初期的遗传推动力被放大,同样的遗传因素会产生越来越大的表型效应,这一过程被称为*遗传扩增*(Plomin & Defries, 1985)。这种扩增模型最近得到了一项包括 11 500 对双生子和同胞对在内的关于智力的纵向数据元分析的支持,发现遗传扩增模型比新遗传影响随时间推移而产生的模型更符合数据(Briley & Tucker-Drob, 2013)。基因型-环境相关性似乎是最可能的解释,即当儿童选择、修改和创造与其遗传倾向相关的环境时,小的遗传差异被放大,如第 8 章所述。

一个相关的发展的重要发现是共享环境的效应似乎在减少。双生子研究对共享环境的估算很弱,因为共享环境是通过双生子方法间接估算的;也就是说,共享环境通过双生子相似性中不能用遗传解释的那部分来估算。尽管如此,图 11.9 所示的双生子研究还发现从青春期到成人期,共享环境对 g 的影响在下降。

最直接的证据来自于收养同胞间的相似性,即一对被同一家庭收养的遗传不相关的儿童。图 11.4 表明收养同胞的平均 IQ 相关性约为 0.32。然而,这些研究评估收养同胞时,他们都是儿童。1978 年首次对年龄大的收养同胞进行研究,得出了截然不同的结果:年龄在 16 至 22 岁之间的收养同胞的 IQ 相关性基本为零(−0.03)(Scarr & Weinberg, 1978b)。其他对年龄大的收养同胞的研究得出的 IQ 相关性一样很低。最令人印象深刻的证据来自一项对收养同胞长达十年的纵向追踪研究。在研究对象平均年龄为 8 岁时,IQ 相关性为 0.26。十年之后,他们的 IQ 相关性接近 0(Loehlin, Horm & Willerman, 1989)。图 11.10 给出了这些收养同胞在儿童期和成人期的研究

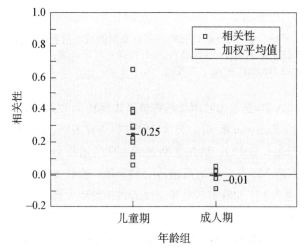

图 11.10 收养同胞之间的相关性提供了共享环境重要性的直接评估。对于 g,儿童期的相关性为 0.25,成人期的相关性为 −0.01,这一差异表明共享环境在儿童期之后变得不那么重要。(数据摘自 McGue et al., 1993b, P67。)

结果(McGue et al.，1993b)。在儿童期，收养同胞的平均相关性为 0.25；但在成人期，收养同胞的相关性近乎为零。

这些结果是遗传研究对理解环境具有重要性的一个生动例子。儿童期，当儿童生活在家庭中时，共享环境是 g 的一个重要因素。然而，随着家庭外的影响变得更加明显，它的重要性在成人期后逐渐消失。总之，从儿童期到成人期，g 的遗传力增加，而共享环境的重要性降低(图 11.11)。尽管对特定认知能力的发展研究少得多，但结果似乎是相似的(Plomin et al.，1997)。然而，正如之前所提到的，诸如读写和算术之类的学业成就在学龄初期是高度可遗传的(约 60%)，并且在整个学校教育期间仍然很高。相反，g 的遗传力在儿童期逐渐增加；因此，在学龄初期，学业成就比 g 更具可遗传性(Kovas et al.，2013；图 11.12)。

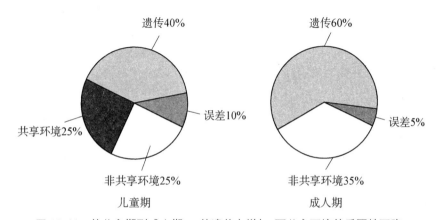

图 11.11　从儿童期到成人期，g 的遗传力增加，而共享环境的重要性下降。

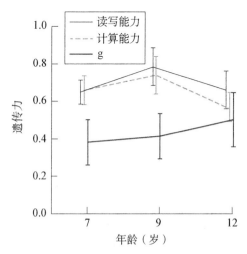

图 11.12　7 至 12 岁读写、计算和一般认知能力的遗传力。
(数据摘自 Kovas et al.，2013)。

选型婚配的重要性

关于认知能力的第二个特殊的遗传发现是**选型婚配**,在配偶间的表型相关性中,认知能力大于其他性状。选型婚配对于人格来说相关性约为 0.10（Vandenberg, 1972）、身高（Keller et al., 2013）和体重（Whitaker, Jarvis, Beeken, Boniface & Wardle, 2010）为 0.20,g 约为 0.40（Jensen, 1978）。这一发现具有一些现实意义,即当你选择配偶时,你的选择更多地是基于认知能力的相似性,而不是人格或身高和体重的相似性。此外,语言智力（~0.50）表现出比非语言智力（~0.30）更高的选型婚配,也许是因为衡量一个人的语言能力（比如词汇）比非语言智力（比如空间能力）更容易。g 的选型婚配是由最初选择配偶（种类）引起的,而不是由夫妻共同生活（趋同）后彼此变得更相似造成的（Vinkhuyzen, van der Sluis, Maes & Posthuma, 2012b）。在某种程度上,配偶在教育的基础上选择彼此的认知能力——配偶受教育年数的相关性约为 0.60（Jensen, 1998）——这与 g 的相关性约为 0.45（Mackintosh, 2011）。对于一些其他性状,比如社会态度、吸烟和饮酒,选型婚配可能更重要,尽管这些性状可能会受趋同的影响。

选型婚配对认知能力的遗传结构具有重要意义,因为它增加了**加性遗传方差**。加性遗传方差是指等位基因或基因座独立效应的"累加",与基因座内的**显性**非加性效应相对,并且在等位基因或基因座产生互作效应的基因座中存在**上位性**,正如第 3 章所述,并在附录中讨论。亲本的选型婚配增加了子代的加性遗传方差,因为子代随机抽样获得每个亲本一半的基因,并与其亲本相似,以至每个与亲本共享的等位基因具有平均加性效应。因为子代只继承亲本每对等位基因中的一个,所以子代在非加性互作上与其亲本不相似。

例如,如果配偶婚配与 g 的相关性是随机的,那么高智商女性和低智商男性婚配的可能性与和高智商男性婚配的可能性是一样的。高智商女性和低智商男性婚配的后代一般都会是中等智商。然而,因为有着很强的正向选型婚配,有高智商母亲的子女很有可能有高智商的父亲,并且子女本身也可能要比一般人更聪明。对于智商低的父母来说,同样的事情也会发生。通过这种方式,选型婚配增加了加性遗传方差,因为这种情况下后代与平均值的差值要比随机婚配下后代与平均值的差值更大。加性遗传方差的增加可能是大量的,因为它的影响是代代累积的,直到达到平衡。例如,如果 g 的遗传力在随机婚配条件下为 0.40,那么在选型婚配的条件下,g 的加性遗传方差在平衡时会增加四分之一（Falconer & Mackay, 1996）。

出于三个遗传原因,选型婚配诱导的额外加性遗传方差具有重要意义。首先,父母只与子女共享加性遗传方差,因此从父母到子女的遗传预测对于认知能力来说应该更大。第二,由于 SNP 遗传力仅限于检测加性遗传方差,因此 g 的 SNP 遗传力应该大于体现较少选型婚配的性状的遗传力,比如人格。一些证据支持这一预测,因为SNP对人格的遗传力估算(约0.15;Genetics of Personality Consortium et al.,2015)与g(约0.30;Davies et al.,2015)相比似乎要低得多。此外,语言能力的SNP遗传力估算要大于非语言认知能力(Davies et al.,2011;Plomin et al.,2013),尽管两者之间的差异并不显著,这与语言能力的选型婚配比非语言能力高也是一致的。第三,由于全基因组关联(GWA)也仅限于检测加性遗传方差,认知能力的大量加性遗传影响使其成为GWA研究的良好目标,正如本章后面部分所讨论的那样。

选型婚配也很重要,因为它会影响遗传力估算。例如,它增加了一级亲属之间的相关性。如果不考虑选型婚配,就可能会夸大从父母-子女(如,亲生父母及其被收养子女)或同胞相似性研究中所获得的遗传力估算。然而,对于双生子方法,选型婚配会导致低估遗传力估算。选型婚配不会影响MZ相关性,因为MZ双生子在遗传上是完全相同的。但是它会提高DZ的相关性,因为DZ双生子是一级亲属。这样,选型婚配减少了MZ和DZ相关性之间的差异;正是这种差异提供了对双生子方法的遗传力估算。上述模型拟合分析在估算约50%的g的遗传力时,考虑到了选型婚配。如果不考虑选型婚配,那么其效应将归因于共享环境。

最后,认知能力和受教育年数的选型婚配可能有助于第三个特殊遗传学发现,下一节将对此进行讨论。

同一基因影响不同的认知和学习能力

认知能力的另一个特殊遗传特征是,同一个基因在很大程度上影响着多样化的认知能力,例如空间能力、词汇、处理速度、执行功能和记忆。大多数遗传作用都是由这些一般性的(高度多效)效应引起的,而不是由每种能力所特有的效应引起的,导致了通才基因假说(Plomin & Kovas,2005)。这是一个令人惊讶的发现,因为这种认知能力似乎涉及到非常不同的神经认知过程(Deary et al.,2010)。尽管这些遗传相关性将g置于认知能力层次模型的顶端,但也有遗传特异性为群体因素和特定测试的其余层次结构建立遗传结构体系(图11.1)。在对322项研究的元分析中,个体不同认知测试之间的平均相关性约为0.30(Carroll,1993)。令人惊讶的是,在语言、空间和记忆等不同认知能力之间的遗传相关性竟如此之高。平均而言,儿童期(Alarcón,Plomin,Fulker,Corley & Defries,1999;Cardon,Fulker,Defries & Plomin,1992;Labuda,Defries & Fulker,1987;Luo,Petrill & Thompson,1994;Petrill,Luo,Thompson & Detterman,1996;Thompson,Detterman & Plomin,1991)、青春期(Calvin et al.,2012;Luciano et al.,2003;Rijsdijk,Vernon & Boomma,2002)、成人期(Finkel & Pedersen,2000;Martin & Eaves,1977;Pedersen,Plomin & McLearn,1994;Tambs,Sundet & Magnus,1986)和老年期(Petrill et al.,1998)中的遗传相关性均超过0.50。这些遗传相关性为0.50或更高,为 g 的遗传性提供了强有力的支持,但它们也表明,由于遗传相关性远低于1.0,因此每个特定认知能力都有一些特定的遗传效应。

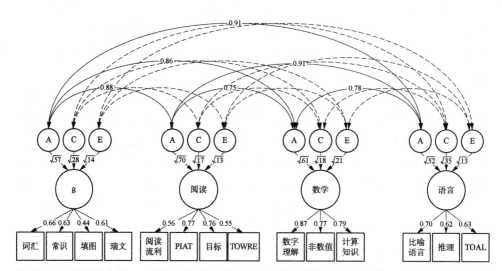

图 11.13 学习能力和 g 之间的遗传相关性。A=加性遗传效应;C=共享(共同)环境效应;E=非共享环境效应。正方形代表测量的性状;圆圈代表潜在因素。多个测试用于索引 g、阅读、数学和语言的"潜在"因素。较低层箭头表示对潜在因素测试的因素载荷。第二层系数代表潜在变量方差的遗传和环境成分的平方根。顶部的曲线箭头表示遗传影响之间的相关性。(摘自"Learning abilities and disabilities: generalist genes in early adolescence" by o. s. P. Davis, C. M. A. Haworth, & R. Plomin. *Cognitive Neuropsychiatry*, Vol. 14, 4-5(2009), pp. 312-331; www.tandfonline.com, http://www.tandfonline.com/doi/full/10.1080/13546800902797106)。

这些一般性的遗传效应不仅渗透到认知能力,比如空间能力和词汇等被用作智力评估的一部分,而且还扩展到与教育相关的学习能力,比如阅读和数学。图11.13显示了对14项测试的多元遗传分析结果,这些测试对超过5000对12岁双生子进行了包括四个不同的测试组合——智力、阅读、数学和语言(Davis, Haworth & Plomin, 2009)。智力和学习能力之间的遗传相关性是一致地高:阅读为0.88,数学为0.86,语言为0.91。通过潜在因素的遗传力加权这些遗传相关性,可以表明,这些因素之间约三分之二的表型相关性可以通过遗传来解释。使用这些潜在因素的一个优点是,它们排除了不相关的测量误差。因此,这些遗传相关性要高于未校正综合得分而不是用潜在因素分析发现的遗传相关性:阅读为0.66,数学为0.73,语言为0.80(Trzaskowski et al., 2013)。对十几项此类研究的回顾性综述发现,学业成就各测量之间的平均遗传相关性约为0.70,而这些测量与 g 之间的平均遗传相关性约为0.60(Plomin & Kovas, 2005)。

基于 SNP 的二元分析支持广泛认知和学习能力相关差异的一般遗传效应假设。智力和学习能力之间的遗传相关性的 SNP 估算与刚才提到的未校正误差的综合得分的双生子研究估算高度相似：阅读 0.89,数学 0.74,语言 0.81,来自同一样本中不相关个体的估算(Trzaskowski et al.，2013)。基于 SNP 二元分析的一个重要特征是,它产生的遗传相关性与根据双生子方法估算的遗传相关性相似,即使基于 SNP 的遗传力要低于双生子遗传力。原因是遗传相关性的估算是遗传方差和协方差共同的函数(参见附录)。由于基于 SNP 的遗传方差和协方差的估算值被低估到同样程度,这些效应相互抵消了,由此产生的基于 SNP 的遗传相关性估算是无偏差的(Trzaskowski et al.，2013)。

这个在不同的认知和学习能力中存在很强的全基因组多效性的发现,以 g 为索引,是一项关于认知能力个体差异起源的重要发现。这个**通才基因假说**与各种因果通路的神经认知模型相符合。认知神经科学的模块化模型表明,认知能力之间的遗传相关性可能是附带现象,就某种意义来说,多个遗传独立的脑机制可能影响每种能力,从而在能力之间产生遗传相关性。然而,多效性(每个基因影响许多性状)和多基因性(许多基因影响每个性状)的遗传学原理表明,通才基因可能在更上游处发挥作用,在脑结构和功能之间产生遗传相关性,这一预测支持脑结构和功能的网络化视图(Deary et al.，2010；Plomin & Kovas，2005)。

总之,多元遗传学研究——来自双生子研究和基于 SNP 分析——表明大多数遗传作用是一般性的跨越不同认知能力的,而不是特定的针对每种能力的。g 是基因搜寻的一个很好的目标,因为它索引这些通才基因。

鉴定基因

找到与认知能力相关的基因,对从 DNA 到脑再到行为的各个层面的理解都将产生深远的影响。尽管认知能力很复杂,但它是分子遗传学研究的一个合理的候选方向,因为它是最可遗传的行为领域之一。

首次寻找与认知能力相关的基因的尝试,重点是与脑功能相关的基因(Payton，2009)。这种基于候选基因方法的一个问题是,我们通常没有关于哪些基因是真正的候选基因的有力假设。事实上,多效性的一般规律表明,在脑中表达的数千个基因中,大多数都可以被认为是候选基因。此外,许多遗传关联位于 DNA 的非编码区,而不是位于传统的基因区,如第 10 章所述。候选基因关联研究的主要问题是关联报告不能重复出来,这表明已发表的关联报告是假阳性结果,这是由于检测样本的功效不足似乎是复杂性状遗传力的源头的小效应量所导致的。对这一结论的有力支持来自最近对近 10 000 名个体的研究,该研究无法重复最频繁报道的 10 个候选基因关联

(Chabris et al., 2012；Franić et al., 2015)。

鉴定认知能力的关联另一个候选基因策略是侧重于中间表型——通常称为内表型——被认为遗传上更简单，由此更可能用小样木检测出大效应量的关联(Goldberg & Weinberger, 2004；Winter & Goldman, 2003)。正如第10章所讨论的，尽管从基因到g的所有层次的分析都对研究它们本身以及理解基因和行为之间通路很重要，但与研究认知能力本身相比，脑的内表型似乎不太可能在遗传上更简单，或者对鉴定认知能力的关联基因更有用(Kovas & Plomin, 2006)。

正如第9章所讨论的那样，寻找与认知能力等复杂性状相关的基因的尝试已经超越了寻找候选基因以使用GWA策略对基因组进行系统扫描。SNP阵列使得对数十万个SNP进行GWA研究成为可能。与生命科学中其他关于复杂性状的GWA研究结果相似，首批GWA对g的研究并没有鉴定出可重复的关联(Butcher, Davis, Craig & Plomin, 2008；Davies et al., 2011；Davis et al., 2010；Need et al., 2009)。这些GWA研究旨在检测仅占方差0.5%、小于1个IQ点差异的关联，这表明人群中可能没有对IQ有较大影响的关联。

缩小缺失遗传力差距的"暴力"策略是在更大量的样本中使用目前微阵列上可用的常见SNP，以检测更小的效应量。如前所述，SNP遗传力估算表明，现有SNP微阵列上的常见SNP标记了至少一半的认知能力遗传力。一个儿童期智力研究联盟，共收集了近18 000个样本，没有发现任何单个SNP的显著关联，即使在这项研究中，一个仅占方差0.25%的关联就会被检测为具有统计学显著性(Benyamin et al., 2014)，这表明需要甚至更大的样本来解释g的缺失遗传力。事实上，最近对50 000多名成人的元分析报告了13个全基因组重要的SNP关联(Davies et al., 2015)。尽管如此，基于这些GWA结果的多基因评分仅占独立样本中g方差的1.2%，再次表明效应量极其小，而缺失的遗传力差距仍然很大。

"暴力"策略的效果可以从GWA对受教育年数这个"代理"变量的元分析中看到，该变量与认知能力中度相关。由于该变量是大多数GWA研究的人口统计描述的一部分，因此可以对超过329 000名成人进行GWA元分析。该GWA产生了74个关联，它们对多项测试的全基因组校正有重要意义(Okbay et al., 2016)。最大的效应量仅占受教育年数方差的0.02%，即每个等位基因约相当于一个月的学校教育。多基因评分占受教育年数方差的4%。早期样本量较小的GWA分析得出的类似多基因评分也与学业成就(Ward et al., 2014)和认知能力(Krapohl & Plomin, 2015；Rietveld et al., 2014b)相关。

全基因组关联研究也开始报道其他认知能力，包括阅读能力(Luciano, Montgomery, Martin, Wright & Bates, 2011b；Meaburn, Harlaar, Craig, Schalkwyk & Plomin, 2008)、数学能力(Docherty et al., 2010)、记忆任务(Papassotiropou, 2008)

和信息处理测量(Cirulli et al., 2010; Luciano et al., 2011a; Need et al., 2009)。这些最初的GWA研究提出了一个熟悉的问题：没有出现具有足够大效应量的关联达到全基因组显著性，这表明遗传力是由许多小效应量基因引起的。与其他领域一样，识别这些小效应量基因的主要策略是通过跨研究元分析来增加样本量大小。这种方法的一个显著例子是对来自17项研究的近20 000名有结构MRI数据的个体进行元分析，这项研究鉴定了一个与海马体积相关的具有全基因组显著性的SNP，和另一个与颅内体积相关的具有全基因组显著性的SNP(Stein et al., 2012)。尽管这些SNP仅占方差的0.3%，它们仍然与 g 显著相关。

如第9章所述，寻找导致遗传力缺失的难以捉摸的基因的另一个策略是，研究比SNP微阵列平台上目前可用的更罕见的变异，SNP微阵列使用最常见的并且其最低等位基因频率大于5%的SNP，因为这样的SNP对于标记整个基因组最有用。如第12章所述，罕见变异的作用在涉及认知障碍的单基因综合征中得到充分证实。然而，低频率和罕见等位基因在多大程度上作用于复杂性状的遗传结构目前尚不清楚，比如一般人群中的认知能力。有报道发现，认知能力与低频拷贝数变异之间没有关联(Kirkpatrick et al., 2014; Macleod et al., 2012; McRae, Wright, Hansell, Montgomery & Martin, 2013)。含外显子上罕见SNP的微阵列现在已经可用，并被用于正常样本的GWA研究，但初步报告表明罕见SNP并没有填补大部分缺失遗传力的差距(Luciano et al., 2015; Marioni et al., 2014; Spain et al., 2015)。正如第9章所讨论的，研究正朝着整个基因组测序的方向发展，以便能够检测出所有DNA变异——常见和罕见的所有种类的DNA变异，而不仅仅是SNP。

找到能解释认知能力遗传力的基因对社会和科学都有重要意义(Plomin, 1999)。对科学来说，最伟大的意义是，这些基因将作为跨不同学科的整合力量，以DNA为共同点为理解学习和记忆开辟新的科学视野。在对社会的影响方面，应该强调的是，没有公共政策必须遵从认知能力相关的基因发现，因为政策涉及价值观(参见第20章)。例如，找到能够预测认知能力的基因并不意味着，一旦从遗传上识别出最聪明的孩子，我们就应该把所有的资源都投入到对他们的教育中。根据我们的价值观，我们可能会更加担心在一个日益科技化的社会中，儿童会从钟形曲线的低端跌落下来，并决定将更多的公共资源投入到那些有被抛下风险的人身上。有关寻找认知能力相关基因的潜在问题——比如产前和产后筛查、教育和就业歧视以及群体差异——已经被纳入思考(Newson & Williamson, 1999; Nuffield Council on Bioethics, 2002)。我们需要谨慎并仔细考虑社会意义和伦理问题，但在更有可能理解我们物种的思考和学习能力的方面，仍有很多值得庆祝的地方。

总结

动物研究表明遗传对学习存在影响,比如针对大鼠学习能力的聪明鼠和愚笨鼠选育研究。人类对一般认知能力(g)的研究已经进行了一个多世纪。家系、双生子和收养研究汇集得出的结论是,g 的测量总方差约一半可以由遗传因素解释。例如,g 的双生子相关性对于同卵双生子约为 0.85,对于异卵双生子约为 0.60。特定认知能力,比如语言和空间能力,以及学业成就,比如识字和计算能力,也基本上是可遗传的。与其他行为领域不同,这些认知和学习能力显示出共享环境影响存在的证据。

三个基因发现对于认知能力是特殊的。第一个特殊发现是,g 的遗传力在生命过程中增加,在成人期达到与身高遗传力相当的水平。青春期后,共享环境影响急剧减弱。虽然研究得不如 g 详尽,但特定认知能力似乎呈现出类似的趋势。相比之下,学业成就在学龄初期高度可遗传,并且在整个学校教育过程中保持较高水平。

第二个特殊发现是,选型婚配对认知能力的影响要远远高于其他性状,比如人格、身高和体重。这一发现对认知能力的遗传结构具有重要意义。

第三个特殊发现是,在很大程度上,相同的基因影响不同的认知和学习能力,被称为通才基因假说。g 索引这些认知能力的通才基因。

对一些负责认知能力遗传力的基因的鉴定尝试已经开始,包括候选基因研究和全基因组关联研究。这类研究表明,许多小效应量基因决定认知能力的遗传力。尽管如此,基于 SNP 的遗传力估算表明,常见 SNPs 可以解释大多数认知能力的遗传力;因此,寻找与认知能力相关的基因及其遗传相关性的主要策略是增加 GWA 分析的样本量。

第 12 章

认知障碍

在科技日新月异的世界,认知障碍是重要的残障类型。认知障碍的遗传病因比行为遗传学的任何其他领域更广为人知。目前已知许多单基因和染色体异常会导致一般认知障碍。尽管其中大多数很罕见,但它们加在一起构成了一定数量的认知障碍,尤其是重度障碍,通常被界定为智力商(IQ)分数低于50(总人群的平均IQ为100,标准差为15,这意味着人群中约95%的人IQ分数在70和130之间)。我们对轻度认知障碍(IQ从50至70)和特定认知障碍知之甚少,比如阅读障碍,尽管它们更为常见。在本章中,我们会讨论这些类型的认知障碍的遗传学。痴呆症是深入研究的焦点,将在第19章的衰老章节进行谈论。

美国精神病学协会的《精神疾病诊断与统计手册-5》(DMS-5)将一般认知障碍称为智力障碍,以前称为精神发育迟滞。例如,DMS-5将智力障碍定义为认知能力受损,这会影响诸如语言和阅读等适应性技能,也会影响诸如同理心和社会判断等社交领域的能力,还会影响诸如个人护理和工作责任感等实践领域的能力。在涉及低IQ时,我们会称之为一般认知障碍,当涉及特定的学习障碍时我们称之为特定认知障碍,比如阅读或数学的学习障碍。一般认知障碍的四个级别分别为:轻度(IQ50至70)、中度(IQ35至50)、重度(IQ20至35)和极重度(IQ低于20)。IQ低于70的个体中约85%属于轻度认知障碍,他们大多数能够独立生活并拥有一份工作。IQ在35至50之间的个体通常有良好的自我照料技能并能够进行简单的交谈。尽管他们一般不独立生活,过去通常被专门的福利机构收容,但现在他们往往生活在社区的特殊住所或与家人生活在一起。IQ在20至35之间的人能够学习一些自我照顾技能并理解语言,但是他们说话有困难并需要相当细致地监护。IQ在20以下的个体可能理解简单的交流,但通常不能讲话;他们仍然被收容在专门的福利机构。

一般认知障碍: 数量遗传学

在行为科学中,现在人们普遍认为,遗传在很大程度上影响一般认知能力;这种观点以第 11 章所呈现的证据为基础。虽然人们可能会认为低 IQ 分数也是遗传因素造成的,但这个结论并非一定成立。例如,认知障碍可以由环境性创伤导致,比如出生问题、营养缺乏或头部损伤。一项同胞研究表明中度和重度认知障碍可能主要由非遗传因素造成。在一项对 17 000 多名白种儿童的研究中,0.5% 是中度至重度障碍(Nichols, 1984)。如图 12.1 所示,这些儿童的同胞并没有认知障碍。同胞的平均 IQ 为 103,分布范围为 85 至 125。换而言之,中度到重度认知障碍没有表现出**家族**相似性。与此相反,轻度认知障碍儿童的同胞平均 IQ 分数低于平均值(如图 12.1),正如对遗传性状的预期一样。轻度认知障碍儿童(1.2% 的样本为轻度障碍)的这些同胞平均 IQ 仅为 85。一项最大规模的关于轻度认知障碍的家系研究也发现了类似结果,该研究涉及 289 名智力障碍个体的 80 000 名亲属(Reed & Reed, 1965)。这项家系研究表明轻度认知障碍具有非常强的家族性。如果父母一方是轻度认知障碍,子女为认知障碍的风险约为 20%。如果父母双方都是轻度认知障碍,子女的风险则接近 50%。

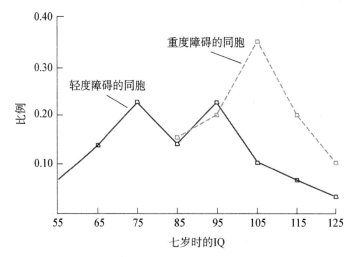

图 12.1 轻度认知障碍儿童的同胞 IQ 分数有低于平均 IQ 分数的倾向。相反,重度认知障碍儿童的同胞 IQ 分数倾向于正常。这些趋势表明轻度认知障碍是家族性的,而重度认知障碍则不是(数据摘自 Nichols, 1984.)。

这些发现在一项涉及 100 多万个同胞对的研究中得到了支持(Reichenberg et al., 2015)。该研究还使用一种称为 DF 极值分析的技术分析了 9 000 对双生子的数据,本章后面部分会进行介绍。这些分析得出的结论是：中度至重度认知障碍在遗传上不同于智力的正态分布。相反，轻度认知障碍仅仅是定量的，而不是定性的，区别于正态分布。换而言之，相同的遗传和环境因素导致轻度认知障碍和认知能力的正常变化。正如我们将看到的，最常见的障碍（>1%的频率），比如阅读障碍，就像轻度认知障碍，因为它们代表导致个人能力差异正常范围的相同遗传和环境因素的低定量端。

如下面章节所讨论的那样，有数以百计的单基因会导致代代相传的认知障碍；然而这些认知障碍非常罕见，以至于在没有对重度认知障碍进行选择的大样本中可能不会出现。尽管大多数中度和重度认知障碍可能不会代代相传，但它可能是由非遗传性（称为新发）DNA事件引起的，比如新的基因突变和新的染色体异常，以及环境事件也会引发。DNA测序研究正在发现许多新的非遗传性显性突变，这些突变是此类散发病例的发生原因。事实上，DNA测序有望成为识别任何类型新发突变的有效手段——从单核苷酸碱基对到部分染色体的缺失和重复——是重度认知障碍散发病例的发生原因（Gilissen et al., 2014）。

一般认知障碍：单基因病

典型的重度认知障碍的单基因病因是PKU。较新的发现是脆性X染色体综合征；这两种疾病在第3章进行了介绍。我们将首先讨论这两种单基因疾病，它们以其对认知能力的影响而闻名，随后介绍雷特综合征，这是一种导致女性认知障碍的常见原因。

直到最近，通过对在社会公共机构的病人的研究才得以了解单基因疾病以及下一节介绍的染色体异常。这些早期研究描绘的是一副黯淡画面。但最近对整个人群的系统调查表明存在广泛的个体差异，包括认知功能在正常范围内的个体。这些遗传疾病使得IQ分布向下端偏移，但仍保持广泛的个体差异。

苯丙酮尿症

最广为人知的中度认知障碍遗传形式是苯丙酮尿症（PKU），约10 000名新生儿中有1名患此病，尽管该病的发病频率差别很大，从爱尔兰的1/5 000到芬兰的1/100 000不等。如果没有接受过治疗，患者的IQ分数通常低于50，尽管个别的会接近正常的IQ。正如第3章所提到的，PKU是一种单基因隐性遗传的疾病，以前占社会公共机构中轻度认知障碍个体的1%。PKU是寻找与行为相关基因的效用的最佳例子。PKU是由单个基因引起的，知道这一点有助于理解遗传缺陷如何导致认知障碍。产生苯丙氨酸羟化酶的基因（*PAH*）如果发生突变，就会导致一种酶不能正常工作，即分解苯丙氨酸的效率变得极低。苯丙氨酸来自食物尤其是红肉；如果不能正常分解，就会堆积并损坏发育中的脑。突变导致认知障碍的精确脑通路尚不清楚(de Groot, Hoeksma, Blau, Reijngoud, & van Spronsen, 2010)。

尽管PKU是一种简单的单基因隐性遗传病,但是PKU的分子遗传机制并不那么简单(Scriver & Waters, 1999)。*PAH*基因位于12号染色体,它表现出500多种不同的致病突变,其中一些导致更为轻度形式的认知障碍(Mitchell et al., 2011)。在许多经典的单基因疾病中也有类似的发现。不同的突变对基因产物可能有不同的作用,这种差异使得理解疾病过程变得更加困难;它也使DNA诊断更加困难,尽管DNA测序可以识别任何突变。*PAH*基因突变的小鼠模型显示了类似的表型效应并且被广泛用于研究对脑和行为发育的影响(Martynyuk, van Spronsen, & Van der Zee, 2010)。

为了减轻人们对未来如何使用遗传信息的担忧,需要注意的是,关于对PKU单基因病因的了解并不会导致绝育计划或基因工程。相反,环境干预——一种低苯丙氨酸饮食——被发现可以阻止认知障碍的发展。针对这种遗传效应的新生儿广泛筛查始于1961年,这个方案表明当能进行相对简单的干预时,那么遗传筛查就能被接受(Guthrie, 1996)。然而,尽管进行了筛查和干预,PKU患者的IQ仍然略低,尤其在没有严格遵从低苯丙氨酸饮食的情况下(Brumm & Grant, 2010)。一般建议保持饮食控制尽可能长的时间,至少保持到青春期结束,有些建议一生都进行饮食控制(Gentile, Ten Hoedt, & Bosch, 2010)。患有PKU的妇女在怀孕前必须重新恢复严格的低苯丙氨酸饮食从而防止其高水平的苯丙氨酸给胎儿带来危害(Mitchell et al., 2011)。

脆性X染色体综合征

正如第3章所提到的,脆性X染色体综合征是仅次于唐氏综合征的第二大认知障碍的常见病因,也是最常见的遗传形式。男性患者是女性患者的两倍。脆性X染色体综合征发生率通常男性为1/5 000,女性为1/10 000(Rooms & Kooy, 2011)。在认知障碍患者的学校中,至少有2%的男性患脆性X染色体综合征。大多数男性脆性X染色体综合征患者属于中度认知障碍,但许多仅为轻度认知障碍,还有些人智力正常。只有约一半的脆性X染色体的女性会受到影响,因为她们的两条X染色体中有一条是失活的,正如第4章所述。尽管脆性X染色体综合征是男性认知障碍发生率增加的主要原因,但X染色体上超过90个其他基因与认知障碍相关(Gecz, Shoubridge, & Corbett, 2009)。

脆性X染色体综合征男性患者的IQ在儿童期之后会降低。除了较低的IQ,大约四分之三的脆性X染色体综合征男性表现出大且往往凸出来的耳朵、长脸和突出的下巴。他们还经常表现出不寻常的行为,比如奇怪的言语、较差的眼神接触(凝视厌恶)和拍打手的动作。语言障碍程度从不说话语到轻度沟通困难不等。经常观察到的是一种被称为语言错乱的说话模式,说话很快,偶尔有混乱不清、重复和杂乱无章的言语。空间能力往往比语言能力受到的影响更大。以平均 IQ 约 70 分来计算,患者的语言理解能力往往比语言表达能力更好,也比预期的平均值好。父母经常报告患者多动、冲动以及注意力不集中。

直到 1991 年发现脆性 X 相关的基因,这种疾病的遗传模式一直令人费解(Verkerk et al., 1991)。它并不符合简单的 X 连锁遗传模式,因为其患病风险会随着世代传递而增加。脆性 X 染色体综合征是由 X 染色体(Xq27.3)上扩增的三核苷酸重复(CGG)引起的。该疾病之所以被称为脆性 X,是因为许多重复使染色体在该位点上变得脆弱,并会在实验室制备染色体的过程中发生断裂。该疾病目前可以通过 DNA 序列进行诊断。遗传正常重复次数(6 至 40 次重复)的 X 染色体的父母可以产生重复次数扩增(高达 200 次重复)的卵子或精子,称为前突变。这种前突变并不会导致其子女的认知障碍,但它不稳定并且经常会导致后代出现更多的扩增(超过 200 次重复),尤其是前突变的 X 染色体通过母亲遗传时。前突变扩增为全突变的风险在历经四代后增加,从 5% 增加到 50%,尽管还无法预测前突变何时会扩增为全突变。扩增发生的机制尚不清楚。对几乎所有男性来说,全突变会导致脆性 X 染色体综合征,而女性中只有一半会这样。女性是脆性 X 染色体的嵌合体,因为一条 X 染色体是失活的,所以一些细胞将会发生全突变,而其他细胞会是正常的(Willemsen, Levenga, & Oostra, 2011)。因此,携带全突变的女性具有更多样的临床症状。三核苷酸重复位于一个基因(*脆性 X 精神发育迟滞-1, FMR-1*)起始位置的非翻译区,当扩增变为全突变时,会阻止该基因的转录。全突变阻止基因转录的机制是 *DNA 甲基化*,是遗传调控的一种发育机制,正如第 10 章所讨论的那样。DNA 甲基化通过将一个甲基基团结合到 DNA 上来阻止转录,通常结合在 CG 重复区域。带有数百个 CGG 重复的脆性 X 染色体全突变会导致超甲基化,从而关闭 *FMR1* 基因的转录。该基因编码的蛋白产物(FMRP)结合到 RNA,这也意味着该基因产物调控其他基因的表达。FMRP 促进数百种神经元 RNA 的翻译;因此,FMRP 的缺失会导致各种问题。对脆性 X 染色体的研究正从分子遗传学快速转向神经生物学(Cook, Nuro, & Murai, 2014)。研究人员希望,一旦 FMRP 的功能被研究清楚,那么就可以人工提供该蛋白。此外,识别前突变携带者的方法已经有所改进;这些筛查方法将帮助携带前突变的人,避免生育携带更多重复扩增而患上脆性 X 染色体综合征的孩子(Rooms & Kooy, 2011)。

雷特综合征

雷特综合征(Rett Syndrome)是一般认知障碍的常见单基因病因,仅发生在女性中(每 10 000 人中有 1 例)(Neul et al., 2010)。该疾病在婴儿期几乎没有影响,尽管会导致患者头部、手和脚生长缓慢。认知发育在婴儿期是正常的,但是到了学龄期,患雷特综合征的女孩一般不会说话,近一半不会行走,平均 IQ 分数约为 55(Neul et al.,2010)。患雷特综合征的女性很少活过 60 岁,并且常会出现癫痫和肠胃疾病。该单基因疾病被定位到 X 染色体长臂(Xq28)上,然后被定位到一个特定的基因(*MECP2*,编码甲基-CpG-结合蛋白2)(Amir et al.,1999)。*MECP2* 是参与甲基化过程的基因,在发育过程中使其他基因沉默,从而在整个脑中具有扩散效应(Lyst & Bird,2015)。例如,*MECP2* 调控影响神经元发育多个方面的 *BDNF* 基因,因此,当雷特综合征患者的 *BDNF* 基因表达被中断后会产生广泛影响(Li & Pozzo-Miller,2014)。由于女性的 X 染色体随机失活,疾病对女性患者的影响是多变的(参见第 4 章)。携带 *MECP2* 突变的男性通常在出生前或出生后不久就夭折。目前正在努力利用小鼠模型和雷特综合征患者的细胞来设计治疗策略(Liyanage & Rastegar,2014)。

其他单基因疾病

最常见的单基因导致的一般认知障碍患者的平均 IQ 分数总结于图 12.2 中。然而,应该记住的是,这些疾病的认知功能范围非常广泛。有缺陷的等位基因会使 IQ 分布向下移动,但患者个体的 IQ 分数差别仍然很大。超过 250 种其他单基因疾病,其主要缺陷并不是认知障碍,也会对 IQ 有影响(Inlow & Restifo,2004;Raymond,2010)。三种最常见的疾病是杜氏肌营养不良(Duchenne Muscular Dystrophy)、莱希-尼亨综合征(Lesch-Nyhan Syndrome)和神经纤维瘤症(Neurofibromatosis)。杜氏肌营养不良

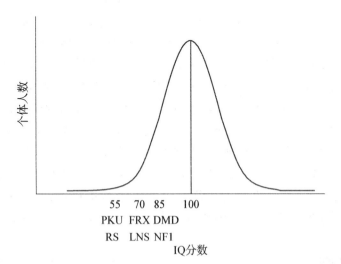

图 12.2　一般认知障碍的单基因病因:苯丙酮尿症(PKU)、雷特综合征(RS)、脆性 X 染色体综合征(FRX)、莱希-尼亨综合征(LNS)、杜氏肌营养不良(DMD)和神经纤维瘤 1 型(NF1)。尽管平均 IQ 较低,但认知功能的分布范围广泛。

是由 X 染色体上的隐性基因引起的肌肉组织疾病，每 3 500 名男性有 1 例，通常在 20 岁前死亡。患该疾病的男性的平均 IQ 为 85，尽管不知道该基因是如何影响脑的 (D'Angelo et al., 2011)。莱希-尼亨综合征是另一种罕见的 X 连锁的隐性疾病，发病率约为每 20 000 名男性新生儿有 1 例；由其引发的许多医学问题发生导致患者在 30 岁前死亡。该病最显著的特征就是强迫性的自残行为，报道超过 85% 的病例都有这一症状(Anderson & Ernst, 1994)。在认知障碍方面，大多数患者有中度或重度学习困难，平均 IQ 约为 70，并且通常语言能力受损，尽管对最近和过去事件的记忆似乎不受影响。神经纤维瘤 1 型是由一个显性等位基因引起的，作为一个显性等位基因，它出奇地常见（约 3 000 个新生儿中有 1 例），这可能与大多数神经纤维瘤症患者会存活到中年（生育年龄之后）有关。尽管该病以皮肤肿瘤和神经组织肿瘤而闻名，但大多数患者也有学习困难的问题，且平均 IQ 为 85(Shilyansky, Lee, & Silva, 2010)。

尽管有数百种这样的罕见单基因疾病，但它们加起来在认知障碍及其遗传力方面只占一小部分。大多数认知障碍是轻度的；它代表了一般认知障碍正态分布的低端，并且是由许多小效应量基因和多重环境因素导致的，正如第 11 章讨论的。

一般认知障碍：染色体异常

DNA 不仅在单基因水平上影响一般认知障碍，如上一节所述。它还在整条染色体的添加或缺失水平上以及介于两者之间一切的各个层面产生影响，包括染色体大大小小片段的插入与缺失。染色体可视化分析已被 DNA 测序所取代，测序可以检测到单个碱基水平上的插入与缺失(Ostrer, 2011)。一般来说，DNA 的插入和缺失，无论大小，都不利于认知发展。细胞遗传学领域的历史——一个关注细胞结构和功能的遗传学分支，尤其是染色体——在该领域先驱之一的自传中有所描述(Jacobs, 2014)。

关于染色体异常的这一节从描述影响认知发育的经典的整个染色体异常开始：唐氏综合征和 X 染色体异常。

唐氏综合征

唐氏综合征(Down Syndrome)是由 21 号染色体三体引起的(Roizen & Patterson, 2003)。它是最早被鉴定的遗传疾病之一，其 150 年的历史与遗传研究历史相似(Patterson & Costa, 2005)。它是一般认知障碍最重要的单一性病因，约每 1 000 个新生儿中发生 1 例。该病如此常见以至于大家可能都熟悉它的一般症状（图 12.3）。尽管已报道了唐氏综合征患儿的 300 多个异常特征，有几个特定生理异常症状是诊断性的，因为它们的出现非常频繁。这些特征包括颈部组织增加、肌无力、眼睛斑点虹膜、张开的嘴、舌头突出。一些症状，比如颈部组织增加，随着儿童的成长会变得不那么明

图 12.3　3 岁的唐氏综合征女孩（Monkey Business Images/Getty Images.）

显,而其他症状,比如认知障碍和身材矮小,会变得更加明显。大约三分之二的患者有听力缺陷,三分之一的患者有心脏缺陷,导致患者平均寿命为 50 岁(Zigman,2013)。兰登·唐(Langdon Down)于 1866 年发现该疾病,正如他首次指出,唐氏综合征患儿看似固执倔强,但另一方面通常亲切友善。

唐氏综合征最为显著的特征就是一般认知障碍(Lott & Dierssen, 2010)。与所有单基因和染色体对一般认知能力的影响一样,患者的 IQ 分布广泛。唐氏综合征患儿的平均 IQ 是 55,只有前 10% 的儿童处于 IQ 正常范围的低端。到了青春期,语言技能一般大致达到三岁儿童的水平。大多数唐氏综合征患者到了 45 岁就会因患痴呆症而认知能力衰退,这是一个早期线索表明一个与痴呆症有关的基因可能位于 21 号染色体上(参见 19 章)。

唐氏综合征是孟德尔定律的一个例外,因为它并不在家族中世代相传。大多数病例是由 21 号染色体不分离而造成每一代的新发,如第 4 章所解释。唐氏综合征的另一个重要特征是在女性高龄阶段生育的孩子中更加容易发生。不分离解释了为什么唐氏综合征的发病率在高龄母亲的后代中较高。雌性哺乳动物所有未成熟的卵子在出生前就存在,这些卵子的染色体都是成对存在的。每个月,一个未成熟卵子会经历细胞分裂的最后阶段。当女性年龄增长并激活已休眠数十年的未成熟卵子时,不分离发生的可能性更大。与之相反,新鲜的精子任何时间都在产生。因此,唐氏综合征的发病率不会受到父亲年龄的影响。

遗传学的进展刺激了唐氏综合征研究的复苏,有望至少改善其部分症状(Lana-Elola, Watson-Scales, Fisher, & Tybulewicz, 2011)。根本问题在于,由于 21 号染色体具有 3 个拷贝,这会导致数百个基因的过表达。小鼠模型在理解唐氏综合征的认知缺陷方面发挥了重要作用(Das & Reeves, 2011; Guedj, Bianchi, & Delabar, 2014)。

性染色体异常

额外的 X 染色体同样会引起认知障碍,尽管影响效果有高度差异性,这也是为什么许多病例仍未得到诊断的原因(Hong & Reiss, 2014; Lanfranco, Kamischke, Zitzmann, & Nieschlag, 2004)。在男性中,额外多一条 X 染色体就会引起 XXY 男性综合征,通常称为克莱恩费尔特综合征(Klinefelter Syndrome)。正如第 4 章所述,虽然 X 染色体是包含许多基因的大染色体,但额外的 X 染色体大部分是失活的,和有两条 X 染色体的正常女性的情况一样;然而,XXY 男性的额外 X 染色体上的一些基因会失活逃逸(Tuttelmann & Gromoll, 2010)。XXY 男性综合征是男性中最常见的染色体异常,约每 500 个新生男婴中发生 1 例。主要问题涉及青春期后睾丸激素水平低下,导致不育、睾丸小以及乳房发育。早期检测和激素治疗对缓解病情极为重要,尽管不育仍然存在(Herlihy & McLachlan, 2015)。患 XXY 男性综合征的男性平均 IQ 约是 85;大多数有言语表达和语言问题以及学习成就表现糟糕(Mandoki, Sumner, Hoffman, & Riconda, 1991)。

在女性中,额外的 X 染色体(称为 X 染色体三体综合征,*Triple X Syndrome*)在约每 1 000 名新生儿中发生 1 例。患 X 染色体三体综合征的女性平均 IQ 约为 85 (Tartaglia, Howell, Sutherland, Wilson, & Wilson, 2010)。与 XXY 男性不同,XXX 女性性发育正常并且可以生育;她们几乎没有问题以至于临床上很少被检测到。她们言语测试(比如词汇)的分值低于非言语测试(比如拼图),很多患者需要言语治疗(Bishop et al. , 2011)。XXY 和 XXX 的患者出生时的头围均小于平均值,这一特征意味着认知缺陷可能在出生前就形成了。与染色体异常的一般情况一样,脑结构成像研究显示弥散效应(Giedd et al. , 2007)。

除了可能多一条额外的 X 染色体,男性有可能会多一条额外的 Y 染色体(XYY),女性可能只有一条 X 染色体(XO,称为特纳综合征,*Turner Syndrome*)。男性不存在只含一条 Y 染色体而无 X 染色体的与此等效的综合征,因为这是致死的。XYY 男性,约 1 000 名男婴中有 1 例,在青春期后要高于正常人并且有正常的性发育。超过 95%的 XYY 男性甚至不知道他们有一条额外的 Y 染色体。尽管 XYY 男性存在的认知问题比 XXY 男性要少,但约有一半有言语困难,同时也存在语言和阅读问题(Leggett, Jacobs, Nation, Scerif, & Bishop, 2010)。他们的平均 IQ 比性染色体正常的同胞低 10 个点。青少年犯罪也与 XYY 有关联。XYY 综合征是 20 世纪 70 年代狂热争论的中心,当时有人认为这类男性更加暴力,这一提法很可能是由"超级男性"这个概念所引发,额外的 Y 染色体使他们具有超强的男性特征;然而,这一观点并没有被学术研究所支持。

特纳综合征女性(XO)在约每 2 500 名新生女婴中就发生 1 例,尽管 98%的 XO 胎儿会发生流产,占自然流产总数的 10%。患者主要问题是身材矮小和性发育异常;常见不孕。患者不进行激素治疗就很难出现发育期,因此早期诊断很重要(Lee & Conway, 2014);即使进行治疗,患者也是不孕的,因为不能排卵。激素治疗现在已经标准化了,许多 XO 女性通过体外受精受孕(Stratakis & Rennert, 2005)。尽管患者言语 IQ 大致正常,但非言语 IQ 低,约为 90,同时社会认知能力也受损(Hong,

Dunkin, & Reiss, 2011)。

小片段染色体缺失

如前所述,染色体异常不仅仅涉及整条染色体。影响认知发育的三个经典的小片段染色体缺失疾病是天使综合征(Angelman Syndrome)、普莱德-威利综合征(Prader-Willi syndrome)和威廉姆斯综合征(Williams Syndrome)。描述完这些疾病之后,我们会转向利用新 DNA 技术来鉴定更小的缺失的研究。

15 号染色体($15q11$)的小片段缺失如果发生在母亲卵子中会导致天使综合征(每 20 000 个新生儿有 1 例),如果发生在父亲精子中则会导致普莱德-威利综合征(每 20 000 个新生儿有 1 例)。在大多数情况下,缺失在配子形成的过程中自发发生(新发),尽管在大约 10% 的病例中突变遗传自母亲或父亲(Williams, Driscoll, & Dagli, 2010)。15 号染色体的这个区域通常有数百万个碱基对的长度,包含几个印记基因,它们通过 DNA 表观遗传的甲基化而进行不同地沉默,哪些基因被沉默取决于缺失是来自母亲的卵子还是父亲的精子。这种基因表达取决于遗传自母亲还是父亲的现象称为**基因组印记**,即使来自父母基因组的大多数甲基化标记已被清除,以至于新生儿的表观基因组始于一块空白的石板(Tang et al., 2015)。天使综合征导致中度认知障碍、步态异常、言语受损、癫痫和不正常的快乐举止包括频繁发笑和兴奋(Bird, 2014)。位于该区域的一个基因(*UBE3A*),母源基因表达而父源基因沉默,所以损坏母源基因会导致天使综合征,而损坏父源基因则没有任何影响。与之相反,父源拷贝相同区域的其他基因(如,*SNRPN*)是表达的,这些基因的父源拷贝发生缺失会引发普莱德-威利综合征,该病最明显的特征包括暴食、脾气暴躁和社交问题,还会导致多种学习困难且平均 IQ 约为 55(Rice & Einfeld, 2015)。用于理解表观遗传过程的新技术正在增进我们对这种缺失如何影响脑发育的理解(Mabb, Judson, Zylka, & Philpot, 2011)。

威廉姆斯综合征的发病率约为每 10 000 个新生儿有 1 例,是由 7 号染色体($7q11.2$)的小片段缺失导致的,该区域包含约 25 个基因。大多数病例不是来自遗传(新发)。威廉姆斯综合征涉及导致生长迟缓和多种医学问题的结缔组织疾病。一般认知障碍很常见(平均 IQ 为 55),大多数患者有学习困难,因此需要特殊学校教育。一些研究发现语言发育所受影响比非言语能力所受影响小(Martens, Wilson, & Reutens, 2008)。作为成年人,大多数患者无法独立生活。作为典型包含数个基因的染色体异常,除了脑体积缩小之外,没有发现其他一致的脑病理学症状。

图 12.4 总结了导致一般认知障碍最常见染色体原因对 IQ 的平均效应。需要再次强调的是,图中展示的是认知功能围绕 IQ 平均分的广泛分布。除了这些典型的综合征,DNA 测序研究揭示了多达 15% 的重度认知障碍病例可能是由数千到数百万个

碱基对的小片段缺失或重复引起的,涉及几个基因、几十个基因或根本没有基因(编码区)(Topper, Ober, & Das, 2011)。正如第9章提到的,这些染色体结构的变异称为拷贝数变异(CNV)。大多数CNV是在减数分裂期间新发产生的,一个DNA片段从一条染色体上丢失,并复制到其对应的染色体对的另一条上。与其他染色体异常一样,缺失通常要比重复更严重。数以万计的CNV遍布我们每个人的基因组中却没有明显作用,尽管有额外增加的或缺失的DNA片段(Zarrei et al., 2015)。然而,一些CNV通常是罕见和新发的(即,不存在于双亲的任何一方),影响神经认知的发育(Malhotra & Sebat, 2012)。虽然目前尚无可用的治疗干预措施,但通过基因组测序可以对认知障碍进行鉴别诊断(Willemsen & Kleefstra, 2014),以及对新生儿的筛查已近在眼前(Beckmann, 2015)。

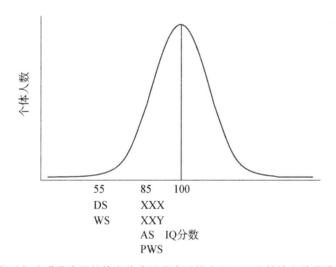

图12.4 一般认知障碍最常见的染色体病因是唐氏综合征(DS)和性染色体异常XXX和XXY。XYY和XO患者的平均IQ仅略低于正常,因此未列出。染色体非常小片段的缺失对一般认知障碍有很重要的作用,但大多数是罕见的,比如天使综合征(AS)、普莱德-威利综合征(PWS)和威廉姆斯综合征(WS)。对于所有这些染色体异常,均发现认知功能的分布范围广泛。

特定认知障碍

顾名思义,一般认知障碍对学习能力有普遍影响,这反映在学校学习的困难上。我们使用术语特定认知障碍,意指诸如那些影响阅读、交流和数学等学习相关的困难。行为遗传学研究将遗传学带入教育心理学领域,而教育心理学在认识遗传影响的重要性方面一直进展缓慢(Haworth & Plomin, 2011; Wooldridge, 1994),即使教师们也是如此(Walker & Plomin, 2005)。本节重点介绍与学业成就相关的认知过程的低表现,而第11章则描述了这些过程中正常变化范围的遗传学研究。我们从阅读障碍开始,因为阅读是大约80%被诊断患有学习障碍儿童的主要问题。然后,我们介绍沟通障碍、数学障碍,最后介绍学习障碍的相互关系。

阅读障碍

高达10%的儿童有学习阅读障碍。患有阅读障碍(例如,在DSM-5中也称为诵读障碍)的儿童阅读慢,而且理解能力通常也很差。大声朗读时,他们表现不佳。对于其中一些情况来说,可以确定具体原因,比如认知障碍、脑损伤、感觉问题和剥夺。然而,许多没有这些问题的儿童也被发现阅读困难。

家系研究表明阅读障碍在家族中世代相传。例如,最大规模的家系研究涉及1044人,包括有1名阅读障碍儿童的125个家庭和125个匹配的对照家庭(DeFries, Vogler, & LaBuda, 1986)。阅读障碍儿童的同胞和父母在阅读测试上的表现明显差于对照组儿童的同胞和父母。首项主要的双生子研究表明阅读障碍的家族相似性涉及遗传因素(DeFries, Knopik, & Wadsworth, 1999)。对于250多对双生子,其中每对至少有一个是阅读障碍的研究表明,双生子一致性对于同卵双生子为66%,而异卵双生子为36%,这一结果表明了存在大量遗传影响。大型双生子研究发现,对学龄早期的阅读障碍和阅读能力的分析在英国(Kovas et al., 2007)和美国(Hensler et al., 2010)得到了类似结果。然而,在所有这些研究中,共享环境影响都是中度的,通常在方差中只占不到20%(Willcutt et al., 2010)。

作为德弗里斯及其同事对双生子研究的一部分,一种新的方法被开发出来,用于评估遗传对学习障碍先证者和人群平均阅读能力之间的平均差异的作用。这种类型的分析,以其创始者命名为DF极值分析(DeFries & Fulker, 1985),评估所选指示病例(先证者)的MZ和DZ同胞(双生同胞)的定量分数回归人群平均数的差异化程度。换而言之,遗传影响在多大程度上造成学习障碍先证者和其他人群之间的差异,双生子先证者在MZ双生子中应该比在DZ双生子中更相似。MZ和DZ双生子的比较意味着可以得到*群体遗传力*估算,先证者的极值在多大程度上是由于遗传影响而达到的,与通常的遗传力估算相反,后者指的是个体之间的差异而不是群体之间的平均差异。发现重要的群体遗传力意味着,无论如何评估,该疾病与数量性状间存在着遗传关联。也就是说,如果极值的测量(或一个诊断)在遗传上与数量性状没有关联,群体遗传力就会为零。DF极值分析在概念上类似于专栏3.3所描述的易患性-阈值模型。主要差别是易患性-阈值模型假设为一个连续维度,即便评估的是二分类疾病,而二分类疾病通常是一个诊断。相反,DF极值分析是进行评估,而不是假设一个连续体。正如本章前面部分所述,中度至重度一般认知障碍在病因上不同于g的正态分布,正如

DF 极值分析所显示的那样(Nichols,1984；Reichenberg et al.,2015)。另外的支持来自研究发现,罕见单基因突变和染色体异常往往导致中度至重度一般认知障碍,但并不对认知能力在正常范围的变化起重要作用。相反,轻度认知障碍似乎是定量的,而不是定性的,这与认知能力的正常变化不同。也就是说,轻度认知障碍是导致认知能力正态分布变化的相同遗传和环境影响的低端。本节讨论的阅读障碍和其他常见障碍的结果与轻度认知障碍的结果类似,而与重度认知障碍不同。更具有颠覆性的是,DF 极值分析的这些发现表明,阅读障碍等常见疾病并不是真正的疾病——它们只是正态分布的低端(Plomin et al.,2009)。这个观点符合基本的数量遗传模型,该模型假定复杂性状的遗传影响是由于许多基因的小效应量,这也会导致正常数量性状的分布(第 3 章)。我们所认定的疾病和障碍是这些数量性状分布的低端。这些假设预测,当与阅读障碍相关的基因被鉴定出,相同的基因将与阅读能力的正常变化相关。

早期关于阅读障碍的分子遗传学研究假设研究目标为单个主要基因,而不是多个小效应量的基因(Bishop,2015)。研究提出了不同的遗传模式,尤其是常染色体显性遗传和 X 连锁隐性遗传。常染色体显性遗传假设考虑到家族相似性的高比率,但没有考虑到一个事实,即约五分之一的阅读障碍者没有患病亲属。当一种疾病在男性中比在女性中更为常见时,会考虑 X 连锁隐性遗传,阅读障碍就是这种情况。然而,X 连锁隐性遗传假设不能很好地解释阅读障碍。如第 3 章所述,X 连锁隐性遗传的标志之一是不会存在父-子传递,因为儿子只从母亲那里遗传 X 染色体。与 X 连锁隐性遗传假设相反,阅读障碍从父亲传给儿子,就像从母亲传给儿子一样频繁。现在普遍认为,与大多数复杂疾病一样,阅读障碍是由多个基因以及多重环境因素造成的(Fisher & DeFries,2002)。

在过去二十年中,行为遗传学中最令人兴奋的发现之一是,使用同胞对 QTL 连锁分析报道了关于人类行为障碍即阅读障碍的第一个数量性状基因座(Cardon et al.,1994)。正如第 9 章所述,同胞可以共享一个特定 DNA 标记的 0、1 或 2 个等位基因。共享更多等位基因的同胞在阅读能力等数量性状上也就会更相似,从而有可能发生 QTL 连锁。当一个同胞因为其数量性状的极端分数而被选出来,那么 QTL 连锁分析会尤为有效。当一个同胞因阅读障碍而被选出,而且他与另一个同胞在 6 号染色体的短臂($6p21$)上共享标记的等位基因,那么后者的阅读能力分数也会较低。在异卵双生子的独立样本以及 6 号染色体短臂更广泛区域的若干项可重复研究中,也发现同一区域的标记物存在显著连锁(Fisher & DeFries,2002)。尽管有这些一致的连锁结果,但一直很难在这个 6 号染色体基因富集区从数百个基因中鉴定出负责 QTL 连锁的特定基因,但搜索范围已缩小到位于 $6p22$ 的非常靠近的两个基因:*KIAA0319* 和 *DCDC2*(CarrionCastillo, Franke, & Fisher, 2013)。该区域的基因和报道的十几个与阅读障碍相关的其他候选基因,在基因、脑和涉及神经元生长和迁移的行为之间提供了合理的通路(Poelmans，Buitelaar，Pauls，& Franke，2011)。与其他行为相比，关于阅读的候选基因关联研究要少得多，也许是因为没有明显的候选基因，也因为连锁分析主导了阅读研究。对阅读和语言障碍的三个小型全基因组关联研究的元分析没有发现显著关联(Gialluisi et al.，2014)，这表明许多具有相对小效应量的基因的综合影响也是导致阅读困难的原因。

阅读障碍一般假定先于语言问题出现(Pennington & Bishop，2009)，遗传对阅读障碍以及语言和言语障碍的影响有很大重叠(Haworth et al.，2009a；Newbury，Monaco，& Paracchini，2014)。语言和言语障碍是下一节的主题。

沟通障碍

DSM-5包括四种类型的沟通障碍：语言、言语、口吃和社会沟通。几项家系研究对沟通障碍进行了广泛研究，表明沟通障碍是家族性的(Stromswold，2001)。双生子研究表明这种家族相似性源自遗传。对语言障碍的双生子研究的回顾性综述得出，双生子一致性在MZ双生子中约为75%，DZ双生子为43%(Stromswold，2001)。使用DF极值分析，语言障碍的群体遗传力平均权重为43%(Plomin & Kovas，2005)。一项婴儿期语言发育迟缓的大型双生子研究发现了高遗传力，甚至2岁时也存在高遗传力(Dale et al.，1998)。沟通障碍唯一一项收养研究证实了双生子研究的结果，表明有大量的遗传影响(Felsenfeld & Plomin，1997)。

沟通障碍的高遗传力吸引了分子遗传学的关注(Smith et al.，2010)。一篇高水平的文章报道了一个基因(*FOXP2*)上的突变，该基因导致一个不寻常的言语-语言损伤，该损伤包括家系中的口-面部运动控制缺陷(Lai，Fisher，Hurst，Vargha-Khadem，& Monaco，2001)。在媒体报道中，该发现很不幸的被吹嘘成语言基因，而事实上在原始家庭之外并没有发现该突变(Meaburn，Dale，Craig，& Plomin，2002；Newbury et al.，2002)。据报道，沟通障碍有若干连锁和候选基因关联(Fisher & Vernes，2015)。第一个全基因组关联研究没有发现显著关联(Nudel et al.，2014)。

口吃影响大约5%的学龄前儿童，但是大多数都可以完全康复。过去50年对口吃的家系研究发现，大约三分之一的口吃者在其家庭中还有其他口吃者(Kidd，1983)。双生子研究表明口吃具有高度可遗传(Fagnani，Fibiger，Skytthe，& Hjelmborg，2011)，尤其是口吃持续存在于儿童早期(Dworzynski，Remington，Rijsdijk，Howell，& Plomin，2007)。然而，全基因组连锁研究还没有得出一致结论(Fisher，2010)。

数学障碍

DSM-5将理解数字的问题归类为计算障碍，这意味着"计算很差"。针对数学测试表现不佳，首项双生子研究表明存在中度遗传影响(Alarcón，DeFries，Light，&

Pennington,1997)。尽管数学表现的不同方面是高度相关的,但称为流利度测量的定时测试已证明具有不同于非定时测试的显著遗传影响(Petrill et al.,2012)。一项使用英国国家课程对 7 岁儿童评分的研究报道了数学障碍一致性在 MZ 双生子中约为 70%,DZ 双生子约为 40%,同时 DF 极值群体遗传力估算为 65%(Oliver et al.,2004)。从数学障碍的双生子研究元分析中获得的结果得出了高度相似的结论:群体遗传力估算值为 0.61(Plomin & Kovas,2005)。首个数学障碍全基因组关联研究发现没有大效应量的遗传关联(Docherty et al.,2010)。与阅读障碍和所有常见疾病类似,这些结果表明,不同于数学能力的一般差异,数学障碍是定量的,而不是定性的。这意味着数学障碍的遗传力是由许多小效应量的基因引起的,这一结论将在随后的章节中反复出现,涉及所有常见疾病和复杂性状。

特定认知障碍中的共病

学习障碍彼此区分并且与其他认知障碍区分,因为它们被认为是不同的障碍。然而,人们日益认识到这些障碍中存在大量的共病(Butterworth & Kovas,2013)。两项多元遗传分析表明,阅读和数学障碍之间存在大量的遗传重叠(Knopik, Alarcón, & DeFries,1997;Kovas et al.,2007)。将 DF 极值分析扩展到二元分析,阅读与数学障碍之间的遗传相关性被报道为 0.53 和 0.67。换而言之,许多影响阅读障碍的基因也会影响数学障碍。这些基因对认知障碍的一般影响不仅涉及阅读和数学障碍,也延伸到沟通障碍和一般认知障碍(Haworth et al.,2009a),甚至进一步影响到其他疾病,比如多动症,尤其是注意力不集中(Greven, Kovas, Willcutt, Petrill, & Plomin,2014)。认知障碍的这些多元遗传结果类似于认知能力的结果(第 11 章),表明当 DNA 研究发现一种与认知或学习障碍相关的基因时,这些基因中的大多数也会与其他障碍相关(Mascheretti et al.,2014)。

总结

同胞和双生子研究结果表明,中度至重度认知障碍在遗传上不同于一般认知能力个体差异的正态分布。最近的 DNA 研究证实了这样一个假说,发现许多新的非遗传性(新发)突变导致中度至重度认知障碍的散发病例。此外,还有超过 250 种遗传性单基因疾病,大多数极为罕见,其症状包括认知障碍。一个经典的疾病是 PKU,由 12 号染色体上的隐性突变引起。脆性 X 染色体综合征的发现尤为重要,因为它是遗传性认知障碍最常见的原因(数千名男性中有 1 例,女性发病率为一半);它是由 X 染色体上的三核苷酸重复(CGG)引起的,经过几代的扩增直至达到 200 多次重复,此时会导致男性的认知障碍。导致女性重度认知障碍的常见单基因病因是雷特综合征。主要因其他效应而闻名的其他单基因突变也导致认知障碍,比如杜氏肌营养不良、莱希-尼亨综合征和神经纤维瘤症。

对于所有单基因疾病,有缺陷的等位基因将 IQ 分布向下移动,但个体 IQ 仍保持广泛的范围。此外,尽管有数百种这样罕见的单基因疾病,但它们在认知障碍中只占很小的一部分。大多数认知障碍是轻度的,似乎是一般认知能力正态分布的低端,并且是由许多小效应量的 QTL 以及多重环境因素引起的(参见第 11 章)。

染色体异常在认知障碍中具有重要作用。认知障碍最常见的原因是唐氏综合征,由 21 号染色体的三个拷贝引起。唐氏综合症在每 1 000 名新生儿中约有 1 例,并占社会机构中认知障碍个体总数的约 10%。额外多一条 X 染色体(XXY 男性,XXX 女性)也会增加认知障碍的风险。额外多一条 Y 染色体(XYY 男性)或缺失一条 X 染色体(特纳女性)导致较轻的障碍。XYY 男性有言语和语言问题;特纳女性(XO)通常在空间任务等非语言任务上表现不佳。染色体的小片段缺失可导致认知障碍,如天使综合征、普莱德-威利综合征和威廉姆斯综合征。与单基因疾病类似,对于所有这些染色体异常导致的认知障碍来说,各种各样的认知功能广泛分布在较低平均 IQ 分数周围。一个令人兴奋的研究领域是使用外显子组和全基因组测序来检测细微的染色体异常,尤其是新发(非遗传的)缺失和重复,称为*拷贝数变异*(CNV),可能占重度认知障碍散发性病例的 15%。

双生子研究表明,遗传影响特定认知障碍,包括阅读障碍、沟通障碍和数学障碍。对于这些认知障碍,DF 极值分析表明,遗传和环境影响在认知能力正态分布的低端产生效应,这与它们对分布剩余部分的效应类似。对于阅读障碍,6 号染色体上的重复连锁是人类行为障碍中发现的第一个 QTL 连锁;在这个区域中,有两个最佳的候选基因,尽管已经提出了十几个其他候选基因区域。针对沟通障碍和数学障碍,还提出了若干个连锁和候选基因关联。特定认知障碍之间的大量共病主要取决于遗传因素,这意味着相同的基因影响不同的学习障碍,尽管也存在着特定障碍基因。

第 13 章

精神分裂症

精神病理学一直是,并将继续是行为遗传学研究中最活跃的领域之一,这主要是由精神疾病的社会重要性决定的。在美国,每两个人中就有一个在他们的一生中患有某种形式的精神疾病,每五个人中就有一个在过去的一年里患有某种精神疾病(Steel et al., 2014)。患者及其亲友所遭受的痛苦,以及经济上的代价,使得精神病理成为当今最迫切需要解决的课题之一。

精神病理学的遗传学研究逐渐引领大家接受心理学和精神病学存在遗传影响的观点。精神病遗传学的历史见专栏13.1。本章和随后的两章将对精神病理学的几个主要类别的遗传学知识进行概述:精神分裂症、情绪障碍和焦虑症。本章对其他疾病,如创伤后应激障碍、躯体症状障碍和饮食失调也将进行简要回顾,以及通常在儿童期首诊的疾病:自闭症谱系障碍、注意力缺陷/多动障碍和抽动障碍。《精神疾病诊断与统计手册》第5版(DSM-5)中还包含了其他一些主要类别,包括人格障碍(第16章)、物质相关障碍(第17章)和诸如痴呆之类的认知障碍(第19章)。DSM-5还包括其他几种尚未开展遗传研究的疾病(如分离障碍,包括失忆症和神游症)。关于精神病理遗传学的著作有很多,包括一些文章(Jang, 2005; Kendler & Prescott, 2007)和书籍(如, Dodge & Rutter, 2011; Hudziak, 2008; MacKillop & Munafò, 2013; Rhee & Ronald, 2014; Ritsner, 2009)。关于诊断方面仍存在许多问题,最显著的是共病现象和异质性的程度(Cardno et al., 2012)。迄今为止,诊断的标准一直依赖于症状,同样的症状可能有不同的病因,不同的症状也可能有相同的病因(Ritsner & Gottesman, 2011)。对遗传研究寄予的希望之一就是它可以提供基于病因而不是症状的诊断。我们将在第14章回到这个问题。

本章的重点是精神分裂症,是在精神病理学的行为遗传学研究中研究得最多的领域。精神分裂症包括持续的反常思维(妄想)、幻觉(尤其是幻听)、言语紊乱(怪异的联想、快速变换话题)、严重紊乱的行为,以及所谓的消极症状,如情感淡漠(缺乏情感反应)和无意志(缺乏动力);对于精神分裂症的诊断要求上述这些症状至少持续6个月。

该病通常发作于青春期晚期或成年早期;青春期早期发病往往是渐进的,但预后较差。尽管精神分裂症源于希腊语,意为"分裂心智",但它与"分裂人格"的概念无关。

遗传学研究对精神分裂症的关注要多于精神病理学的其他领域,原因有三:首先,它是最严重的精神病理形式,也是所有精神疾病中最令人虚弱的一种(Üstün et al., 1999)。其次,它是如此常见,近1%的人口存在终生发病风险(Saha, Chant, Welham, & McGrath, 2005)。第三,它的发病通常持续一生,尽管少数人能康复,尤其是如果他们只有一次发作就更容易康复(Robinson, Woerner, McMeniman, Mendelowitz, & Bilder, 2004);然而,有迹象表明,康复率正在提高(AlAqeel & Margolese, 2013)。与二十年前的患者不同,如今大多数精神分裂症患者不再住院,因为药物可以控制一些最严重的症状。尽管如此,精神分裂症患者仍然占据了精神病院一半的床位,而那些出院的人大约占无家可归人口的10%(Folsom & Jeste, 2002)。据估计,仅精神分裂症一项对我们社会造成的损失就与癌症造成的损失相当(Kennedy, Altar, Taylor, Degtiar, & Hornberger, 2014)。

家系研究

第3章介绍的精神分裂症的基础遗传学研究成果,说明了遗传对复杂疾病的影响。家系研究一致表明,精神分裂症是家族性的(Ritsner & Gottesman, 2011)。与人口中约1%的终生风险基本比率相比,亲属患病风险随着与精神分裂症先证者的遗传密切程度而增加:二级亲属为4%,一级亲属为9%。

精神分裂症患者一级亲属的平均风险为9%,但对于父母、同胞和子女来说风险各不相同。在对8000多名精神分裂症患者进行的14项家系研究中,父母患精神分裂症的风险中值为6%,同胞为9%,子女为13%(Gottesman, 1991; Ritsner & Gottesman, 2011)。精神分裂症患者的父母患精神分裂症的风险较低(6%),可能是因为精神分裂症患者结婚的可能性较低,而即便那些结了婚的患者也较少生育孩子。因此,精神分裂症患者的父母患精神分裂症的可能性低于预期。精神分裂症患者成为父母后,他们的后代患精神分裂症的几率很高(13%);无论是母亲还是父亲为精神分裂症患者,子女患病风险都是一样的;当父母双方都患有精神分裂症时,他们后代患精神分裂症的风险高达46%。同胞的风险估计偏差最小,他们的风险(9%)介于父母和子女之间。虽然9%的风险很高,是总人口患病风险1%的9倍,但应该记住的是大多数精神分裂症患者并没有患精神分裂症的一级亲属。

家系设计为母亲患有精神分裂症的儿童发育的遗传高风险奠定了基础。早在20世纪60年代初,在丹麦开始的首批此类研究中,有200个这样的后代一直被随访到40多岁(Parnas et al., 1993)。在母亲患有精神分裂症的高风险组中,16%的人被诊断为精神分裂症(而在低风险组中,只有2%的人患有精神分裂症),而最终确诊为精神分裂症的孩子,其母亲的精神分裂症更为严重。这类儿童经历了不太稳定的家庭生活,较多居住于收容所,提醒我们,家系研究不像收养研究那样能把天性和教养两个因素区分开。成为精神分裂症患者的儿童更有可能有分娩并发症,尤其是产前病毒感染(Cannon et al., 1993)。他们还表现出儿童时期的注意力问题,尤其是出现过于关注诸如时钟滴答声等偶然刺激方面的问题(Hollister, Mednick, Brennan, & Cannon, 1994)。另一项高风险研究在儿童期也发现了类似的结果,并发现精神分裂症父母的子女在成人初期时出现了更多的人格障碍(Erlenmeyer-Kimling et al., 1995)。

双生子研究

双生子研究表明,遗传对精神分裂症的家族相似性有重要作用。如图3.8所示,MZ双生子的先证一致性为48%,DZ双生子则为17%。在使用易患性-阈值模型对14项精神分裂症双生子研究的元分析中(参见第3章),这些一致性表明易患性的遗传力约为80%(Sullivan et al., 2003a)。最近的研究继续证实了这些早期的发现,MZ的先证一致性为41%到65%,DZ则为0%到28%(Cardno et al., 2012)。

一个戏剧化的案例研究涉及到同卵四胞胎,称为Genain四胞胎,他们都是精神分裂症患者,尽管在疾病的严重程度上有很大的差异(DeLisi et al., 1984)(图13.1)。在14对分开抚养的同卵双生子中,且在每对双生子中至少有一人患有精神分裂症的情况下,其中9对(64%)同时患有精神分裂症(Gottesman, 1991)。

图13.1 同卵四胞胎(虚拟姓Genain),其中每一个都是在22岁至24岁之间出现精神分裂症状。(© AP Images.)

> **专栏 13.1　精神病遗传学的起源：皇家贝特莱姆-莫兹利医院**
>
> 贝特莱姆医院于 1247 年在伦敦成立，是世界上历史最悠久的照顾精神疾病患者的机构之一。然而，在贝特莱姆的悠久历史中，有几次它与一些最糟糕的精神疾病形象相联系，这也是"疯人院"这个词的来源。也许最著名的刻画是威廉·荷加斯（William Hogarth）的系列画作《浪子生涯》中最后一幅场景，这幅画展示了浪子在贝特莱姆陷入疯狂的情境（参见图）。荷加斯的画作假定疯狂是奢侈生活的结果，因此，它暗示了该病完全是由环境造成的苦难。
>
> 对精神障碍有家族遗传倾向的观察由来已久，但最早系统地记录这种关联的尝试来自贝斯勒姆医院。19 世纪 20 年代的记录显示，医生们面对诊治的患者不得不努力回答一个关于该疾病的常规问题"是否遗传？"当然，这发生在遗传学发展成为一门科学之前，直到一百年后，在埃米尔·克雷佩林（Emil Kraepelin）的领导下，德国慕尼黑才成立了第一个精神遗传学研究小组。慕尼黑部门吸引了许多来访者和学者，其中包括来自莫斯里医院的年轻的数学天才精神病学家埃利奥特·斯莱特（Eliot Slater），他在那里获得了研究精神病遗传学的奖学金。1935 年，斯莱特回到伦敦，成立了自己的研究小组，促成 1959 年医学研究委员会（MRC）的精神病遗传学部门的成立，现为精神病学、心理学和神经科学研究所。1948 年由斯莱特建立的贝特莱姆-莫斯里双生子登记处是支持许多有影响力的研究的重要资源之一，斯莱特还为数据评估引入了复杂的统计方法。MRC 精神病遗传学部门成为了

尽管双生子研究为遗传影响提供了强有力和一致的证据，但应该记住，同卵双生子的平均一致性只有 50% 左右。换而言之，这些遗传上完全相同的成对个体有一半的机会在精神分裂症情况上不一致，这一结果为非遗传因素的重要性提供了强有力的证据。

由于同卵双生子之间的差异在起源上不可能来自遗传，因此可以用孪生控制法来研究同卵双生子中一个患有精神分裂症而另一个却未患病的非遗传原因。一项关于同卵双生子不一致性的早期研究发现，精神分裂症同卵双生子除了更有可能出现分娩并发症和一些神经异常之外，他们的生活史几乎没有什么不同（Mosher, Polling, & Stabenau, 1971）。后续研究还发现，在不一致的同卵双生子中，精神分裂症的一方在脑结构上发生了改变，以及分娩并发症出现的更频繁（Torrey, Bowler, Taylor, & Gottesman, 1994）。最近的研究发现，精神分裂症不一致的同卵双生子的表观遗传学（DNA 甲基化）也存在差异（Dempster et al., 2011）；然而，与此不一致的发现是，患病

重要培训中心之一,并在许多海外博士后的职业发展中发挥了重要作用,包括欧文·戈特斯曼(Irving Gottesman)、赫斯顿、麦格芬和庄明哲(Ming Tsuang)。

1971年,斯莱特出版了第一本英文精神病遗传学教材《精神疾病遗传学》(Slater & Cowie, 1971)。20世纪70年代末,斯莱特退休后,精神病遗传学在英国一度衰落,但由斯莱特指导或受其影响的研究人员在北美和欧洲大陆继续发展这一学科领域。

威廉·荷加斯,《浪子生涯》,1735年。Plate 8. 大英博物馆。(William Hogarth/Culture Club/Getty Images.)

埃利奥特·斯莱特(斯莱特的遗像)

和未患病的MZ双生子之间存在拷贝数变异(CNV)的差异(Bloom et al., 2013)。

一个有趣的发现来自于对不一致双生子的另一项研究:研究他们的后代或其他一级亲属患病情况。不一致的同卵双生子提供了非遗传影响的直接证据,因为双生子基因上是相同的,但在患精神分裂症上却不一致。即使一对不一致的双生子中有一个因环境原因未患精神分裂症,但他仍然和患病的另一方一样,具有同样高的遗传风险。这就是为什么几乎所有的研究都发现不一致双生子家庭中的精神分裂症发病率和一致的同卵双生子家庭一样高(Gottesman & Bertelsen, 1989; McGuffin, Farmer, & Gottesman, 1987)。

收养研究

收养研究的结果与家系研究和双生子研究的结果一致,指出了精神分裂症的遗传影响。如第 6 章所述，1966 年赫斯顿对精神分裂症的首项收养研究是一经典研究。结果（参见专栏 6.1）显示，生母患有精神分裂症的被收养子女患精神分裂症的风险为 11%（47 人中有 5 人），远远高于 50 名亲生父母未患精神疾病的被收养子女的 0% 患病风险。11% 的风险与精神分裂症亲生父母自己抚养子女的患病风险相似。这一发现不仅表明，精神分裂症的家族相似性在很大程度上源于遗传，还意味着，在一个有精神分裂症患者的家庭中长大，并不会使患病风险在遗传的基础上进一步增加。

专栏 6.1 还提到，赫斯顿研究结果已被其他收养研究证实和拓展。丹麦的两项研究始于 20 世纪 60 年代，涉及 1924 年至 1947 年间 5 500 名被收养儿童，及其 11 000 名亲生父母中的 10 000 名父母。其中一项研究（Rosenthal, Wender, Kety, & Schulsinger, 1971; Rosenthal et al., 1968）使用了被收养者研究法。该方法与赫斯顿的研究方法相同，但增加了重要的实验对照。在进行这些研究的时候，把孩子送去收养时这些亲生父母通常自己还是青少年。由于精神分裂症一般要在青春期之后才会发病，因此，收养机构和养父母通常都不知道诊断结果。此外，分析了父母双亲都患有精神分裂症的情况，以评估只涉及母亲的赫斯顿研究结果是否受到产前母源因素的影响。

这项研究首先确定了在精神病院住院的亲生父母，然后选择被诊断为精神分裂症且其子女已被安置在收养家庭的生母或生父。这一过程选出了 44 位被诊断为慢性精神分裂症的亲生父母（32 位母亲和 12 位父亲）。他们被收养的 44 名子女与 67 名对照组被收养者进行了配对，根据精神病医院的记录，对照组的亲生父母没有精神病史。这些被收养者的平均年龄为 33 岁，由不了解其亲生父母状况的采访员对他们进行了三到五个小时的访谈。

44 名作为先证者的被收养者中有 3 名（7%）是慢性精神分裂症患者，而 67 名对照组被收养者中无人患病（图 13.2）。此外，27% 的先证者显示出类似精神分裂症的症状，而对照组中有 18% 出现类似的症状。通过更宽泛的精神分裂症标准挑选父母从而得到 69 名作为先证者的被收养者，所得的研究结果相似。无论母亲还是父亲患有精神分裂症，其结果都是相似的。在丹麦的对照组被收养者中，精神病发病率异常高，可能是因为这项研究依赖于医院记录来评估生父母的精神状况。由于这个原因，该研

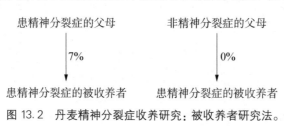

图 13.2 丹麦精神分裂症收养研究：被收养者研究法。

究可能忽略了精神病院未注意到的对照组父母的精神病问题。为了探究这种可能性，研究人员采访了对照组被收养者的亲生父母，发现三分之一的人符合精神分裂症范畴。因此，研究人员得出结论："我们的对照组是一个糟糕的对照组，我们的选择技术已经将对照组和指标组之间的差异最小化了"（Wender, Rosenthal, Kety, Schulsinger, & Welner, 1974, 第127页）。这种偏差在显示遗传影响方面则比较保守。

芬兰的一项被收养者研究证实了这些结果（Tienari et al., 2004）。有精神分裂症亲生父母的被收养者中，约有10%的人表现出某种形式的精神病，而对照组被收养者中只有1%有类似的精神障碍。这项研究还表明基因型-环境的互作，因为当收养家庭的条件不良时，亲生父母患有精神分裂症的被收养者更有可能患精神分裂症相关的疾病。

丹麦的第二项研究（Kety et al., 1994）使用了被收养者家系研究法，重点研究了5 500名被收养者中被诊断为慢性精神分裂症的47人。还选出了47名非精神分裂症被收养者作为匹配的对照组。对指标组和对照组被收养人的生父母、养父母和同胞进行了访谈。精神分裂症被收养者一级亲属的慢性精神分裂症患病率为5%（279人中有14人），对照组被收养者一级亲属的慢性精神分裂症患病率为0%（234人中有1人）。被收养者家系研究法也提供了一个对精神分裂症亲属的环境影响的直接测试。如果精神分裂症的家族相似性是由精神分裂症父母所创造的家庭环境引发的，那么，相对于对照组被收养者而言，精神分裂症被收养者应该更有可能来自患有精神分裂症的收养家庭。相反，0%的精神分裂症被收养者的养父母和收养同胞（111人中0人）是精神分裂症患者——对照组被收养者的养父母和收养同胞的情况与此相似，发生率为0%（117人中0人）（图13.3）。

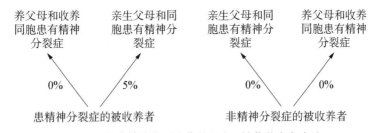

图13.3　丹麦精神分裂症收养研究：被收养者家庭法。

这项研究还包括许多被收养者的半同胞（Kety, 1987）。这种情况发生在亲生父母把孩子送去收养，然后又和另一位伴侣生下另一个孩子的时候。对同一个生父的半同胞（同父异母）和同一个生母的半同胞（同母异父）进行比较，特别有助于检查收养研究结果是受到产前因素而不是遗传因素影响的可能性。同父异母同胞之间的相似性不太可能受到产前因素的影响，因为他们是由不同的母亲所生。在精神分裂症被收养者的半同胞中，16%（101人中有16人）是精神分裂症患者；在对照组被收养者的半同胞中，只有3%（104人中有3人）患有精神分裂症。同父异母或同母异父的半同胞所得结果是一样的。该结果表明，产前因素不太可能在精神分裂症的起因中起重要作用。

综上所述，收养研究明确指出了遗传的影响。此外，精神分裂症先证者的收养亲属并没有显示出增加的患病风险。这些结果与双生子研究的结果相似，暗示精神分裂症的家族相似性是出于遗传而不是共同的家庭环境。最近的研究直接从DNA估计遗传力，其结果进一步证实了精神分裂症的遗传影响（S. H. Lee et al., 2012）。

是精神分裂症还是精神分裂征？

精神分裂症是一种疾病还是一组多种疾病的异质组合？1908年，这种疾病被命名为"精神分裂征"。多元遗传分析可以解决异质性这一根本问题。精神分裂症的经典亚型——如紧张症（运动行为障碍）、偏执症（迫害性妄想）和紊乱症（思维障碍和情感平淡同时存在）——还没得到遗传学研究的支持。也就是说，虽然精神分裂症是家族遗传的，特定的亚型却并非如此。这一结果在Genain四胞胎的后续研究中最为显著（DeLisi et al., 1984）。虽然她们都被诊断为精神分裂症，但她们的症状差别很大。

有证据表明，重度精神分裂症比轻度精神分裂症更易遗传（Gottesman，1991）。此外，早期研究和近期工作的证据表明，使用多元统计方法，如聚类分析，精神分裂症经典的"青春型"亚型，即使不是"真实遗传"，也显示出特别高的患病家庭成员比率（Cardno et al., 1999; Farmer, McGuffin, & Gottesman, 1987）。

另一种研究异质性问题的方法是根据家族史来划分精神分裂症（Murray, Lewis, & Reveley, 1985），尽管这种方法也存在问题（Eaves, Kendler, & Schulz, 1986），但显然没有简单的二分法（Jones & Murray, 1991）。这些分类似乎更可能表示同一疾病从较轻到较严重的连续性，而不是遗传上不同的疾病（McGuffin et al., 1987）。

正如第10章所讨论的，一个相关的策略是搜索内表型（Gottesman & Gould, 2003）。精神分裂症的许多潜在内表型已被提出，包括脑中的各种结构和功能标记物、嗅觉缺陷、注意力和记忆缺陷（Ritsner & Gottesman, 2011）。精神分裂症研究中行为内表型的另一个例子是平滑追随眼动。这个术语指的是在头部不动的情况下，眼睛平稳地跟随移动物体而移动的能力（Levy, Holzman, Matthysse, & Mendell, 1993）。一些研究表明，眼球追踪忽动忽停的精神分裂症患者往往有更多的负面症状，而他们那些眼球追踪能力较差的亲属更有可能表现出类似精神分裂症的行为（Clementz, McDowell, & Zisook, 1994）。然而，其他研究并不支持这一假设（Torrey et al., 1994）。精神分裂症遗传学联盟最近的研究认为，广泛的神经认知和神经生理学的评估是潜在内表型(Seidman et al., 2015；Swerdlow, Gur, & Braff, 2015)。希望这种内表型能够澄清精神分裂症的遗传机制，并帮助尝试寻找导致精神分裂症的特定基因。

尽管一些研究人员认为精神分裂症是异质性的，需要被划分为不同的亚型，但另一些人则持相反的观点，他们将类似精神分裂症的所有疾病归并为一个范围更广的类精神分裂症疾病(Farmer et al., 1987；McGue & Gottesman, 1989)。由于精神分裂症与其他各种疾病同时发生，包括抑郁症、焦虑症和药物滥用疾病，未来对这种共病的分析可能会进一步揭示精神分裂症和相关疾病的遗传因素(Ritsner & Gottesman, 2011；Cardno & Owen, 2014)。最近的研究也表明，精神分裂症和双相情感障碍经常同时发生(Laursen, Agerbo, & Pedersen, 2009)，这种共病主要是由遗传影响造成的(Lichtenstein et al., 2009；Pol et al., 2012；Cardno & Owen, 2014)。这一发现主要基于双生子研究，采用基于SNP的方法获得了强有力的支持(Buliki-Sullivan et al., 2015a；Lee et al., 2013)。

鉴定基因

在新的DNA标记出现之前，人们曾试图将经典的遗传标记，如血型，与精神分裂症联系起来。例如，几项早期研究表明，以偏执妄想为特征的精神分裂症与免疫反应中编码人类白细胞抗原(HLA)的主要基因(一个与许多疾病相关的基因簇)之间存在微弱的关联(McGuffin & Sturt, 1986)。

虽然精神分裂症是受到分子遗传学分析关注的首批行为领域之一，但揭示特定基因证据的进展却很缓慢。在20世纪80年代，当新的DNA标记首次被用于寻找复杂性状的基因时，人们曾兴奋地宣称它们之间存在连锁，但该结论却无法被重复出来。第一个是关于冰岛和英国家庭第5号染色体上的常染色体显性基因连锁的声明(Sherrington et al., 1988)。然而，来自其他国家另外五项研究的综合数据未能证实这种连锁(McGuffin et al., 1990)。

已有超过20个全基因组连锁分析的文章(超过350个遗传标记)被发表，但尚未发现对精神分裂症有重大影响的基因(Riley & Kendler, 2006)。20世纪90年代，数以百计关于精神分裂症基因连锁的报告导致了令人困惑的局面，因为几乎没有研究能被重复出来。然而，自2000年左右以来，情况变得逐渐明朗。例如，对不同人群中精神分裂症的20个全基因组连锁扫描的元分析表明，连锁结果的一致性比以前认识到的更高(Lewis et al., 2003)。在第2号染色体的长臂($2q$)有明显的连锁；提示包括$6p$和$8p$在内的其他10个区域存在连锁。由于连锁分析需要非常大的样本量才能识别出小效应，因此很难检测到连锁信号。

精神分裂症的关联研究也提出了一些自我挑战。超过1000个基因被发现与精神分裂症有关，使该病成为通过候选基因方法研究最多的疾病之一(Gejman, Sanders, & Kendler, 2011)。尽管事实如此，但研究结果却有相当大的不一致性。已有多个基因被提出与脑部表达的诸如多巴胺等神经递质相关，如8号染色体上的 *neuregulin 1* (Stefansson et al., 2002)和位于6p22.3的 *dysbindin*(Straub et al., 2002)。然而，这些发现中的许多基因关联无法在个体研究中重复出来，部分原因可能是效应量小、样本量少或选择性地报告阳性结果。

最近研究人员做出更多的努力以期解决其中的一些问题。通过联合研究获得更大的样本，比如精神疾病基因组学学会(PGC; http://www.med.unc.edu/pgc)在检测增加精神分裂症风险的基因方面显示出了更强的能力。到2013年底，系统研究整个基因组的全基因组关联研究(GWAS)已经发现了大约22个非重叠的可能位点(Ripke et al., 2011)。此外，正如第9章所提到的，对一组基因的风险研究也获得了成功。例如，国际精神分裂症学会发现，有数以百计的基因，且每个基因都有很小的个体效应，会增加患该病的风险(Purcell et al., 2009)。这种多基因评分不仅在精神分裂症患者中较高，在双相情感障碍患者中的评分也高于对照组(Kavanagh, Tansey, O'Donovan, & Owen, 2015)。从这些研究中得出的总体结论是(i)常见变异对精神分裂症的发病原因很重要，但以多基因方式起作用(即没有任何一种常见变异单独对疾病的易患性有实质性的贡献)(Buliki-Sullivan et al., 2015b; Gratten, Wray, Keller, & Visscher, 2014)(ii)研究需要更大的样本量，(iii)在成人发病型疾病中存在大量的遗传重叠，尤其是精神分裂症和双相情感障碍之间(Buliki-Sullivan et al., 2015a; Kavanagh et al., 2015)。

在过去的几年里，PGC的样本量增加了一倍多，对这些PGC数据库的元分析已经发现了108个与精神分裂症关联的不同基因组位点(精神病学基因组学学会精神分裂症工作组，2014)。后续研究发现，其中一些关联在脑特异性基因增强子(短约50—1500 bp的DNA区域，可与蛋白质结合以激活基因转录)中富集，包括那些参与免疫功能的增强子。尽管这项具有里程碑意义的研究取得了一定成果，但其中有些发现并没有找到可信的功能变异，这表明我们对精神分裂症潜在生物学的理解仍然有限。

除了这些在常见遗传变异领域的努力，人们对罕见变异在精神分裂症风险中的重要性也越来越感兴趣。在外显子组测序流行之前(参见第9章)，有越来越多的证据表明拷贝数变异(CNV，参见第9章)在精神分裂症患者中更为常见。与精神分裂症相关的罕见大型的CNV已在数条染色体上发现，这些研究，特别是对新发CNV的研究，有助于解释精神分裂症背后的一些生物学过程(参见综述Kavanagh et al., 2015)。这些发现在一定程度上，是因为CNV倾向于影响许多基因，同时也因为CNV的影响并不具体。许多与精神分裂症有关的CNV亦与其他至少一种疾病有关，如自闭症谱系障碍或注意力缺陷/多动障碍（ADHD,参见第 15 章）。最近的一些研究,特别是两项外显子组测序的研究,在大部分外显子区域中对可能影响患病风险的罕见突变进行筛查（Fromer et al.，2014；Purcell et al.，2014）,研究表明,新发单核苷酸变异的突变和小的插入和缺失（indel）在精神分裂症中的作用可能没有早期研究显示的那么大。虽然外显子组测序研究缺乏揭示特定基因和罕见突变的能力,但这些结果总体上表明,这种疾病背后隐藏着非常复杂的遗传结构,包括罕见和常见的遗传变异。

总结

精神病理学是行为遗传学中最活跃的研究领域。一般人群中精神分裂症的终生风险为 1%,在一起抚养或分开收养的一级亲属中,这一比例为 10%,异卵双生子为 17%,同卵双生子为 48%。这种结果模式表明了存在实质的遗传影响以及非共享的环境影响。遗传高风险研究和双生子对照研究表明,分娩并发症和儿童时期的注意力问题是在成年早期发作的精神分裂症的弱预测因子。利用诸如赫斯顿首次收养研究中使用的被收养者研究法和被收养者家系研究法都发现了遗传影响。重度精神分裂症可能比轻度精神分裂症更易遗传。最近的研究表明,精神分裂症和其他精神疾病,尤其是与双相情感障碍之间存在着大量的基因重叠。

近几年来,精神分裂症分子遗传学的研究取得了很大进展。精神分裂症的连锁研究已经开始得到一致的结果,结合最近的全基因组关联研究和罕见变异研究的结果,鉴定出了几个对精神分裂症有重要意义的,但关联较小的基因或区域。总体而言,精神分裂症的基因易患性源于多个小效应量基因。

第 14 章

其他成人精神病理学

虽然精神分裂症是行为遗传学中被研究最多的疾病,但近年来研究的焦点已转向情绪障碍。在本章中,我们对情绪障碍及其他成人精神病理学的遗传学研究进行了概述。本章最后讨论了影响一种疾病的基因也会对其他疾病产生影响的程度。

情绪障碍

情绪障碍涉及情绪的剧烈波动,而不仅仅是所有人偶尔都会感到的"忧郁"。例如,超过50%的自杀者被诊断有情绪障碍(Isometsä, 2014)。情绪障碍主要有两类:重度抑郁症,包括抑郁发作,以及双相情感障碍,其中包括抑郁和躁狂的发作。

重度抑郁症通常有一个长达数周或甚至数月的缓慢发病过程。每次发作通常持续几个月并逐渐结束。其特征包括情绪低落、对日常活动失去兴趣、食欲及睡眠紊乱、精力丧失,以及产生死亡或自杀的想法。受重度抑郁症影响的人数惊人。在美国的一项调查中,患重度抑郁症的终身风险约为17%,其中约一半属于严重或非常严重的类别;青春期后,女性的患病风险指数是男性的两倍(Kessler et al., 2012;有关精神疾病患病率的更多详情请参见国家共病研究 http://www.hcp.med.harvard.edu/ncs/)。此外,这个问题越来越严重:自二战后出生的每一代人的抑郁症比例都变得更高(Burke, Burke, Roe, & Regier, 1991),且从20世纪90年代到21世纪初,患病率增加了一倍多(Compton, Conway, Stinson, & Grant, 2006)。这种时间趋势可能是由于环境影响、诊断标准或临床转诊率的变化所造成。重度抑郁症因其只涉及抑郁症状有时被称为单相抑郁症。与之相反,双相情感障碍也被称为躁狂抑郁症,受该疾病影响的个体情绪会在抑郁的极端和另一种被称为躁狂的情绪极端之间交替。躁狂症的症状包括极度兴奋、过度自尊、失眠、喋喋不休、胡思乱想、注意力分散、多动和行为鲁莽。躁狂症通常是急性发作和结束,症状可持续数天至数月。躁狂症有时难以诊断;因此,DSM(美国精神病学协会的《精神疾病诊断与统计手册》)将有明确躁狂发作的双相情感障碍Ⅰ型与躁狂发作不太明显的双相情感障碍Ⅱ型区分开来。双相情感障碍比重度抑郁症要少得多，在成年人中的发病率约为4%，且没有性别差异（Kessler et al.，2012）。

家系研究

70多年来，家系研究表明情绪障碍患者的一级亲属患病风险会增加（Slater & Cowie，1971）。自20世纪60年代以来，研究人员已分别对重度抑郁症和双相情感障碍进行了思索。在七项重度抑郁症患者家系研究中，亲属患病平均风险为9%，而对照组的患病风险约为3%（McGuffin & Katz，1986）。考虑终生风险的年龄校正后的罹病风险（参见第3章）约为原来的两倍（Sullivan，Neale，& Kendler，2000）。对18项双相情感障碍Ⅰ型和Ⅱ型家系研究的回顾得出平均患病风险为9%，相比而言对照组的风险则不到1%（Smoller & Finn，2003）（参见图14.1）。与之前提到的患病频率相比，这些研究中的风险相对较低，因为这些研究侧重于重度抑郁症和双相情感障碍，这些病例往往需要住院治疗。

据推测，单相抑郁症和双相情感障碍之间的区别主要在于严重程度；双相情感障碍可能是一种更严重的抑郁症形式（McGuffin & Katz，1986）。家系研究中的基本多元分析发现，单相抑郁先证者的亲属患双相情感障碍的风险未增加（不到1%），但双相情感障碍先证者的亲属患单相抑郁症的风险却会增加（14%）（Smoller & Finn，2003）。如果我们假设双相情感障碍是一种更严重的抑郁症形式，这个假说就可以解释为什么双相情感障碍的亲属风险更大，为什么双相情感障碍先证者有过多的单相抑郁症亲属，以及单相抑郁先证者并没有很多双相情感障碍亲属。然而，下一节讨论的一项双生子研究和最近的一项家系研究并没有为双相情感障碍是一种更严重的单相抑郁症形式这一假说提供多少支持（Axelson et al.，2015；McGuffin et al.，2003）。鉴定与这些疾病相关的基因将为解决这些问题提供关键证据，尽管迄今为止所有的研究结果参差混杂。一项对亚甲基四氢叶酸还原酶（*MTHFR*）基因与精神分裂症、双相情感障碍和单相重度抑郁症的基因变异元分析发现，一个 *MTHFR* 变异体与这些组合疾病存在关联，表明对这三种疾病有共享遗传影响（Peerbooms et al.，2011），尽管至少还有一项元分析表明这些发现仅限于亚洲和非洲人群（Hu et al.，2014）。其他基因也与双相情感障碍和单相抑郁症相关，进一步支持了这些疾病具有共同遗传倾向的可能性（如，Schulze et al.，2014）。

某些形式的抑郁症更具家族性吗？例如，长期以来，人们一直试图将抑郁症细分为反应性（由事件触发）和内源性（来自内部）两种亚型，但家系研究结果几乎无法支持这种区分（Rush & Weissenburger，1994）。然而，疾病的严重程度，特别是复发型会增加重度抑郁症的家族性（Janzing et al.，2009；Milne et al.，2009；Sullivan et al.，

2000)。早期发病似乎会增加双相情感障碍的家族风险(Smoller & Finn, 2003);吸毒和自杀企图也是双相情感障碍的家族特征(Schulze, Hedeker, Zandi, Rietschel, & McMahon, 2006)。另一个有希望用于抑郁症细分的潜在方向是在药物反应方面(Binder & Holsboer, 2006)。例如,有一些证据表明,对特定抗抑郁药物的治疗反应有家族遗传的倾向(Tsuang & Faraone, 1990)。锂是治疗双相情感障碍的众所周知的药物;对锂的反应似乎具有很强的家族性(Grof et al., 2002)。

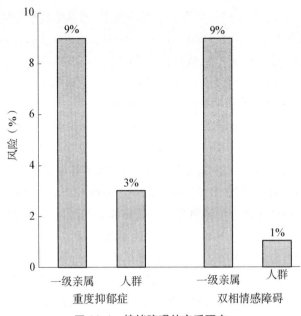

图14.1 情绪障碍的家系研究。

双生子研究

双生子研究为情绪障碍的中度遗传影响提供了依据。对于重度抑郁症,六项双生子研究得出MZ(同卵)和DZ(异卵)双生子的先证一致性分别为0.43和0.28(Sullivan et al., 2000)。在无共享环境影响下,这些数据的易患性-阈值模型拟合估算的易患性遗传力为0.37。迄今最大型的双生子研究得出了高度相似的结果:在无共享环境影响下,遗传力为0.38(Kendler, Gatz, Gardner, & Pedersen, 2006a)。然而,家系研究表明越严重的抑郁症越有可能遗传。与该观点一致,唯一一个临床确诊重度抑郁症双生子研究——样本量大到足以进行模型拟合分析——估算出的易患性遗传力约为70%(McGuffin, Katz, Watkins, & Rutherford, 1996)。然而,在临床样本中抑郁症的遗传力越高,也可能代表临床评估的可靠性越高。还有一些人主张重度抑郁症存在多种形式,不能被认定为是一种同质单一的情绪障碍(Goldberg,2011)。一项针对重度抑郁症 DSM 症状的大型双生子研究的结果得出了三个遗传因素,而非单一潜在遗传因素,从而支持了重度抑郁症有多种形式,并且每种形式有不同的遗传基础这一观点(Kendler, Aggen, & Neale, 2013)。

对于双相情感障碍,在早期研究中显示 MZ 双生子的平均双生子一致性为 72%,DZ 双生子则为 40%(Allen, 1976);而最近的三项双生子研究结果得出,平均双生子一致性分别为 65% 和 7%(Smoller & Finn, 2003)。两项来自不同国家不同样本的双相情感障碍双生子研究得出了惊人的相似结果:在英国的一项研究中,MZ 和 DZ 双生子的一致性分别为 40% 和 5%(McGuffin et al., 2003);在芬兰的一项研究中分别为 43% 和 6%(Kieseppa, Partonen, Haukka, Kaprio, & Lonnqvist, 2004)。模型拟合易患性阈值分析表明了极高的易患性遗传力(分别为 0.89 和 0.93),并无共享环境影响。上述五项最新研究的平均 MZ 和 DZ 双生子一致性分别为 55% 和 7%(图 14.2)。

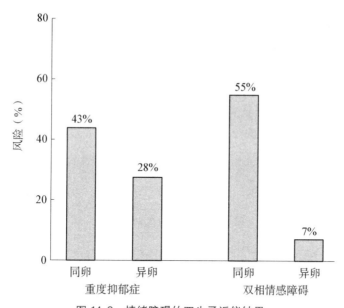

图 14.2　情绪障碍的双生子近似结果。

如前所述,遗传研究最重要的目标之一是根据病因而非症状提供诊断分类。例如,单相抑郁症和双相情感障碍在遗传上是否截然不同?一项双生子研究调查了之前所述的模型,即双相情感障碍是一种更极端版本的重度抑郁症(McGuffin et al., 2003)。解决这一问题的部分困难在于,传统诊断规则假设一个患者要么患有单相要么患有双相情感障碍,且双相情感障碍更甚于单相抑郁。然而,在这项双生子研究中,这一诊断假设被放宽了，发现抑郁和躁狂之间的遗传相关性为0.65，这一发现支持了双相情感障碍是单相抑郁症更极端的版本这一模型。然而，70%的躁狂遗传变异与抑郁无关，这一发现却并不支持该模型。明确测试双相情感障碍是单相抑郁症更极端形式这一假说的模型被否决了，认为这两种疾病在遗传上不同的假说模型同样也被否决了。难以解决问题的办法可能是由于缺乏强大的动力。虽然这是临床确诊最大型的双生子研究，但仅有67对至少有一个双生子被诊断为双相情感障碍；有244对双生子至少有一个双生子被诊断为单相抑郁症。当两种疾病的基因能够被鉴定时，就可以决定性地解决这一重要诊断问题。

正如精神分裂症的研究（第13章）一样，对双相情感障碍表现不一致的同卵双生子其后代的研究也有所报道（Bertelsen，1985）。与精神分裂症的结果相似，双生子中未患病者后代和患病者后代中发现了同样的10%的情绪障碍风险。这一结果意味着，在同卵双生子中，即使是未患病一方，其将疾病传递给后代的倾向与患病一方处于相同程度。

收养研究

关于情绪障碍的收养研究结果不尽相同。最大型的研究始于71位患有各种情绪障碍的被收养者（Wender et al.，1986）。在387名先证者的生物学亲属中，有8%的人患有情绪障碍，其风险仅略高于344名对照组被收养者生物学亲属的5%的患病风险。先证者的生物学亲属表现出更高的酗酒率（5%对2%）和企图或实际自杀率（7%对1%）。另外两项基于抑郁症医疗记录的收养研究发现，几乎没有证据表明遗传影响的存在（Cadoret, O'Gorman, Heywood, & Troughton, 1985a; von Knorring, Cloninger, Bohman, & Sigvardsson, 1983）。在另一项研究中尽管样本数量少，但是确定了12对分开抚养的同卵双生子中至少一个成员患有重度抑郁症（Bertelsen，1985）。12对中有8对（67%）双生子一致患有重度抑郁症，这与抑郁症至少受某些遗传影响这一假说是一致的。

一项以患双相情感障碍的被收养者为重点的研究发现了遗传影响的更强有力的证据（Mendlewicz & Rainer, 1977）。双相情感障碍被收养者的亲生父母患双相情感障碍的比率为7%，但对照组被收养者的父母则为0%。与家系研究一样，这些双相情感障碍被收养者的亲生父母也表现出单相抑郁症患病比率的升高（21%），相较于对照组被收养者的亲生父母发病率为2%，这一结果表明这两种疾病在遗传上并不是截然不同的。双相情感障碍与对照组被收养者的养父母在情绪障碍的发病比率上几乎没有差别。

基于SNP的遗传力

如第7章所述，基于SNP的遗传力可以从不相关个体的大量样本的DNA中估算出来。已被报道的SNP遗传力估算有重度抑郁症(32%;Lubke et al., 2012)、非躯体化抑郁症的变异性(21%;Laurin et al., 2015)、发病年龄(17%—51%,取决于样本;Ferentinos et al., 2015;Power et al., 2012)、药物治疗反应的变异性(42%—47%,Tansey et al., 2013;Palmer et al.,出版中),以及食欲和失眠症状(30%;Pearson et al., 2016)。这些数据表明,重度抑郁症的某些方面可以用常见SNP的加性总和贡献来解释,而每个SNP对抑郁症相关的表型贡献少量的变异。

鉴定基因

数十年来,女性患重度抑郁症的风险更高,从而导致得出X染色体上可能存在与抑郁症相关的显性基因的一个假设。如第3章中所述,女性可以从父母的两条X染色体中的任意一条上遗传该基因,而男性只能从其母亲的X染色体上遗传到该基因。尽管最初有报道称抑郁症和由X染色体上基因所引起的色盲(第3章)之间有连锁,但是X染色体上DNA标记研究却未能证实这一连锁(Baron, Freimer, Risch, Lerer, & Alexander, 1993)。重度抑郁症和双相情感障碍的父子遗传现象也很常见,这也与X连锁遗传相违背。此外,如之前所提及的,双相情感障碍几乎没有表现出性别差异。由于这些原因,X连锁遗传似乎不太可能(Hebebrand, 1992)。

1987年,研究人员报道,在宾夕法尼亚州一个旧秩序阿米什教会的基因隔离社区中,双相情感障碍与11号染色体上的标记存在连锁(Egeland et al., 1987)。遗憾的是,这一广为人知的发现并没有在其他研究中被重复出来。当对原始血统以及补充数据进行后续研究,发现证明连锁的证据消失了时,最初的报道就被撤回了(Kelsoe et al., 1989)。

这些错误让我们在寻找情绪障碍基因时变得更为谨慎。重度抑郁症的连锁研究落后于精神分裂症和双相情感障碍,其原因如上所述,至少在社区样本中重度抑郁症似乎不太可遗传(McGuffin, Cohen, & Knight, 2007)。三项针对重度抑郁症的早期全基因组连锁研究主要集中在15q的连锁上(Camp et al., 2005;Holmans et al., 2007;McGuffin et al., 2005)。后续的精密定位显示出连锁在15q25—q26上较为积极的证据(Levinson et al., 2007)。对重度抑郁症全基因组关联(GWA)研究的最新回顾中得出结论,并未发现有重大意义的关联(Cohen-Woods, Craig, & McGuffin, 2013;Flint & Kendler, 2014)。利用一个具有严重亚型的高度选择样本,位于10号染色体上的两个重度抑郁症相关的位点已被确认(CONVERGE Consortium, 2015)。尽管通过对欧洲研究的元分析并不能强有力地重复这些新发现,但表明了关注重度抑郁症的亚型可能是识别抑郁症相关基因的一个重要途径。

双相情感障碍的全基因组连锁扫描引出了一个令人惊讶的发现。对11项连锁研究中超过1 200名诊断为双相情感障碍的患者进行元分析,发现了13q和22q之间存在连锁的有力证据(Badner & Gershon, 2002)。同一研究也对18项精神分裂症的连锁研究进行了元分析,除了其他区域,还发现强有力的证据证明连锁也存在于同样的两个区域13q和22q。随后的多个组合数据分析结果支持了双相情感障碍和精神分裂症存在共同基因这一发现,(如,Purcell et al., 2009)。最近的GWA研究支持了双相情感障碍和精神分裂症与相同的常见SNP位点(交叉障碍组精神疾病基因组学学会,Cross-Disorder Group of the Psychiatric Genomics Consortium, 2013a)相关这一发现,尽管这些关联位于不同的区域(3p21),同时也与重度抑郁症有关。双相情感障碍在染色体3p21位点上的关联这一结果已被重复(如,Chen et al., 2013),几项研究已经利用全基因组方法确定了与双相情感障碍相关的新SNP位点(如,Mühleisen et al., 2015; Chen et al., 2013)。在多项研究中发现,与双相情感障碍相关的两个基因是*CACNA1C*和*ANK3*(参见综述 Shinozaki & Potash, 2014, and Gatt, Burton, Williams, & Schofield, 2015)。

由于与双相情感障碍相关的基因数量众多,而只有少数几个基因能够始终如一地被重复,因此很难解释这些发现。已经使用的一种策略,是进行旨在阐明持续基因变异对脑活动或心理功能的潜在作用的研究。例如,有一项此类研究发现,携带与双相情感障碍相关的*CACNA1C*基因型的健康受试者,表现为较低的外倾性水平和较高的伤害回避性、焦虑特质、偏执意念,以及高惊恐反应(Roussos, Giakoumaki, Georgakopoulos, Robakis, & Bitsios, 2011)。最近,对*CACNA1C*基因和其他与双相情感障碍及精神分裂症共相关的基因(如,*ANK3*)进行了检测,以了解它们对人脑结构及功能的影响(Gurung & Prata, 2015)。大多数被检测的基因也与神经影像学表型有关,这些表型在精神分裂症及双相情感障碍中被发现是非常重要的。例如,*CACNA1C*与白质和灰质的体积、执行任务期间区域激活及功能连接,以及面部情感识别有关。这些发现和其他基因变异功能相关性的研究,不仅对理解哪些基因与情绪障碍相关很重要,而且对理解它们之间为何相关都是至关重要的。

焦虑障碍

广义上的情绪障碍包括焦虑(惊恐障碍、广泛性焦虑障碍和恐惧症)。在**惊恐障碍**中,反复性惊恐会突然意外发作,通常会持续几分钟。惊恐发作往往会导致患者对可能引发更多恐慌的环境感到害怕(例如,**广场恐惧症**或恐旷症,其字面意思是"害怕市集")。**广泛性焦虑**是一种更为慢性的弥漫性焦虑状态,其特征是过度且无法控制的忧虑。在恐惧症中,恐惧依赖于特定的刺激,比如害怕高处(**恐高症**)、封闭环境(**幽闭恐惧症**)或社会情境(**社交恐惧症**)。

焦虑障碍通常不像精神分裂症或重度抑郁症那么严重。然而,它们却是最常见的精神疾病形式,其终生患病率为29%(Kessler et al.,2005a),并可导致其他疾病,尤其是抑郁症和酗酒。焦虑发病的中位年龄(11岁)要比情绪障碍(30岁)早得多。对于焦虑障碍的终生风险来说,惊恐障碍为5%、广泛性焦虑障碍为6%、特定恐惧症为13%、社交恐惧症为12%。惊恐障碍、广泛性焦虑障碍和特定恐惧症的女性患病风险是男性的两倍。

焦虑症的遗传研究比精神分裂症和情绪障碍的遗传研究要少得多。一般来说,与精神分裂症和双相情感障碍中更实质性的遗传影响相比,焦虑症的结果似乎类似于抑郁症的结果,显示出中度的遗传影响。正如后面会讨论的,焦虑和抑郁结果的相似性可能由它们之间的基因重叠造成。尽管如此,我们将简要回顾惊恐障碍、广泛性焦虑障碍和恐惧症的遗传影响证据。

对八项惊恐障碍的家系研究的回顾发现,一级亲属的平均罹病率为13%,而对照组则为2%(Shih,Belmonte,& Zandi,2004)。在早期一项惊恐障碍的双生子研究中,同卵和异卵双生子的一致性比率分别为31%和10%(Torgersen,1983)。在两项非临床样本的大型双生子研究中,易患性遗传力约为40%,且无共享环境影响存在的证据(Kendler,Gardner,& Prescott,2001;Mosing et al.,2009a);另外两个大型双生子研究,遗传力约为30%,且无共享环境影响(López-Solà et al.,2014;Tambs et al.,2009)。五项双生子研究的元分析得出了相似的易患性遗传力(43%),且无共享环境影响(Hettema,Neale,& Kendler,2001a)。目前尚无惊恐障碍或任何其他焦虑症的收养研究数据。

广泛性焦虑障碍似乎与惊恐障碍一样是家族性的,但其遗传力证据较弱。一项对家系研究的回顾分析表明,一级亲属的患病平均风险率约为10%,而对照组为2%(Eley,Collier,& McGuffin,2002)。然而,两项双生子研究却未发现基因影响的相关证据(Andrews,Stewart,Allen,& Henderson,1990;Torgersen,1983);另外三项双生子研究表明,存在约为20%的中度遗传影响,其几乎不存在共享环境影响(Hettema,Prescott,& Kendler,2001b;Kendler,Neale,Kessler,Heath,& Eaves,1992;Scherrer et al.,2000)。另外两项双生子研究发现,广泛性焦虑障碍的遗传力略高,约为30%(López-Solà et al.,2014;Tambs et al.,2009),尽管其中一项研究发现,几乎所有遗传变异都与其他焦虑障碍共享。最近的一份报告估计,任何焦虑症的SNP遗传力都为中度,在10%左右(Otowa et al.,2016)。

恐惧症显示家族相似性:不包括广场恐惧症在内的其他特定恐惧症的家族风险为30%,对照组为10%(Fyer,Mannuzza,Chapman,Martin,& Klein,1995);广场恐惧症的家族风险为5%,而其对照组为3%(Eley et al.,2002);社交恐惧症的家族风险为20%,而其对照组为5%(Stein et al.,1998)。对十项已发表的恐惧症双生子研究进行了元分析发现,动物恐惧症、情境恐惧症和血-伤-注射恐惧症的平均遗传力为

0.30，且一些证据表明只有情境和血-伤-注射恐惧症会受中度的共享环境影响（Van Houtem et al., 2013）。尽管几乎不存在共享环境影响的证据，恐惧症是后天所得，即使是对进化性恐惧相关刺激的畏惧，比如蛇和蜘蛛。一项有趣的条件性恐惧实验的双生子研究表明，个体在学习和消除恐惧方面的差异受中度的遗传影响（Hettema, Annas, Neale, Kendler, & Fredrikson, 2003）。

其他类型障碍

如前所述，DSM包括许多其他类别的疾病，我们仅仅了解少数这些其他疾病的遗传学。这些疾病包括：创伤后应激障碍（PTSD）、季节性模式抑郁障碍、躯体化症状障碍（包括慢性疲劳）、饮食失调以及强迫症型障碍。其他疾病将在后面的章节中讨论：冲动控制障碍，如第15章中的多动症，第16章中的反社会人格障碍，以及第17章中的药物滥用障碍。

有几项研究对创伤后应激障碍（PTSD）的遗传学进行了探索。PTSD的诊断取决于先前经历过死亡威胁或严重伤害的创伤性事件，比如战争、袭击或自然灾害，目睹过此类事件，或得知该创伤性事件发生在一个亲近家属或亲密朋友身上。PTSD症状包括重新体验创伤（侵入性记忆和噩梦）和否认创伤（情感麻木）。一项调查估计一次PTSD发作的终生风险约为1%（Davidson, Hughes, Blazer, & George, 1991）。当然，对于那些经历过创伤的人来说，风险要高得多。例如，飞机失事后，多达一半的幸存者患上了PTSD（Smith, North, McColl, & Shea, 1990）。大约10%的越战退伍美国老兵在多年后仍然患有PTSD（Weiss et al., 1992）。对创伤的反应似乎表现出家族相似性（Eley et al., 2002）。越南战争为PTSD双生子研究提供了一个机会，因为超过4 000对双生子是战争老兵。对这些双生子的一系列研究首先将其分为在东南亚服役的人（更有可能经历创伤）和未在东南亚服役的人（True et al., 1993）。无论经历何种类型的创伤，两组的结果都相似：15种PTSD症状的遗传力均在40%左右，且均无共享环境影响的证据。一项PTSD的大型全女性双生子研究发现，遗传影响占PTSD差异的72%，其余变异则是由非共享环境影响造成的（Sartor et al., 2011）。

季节性模式抑郁症（以前称为季节性情感障碍或SAD）是一种季节性发生的重度抑郁症，通常发生在秋季或冬季（Rosenthal et al., 1984）。家庭和双生子研究结果表明与抑郁症相似，其具有中度遗传力（约30%），且几乎不存在共享环境影响（Sher, Goldman, Ozaki, & Rosenthal, 1999）。然而，有一项双生子研究报道其遗传力有两倍高（Jang, Lam, Livesley, & Vernon, 1997）。值得注意的是，这项研究是在不列颠哥伦比亚省（加拿大）进行的，与其他研究相比，其SAD发生率非常高，这表明加拿大样本有较高的遗传力和患病率可能是由于其北纬度和更为严酷的寒冬所导致的

(Jang,2005)。最近一项GWA研究发现,季节性和双相情感障碍、重度抑郁、精神分裂症的遗传风险存在重叠,这为DSM-5中引入季节性模式类别提供了一些支持(Byrne et al.,2015)。

在一些躯体症状及相关疾病中,心理冲突会导致如胃痛等生理症状。这一类有几种疾病,但是只有躯体症状障碍在遗传学研究中得以检测。躯体化障碍涉及多种症状,但没有明显的生理原因。躯体症状障碍在家庭、双生子和收养研究中表现出一定的遗传影响(Guze,1993)。躯体症状障碍在女性中比男性中更为常见,显示出女性强烈的家族相似性,但对男性而言,则与反社会人格的家庭风险增加有关(Guze,Cloninger, Martin, & Clayton, 1986; Lilienfeld, 1992)。一项收养研究表明,女性躯体症状障碍与男性反社会行为之间的这种联系可能源于遗传(Bohman, Cloninger, von Knorring, & Sigvardsson, 1984)。患躯体症状障碍的被收养女性的生父表现出更高的反社会行为和酗酒比率。一项对躯体痛苦症状的非选择性样本双生子研究显示,遗传因素和共享环境影响同时存在;这项研究还表明一些遗传影响与抑郁症和恐惧症无关(Gillespie, Zhu, Heath, Hickie, & Martin, 2000)。

慢性疲劳是指超过六个月无法用生理或其他精神疾病解释的疲劳。家系研究表明慢性疲劳具有中度家族性(Albright, Light, Light, Bateman, & Cannon-Albright, 2011; Walsh, Zainal, Middleton, & Paykel, 2001)。一项对诊断为慢性疲劳的双生子研究发现,MZ双生子的一致率为55%,DZ双生子的一致率为19%(Buchwald et al., 2001)。对非选择性样本中双生子慢性疲劳症的研究结果喜忧参半。而大多数双生子研究发现中度的遗传和共享环境影响(Sullivan, Evengard, Jacks, & Pedersen, 2005; Sullivan, Kovalenko, York, Prescott, & Kendler, 2003b),甚至在儿童期亦是如此(Farmer, Scourfield, Martin, Cardno, & McGuffin, 1999)。在另一项研究中发现,疲劳相关症状对于女性来说主要由于共享环境影响所致,而男性则是受到遗传和非共享环境影响(Schur, Afari, Goldberg, Buchwald, & Sullivan, 2007)。在一组研究中,对慢性疲劳症状和其他躯体症状检测发现,这些症状可用遗传和非共享环境影响来解释(Kato, Sullivan, Evengard, & Pedersen, 2009; Kato, Sullivan, & Pedersen, 2010)。

饮食失调包括神经性厌食症(极端节食和避免进食)和神经性暴食症(暴食后呕吐),这两种疾病主要发生在少女和年轻女性身上,以及新的一类名为暴食障碍(暴食且缺乏控制及痛苦的感觉)。神经性厌食症和神经性暴食症似乎均有家族性(Eley et al., 2002);在双生子研究中,两种疾病均表现出中度可遗传,几乎不受共享环境的影响(Trace, Baker, Peñas-Lledó, & Bulik, 2013)。例如,对厌食症最大型的双生子研究发现,其易患性遗传力为56%,且无共享环境的影响(Bulik et al., 2006)。一项对饮食失调的收养同胞的研究得出了类似模式的结果,其中遗传影响占差异的一半以上,并无共享环境影响(Klump, Suisman, Burt, McGue, & Iacono, 2009)。饮食失调是研究基因和环境互作特别有前景的一个领域(Bulik，2005)，包括可能会减弱遗传和环境影响的生物学因素研究，比如青春期和激素暴露(参见综述 Klump，2013)。

强迫症型障碍(OCD)是由侵入性、重复性和持续性的想法、冲动，或引起痛苦的图像从而导致过度或重复的仪式行为，比如对卫生的执着导致的反复洗手。由于诊断标准不同，且样本量小，OCD 的家系研究往往得出不一致的结果。一项对 OCD 家系研究的回顾报道，采用一致标准和较大样本量，家庭成员的平均风险为 7%，对照组为 3%(Shih et al.，2004)。对 14 项强迫症状双生子研究的元分析发现，遗传影响约占差异的 40%，共享环境影响所占差异比例低于 10%(Taylor，2011)，两项大型 OCD 症状的双生子研究发现遗传力约为 40%，且无明显共享环境影响(López-Solà et al.，2014；Mataix-Cols et al.，2013)。对强迫症状 SNP 遗传力的估算表明，14% 的差异可以用常见 SNP 的加性总和贡献来解释(den Braber et al.，2016)。

障碍的共现关系

精神疾病的共现关系或共病现象是惊人的。患有一种障碍的人几乎有 50% 的几率在 12 个月内患一种以上其他精神障碍(Kessler，Chiu，Demler，Merikangas，& Walters，2005b)。另外，精神障碍越严重越可能出现合并症。这些同时发作的真的是不同的疾病么？同时发生是否会对现有诊断体系产生质疑？诊断体系是以症状的表型描述为基础的，而非基于病因。遗传学研究为考察因果关系证据的诊断系统带来了希望。正如第 7 章和附录中所解释的，对双生子和收养数据的多元遗传分析可用于提问，影响某种特质的基因是否也会影响另一种特质。

数以百计的遗传学研究已经解决了精神病理学中合并症这一关键问题。在本章的前面，我们思考了关于重度抑郁症和双相情感障碍之间基因重叠的惊人发现，以及双相情感障碍和精神分裂症之间更令人惊讶的基因重叠的可能性。大量多元家庭和双生子研究已探究了跨多种焦虑障碍的共病现象，以及焦虑障碍与其他障碍(如抑郁和酗酒)的共病现象。我们将提供多元遗传结果的概述，其表明了一个令人惊讶的遗传共病程度，而不是去描述比较两三种精神障碍的研究(参见，如，Jang，2005；McGuffin，Gottesman，& Owen，2002)。

例如，探讨各种类型的焦虑障碍。对重度焦虑症的终生诊断的多元遗传分析表明，大量的基因重叠存在于广泛性焦虑障碍、惊恐障碍、广场恐惧症和社交恐惧症之间(Hettema，Prescott，Myers，Neale，& Kendler，2005)。只有特定的恐惧症才有特定的遗传效应，如恐惧动物。这些疾病之间的差异很大程度上由非共享环境因素所造成。尽管女性患焦虑障碍的频率要高很多，但男性和女性的结果是相似的。随后一项双生子研究探讨了惊恐障碍、广泛性焦虑障碍、恐惧症、OCD 和 PTSD(Tambs et al.，

2009)。同样,所有焦虑障碍都受一个共同的遗传因素影响,只有恐惧症和OCD表现出受某些特定遗传因素的影响;且任何障碍均无明显的共享环境影响。

将这种多元遗传方法从焦虑障碍扩展到包括重度抑郁症后得到了最令人惊讶的发现:焦虑症(尤其是广泛性焦虑障碍)和抑郁症在遗传上很大程度上是同一种疾病。这一发现最初报道于1992年的一篇终生评估论文中(Kendler et al.,1992),结果总结如图14.3。在这项研究中,重度抑郁症的易患性遗传力为42%,广泛性焦虑障碍为69%。无显著的共享环境影响存在;非共享环境占两种疾病易患性的其余部分。令人惊奇的发现是这两种疾病之间的1.0的遗传相关性,表明相同基因影响抑郁症和焦虑症。非共享环境影响的相关系数为0.51,说明非共享环境因素在一定程度上区分这些疾病。这些关于抑郁症和焦虑症的终生评估结果通过利用随访获得的年患病率得到了重复(Kendler,1996)。对23项双生子研究和12项家系研究的回顾研究证实,焦虑症和抑郁症在遗传学角度上很可能是相同的疾病,并且这些疾病是由非共享环境因素来区分(Middeldorp, Cath, Van Dyck, & Boomsma, 2005)。第15章描述了该领域更多的工作,侧重于儿童和青少年,而非成人,目的是了解这些精神障碍是如何发展的,以及在发展过程中是如何并发的。

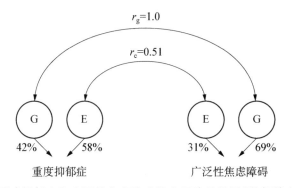

图14.3 重度抑郁症和广泛性焦虑障碍的多元遗传结果(数据摘自Kendler, Neale, Kessler, Heath, & Eaves, 1992. Copyright 1992 by the American Medical Association.)

从抑郁和焦虑障碍,延伸到药物滥用及反社会行为等,常见精神障碍(不包括精神分裂症和双相情感障碍)的遗传结构与当前基于症状的诊断分类有很大不同(Kendler, Prescott, Myers, & Neale, 2003b)。遗传研究表明有两大类疾病,称为内化和外化障碍。内化障碍包括抑郁和焦虑障碍;而外化障碍则包括酒精和其他药物滥用,以及成人期的反社会行为(和儿童期的行为障碍)。内化障碍可分为焦虑/痛苦因素,包括抑郁和焦虑障碍,以及恐惧因素,包括恐惧症。这两种内在因素均与惊恐障碍有关。正如在第16章中所讨论的,内化障碍可能代表了称为神经质的广泛人格特质的极端。

虽然酒精依赖和其他药物滥用也包含一些障碍特异性的遗传因素,但不同的外化障碍(第15—17章)仍是普遍遗传因素的一部分。虽然女性患内化障碍和男性患外化障碍的风险更高,但内化和外化障碍的遗传结构却同样适用于男性和女性。因为很少有疾病表现出共享环境影响,环境并不会影响到遗传结构。非共享环境在很大程度上导致了异质性而非共病性。因此,合并症的表型结构在很大程度上受遗传结构的驱动(Krueger, 1999)。

这些多元遗传结果预测,当发现任何一种内化障碍相关的基因时,相同基因极有可能也与其他内化障碍相关。同样,与任何一种外化障碍相关的基因,也可能与其他外化障碍相关,但与内化障碍无关。这一结果表明,基因影响对精神病理学的效应是广泛的,它反映了有关"通才基因"在认知能力领域的类似发现(参见第11章)。

鉴定基因

虽然多元遗传研究表明,遗传作用存在于内化和外化障碍的大类别中,但焦虑障碍的分子遗传学研究一直侧重于传统诊断。此外,与情绪障碍相比,对这些疾病进行的分子遗传学研究还远远不够。因此,连锁研究尚未聚集,而"普通疑似"候选基因研究也尚未得出可重复的结果(如,Eley et al., 2002; Jang, 2005; Smoller, Block, & Young, 2009)。

惊恐障碍的研究最多,部分是因为它似乎比其他焦虑障碍更容易遗传,部分是因为该病会让患者非常衰弱。五项惊恐障碍的早期连锁研究并未得出一致的结果(Villafuerte & Burmeister, 2003),说明遗传的效应可能相对较小。然而,随后的研究报道得出了更有前景的结果,表明在 $15q$ 上和可能在 $2q$ 上存在连锁(Fyer et al., 2006),对于不同形式的惊恐障碍或恐惧症的特定区域也是如此(Smoller et al., 2009)。与其他复杂特质一样,候选基因之间的关联很大程度上无法得以重复(例如,Maron, Hettema, & Shlik, 2010; Shimada-Sugimoto, Otowa & Hettema, 2015)。迄今为止,最强有力的案例是证明了女性惊恐障碍与儿茶酚氧位甲基转移酶(COMT)基因功能多态性(Val158Met)之间的关联(McGrath et al., 2004; Rothe et al., 2006),该基因多态性被报道与许多其他常见情绪障碍及复杂特质相关(Craddock, Owen, & O'Donovan, 2006)。类似的混合结果开始出现于 OCD 候选基因研究中(Hemmings & Stein, 2006; Stewart et al., 2007),尽管对 113 项 OCD 研究的 230 个基因多态性的元分析表明,在一项两阶段的元分析中有 20 个关联被鉴定出具有显著性(Taylor, 2013)。对 OCD 的两项 GWA 研究表明谷氨酸、血清素和多巴胺能系统中的基因可能很重要(Mattheisen et al., 2014; Stewart et al., 2013)。饮食失调的连锁和候选基因关联研究也被在同时开展(Slof-Op't Landt et al., 2005);尽管 GWA 研究已经开展,但它们在检测全基因组的意义方面表现不佳(如,Boraska et al.,2014)。一项抑郁症的 GWA 研究使用经 GWA 研究筛选的一系列 SNP 位点以研究其与某一特定表型之间的相关性,发现了许多影响抑郁症和焦虑症的微小效应的遗传位点之间存在显著关联的证据(Demirkan et al.,2011)。因此,尽管有一些证据表明某些基因与特定疾病相关,但也有新的证据表明在多种疾病中存在大量的基因重叠,且这一发现得到了之前讨论的几项研究的支持,包括报道了四个 SNP 位点与五种精神障碍关联的 GWA 研究(交叉障碍组精神疾病基因组学学会,Cross-Disorder Group of the Psychiatric Genomics Consortium,2013a,2013b)。随着更多的研究考虑多重诊断,研究结果很可能会与双生子研究结果相一致,与广义的精神障碍相关的基因将被鉴定出来。

总结

重度抑郁症存在中度遗传影响,而双相情感障碍存在大量遗传影响。越严重和易复发形式的情绪障碍越容易遗传。双相情感障碍可能是一种更为严重的抑郁症。令人惊讶的是,针对双相情感障碍的分子遗传学研究发现了与精神分裂症相似的连锁和关联。

焦虑障碍得到的数量遗传结果类似于抑郁症——中度的遗传影响,且几乎没有共享环境影响的证据。同时还发现了一些与季节性模式抑郁症、躯体症状障碍、慢性疲劳、饮食失调和强迫症型障碍相关的遗传影响的证据。

精神病理学中一些影响最为深远的遗传学发现与遗传性合并症有关。遗传研究已经开始质疑精神分裂症和双相情感障碍之间的基本诊断区别,包括这两种疾病之间相似连锁和关联的分子遗传学发现。关于情绪障碍最引人注目的发现是,从遗传学角度来看,重度抑郁症和广泛性焦虑障碍为同一种疾病。多元遗传学研究认为常见精神障碍的遗传结构仅包括两大类,内化和外化障碍。

第 15 章

发展精神病理学

精神分裂症通常在成人期被诊断出来,其他障碍类型疾病在儿童期就会出现。第12章讨论了一般认知障碍、学习障碍和沟通障碍。儿童期首发的其他DSM疾病诊断类别包括广泛性发育障碍(如,自闭症)、注意力缺陷和破坏性行为障碍(如,注意力缺陷/多动障碍、品行障碍)、焦虑障碍、抽动障碍(如,图雷特综合征)、排泄障碍(如,遗尿症),以及最近出现的情绪障碍。全国范围内非选择性抽样调查8至15岁儿童的家庭样本中,12%的儿童连续12个月符合破坏性障碍(注意力缺陷/多动障碍或品行障碍)、情绪或焦虑障碍(抑郁、心境恶劣、焦虑或恐慌)或饮食失调(Merikangas et al., 2010)的诊断标准。更令人惊讶的是,这些儿童中约有14%符合两种或两种以上疾病的诊断标准。

仅在过去的近二十年中,遗传研究才开始关注儿童期精神障碍(Rutter, Silber, O'Connor, & Simonoff, 1999)。发展精神病理学并不局限于儿童期:它考虑的是整个生命过程的变化和连续性,包括其他疾病,比如痴呆,它是在生命后期发展的一种疾病(参见第12章和第19章)。然而,正如本章内容所述,儿童期精神障碍的遗传学研究已经在蓬勃发展。关注儿童期精神障碍的一个原因是有些儿童期出现的精神障碍会持续到成年,可能会以相同的形式存在,或者以不同但相关的形式存在。焦虑障碍首发年龄的中位数(11岁)和冲动控制障碍首发年龄的中位数(11岁)均远早于情绪障碍(30岁)。在所有确诊为精神障碍终生患病的病例中有一半开始于14岁,这表明旨在预防或早期治疗的干预措施需要侧重于儿童期和青春期(Kessler et al., 2005a),尤其是考虑到符合心理健康障碍诊断标准的8至15岁的儿童中,只有一半曾向心理健康专家寻求治疗(Merikangas et al., 2010)。然而,儿童期精神障碍遗传学研究兴趣增加的主要原因是两大儿童期精神障碍——自闭症和注意力缺陷/多动障碍——已被证明是所有精神障碍中最具遗传性的,以下部分会具体描述。

自闭症

*自闭症*曾被认为是精神分裂症在儿童期的一个版本,但现在它被认为是一种不同的精神障碍,其特征为社交关系异常、沟通缺陷和兴趣狭窄。按照传统诊断标准,这种精神障碍相对少见。然而,美国疾病控制与预防中心 2010 年的一项调查发现,自闭症的患病率要高于先前的报道,大约每 68 名儿童中就有 1 名患病,男孩的患病率几乎是女孩的五倍(http://www.cdc.gov/ncbddd/autism/data.html)。一项对韩国社区 55 000 多名儿童进行筛查的研究报告了更高的患病率,每 38 个儿童中就有 1 名患病(Kim et al., 2011)。20 世纪 90 年代,自闭症的确诊增加了五倍,部分原因是人们意识的提高和诊断标准的改变(Muhle, Trentacoste, & Rapin, 2004),而且这一比率在 21 世纪持续上升。自闭症的诊断已经扩展到代表一系列症状的*自闭症谱系障碍*(ASD)。传统上,自闭症诊断仅限于 3 岁前在三个方面(社交、沟通和兴趣)都表现出缺陷的儿童。对比而言,儿童在 3 岁之前如果在社交和兴趣领域受损,但语言和认知发展表现正常则会被诊断为*阿斯伯格综合征*(Asperger syndrome)。儿童如果仅在一或两个领域显示严重损害则被诊断为"其他"精神障碍。现在大多数研究人员认为这三种障碍是单一连续统一体或谱系障碍的一部分。21 世纪初,媒体报道称 ASD 患病率的上升是由麻疹-腮腺炎-风疹(MMR)疫苗这一环境因素造成的,这引起了父母的极大关注。然而,ASD 这一假定环境因素的证据一直不足以成立(Taylor, Swerdfeger, & Eslick, 2014a)。

家系和双生子研究

当坎纳(Kanner, 1943)在 1943 年首次描述自闭症时,他认为自闭症是"由体质"引起的。然而在随后的几十年里,研究人员认为自闭症是环境造成的,可能是由于父母的冷漠和排斥或是由脑损伤而引起的(Hanson & Gottesman, 1976)。遗传学对自闭症似乎并不重要,因为没有关于自闭症儿童有患自闭症父母的病例报道,而且兄弟姐妹患自闭症的风险只有 5% 左右(Bailey, Phillips, & Rutter, 1996; Smalley, Asarnow, & Spence, 1988)。然而,这个 5% 的比率是那些原始研究中诊断为自闭症人口比率的 100 倍,这一差异意味着强烈的家族相似性;而自闭症儿童没有患自闭症父母的原因是很少有严重自闭症患者结婚生子。

1977 年,首个对自闭症的系统性双生子研究开始改变自闭症起源于环境这一观点(Folstein & Rutter, 1977)。11 对同卵双生子中有 4 对同患自闭症,而 10 对异卵双生子中没有一对同患自闭症。同卵双生和异卵双生的患病一致性分别为 36% 和 0%,当诊断范围扩大到包括沟通和社交问题时,双生子患病一致性分别上升到 92% 和

10%。自闭症儿童的双生子同胞更有可能存在沟通问题和社交障碍。在一项双生子样本随访至成人的研究中,社交关系问题很突出(Le Couteur et al.,1996)。这些发现在其他双生子研究中也得到了证实(Ronald & Hoekstra, 2011)。保守估算同卵双生子的一致性是 60%。一项对四个独立的双生子研究进行的回顾性研究表明,自闭症的易患性遗传力超过 90%(Freitag, 2007)。对 ASD 的双生子和家系研究发现了相似的结果,表明自闭症具有较高的遗传力,且几乎不存在共享环境影响的证据(如,Colvert et al., 2015; Risch et al., 2014; Sandin et al., 2014;另请参见 Hallmayer et al., 2011,该论文对共享环境的作用有不同的观点)。

基于这些双生子和家系研究的发现,对自闭症的观点已经发生了根本性的变化。自闭症不再被视为是一种由环境导致的障碍,而被认为是最具遗传性的精神障碍之一(Freitag, 2007; Ronald & Hoekstra, 2011)。自闭症遗传研究一个不同之处是,正如传统诊断,自闭症是如此严重的疾病,以至于患病儿童几乎总是能够被临床服务机构发现,而不会未被诊断留在社区中(Thapar & godfeld, 2002)。因此,几乎所有的双生子研究都是基于临床病例,而不是来自社区。然而,最近的研究认为 ASD 是一个连续统一体,它能很好扩展到社区中未被确诊儿童的常见行为问题。这种趋势部分是由早期家系研究结果驱动的,其中发现自闭症患者的亲属也有一些沟通和社交困难(Bailey, Palferman, Heavey, & Le Couteur, 1998)。双生子研究也普遍支持以下假说:导致 ASD 症状的遗传和环境因素在人群中是连续分布的,以及自闭症特质的病因不依据患病严重程度而有差异(如,Colvert et al., 2015; Lundstrom et al., 2012; Robinson et al., 2011;另参见 Frazier et al., 2014 为一个例外)。这是行为遗传学中一个新兴规则——疾病实际上是一系列正常变异连续体的数量极限(参见第 13 章和第 14 章)。

相比于自闭症的三重损伤的假说——社交障碍、语言交流缺陷以及兴趣和活动狭窄——对社区样本 ASD 症状的双生子研究已经发现了其遗传异质性的证据,特别是在社交障碍(互动和沟通)和非社交障碍(兴趣和活动)之间。对三重症状进行几项多元遗传学分析发现,这三种症状中的每一种都有高遗传力(约 80%),但它们之间的遗传相关性却出奇地低(如,Ronald, Happé, Price, Baron-Cohen, & Plomin, 2006; Taylor et al., 2014b)。这些研究结果表明,虽然有些儿童碰巧同时具有这三种症状,但 ASD 的三重症状在遗传上是不相同的。这一惊人的结论与自闭症传统诊断方法相矛盾,但得到了认知和脑数据的支持(Happé, Ronald, & Plomin, 2006)。

鉴定基因

数量遗传学证据表明自闭症受遗传影响很大,使得自闭症在 1994 年 QTL 连锁分析在阅读障碍领域获得成功之后成为患病同胞对连锁分析的早期目标(参见第 12

章)。1998年,一项国际合作连锁研究报道了在87对患病同胞对研究中发现了有关7号染色体上基因座(7q31—q33)的证据(国际自闭症分子遗传学研究学会International Molecular Genetic Study of Autism Consortium,1998)。这个7q连锁在其他研究中也得到了验证,尽管也有几项研究没有重复出这个连锁(Trikalinos et al.,2006)。但目前没有特定基因被证实与自闭症有可靠关联性(De Rubeis & Buxbaum,2015)。在几项全基因组连锁研究中已经报道许多其他连锁区域,但没有一个在超过两项的研究中被重复出来(Ma et al.,2007)。尽管ASD存在性别差异,但表明它与X染色体连锁的一致性证据还未出现。

与其他常见精神障碍一样,这些连锁结果表明仅通过少于数百对患病同胞对样本量的同胞对连锁分析无法检测足够大效应量的基因。解决检测较小QTL效应量的能力问题,最直接的方法是增加样本量,但获得此类样本非常困难,因为只有5%自闭症儿童的同胞也患自闭症。一个大型合作项目对19个国家1000多个家系进行了同胞对连锁设计,其中涉及来自50多个机构的120名科学家(Szatmari et al.,2007)。虽然先前已报告的连锁包括7q上的连锁都没有被重复出来,但连锁分析结果表明其落在11p12—q13上。当从分析中去除具有拷贝数变异的家系(参见第9章)时,连锁结果似乎更强。

与其他精神障碍类似,数百个自闭症候选基因关联已被报道,但尚未发现一致的关联(Geschwind,2011;Xu et al.,2012)。虽然也已经进行了许多全基因组关联(GWA)研究,但这类研究中除了两个显著的例外,并没有找到确定的与ASD相关的特定基因或一组基因。首先,一项对超过50 000人进行的全基因组研究检测SNP与五种精神障碍的关系,包括ASD(交叉障碍组精神疾病基因组学学会,Cross-Disorder Group of the Psychiatric Genomics Consortium,2013a;2013b)。虽然没有任何一个SNP与ASD有独特的关联,但三个SNP与ASD和精神分裂症二者均存在显著关联(Kavanagh et al.,2015)。其次,一个基于8项研究的元分析检测2号染色体上易感性位点(*SLC25A12*),发现*SLC25A12*基因上两个SNP位点与ASD易感性之间存在关联(Liu et al.,2015)。

GWA和全基因组连锁研究缺乏结论的一个原因是它们侧重于常见的变异。越来越多的证据表明,多达10%的ASD病例是由拷贝数变异(CNV)引起的罕见突变所导致(Levy et al.,2011)。虽然CNV通常是新发突变,但有证据表明这些罕见突变也可能作为隐性突变进行遗传,并且当它们为纯合子时会增加ASD的风险(如,Krumm et al.,2015)。因为自闭症确实具有家族遗传性,罕见拷贝数变异不能成为ASD的唯一解释。相反,常见的变异和CNV可能对疾病都起重要作用。

为了整理已鉴定的大量自闭症基因,并为研究人员提供资源,最近一项研究对现有数据进行了回顾和分析,确定了与ASD相关的2000多个基因、4500个CNV和158

个连锁区域(Xu et al.，2012)。该信息位于一个可在线搜索的数据库中(http://autismkb.cbi.pku.edu.cn/)。随着这项工作的推进,上述多元遗传学研究提示自闭症的三种症状存在遗传异质性,由此表明可通过分子遗传学分别单独侧重于自闭症的三种症状,而不是从诊断自闭症开始进行研究,因为该诊断要求同时具有三种症状。

注意力缺陷/多动障碍

DSM-5定义的注意力缺陷/多动障碍(ADHD)是指那些表现出高度活跃、注意力持续时间短且行为冲动的儿童。美国国家儿童健康调查结果显示11%的儿童在青春期前接受过ADHD诊断,且男孩人数远远超过女孩(Visser et al.，2014;另参见:http://www.cdc.gov/ncbddd/adhd/features/key-findings-adhd72013.html)。欧洲精神病学家倾向于采取一种更严格的诊断方法,强调多动性不仅关注严重和普遍的情境,还要关注发病早且没有伴随高度焦虑的情况(Polanczyk, de Lima, Horta, Biederman, & Rohde, 2007; Taylor, 1995)。目前,这些或严格或宽泛的诊断方法的优劣仍存在不确定性(Polanczyk, Willcutt, Salum, Kieling, & Rohde, 2014)。无论如何定义概念,ADHD通常会持续到青春期,根据所使用的标准,还可能会持续到成年(Faraone, Biederman, & Mick, 2006)。

双生子研究

ADHD具有家族遗传性,患者的一级亲属被诊断出ADHD的可能性是对照组的5倍(Biederman et al.，1992),当ADHD持续到成年时,家族成员患病风险更大(Faraone, Biederman, & Monuteaux, 2000)。多动在双生子研究中一直呈现强烈遗传效应,无论是通过问卷调查(Nikolas & Burt, 2010)还是通过标准化和详细的访谈(Eaves et al.，1997),无论是由父母还是由老师评估(Saudino, Ronald, & Plomin, 2005),无论是被视为一个症状的连续分布维度(Thapar, Langley, O'Donovan, & Owen, 2006)还是被视为一个临床诊断(Gillis, Gilger, Pennington, & DeFries, 1992; Larsson, Chang, D'Onofrio & Lichtenstein, 2014)。通过对20项双生子研究的综合结果计算出多动的遗传力估算值为76%(Faraone et al.，2005),而最近一个对21项研究进行的元分析证实多动的遗传力估算值约为70%,注意力不集中的遗传力估算值约56%(Nikolas & Burt, 2010)。这些结果表明,ADHD的遗传力高于除自闭症以外的其他儿童期精神障碍。

就像在行为遗传学中几乎总会出现的情况,ADHD症状的稳定性主要是由遗传驱动的(如,Kan et al.，2013; Larsson, Dilshad, Lichtenstein, & Barker, 2011; Pingault et al.，2015)。与通常的精神病理学一样,ADHD延续到成人期的遗传力更高

(Faraone，2004)。ADHD 所得结果的一个不寻常之处是，异卵双生的相关性往往低于同卵双生子相关性，尤其是在父母评分上。如第 16 章所述，这可能是由于父母夸大异卵双生之间差异造成的对比效应，但双生子结果的这种模式也与**非加性遗传方差**一致(如 Eaves et al.，1997；Hudziak，Derks，Althoff，Rettew，& Boomsma，2005；Nikolas & Burt，2010)。尽管迄今为止，收养研究较少而且在方法学上也相当有限(McMahon，1980)，但它们为 ADHD 的遗传影响假说提供了支持(如，Cantwell，1975)。两项双生子儿童的研究(第 6 章)试图阐明遗传和环境影响在酗酒者孩子的 ADHD 发展中的共同作用，发现母亲酒精使用障碍和 ADHD 主要通过遗传效应与孩子的 ADHD 相关(Knopik et al.，2006；Knopik et al.，2009b)。

ADHD 的活跃和注意力成分都是高度可遗传的(Greven，Asherson，Rijsdijk，& Plomin，2011a；Nikolas & Burt，2010)。ADHD 的注意力不集中和多动成分的多元遗传双生子分析表明这两种成分之间存在大量的遗传重叠，为 ADHD 综合征提供了遗传依据(如，Greven，Rijsdijk，& Plomin，2011b；Larsson，Lichtenstein，& Larsson，2006；Merwood et al.，2014)。另一个多元问题涉及父母和老师对 ADHD 评分之间的遗传重叠，这两者都是高度可遗传的。多元遗传分析表明存在一些遗传重叠，还有一些特定来自于父母或老师的遗传效应(McLoughlin，Rijsdijk，Asherson，& Kuntsi，2011；Thapar et al.，2006)，这与另一项大型的青少年双生子研究中对 ADHD 症状的父母、老师和自我评定的结果模式相似(Merwood et al.，2013)。换句话说，这些结果预测不同的基因在一定程度上与父母在家里观察到的 ADHD 和老师在学校观察到的 ADHD 相关。此外，在家里和学校都观察到的普遍的 ADHD 比只在一种环境中观察到的 ADHD 更具有遗传性(Thapar et al.，2006)，并且在某种程度上家长和老师认为的多动冲动和注意力不集中是有区别的(McLoughlin et al.，2011)。

鉴定基因

与自闭症的情况一样，遗传对 ADHD 有巨大影响的这些一致的证据引起了分子遗传学家的注意。然而，对 ADHD 的这种认识要晚于对自闭症的认识，发生在分子遗传学研究已经从连锁研究转向关联研究，并试图鉴定小效应量 QTL 的时候。由于当时还没有 GWA 方法，这些早期研究仅限于候选基因。研究兴趣集中在与多巴胺通路有关的基因上，因为许多患有 ADHD 的儿童在服用了影响多巴胺通路的精神刺激剂后，比如哌醋甲酯，疾病症状有所改善。多巴胺转运蛋白基因 *DAT1* 是一个显著的候选基因，因为哌醋甲酯抑制多巴胺转运蛋白机制，而 *DAT1* 基因敲除小鼠表现为多动(Caron，1996)。*DAT1* 基因与疾病关联这一令人振奋的首次发现(Cook et al.，1998)在三项研究中得到了重复，但在另外三项研究中却没能得到重复(Thapar & feld，

2002）。对另外两个编码多巴胺受体的基因 *DRD4* 和 *DRD5* 的研究发现其关联要稍强一些。两项元分析发现多巴胺相关基因（*DRD4* 和 *DRD5*）存在小的（**优势比约为 1.2 至 1.3**）但重要的关联，尽管只有一项元分析发现 *DAT1* 的关联是显著的（Gizer, Ficks, & Waldman, 2009；Li, Sham, Owen, & He, 2006）。正如多元遗传结果所预期的那样，ADHD 症状之间存在大量遗传重叠，这些关联模式在症状之间是相似的（Thapar et al., 2006）。

其他 30 多个候选基因也被报道与疾病关联，但没有一个能被重复（参见综述 Li, Chang, Zhang, Gao, & Wang, 2014）。尽管候选基因关联研究主导了早期的 ADHD 遗传研究，全基因组连锁扫描分析已经被报道，包括一项对 7 个独立连锁扫描的元分析（Zhou et al., 2008）、一项 ADHD 和阅读障碍双元连锁扫描（Gayan et al., 2005），和一项对 9 个候选连锁区域进行后续精细定位的研究（Ogdie et al., 2004）。目前尚未确定一致的连锁区域。

与 ASD 相似，许多针对 ADHD 的 GWA 研究也没有明确且一致的结果。一项研究采用系统的方法来寻找常见的变异，使用标准的 SNP GWA 分析和以 CNV 研究结果为指导的更集中的由假设来驱动的方法（Stergiakouli et al., 2012）。该项研究报道了以 SNP 和 CNV 方法为指导对 *CHRNA7* 基因分析的趋同性，以及通过这两种方法发现一些在胆固醇相关和中枢神经系统通路的区域重叠。另一项聚焦 CNV 的研究也发现了 *CHRNA7* 基因参与的证据，该基因也与品行障碍的共病关联（Williams et al., 2012）。许多研究的发现都集中在 ADHD 个体的 CNV 上，包括至少一项全基因组 CNV 研究已经表明 CNV 在理解基因如何导致 ADHD 发展这一方面很可能发挥作用，但未来还需更多的研究来证实。ADHD 基因数据库（*ADHDgene*：http://adhd.psych.ac.cn/）已经建立，其中包括从已发表的 ADHD 遗传研究中收集的 SNP、CNV 和其他变异、基因和染色体区域信息（Zhang et al., 2012）。

破坏性行为障碍

破坏性行为障碍包括对立违抗性障碍和品行障碍。在 DSM 的早期版本中，这些疾病都与 ADHD 混淆在一起，尽管这些疾病经常同时发生，但现在将它们视为另一类疾病。因为品行障碍是这些疾病中遗传学研究做得最透彻的疾病，也是我们的关注重点。

品行障碍的遗传研究所得结果与 ADHD 的结果大相径庭。DSM-5 中品行障碍的标准包括侵犯、毁坏财产、欺诈或盗窃，以及其他严重违反纪律的行为，比如离家出走。大约 5% 到 10% 的儿童和青少年符合这些诊断标准，其中男孩的人数再次大大超过女孩（Cohen et al., 1993；Rutter et al., 1997）。与 ADHD 不同的是，几项早期青少年违法犯罪双生子研究的综合数据显示同卵双生子的一致性比率为87%,异卵双生子的一致性比率为72%,这些比率表明只存在中度的遗传影响和大量的共享环境影响(McGufn & Gottesman,1985)。这种模式得到了一项美国越战陆军退伍军人自陈报告的青少年反社会行为双生子研究结果的支持(Lyons et al.,1995)。然而,许多对青少年规范样本中违法行为和品行障碍症状的双生子研究显示出更高的遗传影响(Thapar et al.,2006)以及大量的共享环境影响(如,Bornovalova,Hicks,Iacono,& McGue,2010;Burt,2009a)。

反社会行为症状的异质性也导致了已发表的关于品行问题研究结果的不一致性。例如,几项双生子研究表明,攻击性反社会行为比非攻击性反社会行为更具有遗传性(如,Burt & Neiderhiser,2009;Eley,Lichtenstein,& Stevenson,1999)(图15.1)。此外,不同的遗传因素影响攻击性和非攻击性品行问题(Burt,2013;Gelhorn et al.,2006)。遗传效应最有可能与早发攻击性反社会行为有关,这种行为伴随着多动,显示出持续至成人期的强烈反社会人格障碍倾向(如,Moftt,1993;Robins & Price,1991;Rutter et al.,1999)。(参见第16章中人格障碍的讨论,包括反社会人格障碍)。另外,在不同情境(家庭、学校和实验室)下持续存在的反社会行为更具有遗传性(Arseneault et al.,2003;Baker,Jacobson,Raine,Lozano,& Bezdjian,2007a)。与

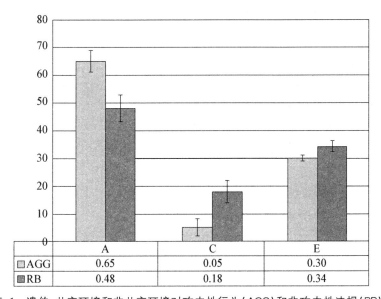

图 15.1 遗传、共享环境和非共享环境对攻击性行为(AGG)和非攻击性违规(RB)行为的影响。A=加性遗传方差;C=共同(共享)环境方差;E=非共享环境方差。(数据摘自 S. A. Burt,"Are there meaningful etiological differences within antisocial behavior? Results of a meta-analysis," *Child Psychology Review*,29,(2009),163-178.)

此相反，环境介导的风险最有可能与非攻击性少年犯罪有关，这种犯罪始于青少年时期且不会持续到成人期。如第8章所述，品行障碍和反社会行为的发展是基因-环境互作研究的一个丰富脉络(Jaffee, Strait, & Odgers, 2012；Moftt, 2005)。

儿童期反社会行为中遗传异质性的另一个方面是冷酷无情人格，这涉及到如缺乏同理心和负罪感的心理变态倾向。在一项大型的由老师对7岁儿童进行评定的双生子研究中，伴随着冷酷无情倾向的反社会行为是高度可遗传的(80%)，且没有共享环境影响，而没有冷酷无情倾向的反社会行为只中度可遗传(30%)并表现出中度的共享环境影响(35%)(Viding, Blair, Moftt, & Plomin, 2005)。这些发现在年龄纵向上持续存在；此外，如果儿童在儿童中期表现出高水平或逐渐增加的冷酷无情特质，那么这些儿童在12岁时出现问题。

焦虑障碍

焦虑障碍发病年龄的中位数为11岁(Kessler et al., 2005a)；出于这个原因，一些遗传学研究开始考虑儿童期的焦虑，最近的研究确定了学龄前儿童相对稳定的焦虑症状(Edwards, Rapee, & Kennedy, 2010b；Silberg et al., 2015)。几项研究均使用4 500多对来自英国的双生子样本，考察了从儿童早期到青少年时期的焦虑和相关症状。在一项研究中，该研究小组发现4岁儿童焦虑的三个组成部分与成人焦虑障碍相当(参见第14章)：广泛性焦虑、恐惧和强迫性行为(Eley et al., 2003)。有两个组成部分特定发生于儿童期：分离焦虑和害羞/压抑。强迫性行为和害羞/压抑的遗传力最高(均超过60%)，并无证据表明存在共享环境的影响。另一项对同一样本的在儿童中期的双生子研究，发现父母报告的焦虑症状在7岁至9岁时处于中度稳定状态，其中遗传影响约占症状差异的一半(Trzaskowski, Zavos, Haworth, Plomin, & Eley, 2012)。每种焦虑症状的稳定性主要由遗传影响引起，而随着时间的推移，从一种症状到另一种症状的变化主要是由共享环境影响造成的。这些发现强调了进行纵向研究和检查多种症状的必要性。

美国和荷兰的一项强迫性症状研究也发现在两国7岁、10岁和12岁的双生子中具有很高的遗传力(55%)(Hudziak et al., 2004)。在同一项研究中广泛性焦虑和恐惧的遗传力约为40%，而有一些证据表明恐惧受共享环境影响，这与成年人特定恐惧的结果相似(第14章)。强迫性行为症状也被发现从幼儿期(4岁)到青春期(16岁)有很高遗传力，大多数症状随时间推移保持其稳定性主要是受遗传影响(Krebs, Waszczuk, Zavos, Bolton, & Eley, 2015)。在2 490对瑞典双生子中对恐惧和恐怖症进行了从儿童中期(8—9岁)随访到成年早期(19—20岁)的纵向研究中发现了类似模式(Kendler et al., 2008b)。对于三种类型的恐惧(动物、血液/伤害和情境)的研究表明随着时间的推移,遗传影响相对稳定,共享环境影响减少和非共享环境影响增加。研究中还出现了一个有趣的遗传效应发展模式,即仅有中度的遗传影响能从儿童中期持续到成年早期,并且在每个年龄段都会有新的遗传影响(或新发)出现,尤其是在青少年早期(13—14岁)。

分离焦虑非常有趣,因为除了表现出中度的遗传力(约40%)外,还发现了大量的共享环境影响(35%)(Feigon,Waldman,Levy,& Hay,2001)。值得注意的是,部分以分离焦虑为症状的幼儿母性依附研究也发现了共享环境影响的证据(Fearon et al.,2006;O'Connor & Croft,2001;Roisman & Fraley,2006)。然而,在一项对英国4岁双生子的随访研究中,被调查者6岁时使用DSM-IV方法诊断分离焦虑障碍,结果发现很高的易患性遗传力(73%)且无共享环境影响(Bolton et al.,2006),尽管在同一批被调查者的一部分中发现特定恐怖症和分离焦虑症状之间的共变关系受共享环境的显著影响(Eley,Rijsdijk,Perrin,O'Connor,& Bolton,2008)。这些结果未必是矛盾的:发现共享环境影响和中度遗传力的研究分析了整体分布中的个体差异,而博尔顿(Bolton)等人的研究则侧重于可诊断的分离焦虑的极端例子。

对4岁双生子的多元遗传分析研究表明,尽管强迫性行为在遗传上与其他因素的相关性最小,焦虑的五个组成部分在遗传上有中度的相关性(Eley et al.,2003)。随后对7岁和9岁双生子的分析得出了相似的结果模式,由于遗传和共享环境影响以及特定遗传和非共享环境影响对每种亚型的作用,焦虑相关的行为表现出共同变异(Hallett,Ronald,Rijsdijk,& Eley,2009)。这些发现在一项378对意大利双生子儿童研究中得到了重复验证(Ogliari et al.,2010)。具体来说,遗传和非共享环境影响解释了广泛性焦虑、恐慌、社交恐怖症和分离焦虑之间的共变关系。

成人期焦虑和抑郁之间的强烈遗传重叠(第14章)表明抑郁症状也可以在儿童期进行有效的研究(Thapar & Rice,2006)。两项双生子研究发现焦虑和抑郁之间关联的病因在青春期前后存在差异,焦虑和抑郁症状的共同遗传影响存在于青春期后,而非青春期前(Silberg,Rutter,& Eaves,2001;Waszczuk,Zavos,Gregory,& Eley,2014)。有几项研究考察了遗传和环境对抑郁症状的影响,以及对儿童期和青春期抑郁和焦虑症状共变关系的影响(如,Brendgen et al.,2009;Franić,Dolan,Borsboom,van Beijsterveldt,& Boomsma,2014b;Lamb et al.,2010)。许多研究发现了遗传对内化行为存在重大影响的证据——内化行为是一种包括抑郁和焦虑症状在内的概念——并且影响从儿童期到青春期再到成人期内化行为的稳定性,这种稳定性主要可通过遗传影响来解释(如,Nivard et al.,2015;O'Connor,Neiderhiser,Reiss,Hetherington,& Plomin,1998)。这项工作的回顾研究表明,在7岁至12岁时基因显著影响焦虑和抑郁的稳定性,但3岁至7岁则不受其影响,这些疾病之间高度共病主要是由遗传因素影响(Franić,Middeldorp,Dolan,Ligthart,& Boomsma,2010)。

其他障碍

尽管精神分裂症和双相情感障碍通常到成人期早期才会出现,但对这些疾病可能的儿童期表现形式的遗传研究一直受到这样一个原则的推动:症状越严重的疾病可能越早发病(Nicolson & Rapoport,1999)。关于儿童期发病的精神分裂症,患病个体的亲属患精神分裂症的风险增加,这表明儿童形式和成人形式的精神分裂症之间存在一定联系(Nicolson et al.,2003)。尽管样本量很少,但儿童期精神分裂症唯一的一项双生子研究得到了很高的遗传力(Kallmann & Roth,1956)。最近一项利用双生子家系设计的研究,对儿童和青少年在社会适应和分裂型人格方面的缺陷——作为精神分裂症发展的先兆——进行了考察,发现精神分裂症与这些缺陷的关联主要是由遗传原因造成的(Picchioni et al.,2010)。精神病经历(即偏执、幻觉和认知失调)通常在精神病发作之前发生,并在一个大型青少年双生子样本中被证明是中度可遗传的并伴随一些共享环境影响,这表明精神分裂症的早期表现可以被检测出来(Zavos et al.,2014)。关于成人精神分裂症的有趣结果来自于结合了脑内表型的分子遗传学研究(Addington et al.,2005;Gornick et al.,2005;Mullin et al.,2015)。

儿童期双相情感障碍似乎更可能出现在有成人双相情感障碍患者的家庭中(Pavuluri, Birmaher, & Naylor,2005)。对儿童期双相情感障碍的连锁、候选基因和GWA的研究已被报道,但没有出现一致的结果(Althoff, Faraone, Rettew, Morley, & Hudziak,2005;Doyle et al.,2010;McGough et al.,2008;Nurnberger et al.,2014)。当鉴定出导致成人精神分裂症和双相情感障碍的高遗传力的基因时,接下来的研究问题之一是这些基因是否也与这些疾病的青少年形式有关。最近的一项报告使用了来自对成人精神分裂症和双相情感障碍GWA的多基因评分,但未发现与青少年广泛行为问题的关联(Krapohl et al.,2015)。

其他一些可获得遗传数据的儿童期精神疾病包括遗尿症(尿床)和抽搐。4岁以后儿童患遗尿症很常见,男孩约为7%,女孩约为3%。一项早期家系研究发现了大量的家族相似性(Hallgren,1957)。在三个小型双生子研究中发现了强烈的遗传影响(Bakwin,1971;Hallgren,1957;McGufn, Owen, O'Donovan, Thapar, & Gottesman,1994)。一项大型成年双生子回顾性报告对儿童期遗尿症的研究结果显示男性和女性的遗传力都很高(约70%)(Hublin, Kaprio, Partinen, & Koskenvuo,1998)。然而,一项对3岁双生子同样大规模的研究发现,根据父母的报告,男孩夜间膀胱控制只有中度的遗传影响(约30%),女孩的遗传力甚至更低(约10%)(Butler, Galsworthy, Rijsdijk, & Plomin,2001)。一项大型流行病家系研究发现,当母亲或父亲患夜间遗尿症,那么儿童患遗尿症的风险会更大;当父亲经历过尿失禁,儿童患遗尿症的风险高出 10 倍(当母亲经历过尿失禁,儿童风险较低,仅高出约 3 倍);这些结果都表明强烈的家系影响(von Gontard, Heron, & Joinson, 2011)。尽管元分析表明 *ADRB3* 基因在女性中起作用(Cartwright et al., 2015),但候选基因研究尚未产生可重复的结果(von Gontard, Schaumburg, Hollmann, Eiberg, & Rittig, 2001)。

抽动障碍通常始于儿童期,涉及某些肌肉的非自主抽搐,尤其是面部肌肉。一项双生子研究表明抽搐在儿童和青少年中的遗传力很低(约 30%)(Ooki, 2005)。同一项研究表明口吃是高度遗传的(大约 80%),但是抽搐和口吃在遗传上是不同的。遗传研究主要集中在抽动最严重的形式,即图雷特氏综合征。图雷特氏综合征是罕见的(约 0.4%),而单一的抽搐则更为常见。虽然家系研究显示简单抽搐的家族相似性很少,但患慢性、严重抽动症状的图雷特氏综合征的先证者的亲属患各种抽动(Pauls, 1990)、强迫症(OCD)(Pauls, Towbin, Leckman, Zahner, & Cohen, 1986)和 ADHD (Pauls, Leckman, & Cohen, 1993)的风险都会有所增加。一项图雷特氏综合征双生子研究发现同卵双生子有 53% 的一致性,异卵双生子有 8% 的一致性(Price, Kidd, Cohen, Pauls, & Leckman, 1985)。一项来自美国和荷兰的图雷特氏综合征患者的家系研究估算出抽动存在中度的遗传力,以及不同的抽动类型具有不同水平的遗传力(de Haan, Delucchi, Mathews, & Cath, 2015)。分子遗传学研究迄今尚未得到可重复的结果。大型家族谱系的连锁研究已被报道(如, Verkerk et al., 2006),但尚未发现明确的主要基因连锁。对图雷特氏综合征的最大型全基因组 QTL 连锁研究表明 $2p$ 染色体上存在连锁(图雷特氏综合征协会国际遗传学学会,2007)。尽管已有许多关于抽动障碍的候选基因研究,但在候选基因方法上并没有得到可重复的关联。

儿童期精神障碍的双生子研究概述

对儿童期精神障碍的遗传研究已经显著增加,部分是由 ASD 和 ADHD 高遗传力的发现推动的。图 15.2 概括总结了儿童期精神病理学主要领域的双生子研究结果。除了 ASD 及其组成部分与 ADHD 及其组成部分有高遗传力外,攻击性品行障碍、强迫性症状和害羞的遗传力也非常高。然而,同样有趣的是,非攻击性品行障碍、广泛性焦虑、恐惧和分离焦虑则表现出中度的遗传力。尤其值得注意的是非攻击性品行障碍和分离焦虑存在共享环境影响的证据。几乎所有这些儿童期研究的结果都是基于父母或老师对孩子行为的报告,而通过双生子访谈和自陈报告对青春期精神病理学进行的双生子研究得出了截然不同的结果(Ehringer, Rhee, Young, Corley, & Hewitt, 2006; Lewis, Haworth & Plomin, 2014)。

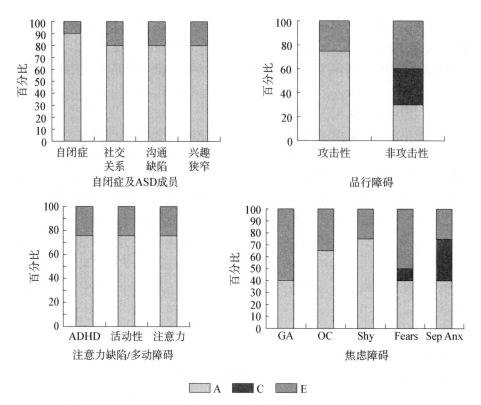

图 15.2 儿童期精神病理学主要领域双生子研究估算遗传和环境方差的总结。自闭症谱系障碍(ASD)的组成部分包括社交关系、沟通缺陷和兴趣狭窄。焦虑障碍的五个表现方面为广泛性焦虑(GA)、强迫性行为(OC)、害羞/抑制(Shy)、恐惧(Fears)和分离焦虑(Sep Anx)。A=加性遗传方差;C=共同(共享)环境方差;E=非共享环境方差。

儿童期精神障碍基于 SNP 遗传力的发现

迄今为止,相对较少的儿童和青少年精神病理学研究能达到 SNP 遗传力估算的要求(参见专栏 7.1)。尽管如此,一些研究已报告了 ASD、ADHD 和对立违抗性障碍症状的 SNP 遗传力估算(交叉障碍组精神疾病基因组学学会,2013a;Pappa et al.,2015;Yang et al.,2013)。ASD、ADHD 和对立违抗性障碍的 SNP 遗传力分别估算为 0.17、0.28~0.45 和 0.20。这些估算值均低于双生子研究报道的那些数据,尤其是 ASD 和 ADHD,尽管当常见和罕见的变异都被包括进去时(Yang et al., 2013),这些估算值会高一些。

总结

二十年前自闭症被认为是一种环境精神障碍。现在双生子研究表明自闭症是最可遗传的精神障碍之一。虽然连锁研究和候选基因研究尚未成功,但越来越多的证据表明罕见的变异(如,CNV)发挥着重要作用。在发现常见变异方面缺乏成功研究成果,部分原因可能是由于自闭症三重症状——社交关系异常、沟通缺陷和兴趣狭窄——在遗传上是不同的,尽管每一个都是高度可遗传的。

注意力缺陷和破坏性品行障碍包括注意力缺陷/多动障碍(ADHD),它高度可遗传且无共享环境影响。多元遗传学研究表明其活跃性和注意力两个组成部分在遗传上是重叠的,这为 ADHD 的形成提供了支持。ADHD 的候选基因研究已经鉴定得到了两个多巴胺受体基因,它们显示出小但重要的关联。

遗传研究表明,品行障碍是异质性的,攻击性品行障碍表现出大量的遗传影响且没有共享环境影响,而非攻击性品行障碍仅表现出中度的遗传影响和中度的共享环境影响。

父母对儿童期焦虑评定的双生子研究表明一个有趣的多样性结果。害羞出现了最高的遗传力,这是最可遗传的人格特质之一(第 16 章)。强迫性症状的遗传力也非常高,尽管成年后的结果更为复杂(第 16 章)。广泛性焦虑的遗传力则表现得更为中度,这与成人期的结果相当(第 14 章)。没有证据表明焦虑的这三个方面存在共享环境影响,这与成人精神病理学的结果相似,但儿童期的结果更令人惊讶,因为孩子是与家人生活在一起,却没有表现出与环境相关。相比之下,恐惧,尤其是分离焦虑明显存在共享环境影响的证据。

对儿童期精神分裂症、儿童期双相情感障碍、遗尿症和慢性抽动症的遗传影响也有一些已被报道,但对这些疾病的遗传学研究还是要少得多。

第 16 章

人格与人格障碍

如果你被问到某人是什么样的人,你可能会描述这个人的各方面人格特征,尤其会描述那些行为的极端之处。"詹妮弗充满活力,很善于交际并且处变不惊。""史蒂夫勤勉认真,文静但性子急躁。"遗传学研究者之所以会被人格研究吸引,是因为在心理学领域中,人格一直是研究正常范围内的个体差异的主要范畴,在异常范围内则与研究精神疾病的发生有关。行为遗传学研究的一个普遍规律是,同样的造成正常人群差异分布的遗传和环境因素的极端数量会导致常见的精神障碍。换而言之,一些精神疾病可能是正常人格差异的极端表现。本章将对人格的基础研究进行论述,并在此基础上探讨人格与精神疾病之间的联系。

人格特质是在行为上相对持久不变的个体差异,在不同的时间和情境下都很稳定 (John, Robins, & Pervin, 2008)。20 世纪 70 年代,学术界就人格的存在展开了一场学术争论,这让人联想起天性与教养的争论。一些心理学家主张,行为更多的是与情境因素相关而非与人相关,但是现在普遍认为两者都重要并且会相互影响(Kenrick & Funder, 1988; Rowe, 1987)。认知能力(参见第 11 和 12 章)也符合持久不变的个体差异这一定义,但是通常与人格区分开来。另一个定义的争论点是*性情*,根据有些研究者(如 Buss & Plomin, 1984)的观点,性情这种在生命早期出现的人格特质更具有遗传性。然而,性情有许多不同的定义(Goldsmith et al., 1987),在本书中不会强调性情和人格之间所谓的区别。

人格的遗传学研究相当广泛,在几本著作(Benjamin, Ebstein, & Belmaker, 2002; Cattell, 1982; Eaves, Eysenck, & Martin, 1989; Loehlin, 1992; Loehlin & Nichols, 1976; Wright, 1998)和几十篇综述(如,Turkheimer, Pettersson & Horn, 2014)中都有所介绍。我们将仅概述这一大批文献,因为它所传达的基本信息相对简单:基因对人格的个体差异起着主要作用,共享环境则做不到;环境对人格的影响具有几乎完全不可共享的多样性。

自陈问卷

绝大多数人格的遗传学研究都会对青少年和成人进行自陈问卷调查。这些问卷包括一系列几十到几百个考察项目,例如,"当我遇到不熟悉的人通常会害羞",或"我很容易生气"。人们对这些问卷的回答极为稳定,甚至几十年都不会改变(Costa & McCrae, 1994)。

四十年前,一项涉及 750 对青少年双胞胎和几十种人格特质的里程碑式的研究,得出了两个经得住时间考验的主要结论(Loehlin & Nichols, 1976)。第一,几乎所有的人格特质都表现出中度的遗传力。这个结论可能会令人感到惊讶,因为你可能会预期某些特质有较高的遗传性,而其他的则根本没有遗传性。第二,尽管环境差异也很重要,但实际上所有的环境差异并没有让在同一家庭成长的孩子比在不同家庭成长的孩子更具有相似性。这类环境效应被称为非共享环境。第二个结论同样令人惊讶,因为自弗洛伊德以来的人格理论都认为父母养育在人格发展中发挥了关键的共享环境作用。这一重要发现在第 7 章进行了讨论。

人格的遗传学研究集中在人格的五大方面特征,也被称为五因素模型(Five-Factor Model, FFM),这个模型涵盖了人格的很多方面(Goldberg, 1990),其中研究的最为彻底的是外倾性和神经质。外倾性包括社会性、冲动性和活泼性。神经质(情绪不稳定)包括情绪化、焦虑和易怒性。这两种特质和 FFM 的其他三个特质,取每个特质的首字母即组成缩写词 OCEAN*,这五个特质是:经验(文化)开放性、认真性(遵从性、成就意愿)、外倾性、宜人性(可爱度、友善度)和神经质。

表 16.1 外倾性和神经质在双生子研究、家系研究和收养研究中的结果

亲属类别	相关性	
	外倾性	神经质
合养同卵双生子	0.51	0.46
合养异卵双生子	0.18	0.20
分养同卵双生子	0.38	0.38
分养异卵双生子	0.05	0.23
亲生父母与子女	0.16	0.13

---

* OCEAN 来自于五大特质的首字母缩写,分别为:Openness(开放性)、Conscientiousness(认真性)、Extraversion(外倾性)、Agreeableness(宜人性)和 Neuroticism(神经质)。

续表

亲属类别	相关性	
	外倾性	神经质
养父母与子女	0.01	0.05
同胞	0.20	0.09
收养兄弟姐妹	-0.07	0.11

资料来源：Loehlin(1992)。

外倾性和神经质的遗传结果的总结参见表16.1(Loehlin, 1992)。在五个不同国家进行的五项大型双生子研究,总的样本规模达24 000对双生子,结果表明存在中度的遗传影响。同卵双生子的相关性约为0.50,异卵双生子则约为0.20。分养的双生子研究也表明存在遗传影响,外倾性的收养研究结果亦然。

收养研究所发现的遗传影响要低于双生子研究。在两个大规模元分析中,所有人格特质的遗传力被估算为40%(Polderman et al., 2015; Vukasovic & Bratko, 2015)。后一项元分析也证实了表16.1的结果,与家系和收养研究(22%)相比,双生子研究显示较高的遗传力估算值(47%)。收养研究的遗传力之所以低于双生子研究,可能是由于非加性遗传方差所导致的,它使同卵双生子之间的相关性是异卵双生子之间及其他一级亲属之间相关性的两倍以上(Eaves et al., 1999b; Eaves, Heath, Neale, Hewitt, & Martin, 1998; Keller, Coventry, Heath, & Martin, 2005; Loehlin, Neiderhiser, & Reiss, 2003; Plomin, Corley, Caspi, Fulker, & DeFries, 1998)。这也可能是由于一种特殊的环境效应增加了同卵双生子的相似性,意味着双生子研究中的遗传力估算值可能被高估(Plomin & Caspi, 1999)。

遗传力估算值远远低于100%这个事实,意味着环境因素很重要,但是正如之前提到的,这种环境影响几乎完全归因于非共享环境效应。如第7章所述,所要传达的信息不是说家庭经历不重要,而是相关经历对于家庭中的每个孩子都是特定的。当首次得出这个结论的时候,这一发现被忽略(Loehlin & Nichols, 1976),当其首次被强调的时候,引起了争论(Plomin & Daniels, 1987),而现在被普遍认可,因为这个结论具有高度一致的重复性(Plomin, 2011; Turkheimer et al., 2014)。因为彻底接受了这一认识,所以目前的研究焦点放在了寻找各种共享环境对人格所产生的影响。例如,有研究表明共享环境的影响可能对于人格的极端化有更重要的作用(Pergadia et al., 2006b)。还有研究提出,收养研究的数据发现了更多共享环境影响存在的证据(Matteson, McGue, & Iacono, 2013),然而表16.1中的结果为这一假说提供的支持很少,因为养父母与子女之间的平均相关性为0.03,收养兄弟姐妹之间的平均相关性为0.02。

尽管对于FFM中另外三个特质的遗传学研究相当少,人格研究的结果中遗传力一般都在30%到50%范围之间(图16.1)。此外,经验的开放性、认真性和宜人性在不同的研究中采用不同方法进行测量,因为至今没有标准的测试方法。对家系、双生子和收养研究中与该三个特质相关的人格测试数据进行了模型拟合总结,得出经验的开放性遗传力估算值为45%,认真性为38%,宜人性为35%,并无共享环境影响存在的证据(Loehlin,1992)。首次使用专门为评估FFM各因素设计的测试方法进行的遗传学研究,在分析合养双生子和分养双生子数据时发现,除了宜人性的遗传力比较低(12%),其他四个特质的遗传力估算值很接近(Bergeman et al., 1993)。在其他的双生子研究中,所得出的FFM各因素遗传力均达到约40%左右,包括宜人性(Franić, Borsboom, Dolan, & Boomsma, 2014; Jang, Livesley, & Vernon, 1996)。最近比较热门的是对FFM中认真性维度的研究,认真性在教育界普遍被认知为"毅力"。毅力,可以预测人的学术成就,被认为比其他预测因子(比如智商)更具可塑性;毅力的培训已经被美国和英国的教育部门放在了首要位置(Duckworth & Gross, 2014)。然而,最近的一项双生子研究表明从遗传学角度来看毅力和认真性为同一特质,而且得到和其他特质一样的结果:具有中度的遗传影响,并无共享环境影响(Rimfeld, Kovas, Dale, & Plomin, 2016)。

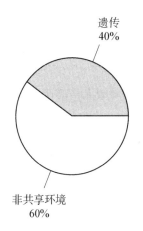

图16.1 通过自陈问卷调查评估人格特质得到的遗传结果极为相似,表明30%到50%的差异归因于遗传因素。环境差异也很重要,但是这些环境差异几乎都不能归因于共享环境影响。

FFM这些广义因素是否能表现出遗传学研究的最佳分析水平?多元遗传学研究支持FFM结构,因为基因结构与表型结构相似(Turkheimer et al., 2014)。尽管如此,FFM各因素内部的子特质表现出其他子特质所不具备的重要的独特遗传变异,这表明存在着比FFM因素更多的人格(Franić et al., 2014a; Jang et al., 2006; Jang, McCrae, Angleitner, Riemann, & Livesley, 1998; Loehlin, 1992)。例如,外倾性包括多样化的特质,如社交性、冲动性和活泼性,也包括活动性、支配性和感觉寻求。在遗传学研究中每种特质都得到了关注,但是远不如对外倾性和神经质这些全面特质的关注多。

几种人格发展的理论已经提出关于划分人格的其他方法，在这些理论所强调的不同特质上发现了相似结果。例如，一个以神经生物学为导向的理论将人格划分为四个不同的部分：新奇寻求性、伤害回避性、奖赏依赖性和锲而不舍性（Cloninger, 1987）。对这些维度的双生子研究得到了类似结果（Heiman, Stallings, Young, & Hewitt, 2004; Stallings, Hewitt, Cloninger, Heath, & Eaves, 1996）。一项利用潜在因素结合不同测试方法得到的多种人格数据的研究发现，三个维度的遗传力均约为50%到65%，且无共享环境影响（Ganiban et al., 2009a）。这些人格遗传力比通常得到的值略高，因为它们是从可靠的潜在人格结构的方差估算而来，而不是根据总方差来估算。

运用人格问卷进行的遗传学研究得到的最令人惊奇的发现之一是，所有的人格特质表现出中度的遗传影响（通常约为40%的遗传力），并几乎不存在共享环境影响。同样令人惊奇的是，目前的研究尚未发现任何一种自陈问卷调查评估出的人格特质在双生子研究中始终表现出低遗传力或零遗传力。此外，无证据表明存在任何一种始终比其他特质更易遗传的人格特质（Turkheimer et al., 2014）。这与儿童精神疾病（第15章）相反，一些精神障碍比其他更易遗传，而有些精神障碍则比其他更易受共享环境影响。

所有人格特质的遗传力均是中度的这个结论，被基于SNP技术的自陈问卷调查的人格遗传力估算结果所支持，估算值约为10%（Genetics of Personality Consortium et al., 2015; Rietveld et al., 2013a; Verweij et al., 2012; Vinkhuyzen et al., 2012a），其中包括对FFM因素的分析（Power & Pluess, 2015）。在前面几个章节中提到过SNP遗传力估算值一般为双生子遗传力的一半，但是对于人格的遗传来说，SNP遗传力估算值仅为双生子遗传力估算值的四分之一。SNP遗传力和双生子遗传力在人格上的这种巨大差距可能是由于非加性遗传方差或之前讨论的被高估的双生子估计值造成的。

人格的其他测试方法

上节所述的所有研究都基于自陈问卷调查。中度的遗传力和极少的共享环境影响这一普遍结论会不会是由于采用自陈问卷调查而造成的呢？人格研究的一个新方向是合并多个评估方法（Saudino & Micalizzi, 2015）。在德国和波兰对1000多对成年双生子进行了一项研究，通过比较自陈问卷和同伴评定的结果来测试FFM的人格因素（Riemann, Angleitner, & Strelau, 1997）。每个双生子的人格由两位同伴来评估。两名同伴评定之间的平均相关性为0.61，这表明对每个双生子人格的评估基本一致。两名同伴的平均评定与双生子的自我评定之间的相关性为0.55，这表明自我评定的中度有效性。图 16.2 为双生子的自陈问卷数据和同伴平均评定数据的分析结果。此项研究中的自我评定结果类似于其他研究。令人兴奋的结果是,同伴评定也显示出显著的遗传影响,尽管要稍弱于自我评定。五大特质中的两项(外倾性和宜人性),同伴评定比自我评定受更多的共享环境影响,尽管这些差异不具统计学显著性。重要的是,多元遗传分析表明在自我评定和同伴评定中涉及到许多相同的遗传因素,这一结果为自我评定的遗传有效性提供了强有力的证据。更早的一项研究让双生子相互评价对方,无论是通过自我评定还是互相评定,都发现了人格特质的遗传影响的类似证据(Heath, Neale, Kessler, Eaves, & Kendler, 1992)。

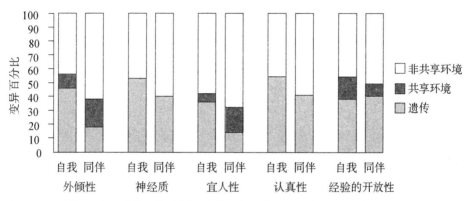

图 16.2 遗传(深色)、共享环境(浅色)和非共享环境(白色)在 FFM 人格特质的自我评定和同伴评定中的变异数成分。变异数成分是根据 Riemann 及其同事(1997)提供的同卵双生子(660 对)和同性的异卵双生子(200 对)的相关系数计算而来的。(数据摘自 Plomin & Caspi, 1999。)

对儿童期人格感兴趣的遗传研究者不得不采用自陈问卷以外的其他测试方法。最近 30 年来,这类研究主要依赖于来自父母的评估,但是采用父母评定方法的双生子研究得出了反常的结果。同卵双生子之间的相关性高,异卵双生子之间的相关性非常低,有时甚至出现负相关。这些结果可能归因于对比效应,由异卵双生子的父母在两者之间进行比较导致的(Plomin, Chipuer, & Loehlin, 1990)。例如,父母可能会报告双生子中的一个很活泼,而另一个不活泼,即使与其他同龄的孩子相比,这两个双生子之间并没有非常大的不同(Carey, 1986;Eaves, 1976;Neale & Stevenson, 1989)。

与基于父母评估的双生子研究中得到高估的遗传力估算值相反,儿童期人格的收养研究采用父母评估方法几乎没有发现遗传影响的证据(Loehlin, Willerman, & Horn, 1982;Plomin, Coon, Carey, DeFries, & Fulker, 1991;Scarr & Weinberg, 1981;Schmitz, 1994)。综合双生子研究和继亲家系研究中父母对青少年的评估,发现双生子的遗传力估算值显著高于非双生子,同时也证明父母评估易受对比效应的影响(Saudino, McGuire, Reiss, Hetherington, & Plomin, 1995)。正如之前提到的自陈问卷,这些研究发现可能也要归因于非加性遗传方差。然而,证据的重要性表明通过父母评估人格所得到的遗传结果部分归因于对比效应(Mullineaux, Deater-Deckard, Petrill, Thompson, & DeThorne, 2009; Saudino, Wertz, Gagne, & Chawla, 2004)。

测试儿童人格的其他方法,如由观察者进行行为评估,在双生子研究和收养研究中都显示出更合理的结果模式。(Braungart, Plomin, DeFries, & Fulker, 1992; Cherny et al., 1994; Goldsmith & Campos, 1986; Lemery-Chalfant, Doelger, & Goldsmith, 2008; Matheny, 1980; Plomin et al., 1993; Plomin & Foch, 1980; Plomin, Foch, & Rowe, 1981; Saudino, 2012; Saudino, Plomin, & DeFries, 1996; Wilson & Matheny, 1986)。例如,在对双生子儿童的几项观察研究中发现了遗传影响,其中包括对恐惧的一个维度,即行为抑制(Matheny, 1989; Robinson, Kagan, Reznick, & Corley, 1992),还包括害羞(Cherny et al., 1994; Eggum-Wilkens, Lemery-Chalfant, Aksan, & Goldsmith, 2015)、儿童中期的主动控制(Lemery-Chalfant et al., 2008),以及利用记录运动的活动计数器测量的活动水平(Saudino, 2012; Saudino & Eaton, 1991)。因为遗传影响的证据非常普遍,甚至在观察测试中也找到了证据,所以有趣的是,通过观察者对新生儿的人格评定并未发现遗传影响的证据(Riese, 1990),而且婴儿微笑的个体差异也未显示出遗传影响(Plomin, 1987)。

其他研究发现

对人格和精神疾病之间联系的研究以及对人格的分子遗传学研究,将加快人格的遗传学研究进展。这两个研究趋势都将在本章的后面进行讨论。正如之前提到的,人格研究的另一个新方向是对自陈问卷之外的其他测试方法的研究受到更多的关注。

在本节中,我们突出强调人格研究新方向的三个例子,这些例子超越人格研究的典型结果,即遗传力大约为40%左右,且几乎不存在共享环境影响。这些例子包括不同情境下的人格的研究、发展的变化和持续性的研究,以及人格在天性与教养相互影响中的作用的研究。值得一提的是其他两个相对较新的遗传学研究领域——身心健康和自尊——即便所得到的也是典型结果。尽管身心健康最近才成为遗传学研究的一个焦点(Pluess, 2015),但是根据56 000人参与的10项研究,对身心健康、幸福快乐以及生活满意度进行的元分析,所得结果显示遗传力估算值为36%,且不存在共享环境影响(Bartels, 2015)。(身心健康也会在第18章与健康心理学的关系中进行讨论。)自尊,也被称为自我价值感,之所以令人感兴趣,是因为它曾经被认为是人格的一个方面,且仅归因于家庭环境并不受遗传因素影响(Harter, 1983)。然而,在双生子和收养研究中得到了典型的人格研究结果,在儿童期(Neiderhiser & McGuire, 1994; Van

Ryzin et al.，2015)、青春期(Kamakura，Ando，& Ono，2007；McGuire，Neiderhiser，Reiss，Hetherington，& Plomin，1994；Neiss，Stevenson，Legrand，Iacono，& Sedikides，2009)和成人期(Roy，Neale，& Kendler，1995；Svedberg et al.，2014)，其遗传力均约为40%且并无共享环境影响。

情境

有趣的是，之前提到的关于人与情境之争，有证据表明，遗传因素参与人格在情境中的变化，也与人格在情境中的稳定性有关(Phillips & Matheny，1997)。例如，在一项研究中，将婴儿双生子分别置于无组织自由游戏与接受测试这两组实验室场景中，由观察者进行适应性评估(Matheny & Dolan，1975)。在这两种情境下，适应性在一定程度上存在差异，但是同卵双生子之间比异卵双生子之间的变化方式更相似，这一发现暗示遗传不仅作用于人格特质的变化，而且作用于不同情境下人格特质的连续性。同样的结果在最近一项人与情境互作的研究中也被发现(Borkenau，Riemann，Spinath，& Angleitner，2006)。一项双生子研究利用问卷评估不同情境下的人格，也发现遗传因素作用于人格在不同情境下的变化(Dworkin，1979)。甚至对于人格问卷考察项目的反应模式也显现出遗传影响(Eaves & Eysenck，1976；Hershberger，Plomin，& Pedersen，1995)。

发展

遗传力在人格的发展过程中会发生变化吗？一般的认知能力在人的一生中呈增长趋势(第11章)，与此不同的是，较难对人格的发展得出普遍的结论，部分原因是人格特质种类太多。一般而言，人在生命最初几天的人格遗传力为零(Riese，1990)，以此为起点，遗传力在婴儿期呈增长趋势(Goldsmith，1983；Loehlin，1992)。当然，对生命最初几天人格评估的内容与其他时期评估的内容相当不同，新生儿个体差异的来源可能也极为不同。在儿童期的研究中，经常会用到父母评估的方法，正如之前提到的，这种方法会高估遗传影响。在之后的人生发展中利用自我评定的方法，元分析表明遗传力不会改变(Briley & Tucker-Drob，2014；Polderman et al.，2015；Turkheimer et al.，2014)。

人格发展的第二个重要问题关注于遗传对于人格的持续性或对于不同年龄阶段之间的变化所起的作用。在认知能力方面，尽管发现一些支持遗传影响变化的证据，尤其是在儿童期(第11章)，但是遗传因素主要对维持不同年龄阶段的稳定性起作用。尽管对人格的研究不如对认知能力的研究成熟，但是对人格发展的研究结果都颇为相似。第一份针对间隔十岁的不同年龄段成人的纵向遗传分析报告所得到的结论是，80%的人格表型的稳定性是由遗传介导的(McGue et al.，1993a)，这一结论已经在最近的对人一生的元分析中被证实(Briley & Tucker-Drob, 2014; Turkheimer et al., 2014)。

天性与教养的相互影响

人格遗传研究的另一个新方向,涉及人格在第8章中谈到一个有趣的研究发现中所起的作用:在心理学研究中广泛使用的环境测试方法表现出遗传影响。遗传学研究一致表明家庭环境、同伴群体、社会支持和生活事件经常体现出和人格测试一样多的遗传影响。人格是一个可用来解释这些遗传影响的最佳候选因素,因为人格能够影响人们如何选择、改变、构建和觉察自身所处的环境。例如,三项研究报道,成人期的人格遗传影响对养育孩子的遗传影响产生作用(Chipuer & Plomin, 1992; Losoya, Callor, Rowe, & Goldsmith, 1997; McAdams, Gregory & Eley, 2013),但另一项研究结果与之不符(Vernon, Jang, Harris, & McCarthy, 1997)。

对生活事件看法的遗传影响完全可以用FFM人格因素来解释(Saudino et al., 1997)。这些研究结果并非仅来自于自陈问卷调查。例如,在家庭环境的观察测试中所发现的遗传影响,完全可以通过参试者注意力评估所得到的遗传影响来解释,这种评估方法被称为**任务导向**(Saudino & Plomin, 1997)。

人格和社会心理学

社会心理学关注的是群体行为,而人格研究的聚焦点则是个体差异。因此,与社会心理学相关的遗传学研究要少于人格的遗传学研究。然而,遗传研究已经在社会心理学和人格交界的一些领域萌生。其中三个具体方面是关系、态度和行为经济。

关系

遗传学研究就亲子关系、浪漫关系和性取向三个方面展开讨论。如第8章所讨论的,父母和子女之间的关系,尤其是他们的温情(比如感情和支持),始终显示遗传影响。在很多双生子和收养研究中发现了相似的结果,指出大量的遗传影响存在于绝大多数关系中,不仅在父母与子女之间的关系之中,还在同胞、同伴、朋友和配偶之间的关系中(Horwitz & Neiderhiser, 2015; Plomin, 1994)。亲子关系发展研究的一个主要领域涉及到婴儿和看护人之间的依恋,采用所谓的陌生情境法对之评估,该评估方法通常在实验室完成,让母亲将孩子留给实验人员带,短暂的离开后再回到孩子身边(Ainsworth, Blehar, Waters, & Wall, 1978)。同胞对依恋分类的一致性约为60%(van IJzendoorn et al., 2000; Ward, Vaughn, & Robb, 1988)。第一个运用陌生情境法对双生子进行的关于依恋的系统研究发现,只有中度的遗传影响,但存在大量的共享环境影响(O'Connor & Croft, 2001)。三个运用陌生情境法的后续研究也发现中度的遗传影响和大量的共享环境影响(Bokhorst et al., 2003; Fearon et al., 2006; Roisman & Fraley, 2006),但另一项采用观察法而不是陌生情境法的双生子研究发现了更多遗传影响的证据(Finkel, Wille, & Matheny, 1998)。正如第15章中所述,针对与依恋相关的分离焦虑症的双生子研究,一般也显示出中度的遗传力和大量的共享环境影响。总而言之,依恋似乎是人格研究典型结果的一个例外。

与亲子关系一样,浪漫关系在多个方面存在很大差异,比如亲密和激情。对浪漫爱情模式的第一项遗传学研究非常有意思,因为研究表明不存在遗传影响(Waller & Shaver, 1994)。双生子平均相关性从六项衡量角度(例如,伴侣关系和激情)来看,同卵双生子相关性为0.26,异卵双生子相关性为0.25,这意味着存在一定的共享环境影响,而不存在遗传影响,与人格的典型结果形成鲜明对比。类似的结果在对配偶选择的初始吸引的研究中发现(Lykken & Tellegen, 1993)。换而言之,遗传可能并不作用于我们对浪漫关系类型的选择。尽管还需要更多的研究来确定遗传对初始吸引的作用,但研究者认为当考虑浪漫关系的质量时,遗传因素起重要作用。目前有几项对已婚或者长期同居的双生子进行的关系质量调查的研究,采用自陈报告、伴侣报告、观察者报告的测试方式;这些研究得出了从15%到35%不等的遗传力估算值,并无共享环境影响(Spotts et al., 2004, 2006)。也有一些证据表明,在影响关系质量遗传变异的因素中,人格占了近乎一半(Spotts et al., 2005)。因此,尽管遗传因素可能不影响我们对浪漫关系类型的选择,但可能会影响我们对这些关系的满意度。

对于性取向的研究结果目前还不是很清楚。早期进行的一项男同性恋双生子研究报道了显著的一致性比率,同卵双生子为100%,而异卵双生子则为15%(Kallmann, 1952)。然而,随后的一项双生子研究发现其一致性并没有那么极端,同卵和异卵双生子的一致性分别为52%和22%,而收养家庭中无血缘关系的兄弟之间的一致性为22%(Bailey & Pillard, 1991);其他双生子研究发现甚至更少的遗传影响和更多的共享环境影响(Bailey, Dunne, & Martin, 2000; Kendler, Thornton, Gilman, & Kessler, 2000)。一项小型女同性恋双生子的研究也得到了存在中度遗传影响的证据(Bailey, Pillard, Neale, & Agyei, 1993)。一项近4 000对瑞典双生子参加的群体研究发现,所有男性同性伴侣遗传力在34%到39%之间,且无共享环境影响,女性同性伴侣遗传力则低得多,约为20%,且存在适度的共享环境影响(～15%)(Langstrom, Rahman, Carlstrom, & Lichtenstein, 2010)。该领域的研究受到了重视,因为有研究报道同性恋与X染色体长臂顶端的一个区域之间存在连锁(Xq28; Hamer, Hu, Magnuson, Hu, & Pattatucci, 1993; Hu et al., 1995)。X染色体之所以成为研究目标,是因为人们原以为男同性恋更有可能遗传自母亲那边的家族,但后来的研究并没有发现过量的母系遗传(Bailey et al., 1999)。随后的一项研究未能重复同性恋与X染色体的连锁(Rice, Anderson, Risch, & Ebers, 1999)，尽管最近的一项后续研究为X连锁提供了一些支持(Sanders et al., 2015)。目前还没有全基因组关联的研究被报道。当遗传学研究触及像性取向这样特别敏感的话题，务必请牢记之前(第7章)所讨论过的，到底什么意味着显示出遗传影响，什么并不意味着显示出遗传影响(Bailey et al., 2016; Pillard & Bailey, 1998)。

态度和政治行为

社会科学家们长期以来热衷于研究群体过程对态度和信仰的改变和持续作用。虽然人们认识到社会因素并不是造成态度的唯一原因，但令人惊奇的是，遗传是造成态度个体差异的主要因素。态度的核心维度是*传统主义*，指在广泛的议题上持保守派而非自由派的看法。态度维度的测试在一项人格的收养研究中被作为控制变量，因为它并不被认为具有遗传性(Scarr & Weinberg, 1981)。然而，结果表明态度测试和人格测试一样是可遗传的，而且显出共享环境影响的存在。最近一项的元分析涉及来自五个国家12 000对双生子参与的九项研究，该分析证实了这些政治意识形态各方面的结果，遗传力估算值为40%，共享环境估计值约为20%(Hatemi et al., 2014)。遗传对政治态度的影响与遗传对传统人格特质的影响相关，但是纵向分析表明人格特质并非其因(Hatemi & Verhulst, 2015)。

遗传学研究超越了政治态度范畴，延伸至政治行为范畴(Fowler & Schreiber, 2008; Hatemi & McDermot, 2011)。例如，一项美国大型双生子样本的研究发现政治党派识别主要出于共享环境影响，而政党认同的强度同等的受遗传和共享环境影响(Hatemi, Alford, Hibbing, Martin, & Eaves, 2009)。其他研究报道指出，政治参与是可遗传的(Baker, Barton, Lozano, Raine, & Fowler, 2006; Fowler, Baker, & Dawes, 2008)。

宗教态度也已经成为了遗传学研究的重点，双生子研究杂志曾经出过一期与此相关的专刊(Eaves, D'Onofrio, & Russell, 1999)。研究表明，从青春期到成人期，宗教的遗传力增加，共享环境影响减少(Kandler & Riemann, 2013; Koenig, McGue, Krueger, & Bouchard, 2005)。

有时候，这些结论的提出具有讽刺意味：对政治或宗教的态度怎么会是可遗传的呢？我们希望这时你已能回答这个问题(参见第8章)，但这个问题特别适合放在社会态度范畴之内：

> 我们可以将此看成是一种社会态度获得的自助餐模式。个人不会通过遗传获得对加氟作用、皇室、女法官和裸体营的看法；这些看法源于他所处的文化。但是他的基因可能会影响他选择将哪些看法放入他的托盘中。不同的文化体系——家庭、教堂、学校、书籍、电视节目——就像不同的自助餐厅，提供略有不同

的菜单,一个人所做出的选择不仅反映出所提供的东西也反映了他自己的偏好。
(Loehlin,1997,第48页)

天性通过教养来运转的这个议题在第8章已经讨论过。

社会心理学传统上采用实验的方法而不是调查来研究自然发生的变化。现在需要将这两种研究传统综合起来。例如,社会心理学家特瑟(Tesser,1993)将态度划分为更具遗传性的(比如对死刑的态度)与不太具有遗传性的(比如对男女同校和圣经真理性的态度)这两类。在标准的社会心理学实验情况下,遗传性更高的态度更不容易受社会的影响,并对人际吸引更为重要(Tesser, Whitaker, Martin, & Ward, 1998),这一结论在最近的一项研究中被重复出来(Schwab, 2014)。

行为经济

与人格相关的遗传学研究的另一个领域是行为经济。例如,从双生子和收养研究中得到的职业兴趣的结果与人格问卷的结果相似(Betsworth et al., 1994; Roberts & Johansson, 1974; Scarr & Weinberg, 1978a)。遗传影响存在的证据也在对工作价值观(Keller, Bouchard, Segal, & Dawes, 1992)和工作满意度(Arvey, Bouchard, Segal, & Abraham, 1989; Judge, Ilies & Zhang, 2012)的双生子研究中发现。

最近行为经济的遗传学研究也开始关注以经济学为核心的其他行为,比如投资者行为(Barnea, Cronqvist, & Siegel, 2010)、财务决策制定(Cesarini, Johannesson, Lichtenstein, Sandewall, & Wallace, 2010; MacKillop, 2013)、慈善行为(Cesarini, Dawes, Johannesson, Lichtenstein, & Wallace, 2009)、自体经营和自主创业(van der Loos et al., 2013)、经济冒险(Le, Miller, Slutske, & Martin, 2010; Zhong et al., 2009; Zyphur, Narayanan, Arvey, & Alexander, 2009)。该领域正迅速转向分子遗传学研究方向(Beauchamp et al., 2011; Koellinger et al., 2010)。例如,基于SNP的遗传力估算帮助双生子研究发现遗传对行为经济的显著影响(Benjamin et al., 2012)。

人格障碍

精神疾病在何种程度上是正常人格维度的极端表现?长期以来人们一直认为这可以说明某些精神疾病的情况(如,Cloninger, 2002; Eysenck, 1952; Livesley, Jang, & Vernon, 1998)。如之前所述,从精神疾病(第13—15章)以及认知障碍(第12章)的行为遗传学研究中得到的一个重要的普遍教训是,常见疾病是由造成正常范围差异的同一遗传和环境因素的极端量化所导致的。对于以阅读障碍为例的认知障碍,不难看出什么是正常差异——阅读能力的差异通常呈正态分布,阅读障碍在分布区域的低端。然而,与抑郁症或其他类型精神疾病相关的人格的正常差异维度是什么?

第 14 章结尾的多元遗传学模型提出了两大类别的精神疾病。内部类别包括抑郁症和焦虑症,外部类别包括反社会行为和滥用药物。对人格的遗传学研究最重要的发现之一是,神经疾病的内部类别和神经质的人格因素之间的遗传重叠程度。如之前所述,神经质并不意味着神经性的紧张感;神经质是指情绪不稳定的一般维度,包括情绪低落、焦虑和烦躁不安。双生子研究发现神经质和内部精神疾病共享的遗传因素占遗传风险的三分之一到一半(Hettema et al.,2006;Kendler & Gardner,2011;Mackintosh, Gatz, Wetherell, & Pedersen, 2006)。另一项研究报道神经质和重度抑郁症的遗传相关性约为 0.50(Kendler et al.,2006a)。在早先的多元遗传学研究中也发现了类似的结果(Eaves et al.,1989)。

综上所述,精神疾病的内部类别在遗传学上与神经质的人格因素类似。那么,精神疾病的外部类别呢? 如果外倾性能预测外部精神疾病,这将形成奇妙的对称性,但事实并非如此(Khan, Jacobson, Gardner, Prescott, & Kendler, 2005)。然而,有几项研究表明外倾性——尤其是新奇寻求性、冲动性和去抑制性——可以预测外部精神疾病(Krueger, Caspi, Moffitt, Silva, & McGee, 1996)。两项不同的双生子研究阐明了导致人格的去抑制性维度和外部精神疾病重叠的原因;两项研究都发现某些重叠来源于遗传因素,尽管大多数对去抑制性人格的遗传影响是独立于外部精神疾病之外的(Krueger et al.,2002;Young et al.,2009)。与此相反,一项最近的双生子研究发现 FFM 人格因素能解释所有对青少年行为问题的遗传影响(Lewis et al., 2014)。

所有这些研究表明,人格和精神疾病之间存在一些遗传重叠。很多该课题遗传学研究的重点是精神疾病的一个领域,即人格障碍。与精神疾病不同,如第 13—15 章所述,人格障碍是能造成重大损害或痛苦的人格特质。人格障碍患者把他们的障碍看作他们自身的一部分,他们人格的一部分,而不是一个可以治疗的状态。换而言之,他们不觉得他们曾经是健康的,而现在病了。尽管诊断人格障碍的可靠性、有效性和实用性被长期质疑,有研究已经就人格障碍的遗传学及其与正常人格、其他精神疾病之间的联系进行了讨论(Jang, 2005;Nigg & Goldsmith, 1994;Torgersen, 2009)。越来越多的人格障碍被认为属于维度而不属于类型,这将使它们和人格之间联系的遗传学研究增多(Zachar & First, 2015)。

DSM-5 公认了十种人格障碍,但其中仅三种被系统地进行了遗传学研究:分裂症、强迫症和反社会人格障碍。一项测试所有与人格障碍相关的双生子研究的元分析得到的结果与人格研究结果相似:约 40% 的遗传力,且无共享环境影响(Polderman et al., 2015)。

分裂性人格障碍

分裂性人格障碍具有轻微的类似精神分裂的症状,像精神分裂症一样,显然与家族遗传有关(Baron, Gruen, Asnis, & Lord, 1985; Siever et al., 1990)。一项小型双生子研究的结果表明遗传影响的存在,因为同卵双生子的一致性为33%,异卵双生子则为4%(Torgersen et al., 2000)。对非选择性双生子样本运用维度测试分裂性症状的双生子研究也发现遗传影响的存在,遗传力估算值大量分布在20%至80%之间(Claridge & Hewitt, 1987; Coolidge, Thede, & Jang, 2001; Kendler et al., 2008a; Kendler et al., 2006c; Torgersen, 2009)。

分裂性人格障碍的遗传学研究重点在于它与精神分裂症之间的关系,并且一致发现精神分裂症先证者的一级亲属中有多人存在这种障碍。对此类研究总结发现精神分裂症先证者的一级亲属患分裂性人格障碍的风险为11%,而对照组家庭为2%(Nigg & Goldsmith, 1994)。

收养研究对表明分裂性人格障碍是精神分裂症遗传谱系的一部分起到很重要的作用。例如,一项丹麦收养研究(参见第13章)中,被收养者患精神分裂症的情况下,与其有血缘关系的一级亲属患精神分裂症的比率为5%,而其收养亲属以及健康对照组被收养者的亲属的患精神分裂症比率为0%(Kety et al., 1994)。将分裂性人格障碍纳入到诊断中去,相应的比率会分别上升到24%和3%,这提示包括分裂性人格障碍在内的精神分裂症谱系存在更多的遗传影响(Kendler, Gruenberg, & Kinney, 1994)。双生子研究也表明分裂性人格障碍在遗传水平上与精神分裂症相关(Farmer et al., 1987),尤其是精神分裂性人格特质的消极面(快感缺失症),而不是积极面(妄想症)(Torgersen et al., 2002)。利用社区的双生子样本的研究表明精神分裂性人格特质的消极面和积极面在遗传水平上是不同的(Linney et al., 2003),而且精神分裂性人格特质在遗传水平上与精神分裂症谱系有关(Jang, Woodward, Lang, Honer, & Livesley, 2005)。最近的遗传学研究认为,亚临床精神病经历更普遍,因为其作为一种可遗传的人格特质在人群中通常呈正态分布(Zavos et al., 2014),可以用来预测精神病的遗传易患性(Binbay et al., 2012),但有些研究并不认同此观点(Zammit et al., 2014)。

强迫性人格障碍

强迫性人格障碍听起来好像是一种强迫症型的焦虑障碍(OCD,第14章有相应介绍)的轻度形式;家系研究对此提供了一些经验性的支持。然而,这两种障碍的诊断标准相当不同。OCD的强迫症状表现为单一的一系列特殊行为,而强迫性人格障碍更为弥散,表现为对琐碎细节的普遍关注从而导致在做决策和完成任何事情时都有困难。目前仅有一个小型双生子研究进行了强迫性人格障碍的诊断,该研究发现了大量的遗传影响(Torgersen et al., 2000)。然而,对非选择性双生子样本进行的强迫症状的双生子研究显示了中度的遗传力(Kendler et al., 2008a; Torgersen, 1980; Young, Fenton, & Lader, 1971)。家系研究表明,强迫性人格障碍先证者的亲属中具有偏执特质的(约为15%)比对照组(5%)更多(Rasmussen & Tsuang, 1984)。此外,最近检测强迫性人格障碍症状和强迫性人格特质的双生子研究所得到的结果表明存在共同的遗传影响(Taylor, Asmundson, & Jang, 2011)。这一发现意味着强迫性人格障碍可能是强迫症型的焦虑障碍谱系的一个组成部分。

反社会人格障碍和犯罪行为

与其他人格障碍相比,更多的遗传学研究关注的重点是反社会人格障碍(ASPD)。ASPD包括为了个人利益或快乐而违反法律、撒谎和欺骗他人这样一些慢性行为,但也包括更多认知的和人格本位的标准,比如冲动性、侵略性、无视自己和他人安全,和缺乏对伤害、虐待或盗窃他人的懊悔。虽然ASPD显示出早期根源,但绝大多数少年犯和品行障碍的儿童并不发展成反社会人格障碍(Robins, 1978)。因此,有必要将仅限于青春期的品行障碍与会持续一生的反社会行为区分开来(Caspi & Moffitt, 1995; Kendler, Aggen, & Patrick, 2012; Moffitt, 1993)。13到30岁年龄范围内约1%的女性和4%的男性受ASPD影响(American Psychiatric Association, 2013; Kessler et al., 1994)。该障碍的患病率在选择性的人群中要高得多,比如在暴力罪犯占主体的监狱中,47%的男囚犯和21%的女囚犯有ASPD(Fazel & Danesh, 2002)。类似地,ASPD在酒精或其他药物治疗的患者中的患病率比一般人群要高,表明ASPD与物质的滥用和依赖之间存在联系(Moeller & Dougherty, 2001)。

家系研究表明ASPD与家族遗传有关(Nigg & Goldsmith, 1994),一项收养研究发现,家族相似性主要归因于遗传因素而不是共享环境因素(Schulsinger, 1972)。虽然目前没有诊断ASPD的双生子研究,但有针对反社会行为的超100对双生子参与的研究以及收养研究。对反社会行为的52项独立双生子和收养研究的元分析发现,存在显著的共享环境影响(16%)、包括加性和非加性影响在内的显著遗传影响(41%)和非共享环境影响(43%)(Rhee & Waldman, 2002)。但是,最近更多的元分析提示比上述结果略高的遗传力在50%到60%之间;而共享环境影响则与之前的结果类似,约为15%(Burt, 2009a; Ferguson, 2010)。然而,在亲子研究中的共享环境影响及遗传力比在双生子和同胞研究中低,可能标志着儿童期(子女)和成人期(父母)之间的发展变化,这与双生子相反,因为他们是完全相同的年龄。这些元分析均认同,虽然遗传影响对反社会行为在儿童期到成人期非常重要,家庭影响的重要性(遗传和共享环境的影响)会随着年龄增长而有所下降,非家庭性影响则随着年龄增长而增加(Ferguson, 2010; Rhee & Waldman, 2002)。此外,就像通常在纵向遗传分析中发现的,遗传和共享环境主要有助于稳定性,而非共享环境则有助于发展过程中的变化(Burt, McGue,

& Iacono, 2010)。

目前待解决的问题是有关 ASPD 的标准是否能反映一种障碍(或单一维度)，或捕获该人格领域变化的多个维度能否更好地代表 ASPD(Burt, 2009a)。最近一次关于 ASPD 症状的多元双生子研究表明两个因素构成 ASPD：攻击性忽略和去抑制性(Kendler et al., 2012a)。攻击性忽略的遗传学因素与品行障碍、过早及严重酗酒风险的关联更强；相比之下，遗传去抑制因素与追求新奇及重度抑郁症的关联更强(Kendler et al., 2012a)。有趣的是，两个遗传因素都能预测对大麻、可卡因和酒精的依赖性，这表明有两种可解释 ASPD 和物质使用障碍之间联系的潜在途径，针对这一议题我们很快会在之后继续讨论。

一种叫心理变态的反社会人格障碍，因其对暴力犯罪和累犯有预测性最近已经成为遗传学研究的目标(Viding & McCrory, 2012)。尽管精神变态性人格障碍在 DSM-5 中没有精确的当量，它包括缺乏同情心、冷酷无情、无负责心和操控狂(Hare, 1993; Viding, 2004)。正如第 15 章所讨论，心理变态倾向似乎在儿童期和青春期高度可遗传，并无共享环境影响。心理变态人格和反社会行为的重叠主要来自于遗传(Larsson et al., 2007)。此外，青春期的心理变态人格可以预测成人期的反社会行为，遗传因素促成了这种关联(Forsman, Lichtenstein, Andershed, & Larsson, 2010)。

ASPD 在遗传学上与犯罪行为和物质使用相关联。两项亲生父母有犯罪记录的收养研究发现，被收养的后代中 ASPD 比率增加(Cadoret & Stewart, 1991; Crowe, 1974)，表明遗传作用于犯罪行为和 ASPD 之间的关系。这一领域的大多数遗传学研究重点关注于犯罪行为本身而不是 ASPD，因为犯罪行为可以用犯罪记录来进行客观评价。然而，尽管犯罪行为本身很重要，但它和 ASPD 仅为中等程度相关。大约 40% 的男性罪犯和 8% 的女性罪犯符合 ASPD 的诊断标准(Robins & Regier, 1991)。很显然，触犯法律不能等同于患有精神疾病(Rutter, 1996)。

一项经典的关于犯罪行为的双生子研究招募了出生于 1881 年至 1910 年之间的丹麦男性双生子(Christiansen, 1977)。从一千多对双生子身上得到证据表明刑事犯罪受遗传影响，男性同卵双生子的总体一致性为 51%，男性异卵双生子的一致性为 30%。在多项成年人犯罪的双生子研究中发现，同卵双生子一致比异卵双生子之间更为相似(Raine, 1993)。同卵和异卵双生子的平均一致性分别为 52% 和 21%。最近一项 20000 多对瑞典双生子的研究得出所有刑事犯罪的遗传力为 45%，暴力犯罪、白领犯罪和涉财犯罪的遗传力相似(Kendler et al., 2015b)。

收养研究得到的结果也与成年人犯罪具有显著遗传影响这一假说一致，尽管收养研究发现的遗传影响要少于双生子研究。有研究假设认为，双生子研究高估了遗传效应，因为双生子更有可能成为犯罪同伙(Carey, 1992)。收养研究包括被收养者研究法(Cloninger, Sigvardsson, Bohman, & vonKnorring, 1982; Crowe, 1972)和被收养

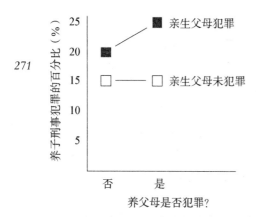

图 16.3 在一项丹麦收养研究中发现的犯罪行为的遗传影响与基因型-环境互作。（数据摘自 Mednick et al., 1984.）

者家系研究法(Cadoret et al., 1985a)。采用被收养者研究法进行的最佳研究之一是，丹麦最先开始的在1924至1947年期间对14 000多名收养者进行的研究(Mednick, Gabrielli, & Hutchings, 1984)。运用法庭定罪作为犯罪行为的一项指标，研究者发现遗传影响以及基因型-环境的互作，如图16.3所示。如果被收养者的亲生父母有刑事犯罪，那么被收养者有犯罪行为的风险更高，该结果意味着存在遗传影响。与刚才提到的双生子研究不同，该收养研究(以及其他研究)发现涉财犯罪受遗传影响，而暴力犯罪则无遗传影响(Bohman, Cloninger, Sigvardsson, & von Knorring, 1982; Brennan et al., 1996)。同时也发现了基因型-环境互作存在的证据。有刑事犯罪的养父母对被收养者的犯罪行为并不产生影响，除非被收养者的亲生父母也有刑事犯罪。最近一项列入全国青少年健康纵向研究的被收养者研究发现，如果被收养者的亲生父亲或亲生母亲曾经被逮捕过，那么被收养者明显比亲生父母从未被逮捕的被收养者更容易多次被逮捕、被判缓刑、被监禁和拘捕(Beaver, 2011)。

瑞典一项有关犯罪的收养研究采用了被收养者家系研究法发现基因型-环境互作存在的证据，同时也发现犯罪与酗酒之间存在值得关注的互作，酗酒极大地增加暴力犯罪的可能性(Bohman, 1996; Bohman et al., 1982)。如果被收养者的罪行与酗酒无关，那么其亲生父亲的犯罪风险不会变大。这些结果表明遗传对犯罪行为起作用，但是不对酒精相关犯罪起作用，后者可能更具暴力性。

来自家庭、双生子和收养研究的证据一致表明ASPD和物质使用障碍存在一个共同的内在弱点。例如，酒精依赖者的亲属表现出明显的ASPD家庭聚集性(Nurnberger et al., 2004)，以及酒精使用障碍的家庭历史与ASPD相关。大型双生子研究表明，该家族性现象有部分归咎于有助于ASPD和物质使用障碍共现关系的遗传影响(Agrawal, Jacobson, Prescott, & Kendler, 2004; Fu et al., 2002; Hicks, Krueger, Iacono, McGue, & Patrick, 2004)。收养研究为ASPD和物质使用障碍之间的遗传联系提供了进一步的理论支持。ASPD生物学风险更高的被收养男性表现出更强的攻击性、品行问题、ASPD和最终出现物质依赖(Cadoret, Yates, Troughton, Woodworth, & Stewart, 1995a)，这一发现也在被收养女性中得以重复(Cadoret, Yates, Troughton, Woodworth, & Stewart, 1996)。

鉴定基因

与精神疾病的分子遗传学相比,人格的分子遗传学受到的关注会少很多。该领域始于1996年的两项研究,研究报道特定神经受体基因(*DRD4*,多巴胺 D_4 受体)的DNA标记与非选择性样本的新奇寻求人格特质之间存在关联(Benjamin et al.,1996;Ebstein et al.,1996)。*DRD4* 是第15章里提到的基因,已经被报道与注意力缺陷/多动障碍(ADHD)相关。新奇寻求水平高的个体具有冲动、爱探险、多变、易兴奋、易怒、放肆等特征。然而,很多研究都不能重复这个基因与新奇追求的关联(Jang,2005)。对17项关于外倾性而不是对新奇寻求这一狭窄特质研究的元分析,也没有发现显著相关性(Munafo et al.,2003)。

正如第12章所指出,早期的报道过于夸大了XYY男性与暴力之间的关联。然而,正如第8章所述,在X染色体上的 *MAOA* 基因与童年遭受严重虐待后导致的反社会行为有关,这一现象属于基因型-环境互作(Caspi et al.,2002)。最近的一项元分析已经支持了这一发现(Byrd & Manuck,2014)。

前面的章节(尤其参见第9章)表明很多候选基因的发现有不可重复性,在人格领域中亦是如此(Munafo & Flint,2011)。最近对369项与所有人格特质相关的候选基因关联报道进行了回顾,没有发现对任何关联有明确的共识(Balestri et al.,2014)。几项关于FFM因素的全基因组关联(GWA)研究被报道,并在一项涉及20 000多人的元分析中进行了总结和重分析(de Moor et al.,2012)。三个SNP成为全基因组中最重要的,但是这些结果并不能在独立样本中重复。对29项研究60 000多人进行的最大型人格GWA元分析,研究重点为神经质(Genetics of Personality Consortium et al.,2015)。一个SNP表现出在全基因组中的重要性,但是该结果并不能在独立样本中重复。对本章节中提到的其他人格特质的GWA研究也未能获得明确结论,例如,对政治态度(Hatemi et al.,2014)、行为经济(Benjamin et al.,2012)、反社会行为的研究(Tielbeek et al.,2012)。

第一批关于人格的GWA研究支持前面章节所达成的结论:复杂性状和常见疾病的遗传力归因于很多个微效基因(Plomin,DeFries,Knopik & Neiderhiser,2016)。最大的基因效应量都极其微小,一般小于0.05%(Turkheimer et al.,2014),这意味着大多数发表的研究,尤其是候选基因研究,明显不足以检测到这种微效应。

总结

从自陈人格问卷调查获得的双生子数据要多于心理学的其他任何领域获得的结

果，而且这些结果都一致证明了很多人格维度都存在中度的遗传影响。对外倾性和神经质的研究最为深入，虽然双生子研究得到的遗传力估算值比收养研究的要高，从双生子和收养研究中得到外倾性和神经质的遗传力估算值分别约为50%和40%。用人格问卷评估其他人格特质，也发现遗传力在30%到50%的范围内。既不存在任何特定人格特质的遗传力为零的可重复例子，也不存在任何比其他特质更具遗传力的人格特质。环境影响几乎完全归因于非共享环境因素。这些惊人的发现并不仅限于来自自陈问卷。例如，采用同伴评定的双生子研究得到了相似的结果。尽管双生子研究采用父母评估子女人格所显示出的遗传影响程度因为对比效应而有所夸大，以观察者评估行为为代表的更客观的测试方法在双生子和收养研究中的结果，也表明了遗传影响的存在。

遗传学研究的新方向包括探索人格跨情境和跨时间的稳定性和变化。目前结果表明遗传因素在很大程度上决定稳定性，而变化在很大程度上归因于环境因素。其他一些新发现还包括，人格对测量环境过程中产生的遗传影响起着核心作用。另一研究新方向则位于人格与社会心理学的交界处。例如，遗传影响被发现存在于各种关系中，比如亲子关系、浪漫关系质量和性取向。另外的例子还包括证明遗传对政治态度和行为经济影响的证据。

人格遗传研究的一个新方向是考虑其在精神疾病中的作用。例如，抑郁症和精神疾病的其他内化形式在很大程度上是主要神经质人格维度正常变异的遗传极端化。人格障碍处于人格和精神疾病的交界处，是人格遗传学研究的另一发展中的领域。有些人格障碍很有可能是精神疾病的遗传连续体的一部分：分裂性人格障碍与精神分裂症，强迫性人格障碍与强迫焦虑症。大多数人格障碍的遗传学研究集中在反社会人格障碍及其与犯罪行为和物质滥用之间的关系。从青春期到成人期，反社会人格障碍症状（包括未成年人犯罪和成年人犯罪行为）的遗传影响呈递增趋势，而共享环境影响则呈递减趋势。

基于SNP的人格遗传力估算值（约为10%）仅为双生子研究估算出的遗传力的四分之一（约为40%）。早期的候选基因关联的报道一般都不能被重复。第一批关于人格的GWA研究表明人格的遗传力可归因于很多个微效基因。

第 17 章

物质使用障碍

酒精使用障碍、尼古丁使用和滥用其他药物是主要的与健康相关的行为。外化行为,比如注意缺陷多动障碍(ADHD)和品行障碍(参见第 15 章),长期以来一直被认为是后期酒精和药物问题的病因预测因子(Groenman et al., 2013; Palmer et al., 2013; Zucker, Heitzeg, & Nigg, 2011)。更具体地说,正如第 15 章所讨论的,物质使用是外化行为疾病的一般遗传因素的一部分,但酒精和其他药物包含显著的疾病特异性遗传效应(Kendler et al., 2003b; Vrieze, McGue, Miller, Hicks, & Iacono, 2013)。这一领域的大多数行为遗传学研究主要集中在酒精依赖或酒精相关的行为上,而在较小程度上集中于尼古丁依赖。对大麻使用的研究也日益受到关注。

酒精依赖

酒精相关表型的双生子和收养研究

酒精依赖的途径有许多阶段,例如:是否饮酒、饮酒量、饮酒方式,以及耐受性和依赖性的后续发展。这些阶段中的每一个可能涉及不同的遗传机制。因此,酒精依赖可能是高度异质的。然而,大量的家系研究表明,酒精使用障碍在家族中世代相传,尽管这些研究在效应量和诊断标准上存在很大差异。对于男性来说,一级亲属的酒精依赖是迄今为止酒精依赖唯一的最佳预测因子。例如,一项对 1212 名酒精依赖先证者及其 2755 名同胞的家系研究发现,男性同胞终生酒精依赖诊断的平均风险约为 50%,而女性同胞为 25%(Bierut et al., 1998)。根据美国疾病控制和预防中心(CDC)的数据,一般人群的患病风险在男性中约为 17%,女性约为 8%。酒精使用的选型婚配是实质性的(相关性约为 0.40),这被认为是由最初配偶的选择造成的,而不是与配偶生活造成的效应(Grant et al., 2007; Hicks, Foster, Iacono, & McGue, 2013)。这种规模的选型婚配可能夸大对共享环境的估算,并可能造成一种基因型-环境相关性,其中儿童更有可能同时经历遗传和环境风险。(有关选型婚配的更多讨论,请参见第

11章。)

　　双生子和收养研究表明,遗传因素在酒精依赖的家族聚集中起着主要作用。在丹麦的一项收养研究中,男性的酒精依赖与亲生父母的酒精依赖有关,但与养父母无关(Goodwin, Schulsinger, Hermansen, Guze, & Winokur, 1973; Goodwin, Schulsinger, Knop, Mednick, & Guze, 1977)。瑞典报告了养子的酒精依赖与其生父之间的类似关联(Cloninger, Bohman, & Sigvardsson, 1981; Sigvardsson, Bohman, & Cloninger, 1996)。同样,爱荷华州收养研究(Cadoret, 1994; Cadoret, O'Gorman, Troughton, & Heywood, 1985a; Cadoret, Troughton, & O'Gorman, 1987)显示,与对照组被收养者相比,出生于酗酒家庭的被收养子女酒精依赖的风险显著升高,这与对酒精依赖的遗传影响相一致。美国最近的两项收养研究(Hicks et al., 2013; McGue et al., 2007)和瑞典的研究(Kendler et al., 2015a)也支持遗传学在父母-子女酒精依赖传播中的作用,并进一步表明父母传给其(生物学意义上的)后代非特异性的遗传易患性导致多种外化障碍(Hicks et al., 2013; Kendler et al., 2015a)。

　　许多关于酒精滥用、酒精依赖和其他酒精相关结果的大型双生子研究得出了有可比性的结果。对各种饮酒相关行为的成人双生子研究结果高度一致,遗传效应占酒精使用量、使用频率、酒精滥用和酒精依赖方差的40%至60%(Dick, Prescott, & McGue, 2009a; Hicks et al., 2013)。早期的双生子研究表明男性对酒精依赖的遗传力较高(Legrand, McGue, & Iacono, 1999);然而这种性别差异并没有在最近的双生子研究中发现(Knopik et al., 2004; Prescott, 2002)。但对青少年酒精相关变量的双生子研究得出了更加多变的结果。对青少年酒精使用障碍的研究并不常见,因为通常直到成年早期才能符合诊断标准(Lynskey, Agrawal, & Heath, 2010)。因此,对青少年酒精依赖症状的少数遗传学研究表明,遗传效应很小且不显著(Knopik, Heath, Bucholz, Madden, & Waldron, 2009a; Rose, Dick, Viken, Pulkkinen, & Kaprio, 2004),共享环境发挥着更大的作用。关于青春期饮酒的起始,研究结果再次表明共享环境起着巨大作用,而遗传效应起着很小但显著的作用(Fowler et al., 2007)。一个有趣的进展性发现是,共享环境似乎与青春期和青年期的初次饮酒有关,但与后期酒精滥用无关(Dick et al., 2014; Pagan et al., 2006)。

　　与共享环境对青少年酒精相关结果的重要性相一致,收养研究为共享环境的影响提供了一些证据,证明共享环境影响是特定于同胞而不是父母与子女之间共享(Hicks et al., 2013)。例如,在一项关于青少年酒精使用和滥用的收养研究中,父母酗酒问题与青少年酒精使用之间的相关性在亲生子女中为0.30,而在领养子女中仅为0.04(McGue, Sharma, & Benson, 1996)。尽管养父母与其被收养子女之间缺乏相似性,但遗传上不相关收养同胞对的相关性为0.24。此外,收养同胞相关性在同性同胞中(r=0.45)比异性同胞(r=0.01)更为显著。这些结果表明了一个合理的假设,即同胞效应(或可能为同伴效应)在青春期饮酒方面可能比父母效应更重要。然而,如前所述,选型婚配可能至少在一定程度上对明显的共享环境影响起作用(Grant et al., 2007)。

目前讨论的大多数研究都集中在酒精依赖或酒精使用障碍上。如上所述,酒精依赖是一种多因素疾病,其症状包括但不限于耐受性、戒断和比预期饮酒量大或比预期饮酒时间长。这些症状被假设为影响酒精依赖的生物系统中的脆弱性指标。最近对成年双生子的研究表明,构成酒精依赖的每一种症状都是可遗传的(估计从36%至59%不等)(Kendler, Aggen, Prescott, Crabbe, & Neale, 2012b)。此外,这些症状可能并不反映遗传易患性的单一维度,而是反映下列三个指示风险的基本维度:(i)耐受性和大量使用;(ii)对酒精相关社会功能障碍的失控;(iii)戒断以及尽管存在问题仍继续使用。这些结果与具有明确实验动物相似性性状的结果一致,比如耐受性和戒断(如下所述)。最近使用基于SNP遗传力的研究发现,酒精依赖的一部分症状(耐受性、使用超过预期时间、尽管存在问题仍继续使用,以及戒酒行为)以及整体酒精依赖诊断存在显著遗传影响(Palmer et al., 2015b; Vrieze et al., 2013; Yang et al., 2014)。酒精依赖症状的基于SNP的遗传相关性表明,相同的基因影响多种症状(Palmer et al., 2015b)。

显然,基因和环境在酒精相关表型中都起着重要作用;也许毫不奇怪,这些遗传和环境因素可能以一种复杂的方式共同作用(Enoch, 2012; Guerrini, Quadri, & Thomson, 2014)。饮酒行为的数量遗传学研究提供了几个基因型-环境互作的例子(参见第8章;另参见综述Young-Wolff, Enoch, & Prescott, 2011)。据报道,对于以下情况来说遗传力较低:发病较晚人士(Agrawal et al., 2009)、已婚人士(Heath, Jardine, & Martin, 1989)、有宗教教养人士(Koopmans, Slutske, van Baal, & Boomsma, 1999)、来自更严格和更亲密的家庭(Miles, Silberg, Pickens, & Eaves, 2005)或酒精销售较低地区的人士(Dick, Rose, Viken, Kaprio, & Koskenvuo, 2001),以及同伴不太离经叛道的人(Dick et al., 2007; Kendler, Gardner, & Dick, 2011)。这些研究结果表明,在更宽松的环境中,饮酒的遗传风险更大(未婚、无宗教教养、更多酒精供应、更多同龄人报告饮酒)。虽然收养研究的数量较少,但它们也表明基因型-环境的互作。在瑞典收养者的研究中,同时具有遗传风险(有一个酒精依赖的亲生父母)和环境风险(有一个酒精依赖的养父母)的被收养儿童最有可能酗酒(Sigvardsson et al., 1996)。此外,有犯罪史的生父(第16章)与不稳定的家庭环境互作,会增加男性的反社会酗酒行为(Cloninger et al., 1982)。爱荷华州收养研究还表明,出生家庭,与养父母的精神病理学以及收养家庭环境中的父母冲突互作,增加了女性发展为酗酒的风险(Cutrona et al., 1994)。

酒精相关表型的动物研究

精神药物遗传学是利用动物模型进行行为遗传学研究的最高产的领域之一,它关注的是对药物行为反应的遗传效应。药物遗传学的更大领域(Rose, 2000),通常被称**为药物基因组学**,识别在全基因组基础上检测遗传效应的能力,关注于药物正负效应中的遗传差异,以便个体化和优化药物治疗(Evans & Relling, 2004; Goldstein, Tate, & Sisodiya, 2003)。精神药物遗传学的大多数研究都涉及酒精(Bloom & Kupfer, 1995; Broadhurst, 1978; Crabbe & Harris, 1991)。例如,在果蝇中的研究通过测量酒精对镇静或运动损伤效应的敏感性和耐受性(如, Scholz, Ramond, Singh, & Heberlein, 2000)来对酒精效应的易感性进行检测。最近的研究也表明,果蝇可以模拟成瘾的许多特征,比如随着时间的推移增加摄入量、为饮酒而克服厌恶刺激,以及酒精戒断期之后的复发(Devineni & Heberlein, 2013)。

1959年研究人员利用小鼠模型发现,近交系小鼠对饮酒偏好明显不同,这一发现暗示了遗传影响(McClearn & Rodgers, 1959)。对跨越150多代小鼠的研究发现了类似结果,表明这是一种高度可遗传的性状,随着时间推移非常稳定(Wahlsten et al., 2006)。此外,研究还表明,偏好饮酒是一个酒精强化效应的合理模型(Green & Grahame, 2008)。对于酒精的其他行为反应,也发现了近交系的差异(参见综述Crabbe, 2012)。

图17.1 测量小鼠酒精注射后翻正反射性反应丧失的"睡眠摇篮"。在摇篮2中,一只长睡眠小鼠仍然仰卧着,因酒精注射而睡倒。在摇篮3中,一只短睡眠小鼠刚刚开始自我翻正过来。(由E·A·托马斯友情提供。)

选择研究为遗传影响提供了特别强有力的论证。例如,一项经典研究成功地选择出对酒精效应敏感的样本(McClearn, 1976)。当小鼠被注射几杯相当数量的酒精,它们"睡倒"的时间长短不一。"睡眠时间"作为对酒精注射的反应,是通过将小鼠仰面放置于摇篮中待它们自己翻正过来所需的时间来测量(图17.1)。酒精敏感性的这一测量选择是成功的,这一结果有力地证明了遗传因素的重要性(图17.2)。经过18代的选育,长睡眠(LS)小鼠平均"睡"2小时。大多数短睡眠(SS)小鼠甚至没有昏迷,它们的平均"睡眠时间"仅10分钟左右。到第15代,LS家系和SS家系之间没有重叠(图17.3)。也就是说,LS家系每只小鼠的睡眠时间都比SS家系任何一只长。

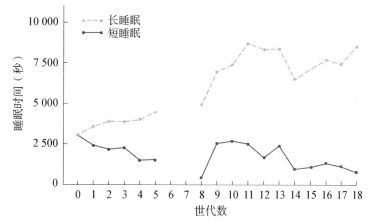

图 17.2 酒精睡眠时间选择的研究结果。在第 6 代至第 8 代期间暂停了选择。(数据来源于 G.E. McLearn, 未发表。)

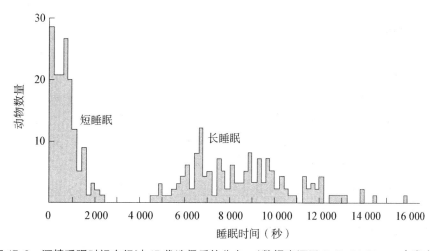

图 17.3 酒精睡眠时间在经过 15 代选择后的分布。(数据来源于 G.E. McClearn, 未发表。)

酒精在饮用时有多种效应。具体来说,在饮酒的第一阶段有刺激作用是令人愉悦的,但在达到酒精峰值水平后,酒精具有有害的镇静作用。遗传变异可能不成比例地改变这些效应之间平衡的程度,可能对饮酒行为产生深远影响。如果由于遗传差异,个体经历了酒精令人愉悦的效应而不是有害的镇静效应,那么他们更有可能以依赖的方式过度饮酒。相比之下,如果一个人发现酒精的镇静特性特别严重(与 LS 小鼠一致),这可能会导致饮酒量减少,随之降低发展成酒精依赖的风险。由于 SS 和 LS 小鼠是选育的,并为酒精相关效应的遗传基础提供了强有力的证据,因此它们可以作为动物研究方法和理解遗传差异如何影响酒精依赖风险之间的关键转化桥梁。

18 代小鼠系的稳定趋异化表明许多基因影响这一测量。如果只涉及一或两个基因,小鼠系在几代后就会完全分化。其他选择研究包括在小鼠中成功选择在戒酒期间对癫痫发作的易感性样本,和在大鼠中选择自愿饮酒的样本(Crabbe, Kosobud, Young, Tam, & McSwigan, 1985; Green & Grahame, 2008)。这些都是强大的遗传效应的证据。例如,选育的癫痫易感小鼠系对戒断非常敏感以至于单次注射酒精后就表现症状。然而有趣的是,易癫痫与抗癫痫选育小鼠系对乙醇的功能耐受性没有差别(Crabbe, Kendler, & Hitzemann, 2013)。在功能耐受性方面,与目标组织保持接触的药物量没有变化,但目标组织不再以同样的方式反应。这一结果在近交系、程度较重组近交系(参见综述 Crabbe et al., 2013)中也被发现,并支持了对人类的研究,表明酒精耐受性和酒精戒断的遗传风险因素仅为弱相关(Kendler et al., 2012b; Palmer et al., 2015b)。动物遗传模型,包括小鼠、大鼠和果蝇,继续被广泛应用于酒精相关性状的行为遗传学研究及分子遗传学研究(Awofala, 2011; Crabbe et al., 2013; Devineni & Heberlein, 2013)。

酒精相关表型的分子遗传学研究

长期以来,人类对酒精的依赖一直是分子遗传学研究的目标,以确定导致发生这种疾病风险的基因(参见综述 Rietschel & Treutlein, 2013)。对各种人群进行全基因组连锁研究,包括爱尔兰人(Prescott et al., 2006)、非裔美国人(Gelernter et al., 2009)和美洲原住民家庭(Ehlers et al., 2004; Long et al., 1998),以及酒精中毒协作遗传学(COGA)研究(Foroud et al., 2000; Reich et al., 1998)均一致报道了与 4 号染色体长臂上含乙醇脱氢酶(ADH)基因簇家族区域的连锁。4 号染色体短臂上靠近 γ-氨基丁酸(GABA)受体簇的一个连锁区域也一致被报道(Long et al., 1998; Reich et al., 1998)。

编码乙醇代谢酶的基因是众所周知的(Lovinger & Crabbe, 2005),乙醛脱氢酶基因(ALDH2)和乙醇脱氢酶(ADH)基因是研究最成熟的基因,其多态性可能与酒精依赖风险相关(参见综述 Kimura & Higuchi, 2011)。图 17.4 显示了这些基因对酒精依赖作用影响的简化模型,以及下面讨论的几个说明性候选基因。基于候选基因研究结果的一个特别有趣且一致的发现涉及 ALDH2 多态性。有证据表明,ALDH2 多态性与健康人群的饮酒行为和酒精依赖风险都相关。导致酒精代谢中一种关键酶失活的 ALDH2 等位基因(ALDH2 * 2)在 25% 的中国人和 40% 的日本人中存在,但白种人中几乎从未发现。饮酒时乙醛的累积会导致令人不适的症状,比如脸红和恶心。这是防止酒精中毒发展的突变等位基因的一个例子。这种遗传变异导致饮酒量减少,并一直被认为是亚洲人酒精中毒率远低于白种人的原因。事实上,ALDH2 * 2 等位基因的纯合子几乎完全防止了个体成为酗酒者(Higuchi et al., 2004)。这里描述的同样令人不快的症状是由药物双硫仑(Antabuse)引起的,是酒精中毒疗法的基础,用于阻断

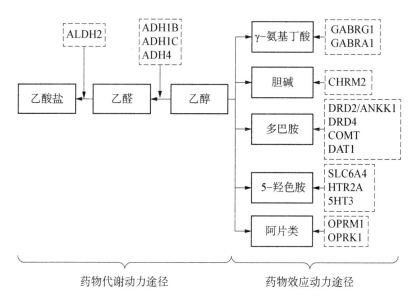

图 17.4 一个通过改变乙醇的药物代谢动力学和药物效应动力学而参与酒精依赖的基因网络模型。图左侧显示了乙醇代谢为乙酸盐的药物代谢动力学途径。图右侧显示了反映乙醇对多个神经递质系统的分子药理作用的药物效应动力学途径。虚线框包含最有可能影响相应系统的候选基因列表。参见帕尔默及其同事(2012)对这些生物途径的综述。

饮酒。

其他候选基因的关联已被报道(参见综述 Rietschel & Treutlein, 2013),特别是编码受体的基因:GABA(Enoch et al., 2009)、毒蕈碱乙酰胆碱受体-2(*CHRM2*;Luo et al., 2005)、多巴胺(McGeary, 2009; van der Zwaluw et al., 2009)、5-羟色胺(Enoch, Gorodetsky, Hodgkinson, Roy, & Goldman, 2011)和阿片类(Anton et al., 2008)。目前正在努力测试环境风险因素对特定基因效应的弱化作用。例如,三项针对三个不同基因的研究表明,父母监控可减轻包括饮酒在内的外化行为与 *GABRA2*(Dick et al., 2009b)、*CHRM2*(Dick et al., 2011)以及一个多巴胺能通路基因儿茶酚-O-甲基转移酶(*COMT*;Laucht et al., 2012)之间的关联。更具体地说,这三项研究支持在酒精使用中的 G×E 的数量遗传发现,同时也表明,在父母监控水平较低的环境中基因型与外化行为之间的关联性更强。尽管取得了这些有趣而令人鼓舞的结果,但经典全基因组关联(GWA)分析对酒精依赖性的研究唯一一致的发现是那些酒精代谢酶基因,显示出酒精依赖和饮酒表型之间的关联(参见综述 Hart & Kranzler, 2015)。具体来说,*ALDH2* 与东亚人群的酒精表型具有一致的关联性(Park et al., 2013; Quillen et al., 2014),在欧裔美国人和非裔美国人中则是 *ADH1B* 起作用(Frank et al., 2012; Gelernter et al., 2014a)。换而言之,编码代谢酶基因中的 SNP 是对酒精依赖风险影响最大的常见变异(Hart & Kranzler, 2015)。相反,其他候选基

因如 *DRD2*、*OPRM1* 和 *COMT* 与酒精依赖的关联尚未在 GWA 研究中得到重复（Olfson and Bierut，2012）。

啮齿类动物的药物基因组学研究已成功用于鉴定与酒精相关行为有关的 QTL（Ehlers et al.，2010）。例如，饮酒偏好的 QTL 与小鼠 9 号染色体（Phillips, Belknap, Buck, & Cunningham, 1998; Tabakoff et al., 2008）、大鼠 4 号染色体（Spence et al., 2009）连锁。小鼠急性酒精戒断和急性功能耐受性的 QTL 分别被定位于小鼠 1 号染色体（Kozell, Belknap, Hofstetter, Mayeda, & Buck, 2008）和 4 号染色体（Bennett et al., 2015）。酒精偏好相关行为的 QTL 也被定位于 4 号染色体（Belknap & Atkins, 2001; Saba et al., 2011）。另有其他酒精相关反应的 QTL 在小鼠中被定位，比如酒精引起的翻正反射性反应丧失（Crabbe et al., 1999a; Lovinger & Crabbe, 2005）。

动物模型中的 QTL 研究尤其令人兴奋是因为它可以挑选出候选 QTL，然后可以在人类 QTL 研究中进行测试（Lovinger & Crabbe，2005）。例如，超过 90% 的小鼠和人类基因组包含保守共线性区域。换而言之，在小鼠和人类基因组的某些区域，共同祖先的基因序列在两个物种中均得到保留（Ehlers et al.，2010）。小鼠基因敲除研究也证明特定基因对酒精行为反应的影响。例如，在小鼠中敲除 5-羟色胺受体基因会导致饮酒增加（Crabbe et al.，1996）。敲除某些多巴胺受体会导致对酒精的超敏感性（Rubinstein et al.，1997），并降低饮酒偏好（Savelieva, Caudle, Findlay, Caron, & Miller, 2002）。人类对乙醇的脑敏感性差异可能是导致一般上瘾的原因（Savelieva, Caudle, Findlay, Caron, & Miller, 2002），也是造成一些人酗酒的致命后果的原因（Heath et al.，2003）。

最近的研究使用基因组学方法（第 10 章）阐明了酒精反应和成瘾背后的分子通路（Awofala，2011; Tabakoff et al.，2009）。这种方法利用小鼠、大鼠和果蝇，结合遗传标记信息、基因表达和复杂表型以确定显著影响动物模型中特定表型表达变化的候选基因和基因产物互作的通路。然后将动物模型的发现与人类已知的结果进行比较。最近一项研究采用了相反的方法。朱拉耶娃（Juraeva）及其同事（2015）将通路分析与果蝇功能追踪和小型人类实验室研究相结合，以鉴定酒精依赖的风险基因。利用对人类样本（1333 例酒精依赖患者和 2168 例对照）的**基因集分析**，他们确定了 19 个基因集。其中有 6 个包括 *XRCC5* 基因，然后在果蝇中敲除。突变果蝇对乙醇的敏感性低于对照组。作者随后对人类进行了酒精静脉注射自身给药研究，发现最大血液酒精浓度与 *XRCC5* 基因型之间存在显著关联，这表明 *XRCC5* 可能是酒精依赖的候选基因。总之，这些方法共同表明人类和动物模型在确定对酒精行为反应起重要作用的候选通路和基因网络方面可以相互提供有用信息（Awofala，2011）。

尼古丁依赖

最常见和潜在危险的环境暴露会对健康和发育造成负面影响，其中之一便是暴露在香烟烟雾中。美国疾病控制与预防中心(CDC, 2014)报告称，2003 年美国有近 20% 的成年人——约 4 200 万人——吸烟，其中大多数人依赖尼古丁。早先研究发现，香烟烟雾中有 4 000 多种化学物质，包括尼古丁、苯并芘和一氧化碳，其中 40 多种化学物被确定为已知致癌物(Thielen, Klus, & Mueller, 2008)。吸烟与多种疾病和致残有关，包括心脏病和肺病(美国卫生与公众服务部，2014)。此外，每有一人死于与吸烟相关疾病，则有 30 多人与至少一种因吸烟引起的重大疾病作斗争(CDC, 2014)。几项研究指出，吸烟是世界上主要的可预防死亡原因(CDC, 2014)。据估计，全世界高达 600 万人死于吸烟，而目前的数据趋势预测，到 2030 年，烟草使用每年将导致 800 多万人死亡(世界卫生组织，2011)。在美国，烟草使用每年涉及 20% 的死亡，即每年有 480 000 例死亡，其中约 41 000 人死于二手烟暴露(美国卫生与公众服务部，2014)。平均而言，吸烟者比不吸烟者早亡 10 年以上(Jha et al., 2013)。尽管尼古丁是一种环境介质，但由于遗传倾向和环境影响，吸烟行为在家庭中聚集(Rose, Broms, Korhonen, Dick, & Kaprio, 2009)。个体对尼古丁成瘾特性的易感性差异和受到有害影响的差异也受遗传因素的影响。

吸烟相关表型的双生子研究

多种表型与吸烟和尼古丁依赖有关，包括吸烟的起始、吸烟持续性、对尼古丁的耐受性、戒烟、习惯性吸烟每天吸烟的数量和尼古丁戒断(详情参见综述 Rose et al., 2009)。大量的基因研究已经调查了吸烟的起始，这似乎与人们坚持吸烟或继续吸烟的原因不同。例如，尼古丁依赖、吸烟持续性和习惯性吸烟的遗传力只能在已经开始吸烟的人群中进行评估，而对吸烟起始的遗传影响可以在所有人群中进行检测(Rose et al., 2009)。对来自三个国家六项吸烟起始研究的 17 对双生子的元分析得出结论，遗传因素起着重要作用(Li, Cheng, Ma, & Swan, 2003)。该元分析包括了 1993 年至 1999 年的研究。自那时以来，至少另外十项双生子研究对来自五个国家(芬兰、澳大利亚、美国、荷兰和土耳其)的 60 000 多对双生子检测了吸烟起始的遗传影响(如，Broms, Silventoinen, Madden, Heath, & Kaprio, 2006; Do et al., 2015; Hamilton et al., 2006; Morley et al., 2007; Öncel, Dick, Maes, & Aliev, 2014; Vink, Willemsen, & Boomsma, 2005)。在成人双生子中，遗传影响是大量的，并可以解释平均约 50% 或更多的差异。然而，各项研究得出的估算相差很大。关于吸烟起始的研究表明，女性的遗传力约为 0.20 至 0.75，男性约为 0.30 至 0.65(综述 Rose et al.,

2009)。这一范围差异可由吸烟起始的各种定义（如，第一次吸烟的年龄、经常吸烟的起始年龄）以及遗传效应的大小随时间和地点而变化的可能性来解释（第7章关于遗传力；Kendler et al.，1999）。最近的研究也正对初次吸烟反应的遗传影响进行调查，比如头晕或头痛。有证据表明，人们如何体验最初几支香烟归因于个人特有的可遗传的因素和环境经历（Agrawal, Madden, Bucholz, Heath, & Lynskey, 2014b; Haberstick, Ehringer, Lessem, Hopfer, & Hewitt, 2011）。

吸烟的持续性也表现出巨大的遗传差异和极少的共享环境影响（Rose et al.，2009）。大多数研究侧重于吸烟持续性测试，对吸烟起始和持续性之间的遗传相关性，利用易患性-阈值模型（第3章）的特殊形式（又称两阶段模型）进行测试。该模型估算了起始第一阶段和持续（或依赖）第二阶段之间的遗传和环境重叠量，且已应用于物质使用的其他领域（Heath, Martin, Lynskey, Todorov, & Madden, 2002）。在美国双生子样本中，导致吸烟起始和持续的遗传影响差别很大（Do et al.，2015；Maes et al.，2004）。芬兰的双生子样本中也报道了类似的结果，影响吸烟起始的遗传效应只占吸烟持续性方差的3%左右（Broms et al.，2006）。另一个有趣的多元结果是，持续吸烟的遗传似乎由尼古丁戒断的遗传易感性介导（Pergadia, Heath, Martin, & Madden, 2006a）。

当考虑根据各种诊断标准所定义的尼古丁依赖，多项大型双生子研究都指向成人尼古丁依赖的遗传影响。一项经典的早期研究涉及来自瑞典的12000对双生子，其中一半吸烟。该研究表明，如果双生子中有一人吸烟，两者均吸烟的概率在同卵双生子中为75%，异卵双生子为63%（Medlund, Cederlof, Floderus-Myrhed, Friberg, & Sorensen, 1977）。随后的遗传力估算在一些国家中甚至更高，这表明大约60%的尼古丁依赖风险是由遗传影响造成的。研究还表明，睡醒后到吸第一支烟的时间具有55%的遗传力，这似乎是一种重度的、不间断的和自动吸烟的模式，可能是尼古丁依赖（Baker et al.，2007b）和其遗传风险（Haberstick et al.，2007）一个很好的单项指标。应该指出，这些结果指的是卷烟。一项有趣的研究发现，用烟斗吸烟和吸雪茄并没有遗传影响和实质性的共享环境影响（Schmitt, Prescott, Gardner, Neale, & Kendler, 2005）。最近使用SNP遗传力方法的研究报道，DSM-III尼古丁依赖的SNP遗传力估算为36%（Vrieze et al.，2013），DSM-IV尼古丁依赖性测量值为26%至33%（Bidwell et al.，2016），表明使用传统生物统计学双生子模型方法检测到的遗传效应中，常见SNP占了相当大的比例。

虽然有许多关于成年双生子吸烟行为的研究，但关于青少年双生子研究的文献不太广泛。与共享环境对青少年酒精相关行为有显著影响不同，共享环境影响青少年吸烟相关行为的证据较少（Lynskey et al.，2010）。相反，青少年双生子研究表明遗传因素在这个早期发育阶段的吸烟行为中具有重要性；然而，遗传力估算的范围很大（25%

至80%），与成人研究类似，取决于感兴趣的吸烟变量(Do et al.，2015)。然而，尼古丁戒断在青少年和成年吸烟者中表现出显著的相似性，遗传效应占尼古丁戒断差异的50%(Pergadia et al.，2010)。

吸烟相关行为的基因型-环境互作的数量遗传学研究还没有像酒精使用那样广泛。目前所做甚少的工作主要集中在青少年身上。青少年吸烟的遗传影响在父母监控程度较高时会减少(Dick et al.，2007)，但随着自陈报告中的坦诚性而增加(Timberlake et al.，2006)。最近的一项研究调查了吸烟政策的变化(即，香烟包装上更明确的警告、无烟工作和休闲环境，以及旨在预防青少年吸烟的媒体宣传)是否导致遗传影响对吸烟行为贡献的变化(Vink & Boomsma，2011)。虽然近年来吸烟率有所下降，但遗传和环境因素的相对贡献没有变化，几乎不能提供基因型-环境互作的证据。

吸烟相关表型的分子遗传学研究

尽管遗传力估算的范围很广，但其一直在为大多数吸烟行为的遗传重要作用提供支持。然而，遗传力估算并没有提供涉及哪些具体基因的信息。吸烟相关后果的早期分子遗传学研究产生了不一致的结果(综述 Ho & Tyndale，2007)，也许是因为没有一个专门用于尼古丁依赖的研究设计。

尼古丁依赖的最强和最一致的遗传贡献来自与尼古丁的药物代谢动力学差异(即，体内尼古丁的吸收、分布和代谢)以及药物效应动力学差异(即，影响尼古丁对个体影响的遗传变异)相关的基因(Bierut，2011；MacKillop, Obasi, Amlung, McGeary & Knopik，2010)。这些影响的简化模型如图 17.5 所示，其中包括主要代谢途径、神经递质系统和说明性候选基因。

尼古丁代谢变化在吸烟中起重要作用。尼古丁代谢的双生子研究表明其遗传力为60%，该代谢途径的遗传变异主要因素是 *CYP2A6* 基因(Swan et al.，2005)，其编码的酶主要负责将尼古丁代谢为可替宁。最近的 GWA 元分析证实了 19 号染色体上 *CYP2A6* 区域的重要性，该区域的变异与每天吸烟的数量有关(Agrawal et al.，2012；Thorgeirsson et al.，2010；烟草和遗传学联合会，2010)。许多参与尼古丁代谢途径的其他基因也是有前景的候选基因(参见综述 MacKillop et al.，2010)。

除了代谢途径，神经递质是尼古丁的另一靶点，尤其是尼古丁受体刺激，它涉及尼古丁对认知变量的精神活性影响，如注意力、学习和记忆(Benowitz，2008)。一项强有力的发现表明，位于 15 号染色体上的尼古丁受体亚单位簇(例如，*CHRNA3*)的遗传变异改变了成为重度吸烟者的风险(Bierut，2011)。15 号染色体上这个区域似乎至少有两种不同的变异导致了重度吸烟(Saccone et al.，2010；烟草和遗传学联合会，2010)和初次习惯性吸烟的年龄(Stephens et al.，2013)。其他神经递质系统也正在进行研

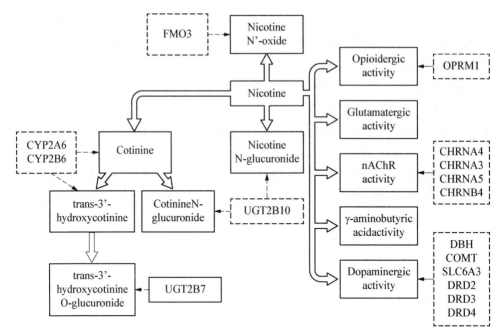

图 17.5 一个通过改变尼古丁的药物代谢动力学和药物效应动力学而参与尼古丁依赖的基因模型。实线箭头表示代谢尼古丁的药物代谢动力学途径和反映尼古丁分子对多个神经递质系统的药理学作用的药物效应动力学途径。虚线箭头表示候选基因及其假定影响点。(摘自 Springer, Current Cardiovascular Risk Reports, The Role of Genetics in Nicotine Dependence: Mapping the Pathways from Genome to Syndrome, Volume 4, 2010, pp. 446–453, by James MacKillop, Ezemenari M. Obasi, Michael T. Amlung, John E. McGeary, Valerie S. Knopik, © Springer Science + Business Media, LLC 2010. 经 Springer Science + Business Media 许可。)

注:FMO3,黄素单加氧酶 3;Nicotine N'-oxide,烟碱-N-氧化物;Nicotine,尼古丁;Cotinine,可替宁;CYP2A6,细胞色素 P450 2A6;CYP2B6,细胞色素 P450 2B6;trans-3'-hydroxycotinine,顺式-3-羟基可替宁;CotinineN-glucuronide,可替宁-N-葡糖苷酸;trans-3'-hydroxycotinine O-glucuronide,顺式-3-羟基可替宁-O-葡糖苷酸;UGT2B7,尿苷二磷酸葡萄糖醛酸转移酶 2B7;Nicotine N-glucuronide,烟碱-N-葡糖苷酸;UGT2B10,尿苷二磷酸葡萄糖醛酸转移酶 2B10;Opioidergic activity,阿片能活性;OPRM1,μ 阿片受体;Glutamatergic activity,谷氨酸能活性;nAChR activity,烟碱型乙酰胆碱受体活性;CHRNA4,烟碱型乙酰胆碱受体 α4 亚单位;CHRNA3,烟碱型乙酰胆碱受体 α3 亚单位;CHRNA5,烟碱型乙酰胆碱受体 α5 亚单位;CHRNB4,烟碱型乙酰胆碱受体 β4 亚单位;γ-aminobutyric acidactivity,γ-氨基丁酸活性;Dopaminergic activity,多巴胺能活性;DBH,多巴胺 β 羟化酶;COMT,儿茶酚胺氧位甲基转移酶;SLC6A3,多巴胺转运体;DRD2,多巴胺受体 D2;DRD3,多巴胺受体 D3;DRD4,多巴胺受体 D4

究,比如内源性阿片类系统,尽管其影响很小且仍无定论(参见综述 Agrawal et al.,2012)。

最近对小鼠的转基因研究涉及尼古丁乙酰胆碱受体亚单位的缺失和替换,已经开始确定尼古丁成瘾背后的分子机制(参见综述 Hall, Markou, Levin, & Uhi, 2012, and Marks, 2013)。正如尼古丁刺激尼古丁受体并增强认知功能(如,注意力)一样,受体功能的丧失会损害认知性能(Poorthuis, Goriounova, Couey, & Mansvelder, 2009)。例如,缺少一个受体亚单位的小鼠在某些类型的记忆(Granon, Faure, & Changeux, 2003)、社会互动(Granon et al., 2003)和决策(Maubourguet, Lesne, Changeux, Maskos, & Faure, 2008)中表现出异常。设计使特定基因"开"和"关"的分子方法,揭示了尼古丁乙酰胆碱受体的某些亚单位对包括急性行为效应在内的尼古丁短时效应的突出作用(Changeux, 2010;Hall et al., 2012)。

其他药物

小鼠的近交系、选育研究和敲除模型都证明了几乎所有滥用药物敏感性存在遗传影响(Crabbe & Harris, 1991;Uhl, Drgonova, & Hall, 2014)。人体研究很难进行,因为苯丙胺、海洛因和可卡因等药物是非法的,而且接触这些药物产生的效应会随着时间发生变化(Seale, 1991)。虽然可卡因或阿片类药物依赖等成瘾不太常见,但它们在社会上被认为更具破坏性、导致更多的身体疾病,并被认为是成瘾的极端现象(Bierut, 2011)。家系研究表明,在如大麻、镇静剂、阿片类药物和可卡因等多种药物中,药物滥用先证者的亲属滥用药物的风险增加了八倍(Merikangas et al., 1998;Merikangas & McClair, 2012)。美国进行的两项关于广泛药物滥用的双生子研究,其中一项涉及美国越战老兵(Tsuang, Bar, Harley, & Lyons, 2001),另一项涉及弗吉尼亚州的双生子(Kendler, Myers, & Prescott, 2007b)。这两项研究都得出了大量的易患性遗传力(约30%至70%),并且几乎没有证据表明各种滥用药物存在共享环境影响。挪威的一项双生子研究也发现了类似结果(Kendler, Aggen, Tambs, & Reichborn-Kjennerud, 2006b)。基于SNP的遗传力分析发现,常见和罕见SNP占非法药物差异的46%(Vrieze et al., 2014)。

最近的研究重点是发展问题(Zucker, 2006)。例如,正如酒精研究所发现的那样,共享家庭环境因素对起始阶段更为重要,但遗传因素在很大程度上是导致后续使用和滥用的主要原因(Kendler & Prescott, 1998;Rhee et al., 2003)。在对28项大麻起始使用研究和24项大麻使用研究的元分析中发现,大麻起始使用和滥用的情况略有不同,遗传因素导致大约50%的大麻起始使用和滥用的易感性(Verweij et al., 2010)。SNP总体地解释了大麻起始使用差异的约25%(Minică et al., 2015)和DSM-5大麻使用障碍差异的20%(Agrawal et al., 2014a)。

多元遗传分析表明,相同的基因在很大程度上介导了不同药物的易感性,加性遗传因素解释了60%以上的药物依赖常见易患性(Palmer et al., 2012),但青春期的共享环境影响更具有药物特异性(Young, Rhee, Stallings, Corley, & Hewitt, 2006)。SNP遗传力研究还为药物使用问题的多个指标之间共享的常见SNP加性效应提供证据支持(Palmer et al., 2015a)。一篇对文献的系统回顾也支持对物质依赖多个方面的共同易感性,特别是遗传等致病因素(Vanyukov et al., 2012)。这种成瘾的共同易感性模型得到了比门户假说更为一致的支持,门户假说是指使用危害较少的药物可能导致未来使用更危险的烈性药物的风险的理论(Gelernter & Kranzler, 2010; Vanyukov et al., 2012)。门户假说已经使用各种方法进行了测试。一种称为孟德尔随机化(Davey Smith & Ebrahim, 2003)的新方法,使用孟德尔第二定律独立分配来检验环境暴露的因果效应,比如接触滥用药物。例如,*ALDH2*基因用于门户假说的孟德尔随机化检测(Davey Smith & Hemani, 2014; Irons, McGue, Iacono, & Oetting, 2007)。门户假说预测,如果酒精暴露是使用其他药物的门户,那么接触酒精机会要少得多的*ALDH2*缺失基因型实验组,使用其他药物的可能性也会更小。研究结果强烈地否定了这一门户假说,因为*ALDH2*缺失基因型实验组虽然使用酒精比*ALDH2*正常组要少得多,但使用其他药物的可能性却是一样的。

其他药物相关行为的分子遗传学研究已经在小鼠中开展,特别是针对阿片类药物、可卡因和安非他明反应的转基因模型。已经建立了三十多种转基因小鼠模型用于研究对这些药物的反应(Sora, Li, Igari, Hall, & Ikeda, 2010)。还对小鼠进行了大量QTL研究(Crabbe et al., 2010),包括涉及奖赏机制以及药物偏好和反应的基因(Goldman, Oroszi, & Ducci, 2005)。

关于酒精和尼古丁以外的药物使用的GWA研究开始被报道。与酒精中毒的情况一样,GWA研究包括对海洛因和甲基苯丙胺等其他药物成瘾的全基因组拷贝数变异(CNV)研究(Li et al., 2014)报道了许多小效应量但无大效应的关联(Gelernter & Kranzler, 2010; Yuferov, Levran, Proudnikov, Nielsen, & Kreek, 2010)。对大麻使用开展的GWA研究(Agrawal et al., 2011; Agrawal et al., 2014a; Sherva et al., 2016)和基于基因的测试(Minică et al., 2015; Verweij et al., 2013)也产生了类似的结果。然而,最近对更大样本和(在某些情况下)内置重复数据集的研究已经开始确定阿片类药物依赖(Gelernter et al., 2014b)、阿片类药物敏感性(Nishizawa et al., 2014)和可卡因依赖(Gelernter et al., 2014c)的假定风险变量。

物质使用遗传学研究的复杂性

人们常常含蓄地假定遗传因素和特定类型的物质依赖之间存在实质性的特异性,但是越来越多的有力证据表明大多数遗传变异是共享的(MacKillop et al., 2010)。例如,尼古丁依赖和酒精中毒都与抑郁症并发,吸烟与精神分裂症并发,饮酒与反社会行为并发,如上所列举,各种类型的物质使用往往同时发生,比如饮酒与吸烟或吸烟与吸食大麻(Agrawal et al., 2012)。从基因到物质使用和滥用的途径并非为独立和加性效应的结果,而是涉及一个高度复杂的系统,其中包括许多具有多效性效应的基因之间的互作(MacKillop et al., 2010)。

总结

酒精相关行为的双生子和收养研究结果表明,存在中等遗传力,而且几乎不存在共享环境影响的证据。基因型-环境互作的几个例子已被报道,在更宽松的环境下酒精相关结果的遗传风险更大。与酒精相关行为一样,吸烟和其他药物使用也受到中度的遗传影响和极少的共享环境影响,尽管共享环境影响对吸烟的起始起更大的作用。多元研究表明,多种药物的易感性由共同的基因介导。药物遗传学是非常活跃的研究领域,其利用动物模型进行药物使用和滥用的研究,尤其是针对酒精。例如,选育研究记录了多种药物行为反应的遗传影响。许多酒精相关行为的 QTL 已经在小鼠中被鉴定。在人类群体中,GWA 研究开始得出一些关于酒精、吸烟以及大麻、甲基苯丙胺和海洛因等其他药物的一致发现。

第 18 章

健康心理学

　　心理学的遗传学研究侧重于认知障碍和能力(第 11—12 章)、精神病理学(第 13—15 章)、人格(第 16 章)和物质使用(第 17 章)。受到关注的原因是,这些是研究个体差异历史最久的心理学领域。对心理学其他主要领域的遗传学尚知之甚少,因为它们在传统上并不强调个体差异,比如在感知、学习和语言这些领域。本章目的是提供一个相对较新领域的遗传学研究的概述,即**健康心理学**,有时也称为心理或行为医学,因为它介于心理学和医学之间。具体而言,健康心理学关注的是生理、心理、环境和文化这些因素如何影响身体健康和疾病。该领域的研究侧重于行为在促进健康、预防和治疗疾病方面的作用。尽管这一领域的遗传学研究相对较新,但可以得出一些关于相关主题的结论,比如体重和主观幸福感。这些领域的发展,增加了**遗传咨询**与健康心理学结果的联系。

遗传学与健康心理学

　　关于行为在促进健康与预防和治疗疾病方面的作用,其大多数核心问题才刚刚开始在遗传学研究中得到解决。例如,第一本关于遗传学和健康心理学的书直到 1995 年才出版(Turner, Cardon, & Hewitt, 1995)。然而,在过去的 20 年中,已发表了数千篇与健康心理学有关的论文,表明这是一个呈指数级增长的领域。我们将专注于与遗传学和健康心理学都相关的两个部分:体重和主观幸福感。

体重和肥胖

　　肥胖和超重正变得越来越普遍,已经成为全球临床与公共卫生的负担(Kelly, Yang, Chen, Reynolds, & He, 2008)。在美国,超过三分之一的成年人和 17% 的青少年为肥胖(Ogden, Carroll, Kit, & Flegal, 2014)。肥胖是包括糖尿病、心脏病和癌症在内的几种医学疾病及死亡率的主要健康风险(Flegal, Kit, Orpana, & Graubard,

2013; Gallagher & LeRoith, 2015; Nimptsch & Pischon, 2015)。虽然通常认为体重的个体差异主要是由环境因素造成的，但是双生子和收养研究一致得出结论，遗传是造成体重(Grilo & Pogue-Geile, 1991)、体重指数以及其他肥胖和局部脂肪分布等测量结果(比如皮褶厚度和腰围)的主要原因(Herrera, Keildson, & Lindgren, 2011; Llewellyn & Wardle, 2015)。例如，如图18.1所示，基于数千对双生子体重相关性的研究发现，同卵双生子相关性为0.80，异卵双生子则为0.43。分开抚养的同卵双生子相关性为0.72。亲生父母及其被收养子女在体重上的相关性(0.23)与非收养父母及其子女的体重相关性(0.26)极为相似，然而后者同时共享遗传(天性)与环境(教养)。养父母及其收养子女，以及收养同胞之间只共享了环境，而不共享遗传，在体重方面彼此完全不同。

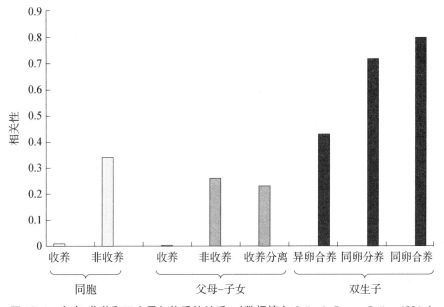

图18.1　家庭、收养和双生子与体重的关系。(数据摘自Grilo & Pogue-Geile, 1991.)

总之，图18.1中的结果表明体重的遗传力约为70%。尽管体重存在平均差异，但在8个欧洲国家也发现了约70%的遗传力，其中提示共享环境可能对女性有更大影响(Schousboe et al., 2003)。在根据身高校准体重的*体重指数(BMI)*(即，体重[kg]/身高[m2])、皮褶厚度(一种肥胖指数)(Grilo & Pogue-Geile, 1991; Maes, Neale, & Eaves, 1997; Nan et al., 2012)上也均发现了类似的结果。超重或肥胖的遗传研究相对较少，部分原因是由于体重显示的是一个连续分布，这种情况使得诊断标准有些武断(Bray, 1986)。对于儿童和成年人来说，超重和肥胖的分类通常基于BMI。一般而言，BMI在第5个百分点和第85个百分点之间被认为是正常的，而BMI大于第95个百分点则被认为是超重,或按照最近的定义被称为肥胖(Krebs et al.,2007)。

利用基于 BMI 的肥胖临界值,双生子研究表明,在儿童期(Dubois et al.,2012; Silventoinen, Rokholm, Kaprio, & Sorensen, 2010)、青春期前(Nan et al.,2012)和成人期(Silventoinen & Kaprio, 2009),肥胖的遗传力都同样高。父母与子女的家系研究表明,如果父母双方都肥胖,成年子女肥胖风险为 20%,如果父母只有一方肥胖,则子女肥胖风险为 8%,如果父母双方都不肥胖,则风险仅为 1%(Jacobson, Torgerson, Sjostrom, & Bouchard, 2007)。

全世界肥胖症的急剧上升有时被认为是对遗传作用的否定,正如第 7 章所讨论的那样,导致人群平均值和方差的原因并不一定相关。也就是说,人群体重平均值的增加,可能是由增加的高能量食品供应量和降低的成本、增加的食物份量、增加的糖份消耗量、减少的体力活动的等因素所导致(Llewellyn & Wardle, 2015; Skelton, Irby, Grzywacz, & Miller, 2011; Skinner & Skelton, 2014)。然而,尽管我们"导致肥胖"的环境因素日益增多,体重的差异范围仍然很大——许多人仍然很瘦。导致肥胖的环境因素可能会使整体分布向上移动,而包括遗传因素在内的个体差异的原因,可能保持不变(Wardle, Carnell, Haworth, & Plomin, 2008b)。

正如第 7 章所强调的,发现遗传影响并不意味着环境不重要。任何人如果停止进食,都能减肥。问题不在于可以发生什么,而在于发生了什么。也就是说,人们在体重上的明显差异在多大程度上取决于特定时期内特定人群所存在的遗传和环境差异? 图 18.1 总结的研究提供的答案(与最近的研究相一致)是遗传差异在很大程度上导致了体重的个体差异。如果每个人都摄入相同量的食物,进行相同量的锻炼,人们的体重仍然会因遗传原因而有所不同。

这一结论在一项有趣的 12 对同卵双生子饮食干预的研究中得到了显著地证实(Bouchard et al.,1990)。三个月内,双生子们摄入过量的热量,并被限制于一个受控制的久坐不动的环境中。个体体重增加的程度差异很大,但同卵双生子对的成员体重增加的相关性为 0.50。类似的双生子研究表明,体育活动和锻炼对体重的改变也会受遗传因素的影响(den Hoed et al.,2013; Fagard, Bielen, & Amery, 1991; Heitmann et al.,1997)。

这些研究并没有指出遗传效应是通过什么机制发生的。例如,当热量和运动量得到控制时遗传差异会发生作用,然而在实验室之外的世界里,遗传对个体差异的作用可能是通过诸如食物摄入和代谢等近端过程的个体差异而进行调节的(Naukkarinen, Rissanen, Kaprio, & Pietilainen, 2012; Silventoinen et al.,2010)。换而言之,饮食习惯和运动倾向上的个体差异,虽然通常被认为是造成体重的环境因素,也受到遗传因素的影响。双生子研究表明遗传因素确实影响饮食的许多方面,比如食欲(Carnell, Haworth, Plomin, & Wardle, 2008; van Jaarsveld, Boniface, Llewellyn, & Wardle,

2014);饮食数量、时间和食物的成分;饥饿程度和进食后的饱腹感(de Castro, 1999; Llewellyn, van Jaarsveld, Johnson, Carnell, & Wardle, 2010; Llewellyn & Wardle, 2015);饮食风格,比如情绪化饮食和无节制饮食(Tholin, Rasmussen, Tynelius, & Karlsson, 2005);进食速度和对食物的享受程度(Llewellyn et al., 2010);以及一般的食物偏好(Breen, Plomin, & Wardle, 2006)。

前几章已经指出,在大多数的行为学研究领域,环境方差是非共享的变化。体重也是如此。如图18.1所示,养父母及其收养子女以及收养同胞之间在体重上完全不相似。这一发现令人惊讶,因为体重和肥胖的理论主要侧重于通过节食来控制体重,然而同一个家庭成长的个体彼此并不因为环境原因而相似(Grilo & Pogue-Geile, 1991)。对饮食、体重和食欲的态度也表现出大量的遗传力,并不受共享家庭环境的影响(Llewellyn & Wardle, 2015; Rutherford, McGuffin, Katz, & Murray, 1993)。这项研究的下一步是确定同一家庭中长大的孩子不同的环境因素。例如,尽管有理由认为同一家庭的儿童共享相似的饮食,但事实可能并非如此。困难在于,体重和肥胖的生物和环境决定因素相互交织在一起,包括不同的儿童、家庭和社区特征。

随着时间的推移,超重和肥胖的患病率也随着年龄的增长而增加(Ogden et al., 2014)。因此,研究遗传和环境随时间推移对BMI的相对影响非常重要,因为这可能会为肥胖流行的原因提供有价值的见解(Duncan et al., 2009)。影响体重的遗传因素在儿童早期就开始发挥作用(Meyer, 1995)。事实上,最近对来自四个国家的23对同期出生的双生子研究发现,男性和女性的BMI早在五个月大时就受到很强的遗传因素影响(Dubois et al., 2012)。纵向遗传学研究的信息量尤其丰富。从出生到青春期的首个纵向双生子研究发现,出生体重并没有遗传力,在出生后第一年里遗传力增加,此后遗传力稳定在60%至70%(同卵和异卵双生子的相关性如图18.2所示; Matheny, 1990)。在儿童期的其他双生子研究中获得了一致的结果(如, Dellava, Lichtenstein, & Kendler, 2012; Estourgie-van Burk, Bartels, van Beijsterveldt, Delemarre-van de Waal, & Boomsma, 2006; Pietilainen et al., 1999)。最近一项纵向研究发现,BMI的遗传力从4岁时的43%增加到10岁时的82%,并用全基因组SNP遗传力和多基因风险评分方法证实了这些结果(Llewellyn, Trzaskowski, Plomin, & Wardle, 2014a)。对涉及约8 000对MZ和9 900对DZ双生子对的12项已发表研究的系统回顾和分析,发现BMI的遗传力在青春期前、青年期和成人期后期都很高,从60%到80%不等(图18.3;参见Nan et al., 2012)。青春期到青年期BMI变化的纵向双生子研究也表明,虽然遗传影响的多少在很大程度上是稳定的,但不同的基因集可能是造成这个发育期间变化率的原因(Ortega-Alonso, Pietilainen, Silventoinen, Saarni, & Kaprio, 2012)。

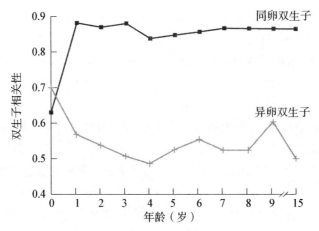

图 18.2 同卵和异卵双生子从出生到 15 岁的体重相关性。（数据摘自 Matheny，1990。）

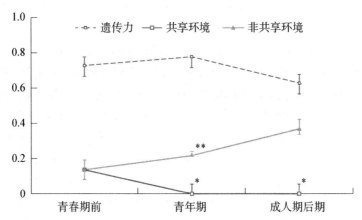

图 18.3 遗传和环境对 BMI 从青春期前到成人期的影响。＊表示置信区间下限为 0。＊＊表示置信区间下限为 0.20。（数据摘自 Nan et al.，2012.）

与本书前面部分讨论的大多数其他行为和表型相似，人们对基因-环境互作在肥胖风险中的作用非常感兴趣（Llewellyn & Wardle，2015）。例如，遗传力估算可能因某些环境因素而异。据报道，BMI 的遗传力在这两种人群中较低：收入水平较高的成人（Johnson & Krueger，2005）和经常锻炼的年轻成人（Mustelin, Silventoinen, Pietilainen, Rissanen, & Kaprio，2009；Silventoinen et al.，2009）。另一方面，遗传和共同环境对 BMI 的效应可能由父母教育水平调和，如果父母受教育有限（即，没有完成高中学历）或混合（一方受教育有限，另一方具有较高的教育程度），这种情况下会有更低的遗传力。共同环境不影响高学历家庭的青少年 BMI 的变化，但确实影响父母受教育有限的家庭的青少年 BMI 变化，(Lajunen, Kaprio, Rose, Pulkkinen, & Silventoinen, 2012)。最近的工作集中在行为易感性理论(BST)上，该理论提出，遗传了更强烈的食欲或对饱腹感敏感性较低的个体更有可能会因暴露在食物环境中而暴饮暴食(参见综述 Llewellyn & Wardle, 2015)。

如前所述，许多这些表面上的环境测量其实是可遗传的。例如，成年期间体育运动和食欲的个体差异，部分是由于遗传影响(Mustelin et al., 2012; van Jaarsveld et al., 2014)。因此，尽管目前 BMI 预测因子可利用的信息有所增加，但情况正变得越来越复杂。

分子遗传学研究 肥胖成为分子遗传学研究的目标，最初是因为在小鼠中所谓的肥胖基因。小鼠模型在揭示肥胖的遗传结构和相关的性状方面具有非常重要的历史意义，这些模型的研究进展持续为体重相关疾病的病因提供线索(参见综述 Mathes, Kelly, & Pomp, 2011)。20 世纪 50 年代，在小鼠中发现了一种导致肥胖的隐性突变。当这些肥胖小鼠从正常小鼠身上得到血液时，它们体重减轻了，这一结果表明，肥胖小鼠缺少重要的控制体重的某种因素。该基因已被克隆，并被发现与人类的一个基因相似(Zhang et al., 1994)。该基因产物，是一种叫做瘦素的激素，它可以通过降低食欲和增加能量消耗来减轻小鼠体重(Halaas et al., 1995)。然而，除了极少数例外(Montague et al., 1997)，肥胖的人似乎没有瘦素基因缺陷。脑的瘦素受体的编码基因也从另一个小鼠突变体中克隆出来(Chua et al., 1996)。该基因的突变可能会导致肥胖的遗传风险。多达 3% 的重度肥胖患者被发现瘦素受体有功能丧失性突变(Farooqi et al., 2007; van der Klaauw & Farooqi, 2015)。有趣的是，瘦素基因或其受体有缺陷个体的肥胖表型非常相似，说明瘦素是体重和肥胖难题的关键部分(Ramachandrappa & Farooqi, 2011)。

另一个引起兴趣的生物系统是黑皮质素系统(van der Klaauw & Farooqi, 2015)。瘦素对身体的许多效应是由中枢神经系统，尤其是下丘脑介导的。当瘦素与脑这一区域的瘦素受体结合时，就会刺激黑皮质素系统。正是这种刺激实际上抑制了食物的摄入(Ramachandrappa & Farooqi, 2011)。这个系统中的一个特殊基因 *MC4R* 与人类肥胖有关(Vaisse, Clement, Guy-Grand, & Froguel, 1998; Yeo et al., 1998)，靶向干扰 *MC4R* 基因会导致小鼠食物摄入量增加、肌肉增加和生长(Huszar et al., 1997)。目前认为这些下丘脑通路与脑的其他中枢相互作用以协调食欲、调节新陈代谢，并影响能量消耗(van der Klaauw & Farooqi, 2015)。换而言之，与肥胖相关的性状是高度复杂的，很可能受影响多个系统的多个基因的调控，这些基因不仅可能彼此相互作用，还可能与环境刺激相互作用(Mathes et al., 2011)。

与大多数复杂的性状一样，主要由单基因对人类肥胖产生效应的情况并不多见，而且往往涉及严重的疾病。另外，已有研究表明，小鼠的数百个基因在发生突变或其他改变时都能影响体重(Mathes et al., 2011; Rankinen et al., 2006)。然而，多个基因的不同效应量可能是导致常见超重和肥胖的重要遗传作用的原因。全基因组关联(Genomewide association, GWA)方法已经鉴定出增加肥胖常见形式(即，不由单基因造成)风险的基因，由BMI、腰围、腰围：臀围比例和体脂率来定义。迄今为止，GWA方法已经鉴定了80多个基因座，其中许多已经在不同人群和种族中得到了重复验证(Locke et al., 2015)。与常见肥胖关联的基因，*FTO*基因，解释了大约1%的BMI变化(Frayling et al., 2007)，并且与各种食欲特征有关，比如较高的食物摄入量(Cecil, Tavendale, Watt, Hetherington, & Palmer, 2008; Wardle, Llewellyn, Sanderson, & Plomin, 2009)和较低的饱腹反应(Wardle et al., 2008a)。正如数量遗传学研究预测的那样，*FTO*基因中的SNP与体重的整体分布有关，而不仅仅与分布的肥胖端有关。也正如数量遗传学研究预测的那样，SNP与出生体重无关，但从7岁开始显示出与体重的相关性。

*MC4R*基因最初是通过候选基因研究发现的，也通过多项GWA研究确定与BMI(Zeggini et al., 2007)、腰围(Chambers et al., 2008)、更高的能量和脂肪摄入量(Qi, Kraft, Hunter, & Hu, 2008)、早发性肥胖(Farooqi et al., 2003)有关。对250 000名成人的BMI进行的元分析证实了14个之前确定的肥胖基因，包括*FTO*和*MC4R*，还发现了18个与肥胖相关的新基因座(Speliotes et al., 2010)。在研究儿童肥胖时，对5 530个肥胖病例和8 318个对照的元分析得出了两个新的基因座(Bradfield et al., 2012)。这些基因座也在最近对339 224名个体的BMI元分析中发现(Locke et al., 2015)。研究人员一直在使用元分析的结果来指导多基因风险评分的创建。例如，对成人(Speliotes et al., 2010)和儿童(Bradfield et al., 2012)的元分析确定的34个基因座组成的风险评分被用来检验饱腹感如何在遗传对肥胖的影响中发挥作用(Llewellyn, Trzaskowski, van Jaarsveld, Plomin, & Wardle, 2014b)。研究人员发现，在食物丰富的环境中，低饱腹感反应(或食欲调节)是通过遗传倾向性导致体重增加的机制之一。

很明显，常见变异似乎对肥胖相关表型有小而具有潜在意义的效应。然而，正如第10章所讨论的，还有其他类型的遗传变异，包括拷贝数变异(CNV)和在人群中频率较低的罕见变异(图18.4，参见van der Klaauw & Farooqi, 2015)。最近CNV和脂肪组织的基因表达水平整合的证据表明，一个包含唾液淀粉酶基因(*AMY1*)的CNV与BMI和肥胖有关(Falchi et al., 2014)，该基因参与碳水化合物代谢。

表观遗传学与肥胖相关的结果 表观遗传修饰，比如DNA甲基化和印记(参见第10章)，被认为可以通过它们对基因表达的影响来影响肥胖(Desai, Jellyman, & Ross, 2015)。回想一下，基因组印记影响等位基因的遗传表达，根据等位基因是来自父亲还是母亲来选择是否表达。一个例子是普莱德-威利综合征(第12章)，这是由父

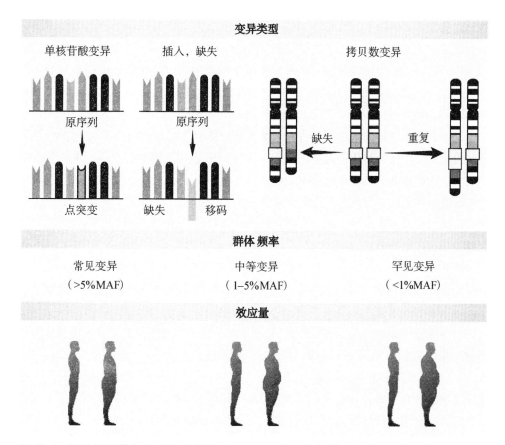

图 18.4 导致体重增加的遗传变异类型。MAF＝最小等位基因频率。(信息摘自 van der Klaauw AA, Farooqi Is. The hunger genes: pathways to obesity. Cell. 2015 Mar 26; 161 (1): 119-32. doi: 10.1016/j.cell.2015.03.008. Review. PubMed PMID: 25815990。)

源染色体 15q11—13 区域的缺失而导致的,其特征是由于饱腹感功能障碍而导致严重的早发性肥胖(Shapira et al.,2005; Williamset al.,2010)。表观遗传变异也可由早期环境影响诱发,DNA 甲基化已被认为可以影响胎儿生长、后期代谢和其他慢性病患病风险(Herrera et al.,2011; Maccani & Marsit,2009; Zheng, Xiao, Zhang, & Yu, 2014)。

虽然肥胖的母亲往往有肥胖的子女(Dabelea et al.,2008),但通过临床干预,怀孕前母亲体重减轻可以通过提供较少致肥的产前环境来降低儿童肥胖的风险(Smith et al.,2009)。然而,在肥胖妇女中,很难区分遗传和环境对子女肥胖的作用。母亲肥胖的动物模型已经开始揭示环境与表观遗传机制之间可能存在的相互作用,表观遗传机制可能影响与 BMI 增加和其他肥胖相关性状有关的基因表达(参见综述 Lavebratt, Almgren, & Ekström, 2012)。例如,MC4R 基因在小鼠长期接触高脂肪饮食后出现甲基化程度降低的情况(Widiker, Kaerst, Wagener, & Brockmann, 2010)。高脂肪饮食也能改变大鼠瘦素启动子的甲基化(Milagro et al., 2009)。重要的是,遗传和表观遗传因素紧密地交织在一起。随着对遗传学和表观遗传学在肥胖中的作用的了解越来越多,这些信息可以与已知的环境风险相结合,以便更全面地了解肥胖相关结果的病因(Smith & Ryckman, 2015; Desai et al., 2015)。

肥胖和体重增加的遗传学新方向　　绝大多数研究(以上只讨论了一小部分),都侧重于体重可观察到的结果或表型。目前正在进行的研究试图揭示我们的遗传组成对肠道微生物群的影响(Goodrich et al., 2014; Mathes et al., 2011)。肠道微生物群是指与胃肠道组织相互作用的微生物种群,最终可能影响体重、肥胖和其他营养相关特征。该假设是纤瘦和肥胖个体有不同的肠道微生物群,这种不同可以影响能量的提取以及之后消耗食物获得的脂肪存储,从而在环境上影响宿主的体重(Turnbaugh & Gordon, 2009)。然而,宿主的基因组也可能影响肠道微生物群的功能(Goodrich et al., 2014)。利用动物模型的研究已经开始探讨这些问题,并表明在宿主中发现的遗传变异会影响肠道微生物群的功能,进而影响肥胖的进程(参见综述 Mathes et al., 2011)。对肥胖和纤瘦双生子的研究已经开始剖析宿主基因型和饮食等环境暴露对塑造肠道微生物群中细菌和病毒格局的相对贡献(Reyes et al., 2010; Turnbaugh et al., 2009)。研究结果显示,虽然人类肠道菌群一定程度上在家庭成员之间共享,但肠道微生物群也含有各种特异的(即,非共享的)细菌,它们影响个体从饮食中提取能量并将其转化为脂肪存储的能力,其中部分为个体基因型的功能(Hansen et al., 2011; Turnbaugh et al., 2009)。

随后的研究已经超越了对肥胖表型不一致的双生子对的肠道微生物群的比较,以便开始确定微生物群和肥胖之间关联的因果机制。在一项变革性的研究中,来自肥胖和纤瘦双生子的粪便样本被移植到低脂饮食的无菌小鼠体内。携带肥胖双生子微生物群的小鼠表现出全身和脂肪量的增长,以及与肥胖相关的代谢表型,而这些与日常食物消耗无关(Ridaura et al., 2013)。进一步测试表明,将携带肥胖双生子微生物群的小鼠与携带纤瘦双生子微生物群的小鼠放置在一起,可以"拯救"或防止肥胖小鼠体重的增加和肥胖相关表型的发展(Ridaura et al., 2013)。对无菌小鼠的进一步研究已经确定了一种特殊的肠道细菌,*Christensenella minuta*,可以影响与肥胖相关的表型。当 *C. minuta* 被添加到一个肥胖者的粪便样本中,随后将其移植到一只受体小鼠中,其效果是得到一只更瘦的小鼠(Goodrich et al., 2014)。这与纤瘦者肠道中的 *C. minuta* 数量比肥胖者更多的数据结论一致(Ley, 2015)。

减肥　　表观遗传修饰和肠道微生物群可能影响体重,但本章总结的双生子和家系研究结果清楚地表明,体重的个体差异高度可遗传。虽然这种高遗传力可能对个体减肥努力的成功或失败有一定的影响,但并不意味着环境因素不重要。显然,运动和热量限制可以导致体重减轻。然而,不幸的是,这种刻意减肥往往只是暂时的(Elfhag & Rössner, 2005)。事实上,在年轻人和中年人中,刻意减肥和严格节食往往与暴饮暴食相关(Keski-Rakhonen et al., 2005; Smith, Williamson, Bray, & Ryan, 1999)。虽然从表面上看,刻意减肥和暴饮暴食似乎处于饮食行为谱的两个极端,但有证据表明两者之间存在正相关,部分原因是共享遗传效应。具体来说,刻意减肥和暴饮暴食之间约有三分之一的遗传因素是共享的,而只有不到10%的环境风险因素是共享的(Wade, Treloar, Heath, & Martin, 2009)。刻意减肥和暴饮暴食之间的这种遗传相关性,加上体重的高遗传力,意味着可能需要永久改变生活方式才能维持体重下降(Elfhag & Rossner, 2005)。

主观幸福感与健康

主观幸福感、生活满意度及其与健康的关系构成了行为遗传学一个日益壮大的研究领域(Pluess, 2015)。也许并不奇怪,研究表明较低的主观幸福感与慢性健康问题(Strine, Chapman, Balluz, Moriarty, & Mokdad, 2008)、抑郁(Greenspoon & Saklofske, 2001)、生活质量下降、医疗费用增加、早退休和死亡率(Gill et al., 2006 & Katon et al., 2004)有关。另一方面,较高的幸福感与长寿有关,可能会延长几年寿命(Steptoe, Deaton, & Stone, 2015)。

双生子研究表明,约35%的主观幸福感差异是由遗传影响造成的(Bartels, 2015)。此外,随着时间的推移,主观幸福感的连续性似乎也受到遗传因素的影响(Roysamb, Tambs, Reichborn-Kjennerud, Neale, & Harris, 2003)。主观幸福感与自陈报告的健康、睡眠、体育运动和精神病理学之间的表型关系,其中至少部分与遗传重叠(Bartels, Cacioppo, van Beijsterveldt, & Boomsma, 2013; Mosing, Zietsch, Shekar, Wright, & Martin, 2009b; Paunio et al., 2009; Waller, Kujala, Kaprio, Koskenvuo, & Rantanen, 2010)。运动锻炼对主观幸福感的积极效应也被认为是由共同的遗传因素造成的(Bartels, de Moor, van der Aa, Boomsma, & de Geus, 2012)。

目前对主观幸福感或自我健康评价的分子遗传学基础知之其少。针对主观幸福感的全基因组连锁扫描发现了位于1号和19号染色体的QTL(Bartels et al., 2010);然而,还需要进行重复验证和其他研究进行补充。最近的GWA研究在自我健康评价方面并未获得重大发现(Mosing et al., 2010b)。SNP遗传力估算表明在主观幸福感的方差中仅占4%,该数据是通过测量幸福感和生活享受度而得到的,可用常见SNP加性效应来解释(Okbay et al., 出版中; Rietveld et al., 2013a)。最近一项对近300 000人的幸福感进行的GWA研究,发现三个全基因组范围内的重要关联;多基因评分约占方差的1%(Okbay et al., 2016)。因此,似乎自我健康评价和主观幸福感很可能

> **专栏 18.1　遗传咨询**
>
> 遗传咨询是行为科学和遗传学之间的一个重要接口,它远不止简单地传递有关遗传风险和负担的信息;它通过一种非指令性的方式帮助个人接受信息,从而消除错误的信念和减轻焦虑,旨在通知而不是建议。在美国,超过3 000名卫生专业人员已被认证为遗传咨询师,其中约一半接受过2年的硕士课程培训(Mahowald, Verp, & Anderson, 1998)。有关遗传咨询作为一个职业的更多信息,包括实习指南和前景,请参见美国遗传咨询师协会(http://www.nsgc.org/),该组织赞助了遗传咨询杂志,还有一个名为"如何成为一名遗传咨询师"的有用链接。有关遗传咨询专业教育的更多信息,请参见美国遗传学健康专业教育联盟(http://www.nchpeg.org/)。
>
> 直到最近,大多数遗传咨询都是由那些患病子女的父母提出的,他们担心其他子女患病的风险。现在,遗传风险通常是通过DNA检测的方式直接评估的。随着越来越多疾病的基因被鉴定出来,遗传咨询越来越多地涉及到产前诊断、预测和干预等问题。这些新信息将造成新的伦理困境。亨廷顿舞蹈病就是一个很好的例子。其解决方法是,假如你有一个父母患有该病,你知道你会有50%的几率患病。然而,随着亨廷顿舞蹈症基因的发现,现在几乎所有情况下都能诊断出是否会患亨廷顿舞蹈症,无论是胎儿还是成人。你会想去检测吗? 结果表明,大多数有风险的人选择不检测,主要是因为目前还不能够治愈(Maat-Kievit

是由多个小效应量基因而不是几个大效应量基因共同作用的结果。

主观幸福感、幸福感与健康衰老之间的关系日益受到关注(Steptoe et al., 2015)。心理健康逐渐被定义为不仅没有疾病,还要有主观幸福感(Sadler, Miller, Christensen, & McGue, 2011)。很显然,主观幸福感预示着良好的生活结果,包括更好的身心健康以及长寿。此外,这部分的研究促进了注重增加快乐和幸福的干预措施和公共卫生举措,特别是在老年人中。第19章将对此进行更多讨论。

健康心理学和遗传咨询

很显然,我们正处于一个新时代的开端,在这个时代中,行为遗传学的研究正在从论证遗传的重要性深入到鉴定特定的基因。例如,从诊所采集的唾液和血液样本现在经常被送往实验室进行DNA提取(尽管我们每个人还没有完整DNA序列的记忆密钥)。如第9章所述,数十万种DNA多态性可在SNP芯片上以适中的成本进行基因

et al.，2000）。如果你确实进行了检测，结果可能会影响对你亲属患病风险的认识。你的亲属有知情权吗？还是他们无权知道更重要？一个普遍被接受的规则是，检测需要知情同意；此外，除非有治疗方法，否则儿童不应该在成年前接受检测。

一个正在壮大的领域是产前基因筛查，它为父母提供有关胎儿健康的信息。全基因组检测，包括诊断性全外显子组和全基因组测序，提高了检测临床上重要发现的能力，但也增加了检测到偶然发现和不确定意义的变异的机会。这给如何向父母传达这些结果带来了相当大的挑战（Westerfield, Darilek, van den Veyver, 2014）。

另一个日益重要的问题是为雇主和保险公司提供遗传信息的可实施性。这些问题对于亨廷顿舞蹈症这样的单基因疾病来说是最紧迫的，其中单个基因是导致这种疾病的必要和充分条件。然而，对于大多数行为障碍来说，基因风险会涉及 QTL，这是概率性的风险因素，而不是疾病的确切原因。一个重要的新困境涉及直接面向消费者营销遗传检测这个迅速发展的新兴行业（Biesecker & Marteau, 1999; Wade & Wilfond, 2006）。虽然遗传咨询传统上侧重于单基因和染色体疾病，但该领域正逐渐涵盖包括行为障碍在内的复杂疾病（Finn & smoller, 2006）。尽管新的遗传信息带来了伦理困境，但也应该强调这些发现具有大幅度改善预测、预防和治疗疾病方面的潜力。

分型。过去，这种类型的信息可用于研究单基因疾病，比如脆性 X 染色体综合征，以及载脂蛋白 E 与晚发性痴呆之间的 QTL 关联。然而，现在有一些公司为愿意提供唾液样本的任何人，提供较低成本的遗传风险预测。

与最重要进展的情况一样，鉴定行为基因将引发新的伦理问题（如，Pergament & Ilijic, 2014）。这些问题已经开始影响遗传咨询（专栏 18.1）。遗传咨询正在从诊断和预测罕见的、无法治疗的单基因疾病扩展到预测常见的、可治疗或可预防的疾病（Karanjawala & Collins, 1998）。尽管这个未知领域中存在许多未知数，但鉴定基因对于理解行为障碍的病因和维度的好处似乎超过了潜在的滥用风险。审慎而明智地使用遗传和基因组信息对加强慢性病的临床护理和预防具有显著的潜力，但至今尚未经过测试。也就是说，它可以帮助我们了解疾病的病因，也有助于为患者的健康行为提供治疗建议（Cho et al., 2012; Green & Guyer, 2011）。健康心理学家处于探索基因检测对患者态度、信仰和健康相关行为影响的最前沿（Godino, Turchetti, Jackson, Hennessy, & Skirton, 2015; McBride, Koehly, Sanderson, & Kaphingst, 2010）。例如,有一些证据表明,当向患者提供基因检测结果时,他们的预防行为会增加(Taylor & Wu, 2009)。最近有关遗传风险信息对慢性成人疾病的影响的系统性回顾发现,将遗传信息纳入慢性疾病治疗具有一定心理益处,但它的结论是,在遗传科学能够有效地转化为临床实践之前,必须解决许多知识缺口(Godino et al., 2015; McBride et al., 2010)。人们正在试图设计新的研究,尝试弥补这些缺口从而提高基因检测的临床和个人效用(如 Cho et al., 2012)。

总结

有趣的遗传学研究结果正出现在健康心理学领域。健康心理学的一个遗传学研究的例子涉及体重和肥胖。虽然大多数体重增加的理论都是环境性的,但遗传学研究始终表明,遗传对体重的个体差异有重大影响,遗传力约为70%。依据环境理论,一贯的发现也很有趣,即共享的家庭环境并不影响体重。纵向研究表明,遗传对体重的影响在婴儿期后具有惊人的稳定性,尽管有一些证据表明即使在成人期间,遗传也会发生变化。体重和肥胖是小鼠和人类许多分子遗传学研究的目标,其成功率也越来越高。主观幸福感是遗传学研究领域的另一个例子,开始在数量遗传学和分子遗传学领域拓展。

第 19 章

衰 老

了解促进健康衰老的因素是一个具有重大社会意义的领域。大多数社会的平均年龄正在增长,这主要是由于医疗卫生的改善。例如,在美国,2013年有4500万人达到65岁及以上,预计到2060年,这一数据有望上升至将近1亿,占比从14%上升至22%(老龄问题管理,2014)。在美国(Ortman, Velkoff, & Hogan, 2014)及全球(联合国,2013),预计85岁及以上的人口将增长至三倍。虽然人的一生在晚年会发生明显的改变,但不可能将年纪大的人简单归类为"老年人",因为年纪大的成人在生理和心理上差别很大。在本章中,我们将生命的后半部分定义为50及50岁以上,将"年长老年人"定义为70岁及以上。遗传学的问题是遗传因素在多大程度上导致个体在晚年生活中的功能差异。

本章将重点介绍认知衰老、身体健康和长寿的行为遗传学研究。这些领域的研究为衰老的这些方面提供了重要见解,如果不使用行为遗传学中现有的策略,这些发现是不太可能得出的(图19.1)。对老年人的认知衰退、痴呆和老年人长寿的分子遗传学研究的爆发式增长,推动了行为衰老的遗传学研究发展,并提供了一些最可重复的证据,证明特定基因参与发育。

图 19.1 参与双生子晚年认知功能研究的一对93岁MZ双生子,以及她们儿童及年轻时期的照片(McClearn et al., 1997)。MZ双生子在晚年不仅看起来仍然很相似,而且在认知能力测量上也仍然表现得很相似。(93岁MZ双生子的拼贴照片摘自Science Vol. 276, no. 5318, 6 June 1997. 封面。经AAAS许可再版。)

认知衰老

许多双生子研究评估了认知功能如

何随着年龄变化而变化,并得出了一个惊人的发现,一般认知能力的遗传力伴随着年龄增长而增加(第11章),在年长老年人中会出现一些下降,如图19.2所示(Finkel & Pedersen, 2004)。也有一些迹象表明,遗传和环境对认知衰老的影响模式可能因某些特定认知能力而异(Reynolds & Finkel, 2015; Tucker-Drob & Briley, 2014)。因此,检查整体认知能力可能无法捕捉认知衰老的细微差别,尤其是在年长老年人中。

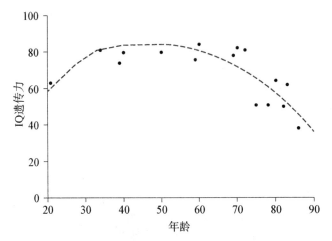

图 19.2 一般认知能力在成人生命周期中的遗传力估算的总结(数据摘自 Finkel & Reynolds, 2009)。

一般认知能力

双生子和收养研究发现,一般认知能力的遗传力在成人后期达到约为80%的顶峰(Finkel & Reynolds, 2009; Pedersen, 1996)。整个成人期的一般认知能力的稳定性也非常高,几乎完全取决于遗传影响(Tucker-Drob & Briley, 2014)。一些研究发现一般认知能力的遗传力在年长老年人中略有下降,这似乎是非共享环境影响增加的结果(Reynolds et al., 2005; Finkel & Reynolds, 2014; Johnson, McGue, & Dreary, 2014)。换而言之,双生子中每个成员所特有的环境影响对成年后期一般认知能力的个体差异有更大的影响。然而,也有其他报道说未发现遗传力在年长老年人中下降(McGue & Christensen, 2013; Lee, Henry, Trollor, & Sachdev, 2010b)。在从80岁以上双生子样本中获得更多数据之前,可能无法完全解决这个问题(Reynolds & Finkel, 2014);然而,一般认知能力的遗传力直到70岁之前都在增加这一点是非常清楚的,并已在多个研究和元分析中被重复。

特定认知能力

如第 11 章所述,特定认知能力,比如语言能力、空间能力和记忆都是一般认知能力的组成部分。在第 11 章特定认知能力的讨论中没有提及的是,认知衰老领域中经常区分随着年龄增长而下降的"流体"能力(如空间能力)和随着年龄增长而增长的"晶体"能力(如词汇)(Baltes,1993;Reynolds,Finkel,& Zavala,2014)。这一发现导致一些人得出流体能力更以生物学为基础而晶体能力更以文化为基础的猜想(Lindenberger,2001)。然而,迄今为止的遗传学研究发现,流体能力和晶体能力是同等可遗传的(Finkel & Reynolds,2009;Pedersen,1996)。有趣的是,遗传和环境影响对流体能力和晶体能力的稳定性的作用可能有所不同。一项元分析发现,流体能力的遗传稳定性要比晶体能力更强(Tucker-Drob & Briley,2014)。

尽管对整个生命过程中的特定认知能力知之甚少,但有证据表明,对于许多领域来说,遗传和环境影响随时间推移的模式与一般认知能力是类似的。对双生子和家系研究中特定认知能力的发现进行的两项元分析表明(Reynolds & Finkel,2015;Tucker-Drob & Briley,2014),遗传力随着年龄增长而增加,这与一般认知能力的发现一致。然而,有一份报告没有发现 65 岁以上成年人在多个领域的认知能力的遗传力增加(Polderman et al.,2015)。

遗传和环境因素在如何影响特定认知能力的变化上存在一些差异,取决于特定认知能力检测的领域(Finkel,Reynolds,McArdle,& Pedersen,2005)。例如,虽然言语能力高度可遗传,但言语能力会随年龄的增长而变化完全是由于非共享环境影响。相比之下,对于处理速度而言,遗传力在基线和变化方面都很高。对同一样本在较长时间跨度内(96 岁)的不同分析表明,不同领域认知变化的遗传影响,以及特定认知能力所特有的遗传影响存在大量重叠,尤其是针对 65 岁及以上人士的记忆力变化(Tucker-Drob,Reynolds,Finkel & Pedersen,2014)。这强调需要同时考虑一般和特定认知能力,以便更加全面地理解认知衰老的行为遗传学。

痴呆症

尽管衰老是一个高度可变的过程,但全球 85 岁以上的人中,有多达四分之一的人患有严重的认知功能衰退,即**痴呆症**(Gatz,Jang,Karlsson,& Pedersen,2014;Prince et al.,2013)。65 岁之前,其发病率为 1%或更低(图 19.3)。在老年人中,痴呆症的住院时间比任何其他精神障碍都长(Cumings & Benson,1992),而且对痴呆症患者及其家人和照顾者的生活质量产生严重影响(Alzheimer's Disease International,2015)。被诊断为痴呆症的患者数量预计每 20 年将翻一番(Alzheimer's Disease International,2015)。

超过半数的痴呆症都与阿尔茨海默症(AD)有关,该疾病已经被研究了一个多世

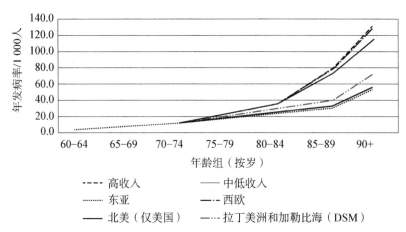

图19.3 根据元分析估算的世界区域痴呆症年发病率。(数据摘自 Alzheimer's Disease International,2015。)

纪(Gatz et al.,2014)。AD在多年期间逐渐发展,初期从近期记忆力的丧失开始。这种轻微记忆丧失影响很多老年人,但AD患者则表现更为严重。易怒和难以集中注意力也经常被注意到。记忆力会逐渐恶化,包括一些简单行为,比如忘记关火炉或洗澡水、四处游荡和迷路。最终——有时3年后,有时15年后——AD患者最终卧床不起。从生物学上讲,AD涉及脑神经细胞的广泛变化,包括斑块和缠结(后续进行描述)累积并导致神经细胞的死亡。虽然这些斑块和缠结在一定程度上发生在大多数老年人中,但在AD患者中,它们的数量更众多、分布更广泛。

另一种类型的痴呆症是多次小卒中累积效应的结果,其中流向脑部的血液被阻塞,从而对脑造成损伤。这种类型的痴呆症被称为多发性脑梗死性痴呆(MID)。(梗塞是因卒中而受损的区域)。和AD不同,MID通常更突发,涉及局灶症状,比如失语,而不是一般认知功能的下降。AD和MID的共发生在约三分之一的病例中可见。DSM-5可识别几种其他类型的痴呆症,称为*神经认知障碍*,包括帕金森病、艾滋病、头部创伤以及亨廷顿舞蹈症(第3章)造成的严重或轻度神经认知障碍。

令人惊讶的是,对AD或MID的数量遗传学却知之甚少。AD先证者的家系研究评估,当数据根据亲属年龄进行调整时,一级亲属到85岁时患病风险接近50%(McGuffin, Owen, O'Donovan, Thapar, & Gottesman, 1994; Green et al., 2002)。直到最近,唯一一项对痴呆症的双生子研究是在60多年前报道的。这项并没有区分AD和MID的双生子研究发现,同卵双生子的一致性为43%,而异卵双生子的一致性为8%,结果显示中度的遗传影响(Kallmann & Kaplan, 1955)。尽管随后对MID等痴呆症的遗传力估算与零之间并没有显著差异(Ferencz & Gerritsen, 2015; Gatz, Reynolds, Finkel, Pedersen, & Walters, 2010),但最近更多的双生子研究发现了AD

受大量遗传影响的证据,在芬兰(Räihä, Kapiro, Koskenvuo, Rajala, & Sourander, 1996)、挪威(Bergem, Engedal, & Kringlen, 1997)、瑞典(Gatz et al., 1997)和美国(Plassman & Breitner, 1997)均发现同卵双生子的一致性是异卵双生子的两倍。在迄今为止最大型的双生子研究中,AD 的易患性得出了 0.58 的遗传力估算值(Gatz et al., 2006)。基于 SNP 的遗传力估算支持常见 SNP 的遗传影响约占 AD 总方差的 30%这一发现(Ridge et al., 2013; Lee et al., 2013)。

  行为障碍的一些最重要的分子遗传学发现来自对痴呆症的研究(Bettens, Sleegers, & Van Broeckhoven, 2013)。早期研究聚焦于一种罕见(1/10 000)类型的阿尔茨海默症,患者在 65 岁以前发病,并显示出常染色体显性遗传的证据。三个基因被证实导了这种罕见形式的失调(Bekris, Yu, Bird, & Tsuang, 2010)。然而,绝大多数阿尔兹海默症病例发生在 65 岁以后,通常是在七十多岁和八十多岁。了解晚发性阿尔兹海默症的一个主要进展是在 19 号染色体上发现了一个基因(载脂蛋白 E,*APOE*)与 AD 存在很强的等位基因关联(Corder et al., 1993)。该 *APOE* 基因有三个等位基因(令人困惑地称为等位基因 2、3 和 4)。等位基因 4 的频率在阿尔兹海默症患者中约为 40%,在对照组样本中为 15%。这一结果意味着,携带一或两个这种等位基因的人患晚发性阿尔兹海默症的风险增加了大约六倍。

  APOE 基因的等位基因 4 虽然是一个发病风险因素,但它既不是发病的必要条件也不是充分条件。例如,近一半的晚发性阿尔兹海默症患者没有这种等位基因。假设一个易患性-阈值模型,等位基因 4 约占易患性方差的 15%(Owen, Liddle, & McGuffin, 1994)。载脂蛋白 E 因其在全身输送脂质的作用而闻名,因此起初它与晚发性 AD 的关系令人费解。然而,等位基因 4 的产物在脑中具有多重作用,导致 AD 中常见的斑块,并最终导致神经细胞的死亡(Tanzi & Bertram, 2005)。

  由于 *APOE* 基因不能解释 AD 的所有遗传影响,因此正在寻找与 AD 遗传力相关的其他基因。对超过一千份与 500 多个候选基因相关的报告进行元分析发现,有证据显示十几种易感性 QTL 与 AD 之间存在显著关联,尽管结果往往不一致(Bertram, McQueen, Mullin, Blacker, & Tanzi, 2007)。全基因组关联(GWA)研究不断证实了与 *APOE* 基因的关联,但十多项其他关联的研究得出了不一致的结果,直到三项包括 43 000 个体的大规模研究,为四种可能导致突触瓦解的新型易感基因的小效应提供了令人信服的证据(Hollingworth, Harold, Jones, Owen, & Williams, 2011)。随后的元分析和 GWA 研究提出了新的风险基因座(如,Lambert et al., 2013),但是,包括 GWA 研究鉴定的风险基因座在内的遗传风险预测模型发现,除了年龄、性别和 *APOE* 基因等其他变量,对预测 AD 的进展微乎其微(综述 Gatz et al., 2014)。目前已经建立了十几个与 AD 相关的基因敲除小鼠模型,以及几个显示 β 淀粉样蛋白沉积和斑块的突变体,尽管尚未有动物模型显示具有所有预期的 AD 效应,包括最关键的记忆效应(Bekris et al., 2010)。

基因和正常认知衰老

在正常认知衰老的分子遗传学方面，已经做得工作就要少得多。然而，有迹象表明，*APOE* 基因与脂质代谢通路中的另一个基因 *SORL1* 一起发挥着重要作用(Davies et al., 2012; Reynolds et al., 2013)。GWA 研究已经发现，许多与 AD 关联的基因也与一般认知功能关联(Davies et al., 2015; Zhang & Pierce, 2014)。

健康与衰老

正如第 18 章所讨论的，人们对主观幸福感和健康衰老之间的关系越来越感兴趣。也就是说，重要的不仅仅是我们能活多久，更是活得有多好——不仅仅是延长我们生命的时间，更是在活着时提高生活品质。主观幸福感也很重要，因为它对一个人感觉的健康程度，而且与心理健康有关。此外，身体机能的两个方面经常在衰老的研究中被检测：生理功能，包括肥胖、心血管健康和肺功能；以及行为生理功能，包括运行日常生活中独立功能的肌肉力量。

生理功能

双生子研究发现血压的遗传力约为 40%，这是双生子研究中最常见的心血管健康指标(Vinck, Fagard, Loos, & Vlietinck, 2001)，与高血压(血压升高)的遗传力类似(McCaffery, Papandonatos, Lyons, & Niaura, 2008; Kupper et al., 2005)。有趣的是，少数关于血压的纵向研究表明，遗传影响会随着年龄的增长而减少(Finkel et al., 2003)。更精细的心血管健康测量，比如心率变异分析，显示出了与血压相似的遗传力，范围在 30% 至 55% 之间，这取决于测试的进行方式(Li et al., 2009a; Uusitalo et al., 2007)。血脂作为血液中的胆固醇水平指标和心血管健康的指标，也在被研究之列，其遗传力约为 50% 至 60% (如, Goode, Cherny, Christian, Jarvik, & De Andrade, 2007; Nilsson, Read, Berg, & Johansson, 2009)。50 岁之后血脂的遗传力会发生变化(Goode et al., 2007; Heller, de Faire, Pedersen, Dahlen, & McClearn, 1993)，从纵向研究得到的结果表明，对血脂的新的遗传影响可能出现在中年(Middelburg, Martin & Whitfield, 2006)。

行为和生理功能

在成人期，上半身和下半身力量的遗传力范围在 30% 至 60% 之间(Finkel et al., 2003; Frederiksen et al., 2002; Tiainen et al., 2004; Tiainen et al., 2005)，并在成人

期保持稳定(McGue & Christensen, 2013)。日常生活活动在成人后期尤为重要，包括步行、平衡、站立(从椅子上站起)。遗传力估算一般为低到中度，没有迹象表明遗传影响取决于年龄的变化(Christensen, Gaist, Vaupel, & McGue, 2002; Christensen, Frederiksen, Vaupel, & McGue, 2003a; Finkel, Ernsth-Bravell, & Pedersen, 2014a)。

自评健康

自评健康是老龄人群研究中常用的测量方法，因为测量捕获的不仅是一般生理健康，也包括了人格和认知状态(Finkel, Pedersen, Berg, & Johansson, 2000)。还发现，它预测寿命不同于客观的健康测量(Idler & Benyamini, 1997)。自评健康的遗传力为中度，范围从 25% 至 40% (Christensen, Holm, McGue, Corder, & Vaupel, 1999; Svedberg, Lichtenstein, & Pedersen, 2001)。一个由 12 000 多对双生子组成的联盟最近的一份研究报告发现，自评健康的遗传力在成人后期普遍较低(Franz et al., 2016)。正如可以预料的，鉴于自评健康结构的性质，许多遗传差异与其他概念共享，比如抑郁(Mosing, Pedersen, Martin, & Wright, 2010a)和认知功能(Svedberg, Gatz, & Pedersen, 2009)。

在精神病理学和人格方面，少数对生命后期进行的遗传研究所得结果与第 14 章至第 16 章所述的对生命早期的研究结果类似(Bergeman, 1997)。例如，对于晚年抑郁，双生子研究表明存在中度的遗传力(如, Gatz, Pedersen, Plomin, Nesselroade, & McClearn, 1992; Johnson, McGue, Gaist, Vaupel, & Christensen, 2002b; McGue & Christensen, 2013)。认知能力和精神健康之间也同样存在着遗传影响的联系。例如，在纵向评估的男性双生子样本中，成人早期(20 岁)的低认知能力预测了成人后期的抑郁症状(51—60 岁)，其中大部分相关性取决于遗传影响(Franz et al., 2011)。就人格而言，A 型行为——冲劲十足和竞争性行为，因其与心脏病发作之间普遍认为的联系而引起特别关注——显示出中度遗传力，这是其他人格测量在年长双生子中的典型特征(Pedersen et al., 1989b)。另一个有趣的人格领域是心理控制点，它是指结果在多大程度上被认为是取决于人自身的行为和机遇。对一些年纪大的人来说，这种控制感下降了，且该变化与心理功能恶化和健康状况不佳有关。一项对双生子晚年的研究发现中度遗传影响存在于心理控制点的两个方面：责任感和人生方向(Pedersen, Gatz, Plomin, Nesselroade, & McClearn, 1989a)。然而，运气——换而言之，缺乏控制——的感知作用的关键变量在决定生命结果方面并没有显示出遗传影响和大量的共享环境影响。另一项对双生子晚年(平均年龄 59 岁)的研究与生命早期人格发现更为一致，发现心理控制点的中度遗传影响，并无共享环境影响(Mosing et al., 2012)。鉴于整个成人期人格的高度稳定性，最近发现的遗传而不是共享环境对心理控制点产生影响，此结论并不令人惊讶。当对人格的稳定性进行遗传和环境影响的检测时，发现遗传影响占晚年生活稳定性的大部分(Johnson, McGue, & Krueger, 2005; Read, Vogler, Pedersen, & Johansson, 2006)。GWA对自评健康的研究一直没有形成定论(如, Mosing et al., 2010b)，表明这种结构很可能受多个小效应基因的影响。

分子遗传学和身体健康

正如第18章所述，身体健康的分子遗传学一直是一个备受关注的领域，目前有许多GWA研究相关的出版物以及与身体健康各个方面相关的基因元分析。有趣的是，被确定为成人早期对BMI和肥胖非常重要的基因在成年后期似乎并不重要(如, Graff et al., 2013)，这一发现表明，与成人后期BMI和肥胖相关的遗传和环境因素可能与成人早期的因素不同。也有可能，正如认知衰老所发现的那样，非共享环境影响对于身体健康的重要性可能在生命后期增加。

与之前讨论的数量遗传学研究相似，分子遗传学也通过对血脂的研究来检测成年人的心脏健康。*APOE* 基因与血脂组成谱相关，等位基因4携带者的脂质组成谱比其他等位基因携带者要差(Bennet et al., 2007)。血脂性状的遗传方差约四分之一可以由95个基因解释，这些基因在胆固醇GWA研究中取得了显著意义(Teslovich et al., 2010)。

静息心率和肺功能都是肺健康指标，并且与长寿和健康衰老关联(McClearn, Svartengren, Pedersen, Heller, & Plomin, 1994; Stessman, Jacobs, Stessman-lande, Gilon, & Leibowitz, 2013)。GWA研究发现，与静息心率关联(Deo et al., 2013)的两个基因对心脏功能相关的过程也很重要。在肺功能GWA研究的元分析中，对23项研究(所有研究的年龄跨度为17—97岁)中的近50 000名个体进行了检测，已经鉴定或确认了26个重要基因的基因座(Soler Artigas et al., 2011)。尽管已经鉴定或确认的基因座中有14个(如，1号染色体上的 *MFAP2* 基因和6号染色体上的 *ZKSCAN3* 基因)与其他复杂性状和疾病有关，但许多其他基因座以前并没有发现与肺功能有关联。这项元分析还发现，超过半数的新基因座在不同的儿童样本中表现出对肺功能的一致效应，这表明成人和老年人的肺功能衰退可能取决于对肺发育起重要作用的同一批基因。

长寿

著名的美国最高法院法官奥利弗·温德尔·霍姆斯(Oliver Wendell Holmes)曾打趣道："那些希望长寿的人应该为招聘一对均来自长寿家庭的父母打广告。"(摘自Cohen, 1964, 第133页)。然而，研究表明，寿命的遗传影响为中度，从双生子研究中得出遗传力约为 25%(Finkel，Gerritsen，Reynolds，Dahl，& Pedersen，2014b)，而常见 SNP 遗传力约为 10%(Pilling et al.，2016)，尽管遗传对寿命的影响在最年长的群体中可能会增加(Hjelmborg et al.，2006)。分子遗传学研究中最一致的证据表明 *APOE* 基因(如，Novelli et al.，2008)和 *FOXOA3* 基因(Flachsbart et al.，2009；Li et al.，2009b；Wilicox et al.，2008)的基因多态性与长寿关联(参见综述 Wheeler & Kim，2011)。*APOE* 被假设与人类寿命的个体差异有关，可能是因为它与心血管疾病有关联(Christensen，Johnson，& Vaupel，2006b)。*FOXOA3* 基因是胰岛素信号通路的一部分。GWA 研究中已经确定了一些其他的基因关联，当然这些还需要额外的重复研究(Brooks-Wilson，2013；Hindorff et al.，2011；Nebel et al.，2011)。

许多非人类物种的遗传研究——特别是小鼠、果蝇和线虫——已经表明胰岛素信号通路的突变会影响寿命(综述 Martin，2011；Tissenbaum，2012；Wheeler & Kim，2011)。胰岛素信号通路与动物和人类的抗氧化应激作用和新陈代谢调控等过程有关(Barbieri，Bonafè，Franceschi，& Paolisso，2003)。动物模型正在继续帮助确定与长寿关联的基因(Kenyon，2010)。例如，根据人类衰老基因组资源(http://genomics.senescence.info/)，小鼠的 126 个基因被鉴定与衰老有关(Tacutu et al.，2013)。在果蝇 *Drosophila melanogaster* 中，通过选育、QTL 分析和突变分析，已经鉴定出 170 个与衰老过程相关的基因。在线虫(*C. elegans*)中，已经发现了 800 多个影响寿命的基因。

长寿研究也提供了一个很好的基因-环境互作的例子。在多种生物体中，限制热量摄入已显示可以延长寿命。这一发现最早是在 20 世纪 30 年代被报道的，当时观察到喂食不足或限制热量摄入的大鼠比正常喂食的寿命显著地长(McCay，Crowell，& Maynard，1935)。这一领域的研究已经扩展得如此之多，以至于饮食限制目前被认为是一种有力的延长寿命的干预措施。然而，研究表明，由于减少热量摄入而导致的延长寿命，并非没有相互矛盾的发现。一些研究人员报道，限制饮食实际上会降低某些啮齿动物品种的寿命(Harper，Leathers，& Austad，2006)。研究人员试图通过检测一系列基因型中热量限制对寿命的效能来解决这种不一致的问题(Liao，Rikke，Johnson，Diaz，& Nelson，2010)。在 41 个重组近交系小鼠中(第 5 章)，据报道，饮食限制导致寿命缩短的小鼠多于寿命增加的小鼠。此外，品种特异性的"寿命长度"在限制饮食或正常饮食下没有相关性，这意味着在两种饮食条件下，长寿的遗传决定因素不同(Liao et al.，2010)。最近也有证据表明，用餐时间和肠道微生物群对热量限制的有效性都至关重要，一些遗传变异的反应也表明了这一点(Fontana & Partridge，2015)。因此，饮食限制似乎不是延长寿命的一个普遍干预方法，因为它取决于个人或有机体的遗传背景。

总结

随着最近65岁以上人口数量的急剧增长,持续研究健康衰老是非常必要的。痴呆症和晚年认知能力的衰退是分子遗传学研究的热点领域。对于一般认知和特定认知能力,双生子和收养研究表明遗传力在成人期增加。为了更好地理解健康的衰老,人们越来越关注生理机能和身体健康指标以及日常生活活动。对血压和血脂等更为客观的健康测量的分子遗传学研究,在确定导致巨大差异的风险基因方面取得了丰硕成果。遗传对寿命的影响仅为中度,许多研究都集中在分子遗传学和利用动物的研究上。

第 20 章

行为遗传学的未来

预测行为遗传学的未来并不是一个凝视水晶球进行占卜的问题。最近的研究势头保证了这一领域会蓬勃发展,特别是行为遗传学继续超越心理学和精神病学,进入从神经科学到经济学等不同领域的研究主流。这种势头是由数量遗传学和分子遗传学的新发现、新方法和新项目推动的。

对行为科学中遗传学的持续发展持乐观态度的另一个原因是,有更多的研究人员将遗传策略纳入了他们的研究。这一趋势现在变得更加强烈,因为遗传研究的入场价仅仅是从中提取 DNA 的一些唾液,而不是难以获得的双生子或被收养者的样本。虽然谨慎也是必要的(第 9 章),但这种容易获得遗传学信息的途径是很重要的,因为最好的行为遗传学研究很可能由行为科学家完成,而他们基本上不是遗传学家。来自行为学领域的专家将关注对这些领域至关重要的性状和理论,并以最具影响力的方式阐述其研究结果。正如前言所述,本书的目的是分享我们对行为遗传学的兴奋感受,并激发你在行为科学中学习遗传学的兴趣。我们希望这篇介绍能激励一些读者为这个领域做出贡献。尽管我们相信行为遗传学领域已经在行为科学中取得了一些最重要的进展,但还有许多工作要做。

数量遗传学

行为科学的一些最重要的发现来自于数量遗传学研究。最近,行为遗传学的十大发现被提出(Plomin, DeFries, Knopik & Neiderhiser, 2016)。所有十大发现在之前的章节中已被讨论,比如智力的遗传力在整个发育过程中不断增加(第 11 章),年龄变化之间的稳定性主要取决于遗传(第 11 章和第 16 章),大多数"环境"的测量都显示出显著的遗传影响(第 8 章)。无论从效应大小还是对行为科学的潜在影响来看,这些都是"大"发现。在目前科学对重复的关注背景下(Pashler & Wagenmakers, 2012),行为遗传学研究的一个重要特征是可重复。

数量遗传学研究将继续取得重要进展，至少有三方面的原因。首先，数量遗传学方法估算遗传影响的累积效应，而不考虑涉及的基因数量或其影响的大小或复杂性。如果我们能找到所有负责遗传力的基因，就不再需要进行数量遗传研究，因为遗传影响可以直接从每个个体的 DNA 中进行估算，而不再需要像双生子和收养研究那样通过遗传相关性进行间接估算。然而，在可预见的将来，大多数负责复杂性状遗传力的基因似乎都不太可能被鉴定出来，更不用说所有基因（第 9 章）。

　　第二个原因是，数量遗传学与环境和遗传学这两方面都是同等相关的，而分子遗传学从根本上讲只是关于遗传学。正如数量遗传方法可以在不确定相关个体基因的情况下估算遗传影响的累积效应一样，这些方法也可以在不确定导致环境影响的具体因素的情况下估算环境影响的累积效应。数量遗传学可以在控制遗传的同时研究环境影响，也可以在控制环境影响的同时研究遗传影响（第 8 章）。因此，数量遗传学为行为科学中环境的重要性提供了最佳证据（第 11—19 章）。它还在环境如何影响行为方面做出了一些最重要的发现，一个例子是环境影响通常是以一个个体为基础运作，而不是通常地以一家一户为基础（第 7 章）；另一个例子是，许多假定的环境测量显示出大量的遗传影响这一发现（第 8 章）。在上述行为遗传学的十大发现中，有四项涉及环境，而这些发现只能通过使用遗传敏感的研究设计来实现。

　　第三个原因是，已经开发出的一种数量遗传学技术，可以从 SNP 中估算不相关个体之间的偶然遗传相似性从而估算遗传影响。第 7 章中描述的 SNP 遗传力将会越来越多地被使用，因为它不需要特殊的亲属，比如双生子或被收养者。尽管 SNP 遗传力需要数十万个 SNP 对数千个个体进行基因分型，但这也是全基因组关联分析的要求（第 9 章），这意味着许多研究都满足这些 SNP 遗传力的要求。基于多元 SNP 的数量遗传学对于估算性状之间的遗传相关性特别有用（如第 11 章和第 17 章所讨论的）。

　　毫无疑问，未来将见证数量遗传学研究在其他行为性状研究中的应用。行为遗传学只触及了可能应用的表面，即使是在认知能力（第 11 章）、认知障碍（第 12 章）、精神病理学（第 13—15 章）、人格（第 16 章）和药物滥用（第 17 章）等领域。例如，对于认知能力，大多数研究都集中在一般认知能力和特定认知能力的主要群体因素上。这一领域的数量遗传学研究的未来在于对认知能力、信息处理使用、认知心理学和认知的神经成像方法等进行更精细的分析。就精神病理学而言，遗传研究刚刚开始关注精神分裂症、主要情绪障碍和物质使用障碍以外的其他疾病。例如，关于儿童期疾病还有很多东西有待了解。将精神病理学作为定量性状而不是定性疾病，是数量遗传学研究的一个重要新方向。人格和物质滥用是如此复杂的领域，它们可能会让研究人员忙上几十年，尤其是当它们超越自陈问卷调查和访谈转而采用其他测量时，比如神经成像。未来探索的一个丰富研究领域是精神病理学和人格之间的联系。

　　认知障碍和能力、精神病理学、人格和物质滥用一直是行为科学中绝大多数遗传研究的目标，因为这些领域传统上考虑的是个体差异。第18章和第19章描述了另外两个开始进行的遗传学探索领域：健康心理学和衰老。心理学一些最古老的领域——例如感知、学习和语言——以及一些最新的研究领域，比如神经科学，都没有强调个体差异，因此，这些心理学领域只是刚刚开始从遗传学的角度系统地进行探索。社会和行为科学的其他学科也开始流行起遗传学研究，尤其是经济学和政治科学，其他领域——比如人口统计学、教育学和社会学——肯定会紧随其后。

行为科学中的遗传学研究将继续超越仅仅证明遗传因素是重要的阶段。遗传因素是否和多少能影响行为维度和障碍的问题，是理解个体差异起源的非常重要的第一步。但这些只是第一步。接下来的步骤涉及到一个如何的问题——即如何确定基因产生其效应的机制。遗传效应如何在发展中展开？基因与行为之间的生物学途径是什么？天性与教养如何相互作用和相互关联？在前面的章节中已经介绍了心理学遗传研究这三个方向的例子——发育遗传学、多元遗传学和"环境"遗传学。未来将会看到更多这种类型的研究，因为行为遗传学继续超出仅仅记录遗传影响这个范围。

发展遗传学分析考虑的是人类生命周期中发展过程的变化性和连续性。可以提出两种类型的发育问题。首先，差异的遗传和环境成分在发育过程中会发生变化吗？迄今为止最引人注目的例子涉及智力，其遗传效应在整个生命周期中变得越来越重要；共享家庭环境在儿童期很重要，但其影响在青春期后就变得微不足道。第二个问题涉及遗传和环境因素在发展过程中的年龄变化和连续性方面的作用。再次以一般认知能力为例，我们发现令人吃惊的儿童期到成人期的遗传连续性程度；然而，也发现了一些遗传变化的证据，例如，在儿童早期到中期的过渡期间，也就是正式学校教育开始的时候。有趣的发展研究成果不太可能局限于认知发展或儿童期——只是碰巧，到目前为止大多数发展遗传学研究的重点是儿童的认知发展，尽管衰老将日益成为发展研究的目标（第19章）。

多元遗传学研究解决的是性状之间的协方差，而不是考虑每种性状自身的方差。与特定认知能力相关的一项惊人发现是，相同的遗传因素影响大多数认知能力和障碍（第11章和第12章）。对精神病理学而言，关键问题是为什么这么多疾病会并发。多元遗传学研究表明，疾病之间的遗传重叠可能是造成这种共病的原因（第14章）。精神病理学的另一个基本问题涉及异质性。是否存在遗传上截然不同的疾病亚型？多元遗传研究对于调查共病和异质性的原因，以及鉴别精神病理学最可遗传的基因排布（共病）和组成成分（异质性）至关重要（第13—15章），这是可能影响如药物设计和发现以及诊断等治疗工作的一个领域。另一个基本问题是，对疾病的遗传和环境影响在多大程度上只是作用于分布其余部分的相同遗传和环境因素的数量极端。或者精神障碍在性质上与正常行为范围不同？未来研究的主要目标是测试当前基于症状的诊断方案的有效性，并最终创建一个基于病因的方案，以识别定量维度和定性诊断。

多元遗传学研究的另一个普遍方向是通过识别行为与生物过程（比如神经影像学评估的过程）之间的遗传相关性来研究遗传因素影响行为的机制。不能假定生物学和行为之间的关联必然源自遗传，需要进行多元遗传分析来研究遗传因素在多大程度上介导了这些关联。

"环境"遗传学将继续探索天性与教养之间的交界。正如前面提到的，遗传学研究在最近几十年已经取得了一些关于环境的最重要的发现，特别是非共享环境和遗传在经历中的作用（第 6 章）。行为遗传学面临的主要挑战之一是确定导致非共享环境广泛影响的具体环境因素。MZ 双生子为解析非共享环境提供了一把特别锋利的手术刀，因为 MZ 双生子之间只是出于非共享环境的原因而异。一个更广泛的话题是理解基因如何影响经历，这也是最大问题的一部分：基因和环境影响如何协变和互作来影响行为？随着环境继续在遗传敏感设计的背景下进行研究，可以预测到会有更多关于环境机制的发现。最近开发了新的多元数量遗传方法，旨在区分环境因果关系和相关性（第 8 章）。关于天性与教养之间的互作和相关性，仍有许多有待了解。

总之，不需要水晶球就能预测数量遗传学将继续蓬勃发展，因为它转向其它行为领域，尤其是它超出了是否和多少这些基本问题，而问如何这个问题。这类研究将变得越来越重要，因为它指导分子遗传学研究贯穿人类整个生命周期的最可遗传的组成成分和排布，因为它们与环境互作并相关。作为回报，发展、多变量和"环境"行为遗传学将被分子遗传学转化。

分子遗传学

要回答基因是如何影响行为的问题，没有什么比鉴定导致行为的广泛遗传影响的特定基因更重要。然而，研究所追求的不是找到每个性状对应的那个基因，而是以概率的方式而不是预定的方式找到与该性状相关的多个基因。分子遗传学发展的惊人速度（第 9 章）使我们预见，行为科学家将越来越多地使用 DNA 标记作为他们研究的工具，以确定个体之间的相关遗传差异。

即便 DNA 标记只单独预测一个性状的少量方差（Plomin et al., 2016），它们也可以在考虑个体差异的任何研究中作为多基因评分一起使用，而无需特殊的家庭样本，比如双生子或被收养者（Wray et al., 2014）。此外，使用 DNA 标记的多基因预测因子对特定个体进行预测有独特优势，而不是对家庭的所有成员进行一般性的预测。对于行为科学家将会在他们的研究中常规地使用 DNA 这一预测，得益于 DNA 的获取成本不高以及 DNA 芯片使基因分型越来越便宜这一事实，即使对于有成百上千个 DNA 标记的复杂性状也是如此。

多基因预测最终将转变数量遗传学研究，将本书中讨论的发展、多变量和基因-环境互作问题提升到一个新的水平。如前几章所述,这已经发生在多个研究领域中(Krapohl et al., 2015)。多基因预测因子还将促进基因组、表观基因组、转录组、蛋白质组、神经组以及最终行为之间联系的研究(第10章)。

与自下而上的功能基因组学研究相比,使用多基因评分的自上而下的行为基因组学研究在预测、诊断、干预和预防行为障碍方面可能会更快地获得回报。行为基因组学代表了行为遗传学的长远未来,当我们拥有多基因预测因子,就可解释许多行为维度和疾病中普遍存在的遗传影响。自下而上的功能基因组学最终将在脑研究中与自上而下的行为基因组学汇合。对科学最重大的意义是DNA将作为整合不同学科的一个共同点。临床上,多基因预测因子将成为个体化基因组学的关键,个体化基因组学希望能够用于预测风险、识别治疗相互作用,并在问题出现之前提出预防问题的干预措施。一个特别有希望的领域是对药物治疗反应的预测。

如第9章所述,据预测在未来几年,将对新生儿基因组中所有30亿个核苷酸碱基对进行测序,而不是仅筛查一些已知的遗传突变,比如苯丙酮尿症。测序整个基因组将得到所有的DNA变异。我们预测,这些变异的大多数将完全不同于传统变异,DNA长片段的缺失和重复是最近的例子(第9章);这种罕见的DNA变异可能具有相对较大的影响,至少会造成一些"遗传力缺失"。当全基因组序列可用时,使用这些信息就几乎没有成本。第18章关于遗传咨询的专栏讨论了这些发展的前景和问题。对行为遗传学的影响是,同样的全基因组序列信息也可以用于行为研究。

DNA分析的一大优势是它可以在疾病出现很早之前就用来预测风险。这种预测能力将允许进行干预研究以预防疾病,而不是当出现疾病且已造成附带损害时再试图扭转它。分子遗传学也可能最终通向个体化基因组学——基于基因的个体化诊断和治疗方案。

正因如此,对于行为科学家而言,至关重要的是准备好利用分子遗传学将取得的令人振奋的发展。正如我们现在认为计算机素养是中小学教育要达到的基本目标一样,行为科学专业的学生必须学习遗传学,以便为将来做好准备。否则,行为科学家的这个机会将会默认溜到遗传学家手里,而遗传学对于遗传学家来说是太重要的主题了!临床医生使用首字母缩写"DNA"来记录病人"没有参加"(did not attend)——DNA的意思是脱氧核糖核酸而不是"没有参加",这对行为科学的未来至关重要。

天性与教养的意义

20世纪70年代围绕行为遗传学研究的争议已基本平息,例如,期刊发表数量的急剧增加就证明了这一点(第1章)。这些来自行为遗传学研究的新发现带来了两个基本准则。第一个准则是基因在所有行为性状中起着令人惊讶的重要作用。这导致人们越来越接受行为科学中的遗传影响，现在已经成长为一个浪潮，吞噬了同样重要的第二个准则：复杂行为性状的个体差异取决于环境影响至少与取决于遗传影响一样（Plomin et al.，2016）。

  第一个准则将在未来十年变得更加突出，因为更多基因被鉴定出来，有助于遗传学在行为科学中的广泛影响。正如第 7 章所解释的，应该强调的是，对复杂性状的遗传效应描述了什么是。这些发现并不能预测什么可能是，或不能规定什么应该是。基因不是命运。复杂性状的遗传性状代表概率倾向，而不是预先确定的规划。一个相关的观点是，对于复杂性状，比如行为特征，数量遗传效应指的是群体中的平均效应，而不是特定个体。例如，与复杂行为障碍最强的 DNA 关联之一是，编码载脂蛋白 E 基因的等位基因 4 与晚发性痴呆症之间的关联（第 19 章）。与简单的单基因疾病不同，这种 QTL 关联并不意味着等位基因 4 对于痴呆症的发展是必要的或充分的。许多痴呆症患者没有等位基因，而许多有等位基因的人并不患痴呆症。一个特定基因可能与某种疾病风险的平均大幅增加有关，但在个体水平上，它可能是一个微弱的预测因子。这一点很重要，因为根据人口平均值给个人贴上标签是危险的。

  遗传学与平等的关系是一个潜伏在阴影中的问题，引起了人们对遗传学的不安。重点是个体间的遗传差异并不会损害社会平等的价值。民主的本质是，尽管存在遗传差异，所有人都应享有法律平等。知识本身决不能解释社会和政治决策。价值观和知识在决策过程中同样重要。决定，无论是好还是坏，都可以在有或没有知识的情况下做出。尽管如此，科学发现往往被滥用，科学家和其他人一样，需要关注减少这种滥用。然而，我们坚信，有知识比没有知识能做出更好的决策。将头埋进沙子，假装遗传差异不存在是毫无裨益的。

  寻找广泛的遗传影响带来了需要考虑的新问题。例如，遗传影响的证据能否用来证明现状的合理性？有遗传风险的人会被贴上标签并受到歧视吗？随着预测行为性状的遗传变异被发现，父母会在产前用它们来选择"设计型"儿童吗？（参见第 18 章）。新知识也提供了新的机会。例如，鉴定与特定疾病相关的基因可能更容易发现对该疾病特别有效的环境预防和干预。知道某些儿童患有某种疾病增加的遗传风险，就有可能在疾病出现之前预防或改善它，而不是在疾病出现后尝试治疗并导致其他问题。

  在这方面还应提出另外两点。首先，最强大的科学进步带来了新的问题。例如，考虑对基因缺陷进行产前筛查。这一进展在产前检测染色体和遗传疾病方面具有明显益处。与终止妊娠相结合，产前筛查可以减轻因严重出生缺陷而造成的父母和社会的巨大负担。然而，它也引起了有关堕胎的伦理问题，并造成了滥用的可能性，比如强制筛查。尽管科学的进步带来了一些问题，但我们不会为了避免不得不面对这些问题而切断知识的流动及其带来的好处。

  第二点，认为环境解释是好的而基因解释是危险的这种观点是错误的。当时盛行的环境论已造成了巨大的危害,直到 20 世纪 60 年代,钟摆回到了一种更加平衡的观点,即承认遗传和环境的影响。例如,环境论导致把孩子的问题归咎于父母在其生命的最初几年对其所做的事情。想象一下,在 20 世纪 50 年代,你属于 1% 的父母,有一个孩子在青春期后期变得精神分裂。你面临着一生的担忧。然后你被告知,精神分裂症是由你最初几年对孩子所做的事情而引起的。罪恶感会压倒一切。最糟糕的是,这种对家长的指责是不正确的。没有证据表明早期父母对待会导致精神分裂症。尽管环境固然重要,但无论突出的环境因素是什么,它们并不是共享家庭环境因素。最重要的是,我们现在知道精神分裂症大量地受遗传因素和个体特定环境因素的影响。

我们对未来的希望是,下一代行为科学家会想知道天性-教养无谓的争论到底是怎么回事。我们希望他们会说,"当然,我们需要考虑天性和教养来理解行为。"天性和教养之间的连接词真的是"和",而不是"对"。

行为遗传学的基本信息是我们每个人都是个体。承认和尊重个人差异是个人价值观伦理的核心。适当关注个人需要,包括提供能够优化每个人发展的环境条件,是一种乌托邦理想,不可能比其他乌托邦更容易实现。然而,如果我们认识到这一点而不是忽视个性,我们就能更近一步接近这一理想。获取关于个体行为差异的遗传和环境病因的必要知识值得高度重视,因为人类个性是我们物种的基本自然资源。

附录

行为遗传学的统计学方法

珀塞尔（Shaun Purcell）

1　引言

数量遗传学为研究任何可测量特征的遗传与环境病因提供了一个坚实的理论和各种方法，包括连续性状和离散性状。正如第 9 章所述，数量遗传学和分子遗传学在复杂数量性状的研究上汇合起来。在这两个领域，都制定了强有力的统计学和流行病学方法以解决一系列相关问题：

- 基因会影响这一结果吗？
- 什么类型的遗传效应在起作用？
- 遗传效应能解释这种结果和其他结果之间的关系吗？
- 基因位于何处？
- 基因的什么特定形式会导致某些结果？
- 遗传效应在不同群体和环境中运作类似吗？

本附录介绍了这些研究问题背后的一些方法，设计的方式旨在提供这些方法背后的基本原理，并了解该领域的发展方向，包括分子遗传学。数量遗传学（强调复杂性状模型拟合方法的方差分量）和分子遗传学（强调基因图谱的连锁和关联方法）都涵盖其中。

我们首先简要概述了行为遗传学研究常用的一些统计工具：方差、协方差、相关性、回归和矩阵。虽然没有必要成为一个完全训练有素的统计学家来运用大多数行为遗传学方法，但是理解作为数量遗传研究基础的主要统计概念，从而使人们能够领会这些方法背后的想法、假设及局限性。

其次，介绍了经典的数量遗传模型，它将单个基因的特性与数量表型的变化联系起来。这一相对简单的模型构成了大多数数量遗传方法的基础。然后，鉴于我们对基因作用方式的了解，我们研究家族相关分析如何被用于推断某一性状的潜在病因性

> **专栏 A.1　行为遗传学交互模型**
>
> 　　行为遗传学交互模型是一系列免费可用的交互式计算机程序，附带文本指南，旨在向新认识该领城的学生和研究人员传授现代行为遗传学分析方法。目前，本附录 11 个模块涵盖材料可以从网站 http://pngu.mgh.harvard.edu/purcell/bgim/ 上下载。综合起来，下列这些模块从数量遗传学分析的基本统计基础引出了对一些更高级分析技术的介绍。
>
> **方差**旨在引入方差的概念：它代表什么、如何计算，以及它如何用于估算任何数量性状的个体差异；还引入了标准化分数。
>
> **协方差**演示协方差统计如何用于表示两个测量之间的关联。
>
> **相关和回归**是对方差、协方差、相关系数和回归系数之间关系的探索。
>
> **矩阵**提供一个简易的矩阵计算器。
>
> **单基因模型**引入基本生物计量模型，用于从加性遗传值和显性离差的角度来描述单个基因的效应。
>
> **方差分量：ACE** 说明在 MZ 和 DZ 双生子情境下将方差划分为加性遗传、共享环境和非共享环境分量。
>
> **家系**说明加性与显性遗传方差之间、共享与非共享环境方差之间的关系，以及不同类型亲属的预期家系相关性。
>
> **模型拟合 1** 定义了一个为观测变量间的协方差建模的简单路径图，并允许用户手动调整路径系数以查找最佳拟合模型；它包括一个双生子 ACE 模型以及能与完整 ACE 模型比对的嵌套模型。
>
> **模型拟合 2** 对单变量双生子数据执行极大似然分析，并给出嵌套子模型的参数估计。
>
> **多元分析**对两种性状的遗传与环境病因进行建模。
>
> **极值分析**阐明 DF 极值分析和个体差异分析，以探究这两种方法如何能告知我们正常变异和极值分数之间的联系。
>
> 　　对于希望在统计分析研究中更进一步的个人，我们提供了一个指南，帮助你开始分析自己的数据并且能用于进一步探索这些方法的模拟数据集。在这里描述了利用广泛可用的统计软件包（如 Stata）的行为遗传学分析，以及对 Mike Neale 开发的功能强大、免费使用的模型拟合包 Mx 的介绍。

质。基础模型将单个性状的方差划分成可归因于加性遗传效应、共享环境效应和非共享环境效应的三部分。关于这点，在此上下文中介绍了模型拟合以及路径分析的方法。还考虑基础模型的扩展：例如多元分析、极值分析以及遗传与环境间的互作等。

关于作者

珀塞尔开发统计和计算工具,用于遗传研究设计、检测影响复杂人类性状的基因变异,以及在其他遗传和环境因素的更大背景下对这些效应进行的解析。他目前是纽约西奈山医学院的副教授,并是哈佛医学院的教员,在马萨诸塞州综合医院分析和转化遗传学部门任职。他也是哈佛大学和麻省理工学院的博德研究所以及斯坦利精神病研究中心的准会员。1992 至 1995 年大学本科期间,他在牛津大学主修实验心理学;1996 年,当他在伦敦大学学院攻读理学硕士学位时,对统计方法产生了兴趣。1997 年,他加入伦敦精神病学研究所的社会、遗传和发展精神病学(SGDP)研究中心,为攻读博士学位,与沈伯松(Pak Sham)和普洛明一起开展了一个旨在定位焦虑

(珀塞尔友情提供)

和抑郁数量性状基因位点的项目。他目前的工作涉及双相情感障碍和精神分裂症的全基因组关联和全外显子测序研究,以及这些研究的统计和计算工具的开发。

最后,我们会了解分子遗传信息是如何结合到特定基因座上的。这样,基因就能定位到染色体的位置上。这项工作为在分子水平上的基因功能研究指明了方向——如果我们真的想了解基因是*如何*造就我们的,这将是至关重要的下一步。

1.1 变异和协变:个体差异的统计描述

行为遗传学涉及个体差异的研究:检测造成群体中个体彼此不同的因素。作为第一步,它关注的是测量导致个体差异的遗传和环境因素的相对重要性。为了评估这些因素的重要性,我们需要能够测量个体差异。这项任务需要一些基本的统计理论。

一个总体定义为研究一个群体内所有个体的完整集合。总体的例子包括所有人类、2000 年所有 20 至 25 岁的美国女性,或者某一星系的所有恒星等这样的集合。我们可以在总体中测量每一个体的健谈、智力、体重或体温等这样的特征。我们关注的是评估在总体之内(如,2 岁男性)和总体之间(如,男婴对女婴)这些特征是如何变

化的。

如果对一个集合的所有个体都进行了研究,则可以精确计算出诸如平均数和方差这样的总体统计量。然而,测量总体中的每一个个体通常是不切实际的,所以我们采用从总体中对个体*抽样*的办法。抽样的一个关键概念是,理论上它应该是*随机*进行的。非随机样本,比如仅抽取 11 岁女孩中身高最高的 20%,会给出一个夸大的(偏差的)11 岁女孩的平均身高估算。而从随机样本中收集的总体平均身高估算,在平均水平上,不会有偏差。然而,重要的是要认识到根据随机样本对总体平均数的估算会与总体平均数略有不同。这种变异的大小将取决于样本大小和概率,我们必须知道所期望的变异有多大,这样我们才能知道总体参数的估算到底有多精确。当我们想要比较总体时,这种精确性的评估是至关重要的。

一旦我们定义了一个总体,就可以用诸如平均数、全距和方差之类的各种参数来描述我们想要研究的性状。同样地,当我们有一个总体的样本时,我们可以从与总体参数对应的样本中计算统计量。样本统计量的测量并非总是相应总体参数的最佳估算。这个不一致区分出了描述性统计和推论性统计。描述性统计只描述样本;推论性统计用来获取整个总体的参数估算值。

1.1.1 平均数　算术平均数是一个最简单并且最有用的统计量之一。它是分布中心的一个量,也是日常对话中常见的平均统计量。它易于计算,是用样本中所有观测值总和除以样本中观测值的个数:

$$\mu = \sum x / N$$

这里 $\sum x$ 是大小为 N 的集合中所有观测值的总和。严格地说,只有当平均数是从整个总体计算得出时,它才能用 μ 标示(读作"mu")。通常,平均数会从一个样本计算得出,如一个变量的平均数 x,写作 $\bar{x}$(读作"x bar")。

平均数在比较各组时尤其有用。如果对平均数的精确性有个估算,就可以比较两个或更多个组之间的平均数。例子包括女性是否在口头语言技巧上优于男性,小白鼠是否在活跃程度上低于其他小鼠,或者光是否传播快于声音。

一些物理度量,比如年降雨量的英寸数,显然是有序的,因此 15 英寸和 16 英寸间的差距与 21 英寸和 22 英寸间的差距相等——即 1 英寸。许多物理测量都在整个分布中具有相同度量,被称为*等距量表*。然而,在行为研究中往往很难获得一个等距量表上的度量。一些度量是二进制的,仅由疾病或症状的存在与否组成。二进制变量的平均数为 0 表示不存在,1 表示存在,显示的是有症状或存在疾病的样本比例,因此再次说明了平均数是一个有用的概括。然而,并非所有测量都可以用平均数来有效地概述。当存在几个有序的类别时,比如"一点也不/有时/经常/总是",问题就出现了。即使这些项目被计为 0、1、2 和 3,平均数几乎不能告诉我们每个类别的频率。当类别不能被排序时，比如宗教信仰，问题就更严重了。平均数在此会毫无用处。

1.1.2 方差 方差是告诉我们分数是如何分布的一个统计量。这是总体中个体差异的一个测量，是大多数行为遗传学分析的焦点。在估算各组平均数之间的差异时，方差也很重要。行为遗传学分析一般很少关注组间差异，尽管这种分析是大多数量科学的核心。例如，研究人员想要弄清对照组在一个测量上是否与实验组显著不同，或者男孩和女孩在进食量上是否有差异。平均数之间的检测差异往往用一种称为方差分析（ANOVA）的统计方法来检验。事实上，在 ANOVA 中个体差异被作为"误差"项处理。

计算方差的通常方法，由数量遗传学奠基人费希尔（1922 年）建立，是与平均数的离差平方的平均数。费希尔指出，与可能想到的其他方差量相比，比如平均绝对差异，与平均数的离差平方具有更理想的统计特性。特别是，平均离差平方是最准确的统计量。

方差（常写作 s^2）的计算非常简单：

1. 计算平均数。
2. 将分数表示成与平均数的离差。
3. 将离差平方并求和。
4. 用离差平方和除以观测值个数减 1 的差。

或者，写成公式：

$$s^2 = \frac{\sum(x-\bar{x})^2}{N-1}$$

第二种常用方法包括计算每个观测值对方差的贡献，最后再对平均数进行校正。这一替代方法得到相同答案，不过它可以更高效地被计算机使用。特别要指出的是用 $N-1$ 代替 N 来计算平均离差平方是为了得到方差的无偏差估算值——这是出于技术的统计原因。

方差范围在零以上：不存在负方差。方差为零意味着样本中没有变异（即，所有个体必须具有完全相同的分数）。分数的分布范围越大，方差就越大。

对于"是/否"或"患病/未患病"这样的二分性状，测量方差就很困难。我们可以想象，二分性状被观测到是因为性状存在一个潜在的易患性正态分布，由大量因素的加性效应造成，其中每个因素都只有很小的效应。我们所观测到的二分性状之所以出现，是因为存在一个阈值，而且只有那些易患性超过阈值的才会表达该性状。我们不能直接观测潜在易患性，所以通常我们假设它具有统一的方差(1)。如果潜在分布的方差增加，那么只需更改阈值以上的研究对象比例。也就是说，改变方差就相当于改变阈值。二进制数据通常无法区分平均数变化和方差变化，但如果数据为有序的且至少有三个有序类别,那么就有可能区分。

数量遗传学分析测量了方差后,旨在将其划分——即,将总体方差分解为可归因于遗传分量和环境分量的部分。这项任务需引入另一个统计概念,协方差。在介绍协方差之前,我们先简要提一下另一种表示分数的方法,这种方法有助于比较平均数和方差。

1.1.3 标准分数

不同类型的测量有着不同的度量,当对它们进行比较时就可能会导致问题。例如,身高差异可以用公制或常用(英制)术语来表示。某个总体中,身高方差的绝对值将取决于测量所采用的度量——方差的单位可以是平方厘米也可以是平方英寸。如果我们采用方差的平方根,则得到一个与观测性状相同单位的离散量,称为标准差(s)。标准差也有几个便利的统计特性。如果一个性状为正态分布(钟形曲线),那么所有观测数据的95%将落在平均数两侧的两个标准差范围内。

测量身高的例子表明,在我们希望比较不同度量的测量值时可能会遇到的困难。身高的公制和常见计量制,测量的是同一事物,使用标准转换公式可以轻而易举地解决度量的问题。然而,在心理学中,测量往往没有固定的度量。一份测量外向性的调查问卷可以是范围0至12、1至100或者−4至+4的度量。如果度量是任意的,那么让所有测量具有相同的标准化度量是有意义的。

假设我们有两种可靠的外向性调查问卷测量数据A和B,每个测量值来自不同的总体。比方说A测量的全距为0至12,平均分数为6.4,而B测量的全距为0到50,平均分数为24。如果我们要评估两个个体,一个在A测量上得8分,另一个在B测量上得30分,那么我们如何判断哪个人更外向呢?最常用的技术是对我们的测量进行标准化。根据原始分数x计算标准分数z的公式是:

$$z = \frac{x - \bar{x}}{\sqrt{s_x^2}}$$

这里s_x^2是x的方差。也就是,我们以标准差为单位重新表示分数。例如,如果我们计算A测量的方差为4,那么标准差为$\sqrt{4}=2$。如果我们以距离平均数的标准差的个数来表示分数,那么在A测量得到的高于平均数2个原始分数单位的分数是+1个标准差单位。等于原始分数平均数的原始分数以标准差为单位将变为0。原始分数为2将成为$(2-6.4)/2=-2.2$。因此,在A测量上得分为8,对应高于平均数的标准分数$(8-6.4)/2=0.8$个标准差单位。

我们也可以对B测量的结果进行相同的操作,以便能够在两个外向性测量之间进行与度量无关的比较。如果发现B测量的方差为8(因此标准差为$\sqrt{8}$),那么原始分数30所对应的标准分数为$(30-24)/\sqrt{8}=2.1$,因而我们可以断定个体B比个体A更外向(即,2.1>0.8)(图A.1)。将测量值转换成标准分数,还可以对此类差异的显著性进行统计检验（z 检验）。

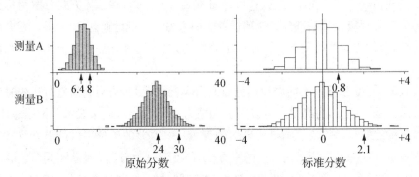

图 A.1　标准分数。两种测量的原始分数不能直接等同。对两种测量进行标准化，以 0 为平均数、1 为标准差，有利于比较测量 A 和 B。

标准分数表示具有零和属性（它们始终以 0 为平均数）与单位标准差（即，标准差为 1）。正如我们所看到的，标准化在比较相同事物的不同测量时非常有用。当然，标准化也可以用于比较不同事物的不同测量值（如，特定个体在身高或外向性上是否更极端）。

然而，在某些情况下标准分数可能会产生误导。在组内标准化（即，采用该组的平均数和标准差的估算值）会破坏组间的差异。所有组最终都将以零为平均数，这会掩盖任何真实的组间变异。请注意，上述例子中隐含着测量 A 和 B 都是可靠的，并且这两个总体在"真实"外向性的分布方面是等值的。

1.1.4　协方差　行为遗传学理论的另一个基本统计量是协方差。协方差是告诉我们两种特征（如，身高和体重）之间关系的一个统计量。这种统计量称为二元统计量，与平均数和方差这些一元统计量相对。如果两个变量是关联的（即，它们一起协变），那么我们也许有理由相信发生这一协变是由于一个特征影响了另一个特征。或者，我们可能会怀疑两种特征都有一个共同的起因。然而，协方差本身并不能告诉我们为什么两个变量是关联的：它只是关联程度的测量。图 A.2 显示了两个变量 X 和 Y 之间四种可能的关系，每种都可能导致两个变量之间一个相似的协方差。例如，认为个体的体重导致其身高的想法显然是错误的，而公平地说，一个人的身高确实部分地决定了个体的体重——应当注意，在解释所有统计量时需要谨慎。路径分析方法（如后面所回顾）切实提供了一个机会，可以从"单纯的"相关性开始"梳理"因果关系，尤其是当应用在遗传或环境因素不同的数据集时。

在研究两个连续变量之间的关系时，明智的第一步是从散点图开始。图 A.3 所示的散点图代表了 200 个观测值。在此示例中，这两种测量很明显不是独立的。当 X 增大时（X 的刻度向右增大），我们看到 Y 值也趋于增大。协方差是试图对这种关系

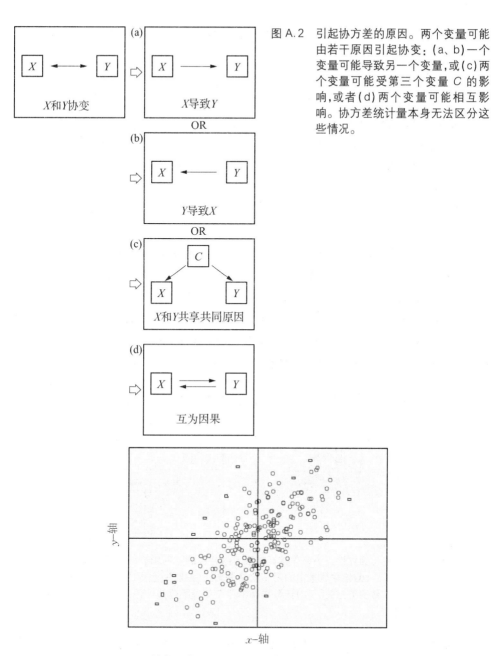

图 A.2 引起协方差的原因。两个变量可能由若干原因引起协变:(a、b)一个变量可能导致另一个变量,或(c)两个变量可能受第三个变量 C 的影响,或者(d)两个变量可能相互影响。协方差统计量本身无法区分这些情况。

图 A.3 散点图表示 X 和 Y 两个变量测量所得的 200 个观测数据。可以看到,X 和 Y 不是独立的,因为 X 值越大,对应的 Y 值也趋于更大。

进行量化的一种度量(之后引入的*相关*和*回归系数*概念也是如此)。

协方差的计算方式与计算方差大致相同。不过,需要计算第一个变量与第二个变

量的离差的矢量积,而不是计算与平均数的离差的平方。要计算协方差,我们可以:

1. 计算 X 的平均数。
2. 计算 Y 的平均数。
3. 将分数表示为与平均数的离差。
4. 计算每个数据对的离差的乘积,并求和。
5. 除以 $N-1$,得到协方差的估算值。

协方差的公式写作为:

$$\text{Cov}_{XY} = \frac{\sum (X - \overline{X})(Y - \overline{Y})}{N - 1}$$

协方差值可以在正负无穷大之间变动。负值意味着在一种测量的高分趋向于与另一种测量的低分相关。协方差为 0 意味两种测量之间不存在线性关系。

协方差仅测量线性关联是一个重要问题:思考图 A.4 中的两个散点图。这两个双变量数据集都不显示两个变量之间的任何线性关联,所以二者的协方差皆为零。然而,两个数据集之间存在明显的差异:其中一个数据集,观测值是真正独立的,很显然,另一个数据集的变量与其相关,但不是线性的。

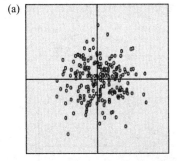 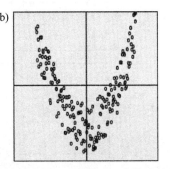

图 A.4 协方差与独立性。协方差统计量表示线性关联。两幅散点图都表示协方差为零的数据集。(a)该数据集中的两个变量是真正独立的;也即,一个变量的平均值与另一个变量的值无关。(b)该数据集的两个变量不是线性关系,但是它们显然不是独立的。

理解协方差的关键在于理解其计算公式究竟在做什么。图 A.5 表示一个散点图的四个象限。中间相交的线表示每个变量的平均值。当分数表示为与平均数的离差时,垂直线左侧(或水平线下方)的所有值都将变为负数;垂直线右侧(或水平线上方)的所有值都将变成正数。正如我们所看到的,协方差是由这些离差的乘积求和计算而得。因此,由于两个正数的乘积和两个负数的乘积均为正数,而一个正数和一个负数的乘积始终为负数,因此每个观测值对协方差的贡献取决于它落入哪个象限。落在右上和左下象限的观测值(分别为两者均高于平均数和两者均低于平均数)会为协方差做出正向贡献。距离原点(两个平均数相交的双变量点)越远,贡献就会越大。落在另外两个象限的观测值则趋向于降低协方差。如果所有双变量数据点在这个空间均匀地分布,对协方差的正向贡献会倾向于被相等数量的负向贡献抵消,从而产生接近为零的协方差统计量。大的正协方差意味着大部分数据点落在左下和右上象限;大的负协方差意味着大部分数据点落在左上和右下象限。

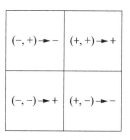

图A.5 计算协方差。每一个观测值对协方差的贡献将取决于其所落入的象限。

1.1.5 和的方差 协方差对于计算两个变量之和的方差也很重要。该统计量与我们后面讨论的基础数量遗传模型有关。假设你有变量 X 和 Y,并且知道它们的方差和它们之间的协方差。那么 $(X+Y)$ 的方差是什么呢?如果所有数据均可获得,你可以决定计算一个新变量,它是两个变量的总和,然后用常规方法计算其方差。或者,如果你只知道概括统计量,那么你可以运用这个公式:

$$\mathrm{Var}(X+Y) = \mathrm{Var}(X) + \mathrm{Var}(Y) + 2\mathrm{Cov}(X, Y)$$

换而言之,和的方差是两个方差加上两个测量之间协方差的两倍的总和。如果两个变量不相关,那么协方差项将为零,并且和的方差仅为方差的总和。正如之后所示,方差的数学运算对于描述复杂性状的遗传模型公式至关重要。

1.1.6 相关和回归 我们已经看到了在使用不同度量进行测量时,采用标准分数如何提供帮助。当创建标准分数时,我们使用有关测量方差的信息来重新度量原始分数。正如之前提到的,两个测量之间的协方差取决于原始数据的度量,并且在正负无穷大之间变动。我们可以运用两个测量的方差信息来标准化其协方差统计量,其方式类似于创建标准分数。以这种方式进行标准化的协方差统计量被称为相关。

相关的计算方法是将协方差除以每个测量的两个方差的积的平方根。因此,X 和 Y 间的相关(r_{XY})为:

$$r_{XY} = \frac{\mathrm{Cov}_{XY}}{\sqrt{s_X^2 s_Y^2}}$$

这里 Cov_{XY} 是协方差,s_X^2 和 s_Y^2 是方差。如果 X 和 Y 都为标准化变量(即,s_X 和 s_Y 等于1,因此 s_X^2 和 s_Y^2 也都等于1),那么相关将会与协方差相等(如上述公式中可以看到)。

相关(通常标记为 r)始终在 +1 至 −1 范围内。相关为 +1 表明两个变量之间呈完全的正线性关系。相关为 −1 表示完全的负线性关系。相关为 0 意味着两个变量之间无线性关系(协方差为0同样意味着无线性关系)。我们可能期望在现实世界中所观测到的那种相关很可能是落在0至+1之间。我们究竟如何解释中等值的相关呢?例如,0.4的相关是否意味着两个测量在40%的时间内相同?简而言之,不是。正如上述公式所示,它反映的是两个测量共享方差的比例。(相关的平方 r^2,是一个常用的统计量,指示一个变量中的方差能由另一个变量预测的比例。就亲属之间的相关而言,表示两个家族成员共同方差比例的未平方的相关则更有用。)

回归与相关有关联,因为它也研究两个变量之间的关系。回归与预测有关,因为它探究了解个体的一个变量是否有助于我们猜测另一个变量的值是什么。

回归系数(常称为b)可以通过采用类似于用来计算相关系数的方法来计算。"Y对X"的回归系数(即,给定X,对Y值的最佳推测是什么)用X和Y之间的协方差除以我们进行预测的变量(X)的方差(而不是通过除以X和Y标准差的乘积来标准化协方差):

$$b = \frac{\text{Cov}_{XY}}{s_X^2}$$

给定回归系数,关于X和Y的方程可以写作:

$$\hat{Y} = bX + c$$

其中c被称为回归常数。如图A.6所示,该方程描述了一条直线(最小二乘回归线),可通过连结观测点来绘制,并代表在给定X信息情况下对Y的最佳预测($\hat{Y}$,读作"y hat")。该方程意味着X每增加一个单位,Y将增加平均b个单位。

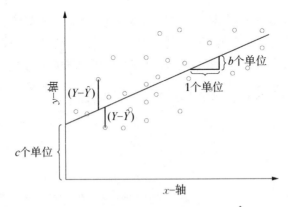

图A.6 线性回归。X和Y之间最佳拟合线的回归用方程$\hat{Y} = bX + c$表示。X每增加1个单位,可预期Y增加b个单位。两条垂直线表示Y的预期值与实际值之间的离差。离差平方和用于计算Y的剩余方差,即Y的方差中未由X计算的那部分。回归常数c表示当X为零时(原点处)的Y值。

回归方程也可以用于分析两个变量之间更复杂的非线性关系。例如,变量 Y 可能是 X 平方和 X 本身的函数。因此我们会在方程中包括这一高阶项来描述 X 和 Y 之间的关系:

$$\hat{Y} = b_1 X^2 + b_2 X + c$$

该方程描述的是非线性最小二乘回归线(即,当 b_1 不等于 0 时,则为一条抛物线)。

给定 X,可以计算 Y 的预测值与样本中观测到的 Y 的实际值之间的差异或误差 $(Y-\hat{Y})$。这些差异被称为残差,通常有助于计算残差方差。根据上面给出的第一个回归方程,如果 X 和 Y 完全无关,则 b 的估算将近乎于 0,而 c 会是 Y 的平均数(因为如果没有其他信息,那么该值代表对 Y 的最佳推测)。在这种情况下,残余误差方差会与 Y 的方差相同。如果知道 X 确实有助于推测 Y,则回归系数将明显变为非零,且误差项会减小。

我们可以将一个变量 Y 的方差分解成与另一个变量 X 有关的部分和独立于 X 的部分。就 Y 对 X 的回归而言,这种分区反映在 Y 预测值的方差($\hat{Y}$ 的方差),而不是残差的方差($(Y-\hat{Y})$ 的方差)。这两个变量之间的相关实际上可以用来以简单明了的方式来估算这些值:

$$s_{\hat{Y}}^2 = r^2 s_Y^2 \text{ 和 } s_{Y-\hat{Y}}^2 = (1-r^2) s_Y^2。$$

一种常见的基于回归的技术可用于"回归"或"调整"一个变量对另一个变量产生的效应。例如,我们不妨研究儿童的言语能力与性别之间的关系。然而,我们也知道言语能力与年龄有关,而我们不希望年龄效应干扰这种分析。我们可以通过做言语能力对年龄的回归来计算言语能力的年龄校准测量。对于每一个体,我们从他们的观测值中减去他们的预测值(给定其年龄)来生成一个新变量,反映的是不受年龄相关的变异影响的言语能力:新变量不会与年龄相关。如果样本中男孩和女孩在年龄上有任何平均差异,那么这些对言语能力的效应已经有效地消除。

1.1.7 矩阵 在阅读行为遗传学期刊文章和书籍时,你可能迟早会遇到矩阵:"在 QTL 连锁中同胞关系的方差-协方差矩阵是根据同源遗传关系共享的等位基因来建模"或者"能观测到基因型平均数的矩阵……"什么是矩阵,我们为什么要运用它们?本节简要介绍了矩阵,可将此类句子放在上下文中理解。

矩阵常用于行为遗传学中,以一种简明且易于操作的方式表述信息。矩阵只是以行和列组织起来的一组元素。例如,

$$\begin{bmatrix} 34 & 23 \\ 56 & 17 \\ 65 & 38 \end{bmatrix}$$

是一个三行两列的矩阵。通常,组织的矩阵中每行和每列之间有相关联的含义。在这个例子中,这一矩阵可能反映三名学生(每行代表一名学生)英语和法语的考试分数(第一列代表英语分数,第二列代表法语分数)。元素往往按其行和列索引:s_{ij} 指的是第 i 名学生在第 j 个测验中的分数。

上面的矩阵表示的是原始数据。与此类似,数值的电子表格在诸如 SPSS 之类的统计程序中可以被认为是一个大矩阵。也许最常见的矩阵形式是相关性矩阵,用于以有序的方式表示原始数据(相关)的描述性统计量。在一个相关矩阵中,第 i 行、第 j 列的元素表示的是第 i 个和第 j 个变量之间的成对相关。

下面是三个不同变量之间的相关矩阵:

$$\begin{bmatrix} 1.00 & 0.73 & 0.14 \\ 0.73 & 1.00 & 0.37 \\ 0.14 & 0.37 & 1.00 \end{bmatrix}$$

相关矩阵有几个易于识别的属性。首先,相关矩阵将始终为正方形——有着相同的行数和列数。对 n 个变量而言,相关矩阵将是一个 $n \times n$ 的矩阵。正方形矩阵的对角线是行数等于列数的元素集,因此就相关而言,这些元素代表变量与其自身的相关,始终为1。此外,相关矩阵始终在对角线两边对称——即,元素 r_{ij} 等于 r_{ji}。这种对称性表示简单的事实,即 A 和 B 的相关与 B 和 A 的相关是相同的。如果已知矩阵是对称的,那么通常不用写出冗余的上方非对角线元素。相关矩阵会被写为

$$\begin{bmatrix} 1.00 & & \\ 0.73 & 1.00 & \\ 0.14 & 0.37 & 1.00 \end{bmatrix}$$

相关矩阵通常以表格形式呈现在期刊文章中,以总结相关性分析。

行为遗传学分析中更常见的密切相关的矩阵类型是方差-协方差矩阵。代替相关,构成 $n \times n$ 的方差-协方差矩阵的元素是对角线上方的 n 个方差和非对角线下方的 $(n-1)n/2$ 个协方差。相关矩阵是一个标准化方差-协方差矩阵,就像相关是标准化协方差一样。上述相关矩阵中三个变量的方差-协方差矩阵可能是

$$\begin{bmatrix} 2.32 & & \\ 1.43 & 1.64 & \\ 0.43 & 0.98 & 4.21 \end{bmatrix}$$

方差-协方差矩阵可以转换成相关矩阵:$r_{ij} = v_{ij} / \sqrt{v_{ii} v_{jj}}$,其中 r_{ij} 是相关矩阵的新元素,而 v_{ij} 是方差-协方差矩阵的元素(这实质上是上述矩阵表示法中给出计算相关的方程的重新表述)。请注意,相关矩阵中不同变量之间的方差相对大小的信息丢

失了(因为它们都被标准化为 1)。然而,正如之前提到的,由于相关与度量无关,它们比协方差更易解释,因此更符合描述性目的。

只要两个矩阵具有相同的行数和相同的列数,它们就可以相互加或减:

$$\begin{bmatrix} 4 & -5 \\ 1 & 2 \end{bmatrix} + \begin{bmatrix} -2 & x \\ 0 & y \end{bmatrix} = \begin{bmatrix} 2 & x-5 \\ 1 & y+2 \end{bmatrix}$$

请注意,这里求和矩阵的元素不是简单的数值项——矩阵的元素可以非常复杂。矩阵表示法的优点在于我们可以标记矩阵,以便我们可以用一个简单的字母来指代许多元素,比方说 **A**(矩阵一般用粗体书写)。

$$\mathbf{A} = \begin{bmatrix} 4 & -5 \\ 1 & 2 \end{bmatrix}$$

$$\mathbf{B} = \begin{bmatrix} -2 & x \\ 0 & y \end{bmatrix}$$

$$\mathbf{A} - \mathbf{B} = \begin{bmatrix} 6 & -5-x \\ 1 & 2-y \end{bmatrix}$$

其他常见矩阵代数运算包括乘法、倒置和移项。矩阵乘法与矩阵加法运算方式不同(那种逐元素乘法实际被称为 *Kronecker* 积)。与一般乘法中的 $ab=ba$ 不同,矩阵乘法中的 **AB**≠**BA**。**A** 要乘以 **B**,矩阵 **A** 的列数必须与 **B** 的行数相同。生成的矩阵行数与 **A** 一样多,列数与 **B** 一样多。每个元素是 **A** 的每一行与 **B** 的每一列乘积的总和。下面是两个示例:

$$\begin{bmatrix} a & c & e \\ b & d & f \end{bmatrix} \begin{bmatrix} g & h & i \\ j & k & l \\ m & n & o \end{bmatrix} = \begin{bmatrix} ag+cj+em & ah+ck+en & ai+cl+eo \\ bg+dj+fm & bh+dk+fn & bi+dl+fo \end{bmatrix}$$

$$\begin{bmatrix} 3 & 3 & 0 \\ 1 & -2 & 5 \end{bmatrix} \begin{bmatrix} 7 & 2 \\ 3 & 2 \\ 8 & 4 \end{bmatrix} = \begin{bmatrix} 30 & 12 \\ 41 & 18 \end{bmatrix}$$

与除法等效的称为矩阵转置,计算复杂,尤其是大型矩阵。只有方矩阵才有转置,写作 $\mathbf{A}^{-1}$。矩阵转置在解决模型拟合问题中起核心作用。

最后,矩阵的转置 $\mathbf{A}'$ 是将矩阵 **A** 的行和列进行交换得到的。因此,如果 **A** 原为一个 3×2 矩阵,那么 $\mathbf{A}'$ 会是一个 2×3 矩阵(请注意行在前):

$$\begin{bmatrix} 2 & 3 \\ 0 & -1 \\ -2 & 1 \end{bmatrix} = \begin{bmatrix} 2 & 0 & -2 \\ 3 & -1 & 1 \end{bmatrix}$$

矩阵代数比这里介绍的简单示例要多得多。对矩阵类型和矩阵操作的基本熟悉是很有用的,不过,需要意识到一点当行为遗传学文章和书籍提及矩阵时,他们不一定讨论任何特别复杂的内容。矩阵的主要用途是它们便于呈现——这正是重要元素的实际意义。

2　数量遗传学

2.1　生物计量模型

当我们说某个性状是可遗传的或遗传的,其实暗示至少有一个基因对该性状有可测量的效应。尽管大多数行为性状似乎依赖于许多基因,但审查单个基因的特性仍然很重要,因为更复杂的模型建立在这些基础之上。我们将从研究基础数量遗传学模型开始阐述,该模型对某个性状的遗传与环境基础从数学上进行了描述。

2.1.1　等位基因与基因型　个体在特定基因座上携带的一对等位基因构成了我们所说的该基因座上的基因型。想象一下,一个特定的基因座上存在着两种形式的基因,标记为 A_1 和 A_2(这被称为双等位基因座),存在于群体中。因为个体的每个基因有两个拷贝(一个来自其父本,一个来自其母本),个体会拥有三种基因型之一:他们可能有两个 A_1 或两个 A_2 等位基因,在这种情况下,他们被认为是该特定等位基因的纯合子。或者,他们可以携带每种等位基因的一个拷贝,在这种情况下,他们被认为是该基因座的杂合子。我们会将这三种基因型写作 A_1A_1、A_2A_2、A_1A_2(或者使用不同的符号,比如 AA、aa、Aa)。

对于双等位基因座,两个等位基因将以特定频率出现在群体中。如果我们计算一个种群中的所有等位基因,其中四分之三是 A_1,那么我们就说 A_1 的等位基因频率为 0.75。因为这些频率之和必须是 1,那么我们就知道 A_2 的等位基因频率就为 0.25。通常的做法是将双等位基因座的等位基因频率表示为 p 和 q(因此,p 是 A_1 等位基因频率 0.75,q 是 A_2 等位基因频率 0.25)。根据这些,我们可以预测基因型频率。从形式上讲,如果两个等位基因 A_1 和 A_2 相应的等位基因频率为 p 和 q,那么随机匹配后,我们期望在 A_1A_1、A_1A_2 和 A_2A_2 三种基因型上观测到频率分别为 p^2、$2pq$、q^2。(参见专栏 3.2。)

2.1.2　基因型值　接下来,我们需要一种方法来描述一个基因座上的等位基因对我们感兴趣的任何性状的任何影响。如果一个基因座的一些等位基因与群体中某一性状的不同平均水平相关,则该基因座被认为与该性状关联。对于定性疾病(即,存在或不存在疾病),单个等位基因可能是该疾病发生的充分必要条件。在这种情况下,疾病易感等位基因以显性或隐性的方式发挥作用。携带显性等位基因会导致该疾病,而与该基因座的其他等位基因无关；相反，如果疾病易感等位基因是隐性的，那么这种疾病只发生在该等位基因纯合子个体中。

然而，对于数量性状，我们需要某种方法来详细说明一个等位基因对一种性状有多大影响。考虑只有两个等位基因 A_1、A_2 的一个基因座，假定其中一个纯合子（例如 A_1A_1）的平均值为 a，另一个纯合子（A_2A_2）的平均值记为 $-a$。杂合子（A_1A_2）的值标记为 d，并且取决于基因作用的模式。如果不存在显性，那么 d 的值则为 0（即，两个纯合子分数的中点）。如果等位基因 A_1 对于 A_2 是显性的，那么 d 的值就会大于 0。如果 A_1 对于 A_2 是绝对显性（即，如果 A_1A_2 的观测值等于 A_1A_1），那么 $d = +a$。

2.1.3 加性效应 单个基因座的观测基因型值可以由*加性遗传值*和*显性离差*来定义。基因座的加性遗传值与等位基因的平均效应量有关。如图 A.7 所示，加性遗传值是根据该基因座的特定等位基因（例如 A_1）的个数预期的基因型值，为 0、1 或 2（每个 A_1 等位基因使个体的分数增加 A 个单位）。

加性遗传值在行为遗传学中很重要，因为它们代表基因型从亲代到子代"纯育"的程度。如果一个亲代有一个拷贝的特定等位基因，例如 A_1，那么每个子代有 50% 的机会获得 A_1 等位基因。如果一个子代获得一个 A_1 等位基因，那么其加性效应对表型的作用与对亲代的表型作用程度完全相同。也就是说，它会导致表型上亲代-子代相似性增加，而这与该基因座的其他等位基因或其他基因座无关。

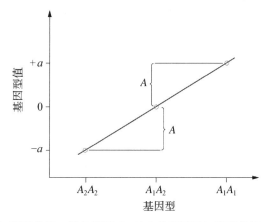

图 A.7 加性遗传值。等位基因 A_1 的个数预测了加性遗传值。因为不存在显性（并且假设等位基因频率相等），加性遗传值等于基因型值。（A 的值等于每个等位基因 A_1 值的和。）

2.1.4 显性离差 显性指的是某个基因座的等位基因效应在何种程度上不会简单地"叠加"以产生基因型值。显性离差是实际基因型值与在严格加性模型下预期值之间的差异。图 A.8 表示，如果在该基因座存在显性效应，会出现预期（或加性）基因型值与实际基因型值的离差(标记为 D)。

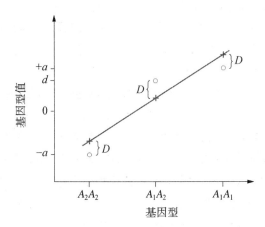

图 A.8　显性离差。当存在显性遗传时(即,$d \neq 0$),基因型值(圆圈表示)偏离于某一加性模型下所得的预期值(十字表示)。(D,由显性引起的与预期值的偏差。)

显性遗传方差代表遗传影响并不是"纯育"。说某一基因座的效应具有显性,相当于说个体的基因型值由特定基因座上所有等位基因的组合决定。然而,子代仅从每个亲代得到一个等位基因,而不是两个等位基因的组合。因此,归因于显性的遗传影响并不会从亲代传递给子代。这样,加性遗传值与显性遗传值因此被定义为彼此独立。

2.1.5　多基因模型　我们不仅可以考虑单个基因座上的加性效应与非加性效应,还可以对基因座这些效应求和。这一概念是单基因模型的多基因扩展的本质。正如加性遗传值是单个基因座上两个等位基因的平均效应量的总和,它们也可以是可能影响某一特定表型特征的许多基因座的平均效应量的总和。同样地,对于影响一种性状的所有基因座,它们的加性遗传值的显性离差也可以进行汇总。因此,将单基因模型扩展到许多基因座的多基因模型也相对容易,每个基因座都有其加性效应量与非加性效应量。在一个加性多基因模型下,表型的遗传效应量 G 表示来自不同基因座效应的总和。

$$G = G_1 + G_2 + \cdots + G_N$$

这一表达式意味着不同等位基因的效应只是简单地相加——即,等位基因之间没有互作,也就是其中一个等位基因的效应 G_1 被具有 G_2 效应的等位基因的存在而改变。多基因模型需要考虑到不同基因座的效应不是独立可叠加的,而是有互作的可能性——一种被称为上位性的互作。例如,假设两个基因座,每个都有一个等位基因可以使个人在某一特定性状上的分数增加一个点。如果不存在上位性,同时具有两个基因座的风险等位基因会使分数增加两个点。然而,如果存在上位性,同时具有两个基因座的风险等位基因可能会导致十个点的增加。因此,上位性使分析复杂化,但有证据表明,这种现象在某些复杂性状中可能相当普遍。换而言之,显性是基因座内的等位基因之间的互作,而上位性是基因座间的互作,即,基因座之间。

对表型的总遗传贡献值为 G,是所有加性遗传效应量 A、所有显性离差 D 和所有上位性互作效应量 I 的总和:

$$G = A + D + I$$

2.1.6 表型值和方差分量模型 数量遗传理论认为每个个体的表型是由遗传与环境贡献组成的。任何行为表型都不能完全由遗传效应决定,所以对于表型值 P,我们应该始终预期有一个环境效应 E,其中还包括测量误差。用代数项,

$$P = G + E$$

这里,为了方便起见,我们假定 P 代表个体与总体平均数的离差,而不是一个绝对分数。在任何情况下,行为遗传学并不会主要关注任何一个人的分数。相反,重点是解释群体中表型差异的原因——例如,为什么有些人比其他人更外向,或者为什么有些人酗酒。

事实上,如果没有从个体那里获得 DNA,那么肯定通常没有直接的方法确定任何一个人的遗传和环境离差的相对程度。然而,在一个群体样本中,尤其是遗传相关的个体组成的样本,是有可能估算 P、G、E 项的方差的。这种方法叫做方差分量法,它依赖于展示如何计算方差总和的方程。

回忆一下:

$$\mathrm{Var}(X+Y) = \mathrm{Var}(X) + \mathrm{Var}(Y) + 2\mathrm{Cov}(X, Y)$$

反过来看这一表达式,它给我们提供了一种变量方差分解的方法,该变量是各组成部分的一个复合。也就是说,我们的目标是将一个性状的"方差分解"到遗传与环境来源方差的组成部分中。

为了简单起见,我们将假设不存在上位性,所以 $P = G + E = A + D + E$。P 的方差等于各单独分量 A、D、E 的方差之和,再加上它们之间协方差的两倍:

$$\begin{aligned}\mathrm{Var}(P) &= \mathrm{Var}(A+D+E) \\ &= \mathrm{Var}(A) + \mathrm{Var}(D) + \mathrm{Var}(E) + 2\mathrm{Cov}(A, D) + 2\mathrm{Cov}(A, E) + 2\mathrm{Cov}(D, E)\end{aligned}$$

在意识到我们可以使用模型的一些理论假设来约束这个方程之前,它一开始看起来难以控制。根据定义,加性遗传影响与显性离差无关。也就是说,$\mathrm{Cov}(A, D)$ 必然会等于零,因此可以从模型中去掉这一项。我们可能希望做出的另一个假设(但不一定成立)是遗传与环境影响是不相关的。这相当于说 $\mathrm{Cov}(A, E)$ 与 $\mathrm{Cov}(D, E)$ 等于零,可

以从模型中去掉。稍后我们将看到为什么这一假设可能不成立的详细理由（什么称为基因-环境相关性）（另参见第 8 章）。然而，目前我们简化的模型为：

$$\text{Var}(P) = \text{Var}(A) + \text{Var}(D) + \text{Var}(E)$$

关于符号的说明：方差通常以其他方式表示。例如，上面我们将加性遗传方差表示为 $\text{Var}(A)$。正如我们将看到的，这一项通常以不同的方式表达，具体取决于研究背景（主要出于历史原因）。在正式模型拟合中，可以使用小写希腊字母 σ 平方加下标（σ_A^2）。在比较家族相关性（狭义遗传力，稍后介绍）的内容中计算的类似值通常标记为 h^2，而在路径分析的内容中写作 a^2。然而，在大多数情况下，这些都指代大致相同的东西。

总而言之，我们似乎没有在仅考虑方差而不考虑值的方面取得很大成就。然而，正如将要讨论的那样，数量遗传学方法可以利用这些模型估算遗传与环境影响对表型方差的相对作用。

2.1.7 环境方差 由于环境效应的性质比遗传影响的基本性质更多样化和多变，因而不可能以直接的方式将这一项分解成各个组成部分。也就是说，如果检测到遗传影响，那么我们知道这种效应必然至少来自于一个基因——并且我们就能知道一些关于基因的特性。

然而，如果我们检测到对某一性状的环境影响，我们并不能假设任何一个机制。但行为遗传学能够以两个主要方式研究环境影响。正如我们稍后将看到的那样，利用双生子或收养亲属进行的基于家系的研究，允许将环境影响划分为亲属之间共享的部分（即，使亲属彼此相似的部分）和非共享的部分（即，不使亲属彼此相似的部分）。这种类型的分析不在具体的、测量环境变量的水平上。

第二种方法是实际测量环境一个具体的方面（如，父母的社会经济地位，或饮食的营养成分），并将其纳入到遗传分析中。例如，如果我们认为在性状中该特征代表滋扰或噪声方差的原因（即，将其视为协变量），则我们不妨分解出由于测量的环境源而导致的性状变化。或者，我们可能认为环境在遗传影响的表达方面很重要。例如，我们可能会怀疑压力有可能激发抑郁的遗传易患性。因此，可以预期抑郁对于经历压力的个体将显示出更大的遗传影响。这种情况下，我们不想根据环境变量的效应进行调整。这一情境被称之为基因-环境互作（$G \times E$ 互作）。就数量遗传学模型而言，

$$P = G + E + (G \times E)$$

其中（$G \times E$）并不一定代表乘法效应，而是独立于其主效应的基因与环境的任何交互效应。

2.2 估算方差成分

在上一节中，我们概述了一个简单的生物计量模型，描述了观测到的表型在各种遗传和环境变异来源方面的变化。在本节中，我们考虑如何使用家系数据来估算这类模型的一些关键参数，重点关注从经典双生子研究中估算的遗传力，并介绍极大似然估计与模型拟合。

2.2.1 基因与家系 迄今为止，我们已经构建了个体间一个普遍的遗传模型，用于探讨某一性状变异的病因。数量遗传学中的主要步骤是整合遗传基本法则的知识以扩展我们的模型，将亲属之间的协方差包括进来。从概念上讲，大多数行为遗传学分析将相关个体之间的表型相似性（测量得到）与其遗传相似性（从遗传学中获知）进行对比。如果遗传上关系更紧密的个体在测量性状上也趋向相似，那么这种倾向就是该性状可遗传的证据——也就是说，该性状至少部分受基因影响。

当我们研究家系时，我们不仅对某一性状的差异感兴趣——主要关注亲属间协方差。早些时候，我们看到了如何研究两个变量，比如身高和体重，并询问他们是否相互关联。同样，协方差和相关性也可以用于询问单个变量是否在家系成员之间关联。例如，兄弟、姐妹在身高上是否相似？如果我们测量同胞对的身高，就可以计算个体身高和同胞身高之间的协方差。若协方差等于零，这就意味着兄弟和姐妹的身高并不比人群中随机抽取的两个不相关个体的身高更有可能相似。若协方差大于零，这就意味着高个子往往有高个的兄弟和姐妹。数量遗传学分析试图确定导致亲属相似的因素——他们的共享天性或者共享教养。

2.2.2 家系中的遗传相关性 个体的每个基因有两个拷贝，一个来自于父本一个来自于母本。当一个人将每个基因的一个拷贝传给其后代时，对于传递父本遗传基因或母本遗传基因有同样的机会。基于这两个简单的事实，我们可以计算出不同遗传相关性的个体之间基因共享的预期比例。共享两个亲生父母的同胞将在每个基因座上共享零个、一个或两个等位基因。对于常染色体基因座，同胞有 50% 的概率共享相同的父本等位基因（两种共享方式，两种不共享方式，所有概率相等），并且相应地有 50% 的概率共享同一个母本等位基因。因此，同胞有 $0.50 \times 0.50 = 0.25(25\%)$ 的概率共享父本和母本等位基因；$(1.00 - 0.50) \times (1.00 - 0.50) = 0.25(25\%)$ 的概率不共享等位基因；$(1.00 - 0.25 - 0.25) = 0.50(50\%)$ 的概率共享一个相同的等位基因。因此，平均的或预期的等位基因共享表示为 $(0 \times 0.25) + (1 \times 0.5) + (2 \times 0.25) = 1$。因此，在平均情况下，同胞共享加性遗传变异的一半，有可能导致表型变异，因为他们共享两个等位基因中的一个。因为同胞只有 25% 的概率共享两个等位基因，所以平均情况下，同胞将共享四分之一的可能导致表型变异的显性遗传变异。

对于其他类型的亲属，我们可以从方差的遗传分量角度来计算出他们之间预期的遗传相关性。亲代-子代对总是准确地共享一个等位基因：他们将共享一半的导致种群变异的加性遗传效应,但并不共享显性遗传效应。仅有一个共同亲本的半同胞,共享四分之一的加性遗传方差,但不共享显性方差(因为他们永远不可能从同一亲本那里继承同一基因座上的两个等位基因)。

大多数行为遗传学研究都集中于双生子。从遗传上讲,全同胞与 DZ 双生子是等效的。所以,DZ 双生子只共享一半的加性遗传方差和四分之一的显性变异,MZ 双生子共享其所有遗传组成,所以加性与显性遗传方差分量将完全共享。

这些遗传相关系数在表 A.1 中进行了总结。共享加性和显性遗传方差有助于亲属之间的表型相关性。如前所述,亲属之间的相关性直接估算他们之间共享的方差比例。所以我们可以把家系相关性看做是两个亲属之间所有方差共享分量之和。

表 A.1 遗传相关系数

亲属对	加性遗传变异共享比例	显性遗传变异共享比例
父母-子女(PO)	1/2	0
半同胞(HS)	1/4	0
全同胞(FS)	1/2	1/4
非同卵双生子(DZ)	1/2	1/4
同卵双生子(MZ)	1	1

然而,在大多数亲属之间不仅仅共享基因。遗传上相关的个体比不相关的个体更有可能经历相似的环境。如果一个环境因素影响一个变量,那么共享此环境也会导致亲属之间的表型相关性。正如第 7 章所阐述的,根据对家庭的影响力,行为遗传学从概念上将环境影响分为两种截然不同的类型。家庭成员共享,并且往往使成员在某一特定性状上更为相似的环境,被称为共享环境影响。与之相反,非共享环境影响不会使家庭成员在某一给定的性状上变得更相似。

大多数行为遗传学分析关注三个方差分量:加性遗传、共享环境和非共享环境。正如我们将看到的,这三部分计算方法以比较双生子相关性估算遗传力为基础,也是更复杂的模型拟合分析中使用的基本模型。该模型通常被称为 ACE 模型(A 代表加性遗传效应,C 代表共同(共享)环境,E 代表非共享环境)。

2.2.3 遗传力 正如第 7 章阐述的,遗传力是归因于基因型方差的表型方差的比例。遗传力存在两种类型:广义遗传力是指遗传方差的所有来源,不论基因是否以加性的方式运作。狭义遗传力仅指由加性遗传效应解释的表型方差的比例。因此,狭义遗传力给出的是某一性状"纯育"程度的指标——即,父母-子女预期的相似程度。另一方面,广义遗传力提供的是任何类型的遗传因素对种群中性状变异的作用程度的指标。

我们可以通过比较某些类型的家系成员之间的相关性来估算某一性状的遗传力。简单起见，我们假定对某一性状的唯一影响是加性遗传效应和家族成员之间共享或非共享的环境效应。我们可以从他们共享的方差分量来描述不同类型亲属间观测到的相关性。例如，我们预期全同胞之间的相关性代表一半的加性遗传方差，并且根据定义，存在所有共享环境方差，但不存在非共享环境方差。如前所述，加性遗传方差在此情况下通常用 h^2 表示（代表狭义遗传力）。共享环境方差用 c^2 表示（非共享环境为 e^2）。因此，

$$r_{FS} = \frac{h^2}{2} + c^2$$

假设我们观测到全同胞某个性状的相关性为 0.45。我们无法单独从这个信息计算出 h^2 和 c^2，因为正如上述方程式所反映的，天性与教养由同胞共享。然而，通过比较特定不同类型亲属之间的相关性，我们能够估算遗传与环境效应的相对平衡。最常见的研究设计使用 MZ 和 DZ 双生子对。因此，用共享方差分量表示的相关性为

$$r_{MZ} = h^2 + c^2$$

$$r_{DZ} = \frac{h^2}{2} + c^2$$

第一个方程式减去第二个方程式给出

$$r_{MZ} - r_{DZ} = h^2 - \frac{h^2}{2} + c^2 - c^2$$

$$= \frac{h^2}{2}$$

$$h^2 = 2(r_{MZ} - r_{DZ})$$

也就是说，狭义遗传力是由观测到的 MZ 和 DZ 双生子对相关性差值的两倍来计算。归因于共享环境效应的方差比例，可以很容易地估算为 MZ 相关性和遗传力的差值（$c^2 = r_{MZ} - h^2$）。因为我们从标准化的相关性估算了这两个方差分量，h^2 和 c^2 代表方差比例。我们感兴趣的方差最后一个分量是非共享环境方差，e^2。当然，这个统计量不会出现在描述亲属间相关性的方程式中。然而，我们知道，如果代表比例，h^2、c^2、e^2 之和必须为 1，所以

$$h^2 + c^2 + e^2 = 1$$

$$[2(r_{MZ} - r_{DZ})] + [r_{MZ} - 2(r_{MZ} - r_{DZ})] + e^2 = 1$$

$$r_{MZ} + e^2 = 1$$

$$e^2 = 1 - r_{MZ}$$

该结论很直观：因为 MZ 双生子在遗传上完全相同，所以任何方差没有被他们共享（即，MZ 双生子的相关性程度不是 1）必然是由方差的非共享环境来源所造成。

让我们思考一个例子：假设我们观测到 MZ 双生子的相关性为 0.64，DZ 双生子的相关性为 0.44。将这两个相关性的差值加倍，可以得出该性状的遗传力为 $0.4 [h^2 = 2 \times (0.64 - 0.44)]$。也就是说，在我们抽样的群体中，40% 的变异取决于基因的加性效应。因此，共享家庭环境占方差的 24% ($c^2 = 0.64 - 0.4 = 0.24$)；非共享环境占 36% ($e^2 = 1 - 0.64 = 0.36$)。

诸如刚才描述的结果模式表明，基因在该性状的个体差异中起显著作用，人们之间的差异大致一半归于天性，一半归于教养。然而，为了得出这一结论，我们做了若干假设。这些假设将在模型拟合的背景下得到更加充分的考虑，但我们将提及两个即时假设。首先，我们假设显性对该性状不重要（更不用说诸如上位性这种更复杂的互作）。我们假设所有的遗传效应都是加性的（这就是为什么 h^2 代表狭义遗传力的原因）。如果这一假设不成立，遗传力估算就会有偏差。其次，我们假设 MZ 和 DZ 双生子只是在遗传相关性上有所不同。也就是说，同样的共享环境项 c^2 在 MZ 和 DZ 的方程式中都出现。如果父母对待同卵双生子的方式比对待异卵双生子更相似，这一假设可能会导致 MZ 双生子的相关性更高于 DZ 相关性。这个假设在理论上是可以测试的，被称为等环境假设（参见第 6 章）。违背这一假设会高估遗传效应的重要性。

可以研究其他亲属类型来计算遗传力；例如，我们可以比较全同胞和半同胞的相关性。然而，并非所有的比较都是翔实的。比较全同胞的相关性和父母与子女的相关性并不会有助于估算遗传力（因为这些亲属在共享加性遗传方差方面并没有差异）。双生子研究更为可取，是出于以下几个原因。可以用统计结果证明，双生子在确定遗传力时提供更高的准确性，因为 MZ 双生子共享较大的方差比例。此外，双生子在年龄、家庭和社会影响等方面比半同胞或父母和子女更密切地匹配。

数量遗传学研究还可以对比遗传上相似但不共享任何环境影响的家庭成员。这个比较是收养研究的基础。最简单形式的收养研究是将 MZ 双生子分开抚养。由于分开抚养的 MZ 双生子在遗传上是完全相同的，但是不共享任何环境影响，这种相关性直接估算遗传力。也就是说，如果没有选择性安置，分开抚养的 MZ 双生子任何相似的趋势必然归因于共享基因的影响。

2.2.4 模型拟合和经典的双生子研究 双生子相关性的简单比较可以表明遗传影响对某一性状是否重要。这是任何数量遗传分析都必须探索的首要问题。这里，我们将探讨一些更正式的统计技术，它们可用于分析遗传信息数据，并探究其他蕴含更多问题的问题。

模型拟合涉及构建一个描述某些观测数据的模型。在数量遗传学研究中，建模的观测数据通常是家系成员的方差-协方差矩阵。然后,该模型会由根据不同参数配置的方差-协方差矩阵组成。这些参数通常是我们之前遇到的方差分量(加性遗传等)。不同模型参数值的各种组合,会产生不同预期的方差-协方差矩阵。模型拟合目标是双重的:(1)选择参数最少的模型;(2)生成与观测数据尽可能匹配的期望值。正如我们将看到的,模型参数的数量与其可以对观测数据建模的准确性之间存在关键点。

如果我们将 ACE 模型与观测到的 MZ 和 DZ 双生子数据进行拟合,所选与方差-协方差的预期矩阵以及观测矩阵匹配的三个参数估算值,会直接对应于之前用相对简单的方法计算所得遗传力估算以及共享和非共享环境估算值。为什么我们还要执行更复杂的模型拟合呢?有几个很好的理由:首先,这些计算只有在 ACE 模型真实反映实际情况时才有效。模型拟合允许不同类型的模型进行明确测试和比较。模型拟合还有助于围绕参数估算值的置信区间的计算。读到诸如 "$h^2 = 0.35(0.28 - 0.42)$" 之类的表述很常见,这意味其遗传力被估算为 35%,即便不是确切的 35%,但有 95% 的几率位于 28% 至 42% 范围之间。模型拟合还可以整合多不同类型的家庭结构、多元数据建模,以及纳入任何测量到的遗传信息或我们可能拥有的环境信息,以改进我们的估算以及探索遗传与环境效应的潜在互作,或测试特定的基因座是否与某一性状关联。

让我们从基础开始。想象一下,我们测量了双生子群体的某一性状。我们既没有测量任何 DNA,也没有测量可能影响该性状的任何其他环境因素。将数据总结成两个方差-协方差矩阵,一个用于 MZ 双生子对,一个用于 DZ 双生子;所以,我们的"观测数据"是六个独特的统计量:

$$\begin{bmatrix} \text{Var}_1^{\text{MZ}} & \\ \text{Cov}_{12}^{\text{MZ}} & \text{Var}_2^{\text{MZ}} \end{bmatrix}$$

$$\begin{bmatrix} \text{Var}_1^{\text{DZ}} & \\ \text{Cov}_{12}^{\text{DZ}} & \text{Var}_2^{\text{DZ}} \end{bmatrix}$$

利用我们对之前所述的数量遗传学模型的了解,我们可以开始构建一个模型来描述双生子的两个方差-协方差矩阵。也就是说,我们假设观察到的性状变异归因于加性遗传、显性遗传、共享环境和非共享环境效应的某种混合(我们将忽略上位性和其它互作)。

模型拟合首先根据遗传和环境方差分量创建一个家系方差-协方差矩阵的显示模型。回到基本遗传模型,表型 P 是加性遗传效应 A 和显性遗传效应 D 的函数。此外,我们纳入环境效应,或为共享的,表示为 C,或非共享的,表示为 E(请注意:基本模型并没做这样的区分,因为其主要用公式表示的是无关个体的群体变异,即,E 指的是所有环境效应。)

$$P = A + D + C + E$$

因此根据方差,记住在此步骤中应用的单基因模型下概述的所有假设(例如,无基因-环境相关性),我们得到:

$$\sigma_P^2 = \sigma_A^2 + \sigma_D^2 + \sigma_C^2 + \sigma_E^2$$

这里采用了模型拟合表示法,$\sigma_{A/D/C/E}^2$(发音为"sigma",中文发音"西格玛"),代表与四种效应类型相关的方差分量,σ_P^2 表示表型方差。

为了构建双生子模型,我们需要按照模型的参数,明确写出方差-协方差矩阵中的每个元素。我们已经根据方差分量定义了该性状的方差:

$$\sigma_A^2 + \sigma_D^2 + \sigma_C^2 + \sigma_E^2$$

我们将模型中的所有四个方差元素用该项来表示。请注意,我们是为方差和协方差建模,而不是相关性;这往往在模型拟合中完成,因为它比相关性捕获更多的信息(方差和协方差)。σ_A^2 参数不会直接估算狭义遗传力——我们需要用加性遗传方差分量除以总方差:

$$\sigma_A^2 / (\sigma_A^2 + \sigma_D^2 + \sigma_C^2 + \sigma_E^2)$$

我们假设方差分量对于所有个体都是完全相同的。也就是说,我们对所有四个方差元素采用相同的表达式。这一假设意味着基因与环境对个体的效应并不会因为个体是 MZ 或 DZ 双生子的一员而异。此外,假设不为个体分配 1 号或 2 号双生子的标签,这可能会使 1 号和 2 号双生子的方差不同。例如,如果第一个出生的双生子总被编码为 1 号双生子,那么,根据性状的本质,该假设可能没有必要(有时通过"双录入"双生子对来避免这个问题,以便在计算观测方差-协方差矩阵时,每个个体录入两次,一次作为 1 号双生子,一次作为 2 号双生子。当然,这种方法确保 1 号双生子和 2 号双生子有相等的方差。)

如前所述,就双生子之间共享的程度而言,双生子之间的协方差项也是方差分量的函数。所有的加性和显性遗传方差,以及共享环境方差都被 MZ 双生子共享。这些分量完全导致 MZ 双生子间的协方差。DZ 双生子共享一半的加性遗传方差、四分之一的显性遗传方差、所有的共享环境方差,且无非共享环境方差。这些分量对 DZ 协方差的贡献与这些共享系数成正比例。

因此,对于 MZ 双生子而言,方差-协方差矩阵建模为:

$$\begin{bmatrix} \sigma_A^2 + \sigma_D^2 + \sigma_C^2 + \sigma_E^2 & \\ \sigma_A^2 + \sigma_D^2 + \sigma_C^2 & \sigma_A^2 + \sigma_D^2 + \sigma_C^2 + \sigma_E^2 \end{bmatrix}$$

而对于 DZ 双生子则为：

$$\begin{bmatrix} \sigma_A^2+\sigma_D^2+\sigma_C^2+\sigma_E^2 & \\ \dfrac{\sigma_A^2}{2}+\dfrac{\sigma_D^2}{4}+\sigma_C^2 & \sigma_A^2+\sigma_D^2+\sigma_C^2+\sigma_E^2 \end{bmatrix}$$

这两个矩阵代表了我们的模型。不同的 σ_A^2、σ_D^2、σ_C^2、σ_E^2 值将会导致不同的预期矩阵。这些矩阵是"预期的"，也就是说，如果模型参数值是真实的，那么如果我们重复实验的次数非常多，则这些矩阵是我们会预期观测到的平均矩阵。

例如，假定一个性状的方差为 5。想象一下，这种性状的变异完全取决于加性遗传效应与非共享环境效应之间的均衡。就模型而言，该假设等同于说 σ_A^2 和 σ_E^2 的值均为 2.5，而 σ_D^2 和 σ_C^2 的值均为 0。如果这是真的，那么对于 MZ 与 DZ 双生子，我们会预期观测到什么样的方差-协方差？简单地用这些值替换，我们会预期观测到 MZ 双生子的矩阵为，

$$\begin{bmatrix} 2.5+0+0+2.5 & \\ 2.5+0+0 & 2.5+0+0+2.5 \end{bmatrix}=\begin{bmatrix} 5 & \\ 2.5 & 5 \end{bmatrix}$$

和 DZ 双生子为，

$$\begin{bmatrix} 2.5+0+0+2.5 & \\ \dfrac{2.5}{2}+\dfrac{0.0}{4}+0 & 2.5+0+0+2.5 \end{bmatrix}=\begin{bmatrix} 5 & \\ 1.25 & 5 \end{bmatrix}$$

概括地说，我们已经看到一组具体的参数值会为双生子生成某组预期的方差-协方差矩阵。这个结果本身不是很有用。我们并不知道这些参数值的真实值——这些正是我们试图发现的值！通过评估由多套参数值产生的预期值，模型拟合帮助我们估算最有可能为真的参数值。选择产生与观测矩阵最匹配的预期矩阵的那组参数值作为最佳拟合参数估算值，这些代表真实参数值的最佳估算值。由于模型拟合的迭代性质（评估许多套不同的参数值），它是一种计算密集型技术，只能通过使用计算机来完成。

2.2.5 模型拟合原则示例 对于某一种性状，假定我们分别观测到 MZ 和 DZ 对的以下方差-协方差矩阵（请注意，观测到的方差很相似但并不完全相同）：

$$\begin{bmatrix} 2.81 & \\ 2.13 & 3.02 \end{bmatrix}$$

$$\begin{bmatrix} 3.17 & \\ 1.54 & 3.06 \end{bmatrix}$$

模型拟合会从替换任何一组参数以生成预期矩阵开始。假设我们替换了 $\sigma_A^2=$

0.7, $\sigma_D^2 = 0.2$, $\sigma_C^2 = 1.2$, $\sigma_E^2 = 0.8$。这些数值只代表"首次预测"值,将由模型拟合过程进行评估和改进。这些数值意味着 24%([0.7/(0.7+0.2+1.2+0.8)])的表型变异可以归因于加性遗传效应。如果这些是真实的值,那么我们会预期观测到的 MZ 双生子的方差-协方差矩阵为

$$\begin{bmatrix} 0.7+0.2+1.2+0.8 & \\ 0.7+0.2+1.2 & 0.7+0.2+1.2+0.8 \end{bmatrix} = \begin{bmatrix} 2.9 & \\ 2.1 & 2.9 \end{bmatrix}$$

对于 DZ 双生子,则为:

$$\begin{bmatrix} 0.7+0.2+1.2+0.8 & \\ \dfrac{0.7}{2} + \dfrac{0.2}{4} + 1.2 & 0.7+0.2+1.2+0.8 \end{bmatrix} = \begin{bmatrix} 2.9 & \\ 1.6 & 2.9 \end{bmatrix}$$

将这些预期统计量与观测统计量进行比较,我们可以看到它们在数字上相近但不完全相同。我们需要一个精确的方法来确定预期矩阵和观测矩阵之间的拟合程度。因此,模型拟合可以继续进行,通过改变参数以提高模型相关的预期值与基于样本的观测值之间的拟合优度。当发现一组值无法被拟合的优度击败时,这些值将作为模型拟合程序中的"输出"显示,即最佳拟合估算值。这一过程被称为优化。评估每组可能的参数值会非常低效。对于大多数模型来说,鉴于当前的计算技术,评价每组实际上是不可能的。相反,优化将尝试以一种智能的方式来改变参数。思考这个过程的一种方式可以作为一种"更冷更热"游戏的形式:目的是逐步完善你对隐藏物体所在位置的猜测,而非竭尽全力地毯式搜寻房间的每一寸。

有许多拟合指标——一个简单的指标是卡方(χ^2,发音为"ki",如 *kite*)拟合优度统计量。该统计量主要通过比较观测数据在模型下的可能性来评估预期值和观测值之间差异大小。χ^2 拟合优度统计量可以进行正式的显著性测试,以指示该模型是否提供了良好的数据近似值。如果 χ^2 拟合优度统计量很低(即,不显著),则意味着观测值没有显著偏离预期值。然而,低 χ^2 值并不一定意味着被测试的参数值是最佳拟合估算值。正如我们已经提到的,四个参数的不同值可能会提供更佳的拟合(即,一个更低的 χ^2 拟合优度统计值)。

仅仅因为我们可以写下一个模型,我们认为它能够准确描述影响性状的真实过程,但它不一定意味着我们可以推导出其参数值。在前面的示例中,我们无法从双生子数据中估算四个参数(加性和显性遗传方差、共享和非共享环境方差)。简单来说,我们对极少的信息提出了太多问题。

思考一下,当我们更改参数值以查看是否改进模型拟合时会发生什么情况。请尝试用 $\sigma_A^2 = 0.1$,$\sigma_D^2 = 0.6$,$\sigma_C^2 = 1.4$ 和 $\sigma_E^2 = 0.8$ 代入,你会注意到,对于 MZ 和 DZ 双生子,我们获得与在前一组参数下所得相同的两个预期方差-协方差矩阵。因此,这两组

参数具有相同的拟合,所以,我们就无法区分对观测结果的这两种可替代的解释。这种现象会使模型拟合变得非常困难,甚至不可能完成。这是一个模型不可识别的例子。

2.2.6 ACE 模型 尽管我们不会遵循这里的论证,但研究人员已经证实,如果我们掌握的唯一信息来自于一起抚养的 MZ 和 DZ 双生子,那么我们无法同时询问加性遗传效应、显性遗传效应和共享环境效应。

在任何情况下,我们都希望保留在模型中非共享环境的方差分量。我们希望保留它,部分原因是随机测量误差被建模为非共享环境效应,而我们不希望得到一个假定没有测量误差的模型(不可能非常好地拟合)。最常见的情况下,我们会对加性遗传方差和共享环境方差进行建模,如之前所提到的,这样的模型称为 ACE 模型。

如果我们有理由怀疑显性遗传方差可能会影响一种性状,那么我们可能用 ADE 模型来代为拟合。如果 MZ 双生子的相关性是 DZ 双生子相关性的两倍以上,一种解释是显性遗传效应对该性状起着很大的作用(这一解释可能建议用 ADE 模型拟合)。

ACE 模型(和 ADE)是一个识别模型。即,期望矩阵和观测矩阵之间的最佳拟合是由且只由一组参数值生成。只要双生子协方差都是正数,且 MZ 协方差不小于 DZ 协方差(这两者很容易在生物学上被证明为合理的要求),ACE 模型总是可以选出唯一一组最适合观测的统计量的参数。

如果我们对标准分数进行建模(以便观测的方差元素间的差异不会降低拟合),那么在 ACE 模型下,最佳拟合参数将始终具有精确到零的 χ^2 拟合优度。这种模型被称为饱和模型。想象一下,对于某种标准化性状(即,方差为 1 的性状),我们发现 MZ 的协方差为 0.6(当然,这可视为 MZ 双生子相关性),DZ 的协方差为 0.4。事实上,ACE 模型的三个参数有且仅有一组值,可以产生与这些观测值完全匹配的预期值。这种情况下,$\sigma_A^2 = 0.4$,$\sigma_C^2 = 0.2$ 和 $\sigma_E^2 = 0.4$。将这些参数带入模型,我们得到 MZ 双生子的矩阵

$$\begin{bmatrix} 0.4+0.2+0.4 & \\ 0.4+0.2 & 0.4+0.2+0.4 \end{bmatrix} = \begin{bmatrix} 1.0 & \\ 0.6 & 1.0 \end{bmatrix}$$

和 DZ 双生子的矩阵

$$\begin{bmatrix} 0.4+0.2+0.4 & \\ \frac{0.4}{2}+0.2 & 0.4+0.2+0.4 \end{bmatrix} = \begin{bmatrix} 1.0 & \\ 0.4 & 1.0 \end{bmatrix}$$

没有其他值可以被 σ_A^2、σ_C^2 和 σ_E^2 采用以产生相同的预期方差-协方差矩阵。这个属性并不意味着这些值必然反映遗传和环境效应的真正平衡——它们仅反映模型

（ACE 或 ADE 或其他）为优时的真实值。所有参数估算均依赖于模型：我们只能得出这样的结论，如果 ACE 模型是一个好的模型，那么这个结果就是遗传和环境效应的平衡。但是，我们只能比较*嵌套的*模型。如果并且仅当该模型来自于一个或多个方差被限定为零的更大模型时，前一个模型则被嵌套于另一个模型中。例如，我们可能怀疑共享环境对某一给定性状无显著作用。我们可以通过将共享环境方差分量限定为零，并将全模型的拟合与该缩减的模型的拟合进行比较，从而测试这一假设。嵌套非常重要，因为它构成了在数据的不同模型之间进行测试和选择的基础。

科学的一般原则是简约：如果两个理论对于观测结果的描述同样地好，人们总是喜欢更简单的那个理论。这个观念通常被称为奥卡姆剃刀，在模型拟合中明确体现。在一个 ACE 模型下对遗传和环境方差分量估算进行推导后，我们可能会问可否从模型中删除共享环境项。或许我们更简单的 AE 模型能提供与数据相当的拟合吗？我们假设共享环境方差分量为 0（这相当于对其忽略不计，或从模型中将其删除），而不是对其进行估算。因此，AE 模型嵌套在 ACE 模型中。我们能够对估算三个参数来解释数据的 ACE 模型和仅估算两个参数来解释相同数据的 AE 模型这两者的拟合优度进行计算。任何参数较少的模型都不如参数较多的模型拟合得好。其问题在于，相对于更简约模型的参数少的"优势"而言，拟合度的降低是否明显更糟。

在我们的示例中，ACE 模型会估算出 $\sigma_A^2 = 0.4$，$\sigma_C^2 = 0.2$ 和 $\sigma_E^2 = 0.4$。正如我们之前看到的那样，替换且只替换这些值会产生与观测结果完美匹配的预期方差-协方差矩阵（因为我们正在建模标准分数，或相关性）。相反，请思考一下相同数据在 AE 模型下发生了什么。表 A.2 显示 AE 模型无法解释该组特定的观测值。这类模型被称为识别不足。这种情况不一定有问题：一般来说，识别不足的模型是受青睐的，因为一个饱和模型总是能够完美地拟合观测数据，所以拟合优度实际上并不意味着什么。但是，如果一个识别不足的模型确实拟合数据，那么我们应该注意——它并非仅仅出于统计上的必要性。也许这是一个更好的、更简约的数据模型。表 A.2 表示试图解释观测数据的两个参数的三组不同值。如表所示，AE 模型似乎无法像 ACE 模型一样为我们观测到的统计信息进行建模。

如果我们运行一个诸如 Mx 之类的模型拟合程序时，我们可以正式确定 σ_A^2 和 σ_E^2 的哪些值使 AE 模型达到最佳拟合，以及此拟合是否明显比 ACE 饱和模型差。此外，我们可以拟合 CE 模型（这意味着双生子之间的任何协方差不取决于遗传因素）和 E 模型（这意味着在任何情况下，双生子之间不存在显著的协方差）。在表 A.3 中显示的结果，呈现了不同模型的最优化参数值。

表 A.2 三组参数值对 AE 模型的拟合

参数		方差	MZ 协方差	DZ 协方差
σ_A^2	σ_E^2			
观测值				
—	—	1.0	0.6	0.4
预期值				
0.6	0.4	1.0	0.6	0.3
0.7	0.3	1.0	0.7	0.35
0.8	0.2	1.0	0.8	0.4

表 A.3 最佳拟合的单变量参数估算

参数		方差	MZ 协方差	DZ 协方差	χ^2	df^a
AE 模型						
σ_A^2	σ_E^2					
0.609	0.382	0.991	0.609	0.304	1.91	4
CE 模型						
σ_C^2	σ_E^2					
0.5	0.5	1.000	0.500	0.500	6.75	4
E 模型						
	σ_E^2					
	1.000	1.000	0.000	0.000	92.47	5

[a] df, 自由度

由于这些模型是不饱和的,因此不一定保证数据达到完全拟合。调整一个参数使其完全拟合 MZ 双生子协方差,会使 DZ 双生子的协方差或方差的估算值不一致,反之亦然。我们在这里看到,AE 模型在选择最优化参数 $\sigma_A^2 = 0.609$, $\sigma_E^2 = 0.382$ 时,相当准确地估算了方差和 MZ 协方差,但预期的 DZ 协方差与观测值 0.4 的差距很大。这种差距是否具有显著性? 最后两列给出了测试的 χ^2 值和相关的*自由度*(df)。因为我们有六个观测的统计数据,我们从中估算了 AE 模型下的两个参数,所以我们说有 6-2=4 个自由度。因此,自由度代表模型简单或复杂程度的测量——在决定哪个模型是最简约的模型时,我们需要知道这个数据。例如,E 模型只估算一个参数,因此具有 6-1=5 个自由度。

测试一个简单的嵌套模型是否更为简约是相当简单的:我们来看看这两种模型之间 χ^2 拟合优度的差异。两个模型之间的自由度差异可用于确定拟合差异是否显著。如果差异显著,那么我们认为,与更完整的模型拟合优度相比,嵌套子模型无法提供更好的数据解释。在表 A.3 示例中计算的 χ^2 统计信息取决于样本大小——这些数字基于 150 对 MZ 双生子和 150 对 DZ 双生子的研究。

ACE 模型从六个观测信息中估计三个参数,因此它具有三个自由度;χ^2 始终为 0.0,因为模型是饱和的。因此,ACE 和 AE 模型之间的拟合差异是 $1.91-0=1.91$,和 $4-3=1$ 个自由度。在显著性表格中查找该 χ^2 值会告诉我们,它在 $p=0.05$ 水平(实际上, $p=0.17$)上并不显著。低于 0.05 的 p 值表示,如果实际没有效果,则观测结果偶然出现的时间将少于 5%。这被普遍认为是拒绝无效假设的充分证据,无效假设是无效果存在。因此,由于 AE 模型未显示相对于 ACE 模型的拟合度的显著降低,这一结果为共享环境对该性状不重要(即, σ_E^2 并未远远超过 0.0)提供了依据。

然而,CE 和 E 模型呢?CE 模型拟合的 χ^2 降低到 6.75,还增加了一个自由度。该拟合降低的显著性在 $p=0.05$ 的水平($p=0.0093$)上。这种拟合优度的显著降低意味着加性遗传效应对这种性状很重要(即, $\sigma_A^2 > 0.0$)。不出所料, E 模型在拟合上甚至显示更大幅度的降低($\Delta\chi^2=92.47$ 增加两个自由度: $p<0.00001$),因此证实了一个显而易见的事实,即这两种类型的双生子成员实际上确实表现出彼此之间合理的相似程度。

2.2.7 路径分析 到目前为止,我们所描述的模型拟合类型与称为*路径分析*的统计学领域密切相关。路径分析提供了一种直观可视的方式来描述和探索某些观测数据的任何类型的模型。以箭头形式绘制的*路径*反映一个变量对另一个变量的统计效果,与所有其他变量无关——被称为偏回归系数。模型中的变量可以是测量的性状(正方形)或潜在的(未测量的;圆形)方差分量。双生子 ACE 模型可以表示为图 A.9 中

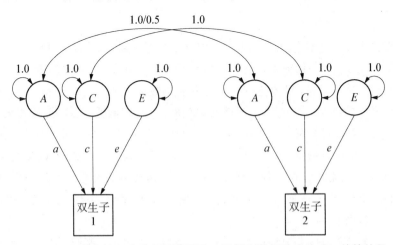

图 A.9　ACE 路径图。此路径图等同于 ACE 模型的矩阵表达式。估算的是路径系数(a、c 和 e),而非方差分量(假定为 1)。

的路径图。

潜变量之间的双箭头曲线表示它们之间的协方差。两个潜变量 A 之间的协方差连线上的 1.0/0.5 意味着 MZ 双生子的协方差连线为 1.0,DZ 双生子则为 0.5。因而 C 和 E 项之间的协方差连线代表的是先前定义的双生子之间这些方差分量的共享(即,没有连线意味着协方差为 0)。每个潜变量上的双箭头环状线表示该变量的方差。在之前的模型拟合中,我们估算了这些潜变量的方差,称之为 σ_A^2、σ_C^2 和 σ_E^2。在路径图中,我们将所有的方差固定为 1.0。相反,我们估算已经标为 a,c 和 e 的路径系数。这里的差异在很大程度上是表面化的:路径图和之前的模型在数学上完全相同。

为了理解路径图以及如何将其与我们讨论过的模型联系起来,我们需要熟悉路径分析的一些基本规则。两个变量之间的协方差通过沿连接两个变量的所有路径进行跟踪来表示。关于路径可以或不可以跟踪的方向、如何处理路径中的回路等均有某些规则,但原则很简单。对于每条路径,我们将所有的路径系数与跟踪到的任何潜变量的方差相乘。将这些路径相加以计算预期协方差。因此,第一个双生子的方差是 a(沿第一个路径向上)乘以 1.0(潜变量 A 的方差)再乘以 a(沿该路径返回)再加上潜变量 C 和 E 的相同路径。这等于 $(a\times 1.0\times a)+(c\times 1.0\times c)+(e\times 1.0\times e)=a^2+c^2+e^2$。所以,我们写出模型来估算路径系数,而不是估算方差分量。这种方法出于现实原因而被运用(如,它意味着方差的估算始终为正,是路径系数的平方)。双生子之间的协方差也以类似方法推到。当我们追踪双生子之间的两条路径时,可得出 MZ 双生子的协方差是 $(a\times 1.0\times a)+(c\times 1.0\times c)$,DZ 双生子的协方差是 $(a\times 0.5\times a)+(c\times 1.0\times c)$。也就是说,MZ 双生子的协方差为 a^2+c^2,DZ 双生子的则为 $0.5a^2+c^2$,与之前一样。

因此,我们已经看到了正确构建路径图如何意味着模型中观测变量的预期方差-协方差(或者相关性)矩阵。需要注意的是,路径图中的参数标准是路径系数而不是方差分量,尽管对于大多数基本目的,这种替换几乎没有区别。任何路径图均可转化为模型,该模型可以在方差-协方差矩阵的元素中作为代数项写下来,反之亦然。

2.2.8 多变量分析 迄今为止,我们只关注于一次分析一种表型。这类方法通常被称为单变量方法——研究一种性状方差的遗传-环境性质。但是,如果对每个个体进行了多种测量,那么模型拟合方法很容易扩展到分析多种性状协方差的遗传-环境基础。例如,抑郁和焦虑之间的相关性取决于同时影响这两种性状的基因,还是主要由于环境是抑郁和焦虑的危险因素?如果我们认为相关性实质上反映了两种性状的病因途径中某处的共享原因,那么多元遗传分析可以告诉我们这些共享原因的性质。多元数量遗传学的发展是过去二十年来行为遗传学中最重要的进展之一。

多元遗传分析的实质是亲属间的互协方差分析。也就是说,我们可以询问性状 X 是否与另一个家庭成员的性状 Y 相关。路径分析提供了一种可视化多元分析的简单方法。图 A.10 显示的是两个测量的多元遗传分析路径图。该模型中的新参数是 r_A，r_C 和 r_E。这些符号分别代表遗传相关性、共享环境相关性和非共享环境相关性。遗传相关性为 1.0 意味着性状 X 上的所有加性遗传效应也会对性状 Y 产生影响。共享环境相关性为 0 意味着使双生子在性状 X 上更相似的环境影响与使双生子在性状 Y 的测量上更相似的环境影响无关。因此，可以将 X 和 Y 之间的表型相关性可以分解为遗传和环境成分。高遗传相关性意味着如果发现一个基因与一种性状相关，那么该基因也有可能影响第二种性状。

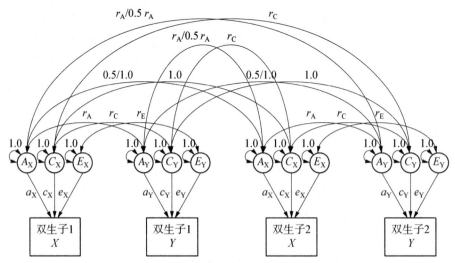

图 A.10　多变量 ACE 路径图。该路径图表示一个多变量 ACE 模型。通过跟踪路径，可以从该图推出预期的方差-协方差矩阵(参见表 A.4 中的数据)。

多元分析可以对两个以上变量建模——可以包含尽可能多的测量。在矩阵项中，我们不是对 2×2 的矩阵建模，而是对一个 $2n\times 2n$ 的矩阵建模，这里的 n 代表模型中的变量数目。在双变量的情况下，如果我们在 1 号和 2 号双生子中标注测量 X 和 Y（因此 X_1 表示 1 号双生子的测量 X），则方差-协方差矩阵为

$$\begin{bmatrix} \text{Var}(X_1) & & & \\ \text{Cov}(X_1X_2) & \text{Var}(X_2) & & \\ \text{Cov}(X_1Y_1) & \text{Var}(X_2Y_1) & \text{Var}(Y_1) & \\ \text{Cov}(X_1Y_2) & \text{Cov}(X_2Y_2) & \text{Cov}(Y_1Y_2) & \text{Var}(Y_2) \end{bmatrix}$$

给出了十个独特的信息片段。沿对角线，有四个方差——每个双生子的每个测量。$\text{Cov}(X_1Y_1)$ 和 $\text{Cov}(X_2Y_2)$ 项分别是第一个和第二个双生子的 X 和 Y 之间的表型协方差。$\text{Cov}(X_1X_2)$ 和 $\text{Cov}(Y_1Y_2)$ 项是双生子间的单变量协方差；最后两项 Cov

(X_1Y_2) 和 $\text{Cov}(X_2Y_1)$ 是双生子间的性状之间的协方差。

预期方差-协方差矩阵对应的多变量 ACE 模型将采用以前的单变量参数(测量 X 的三个参数和测量 Y 的三个参数)以及两个测量之间的遗传、共享环境和非共享环境相关性三个参数来进行编写(其中 G 是相关系数;即,MZ 或 DZ 双生子为 1.0 或 0.5)。表 A.4 以表格形式显示了该矩阵的元素。

表 A.4 多元遗传模型的方差-协方差矩阵

	双生子 1 测量 X	双生子 1 测量 Y	双生子 2 测量 X	双生子 2 测量 Y
双生子 1 测量 X	$a_X^2 + c_X^2 + e_X^2$			
双生子 2 测量 X	$Ga_X^2 + c_X^2$	$a_X^2 + c_X^2 + e_X^2$		
双生子 1 测量 Y	$r_A a_X a_Y +$ $r_C c_X c_Y +$ $r_E e_X e_Y$	$Gr_A a_X a_Y +$ $r_C c_X c_Y$	$a_Y^2 + c_Y^2 + e_Y^2$	
双生子 2 测量 Y	$Gr_A a_X a_Y +$ $r_C c_X c_Y$	$r_A a_X a_Y +$ $r_C c_X c_Y +$ $r_E e_X e_Y$	$Ga_Y^2 + c_Y^2$	$a_Y^2 + c_Y^2 + e_Y^2$

表 A.4 中的阴影区表示模型的性状之间部分,看起来比实际上更为复杂。按照路径图,表型(个体内)性状之间的协方差由三条路径产生。第一条路径包括测量 X 的加性遗传路径(a_X)乘以两种性状之间的遗传相关性(r_A)以及测量 Y 的加性遗传路径(a_Y)。共享环境和非共享环境路径构造方式类似。双生子之间的性状间相关性完全相同,除了不存在非共享环境分量(根据定义),并且存在一个相关系数 G,用于确定 MZ 和 DZ 双生子的共享加性遗传方差的大小。在解释非共享环境相关性时需谨慎为之;需知这一项指的是家庭成员之间的非共享,而非性状特异的。任何家庭成员之间不共享的和影响一种以上性状的环境效应,都会引起这些性状间的非共享环境相关性。

遗传、共享环境和非共享环境相关性与单变量遗传力无关。也就是说,两种性状可能都具有低遗传力,但遗传相关性高。这意味着尽管可能只有几个影响这些性状的中度效应基因,但无论哪个基因影响一种性状,都很可能也会影响另一种性状。通过这种方式,对这三种病因相关性的分析开始不仅能告知这两种性状是否相关,还能告知它们为什么相关。

想象一下,我们已经在 MZ 和 DZ 双生子样本(400 对 MZ,400 对 DZ)中测量了 X、Y 和 Z 三种性状。多元遗传分析能告诉我们这些性状之间的关系是什么吗? 看一下表型相关性,我们观测到每种性状都与另外两种性状中度相关：

$$\begin{bmatrix} 1.00 & & \\ 0.42 & 1.00 & \\ 0.30 & 0.45 & 1.00 \end{bmatrix}$$

当然,我们会对双生子在这些测量中的相关性感兴趣,无论是单变量的还是性状间的相关性。对于 MZ 双生子,我们可能会观测到

$$\begin{bmatrix} 0.78 & & \\ 0.44 & 0.91 & \\ 0.08 & 0.39 & 0.70 \end{bmatrix}$$

而对于 DZ 双生子,我们可能会看到

$$\begin{bmatrix} 0.40 & & \\ 0.23 & 0.61 & \\ 0.04 & 0.23 & 0.58 \end{bmatrix}$$

因此,对角线上的双生子相关性表示单变量双生子相关性。例如,我们可以看到 MZ 双生子之间的性状 Y 的相关性为 0.91。非对角线的元素表示双生子之间的性状间相关性。例如,DZ 双生子其中一个个体的性状 X 与另一个的性状 Y 之间的相关性为 0.23。将我们的数据代入正式的模型拟合分析中,可获得单变量参数的优化估算值(遗传力、归于共享环境的方差比例、归于非共享环境的方差比例),结果如表 A.5 所示。

表 A.5 最佳单变量参数估算值

性状	最佳估算值(%)[a]		
	h^2	c^2	e^2
X	74	4	22
Y	60	31	9
Z	23	47	30

[a] h^2 代表遗传力或加性遗传方差;c^2,共享环境方差;e^2,非共享环境方差。

也就是说,性状 X 和 Y 似乎是高度可遗传的。性状 Z 似乎遗传较弱,尽管双生子总体中四分之一的变异仍然由遗传因素造成。当检验数据的多变量结构时,出现了更有趣的结果。遗传相关性矩阵、共享环境相关性矩阵和非共享环境相关性矩阵的最佳拟合参数估算值分别表示在以下矩阵中：

$$\begin{bmatrix} 1.00 & & \\ 0.44 & 1.00 & \\ 0.11 & 0.75 & 1.00 \end{bmatrix} \quad \begin{bmatrix} 1.00 & & \\ 0.98 & 1.00 & \\ 0.17 & 0.26 & 1.00 \end{bmatrix} \quad \begin{bmatrix} 1.00 & & \\ 0.10 & 1.00 & \\ 0.89 & 0.46 & 1.00 \end{bmatrix}$$

遗传相关性矩阵　　　共享环境相关性矩阵　　非共享环境相关矩阵

这些相关性讲述了一个关于三种性状之间关联的基本性质的有趣故事。尽管从表面上看,性状 X,Y 和 Z 似乎都是中度相关,但行为遗传学分析揭示了一种关联的基本遗传和环境来源的不均匀模式。

性状 Y 和 Z 之间的遗传相关性高($r_A = 0.75$),因此任何影响 Y 的基因也可能影响 Z,反之亦然。共享遗传因素对两种性状之间的表型相关性的贡献称为二元遗传力。该统计量是通过跟踪导致表型相关性的遗传路径来计算的:在这种情况下,即 a_Y 和 r_A($Y-Z$ 相关性)和 a_Z。换而言之,二元遗传力为两个单变量遗传力的平方根乘以遗传相关性之积。对于性状 Y 和 Z,该统计值为 $\sqrt{0.60} \times 0.75 \times \sqrt{0.23} = 0.28$。正如之前的矩阵所示,性状 Y 和 Z 之间的表型相关性为 0.45。因此性状 Y 和 Z 之间超过一半以上的相关性($62\% = 0.28/0.45$)可以通过共享基因来解释。需要注意的是,我们采用单变量遗传力的平方根,因为在路径分析方面,我们只跟踪路径一次——在计算单变量遗传力时,我们要沿该路径返回,因此对估算值进行了平方计算。

同样的逻辑也可以应用于环境影响。关注性状 Y 和 Z,跟踪共享和非共享环境影响的路径,得到二元估算值分别为 0.10($\sqrt{0.31} \times 0.26 \times \sqrt{0.47}$)和 0.07($\sqrt{0.09} \times 0.46 \times \sqrt{0.30}$)。请注意这些值加起来就是表型相关性,和预期的($0.28 + 0.10 + 0.07 = 0.45$)一样。

相反,性状 X 和 Z 之间的相关性($r = 0.30$)并非主要由共享遗传影响介导: $\sqrt{0.74} \times 0.11 \times \sqrt{0.23} = 0.04$;这种表型相关性只有 13% 由基因决定。

这种分析的一个有趣之处在于,它有可能揭示两个可遗传性状之间的高度遗传重叠,即使表型相关性近乎为 0。例如,如果存在负的非共享环境相关性(即,某些环境[家庭成员之间的非共享环境]倾向于使个体在两种性状上不相似)。请思考以下示例:两个性状都具有 0.5 的单变量遗传力且无共享环境影响,所以非共享环境将占剩余方差的 50%。如果这两个性状的遗传相关性为 0.75,而非共享环境相关性为 -0.75,则表型相关性为 0。表型相关性是路径链的总和,($\sqrt{0.5} \times 0.75 \times \sqrt{0.5}$)+($\sqrt{0.5} \times -0.75 \times \sqrt{0.5}$)= 0.0。这个例子表明,表型相关性本身并不一定告诉你很多关于性状的共享病因。

上述模型只是多元模型的一种形式。对性状的基本性质做出不同假设的不同模型可以用来拟合以测试一个更为简约的解释是否适合数据。例如,公因子独立路径模型假设每个测量具有特定的(下标"S")遗传和环境效应,以及一般的(下标"C")遗传和环境效应,在所有测量之间产生相关性。图 A.11 为该模型三性状版本的简略路径图。(注:为方便起见,该图仅表示双生子中的一名——全模型需同时具有双生子的三种性状,并且 A 和 C 潜变量在双生子之间具有适当的协方差连线)。在此路径图中,一般因素位于底部。

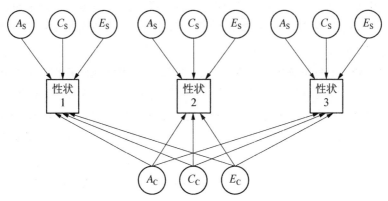

图 A.11　公因子独立路径多元路径图。这是展示了一名双生子的局部路径图。A,加性遗传效应;C,共享环境效应;E,非共享环境效应;S(下标),特定效应;C(下标),一般效应。

一个类似但更受限制的模型,即*公因子共同路径模型*,假设共同遗传和环境效应加载到一个潜变量 L 上,然后依次加载到模型中的所有测量上。这个模型被认为更受限制,因为估算的参数更少,预期的方差-协方差无法自由地对任何模式的表型、双生子间同性状和双生子之间的性状间相关性进行建模。图 A.12 表示该模型(同样,仅针对一名双生子)。

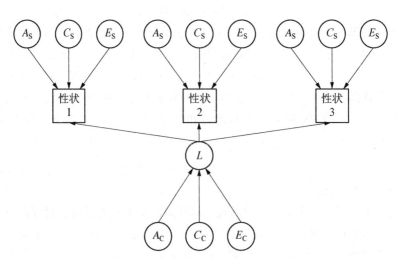

图 A.12　公因子共同通路多元路径图。这是展示了一名双生子的局部路径图。A,加性遗传效应;C,共享环境效应;E,非共享环境效应;S(下标),特定效应;C(下标),一般效应;L,潜变量。

公因子独立路径模型嵌套在前文提出的较为通用的多元模型中；公因子共同路径模型则嵌套在两者中。因此，这些模型可以相互测试，以了解哪个模型提供了最简约的解释。需注意，根据是否为 ACE、ADE、CE、AE 或 E 模型，这些多元模型也可能表现有所不同。

一种更为具体的引起很多兴趣的多元模型形式是*纵向*模型。该模型适用于在一段时间内（例如，5 岁、10 岁、15 岁和 20 岁的 IQ）反复测量某一性状的设计。这种模型可用于解开一段时间内某一性状的连续性和变化性的病因，并且对研究遗传组成和环境的互作尤其有用。

2.2.9 含基因-环境互作的复杂效应 为了简单（和简约）起见，迄今为止我们研究过的所有 ACE 型模型都对性状的遗传和环境影响的本质做出了各种假设。然而，本质并不总是符合我们的期望。在本节中，我们将简要回顾一些可以纳入遗传和环境影响模型的"复杂性"。

如前所述，模型拟合方法的一个重要特征是，除了具有灵活性外，还趋向于使模型的假设相当明显。其中一个假设是*等环境假设*，即 MZ 和 DZ 的双生子接收同等相似的环境（参见第 6 章）。这一假设隐含在模型中——我们估算 MZ 和 DZ 双生子共享环境效应的相同参数。在实践中，这种假设不一定总是成立。我们能在模型中解释潜在的环境不平等吗？不幸的是，没有收集到更多的信息就不能解释。模型拟合方法非常灵活，但它不是万能的——这个问题就是一个实验设计和分析应该如何携手解决这类问题的例子。例如，研究比较了被误认为是 DZ 双生子抚养的 MZ 双生子，或反过来的情况，以研究 MZ 双生子是否实际上受到更相似的对待，如第 6 章所述。

迄今使用的模型的另一个假设是群体中的随机婚配。当非随机（或选型）婚配发生时（参见第 11 章），那么某一性状的基因座会在配偶之间相关。这种意想不到的相关性将导致同胞和 DZ 双生子共享超过一半的遗传变异，这种情况会使模型推导出来的估算值发生偏差。在模型拟合中，如果收集到适当的亲本信息，就可以对选型婚配效应进行建模（并因此得到解释）。

亲属之间在任何性状上的协方差，可能来自于我们基本模型中未考虑到的许多不同来源。如前所述，共享因果关系并不是产生协方差的唯一过程。例如，一名双生子的表型可能直接影响另一名双生子的表型，因为双生子中的另一半是双生子环境中的一部分。有一名攻击性的双生子可能会影响另一名双生子的攻击程度，因为直接接触到其双生子同胞的攻击性行为。这种效应称为*同胞互作*。在多元分析中，性状 X 可能实际上导致同一个体的性状 Y，而不是由于基因或环境作用于两者。这些情况可以通过使用相当标准的方法进行建模。如果这些因素很重要，但在模型拟合中被忽略，它们会使遗传和环境影响的估算值发生偏差。

扩展基本模型的另一种方法是考虑样本中可能存在的异质性。遗传与环境影响对相同性状的男孩和女孩或年轻人和老年人可能是不同的。遗传力只是一个基于样本的统计数据：70%的遗传力意味着在样本中70%的变异可以用遗传效应来解释。这种结果可能是因为在70%的样本中，这种性状是完全可遗传的，而30%的样本中则完全不能。这样的样本被称为异质的——我们不妨去研究这30%的样本，其中存在一些不同的且令人感兴趣的东西。但目前为止，我们使用的标准模型拟合方法会让研究人员忽视这些效应。

为了揭示异质性，可以采取各种方法。例如，异质性的潜在指标（如，性别或年龄）可以纳入模型。我们可以问，遗传力是否随着年龄的增长而增加？或者我们可以用两种性别仅一个参数的嵌套模型来检验一个对男孩和女孩分别有着独立参数估算值的遗传效应模型。同性和异性DZ双生子可以分别建模，以测试男性和女性之间的定量和定性病因差异。这种设计被称为*性别-限制模型*，它可以询问男性和女性的遗传和环境效应的大小是否相似。此外，这种设计有可能测试同一基因是否对两种性别都重要，无论效应大小如何。

其他复杂效应包括*非加性*，比如上位性、基因-环境互作和基因-环境相关性。这三种效应类型在前面的生物计量模型部分进行过定义。上位性是任何基因-基因互作；$G \times E$ 互作是遗传效应和环境之间的互作；$G-E$ 相关性发生在某些基因与某些环境有关联时。作为一个上位性的例子，假设在基因座 A 上的一个等位基因只有在该个体在基因座 B 上也有某个等位基因时才倾向于和抑郁相关。作为基因-环境互作的一个例子，位于基因座 A 的等位基因可能只对生活在贫困环境中的个体产生效应。这些类型的效应使模型拟合复杂化，因为它们可能以多种形式出现。正常的双生子研究设计并没有为识别它们带来多少希望。如果 MZ 相关性远高于 DZ 相关性的两倍，这暗示着上位性，但模型在量化这种效应方面实际上不能再深入了。

尽管模型拟合往往可以扩展以纳入更复杂的效应，但通常不可能同时包含所有这些"修正"。成功的方法通常会根据所研究性状的现有病因知识，选择应被先验拟合的特定类型的模型。

模型拟合中一个令人欣喜的进展是将个体测量的变量纳入分析中。测量特定基因座上的等位基因，或特定环境变量，不仅使检测特定的、复杂的、互作的效应成为可行，还将形成现代基因定位技术的基础，我们将在最后一节对其进行回顾。

2.2.10 环境调解 行为遗传学研究以令人信服的方式证明，基因在许多复杂的人类性状和疾病中起着重要作用。因此，不是仅仅评估遗传力和其他感兴趣的遗传数量，日益重要的遗传信息设计的应用，比如双生子研究，也在揭示环境效应的本质。

尽管我们可能知道环境和结果显示出统计相关性，但我们往往不了解这种关联的本质。例如，如果环境直接影响结果，则关联可能是因果关系。或者，这种关联可能仅仅作为一种映像，反映了同时影响环境和结果的一些其他基础共享的、可能的遗传因素。正如第 8 章所详述的那样，许多"环境"的测量确实显示出遗传影响。通过采取遗传信息设计来控制遗传因素，研究人员能够对环境因素做出更强有力的推断。一个简单但功能强大的设计是专注于那些预测 MZ 双生子之间表型差异的环境测量。

2.2.11 极值分析 当我们将一个性状的方差划分为遗传或环境影响的组成部分时，我们正在分析该性状整个范围内个体差异的来源。当观察一个数量性状时，我们可能更感兴趣的是该性状的一端，或极值。我们可能想问的是什么使个体在这一性状上得分高，而不是想问是什么使个体在这一性状上有差异。

思考一个诸如阅读能力之类的性状。阅读能力的低水平具有临床意义；阅读能力得分非常低的人往往会被诊断为患有阅读障碍。我们不妨问一下是什么造成人们的阅读障碍，而不是什么影响个体的阅读能力。我们可以执行定性分析，其中的因变量只是简单的是或否，以指示个体是否患有阅读障碍（即，得分低）。如果我们采用认为与阅读障碍相关的定量性状测量（比如阅读能力任务的分数），我们不妨保留这些额外的信息。事实上，我们可以探究阅读障碍是否与阅读能力的连续体在病因学上具有相关性，或者它是否代表了一个独特的综合征。后一种情况下，在整个群体中，使个体在阅读能力任务中得分较低的因素往往与导致人们阅读障碍的因素不相同。一种基于回归的方法用于分析双生子数据，即 DF（DeFries-Fulker）极值分析，通过分析平均值而非方差以解决此类问题。DF 极值分析的方法学在第 12 章有介绍。

3 分子遗传学

对数量性状（数量性状基因座，或 QTL）和疾病的基因定位是行为遗传学中快速发展的领域。目标是确定 QTL 所在的染色体区域（通过连锁分析）或精确定位到所涉及的特定变异或基因（通过关联分析）。这两种分子遗传学方法的起点是从家族或不相干个体样本中收集 DNA，并直接检测其基因型（一种或多种变异）以研究它们与表型的关系。检测基因型的过程称为**基因分型**，从中我们在每个个体中获得一个或多个标记（DNA 变异）的基因型。基因分型技术在过去几十年中发展迅速：虽然早期研究可能只考虑了少数几个标记，但现代分子遗传学研究可以在全基因组关联研究中对一百万或更多个变异进行基因分型，为当前最先进的研究。

在这里，我们将简要回顾连锁和关联分析这两种互补的技术。连锁测试家族内某一特定基因座的遗传模式是否与性状相似性模式相关。另一方面，关联直接检测特定标记处的特定等位基因是否与某一性状得分的增减或与疾病的患病率相关。

尽管还有其他分子技术可以应用于复杂行为性状，但我们在本节将把重点限制在基因型标记数据与表型关联的方法上。此处未涵盖的其他方法包括利用微阵列技术进行表达分析（以查看基因表达模式、特定细胞类型中 RNA 的表达量是否与表型相关), DNA 测序(以研究每个个体某个区域的完整 DNA 编码, 例如, 观察不代表常见多态性标记的罕见突变是否与表型相关)和表观遗传学(观察基因组的特征, 而不是 DNA 碱基的标准遗传变异, 比如甲基化模式)。

3.1 连锁分析

正如第 3 章所述, 孟德尔根据他对豌豆的研究提出了两个重要的遗传定律。孟德尔第一定律, 即"分离定律", 基本内容是每个人都会获得一个来自父本的和一个来自母本的基因拷贝, 并且他们传递给每个后代的拷贝是随机的。孟德尔第二定律, 即"独立分配定律", 进一步指出个体传递给后代的特定基因的拷贝(即, 父本的或母本的)不依赖于任何其他传递的基因的拷贝。换句话说, 孟德尔认为任何两个基因的传递在统计学上是独立的, 就像投掷两枚硬币一样, 意味着四种同样可能出现的组合。

然而, 孟德尔并不是百分之百地正确。有一种重要的例外, 当存在两个基因, 我们称之为 A 和 B, 它们在同一条染色体上彼此靠近。在这种情况下, 我们会说 A 和 B 是连锁的或在连锁中。重要的是, 在连锁分析中, 我们可以利用连锁的特性(即附近的基因往往会从一个亲代共传给子代)来定位影响表型的基因, 如下所述。

3.1.1 家系中基因流的模式

如果基因 A 和 B 位于不同的染色体上, 那么孟德尔的第二定律将成立。但仍需要考虑它们不是的情况会发生什么, 如图 A.13 所示。该图显示了包含两个彼此相邻的基因 A 和 B 的一段染色体从父亲和母亲传递给后代的一种可能组合。对于整个区域, 父亲向其后代传递他从自己父亲那里获得的拷贝。相反, 我们看到在减数分裂过程中(形成生殖细胞的过程), 母亲的父源和母源染色体经历了重组事件, 这样以致母亲将其父母的染色体嵌合体传递给后代。

任何一个位置是否发生重组或多或少是一个随机过程。重要的是, 染色体上的两个位点距离越远, 它们越可能被重组事件分离(从技术上讲, 由奇数次重组事件分离, 因为每条染色体上可以发生一次以上)。然而, 在同一染色体上彼此非常接近的两个基因往往不会通过重组分离, 所以它们往往从亲代共同传递给后代(即, 两者均被传递, 或者两者均不被传递)。如上所述, 这种倾向被称为连锁。

3.1.2 利用连锁的基因组扫描

但是连锁与基因图谱的关系是什么? 它如何帮助我们找到影响特定表型的基因? 首先, 连锁分析在创建基因组图谱方面具有核心的重要性: 通过研究特定 DNA 变异是否在家族中共同传递, 研究人员能够推断出这些标记在每条染色体上的相对顺序和位置。其次, 连锁分析有助于检测基因型-表型的相关性。与其考虑两个基因 A 和 B 的标记, 不如考虑标记和表型之间的连锁。如果标记和表型在家族中类似地共同传递, 我们可以推断, 存在着与标记连锁的受表型影响的基因。

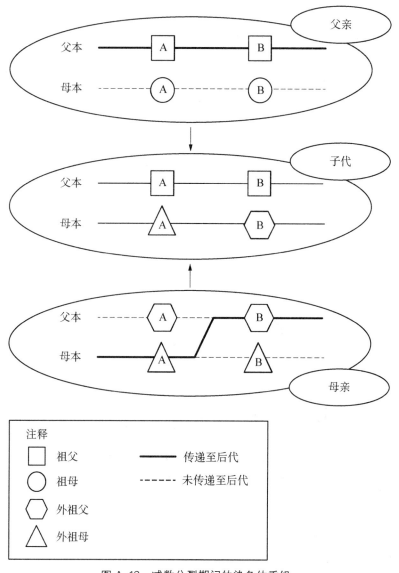

图 A.13 减数分裂期间的染色体重组。

一个经典的连锁分析可以涉及,在具有多代或多个后代的家族集合中,对几百个间隔分布于基因组的具有高度信息量的微卫星标记(具有许多等位基因的标记)进行基因分型。通常,被测试的并不是被假定对该性状起作用的标记本身——它们被选择仅仅是因为它们在群体中是呈多态性的。这些标记用于从统计学上重建这些家族内在一条染色体上所有位置的基因流模式。这种研究通常被称为基因组扫描,提供了一种精炼的方法来搜索整个基因组中可能含有表型相关基因的区域。对于疾病性状,最简单的连锁分析形式是考虑至少有两个患病同胞的家庭。如果一个区域与疾病连锁，我们可以预期这两个同胞从其亲本遗传完全相同的一段染色体的概率比预期偶然发生的概率大，这是因为他们共患同样的疾病。

在实践中，存在许多复杂性和许多风格的连锁分析（如，对于较大家系，对于连续的和疾病的性状，应用不同的统计模型和假设，包括如上所述的整合标记数据的方差分量框架）。经典的（参数的）连锁分析依赖于少量大家系（系谱）以及显式地为测试标记基因座和假定疾病基因座之间的距离建模。疾病基因座（与 QTL 相对）这一术语反映了一个事实，即经典连锁主要涉及对二分类疾病类似性状的基因定位。经典连锁要求根据等位基因频率和作用模式（隐性或显性）预先指定疾病基因座的模型。图 A.14 显示了一个显性致病基因的系谱例子。

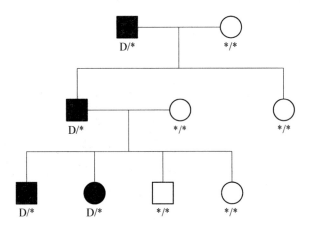

图 A.14　一个由父亲遗传的显性疾病(D)等位基因的系谱。星号是指 D 以外的等位基因。

然而，经典连锁的方法不太适合于复杂性状，因为如果我们预期大量的小效应量基因座作用于某一性状，则难以解释清楚任何一个模型。另一种非参数的或等位基因共享的连锁方法，只是测试某一基因座的等位基因共享是否与性状相似性相关，如上文对患病同胞对的描述。对于数量性状，在核心家系中通常使用类似于上述用于双生子分析的方差分量框架进行连锁分析。利用标记数据，我们能够将同胞对的样本分成在每条染色体的任何特定位置共享 0、1 或 2 个完全相同的亲本 DNA 拷贝的样本。如果一个测试基因座与一个性状是连锁的，则同胞相关性应随着共享量的增加而增加。就任何一个位置而言，就好像我们有效地将同胞分成不相关的对（在特定位置共享 0 个拷贝）、亲代-子代对（共享 1 个拷贝）和 MZ 双生子（共享 2 个拷贝），并且与上述那种数量遗传模型进行拟合，然后用比较 MZ 和 DZ 双生子同样的方法来比较这些组。

一般来说，连锁分析已被证明在绘制许多有重大影响的罕见病基因的图谱方面取得了巨大成功(例如,参见第9章和第12章)。对于许多复杂性状(通常为高度可遗传的,但不受仅一个或两个主要基因的影响),连锁分析就不那么直接有用了。尽管连锁分析能用相对少量的标记有效地搜索整个基因组,但它缺乏检测小效应量基因的能力,且分辨能力有限。在许多情况下,收集有足够信息的家系可能也很困难。

3.2 关联分析

过去几十年,关联分析已成为众多研究人员试图绘制复杂性状的小效应量基因图谱的所选方法。在许多方面,关联分析比连锁分析提出更简单的问题。而连锁分析剖析在相关个体之间共享的基因型与表型模式,关联分析则直接测试是否存在基因型-表型相关性。关联分析通常比连锁分析在检测小效应方面更强大,但有必要对更多的标记进行基因分型以覆盖相同的基因组区域。传统上,研究人员倾向于将关联分析限制于少数几个"候选"基因,或先前连锁研究所涉及基因组区域。现代基因分型技术的进步允许对每个个体的一百万个或更多的标记进行基因分型,从而使大规模的研究成为可能。

3.2.1 基于群体的关联分析 想象一下,具有两个等位基因 A_1 和 A_2 的特定基因被认为是数量测量认知能力的 QTL。为了验证这个假设,研究人员可能会收集一个不相关个体的样本,去测量这种表型和对这个特定基因座进行基因分型(这样我们就知道个体是否具有 A_1A_1、A_1A_2 或 A_2A_2 基因型),然后研究表型是否取决于基因型。实际分析可能是表型(因变量)对基因型(自变量,编码为个体具有 A_1 等位基因的数量,如 0、1 或 2)的回归。同样地,如果表型是一种疾病,则可以进行*病例-对照研究*,其中确定病例样本(例如,患有特定疾病的患者)和对照样本(未患该疾病的人,但理想情况下,他们与病例样本完全匹配)。如果病例组某一特定等位基因或基因型的频率显著高于(或低于)对照组,那么就可以得出该基因与该疾病有关联的结论。例如,如第 19 章所讨论过的,载脂蛋白 E 基因的 *ApoE*4 等位基因频率在阿尔茨海默症患者中约为 40%,在对照组中约为 15%。

请考虑以下基于疾病的关联分析示例。单个双等位基因标记的基础数据可按基因型在 3×2 疾病状态的列联表中显示。在这种情况下,单元格计数是指六个类别的每个类别中的个体数量。

	病例	对照
A_1A_1	64	41
A_1A_2	86	88
A_2A_2	26	42

我们可以对列联表的独立性进行基于卡方测试的关联测试。然而，与基因型计数相反，此类数据通常被折合成等位基因计数。在这种情况下，每个个体贡献两次（如果标记是常染色体）：A_1A_1 基因型个体贡献两个 A_1 等位基因，A_2A_2 基因型个体贡献两个 A_2 等位基因，A_1A_2 基因型个体各贡献一个等位基因。现在 2×2 的列联表代表"病例等位基因"和"对照等位基因"的数量。基于此表的测试隐含地假设每个等位基因效应的简单剂量模型，如果假设成立，那么它将比基因型分析更强大。

	病例	对照
A_1	$64\times 2 + 86 = 214$	$41\times 2 + 88 = 170$
A_2	$26\times 2 + 86 = 138$	$42\times 2 + 88 = 172$

此表的皮尔森卡方统计量为 8.63（其关联的 p 值为 0.003，因为这是自由度为 1 的测试）。标准统计软件包可用于计算此类关联统计。通常，该效应将被描述为优势比，其中当值为 1 时表示无效应，显著大于 1 的值表示风险效应（在本例中为 A_1），显著小于 1 的值表示保护效应。如果将一个 2×2 的列联表的四个单元格分别标记为 a,b,c 和 d：

	病例	对照
A_1	a	c
A_2	b	d

则优势比计算为 ad/bc。因此，在该示例中，优势比为 $(214\times 172)/(138\times 170) = 1.57$，表明 A_1 增加疾病的患病风险。对于许多复杂性状，研究人员预期单个标记的优势比非常小，比如 1.2 或 1.1；这种小效应在统计上很难被检测出来。如果这个疾病是罕见的，那么优势比可以被解释为*相对风险*，在本例中，意味着个体每携带一个额外的 A_1 等位基因拷贝将增加其 1.57 倍的患病风险。所以如果 A_2A_2 个体的基线疾病风险为 1‰，那么 A_1A_2 个体将会有 1.57‰ 的预期疾病风险，A_1A_1 个体的预期疾病风险就为 $1.57\%\times 1.57\% = 2.46\%$。

3.2.2 群体分层和基于家系的关联分析 在上一节中，我们注意到样本应该相匹配。在任何关联研究中，在种族方面样本的相匹配尤为重要。未能充分匹配可能导致*群体分层*（一种混杂），造成虚假结果，其中导致组间差异混淆了对组内生物学相关效应的搜索。例如，假设一个病例/对照研究，其中样本实际上来自两个不同的种族群体。此外，假设一个族群在病例组中所占比例显著高于对照组（这可能是因为该疾病在一个族群中更为普遍，或者可能只是反映了在如何确定病例组和对照组方面的差异）。任何基因，如果在一个族群中比在另一个族群中更为常见，现在都会显示出与疾病的必然性统计关联，因为存在第三个混淆变量——种族。通常，这些关联都是完全虚假的（即，基因与疾病没有因果关系）。

当然，这种相关性并不意味着因果关系是与任何流行病学研究相关的准则。但在遗传学中，我们往往不太关心证明因果关系本身，而是关注*有用*的关联证据（即，能够用于定位附近的致病基因的证据，如下一节中关于间接关联所述内容）。群体分层的问题在于，它往往会抛出大量的题外话，却绝对没有任何有用的解释。

幸运的是，有很多方法可以避免关联研究中由于群体分层可能带来的混淆。最明显的方法是应用合理的实验的和流行病学的随机化原则以及适当的抽样方案。另一种选择是利用家系去测试相关性，因为大多数家系成员在种族上必然是相匹配的。例如，对于同胞患阿尔茨海默症不一致性，我们会预期，患病同胞携带编码载脂蛋白 E 基因的 $ApoE4$ 等位基因的频率会高于同胞对中的未患病成员。值得注意的是，这与连锁分析不同，后者是基于家系内染色体区域的共享，而不是测试特定等位基因在家系间的效应。

一种常见的基于家系的关联设计是*传递不平衡检测*（TDT），它涉及对患病个体及其父母的抽样；实际上，利用父母未传递给其患病子女的等位基因，对照个体被创建为病例个体的"镜像-同胞"。该测试只关注于杂合子（如，同时携带 A_1 和 A_2 等位基因）的父母，并探究是否更频繁地将一个等位基因传递给患病子女。如果两个等位基因都与疾病不相关，那么我们会预期两个等位基因的传递率为 50∶50，正如孟德尔第一定律所述。

虽然基于家系的关联分析设计控制群体分层（并允许测试一些其他特定的假设，例如，印迹效应，在等位基因的亲本来源问题上很重要），但它们的效率普遍较低，因为必须对更多个体进行抽样才能达到与基于群体设计相同的能力。最近，由于对大量标记进行基因分型能力的不断提高，出现了另一种解决群体分层的方法。通过使用从整个基因组中随机选择的标记，利用统计方法在基于群体的研究中，可以对祖源进行经验推导和控制。

3.2.3 间接关联和单倍型分析 在连锁分析中，实际测试的标记本身不假定为功能性的；它们只是提供染色体区域遗传模式信息的代言物。类似地，在关联分析中，我们不一定假设被测试的标记是功能性的、因果性的变异。这是因为当我们测试任何一个标记时，我们往往也会隐含地测试标记周围的效应，因为临近位置的等位基因在群体水平上是相关的。这种现象与上述的连锁密切相关，实际上被称为连锁不平衡。

群体水平上的标记之间的相关性意味着知道一个人在某个标记处的基因型，就会知道其在另一个标记处的基因型。这种标记之间的相关性，或者说连锁不平衡，实际上反映了我们共有同一祖先。经过许多代,重组已经重新排列了基因组,但就像一副未完全洗牌的卡片一样,一些先前顺序的痕迹仍然存在。因为我们继承了含有许多等位基因的染色体片段,某些一连串等位基因组往往会被偶然地保留下来。除非这些等位基因串被重组打断,否则位于同一染色体片段 DNA(称为单倍型)上的等位基因串在群体水平上可能变得很常见。假设有三个标记,A,B 和 C(每个标记均对应等位基因编码 1 和 2),群体中可能只有三种常见的单倍型。

$A_1B_1C_1$　　　　　80%
$A_2B_2C_2$　　　　　12%
$A_1B_2C_2$　　　　　8%

在这个示例中,拥有 A_2 等位基因使你携带 B_2 和 C_2 等位基因(事实上为 100% 的机会)的可能性要比你拥有 A_1 等位基因的同时携带 B_2 和 C_2 等位基因(现在只有 $8/(8+80)=9\%$)的可能性要大得多。因此,我们会说,标记 A 与 B 和 C 之间存在连锁不平衡(反之亦然)。

连锁不平衡导致间接关联;例如,如果 B 是真正的 QTL,因为等位基因的相关性,那么对 A 进行关联分析仍将恢复一些真实信号,尽管信号会有所减弱。相反,基因分型 C 而非 B 可以恢复所有信息,因为 C 是 B 的完美代言。

通过测试单倍型而不是基因型,可以在关联分析中使用单倍型信息。在上面的示例中,我们可能会问个体拥有的 $A_2B_2C_2$ 单倍型的拷贝数是否能预测表型。通过这种方式组合多种标记(称为基于单倍型的关联分析),可以提取额外的信息而无需额外的基因分型。例如,假设有第四个标记 D,是未被基因分型的基因座。在这种情况下,$A_1B_2C_2$ 单倍型是 D 的完美代言(因为它与 D_2 等位基因完全相关),而三个原始单个标记都不是完美代言。

$A_1B_1C_1D_1$　　　　　80%
$A_2B_2C_2D_1$　　　　　12%
$A_1B_2C_2D_2$　　　　　8%

任何一个个体都将拥有这些单倍型中的两个(一为父源,一为母源的遗传),例如,$A_1B_1C_1$ 和 $A_2B_2C_2$,如果我们只考虑三个基因型标记。然而,我们通常不直接观察单倍型。相反,我们观察基因型,在这种情况下,A_1A_2 是第一个标记,B_1B_2 是第二个标记,C_1C_2 是最后一个。如图 A.15 所示,基因型本身并不包含单倍型的信息,因此可能并不总是能够明确地确定个体具有哪些单倍型(基因型的一个特定组合可能与不止一对的单倍型相兼容)。然而,统计技术可以用来估算不同的可能的单倍型频率,这反过来又可以用来猜测哪对单倍型最有可能得到个体的基因型(这个过程称为单倍型定相）。

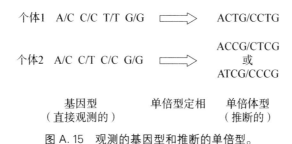

图 A.15 观测的基因型和推断的单倍型。

3.2.4 HapMap 和全基因组关联研究 在上述的示例中,如果我们事先知道标记 B 和 C 是彼此完美匹配的代言,或者标记 D 可以通过 A、B、C 的单倍型所预测,那岂不是很棒？知道这一点,当对子集进行基因分型将给出和全集完全相同的信息,我们可能就不想在所有标记的基因分型上浪费金钱了。事实上,幸亏国际人类基因组单体型图（HapMap）计划（http://www.hapmap.org/）,现在我们通常提前知道这些信息。这是一项对基因组中连锁不平衡模式进行的大规模国际调查,在许多不同的人群中开展,重点关注于人类基因组中最常见的变异形式,即单核苷酸多态性（SNP）。SNP 是双等位基因标记,在等位基因上由 A、C、G 和 T 四个碱基中的两个组成（即,DNA 的四种核苷酸碱基）。

对于许多常见变异,HapMap 显示基因组中有很多完美的代言；也就是说,存在很多冗余。这意味着用一组小得多的 SNP 集就有可能测量人类基因组中几乎所有常见的变异。这个概念被称为标签,有效地决定了如何以最佳方式选择哪些标记进行基因分型。

基于 HapMap 和新的基因分型技术等大规模的基因组研究,最近关联分析得出了其符合逻辑的结论：全基因组关联研究（GWAS,第 9 章）。顾名思义,通常在大型案例/对照样本研究中涉及到成千上万个标记物的基因分型。希望这样的研究能将关联分析的能量与全基因组范围的、上一代无偏差覆盖的连锁基因组扫描结合起来。

网　　址

协会（Associations）

The Behavior Genetics Association, with links to its journal, *Behavior Genetics*：
行为遗传学协会，其期刊行为遗传学的链接为：

http://www.bga.org/

The International Society for Twin Studies is an international, multidisciplinary scientific organization whose purpose is to further research and public education in all fields related to twins and twin studies. Its website is linked to the society's journal, *Twin Research and Human Genetics*：
国际双生子研究学会是一个国际性、多学科的科学组织，其宗旨是进一步推动双生子和双生子研究所有相关领域的研究与公共教育。此学会的期刊双生子研究和人类遗传学的网址为：

http://www.twinstudies.org/

The International Society of Psychiatric Genetics is a worldwide organization that aims to promote and facilitate research in the genetics of psychiatric disorders, substance use disorders, and allied traits. With links to associated journals, *Psychiatric Genetics and Neuropsychiatric Genetics*：
国际精神疾病遗传学会是一个全球性组织，旨在促进和推动精神疾病、物质使用障碍以及联合性状的遗传学研究。相关期刊精神疾病遗传学和神经精神疾病遗传学的链接为：

http://www.ispg.net/

The American Society of Human Genetics, with links to its journal, *American Journal of Human Genetics*：
美国人类遗传学会，其期刊美国人类遗传学杂志的链接为：

http://www.ashg.org/

The European Society of Human Genetics, with links to its journal, *European Journal of Human Genetics*：

欧洲人类遗传学会，其期刊欧洲人类遗传学杂志的链接为：

http://www.eshg.org/

The Human Genome Organization (HUGO), the international organization of scientists involved in human genetics：

人类基因组组织(HUGO)，参与人类遗传学的国际科学家组织：

http://www.hugo-international.org/

The International Behavioral and Neural Genetics Society (IBANGS) works to promote the field of neurobehavioral genetics. With links to its journal *Genes, Brain and Behavior*：

国际行为和神经遗传学会(IBANGS)致力于促进神经行为遗传学领域的发展。其期刊基因、脑和行为的链接为：

http://www.ibngs.org/

The Psychiatric Genomics Consortium (PGC) conducts mega-analyses of genomewide genetic data for psychiatric disorders. This website provides information about the organization, implementation, and results of the PGC.

精神疾病基因组学学会(PGC)对精神疾病的全基因组遗传数据进行了大量分析。该网站提供有关PGC的组织、实施和结果的信息。

http://www.med.unc.edu/pgc

数据库和基因组浏览器（Databases and Genome Browsers）

EMBL-EBI, the European Molecular Biology Laboratory's (EMBL) European Bioinformatics Institute (EBI), is the European node for globally coordinated efforts to collect and disseminate biological data：

EMBL-EBI，欧洲分子生物学实验室(EMBL)欧洲生物信息学研究所(EBI)，是全球协调收集和传播生物数据的欧洲节点：

http://www.ebi.ac.uk/

NCBI, the National Center for Biotechnology Information, is the U.S. node of the European Bioinformatics Institute：

NCBI，国家生物技术信息中心，是欧洲生物信息学研究所的美国节点：

http://www.ncbi.nlm.nih.gov/

Ensembl, the EBI and Wellcome Trust Sanger Institute's genome browser：

Ensembl，欧洲生物信息学研究所和英国桑格研究院的基因组浏览器：

http://www.ensembl.org/

Gene Weaver, powered by the Ontological Discovery Environment, is a curated repository of genomic experimental results with an accompanying tool set for dynamic integration of these data sets, enabling users to interactively address questions about sets of biological functions and their relations to sets of genes.

Gene Weave,由 Ontology Discovery Environment(本体论探索环境)提供支持,是一个精心策划的基因组实验结果的存储库,附带了用于动态集成这些数据集的工具集,使用户能够以互动的方式解决有关生物功能集及其与基因集关系的问题。

http://www.GeneWeaver.org

The genome browser maintained by the University of California Santa Cruz (UCSC) is an interactive open source website offering graphical access to genome sequence data from a variety of vertebrate and invertebrate species and major model organisms：

基因组浏览器是由加州大学圣克鲁兹分校(UCSC)维护的一个互动式开放资源的网站,提供各种脊椎动物和无脊椎动物物种以及主要生物模型的基因组序列数据的图形化访问。

http://genome.ucsc.edu/

NCBI's Online Mendelian Inheritance in Man (OMIM) database is a catalog of human genes and genetic disorders. The database contains textual information, pictures, and reference material：

NCBI在线孟德尔人类遗传(OMIM)数据库提供一个人类基因和遗传疾病的目录。该数据库包含文本信息、图片和参考资料：

http://www.ncbi.nlm.nih.gov/omim/

Phenotype Based Gene Analyzer (Phenolyzer) is a tool focusing on discovering genes based on user-specific disease/phenotype terms.

基于表型基因分析仪(Phenolyzer)是一个致力于根据用户特异性疾病/表型术语发现基因的工具。

http://phenolyzer.usc.edu/

资源(Resources)

Behavioral Genetic Interactive Modules are based on the Appendix to this text by Shaun Purcell：

行为遗传互动模块是基于珀塞尔所编的本文的附录：

http://pngu.mgh.harvard.edu/purcell/bgim/

The OpenMx forum contains useful information on twin model fitting in Mx：
OpenMx 论坛包含有关 Mx 中双模型拟合的有用信息：

http://openmx.psyc.virginia.edu/forums/

R is a free software environment for statistical computing and graphics. *Bioconductor* is an open source and open development software project for the analysis and comprehension of genomic data using the R environment：
R 是一个用于统计计算和图形的免费软件平台。*Bioconductor* 是一个开放资源和开放式开发软件项目，使用 R 平台进行分析和理解基因组数据：

http://www.r-project.org/
http://www.bioconductor.org/

The Jackson Laboratory, Mouse Genome Informatics, is an excellent resource for mouse genetics：
Jackson 实验室，小鼠基因组信息学，是研究小鼠遗传学的优秀资源：

http://www.informatics.jax.org/

National Institutes of Health (NIH) Model Organisms for Biomedical Research provides the latest information on animal models used in genetic research：
美国国立卫生研究院(NIH)生物医学模型生物研究提供遗传研究中所使用动物模型的最新信息：

http://www.nih.gov/science/models/

The DNA Learning Center of Cold Spring Harbor Laboratory is a science center devoted entirely to genetics and provides much information online, including an animated primer on the basics of DNA, genes, and heredity：
冷泉港实验室 DNA 学习中心是一个完全致力于遗传学的科学中心，在线提供大量信息，包括 DNA、基因和遗传基础知识的动画入门：

http://www.dnalc.org/

The Allen Brain Atlas is a collection of online public resources integrating extensive gene expression and neuroanatomical data, with a novel suite of search and viewing tools：
艾伦脑图谱是一系列集成了大量基因表达和神经解剖学数据的在线公共资源，以及一套新型的搜索和查看工具：

http://www.brain-map.org/

The GWAS Catalog is a catalog of published genomewide association studies：
GWAS 目录收录了已发表的全基因组关联研究：

http://www.ebi.ac.uk/gwas/

微阵列技术（Microarray Technology）

Affymetrix and Illumina are two of the leading suppliers of microarray technology：
Affymetrix 和 Illumina 是微阵列技术的两大主要供应商：

http://www.affymetrix.com/estore/

http://www.illumina.com/

公众理解遗传学（Public Understanding of Genetics）

Your Genome is a website, curated by the Wellcome Trust's Sanger Institute, that is intended to help people understand genetics and genomic science and its implications：
Your Genome（你的基因组）是一个由英国桑格研究院策划的网站，旨在帮助人们理解遗传学和基因组科学及其意义：

http://www.yourgenome.org/

The Genetic Science Learning Center is an outreach education program at the University of Utah. Its aim is to help people understand how genetics affects their lives and society. This is an introductory guide to molecular genetics：
遗传科学学习中心是犹他大学的外展教育计划。旨在帮助人们理解遗传学如何影响他们的生活和社会。这是分子遗传学的入门指南：

http://learn.genetics.utah.edu/

The Genetics Home Reference provides consumer-friendly information about the effects of genetic variations on human health：
遗传之家参考提供有关遗传变异对人类健康影响的消费者友好信息：

http://ghr.nlm.nih.gov/

Information about genetic counseling is available from the website of the National Society of Genetic Counselors：
有关遗传咨询的信息可从国家遗传咨询师学会网站上获取：

http://www.nsgc.org/

术语表

主动型的基因型-环境相关性(active genotype-environment correlation) 当出现个体选择或出现与遗传倾向发生共变效应的环境构建时,遗传和环境影响之间产生的一种相关性。

加性遗传方差(additive genetic variance) 由等位基因或基因座的独立效应"加起来"所导致的个体差异。与之相对的是,等位基因或基因座互作影响产生的非加性遗传方差。

收养研究(adoption studies) 用由收养所造成的生物学和社会学家系的分离来评估遗传和环境影响之间相对重要性的一系列研究。最常见的策略包括对比被收养者与未抚养他们的亲生父母的相似性,以及被收养者与养父母的相似性。也可以包括对比在同一家庭中成长的遗传上有亲缘关系的同胞以及遗传上无亲缘关系的(收养的)同胞。

收养同胞(adoptive siblings) 被同一家庭收养并一起成长的遗传上无亲缘关系的孩子。

患病同胞对连锁分析设计(affected sib-pair linkage design) 一种 QTL 连锁设计,涉及均符合某种疾病标准的同胞对。携带 DNA 标记的连锁关系是通过同胞共享的等位基因来评估的——他们是否共享携带同一 DNA 标记的 0 个、1 个或 2 个等位基因。(参见专栏 9.2)。

等位基因(allele) 一个基因座上某一基因的几种不同形式之一,例如,A_1 与 A_2。

等位基因共享(allele sharing) 两个同胞(同胞对或亲属对)中存在零个,一个或两个父母的等位基因。

等位基因关联(allelic association) 等位基因频率和表型之间的关联。例如,阿尔茨海默症患者个体中编码载脂蛋白 E 基因为等位基因 4 型的频率大约是 40%,而未患此疾病的对照组个体的等位基因 4 型的发生频率大约是 15%。

等位基因频率(allelic frequency) 一个基因的某种形式在群体中的频率。例如,PKU 等位基因的频率约为 1%。(与之相对,可参见基因型频率。)

可变剪接(alternative splicing) 通过不同的剪接方式重新组装 mRNA 形成不同的转录本,然后被翻译成不同的蛋白质的过程。超过一半的人类基因是被可变剪接的。

氨基酸(amino acid) 蛋白质的基本组成单位,有 20 种,由 DNA 中三联体核苷酸编码决定。

羊膜穿刺术(amniocentesis)一种用于产前诊断的医疗手术,从发育中胎儿周围的羊膜中提取少量羊水。因为一些羊水中含有来自胎儿的细胞,所以可以用来检查胎儿染色体和检测胎儿基因。

早现(anticipation)参见*遗传早现*。

选型婚配(assortative mating)非随机婚配导致配偶间的相似性。选型婚配可能会是反向选择的("反向吸引"),但通常是正向选择性的。

常染色体(autosome)除 X 或 Y 性染色体之外的所有染色体。人类拥有 22 对常染色体和 1 对性染色体。

带(染色体的)[band (chromosomal)]根据染色体着色的特点来定义的染色体片段。

碱基对[base pair (bp)]DNA 双螺旋结构中螺旋阶梯的一级,由腺嘌呤结合胸腺嘧啶或胞嘧啶结合鸟嘌呤组成。

行为基因组学(behavioral genomics)分析基因组中基因如何在行为层面起作用的研究。与功能基因组学相反,行为基因组学是一种自上而下的方法,用于理解基因如何在整个有机体的行为方面发挥作用。

生物信息学(bioinformatics)研究基因组、转录组和蛋白质组的技术和资源,例如 DNA 序列和功能、基因表达谱和蛋白质结构等分析。

候选基因(candidate gene)某一基因的功能表明可能与某种性状相关,就称为该性状的候选基因。例如,多巴胺基因被认为是多动症的候选基因,是由于治疗多动症最常用的药物哌醋甲酯作用于多巴胺系统。

候选基因-环境互作(candidate gene-by-environment interaction)基因型-环境互作,其中一个特定的(候选)基因和一个表型之间的联系在不同环境中是不相同的。

携带者(carrier)某一特定基因座为杂合子的个体,同时携带一个正常等位基因和一个突变隐性等位基因,并且表现出正常的表型。

厘摩[centimorgan (cM)]染色体上遗传距离的度量单位。如果一代中由于染色体交换导致的重组概率是 1%,那么两个基因座就相距 1cM。就人类而言,1cM 相当于大约 100 万个碱基对。

着丝粒(centromere)在细胞分裂过程中,连接染色单体的染色体无基因区域。

双生子后代设计[children-of-twins (COT) design]一项关于父母均为双生子以及每个双生子的后代的研究。

绒毛膜(chorion)包围胚胎的胎盘内的囊膜。同卵双生子有三分之二的概率拥有相同的绒毛膜。

染色单体(chromatid)在细胞分裂(有丝分裂或减数分裂)过程中,染色体复制时产生由着丝粒连接的两个 DNA 拷贝,其中之一为染色单体。这两个染色单体通常是完全相同的,但发生突变时可能会略有不同。染色单体由着丝粒连接时被称为姐妹染色单体，在此期间它们可以进行重组；当它们分开时，每条单体称为子染色体。

染色体(chromosome) 主要由包含DNA的染色质构成的位于细胞核的一种结构。拉丁语为"着色体"，因为染色体着色不同于细胞的其他部分。（另参见常染色体。）

染色体替换系[chromosome substitution strains(CSSs)] CSSs是通过将供体近交系中的单个染色体导入受体近交系中构建而成的一组小鼠系，共产生22个小鼠系，它们各有一条染色体与两个良好表征的近交系不同。

编码区(coding region) 基因的DNA序列中由编码蛋白质的外显子组成的那部分区域。

密码子(codon) 编码某一特定氨基酸或链末端的三个碱基对的序列。

共病(comorbidity) 在个体中存在一种以上的异常或疾病。

一致性(concordance) 两个家庭成员间具有某种特定条件的这种现象，比如双生子。

拷贝数变异[copy number variant (CNV)] 一种结构变异，是指DNA长片段（长度为一千至数千个碱基对）的重复或缺失，通常包括蛋白质编码基因和非编码基因。CNV占人类基因组的10%以上。

相关系数(correlation) 一种相似性指数，范围从-1.00到1.00，其中0.00表示无相关性。

交换(crossover) 参见重组。

发育遗传分析(developmental genetic analysis) 对发育过程中的遗传因素和环境因素的变化与连续性的分析。应用纵向数据，评价遗传因素和环境因素对个体的年龄变化与连续性的影响。

DF极端值分析(DF extremes analysis) 利用先证者亲属的定量评分对家系相似性进行分析，而不只是对亲属进行二分法诊断并评估一致性。（相反，参见易患性-阈值模型。）

双列杂交设计(diallel design) 完成三个或更多近交系之间的杂交，并比较它们之间所有可能的F_1子代。

素质-应激(diathesis-stress) 一种基因型-环境互作，在这种类型中，具有遗传风险的疾病（糖尿病）的个体对风险（压力）环境效应特别敏感。

直接关联(direct association) 某一性状与某个DNA标记之间的一种关联，且这种关联正是由该DNA标记的功能多态性引起的。与间接关联不同，间接关联中DNA标记不是功能多态性的。

双卵[dizygotic (DZ)] 异卵双生的或非同卵双生的双生子，字面意思是"双受精卵"。

脱氧核糖核酸[DNA (deoxyribonucleic acid)] 编码遗传信息的双链分子。这两条链由四个碱基中的两个通过氢键结合在一起，其中腺嘌呤与胸腺嘧啶结合，胞嘧啶与鸟嘌呤结合。

DNA标记(DNA marker) DNA本身的多态性，如单核苷酸多态性(SNP)或拷贝数变异

(CNV)。

DNA 甲基化(DNA methylation) 一种表观遗传过程,通过添加甲基基团使基因表达失活。

DNA 序列(DNA sequence) DNA 双螺旋的单链上碱基对的顺序。

显性(dominance) 一个等位基因的效应取决于另一个等位基因。一个显性等位基因无论其在个体中是存在一个还是两个拷贝,均能产生相同的表型。(与上位性相比,后者是指在不同基因座上的基因间的非加性效应。)

效应量(effect size) 某个性状在群体中的个体差异是由一个特定因素造成的。例如,遗传力估算个体间遗传差异的效应大小。

电泳(electrophoresis) 一种按大小来分离 DNA 片段的方法。当电荷作用于凝胶中的 DNA 片段时,较小的片段迁移的更远。

内表型(endophenotype) 不涉及外显行为的"内部"或中间表型。

环境性(environmentality) 个体间表型差异的比例,可归因于特定群体的环境差异。

表观遗传学(epigenetics) 在不改变细胞分裂时可"遗传"的 DNA 序列的情况下,影响基因表达的 DNA 修饰;可参与基因表达的长期发展变化。

表观基因组(epigenome) 整个基因组中影响基因表达的表观遗传修饰。

上位性(epistasis) 不同基因座上的基因间的非加性互作。一个基因的效应取决于另一个基因。(与显性相比,后者指的是同一基因座上的等位基因之间的非加性效应。)

等量环境假设(equal environments assumption) 在双生子研究中,假设同卵双生子和异卵双生子的环境是相似的。

唤起型的基因型-环境相关性(evocative genotype-environment correlation) 当个体唤起与其遗传倾向协变的环境影响时,遗传和环境影响之间的一种相关性。

扩展的双生子后代设计[extended children-of-twins (ECOT) design] 一项结合了双生子后代的设计以及与双生子可比的样本(后代及其父母)的研究设计。

外显子(exon) 可转录为信使 RNA 并翻译成蛋白质的 DNA 序列。(与内含子相对。)

扩增的三核苷酸重复(expanded triplet repeat) 三碱基对的重复序列,比如导致脆性 X 染色体综合征相关的 CGG 重复序列,在其后几代中重复数量增加。

表达数量性状基因座[expression QTL (eQTL)] 将基因表达作为表型处理,可鉴定 QTL 以解释遗传对基因表达的影响。

子一代,子二代(F_1, F_2) 两个近交品系交配后的第一代和第二代子代。

家族性的(familial) 家庭成员之间的相似性。

家系研究(family study) 评估遗传上有亲缘关系的父母与子女之间以及共同生活的同胞间的相似性。相似性可以归因于遗传或共享的家庭环境。

一级亲属(first-degree relative) 参见遗传相关性。

脆性 X 染色体综合征(fragile X syndrome)当染色体被着色或被培养时,染色体上的脆性位点发生断裂。脆性 X 是 X 染色体上的脆性位点,它是仅次于唐氏综合征的造成男性智力迟滞的第二重要原因,并且是由一个扩增的三核苷酸重复序列引起的。

全同胞(full siblings)共同拥有生物学意义(出生)父母的个体。

功能基因组学(functional genomics)追踪基因、脑和行为之间通路的基因功能研究。通常指自下而上的方法,从细胞中的分子开始,与行为基因组学相反。

配子(gamete)含有染色体单倍体(一半)组的成熟生殖细胞(精子或卵子)。

基因(gene)遗传的基本单元。一段编码特定产物的 DNA 碱基序列。包括调控转录的 DNA 序列。(另参见等位基因;基因座。)

基因表达(gene expression)DNA 转录成 mRNA。

基因表达谱(gene expression profiling)利用微阵列同时评估基因组中所有基因的表达。

基因频率(gene frequency)指样本或群体中等位基因(例如 A_1 或 A_2)的频率。

基因图谱(gene map)染色体上基因或遗传标记间相对距离的直观表示。

基因集分析(gene set analysis)有生物学意义的基因集与一种表型之间的关联测试。

基因沉默(gene silencing)抑制一个基因的表达但并不改变其本身,因此不能被遗传。

基因打靶(gene targeting)在一个特定的基因上制造突变,然后将其转移到胚胎中。

普适基因假说(Generalist Genes Hypothesis)一个术语,指认知能力之间的重要遗传相关性。

遗传早现(genetic anticipation)疾病的严重程度在后代中扩大化或在更早的年龄发病。在一些病症中,这种现象是由于 DNA 重复序列的代际扩增导致。

遗传相关性(genetic correlation)一种性状的遗传影响程度与另一种性状的遗传影响程度相关性的一个统计指标,而不依赖于这些性状的遗传力。

遗传咨询(genetic counseling)传达有关遗传风险和负担的信息,并帮助个体接受这些信息以便于他们做出自己的行动决定。

遗传相关性(genetic relatedness)亲属拥有共同基因的程度。先证者的一级亲属(父母和同胞)在遗传上有 50% 的相似性。先证者的二级亲属(祖/外祖父母、姑姨和叔舅)在遗传上有 25% 的相似性。先证者的三级亲属(第一代堂/表兄妹)在遗传上有 12.5% 的相似性。

基因组(genome)某一生物体的所有 DNA 序列。人类基因组包含约 30 亿个 DNA 碱基对。

全基因组关联研究[genomewide association study (GWAS)]一项评估全基因组 DNA 变异的关联研究。

全基因组基因-环境互作(genomewide gene-by-environment interaction)一种用于探索基因型-环境互作的方法,用于评估全基因组中的 DNA 变异。

基因组印记(genomic imprinting) 某一基因座上等位基因的表达与否取决于该等位基因是遗传自母本还是父本的遗传学过程。

基因型(genotype) 个体在特定基因座上等位基因的组合。

基因型-环境相关性(genotype-environment correlation) 与遗传倾向相关的经验。在分子遗传学研究中,基因型-环境相关性是指基因型与环境测量之间的实际相关性。

基因型-环境互作(genotype-environment interaction) 对环境的遗传敏感性或易感性。基因型-环境互作通常仅限于统计学上的互作,比如在不同环境中不同的遗传效应。例如,特定基因的一种基因型与一种表型之间的关联可能在不同的环境中不同。

基因型频率(genotypic frequency) 一次考虑两个等位基因的频率,因为它们是从两个个体中遗传过来的。PKU 个体(隐性 PKU 等位基因纯合子)的基因型频率为 0.0001。PKU 携带者(PKU 等位基因杂合子)的基因型频率是 0.02。相反,隐性 PKU 等位基因的等位基因频率为 0.01。(参见专栏 3.2)

半同胞(half siblings) 个体仅共享一个生物学意义的(出生)父母。

单倍体基因型(单倍型)[haploid genotype (haplotype)] 一条染色体上的 DNA 序列。基因型代表的是一对染色体,与此相反,一条染色体上的 DNA 序列称为单倍体基因型,简称为单倍型。

单倍型域(haplotype block) 染色体上一系列高度相关(即很少通过重组分开)的单核苷酸多态性(SNP)。人类基因组单体型图(HapMap)计划系统化了几个不同种族群体的单体型模块(http://hapmap.ncbi.nlm.nih.gov/)。

哈迪-温伯格平衡(Hardy-Weinberg equilibrium) 不存在诸如自然选择这种能改变频率的外力情况下,等位基因和基因型频率逐代保持不变。如果两个等位基因座处于哈迪-温伯格平衡状态,那么它的基因型的频率为 $p^2 + 2pq + q^2$,其中 p 和 q 是两个等位基因的频率。

遗传力(heritability) 个体间表型差异的比例可归因于特定群体的遗传差异。广义遗传力包括所有加性和非加性来源的遗传差异,而狭义遗传力仅限于加性遗传差异。

杂合性(heterozygosity) 在染色体对的某一基因座处存在两种不同的等位基因。

纯合性(homozygosity) 在染色体对的某一基因座处存在相同的等位基因。

印记(imprinting) 见基因组印记。

近交系(inbred strain) 兄弟姐妹近亲交配至少 20 代的动物品系,从而产生基因型几乎相同的个体。

近交系研究(inbred strain study) 比较近交系,例如近交系的行为性状。在同一实验室环境中繁育的品系,品系之间的差异可以归因于它们的遗传差异。品系内的差异可用于评估环境影响,因为品系内的所有个体在遗传上实际上是相同的。

近交(inbreeding) 遗传上有亲缘关系的个体间的交配。

独立分配(independent assortment)孟德尔遗传第二定律。它指出一个基因座的遗传不受另一个基因座的遗传影响。当若干基因在同一个染色体上紧密结合遗传的时候,该定律就会出现例外。这种连锁使得将基因定位到染色体上成为可能。

指示病例(index case)参见*先证者*。

间接关联(indirect association)性状与 DNA 标记之间的一种关联,而 DNA 标记本身并不是导致这种关联的功能多态性。与*直接关联*相反,直接关联中的 DNA 标记本身就是功能多态性。

本能(instinct)天生的行为倾向。

内含子(intron)基因中被转录成信使 RNA 但在翻译成蛋白质之前被剪接掉的 DNA 序列。(与外显子相对)。

敲除(knock-out)通过基因打靶使基因失活。

易患性-阈值模型(liability-threshold model)假设两极化心理障碍是取决于呈正态分布的潜在遗传易患性的一种模型。只有当超过易患性的阈值时,疾病才会发生。

预期寿命(lifetime expectancy)参见*罹病率风险值*。

连锁(linkage)基因座在一条染色体上位置紧靠一起。连锁是孟德尔第二定律独立分配定律的一个例外,因为位置临近的基因座在家系中不是独立遗传的。

连锁分析(linkage analysis)一种检测 DNA 标记与性状之间连锁的技术,用于将基因定位到染色体上。(另参见 DNA 标记;连锁;定位)。

连锁不平衡(linkage disequilibrium)一种违反孟德尔独立分配定律的情况,该定律认为基因间不相关。它最常用来描述 DNA 标记在染色体上的紧密程度;连锁不平衡值为 1.0 时,表示 DNA 标记的等位基因完全相关;0.0 表示存在完全随机的关联(连锁平衡)。

基因座[locus (plural, loci)]染色体上一个特定基因的位置。拉丁语意为"地方"。

定位(mapping)将 DNA 标记连锁至一条染色体及染色体特定的区域上。

减数分裂(meiosis)配子形成过程中发生的细胞分裂,造成染色体数目减半,因此每个配子仅含每对染色体中的一条。

信使 RNA(mRNA)[messenger RNA (mRNA)]在细胞核加工的 RNA,离开细胞核后,在细胞质中作为蛋白质合成的模板。

甲基化(methylation)一种表观遗传过程,通过在染色体区域添加甲基基团使基因表达失活。

微阵列(microarray)通常被称为基因芯片,是一种邮票大小的载玻片,内含的数十万个 DNA 序列可用作探测基因表达(RNA 微阵列)、甲基化(DNA 甲基化微阵列)或单核苷酸多态性(DNA 微阵列)的探针。

微小 RNA(microRNA)一类只有 21—25 个核苷酸的非编码 RNA,可以通过与信使

RNA结合而降低或抑制基因表达。

微卫星标记(microsatellite marker) DNA序列中二、三或四个碱基对连续重复出现的现象,其重复次数可高达一百次之多。与通常只有两个等位基因的单核苷酸多态性不同,微卫星标记通常有很多个以孟德尔方式遗传的等位基因。

遗传力缺失(missing heritability) 全基因组范围内鉴定的遗传关联与从数量遗传学研究(比如双生子和家系设计)报道的遗传力估算之间的差异。

有丝分裂(mitosis) 发生在体细胞中的细胞分裂,此过程中细胞复制自身及其DNA。

模型拟合(model fitting) 测试一个遗传和环境相关模型与所观测数据之间是否拟合的一种技术。不同的模型可以进行比较,并采用最佳拟合模型来估算遗传和环境参数。

分子遗传学(molecular genetics) 在DNA水平上研究特定基因效应的学科。是与数量遗传学相对的概念,后者是将表型方差和协方差划分为遗传和环境成分的研究。

单卵[monozygotic (MZ)] 同卵双生子;即"一个受精卵"。

罹病率风险值(morbidity risk estimate) 一生中患病几率。

多变量遗传分析(multivariate genetic analysis) 性状之间协方差的数量遗传分析。

突变(mutation) DNA碱基对序列中可遗传的变化。

自然选择(natural selection) 个体差异繁殖及其后代的存活导致等位基因频率的改变,从而形成的进化驱动力。

神经组(neurome) 基因组通过脑产生的效应。

非加性遗传方差(nonadditive genetic variance) 由同一(显性)或不同(上位性)基因座上的等位基因之间的非线性互作造成的个体差异。(相反,参见加性遗传方差。)

非编码RNA[non-codingRNA (ncRNA)] DNA被转录成RNA但并不被翻译成氨基酸序列。例如内含子和微小RNA。

不分离(nondisjunction) 减数分裂过程中,染色体对的两条染色体不均匀分裂。

非共享环境影响(nonshared environmental influences) 对家系成员间的相似性不起作用的环境影响。

细胞核(nucleus) 细胞中含有染色体的部分。

优势比(odds ratio) 关联的效应大小统计量,计算方法为用等位基因在病例中的比率除以在对照组中的比率。优势比为1.0意味着等位基因频率在病例和对照组之间没有差异。

被动型的基因型-环境相关性(passive genotype-environment correlation) 当孩子遗传父母基因的同时也受到其父母所处环境的共同影响时,遗传和环境影响之间的一种相关性。

系谱(pedigree) 家系树。采用图形化的方法描述一个家族的谱系,着重展示某种特定性状在家系成员中的遗传。

药物遗传学和基因组学(pharmacogenetics and -genomics) 药物反应的遗传学和基因组学。

表型(phenotype) 一个受基因型与环境综合影响的可观测的个体特征。

基因多效性(pleiotropy) 一个基因的多重效应。

多基因性状(polygenic trait) 一种性状受到许多基因的影响。

聚合酶链反应[polymerase chain reaction (PCR)] 一种扩增特定 DNA 序列的方法。

多态性(polymorphism) 一个基因座有两个或两个以上的等位基因。源自希腊语"多种形式"。

群体遗传学(population genetics) 研究群体中等位基因与基因型频率,以及诸如自然选择之类改变这些频率的外力的学科。

翻译后修饰(posttranslational modification) mRNA 翻译后的多肽链(氨基酸序列)的化学改变。

前突变(premutation) 具有不稳定的扩增重复数(脆性 X 染色体最多可重复 200 次)的卵子或精子的产生。

引物(primer) 一种短的(通常是 20 个碱基)DNA 序列,标记着 DNA 复制起点。位于多态性两侧的引物标记出 DNA 序列的边界,该序列将通过聚合酶链反应(PCR)进行扩增。

先证者(proband) 指示病例用以对其他家庭成员进行确认。

蛋白质组(proteome) 翻译自 RNA(转录组)的所有蛋白质。

精神药物遗传学(psychopharmacogenetics) 药物行为反应的遗传学。

数量性状基因座连锁分析(QTL linkage analysis) 用于搜索小效应量的数量性状基因座(QTL)之间联系的连锁分析。最广泛使用的是受累同胞对 QTL 连锁设计。

定性障碍(qualitative disorder) 一种非此即彼的性状,通常是一种诊断。

数量化维度(quantitative dimension) 在群体中连续分布的性状,例如,一般认知能力、身高和血压。

数量遗传学(quantitative genetics) 一个关于多基因影响与环境变化一起导致表型的数量(连续)分布的学说。数量遗传学方法(比如用于人类研究的双生子和收养方法,以及用于非人类分析的近交系和选择育种方法)估计群体中遗传和环境对表型变异和共变异的作用。

数量性状基因座(QTL)[quantitative trait locus (QTL; plural: quantitative trait loci, QTLs)]多基因系统中可引起某种表型的数量(连续)变异的一个基因。

隐性的(recessive) 在两个拷贝都存在时才对表型产生某种影响的等位基因。

重组近交系(recombinant inbred strains) 从两个近交系的祖系初始杂交中所得的兄弟-姐妹交配衍生的近交系。之所以称为重组,是因为在 F_2 子代和其后代中,来自祖系的染色体发生了部件重组和互换。用于绘制基因图谱并鉴定数量性状基因座。

重组(recombination)在减数分裂过程中,染色体通过染色单体交叉进行互换部件。

重组热点(recombinatorial hotspot)易重组的染色体位置。通常标记单倍型域的边界。

重复序列(repeat sequence)DNA短序列——二、三或四个核苷酸碱基组成的DNA——重复几次到几十次。用作DNA标记。

限制性内切酶(restriction enzyme)识别特定的短DNA序列,并在该位点切割DNA。

核糖体(ribosome)细胞体(细胞质)中的一种小而密的结构,按照mRNA指示的顺序组装氨基酸序列。

RNA干扰(RNAi)[RNA interference (RNAi)]使用双链RNA来改变共享其序列的基因的表达。也称为小干扰RNA(siRNA),因为它降解互补RNA转录本。

二级亲属(second-degree relative)参见遗传相关性。

分离(segregation)在遗传过程中,同一个基因座上两个分别来自父本与母本的等位基因分开的过程。孟德尔的分离定律是他的第一个遗传定律。

选择性育种(selective breeding)通过选择某表型得分高的亲本,进行交配并评估它们的子代以确定对选择的反应,经数代繁育得到该表型。双向选择研究也会选择另一个方向,即选择得分低的亲本。

选择性安置(selective placement)将儿童收养到与其亲生父母相似的养父母家庭中。

性染色体(sex chromosome)参见常染色体。

共享环境影响(shared environmental influences)造成家庭成员相似的环境因素。

单核苷酸多态性(SNP)[single nucleotide polymorphism (SNP)]最常见的DNA多态性类型,涉及单个核苷酸的差异。SNPs(发音为"snips")可以导致氨基酸序列的变化(称为非同义突变,即不是同义突变)。

小干扰RNA(siRNA)[small interfering RNA (siRNA)]参见RNA干扰(RNAi)。

基于SNP的遗传力分析(SNP-based heritability analysis)某一性状的表型方差能被微阵列上所有单核苷酸多态性(SNP)进行解释,这样一种估算遗传力的技术。对于数千个个体组成的样本,整体基因型相似性逐对地用于预测表型相似性。并不识别等位基因关联。

SNP遗传力(SNP heritability)直接根据个体间的DNA差异估算的遗传力。

体细胞(somatic cells)体内除产生配子的生殖细胞外的所有细胞。

稳定化选择(stabilizing selection)维持群体内遗传变异的选择,例如,中间表型值的选择。

结构方程模型(SEM)[structural equation modeling (SEM)]用于测试某种概念或理论模型的统计方法。在行为遗传学中,该方法用于基于家庭成员之间的相似性和差异来估计遗传力和环境性。

突触(synapse)两个神经细胞之间的连接处,通过神经递质(如多巴胺或血清素)的扩散,神经冲动通过突触。

共线性(synteny)同一染色体上的基因座;与连锁有关。

共线性同源性(synteny homology)不同物种中染色体区域的基因座排列顺序相似。

靶向突变(targeted mutation)一种以特定方式改变基因以改变其功能的过程,比如敲除。当突变基因是从另一物种转移过来时称之为转基因。

三级亲属(third-degree relative)参见遗传相关性。

转录(transcription)在细胞核中由DNA合成RNA分子的过程。

转录组(transcriptome)由基因组中的所有DNA转录而来的RNA。

转运RNA(tRNA)[transfer RNA (tRNA)]一种辅助将信使RNA序列解码成蛋白质的RNA分子。

转基因的(transgenic)含外源DNA的。例如,使用基因打靶技术对某基因进行非功能性替代,以敲除该基因的功能。

翻译(translation)基于信使RNA编码的信息,将氨基酸组装成肽链。该过程在细胞质中的核糖体上进行。

三联体密码(triplet codon)参见密码子。

三联体重复(triplet repeat)参见扩增的三核苷酸重复。

三体型(trisomy)由于染色体不分离而造成的某特定染色体具有三个拷贝。

双生子相关性(twin correlation)双生子内部之间(孪生同胞1和2)的相关性。通常分别对同卵双生子和异卵双生子进行计算。用于估算基因和环境的影响。

双生子研究(twin study)比较同卵和异卵双生子的相似性来估算遗传和环境组成的方差。

全基因组扩增(whole-genome amplification)在聚合酶链反应(PCR)中使用一些限制性酶来切割和扩增整个基因组,这使得微阵列成为可能。

全基因组测序[whole-genome sequencing (also known as full-genome sequencing)]确定一个基因组的完整核苷酸碱基对序列。

X连锁性状(X-linked trait)一种由X染色体上的基因影响的表型。X连锁隐性遗传疾病在男性中发生更频繁,因为他们只有一条X染色体。

合子(zygote)由精子和卵子(卵细胞)结合而成的细胞,或称受精卵。

参考文献

1000 Genomes Project Consortium. (2012). An integrated map of genetic variation from 1 092 human genomes. *Nature*, *491*(7422), 56-65.

Ackerman, P. L., Beier, M. E., & Boyle, M. O. (2005). Working memory and intelligence: the same or different constructs? *Psychological Bulletin*, *131*(1), 30-60. doi: 10.1037/0033-2909.131.1.30

Addington, A. M., Gornick, M., Duckworth, J., Sporn, A., Gogtay, N., Bobb, A., ... Straub, R. E. (2005). GAD1 (2q31.1), which encodes glutamic acid decarboxylase (GAD67), is associated with childhood-onset schizophrenia and cortical gray matter volume loss. *Molecular Psychiatry*, *10*(6), 581-588.

ADHDgene. (2014). ADHDgene: A Genetic Database for Attention Deficit Hyperactivity Disorder. *An Overview of ADHDgene*, *40*, D1003-D1009.

Administration on Aging. (2014). A profile of older Americans: 2014. U. S. Department of Health and Human Services.

Aebersold, R., & Mann, M. (2003). Mass spectrometry-based proteomics. *Nature*, *422*(6928), 198-207. doi:10.1038/nature01511

Agrawal, A., Jacobson, K. C., Prescott, C. A., & Kendler, K. S. (2002). A twin study of sex differences in social support. *Psychological Medicine*, *32*(7), 1155-1164.

Agrawal, A., Jacobson, K. C., Prescott, C. A., & Kendler, K. S. (2004). A twin study of personality and illicit drug use and abuse/dependence. *Twin Research*, *7*(1), 72-81. doi: 10.1375/13690520460741462

Agrawal, A., Lynskey, M. T., Bucholz, K. K., Kapoor, M., Almasy, L., Dick, D. M., ... Hancock, D. B. (2014a). DSM-5 cannabis use disorder: A phenotypic and genomic perspective. *Drug and Alcohol Dependence*, *134*, 362-369.

Agrawal, A., Lynskey, M. T., Hinrichs, A., Grucza, R., Saccone, S. F., Krueger, R., ... Consortium, G. (2011). A genome-wide association study of DSM-IV cannabis dependence. *Addiction Biology*, *16*(3), 514-518. doi: 10.1111/j.1369-1600.2010.00255.x

Agrawal, A., Madden, P. A. F., Bucholz, K. K., Heath, A. C., & Lynskey, M. T. (2014b). Initial reactions to tobacco and cannabis smoking: A twin study. *Addiction*, *109*(4), 663-671.

Agrawal, A., Sartor, C. E., Lynskey, M. T., Grant, J. D., Pergadia, M. L., Grucza, R., ... Heath, A. C. (2009). Evidence for an interaction between age at first drink and genetic influences on DSM-IV alcohol dependence symptoms. *Alcoholism — Clinical and Experimental Research*, *33*(12), 2047-2056. doi:10.1111/j.1530-0277.2009.01044.x

Agrawal, A., Verweij, K. J. H., Gillespie, N. A., Heath, A. C., Lessov-Schlaggar, C. N., Martin, N. G., ... Lynskey, M. T. (2012). The genetics of addiction — a translational perspective. *Translational Psychiatry*, *2*(7), e140.

Ainsworth, M. D. S., Blehar, M. C., Waters, E., & Wall, S. (1978). *Patterns of attachment: A psychological study of the Strange Situation*. Hillsdale, NJ: Erlbaum.

AlAqeel, B., & Margolese, H. C. (2013). Remission in schizophrenia: Critical and systematic review. *Harvard Review of Psychiatry*, *20*(6), 281-297.

Alarcón, M., DeFries, J. C., Light, J. G., & Pennington, B. F. (1997). A twin study of mathematics disability. *Journal of Learning Disabilities*, *30*(6), 617-623.

Alarcón, M., Plomin, R., Fulker, D. W., Corley, R., & DeFries, J. C. (1999). Molarity not modularity: Multivariate genetic analysis of specific cognitive abilities in parents and their 16-year-old children in the Colorado Adoption Project. *Cognitive Development*, *14*, 175-193. doi: 10.1016/S0885-2014(99)80023-9

Albright, F., Light, K., Light, A., Bateman, L., & Cannon-Albright, L. A. (2011). Evidence for a heritable predisposition to Chronic Fatigue Syndrome. *BMC Neurology*, *11*, 62. doi: 10.1186/1471-2377-11-62

Allen, G. (1975). *Life science in the twentieth century*. New York: John Wiley.

Allen Institute for Brain Science. (2014).

Allen Human Brain Atlas. Retrieved from http://human.brain-map.org

Allen, M. G. (1976). Twin studies of affective illness. *Archives of General Psychiatry*, 33, 1476–1478.

Allis, C. D., Caparros, M. -L., Jenuwein, T., Reinberg, D., & Lachlan, M. (2015). *Epigenetics* (2nd ed.): Cold Spring Harbor Laboratory Press.

Althoff, R. R., Faraone, S. V., Rettew, D. C., Morley, C. P., & Hudziak, J. J. (2005). Family, twin, adoption, and molecular genetic studies of juvenile bipolar disorder. *Bipolar Disorders*, 7(6), 598–609.

Altmuller, J., Palmer, L. J., Fischer, G., Scherb, H., & Wjst, M. (2001). Genomewide scans of complex human diseases: True linkage is hard to find. *American Journal of Human Genetics*, 69(5), 936–950.

Altshuler, D. L., Durbin, R. M., Abecasis, G. R., Bentley, D. R., Chakravarti, A., Clark, A. G., ... 1000 Genomes Project Consortium (2010a). A map of human genome variation from population-scale sequencing. *Nature*, 467(7319), 1061–1073. doi:10.1038/nature09534

Altshuler, D. M., Gibbs, R. A., Peltonen, L., Dermitzakis, E., Schaffner, S. F., Yu, F., ... McEwen, J. E. (2010b). Integrating common and rare genetic variation in diverse human populations. *Nature*, 467(7311), 52–58. doi:10.1038/nature09298

Alzheimer's Disease International. (2015). *World Alzheimer Report 2015: The Global Impact of Dementia. An analysis of prevalence, incidence, cost and trends*.

American Psychiatric Association. (2013). *Diagnostic and Statistical Manual of Mental Disorders. Fifth Edition (DSM-5)*. Washington, DC: American Psychiatric Association.

Amir, R. E., Van den Veyer, I. B., Wan, M., Tran, C. Q., Francke, U., & Zoghbi, H. Y. (1999). Rett syndrome is caused by mutations in X-linked MECP2, encoding methyl-CpG-binding protein 2. *Nature Genetics*, 23(2), 185–188.

Anderson, L. T., & Ernst, M. (1994). Self-injury in Lesch-Nyhan disease. *Journal of Autism and Developmental Disorders*, 24(1), 67–81.

Andrews, G., Stewart, G., Allen, R., & Henderson, A. S. (1990). The genetics of six neurotic disorders: A twin study. *Journal of Affective Disorders*, 19(1), 23–29.

Anholt, R. R., & Mackay, T. F. (2004). Quantitative genetic analyses of complex behaviours in Drosophila. *Nature Reviews Genetics*, 5(11), 838–849.

Anton, R. F., Oroszi, G., O'Malley, S., Couper, D., Swift, R., Pettinati, H., & Goldman, D. (2008). An evaluation of mu-opioid receptor (OPRM1) as a predictor of naltrexone response in the treatment of alcohol dependence. *Archives of General Psychiatry*, 65(2), 135–144. doi:10.1001/archpsyc.65.2.135

Ardiel, E. L., & Rankin, C. H. (2010). An elegant mind: Learning and memory in Caenorhabditis elegans. *Learning and Memory*, 17(4), 191–201. doi:10.1101/lm.960510

Arseneault, L., Moffitt, T. E., Caspi, A., Taylor, A., Rijsdijk, F. V., Jaffee, S. R., ... Measelle, J. R. (2003). Strong genetic effects on cross-situational antisocial behaviour among 5-year-old children according to mothers, teachers, examiner-observers, and twins' self-reports. *Journal of Child Psychology & Psychiatry & Allied Disciplines*, 44(6), 832–848.

Arvey, R. D., Bouchard, T. J., Jr., Segal, N. L., & Abraham, L. M. (1989). Job satisfaction: Environmental and genetic components. *Journal of Applied Psychology*, 74(2), 187–192.

Asbury, K., Dunn, J. F., & Plomin, R. (2006). Birthweight-discordance and differences in early parenting relate to monozygotic twin differences in behaviour problems and academic achievement at age 7. *Developmental Science*, 9(2), F22–F31. doi:10.1111/j.1467-7687.2006.00469.x

Asbury, K., & Plomin, R. (2013). *G is for genes: The impact of genetics on education and achievement* (Vol. 24). New York: Wiley & Sons.

Aschard, H., Lutz, S., Maus, B., Duell, E. J., Fingerlin, T. E., Chatterjee, N., ... Van Steen, K. (2012). Challenges and opportunities in genomewide environmental interaction (GWEI) studies. *Human Genetics*, 131(10), 1591–1613.

Ashbrook, D. G., Williams, R. W., Lu, L., & Hager, R. (2015). A cross-species genetic analysis identifies candidate genes for mouse anxiety and human bipolar disorder. *Frontiers in Behavioral Neuroscience*, 9(171).

Avinun, R., & Knafo, A. (2013). Parenting as a reaction evoked by children's genotype: A metaanalysis of children-as-twins studies. *Personality and Social Psychology Review*, 18(1), 87–102.

Awofala, A. A. (2011). Genetic approaches to alcohol addiction: Gene expression studies and recent candidates from Drosophila. *Invertebrate Neuroscience*, 11(1), 1–7. doi:10.1007/s10158-010-0113-y

Axelson, D., Goldstein, B., Goldstein, T., Monk, K., Yu, H., Hickey, M. B., ...

Merranko, J. (2015). Diagnostic precursors to bipolar disorder in offspring of parents with bipolar disorder: A longitudinal study. *American Journal of Psychiatry*, *172*(7), 638–646.

Aylor, D. L., Valdar, W., Foulds-Mathes, W., Buus, R. J., Verdugo, R. A., Baric, R. S., ... Churchill, G. A. (2011). Genetic analysis of complex traits in the emerging Collaborative Cross. *Genome Research*, *21*(8), 1213–1222. doi:10.1101/gr.111310.110

Ayorech, Z., Selzam, S., Smith-Woolley, E., Knopik, V. S., Neiderhiser, J. M., DeFries, J. C., & Plomin, R. (2016). Publication trends over fifty-five years of behavioral genetics research. *Behavior Genetics* [Epub ahead of print]. doi:10.1007/s10519-016-9786-2

Baddeley, A. D. (2007). *Working memory, thought, and action*. Oxford: Oxford University Press.

Badner, J. A., & Gershon, E. S. (2002). Meta-analysis of whole-genome linkage scans of bipolar disorder and schizophrenia. *Molecular Psychiatry*, *7*(4), 405–411. doi:10.1038/sj.mp.4001012

Bae, H. T., Sebastiani, P., Sun, J. X., Andersen, S. L., Daw, E. W., Terracciano, A., Ferrucci, L., & Perls, T. T. (2013). Genome-wide association study of personality traits in the Long Life Family Study. *Frontiers in Genetics*, *4*, 65.

Bailey, A., Palferman, S., Heavey, L., & Le Couteur, A. (1998). Autism: The phenotype in relatives. *Journal of Autism and Developmental Disorders*, *28*(5), 369–392.

Bailey, A., Phillips, W., & Rutter, M. (1996). Autism: Towards an integration of clinical, genetic, neuropsychological, and neurobiological perspectives. *Journal of Child Psychology and Psychiatry*, *37*, 89–126.

Bailey, J. M., Dunne, M. P., & Martin, N. G. (2000). Genetic and environmental influences on sexual orientation and its correlates in an Australian twin sample. *Journal of Personality and Social Psychology*, *78*(3), 524–536.

Bailey, J. M., & Pillard, R. C. (1991). A genetic study of male sexual orientation. *Archives of General Psychiatry*, *48*, 1089–1096.

Bailey, J. M., Pillard, R. C., Dawood, K., Miller, M. B., Farrer, L. A., Trivedi, S., & Murphy, R. L. (1999). A family history study of male sexual orientation using three independent samples. *Behavior Genetics*, *29*, 79–86.

Bailey, J. M., Pillard, R. C., Neale, M. C., & Agyei, Y. (1993). Heritable factors influence sexual orientation in women. *Archives of General Psychiatry*, *50*, 217–223.

Bailey, J. M., Vasey, P. L., Diamond, L. M., Breedlove, S. M., Vilain, E., & Epprecht, M. (2016). Sexual orientation, controversy, and science. *Psychological Science in the Pubblic Interest*, *17*(2), 45–101. doi:10.1177/1529100616637616

Baker, L. A., Barton, M., Lozano, D. I., Raine, A., & Fowler, J. H. (2006). The Southern California Twin Register at the University of Southern California: II. *Twin Research and Human Genetics*, *9*(6), 933–940. doi:10.1375/183242706779462912

Baker, L. A., Jacobson, K. C., Raine, A., Lozano, D. I., & Bezdjian, S. (2007a). Genetic and environmental bases of childhood antisocial behavior: A multi-informant twin study. *Journal of Abnormal Psychology*, *116*(2), 219–235. doi:10.1037/0021-843x.116.2.219

Baker, T. B., Piper, M. E., McCarthy, D. E., Bolt, D. M., Smith, S. S., Kim, S.-Y., ... Transdisciplinary Tobacco Use Research Center Tobacco Dependence Phenotype Workgroup. (2007b). Time to first cigarette in the morning as an index of ability to quit smoking: implications for nicotine dependence. *Nicotine & Tobacco Research: Official Journal of the Society for Research on Nicotine and Tobacco*, *9*(Suppl 4), S555–570.

Bakwin, H. (1971). Enuresis in twins. *American Journal of Diseases in Children*, *21*, 222–225.

Balestri, M. (2014). Genetic modulation of personality traits a systematic review of the literature. *International Clinical Psychopharmacology*, *29*(1), 1–15. doi:10.1097/YIC.0b013e328364590b

Balestri, M., Calati, R., Serretti, A., & De Ronchi, D. (2014). Genetic modulation of personality traits: A systematic review of the literature. *International Clinical Psychopharmacology*, *29*(1), 1–15. doi:10.1097/YIC.0b013e328364590b

Ball, H. A., Arseneault, L., Taylor, A., Maughan, B., Caspi, A., & Moffitt, T. E. (2008). Genetic and environmental influences of victims, bullies and bully-victims in childhood. *Journal of Child Psychology and Psychiatry*, *49*(1), 104–112. doi:10.1111/j.1469-7610.2007.01821.x

Baltes, P. B. (1993). The aging mind: Potential and limits. *Gerontologist*, *33*, 580–594.

Bamshad, M. J., Ng, S. B., Bigham, A. W., Tabor, H. K., Emond, M. J., Nickerson, D. A., & Shendure, J. (2011). Exome sequencing as a tool for Mendelian disease gene discovery. *Nature Reviews Genetics*, *12*(11), 745–755. doi:10.1038/nrg3031

Banaschewski, T., Becker, K., Scherag, S., Franke, B., & Coghill, D. (2010). Molecular genetics of attention-deficit/hyperactivity disorder: An overview. *European Child and Adolescent Psychiatry*, 19(3), 237-257. doi. 10. 1007/s00787-010-0090-z

Barash, Y., Calarco, J. A., Gao, W., Pan, Q., Wang, X., Shai, O., ... Frey, B. J. (2010). Deciphering the splicing code. *Nature*, 465(7294), 53-59.

Barbieri, M., Bonafe, M., Franceschi, C., & Paolisso, G. (2003). Insulin/IGF-I-signaling pathway: An evolutionarily conserved mechanism of longevity from yeast to humans. *American Journal of Physiology-Endocrinology and Metabolism*, 285(5), E1064-E1071.

Barclay, N., L., Eley, T. C., Buysse, D. J., Maughan, B., & Gregory, A. M. (2011). Nonshared environmental influences on sleep quality: A study of monozygotic twin differences. *Behavior Genetics*, 42(2), 234-244. doi: 10. 1007/s10519-011-9510-1

Barnea, A., Cronqvist, H., & Siegel, S. (2010). Nature or nurture: What determines investor behavior? *Journal of Financial Economics*, 98(3), 583-604. doi: 10. 1016/j.jfineco. 2010. 08. 001

Baron, M. Freimer, N. F., Risch, N., Lerer, B., & Alexander, J. R. (1993). Diminished support for linkage between manic depressive illness and X-chromosome markers in three Israeli pedigrees. *Nature Genetics*, 3, 49-55.

Baron, M., Gruen, R., Asnis, L., & Lord, S. (1985). Familial transmission of schizotypal and borderline personality disorder. *American Journal of Psychiatry*, 142, 927-934.

Bartels, M. (2015). Genetics of wellbeing and its components satisfaction with life, happiness, and quality of life: A review and meta-analysis of heritability studies. *Behavior Genetics*, 45(2), 137-156. doi:10. 1007/s10519-015-9713-y

Bartels, M., Cacioppo, J., van Beijsterveldt, T. C. E. M., & Boomsma, D. (2013). Exploring the association between well-being and psychopathology in adolescents. *Behavior Genetics*, 43(3), 177-190. doi:10. 1007/s10519-013-9589-7

Bartels, M., de Moor, M. H. M., van der Aa, N., Boomsma, D. I., & de Geus, E. J. C. (2012). Regular exercise, subjective wellbeing, and internalizing problems in adolescence: Causality or genetic pleiotropy? *Frontiers in Genetics*, 3, 4.

Bartels, M., Rietveld, M. J., van Baal, G. C., & Boomsma, D. I. (2002). Heritability of educational achievement in 12-year-olds and the overlap with cognitive ability. *Twin Research*, 5(6), 544-533.

Bartels, M., Saviouk, V., de Moor, M. H. M., Willemsen, G., van Beijsterveldt, T. C. E. M., Hottenga, J.-J., ... Boomsma, D. I. (2010). Heritability and genome-wide linkage scan of subjective happiness. *Twin Research and Human Genetics*, 13(2), 135-142.

Bassell, G. J., & Warren, S. T. (2008). Fragile X syndrome: Loss of local mRNA regulation alters synaptic development and function. *Neuron*, 60(2), 201-214. doi: 10. 1016/j. neuron. 2008. 10. 004

Bates, G. P. (2005). History of genetic disease: The molecular genetics of Huntington disease — a history. *Nature Reviews Genetics*, 6(10), 766-773.

Bearden, C. E., & Freimer, N. B. (2006). Endophenotypes for psychiatric disorders: Ready for primetime? *Trends in Genetics*, 22(6), 306-313.

Beauchamp, J. P., Cesarini, D., Johannesson, M., van der Loos, M. J. H. M., Koellinger, P. D., Groenen, P. J. F., ... Christakis, N. A. (2011). Molecular Genetics and Economics. *Journal of Economic Perspectives*, 25(4), 57-82. doi:10. 1257/jep. 25. 4. 57

Beaver, K. M. (2011). Genetic influences on being processed through the criminal justice system: Results from a sample of adoptees. *Biological Psychiatry*, 69(3), 282-287. doi:10. 1016/j. biopsych. 2010. 09. 007

Beaver, K. M., Boutwell, B. B., Barnes, J. C., & Cooper, J. A. (2009). The biosocial underpinnings to adolescent victimization results from a longitudinal sample of twins. *Youth Violence and Juvenile Justice*, 7(3), 223-238. doi: 10. 1177/1541204009333830

Beck, J. A., Lloyd, S., Hafezparast, M., Lennon-Pierce, M., Eppig, J. T., Festing, M. F. W., & Fisher, E. M. C. (2000). Genealogies of mouse inbred strains. *Nature Genetics*, 24(1), 23-25.

Beckmann, J. S. (2015). Can we afford to sequence every newborn baby's genome? *Human Mutation*, 36(3), 283-286.

Bekris, L. M., Yu, C.-E., Bird, T. D., & Tsuang, D. W. (2010). Genetics of Alzheimer disease. *Journal of Geriatric Psychiatry and Neurology*, 23(4), 213-227. doi: 10. 1177/0891988710383571

Belknap, J. K., & Atkins, A. L. (2001). The replicability of QTLs for murine alcohol preference drinking behavior across eight independent studies. *Mammalian Genome*, 12

(12), 893-899.

Bellott, D. W., Hughes, J. F., Skaletsky, H., Brown, L. G., Pyntikova, T., Cho, T.-J., ... Page, D. C. (2014). Mammalian Y chromosomes retain widely expressed dosage-sensitive regulators. *Nature*, *508*(7497), 494-499. doi:10.1038/nature13206

Benjamin, D. J., Cesarini, D., van der Loos, M. J. H. M., Dawes, C. T., Koellinger, P. D., Magnusson, P. K. E., ... Visscher, P. M. (2012). The genetic architecture of economic and political preferences. *Proceedings of the National Academy of Sciences of the United States of America*, *109*(21), 8026-8031. doi:10.1073/pnas.1120666109

Benjamin, J., Ebstein, R., & Belmaker, R. H. (2002). *Molecular genetics and the human personality*. Washington, DC: American Psychiatric Press.

Benjamin, J., Li, L., Patterson, C., Greenburg, B. D., Murphy, D. L., & Hamer, D. H. (1996). Population and familial association between the D4 dopamine receptor gene and measures of novelty seeking. *Nature Genetics*, *12*, 81-84.

Bennet, A. M., Di Angelantonio, E., Ye, Z., Wensley, F., Dahlin, A., Ahlbom, A., ... de Faire, U. (2007). Association of apolipoprotein E genotypes with lipid levels and coronary risk. *JAMA*, *298*(11), 1300-1311.

Bennett, B., Carosone-Link, P., Zahniser, N. R., & Johnson, T. E. (2006). Confirmation and fine mapping of ethanol sensitivity quantitative trait loci, and candidate gene testing in the LXS recombinant inbred mice. *Journal of Pharmacology and Experimental Therapeutics*, *319*(1), 299-307.

Bennett, B, Larson, C., Richmond, P. A., Odell, A. T., Saba, L. M., Tabakoff, B., ... Radcliffe, R. A. (2015). Quantitative trait locus mapping of acute functional tolerance in the LXS recombinant inbred strains. *Alcoholism: Clinical and Experimental Research*, *39*(4), 611-620.

Benoit, C.-E., Rowe, W. B., Menard, C., Sarret, P., & Quirion, R. (2011). Genomic and proteomic strategies to identify novel targets potentially involved in learning and memory. *Trends in Pharmacological Sciences*, *32*(1), 43-52. doi:10.1016/j.tips.2010.10.002

Benowitz, N. L. (2008). Neurobiology of nicotine addiction: implications for smoking cessation treatment. *American Journal of Medicine*, *121*(4 Suppl 1), S3-10. doi:10.1016/j.amjmed.2008.01.015

Benyamin, B., Pourcain, B., Davis, O. S., Davies, G., Hansell, N. K., Brion, M. J., ... Visscher, P. M. (2014). Childhood intelligence is heritable, highly polygenic and associated with FNBP1L. *Molecular Psychiatry*, *19*(2), 253-258. doi:10.1038/mp.2012.184

Benzer, S. (1973). Genetic dissection of behavior. *Scientific American*, *229*(6), 24-37.

Bergem, A. L. M., Engedal, K., & Kringlen, E. (1997). The role of heredity in late-onset Alzheimer disease and vascular dementia: A twin study. *Archives of General Psychiatry*, *54*(3), 264-270.

Bergeman, C. S. (1997). *Aging: Genetic and environmental influences*. Newbury Park, CA: Sage.

Bergeman, C. S., Chipuer, H. M., Plomin, R., Pedersen, N. L., McClearn, G. E., Nesselroade, J. R., ... McCrae, R. R. (1993). Genetic and environmental effects on openness to experience, agree-ableness, and conscientiousness: An adoption/twin study. *Journal of Personality*, *61*, 159-179. doi:10.1111/j.1467-6494.1993.tb01030.x

Bergeman, C. S., Plomin, R., McClearn, G. E., Pedersen, N. L., & Friberg, L. (1988). Genotype-environment interaction in personality development: Identical twins reared apart. *Psychology and Aging*, *3*, 399-406. doi:10.1037/0882-7974.3.4.399

Bergeman, C. S., Plomin, R., Pedersen, N. L., & McClearn, G. E. (1991). Genetic mediation of the relationship between social support and psychological well-being. *Psychology and Aging*, *6*(4), 640-646. doi:10.1037/0882-7974.6.4.640

Bergeman, C. S., Plomin, R., Pedersen, N. L., McClearn, G. E., & Nesselroade, J. R. (1990). Genetic and environmental influences on social support: The Swedish Adoption/Twin Study of Aging. *Journal of Gerontology*, *45*(3), 101-106.

Berkman, M. B., & Plutzer, E. (2010). *Evolution, creationism, and the battle to control America's classrooms*. Cambridge: Cambridge University Press.

Berkman, M. B., & Plutzer, E. (2011). Defeating creationism in the courtroom, but not in the classroom. *Science*, *331*(6016), 404-405. doi:10.1126/science.1198902

Bernards, R. (2006). Exploring the uses of RNAi — gene knockdown and the Nobel Prize. *The New England Journal of Medicine*, *355*(23), 2391-2393.

Bertelsen, A. (1985). Controversies and consistencies in psychiatric genetics. *Acta Paediatrica Scandinavica*, *71*, 61-75.

Bertram, L., McQueen, M. B., Mullin, K., Blacker, D., & Tanzi, R. E. (2007). Systematic metaanalyses of Alzheimer disease genetic association studies: The AlzGene database. *Nature Genetics*, *39*(1), 17–23.

Betjemann, R. S., Johnson, E. P., Barnard, H., Boada, R., Filley, C. M., Filipek, P. A., ... Pennington, B. F. (2010). Genetic covariation between brain volumes and IQ, reading performance, and processing speed. *Behavior Genetics*, *40*(2), 135–145. doi:10.1007/s10519-009-9328-2

Betsworth, D. G., Bouchard, T. J., Jr., Cooper, C. R., Grotevant, H. D., Hansen, J. I. C., Scarr, S., & Weinberg, R. A. (1994). Genetic and environmental influences on vocational interests assessed using adoptive and biological families and twins reared apart and together. *Journal of Vocational Behavior*, *44*, 263–278.

Bettens, K., Sleegers, K., & Van Broeckhoven, C. (2013). Genetic insights in Alzheimer's disease. *The Lancet Neurology*, *12*(1), 92–104.

Bickle, J. (2003). *Philosophy and neuroscience: A ruthlessly reductive account*. Boston: Kluwer Academic.

Bidwell, L. C., Palmer, R. H. C., Brick, L., McGeary, J. E., & Knopik, V. S. (2016). Genomewide single nucleotide polymorphism heritability of nicotine dependence as a multidimensional phenotype. *Psychological Medicine*, 1–11.

Biederman, J., Faraone, S. V., Keenan, K., Benjamin, J., Krifcher, B., Moore, C., ... Steingard, R. (1992). Further evidence for family-genetic risk factors in attention deficit hyperactivity disorder. Patterns of comorbidity in probands and relatives psychiatrically and pediatrically referred samples. *Archives of General Psychiatry*, *49*(9), 728–738.

Bierut, L. J. (2011). Genetic vulnerability and susceptibility to substance dependence. *Neuron*, *69*(4), 618–627. doi:10.1016/j.neuron.2011.02.015

Bierut, L. J., Dinwiddie, S. H., Begleiter, H., Crowe, R. R., Hesselbrock, V., Nurnberger, J. I., ... Reich, T. (1998). Familial transmission of substance dependence: Alcohol, marijuana, cocaine, and habitual smoking — A report from the Collaborative Study on the Genetics of Alcoholism. *Archives of General Psychiatry*, *55*(11), 982–988. doi:10.1001/archpsyc.55.11.982

Biesecker, B. B., & Marteau, T. (1999). The future of genetic counseling: An international perspective. *Nature Genetics*, *22*, 133–137.

Binbay, T., Drukker, M., Elbi, H., Tanik, F. A., Özkinay, F., Onay, H., ... Alptekin, K. (2012). Testing the psychosis continuum: Differential impact of genetic and nongenetic risk factors and comorbid psychopathology across the entire spectrum of psychosis. *Schizophrenia Bulletin*, *38*(5), 992–1002.

Binder, E. B., & Holsboer, F. (2006). Pharmacogenomics and antidepressant drugs. *Annals of Medicine*, *38*(2), 82–94.

Bird, A. (2007). Perceptions of epigenetics. *Nature*, *447*(7143), 396–398. doi:10.1038/nature05913

Bird, L. M. (2014). Angelman syndrome: Review of clinical and molecular aspects. *The Application of Clinical Genetics*, *7*, 93.

Bishop, D. V. M. (2015). The interface between genetics and psychology: Lessons from developmental dyslexia. *Proceedings of the Royal Society of London B: Biological Sciences*, *282*(1806), 20143139.

Bishop, D. V. M., Jacobs, P. A., Lachlan, K., Wellesley, D., Barnicoat, A., Boyd, P. A., ... Scerif, G. (2011). Autism, language and communication in children with sex chromosome trisomies. *Archives of Disease in Childhood*, *96*(10), 954–959. doi:10.1136/adc.2009.179747

Björklund, A., Lindahl, M., & Plug, E. (2006). The origins of intergenerational associations: Lessons from Swedish adoption data. *The Quarterly Journal of Economics*, *121*(3), 999–1028. doi:10.2307/25098815

Blokland, G. A. M., de Zubicaray, G. I., McMahon, K. L., & Wright, M. J. (2012). Genetic and environmental influences on neuroimaging phenotypes: A meta-analytical perspective on twin imaging studies. *Twin Research and Human Genetics*, *15*(03), 351–371.

Blokland, G. A. M., McMahon, K. L., Thompson, P. M., Martin, N. G., de Zubicaray, G. I., & Wright, M. J. (2011). Heritability of working memory brain activation. *Journal of Neuroscience*, *31*(30), 10882–10890. doi:10.1523/jneurosci.5334-10.2011

Bloom, F. E., & Kupfer, D. J. (1995). *Psychopharmacology: A fourth generation of progress*. New York: Raven Press.

Bloom, R. J., Kähler, A. K., Collins, A. L., Chen, G., Cannon, T. D., Hultman, C., & Sullivan, P. F. (2013). Comprehensive analysis of copy number variation in monozygotic twins discordant for bipolar disorder or schizophrenia. *Schizophrenia Research*, *146*(1), 289–290.

Boardman, J. D., Alexander, K. B., & Stallings, M. C. (2011). Stressful life events and depression among adolescent twin pairs.

Biodemography and Social Biology, 57(1), 53–66. doi:10.1080/19485565.2011.574565

Bobori, C. (2015). Molecular genetics of Huntington's disease. In P. Vlamos & A. Alexiou (Eds.), *GeNeDis 2014* (pp. 59–65). Springer.

Bohman, M. (1996). Predisposition to criminality: Swedish adoption studies in retrospect. In G. R. Bock & J. A. Goode (Eds.), *Genetics of Criminal and Antisocial Behaviour* (Vol. 194, pp. 99–114).

Bohman, M., Cloninger, C. R., Sigvardsson, S., & von Knorring, A. L. (1982). Predisposition to petty criminals in Swedish adoptees. I. Genetic and environmental heterogeneity. *Archives of General Psychiatry*, 39, 1233–1241.

Bohman, M., Cloninger, C. R., von Knorring, A. L., & Sigvardsson, S. (1984). An adoption study of somatoform disorders. III. Cross-fostering analysis and genetic relationship to alcoholism and criminality. *Archives of General Psychiatry*, 41(9), 872–878.

Boker, S., Neale, M., Maes, H., Wilde, M., Spiegel, M., Brick, T., ... Brandmaier, A. (2012). OpenMx 1.2 User Guide.

Boker, S., Neale, M., Maes, H., Wilde, M., Spiegel, M., Brick, T., ... Fox, J. (2011). OpenMx: An open source extended structural equation modeling framework. *Psychometrika*, 76(2), 306–317. doi:10.1007/s11336-010-9200-6

Bokhorst, C. L., Bakermans-Kranenburg, M. J., Fearon, R. M., van IJzendoorn, M. H., Fonagy, P., & Schuengel, C. (2003). The importance of shared environment in mother-infant attachment security: A behavioral genetic study. *Child Development*, 74(6), 1769–1782.

Bolton, D., Eley, T. C., O'Connor, T. G., Perrin, S., Rabe-Hesketh, S., Rijsdijk, F. V., & Smith, P. (2006). Prevalence and genetic and environmental influences on anxiety disorders in 6-year-old twins. *Psychological Medicine*, 36(3), 335–344. doi:10.1017/S0033291705006537

Bolton, D., & Hill, J. (2004). *Mind, meaning and mental disorder: The nature of causal explanation in psychology and psychiatry*. Oxford: Oxford University Press.

Boomsma, D., Busjahn, A., & Peltonen, L. (2002). Classical twin studies and beyond. *Nature Reviews Genetics*, 3(11), 872–882.

Boraska, V., Franklin, C. S., Floyd, J. A. B., Thornton, L. M., Huckins, L. M., Southam, L., ... Treasure, J. (2014). A genome-wide association study of anorexia nervosa. *Molecular Psychiatry*, 19(10), 1085–1094.

Borkenau, P., Riemann, R., Spinath, F. M., & Angleitner, A. (2006). Genetic and environmental influences on Person x Situation profiles. *Journal of Personality*, 74(5), 1451–1480.

Bornovalova, M. A., Hicks, B. M., Iacono, W. G., & McGue, M. (2010). Familial transmission and heritability of childhood disruptive disorders. *American Journal of Psychiatry*, 167(9), 1066–1074. doi:10.1176/appi.ajp.2010.09091272

Bouchard, T. J., Jr., Lykken, D. T., McGue, M., Segal, N. L., & Tellegen, A. (1990). Sources of human psychological differences: The Minnesota Study of Twins Reared Apart. *Science*, 250, 223–228.

Bouchard, T. J., Jr., & McGue, M. (1981). Familial studies of intelligence: A review. *Science*, 212, 1055–1059.

Bouchard, T. J., Jr., & Propping, P. (1993). *Twins as a tool of behavioral genetics*. Chichester, UK: John Wiley & Sons.

Bovet, D. (1977). Strain differences in learning in the mouse. In A. Oliverio (Ed.), *Genetics, environment and intelligence* (pp. 79–92). Amsterdam: North-Holland.

Bowes, L., Maughan, B., Caspi, A., Moffitt, T. E., & Arseneault, L. (2010). Families promote emotional and behavioural resilience to bullying: Evidence of an environmental effect. *Journal of Child Psychology and Psychiatry*, 51(7), 809–817. doi:10.1111/j.1469-7610.2010.02216.x

Bradfield, J. P., Taal, H. R., Timpson, N. J., Scherag, A., Lecoeur, C., Warrington, N. M., ... Thiering, E. (2012). A genome-wide association meta-analysis identifies new childhood obesity loci. *Nature Genetics*, 44(5), 526–531.

BrainCloud. (2011). BrainCloud. Retrieved from http://braincloud.jhmi.edu/

BrainSpan. (2011). BrainSpan: Atlas of the developing human brain. Retrieved from http://www.brainspan.org/

Braungart, J. M., Fulker, D. W., & Plomin, R. (1992a). Genetic mediation of the home environment during infancy: A sibling adoption study of the HOME. *Developmental Psychology*, 28, 1048–1055. doi:10.1037/0012-1649.28.6.1048

Braungart, J. M., Plomin, R., DeFries, J. C., & Fulker, D. W. (1992b). Genetic influence on testerrated infant temperament as assessed by Bayley's Infant Behavior Record: Nonadoptive and adoptive siblings and twins. *Developmental Psychology*, 28, 40–47. doi:10.1037/0012-1649.28.1.40

Bray, G. A. (1986). Effects of obesity on health and happiness. In K. E. Brownell & J. P. Foreyt (Eds.), *Handbook of eating disorders:*

Physiology, psychology and treatment of obesity anorexia and bulimia (pp. 1 – 44). New York: Basic Books.

Breen, F. M., Plomin, R., & Wardle, J. (2006). Heritability of food preferences in young children. *Physiology & Behavior*, 88(4 – 5), 443 – 447. doi:10.1016/j.physbeh.2006.04.016

Brendgen, M., Boivin, M., Dionne, G., Barker, E. D., Vitaro, F., Girard, A., ... Perusse, D. (2011). Gene-environment processes linking aggression, peer victimization, and the teacher-child relationship. *Child Development*, 82(6), 2021 – 2036. doi:10.1111/j.1467-8624.2011.01644.x

Brendgen, M., Boivin, M., Vitaro, F., Girard, A., Dionne, G., & Perusse, D. (2008). Geneenvironment interaction between peer victimization and child aggression. *Development and Psychopathology*, 20(2), 455 – 471. doi:10.1017/s0954579408000229

Brendgen, M., Vitaro, F., Boivin, M., Girard, A., Bukowski, W. M., Dionne, G., ... Perusse, D. (2009). Gene-environment interplay between peer rejection and depressive behavior in children. *Journal of Child Psychology and Psychiatry*, 50(8), 1009 – 1017. doi:10.1111/j.1469-7610.2009.02052.x

Brennan, P. A., Mednick, S. A., & Jacobsen, B. (1996). Assessing the role of genetics in crime using adoption cohorts. In G. R. Bock & J. A. Goode (Eds.), *Genetics of criminal and anti-social behaviour* (pp. 115 – 128). Chichester, UK: Wiley.

Brett, D., Pospisil, H., Valcércel, J., Reich, J., & Bork, P. (2002). Alternative splicing and genome complexity. *Nature Genetics*, 30, 29 – 30.

Briley, D. A., & Tucker-Drob, E. M. (2013). Explaining the increasing heritability of cognitive ability across development: A meta-analysis of longitudinal twin and adoption studies. *Psychological Science*, 24(9), 1704 – 1713.

Briley, D. A., & Tucker-Drob, E. M. (2014). Genetic and environmental continuity in personality development: A meta-analysis. *Psychological Bulletin*, 140(5), 1303 – 1331.

Broadhurst, P. L. (1978). *Drugs and the inheritance of behaviour*. New York: Plenum.

Broms, U., Silventoinen, K., Madden, P. A., Heath, A. C., & Kaprio, J. (2006). Genetic architecture of smoking behavior: A study of Finnish adult twins. *Twin Research and Human Genetics*, 9(1), 64 – 72.

Brooker, R. J., Neiderhiser, J. M., Ganiban, J. M., Leve, L. D., Shaw, D. S., & Reiss, D. (2014). Birth and adoptive parent anxiety symptoms moderate the link between infant attention control and internalizing problems in toddlerhood. *Development and Psychopathology*, 26(02), 347 – 359.

Brooks-Wilson, A. R. (2013). Genetics of healthy aging and longevity. *Human Genetics*, 132(12), 1323 – 1338.

Brouwer, S. I., van Beijsterveldt, T. C., Bartels, M., Hudziak, J. J., & Boomsma, D. I. (2006). Influences on achieving motor milestones: A twin-singleton study. *Twin Research and Human Genetics*, 9(3), 424 – 430.

Brumm, V. L., & Grant, M. L. (2010). The role of intelligence in phenylketonuria: A review of research and management. *Molecular Genetics and Metabolism*, 99, S18 – S21. doi:10.1016/j.ymgme.2009.10.015

Buchner, D. A., & Nadeau, J. H. (2015). Contrasting genetic architectures in different mouse reference populations used for studying complex traits. *Genome Research*.

Buchwald, D., Herrell, R., Ashton, S., Belcourt, M., Schmaling, K., Sullivan, P., ... Goldberg, J. (2001). A twin study of chronic fatigue. *Psychosomatic Medicine*, 63(6), 936 – 943.

Buck, K. J., Rademacher, B. S., Metten, P., & Crabbe, J. C. (2002). Mapping murine loci for physical dependence on ethanol. *Psychopharmacology (Berl)*, 160(4), 398 – 407.

Bulik, C. M. (2005). Exploring the geneenvironment nexus in eating disorders. *Journal of Psychiatry & Neuroscience*, 30(5), 335 – 339.

Bulik, C. M., Sullivan, P. F., Tozzi, F., Furberg, H., Lichtenstein, P., & Pedersen, N. L. (2006). Prevalence, heritability, and prospective risk factors for anorexia nervosa. *Archives of General Psychiatry*, 63(3), 305 – 312.

Bulik, C. M., Sullivan, P. F., Wade, T. D., & Kendler, K. S. (2000). Twin studies of eating disorders: A review. *International Journal of Eating Disorders*, 27(1), 1 – 20.

Bulik-Sullivan, B., Finucane, H. K., Anttila, V., Gusev, A., Day, F. R., Perry, J. R. B., ... Price, A. L. (2015a). An atlas of genetic correlations across human diseases and traits. *Nature Genetics* 47(11): 1236 – 1241. doi:10.1038/ng.3406.

Bulik-Sullivan, B. K., Loh, P.-R., Finucane, H. K., Ripke, S., Yang, J., Patterson, N., ... Neale, B. M. (2015b). LD Score regression distinguishes confounding from polygenicity in genome-wide association studies.

Nature Genetics, 47(3), 291-295.

Burke, K. C., Burke, J. D., Roe, D. S., & Regier, D. A. (1991). Comparing age at onset of major depression and other psychiatric disorders by birth cohorts in five. U. S. community populations. *Archives of General Psychiatry*, 48, 789-795.

Burks, B. (1928). The relative influence of nature and nurture upon mental development: A comparative study on foster parent - foster child resemblance. *Yearbook of the National Society for the Study of Education*, Part 1, 27, 219-316.

Burt, C. (1966). The genetic determination of differences in intelligence. *British Journal of Psychology*, 57, 137-153.

Burt, S. A. (2009a). Are there meaningful etiological differences within antisocial behavior? Results of a meta-analysis. *Clinical Psychology Review*, 29(2), 163-178. doi:10.1016/j.cpr.2008.12.004

Burt, S. A. (2009b). Rethinking environmental contributions to child and adolescent psychopathology: A meta-analysis of shared environmental influences. *Psychological Bulletin*, 135(4), 608-637. doi:10.1037/a0015702

Burt, S. A. (2013). Do etiological influences on aggression overlap with those on rule breaking? A meta-analysis. *Psychological Medicine*, 43(09), 1801-1812.

Burt, S. A., Klahr, A., & Klump, K. (2015). Do non-shared environmental influences persist over time? An examination of days and minutes. *Behavior Genetics*, 45(1), 24-34. doi.10.1007/s10519-014-9682-6

Burt, S. A., Klahr, A. M., Neale, M. C., & Klump, K. L. (2013). Maternal warmth and directiveness jointly moderate the etiology of childhood conduct problems. *Journal of Child Psychology and Psychiatry*, 54(10), 1030-1037.

Burt, S. A., & Klump, K. L. (2014). Parent-child conflict as an etiological moderator of childhood conduct problems: An example of a "bioecological" gene-environment interaction. *Psychological Medicine*, 44(05), 1065-1076.

Burt, S. A., Krueger, R. F., McGue, M., & Iacono, W. (2003). Parent-child conflict and the comorbidity among childhood externalizing disorders. *Archives of General Psychiatry*, 60(5), 505-513.

Burt, S. A., McGue, M., & Iacono, W. G. (2010). Environmental contributions to the stability of antisocial behavior over time: Are they shared or non-shared? *Journal of Abnormal Child Psychology*, 38(3), 327-337. doi:10.1007/s10802-009-9367-4

Burt, S. A., McGue, M., Krueger, R. F., & Iacono, W. G. (2005). How are parent-child conflict and childhood externalizing symptoms related over time? Results from a genetically informative cross-lagged study. *Development and Psychopathology*, 17(1), 145-165.

Burt, S. A., & Neiderhiser, J. M. (2009). Aggressive versus nonaggressive antisocial behavior: Distinctive etiological moderation by age. *Developmental Psychology*, 45(4), 1164-1176. doi:10.1037/a0016130

Buss, A. H., & Plomin, R. (1984). *Temperament: Early developing personality traits*. Hillsdale, NJ: Lawrence Erlbaum.

Busto, G. U., Cervantes-Sandoval, I., & Davis, R. L. (2010). Olfactory learning in Drosophila. *Physiology*, 25(6), 338-346. doi:10.1152/physiol.00026.2010

Butcher, L. M., Davis, O. S. P., Craig, I. W., & Plomin, R. (2008). Genome-wide quantitative trait locus association scan of general cognitive ability using pooled DNA and 500K single nucleotide polymorphism microarrays. *Genes, Brain and Behavior*, 7(4), 435-446. doi:10.1111/j.1601-183X.2007.00368.x

Butler, R. J., Galsworthy, M. J., Rijsdijk, E., & Plomin, R. (2001). Genetic and gender influences on nocturnal bladder control: A study of 2900 3-year-old twin pairs. *Scandinavian Journal of Urology & Nephrology* (35), 177-183. doi:10.1080/003655901750291917

Butterworth, B., & Kovas, Y. (2013). Understanding neurocognitive developmental disorders can improve education for all. *Science*, 340(6130), 300-305.

Byrd, A. L., & Manuck, S. B. (2014). MAOA, childhood maltreatment, and antisocial behavior: Meta-analysis of a gene-environment interaction. *Biological Psychiatry*, 75(1), 9-17. doi:http://dx.doi.org/10.1016/j.biopsych.2013.05.004

Byrne, E. M., Raheja, U. K., Stephens, S. H., Heath, A. C., Madden, P. A., Vaswani, D., ... Gehrman, P. R. (2015). Seasonality shows evidence for polygenic architecture and genetic correlation with schizophrenia and bipolar disorder. *Journal of Clinical Psychiatry*, 76(2), 128-134.

Cadoret, R. J. (1994). Genetic and environmental contributions to heterogeneity in alcoholism: findings from the Iowa adoption studies. *Annals of the New York Academy of Sciences* 708, 59-71.

Cadoret, R. J., Cain, C. A., & Crowe, R. R. (1983). Evidence from gene-environment interaction in the development of adolescent antisocial behaviour. *Behavior Genetics*, 13, 301-

310.

Cadoret, R. J., O'Gorman, T. W., Heywood, E., & Troughton, E. (1985a). Genetic and environmental factors in major depression. *Journal of Affective Disorders*, 9, 155–164.

Cadoret, R. J., O'Gorman, T. W., Troughton, E., & Heywood, E. (1985b). Alcoholism and antisocial personality: Interrelationships, genetic and environmental factors. *Archives of General Psychiatry*, 42(2), 161–167.

Cadoret, R. J., & Stewart, M. A. (1991). An adoption study of attention deficit/hyperactivity/aggression and their relationship to adult antisocial personality. *Comprehensive Psychiatry*, 32(1), 73–82.

Cadoret, R. J., Troughton, E., & O'Gorman, T. W. (1987). Genetic and environmental factors in alcohol abuse and antisocial personality. *Journal of Studies on Alcohol*, 48(1), 1–8.

Cadoret, R. J., Yates, W. R., Troughton, E., Woodworth, G., & Stewart, M. A. (1995a). Genetic-environmental interaction in the genesis of aggressivity and conduct disorders. *Archives of General Psychiatry*, 52, 916–924.

Cadoret, R. J., Yates, W. R., Troughton, E., Woodworth, G., & Stewart, M. A. (1995b). Adoption study demonstrating two genetic pathways to drug abuse. *Archives of General Psychiatry*, 52, 42–52.

Cadoret, R. J., Yates, W. R., Troughton, E., Woodworth, G., & Stewart, M. A. (1996). An adoption study of drug abuse/dependency in females. *Comprehensive Psychiatry*, 37(2), 88–94. doi:10.1016/s0010-440x(96)90567-2

Caldwell, B. M., & Bradley, R. H. (1984). *Home observation for measurement of the environment (HOME) — Revised edition*. University of Arkansas at Little Rock.

Caldwell, B. M., & Bradley, R. H. (2003). *Home observation for measurement of the environment: Administration manual*. Tempe, AZ: Family & Human Dynamics Research Institute, Arizona State University.

Calvin, C. M., Deary, I. J., Webbink, D., Smith, P., Fernandes, C., Lee, S. H., ... Visscher, P. M. (2012) Multivariate genetic analyses of cognition and academic achievement from two population samples of 174 000 and 166 000 school children. *Behavior Genetics*, 42(5), 699–710.

Camp, N. J., Lowry, M. R., Richards, R. L., Plenk, A. M., Carter, C., Hensel, C. H., ... Cannon-Albright, L. A. (2005). Genome-wide linkage analyses of extended Utah pedigrees identifies loci that influence recurrent, early-onset major depression and anxiety disorders. *American Journal of Medical Genetics. Part B, Neuropsychiatric Genetics*, 135(1), 85–93.

Cannon, T. D., Mednick, S. A., Parnas, J., Schulsinger, F., Praestholm, J., & Vestergaard, A. (1993). Developmental brain abnormalities in the offspring of schizophrenic mothers: I. Contributions of genetic and perinatal factors. *Archives of General Psychiatry*, 50, 551–564.

Cantwell, D. P. (1975). Genetic studies of hyperactive children: Psychiatric illness in biological and adopting parents. In R. R. Fieve, D. Rosenthal, & H. Brill (Eds.), *Genetic research in psychiatry* (pp. 273–280). Baltimore: Johns Hopkins University Press.

Capecchi, M. R. (1994). Targeted gene replacement. *Scientific American* (March), 52–59.

Capron, C., & Duyme, M. (1989). Assessment of the effects of socioeconomic status on IQ in a full cross-fostering study. *Nature*, 340, 552–554.

Capron, C., & Duyme, M. (1996). Effect of socioeconomic status of biological and adoptive parents on WISC-R subtest scores of their French adopted children. *Intelligence*, 22(3), 259–275.

Cardno, A. G., Jones, L. A., Murphy, K. C., Sanders, R. D., Asherson, P., Owen, M. J., & McGuffin, E (1999). Dimensions of psychosis in affected sibling pairs. *Schizophrenia Bulletin*, 25(4), 841–850.

Cardno, A. G., & Owen, M. J. (2014). Genetic relationships between schizophrenia, bipolar disorder, and schizoaffective disorder. *Schizophrenia Bulletin*. doi:10.1093/schbul/sbu016

Cardno, A. G., Rijsdijk, F V., West, R. M., Gottesman, I. I., Craddock, N., Murray, R. M., & McGuffin, P. (2012). A twin study of schizoaffective-mania, schizoaffective-depression, and other psychotic syndromes. *American Journal of Medical Genetics. Part B Neuropsychiatric Genetics*, 159b(2), 172–182. doi:10.1002/ajmg.b.32011

Cardon, L. R., Fulker, D. W., DeFries, J. C., & Plomin, R. (1992). Multivariate genetic analysis of specific cognitive abilities in the Colorado Adoption Project at age 7. *Intelligence*, 16, 383–400. doi:10.1016/0160-2896(92)90016-K

Cardon, L. R., Smith, S. D., Fulker, D. W., Kimberling, W. J., Pennington, B. F., & DeFries, J. C. (1994). Quantitative trait locus for reading disability on chromosome 6. *Science*, 266,

276-279.

Carey, G. (1986). Sibling imitation and contrast effects. *Behavior Genetics*, 16, 319-341.

Carey, G. (1992). Twin imitation for antisocial behavior: Implications for genetic and family environmental research. *Journal of Abnormal Psychology*, 101, 18-25.

Carmelli, D., Swan, G. E., &.Cardon, L. R. (1995). Genetic mediation in the relationship of education to cognitive function in older people. *Psychology and Aging*, 10, 48-53.

Carnell, S., Haworth, C. M. A., Plomin, R., & Wardle, J. (2008). Genetic influence on appetite in children. *International Journal of Obesity*, 32(10), 1468-1473. doi:10.1038/ijo. 2008.127

Caron, M. G. (1996). Images in, neuroscience. Molecular biology, II. A dopamine transporter mouse knockout. *American Journal of Psychiatry*, 153(12), 1515

Carrion-Castillo, A., Franke, B., & Fisher, S. E. (2013). Molecular genetics of dyslexia: An overview. *Dyslexia*, 19(4), 214-240.

Carroll, J. B. (1993). *Human cognitive abilities*. New York: Cambridge University Press.

Carroll, J. B. (1997). Psychometrics, intelligence, and public policy. *Intelligence*, 24, 25-52.

Cartwright, R., Kirby, A. C., Tikkinen, K. A. O., Mangera, A., Thiagamoorthy, G., Rajan, P., ... Bennett, P. (2015). Systematic review and meta-analysis of genetic association studies of urinary symptoms and prolapse in women. *American Journal of Obstetrics and Gynecology*, 212(2), 199. e1-199e. 24.

Caspi, A., Hariri, A. R., Holmes, A., Uher, R., & Moffitt, T. E. (2010). Genetic sensitivity to the environment: the case of the serotonin transporter gene and its implications for studying complex diseases and traits. *Focus*, 8(3), 398-416.

Caspi, A., McClay, J., Moffitt, T. E., Mill, J., Martin, J, Craig, I. W., ... Poulton, R. (2002). Role of genotype in the cycle of violence in maltreated children. *Science*, 297(5582), 851-854.

Caspi, A., & Moffitt, T. E. (1995). The continuity of maladaptive behaviour: From description to understanding of antisocial behaviour. In D. Cicchetti & D. J. Cohen (Eds.), *Developmental psychopathology* (pp. 472-511). New York: Wiley.

Caspi, A., Sugden, K., Moffitt, T. E., Taylor, A., Craig, I. W., Harrington, H., ... Poulton, R. (2003). Influence of life stress on depression: Moderation by a polymorphism in the 5-HTT gene. *Science*, 301(5631), 386-389.

Cattell, R. B. (1982). *The inheritance of personality and ability*. New York: Academic Press.

Cech, T. R., & Steitz, J. A. (2014). The noncoding RNA revolution — trashing old rules to forge new ones. *Cell*, 157(1), 77-94. doi: http://dx.doi.org/10.1016/j.cell.2014.03.008

Cecil, J. E., Tavendale, R., Watt, P., Hetherington, M. M., & Palmer, C. N. A. (2008). An obesity-associated FTO gene variant and increased energy intake in children. *New England Journal of Medicine*, 359(24), 2558-2566. doi:10.1056/NEJMoa0803839

Centers for Disease Control and Prevention. (2014). Attention-deficit/hyperactivity disorder (ADHD). Key findings: Trends in the parent-report of health care provider-diagnosis and medication treatment for ADHD: United States, 2003-2011.

Cesarini, D., Dawes, C. T., Johannesson, M., Lichtenstein, P., & Wallace, B. (2009). Gehetic variation in preferences for giving and risk taking. *The Quarterly Journal of Economics*, 124(2), 809-842. doi:10.1162/qjec.2009.124.2.809

Cesarini, D., Johannesson, M., Lichtenstein, P., Sandewall, Ö., & Wallace, B. (2010). Genetic variation in financial decision-making. *The Journal of Finance*, 65(5), 1725-1754. doi:10.1111/j.1540-6261.2010.01592.x

Chabris, C. F., Hebert, B. M., Benjamin, D. J., Beauchamp, J., Cesarini, D., van der Loos, M., ..., Laibson, D. (2012). Most reported genetic associations with general intelligence are probably false positives. *Psychological Science*, 23(11), 1314-1323. doi:10.1177/0956797611435528

Chambers, J. C., Elliott, P., Zabaneh, D., Zhang, W., Li, Y., Froguel, P., ... Kooner, J. S. (2008). Common genetic variation near MC4R is associated with waist circumference and insulin resistance. *Nature Genetics*, 40(6), 716-718. doi:10.1038/ng.156

Champagne, F. A., & Curley, J. P. (2009). Epigenetic mechanisms mediating the longterm effects of maternal care on development. *Neuroscience and Biobehavioral Reviews*, 33(4), 593-600.

Changeux, J.-P. (2010). Nicotine addiction and nicotinic receptors: Lessons from genetically modified mice. *Nature Reviews Neuroscience*, 11(6), 389-401. doi:10.1038/urn2849

Chen, C. H., Gutierrez, E. D., Thompson, W., Panizzon, M. S., Jernigan, T. L., Eyler, L. T., ... Dale, A. M. (2012). Hierarchical genetic organization of human cortical surface area.

Science, *335*(6076), 1634 - 1636. doi: 10.1126/science.1215330

Chen, C. H., Panizzon, M. S., Eyler, L. T., Jernigan, T. L., Thompson, W., Fennema-Notestine, C., ... Dale, A. M. (2012). Genetic influences on cortical regionaiization in the human brain. *Neuron*, *72*(4), 537 - 544. doi: 10.1016/j.neuron.2011.08.021

Chen, D. T., Jiang, X., Akula, N., Shugart, Y. Y., Wendland, J. R., Steele, C. J. M., ... McMahon, F. J. (2013). Genome-wide association study meta-analysis of European and Asian-ancestry samples identifies three novel loci associated with bipolar disorder. *Molecular Psychiatry*, *18*(2), 195 - 205.

Cherny, S. S., Fulker, D. W., Emde, R. N., Robinson, J., Corley, R. P., Reznick, J. S., ... DeFries, J. C. (1994). Continuity and change in infant shyness from 14 to 20 months. *Behavior Genetics*, *24*, 365 - 379. doi: 10.1007/BF01067538

Cherny, S. S., Fulker, D. W., & Hewitt, J. K. (1997). Cognitive development from infancy to middle childhood. In R. J. Sternberg & E. L. Grigorenko (Eds.), *Intelligence, heredity and environment* (pp. 463 - 482). Cambridge: Cambridge University Press.

Chesler, E. J. (2014). Out of the bottleneck: The Diversity Outcross and Collaborative Cross mouse populations in behavioral genetics research. *Mammalian Genome*, *25*(1 - 2), 3 - 11.

Chesler, E. J., Lu, L., Shou, S., Qu, Y., Gu, J., Wang, J., ... Williams, R. W (2005). Complex trait analysis of gene expression uncovers polygenic and pleiotropic networks that modulate nervous system function. *Nature Genetics*, *37*(3), 233 - 242.

Chesler, E. J., Miller, D. R., Branstetter, L. R., Galloway, L. D., Jackson, B. L., Philip, V. M., ... Manly, K. F. (2008). The Collaborative Cross at Oak Ridge National Laboratory: Developing a powerful resource for systems genetics. *Mammalian Genome*, *19*(6), 382 - 389. doi: 10.1007/s00335-008-9135-8

Cheung, V. G., Conlin, L. K., Weber, T. M., Arcaro, M., Jen, K. Y., Morley, M., & Spielman, R. S. (2003). Natural variation in human gene expression assessed in lymphoblastoid cells. *Nature Genetics*, *33*(3), 422 - 425.

Chiang, M.-C., Barysheva, M., Shattuck, D. W., Lee, A. D., Madsen, S. K., Avedissian, C., ... Thompson, P. M. (2009). Genetics of brain fiber architecture and intellectual performance. *Journal of Neuroscience*, *29*(7), 2212 - 2224. doi: 10.1523/jneurosci.4184-08.2009

Chipuer, H. M., & Plomin, R. (1992). Using siblings to identify shared and non-shared HOME items. *British Journal of Developmental Psychology*, *10*. 165 - 178.

Chipuer, H. M., Rovine, M. J., & Plomin, R. (1990). LISREL modeling: Genetic and environmental influences on IQ revisited. *Intelligence*, *14*, 11 - 29. doi: 10.1016/0160-2896(90)90011-H

Cho, A. H., Killeya-Jones, L. A., O'Daniel, J. M., Kawamoto, K., Gallagher, P., Hags, S., ... Ginsburg, G. S. (2012). Effect of genetic testing for risk of type 2 diabetes mellitus on health behaviors and outcomes: Study rationale, development and design. *BMC Health Services Research*, *12*, 16. doi: 10.1186/1472-6963-12-16

Chow, B. W.-Y., Ho, C. S.-H., Wong, S. W.-L., Waye, M. M. Y., & Bishop, D. V. M. (2011). Genetic and environmental influences on Chinese language and reading abilities. *PLoS One*, *6*(2), e166040. doi: 10.1371/journal.pone.0016640

Christensen, K., Frederiksen, H., Vaupel, J. W., & McGue, M. (2003a). Age trajectories of genetic variance in physical functioning: A longitudinal study of Danish twins aged 70 years and older. *Behavior Genetics*, *33*(2), 125 - 136.

Christensen, K., Gaist, D., Vaupel, J. W., & McGue, M. (2002). Genetic contribution to rate of change in functional abilities among Danish twins aged 75 years or more. *American Journal of Epidemiology*, *155*(2), 132 - 139.

Christensen, K., Holm, N. V., McGue, M., Corder, L., & Vaupel, J. W. (1999). A Danish population-based twin study on general health in the elderly. *Journal of Aging and Health*, *11*(1), 49 - 64.

Christensen, K., Johnson, T. E., & Vaupel, J. W. (2006b). The quest for genetic determinants of human longevity: Challenges and insights. *Nature Review Genetics*, *7*(6), 436 - 448.

Christensen, K., Petersen, I., Skythe, A., Herskind, A. M., McGue, M., & Bingley, P. (2006a). Comparison of academic performance of twins and singletons in adolescence: Follow-up study. *British Medical Journal*, *333*(7578), 1095 - 1097.

Christiansen, K. O. (1977). A preliminary study of criminality among twins. In S. Mednick & K. O. Christiansen (Eds.), *Biosocial bases of criminal behavior* (pp. 89 - 108). New York: Gardner Press, Inc.

Christiansen, L., Frederiksen, H., Schousboe, K., Skythe, A., Wurmb-Schwark, N., Christensen, K., & Kyvik, K. (2003b). Age-and sex-differences in the validity of questionnaire-based zygosity in twins. *Twin Research*, *6*(4), 275-278.

Chua, S. C., Jr., Chung, W. K., Wu-Peng, X. S., Zhang, Y., Liu, S. M., Tartaglia, L., & Leibel, R. L. (1996). Phenotypes of mouse *diabetes* and rat *fatty* due to mutations in the OB (leptin) receptor. *Science*, *271*, 994-996.

Cirulli, E. T., Kasperaviciute, D., Attix, D, K., Need, A. C., Ge, D., Gibson, G., & Goldstein, D. B. (2010). Common genetic variation and performance on standardized cognitive tests. *European Journal of Human Genetics*, *18*(7), 815-819. doi:10.1038/ejhg.2010.2

Civelek, M., & Lusis, A. J. (2014). Systems genetics approaches to understand complex traits. *Nature Reviews Genetics*, *15*(1), 34-48.

Claridge, G., & Hewitt, J. K. (1987). A biometrical study of schizotypy in a normal population. *Personality and Individual Differences*, *8*, 303-312.

Clementz, B. A., McDowell, J. E., & Zisook, S. (1994). Saccadic system functioning among schizophrenic patients and their first-degree biological relatives. *Journal of Abnormal Psychology*, *103*, 277-287.

Cloninger, C. R. (1987). A systematic method for clinical description and classification of personality variants. A proposal. *Archives of General Psychiatry*, *44*(6), 573-588.

Cloninger, C. R. (2002). The relevance of normal personality for psychiatrists. In J. Benjamin, R. Ebstein, & R. H. Belmaker (Eds.), *Molecular Genetics and Human Personality* (pp. 33-42). New York: American Psychiatric Press.

Cloninger, C. R., Bohman, M., & Sigvardsson, S. (1981). Inheritance of alcohol abuse: Cross fostering analysis of adopted men. *Archives of General Psychiatry*, *38*, 861-868.

Cloninger, C. R., Sigvardsson, S., Bohman, M., & von Knorring, A. L. (1982). Predisposition to petty criminality in Swedish adoptees: II. Cross fostering analysis of gene-environment interaction. *Archives of General Psychiatry*, *39*, 1242-1247.

Cobb, J. P., Mindrinos, M. N., Miller-Graziano, C., Calvano, S. E., Baker, H. V., Xiao, W., ... Young, V. (2005). Application of genome-wide expression analysis to human health and disease. *Proceedings of the National Academy of Sciences USA*, *102*(13), 4801-4806.

Cohen, B. H. (1964). Family patterns of mortality and life span. *Quarterly Review of Biology*, *39*, 130-181.

Cohen, P., Cohen, J., Kasen, S., Velez, C. N., Hartmark, C., Johnson, J., ... Streuning, E. L. (1993). An epidemiological study of disorders in late childhood and adolescence: I. Age- and gender-specific prevalence. *Journal of Child Psychology and Psychiatry*, *34*(6), 851-867.

Cohen-Woods, S., Craig, I. W., & McGuffin, P. (2013). The current state of play on the molecular genetics of depression. *Psychological Medicine*, *43*(04), 673-687.

Colantuoni, C., Lipska, B. K., Ye, T. Z., Hyde, T. M., Tao, R., Leek, J. T., ... Kleinman, J. E. (2011). Temporal dynamics and genetic control of transcription in the human prefrontal cortex. *Nature*, *478*(7370), 519-523. doi:10.1038/nature10524

Collins, F. (2006). *The language of God: A scientist presents evidence for belief*. New York: Simon & Schuster.

Collins, F. S. (2010). *The language of life: DNA and the revolution in personalised medicine*. New York: Harper Collins.

Collins, F. S. (2015). Exceptional opportunities in medical science: A view from the National Institutes of Health. *JAMA*, *313*(2), 131-132. doi:10.1001/jama.2014.16736

Colom, R., Rebollo, I., Abad, F. J., & Shih, P. C. (2006). Complex span tasks, simple span tasks, and cognitive abilities: A reanalysis of key studies. *Memory and Cognition*, *34*(1), 158-171. doi:10.3758/bf03193395

Colvert, E., Tick, B., McEwen, F., Stewart, C., Curran, S. R., Woodhouse, E., ... Garnett, T. (2015). Heritability of autism spectrum disorder in a UK population-based twin sample. *JAMA Psychiatry*, *72*(5), 415-423.

Compton, W. M., Conway, K. P., Stinson, F. S., & Grant, B. F. (2006). Changes in the prevalence of major depression and comorbid substance use disorders in the United States between 1991-1992 and 2001-2002. *American Journal of Psychiatry*, *163*(12), 2141-2147. doi:10.1176/appi.ajp.163.12.2141

Conrad, D. F., Pinto, D., Redon, R., Feuk, L., Gokcumen, O., Zhang, Y. J., ... Hurles, M. E. (2010). Origins and functional impact of copy number variation in the human genome. *Nature*, *464*(7289), 704-712.

CONVERGE Consortium, Cai, N., Bigdeli, T. B., Kretzschmar, W., Li, Y., Liang, J., ... Hu, Z. (2015). Sparse whole-genome sequencing identifies two loci for major depressive disorder. *Nature*, *523*, 588-591.

Cook, D., Nuro, E., & Murai, K. K. (2014). Increasing our understanding of human cognition through the study of Fragile X Syndrome. *Developmental Neurobiology*, *74*(2), 147-

177.

Cook, E. H., Jr., Courchesne, R. Y., Cox, N. J., Lord, C., Gonen, D., Guter, S. J., ... Courchesne, E. (1998). Linkage-disequilibrium mapping of autistic disorder, with 15q11-13 markers. *American Journal of Human Genetics*, 62(5), 1077–1083.

Coolidge, F. L., Thede, L. L., & Jang, K. L. (2001). Heritability of personality disorders in childhood: A preliminary investigation. *Journal of Personality Disorders*, 15(1), 33–40. doi: 10.1521/pedi.15.1.33.18645

Cooper, R. M., & Zubek, J. P. (1958). Effects of enriched and restricted early environments on the learning ability of bright and dull rats. *Canadian Journal of Psychology*, 12, 159–164.

Corder, E. H., Saunders, A. M., Strittmatter, W. J., Schmechel, D. E., Gaskell, P. C., Small, G. W., ... Pericak Vance, M. A. (1993). Gene dose of apolipoprotein E type 4 allele and the risk of Alzheimer's disease in late onset families. *Science*, 261(5123), 921–923.

Coren, S. (2005). *The intelligence of dogs. A guide to the thoughts, emotions, and inner lives of our canine companions.* New York: Simon & Schuster.

Correa, C. R., & Cheung, V. G. (2004). Genetic variation in radiation-induced expression phenotypes. *American Journal of Human Genetics*, 75(5), 885–890.

Cortez, D., Marin, R., Toledo-Flores, D., Froidevaux, L., Liechti, A., Waters, P. D., ... Kaessmann, H. (2014). Origins and functional evolution of Y chromosomes across mammals. *Nature*, 508(7497), 488–493. doi: 10.1038/nature13151

Costa, P. T., & McCrae, R. R. (1994). Stability and change in personality from adolescent through adulthood. In C. F. Haverson, Jr., G. A. Kohnstamm, & R. P. Martin (Eds.), *The developing structure of temperament and personality from infancy to adulthood* (pp. 139–150). Hillsdale, NJ: Erlbaum.

Crabbe, J. C. (2012). Translational behaviorgenetic studies of alcohol: Are we there yet? *Genes, Brain and Behavior*, 11(4), 375–386.

Crabbe, J. C., & Harris, R. A. (1991). *The genetic basis of alcohol and drug actions.* New York: Plenum.

Crabbe, J. C., Kendler, K. S., & Hitzemann, R. J. (2013). Modeling the diagnostic criteria for alcohol dependence with genetic animal models *Behavioral Neurobiology of Alcohol Addiction* (pp. 187–221): Springer.

Crabbe, J. C., Kosobud, A., Young, E. R., Tam, B. R., & McSwigan, J. D. (1985). Bidirectional selection for susceptibility to ethanol withdrawal seizures in Mus musculus. *Behavior Genetics*, 15, 521–536.

Crabbe, J. C., Phillips, T. J., & Belknap, J. K. (2010). The complexity of alcohol drinking: Studies in rodent genetic models. *Behavior Genetics*, 40(6), 737–750. doi: 10.1007/s10519-010-9371-z

Crabbe, J. C., Phillips, T. J., Buck, K. J., Cunningham, C. L., & Belknap, J. K. (1999a). Identifying genes for alcohol and drug sensitivity: Recent progress and future directions. *Trends in Neurosciences*, 22, 173–179.

Crabbe, J. C., Phillips, T. J., Feller, D. J., Hen, R., Wenger, C. D., Lessov, C. N., & Schafer, G. L. (1996). Elevated alcohol consumption in null mutant mice lacking 5-HT 1B serotonin receptors. *Nature Genetics*, 14(1), 98–101.

Crabbe, J. C., Wahlsten, D, & Dudek, B. C. (1999b). Genetics of mouse behavior: Interactions with laboratory environment. *Science*, 284, 1670–1672.

Craddock, N., Owen, M. J., & O'Donovan, M. C. (2006). The catechol-O-methyl transferase (COMT) gene as a candidate for psychiatric phenotypes: evidence and lessons. *Molecular Psychiatry*, 11(5), 446–458.

Crawley, J. N. (2003). Behavioral phenotyping of rodents. *Comparative Medicine*, 53(2), 140–146.

Crawley, J. N. (2007). *What's wrong with my mouse: Behavioral phenotyping of transgenic and knockout mice* (Vol. 2). Wilmington, DE: Wiley-Liss.

Cretu, D., Diamandis, E. P., & Chandran, V. (2013). Delineating the synovial fluid proteome: Recent advancements and ongoing challenges in biomarker research. *Critical Reviews in Clinical Laboratory Sciences*, 50(2), 51–63. doi: 10.3109/10408363.2013.802408

Cross-Disorder Group of the Psychiatric Genomics Consortium. (2013a). Genetic relationship between five psychiatric disorders estimated from genome-wide SNPs. *Nature Genetics*, 45(9), 984–994.

Cross-Disorder Group of the Psychiatric Genomics Consortium. (2013b). Identification of risk loci with shared effects on five major psychiatric disorders: A genome-wide analysis. *The Lancet*, 381(9875), 1371–1379.

Crowe, R. R. (1972). The adopted offspring of women criminal offenders: A study of their arrest records. *Archives of General Psychiatry*,

27, 600-603.

Crowe, R. R. (1974). An adoption study of antisocial personality. *Archives of General Psychiatry*, 31, 785-791.

Crusio, W. E. (2004). Flanking gene and genetic background problems in genetically manipulated mice. *Biological Psychiatry*, 56(6), 381-385. doi:10.1016/j.biopsych.2003.12.026

Cumings, J. L., & Benson, D. F. (1992). *Dementia: A clinical approach*. Boston, MA: Butterworth.

Cutrona, C. E., Cadoret, R. J., Suhr, J. A., Richards, C. C., Troughton, E., Schutte, K., & Woodworth, G. (1994). Interpersonal variables in the prediction of alcoholism among adoptees — evidence for gene-environment interactions. *Comprehensive Psychiatry*, 35(3), 171-179. doi:10.1016/0010-440x(94)90188-0

D'Angelo, M. G., Lorusso, M. L., Civati, F., Comi, G. P., Magri, F., Del Bo, R., ... Bresolin, N. (2011). Neurocognitive profiles in Duchenne muscular dystrophy and gene mutation site. *Pediatric Neurology*, 45(5), 292-299. doi:10.1016/j.pediatrneurol.2011.08.003

Dabelea, D., Mayer-Davis, E. J., Lamichhane, A. P., D'Agostino, R. B., Liese, A. D., Vehik, K. S., ... Hamman, R. F. (2008). Association of intrauterine exposure to maternal diabetes and obesity with type 2 diabetes in youth — The SEARCH Case-Control Study. *Diabetes Care*, 31(7), 1422-1426. doi:10.2337/dc07-2417

Dale, P. S., Simonoff, E., Bishop, D. V. M., Eley, T. C., Oliver, B., Price, T. S., ... Plomin, R. (1998). Genetic influence on language delay in two-year-old children. *Nature Neuroscience*, 1(4), 324-328. doi:10.1038/1142

Darvasi, A. (1998). Experimental strategies for the genetic dissection of complex traits in animal models. *Nature Genetics*, 18, 19-24.

Darwin, C. (1859). *On the origin of species by means of natural selection, or the preservation of favoured races in the struggle for life*. London: John Murray.

Darwin, C. (1868). *The variation of animals and plants under domestication* (Vol. 2): O. Judd.

Darwin, C. (1871). *The descent of man and selection in relation to sex*. London: John Murray.

Darwin, C. (1896). *Journal of researches into the natural history and geology of the countries visited during the voyage of H. M. S. Beagle round the world under the command of Capt. Fitz Roy*, T. N. New York: Appleton.

Das, I., & Reeves, R. H. (2011). The use of mouse models to understand and improve cognitive deficits in Down syndrome. *Disease Models & Mechanisms*, 4(5), 596-606. doi:10.1242/dmm.007716

Davey Smith, G., & Ebrahim, S. (2003). "Mendelian randomization": Can genetic epidemiology contribute to understanding environmental determinants of disease? *International Journal of Epidemiology*, 32(1), 1-22.

Davey Smith, G., & Hemani, G. (2014). Mendelian randomization: genetic anchors for causal inference in epidemiological studies. *Human Molecular Genetics*, 23(R1), R89-R98.

Davidson, J. R. T., Hughes, D., Blazer, D. G., & George, L. (1991). Posttraumatic stress disorder in the community: An epidemiological study. *Psychological Medicine*, 21, 713-721.

Davies, G., Armstrong, N., Bis, J. C., Bressler, J., Chouraki, V., Giddaluru, S., ... Lahti, J. (2015). Genetic contributions to variation in general cognitive function: A meta-analysis of genomewide association studies in the CHARGE consortium (N=53949). *Molecular Psychiatry*, 20(2), 183-192.

Davies, G., Harris, S. E., Reynolds, C. A., Payton, A., Knight, H. M., Liewald, D. C., ... Corley, J. (2012). A genome-wide association study implicates the APOE locus in nonpathological cognitive ageing. *Molecular Psychiatry*, 19(1), 76-87.

Davies, G., Tenesa, A., Payton, A., Yang, J., Harris, S. E., Liewald, D., ... Deary, I. J. (2011). Genome-wide association studies establish that human intelligence is highly heritable and polygenic. *Molecular Psychiatry*, 16(10), 996-1005. doi:10.1038/mp.2011.85

Davis, O. S. P., Butcher, L. M., Docherty, S. J., Meaburn, E. M., Curtis, C. J. C., Simpson, A., ... Plomin, R. (2010). A three-stage genome-wide association study of general cognitive ability: Hunting the small effects. *Behavior Genetics*, 40, 759-767. doi:10.1007/s10519-010-9350-4

Davis, O. S. P., Haworth, C. M. A., & Plomin, R. (2009). Learning abilities and disabilities: Generalist genes in early adolescence. *Cognitive Neuropsychiatry*, 14, 312-331. doi:10.1080/13546800902797106

Davis, R. L. (2011). Traces of *Drosophila* memory. *Neuron*, 70(1), 8-19. doi:10.1016/j.neuron.2011.03.012

Dawkins, R. (2006). *The god delusion*. London: Bantam Press.

Daxinger, L., & Whitelaw, E. (2012). Understanding transgenerational epigenetic inheritance via the gametes in mammals. *Nature Reviews Genetics*, *13*(3), 153-162.

de Castro, J. M. (1999). Behavioral genetics of food intake regulation in free-living humans. *Nutrition*, *15*, 550-554.

De Groot, M. J., Hoeksma, M., Blau, N., Reijngoud, D. J., & van Spronsen, F. J. (2010). Pathogenesis of cognitive dysfunction in phenylketonuria: review of hypotheses. *Molecular Genetics and Metabolism*, *99*, S86-S89.

de Haan, M. J., Delucchi, K. L., Mathews, C. M., & Cath, D. C. (2015). Tic symptom dimensions and their heritabilities in Tourette's syndrome. *Psychiatric Genetics*, *25*(3), 112-118.

de Moor, M. H. M., Costa, P. T., Terracciano, A., Krueger, R. F., de Geus, E. J. C., Toshiko, T., ... Boomsma, D. I. (2012). Meta-analysis of genomewide association studies for personality. *Molecular Psychiatry*, *17*(3), 337-349. doi:10.1038/mp.2010.128

De Rubeis, S., & Buxbaum, J. D. (2015). Recent advances in the genetics of autism spectrum disorder. *Current Neurology and Neuroscience Reports 15*(6), 1-9.

Deary, I. J. (2000). *Looking down on human intelligence: From psychometrics to the brain*. Oxford: Oxford University Press.

Deary, I. J. (2012). Intelligence. In S. T. Fiske, D. L. Schacter, & S. E. Taylor (Eds.), *Annual Review of Psychology* (Vol. 63, pp. 453-482).

Deary, I. J. (2013). Intelligence. *Current Biology*, *23*(16), R673-R676. doi:http://dx.doi.org/10.1016/j.cub.2013.07.021

Deary, I. J., Penke, L., & Johnson, W. (2010). The neuroscience of human intelligence differences. *Nature Reviews Neuroscience*, *11*(3), 201-211.

Debener, S., Ullsperger, M., Siegel, M., & Engel, A. K. (2006). Single-trial EEG-fMRI reveals the dynamics of cognitive function. *Trends in Cognitive Sciences*, *10*(12), 558-563.

Deeb, S. S. (2006). Genetics of variation in human color vision and the retinal cone mosaic. *Current Opinion in Genetics & Development*, *16*(3), 301-307. doi:http://dx.doi.org/10.1016/j.gde.2006.04.002

DeFries, J. C., & Fulker, D. W. (1985). Multiple regression analysis of twin data. *Behavior Genetics*, *15*, 467-473. doi:10.1007/BF01066239

DeFries, J. C., Gervais, M. C., & Thomas, E. A. (1978). Response to 30 generations of selection for open-field activity in laboratory mice. *Behavior Genetics*, *8*, 3-13.

DeFries, J. C., Johnson, R. C., Kuse, A. R., McClearn, G. E., Polovina, J., Vandenberg, S. G., & Wilson, J. R. (1979). Familial resemblance for specific cognitive abilities. *Behavior Genetics*, *9*, 23-43.

DeFries, J. C., Knopik, V. S., & Wadsworth, S. J. (1999). Colorado Twin Study of reading disability. In D. D. Duane (Ed.), *Reading and attention disorders: Neurobiological correlates* (pp. 17-41). Baltimore, MD: York Press.

DeFries, J. C., Vandenberg, S. G., & McClearn, G. E. (1976). Genetics of specific cognitive abilities. *Annual Review of Genetics*, *10*, 179-207.

DeFries, J. C., Vogler, G. P., & LaBuda, M. C. (1986). Colorado Family Reading Study: An overview. In J. L. Fuller & E. C. Simmel (Eds.), *Perspectives in Behavior Genetics* (pp. 29-56). Hillsdale, NJ: Erlbaum.

DeLisi, L. E., Mirsky, A. F., Buchsbaum, M. S., van Kammen, D. P., Berman, K. F., Caton, C., ... Karoum, F. (1984). The Genain quadruplets 25 years later: A diagnostic and biochemical followup. *Psychiatric Research*, *13*, 59-76.

Dellava, J. E., Lichtenstein, P., & Kendler, K. S. (2012). Genetic variance of body mass index from childhood to early adulthood. *Behavior Genetics*, *42*(1), 86-95. doi:10.1007/s10519-011-9486-x

Demirkan, A., Penninx, B. W., Hek, K., Wray, N. R., Amin, N., Aulchenko, Y. S., ... Middeldorp, C. M. (2011). Genetic risk profiles for depression and anxiety in adult and elderly cohorts. *Molecular Psychiatry*, *16*(7), 773-783. doi:10.1038/mp.2010.65

Dempster, E. L., Pidsley, R., Schalkwyk, L. C., Owens, S., Georgiades, A., Kane, F., ... Mill, J. (2011). Disease-associated epigenetic changes in monozygotic twins discordant for schizophrenia and bipolar disorder. *Human Molecular Genetics*, *20*(24), 4786-4796. doi:10.1093/hmg/ddr416

den Braber, A., Zilhão, N. R., Fedko, I. O., Hottenga, J. J., Pool, R., Smit, D. J., ... Boomsma, D. I. (2016). Obsessive-compulsive symptoms in a large population-based twin-family sample are predicted by clinically based polygenic scores and by genome-wide SNPs. *Translational Psychiatry*, *6*, e731. doi:10.1038/tp.2015.223

den Hoed, M., Brave, S., Zhao, J. H., Westgate, K., Nessa, A., Ekelund, U., ... Loos, R. J. F. (2013). Heritability of objectively assessed daily physical activity and sedentary behavior. *The American Journal of Clinical Nutrition*, *98*(5), 1317-1325.

Deo, R., Nalls, M. A., Avery, C. L., Smith, J. G., Evans, D. S., Keller, M. E, ... Quibrera, P. M. (2013). Common genetic variation near the connexin-43 gene is associated with resting heart rate in African Americans: A genome-wide association study of 13 372 participants. *Heart Rhythm*, *10*(3), 401–408.

Derks, E. M., Dolan, C. V., & Boomsma, D. I. (2006). A test of the equal environment assumption (EEA) in multivariate twin studies. *Twin Research and Human Genetics*, *9*(3), 403–411.

Desai, M., Jellyman, J. K., & Ross, M. G. (2015). Epigenomics, gestational programming and risk of metabolic syndrome. *International Journal of Obesity*, *39*(4), 633–641.

Devineni, A. V., & Heberlein, U. (2013). The evolution of *Drosophila melanogaster* as a model for alcohol research. *Annual Review of Neuroscience*, *36*, 121–138.

Dewey, F. E., Grove, M. E., Pan, C., Goldstein, B. A., Bernstein, J. A., Chaib, H., ... David, S. P. (2014). Clinical interpretation and implications of whole-genome sequencing. *JAMA*, *311*(10), 1035–1045.

Dick, D., Prescott, C. A., & McGue, M. (2009a). The genetics of substance use and substance use disorders. In Y.-K. Kim (Ed.), *Handbook of Behavior Genetics* (pp. 433–453).

Dick, D. M., Agrawal, A., Keller, M. C., Adkins, A., Alley, F., Monroe, S., ... Sher, K. J. (2015). Candidate gene-environment interaction research reflections and recommendations. *Perspectives on Psychological Science*, *10*(1), 37–59.

Dick, D. M., Cho, S. B., Latendresse, S. J., Aliev, F., Nurnberger, J. I., Edenberg, H. J., ... Bucholz, K. (2014). Genetic influences on alcohol use across stages of development: GABRA2 and longitudinal trajectories of drunkenness from adolescence to young adulthood. *Addiction Biology*, *19*(6), 1055–1064.

Dick, D. M., Latendresse, S. J., Lansford, J. E., Budde, J. P., Goate, A., Dodge, K. A., ... Bates, J. E. (2009b). Role of GABRA2 in trajectories of externalizing behavior across development and evidence of moderation by parental monitoring. *Archives of General Psychiatry*, *66*(6), 649–657.

Dick, D. M., Meyers, J. L., Latendresse, S. J., Creemers, H. E., Lansford, J. E., Pettit, G. S., ... Huizink, A. C. (2011). CHRM2, parental monitoring, and adolescent externalizing behavior: Evidence for gene-environment interaction. *Psychological Science*, *22*(4), 481–489. doi:10. 1177/0956797611403318

Dick, D. M., Pagan, J. L., Viken, R., Purcell, S., Kaprio, J., Pulkkinen, L., & Rose, R. J. (2007). Changing environmental influences on substance use across development. *Twin Research and Human Genetics*, *10*(2), 315–326. doi:10. 1375/twin. 10. 2. 315

Dick, D. M., Rose, R. J., Viken, R. J., Kaprio, J., & Koskenvuo, M. (2001). Exploring geneenvironment interactions: Socioregional moderation of alcohol use. *Journal of Abnormal Psychology*, *110*(4), 625–632.

Do, E. K., Prom-Wormley, E. C., Eaves, L. J., Silberg, J. L., Miles, D. R., & Maes, H. H. (2015). Genetic and environmental influences on smoking behavior across adolescence and young adulthood in the Virginia Twin Study of Adolescent Behavioral Development and the Transitions to Substance Abuse Follow-Up. *Twin Research and Human Genetics*, *18*(01), 43–51.

Dobzhansky, T. (1964). *Heredity and the nature of man*. New York: Harcourt, Brace & World.

Docherty, S. J., Davis, O. S. P., Kovas, Y., Meaburn, E. L., Dale, P. S., Petrill, S. A., ... Plomin, R. (2010). A genome-wide association study identifies multiple loci associated with mathematics ability and disability. *Genes, Brain and Behavior*, *9*(2), 234–247. doi:10. 1111/j. 1601-183X. 2009. 00553. x

Dodge, K. A., & Rutter, M. (2011). *Geneenvironment interactions in developmental psychopathology*. New York: Guilford Press.

Doudna, J. A., & Charpentier, E. (2014). The new frontier of genome engineering with CRISPR-Cas9. *Science*, *346*(6213). doi:10. 1126/science. 1258096.

Doyle, A. E., Biederman, J., Ferreira, M. A. R., Wong, P., Smoller. J. W., & Faraone, S. V. (2010). Suggestive linkage of the Child Behavior Checklist Juvenile Bipolar Disorder phenotype to 1p21, 6p21, and 8q21. *Journal of the American Academy of Child and Adolescent Psychiatry*, *49*(4), 378–387. doi:10. 1016/j. jaac. 2010. 01. 008

Doyle, G. A., Schwebel, C. L., Ruiz, S. E., Chou, A. D., Lai, A. T, Wang, M. J., ... Ferraro, T. N. (2014). Analysis of candidate genes for morphine preference quantitative trait locus Mop2. *Neuroscience*, *277*, 403-416.

Dubois, L., Ohm Kyvik, K., Girard, M., Tarone-Tokuda, F., Perusse, D., Hjelmborg, J., ... Martin, N. G. (2012). Genetic and environmental contributions to weight, height, and BMI from birth to 19 years of age: An international study of over 12 000 twin pairs. *PLoS One*, *7*(2), e30153.

Duckworth, A., & Gross, J. J. (2014). Selfcontrol and grit related but separable determinants of success. *Current Directions in Psychological Science*, 23(5), 319-325.

Duncan, A. E., Agrawal, A., Grant, J. D., Bucholz, K. K., Madden, P. A. F., & Heath, A. C. (2009). Genetic and environmental contributions to BMI in adolescent and young adult women. *Obesity*, 17(5), 1040-1043. doi: 10.1038/oby.2008.643

Duncan, L. E., & Keller, M. C. (2011). A critical review of the first 10 years of candidate geneby-environment interaction research in psychiatry. *American Journal of Psychiatry*, 168(10), 1041-1049. doi: 10.1176/appi.ajp.2011.11020191

Dunn, J. F., & Plomin, R. (1990). *Separate lives: Why siblings are so different*. New York: Basic Books.

Duyme, M., Dumaret, A. C., & Tomkiewicz, S. (1999). How can we boost IQs of "dull children"?: A late adoption study. *Proceedings of the National Academy of Sciences of the United States of Amedca*, 96, 8790-8794.

Dworkin, R. H. (1979). Genetic and environmental influences on person-situation interactions. *Journal of Research in Personality*, 13, 279-293.

Dworzynski, K., Remington, A., Rijsdijk, F., Howell, P., & Plomin, R. (2007). Genetic etiology in cases of recovered and persistent stuttering in an unselected, longitudinal sample of young twins. *American Journal of Speech-Language Pathology*, 16(2), 169-178. doi: 10.1044/1058-0360(2007/021)

Eaves, L., Foley, D., & Silberg, J. (2003). Has the "Equal Environments" assumption been tested in twin studies? *Twin Research*, 6(6), 486-489.

Eaves, L. J. (1976). A model for sibling effects in man. *Heredity*, 36, 205-214.

Eaves, L. J., D'Onofrio, B., & Russell, R. (1999a). Transmission of religion and attitudes. *Twin Research*, 2, 59-61.

Eaves, L. J., Eysenck, H., & Martin, N. G. (1989). *Genes, culture, and personality: An empirical approach*. London: Academic Press.

Eaves, L. J., & Eysenck, H. J. (1976). Genetical and environmental components of inconsistency and unrepeatability in twins' responses to a neuroticism questionnaire. *Behavior Genetics*, 6, 145-160.

Eaves, L. J., Heath, A. C., Martin, N. G., Maes, H., Neale, M., Kendler, K., ... Corey, L. (1999b). Comparing the biological and cultural inheritance of personality and social attitudes in the Virginia 30 000 study of twins and their relatives. *Twin Research*, 2, 62-80.

Eaves, L. J., Heath, A. C., Neale, M. C., Hewitt, J. K., & Martin, N. G. (1998). Sex differences and non-additivity in the effects of genes in personality. *Twin Research*, 1, 131-137.

Eaves, L. J., Kendler, K. S., & Schuh, S. C. (1986). The familial sporadic classification: Its power for the resolution of genetic and environmental etiological factors. *Journal of Psychiatric Research*, 20, 115-130.

Eaves, L. J., Prom, E. C., & Silberg, J. L. (2010). The mediating effect of parental neglect on adolescent and young adult anti-sociality: A longitudinal study of twins and their parents. *Behavior Genetics*, 40(4), 425-437. doi: 10.1007/s10519-010-9336-2

Eaves, L. J., Silberg, J. L., Meyer, J. M., Maes, H. H., Simonoff, E., Pickles, A., ... Hewitt, J. K. (1997). Genetics and developmental psychopathology: 2. The main effects of genes and environment on behavioral problems in the Virginia Twin Study of Adolescent Behavioral Development. *Journal of Child Psychology and Psychiatry*, 38(8), 965-980.

Ebstein, R. P., Novick, O., Umansky, R., Priel, B., Osher, Y., Blaine, D., ... Belmaker, R. H. (1996). Dopamine D 4 receptor (D 4 DR) exon III polymorphism associated with the human personality trait novelty-seeking. *Nature Genetics*, 12, 78-80.

Edwards, S. L., Rapee, R. M., & Kennedy, S. (2010b). Prediction of anxiety symptoms in preschool-aged children: Examination of maternal and paternal perspectives. *Journal of Child Psychology and Psychiatry*, 51(3), 313-321. doi: 10.1111/j.1469-7610.2009.02160.x

Egeland, J. A., Gerhard, D. S., Pauls, D. L., Sussex, J. N., Kidd, K. K., Allen, C. R., ... Housman, D. E. (1987). Bipolar affective disorders linked to DNA markers on chromosome 11. *Nature*, 325(26), 783-787.

Eggum-Wilkens, N. D., Lemery-Chalfant, K., Aksan, N., & Goldsmith, H. H. (2015). Selfconscious shyness: Growth during toddlerhood, strong role of genetics, and no prediction from fearful shyness. *Infancy*, 20(2), 160-188.

Ehlers, C. L., Gilder, D. A., Wall, T. L., Phillips, E., Feiler, H., & Wilhelmsen, K. C. (2004). Genomic screen for loci associated with alcohol dependence in mission Indians. *American Journal of Medical Genetics Part B: Neuropsychiatric Genetics*, 129B(1), 110-115. doi: 10.1002/ajmg.b.30057

Ehlers, C. L., Walter, N. A. R., Dick, D. M., Buck, K. J., & Crabbe, J. C. (2010). A comparison of selected quantitative trait loci associated with alcohol use phenotypes in humans and mouse models. *Addiction Biology*, 15(2), 185 - 199. doi: 10. 1111/j. 1369-1600. 2009. 00195. x

Ehringer, M. A., Rhee, S. H., Young, S., Corley, R., & Hewitt, J. K. (2006). Genetic and environmental contributions to common psychopathologics of childhood and adolescence: A study of twins and their siblings. *Journal of Abnormal Child Psychology*, 34(1), 1 - 17. doi: 10. 1007/s10802-005-9000-0

Elam, K. K., Harold, G. T., Neiderhiser, J, M., Reiss, D., Shaw, D. S., Natsuaki, M. N., ... Leve, L. D. (2014). Adoptive parent hostility and children's peer behavior problems: Examining the role of genetically informed child attributes on adoptive parent behavior. *Developmental Psychology*, 50(5), 1543 - 1552. doi: 10. 1037/a0035470

Eley, T. C., Bolton, D., O'Connor, T. G., Perrin, S., Smith, P., & Plomin, R. (2003). A twin study of anxiety-related behaviours in preschool children. *Journal of Child Psychology and Psychiatry*, 44(7), 945 - 960. doi: 10. 1111/1469-7610. 00179

Eley, T. C., Collier, D., & McGuffin, P. (2002). Anxiety and eating disorders. In P. McGuffin, M. J. Owen, & I. I. Gottesman (Eds.), *Psychiatric Genetics & Genomics* (pp. 303 - 340). Oxford: Oxford University Press.

Eley, T. C., Lichtenstein, P., & Stevenson, J. (1999). Sex differences in the aetiology of aggressive and non-aggressive antisocial behavior: Results from two twin studies. *Child Development*, 70(1), 155 - 168.

Eley, T. C., Rijsdijk, F. V., Perrin, S., O'Connor, T. G., & Bolton, D. (2008). A multivariate genetic analysis of specific phobia, separation anxiety and social phobia in early childhood. *Journal of Abnormal Child Psychology*, 36(6), 839 - 848. doi: 10. 1007/s10802-008-9216-x

Elfhag, K., & Rössner, S. (2005). Who succeeds in maintaining weight loss? A conceptual review of factors associated with weight loss maintenance and weight regain. *Obesity Reviews*, 6(1), 67 - 85. doi: 10. 1111/j. 1467-789X. 2005. 00170. x

Enoch, M. -A. (2012). The influence of geneenvironment interactions on the development of alcoholism and drug dependence. *Current Psychiatry Reports*, 14(2), 150 - 158.

Enoch, M. -A., Hodgkinson, C. A., Yuan, Q., Albaugh, B., Virkkunen, M., & Goldman, D. (2009). GABRG1 and GABRA2 as independent predictors for alcoholism in two populations. *Neuropsychopharmacology*, 34(5), 1245 - 1254. doi: 10. 1038/app. 2008. 171

Enoch, M. A., Gorodetsky, E., Hodgkinson, C., Roy, A., & Goldman, D. (2011). Functional genetic variants that increase synaptic serotonin and 5-HT3 receptor sensitivity predict alcohol and drug dependence. *Molecular Psychiatry*, 16(11), 1139 - 1146. doi: 10. 1038/mp. 2010. 94

Erlenmeyer-Kimling, L. (1972). Geneenvironment interactions and the variability of behavior. In L. Ehrman, G. S. Omenn, & E. Caspari (Eds.), *Genetics, Environment, and Behavior* (pp. 181 - 208). San Diego: Academic Press.

Erlenmeyer-Kimling, L., & Jarvik, L. F. (1963). Genetics and intelligence: A review. *Science*, 142, 1477 - 1479.

Erlenmeyer-Kimling, L., Squires-Wheeler, E., Adamo, U. H., Bassett, A. S., Cornblatt, B. A., Kestenbaum, C. J., ... Gottesman, I. I. (1995). The New York high-risk project: Psychoses and cluster A personality disorders in offspring of schizophrenic parents at 23 years of follow-up. *Archives of General Psychiatry*, 52, 857 - 865.

Estourgie-van Burk, G. F., Barrels, M., van Beijsterveldt, T. C., Delemarre-van de Waal, H. A., & Boomsma, D. I. (2006). Body size in five-year-old twins: Heritability and comparison to singleton standards. *Twin Research and Human Genetics*, 9(5), 646 - 655.

Evans, W. E., & Relling, M. V. (2004). Moving towards individualized medicine with pharmacogenomics. *Nature.*, 429(6990), 461 - 468.

Eyler, L. T., Prom-Wormley, E., Panizzon, M. S., Kaup, A. R., Fennema-Notestine, C., Neale, M. C., ... Kremen, W. S. (2011). Genetic and environmental contributions to regional cortical surface area in humans: A magnetic resonance imaging twin study. *Cerebral Cortex*, 21(10), 2313 - 2321. doi: 10. 1093/cercor/bhr013

Eysenck, H. J. (1952). *The scientific study of personality*. London: Routledge & Kegan Paul.

Fagard, R., Bielen, E., & Amery, A. (1991). Heritability of aerobic power and anaerobic energy generation during exercise. *Journal of Applied Physiology*, 70, 357 - 362.

Fagnani, C., Fibiger, S., Skytthe, A., & Hjelmborg, J. V. B. (2011). Heritability and environmental effects for self-reported periods with stuttering: A twin study from Denmark. *Logopedics Phoniatrics Vocology*, 36(3), 114-120. doi: 10. 3109/14015439. 2010. 534503

Falchi, M., El-Sayed Moustafa, J. S., Takousis, P., Pesce, F., Bonnefond, A., Andersson-Assarsson, J. C., ... Froguel, P. (2014). Low copy number of the salivary amylase gene predisposes to obesity. *Nature Genetics*, 46(5), 492-497. doi:10.1038/ng.2939

Falconer, D. S. (1965). The inheritance of liability to certain diseases estimated from the incidence among relatives. *Annals of Human Genetics*, 29, 51-76.

Falconer, D. S., & MacKay, T. F. C. (1996). *Introduction to quantitative genetics* (4th ed). Harlow, UK: Longman.

Faraone, S. V. (2004). Genetics of adult attention-deficit/hyperactivity disorder. Psychiatric Clinics of North America, 27(2), 303-321.

Faraone, S. V., Biederman, J., & Mick, E. (2006). The age-dependent decline of attention deficit hyperactivity disorder: A meta-analysis of followup studies. *Psychological Medicine*, 36(2), 159-165. doi:10.1017/s003329170500471x

Faraone, S. V., Biederman, J., & Monuteaux, M. C. (2000). Attention-deficit disorder and conduct disorder in girls: Evidence for a familial subtype. *Biological Psychiatry*, 48(1), 21-29.

Faraone, S. V., Perlis, R. H., Doyle, A. E., Smoller, J. W., Goralnick, J. J., Holmgren, M. A., & Sklar, P. (2005). Molecular genetics of attentiondeficit/hyperactivity disorder. *Biological Psychiatry*, 57(11), 1313-1323.

Farmer, A., Scourfield, J., Martin, N., Cardno, A., & McGuffin, P. (1999). Is disabling fatigue in childhood influenced by genes? *Psychological Medicine*, 29(2), 279-282.

Farmer, A. E., McGuffin, P., & Gottesman, I. I. (1987). Twin concordance for DSM-III schizophrenia: Scrutinizing the validity of the definition. *Archives of General Psychiatry*, 44, 634-641.

Farooqi, I. S., Keogh, J. M., Yeo, G. S. H., Lank, E. J., Cheetham, T., & O'Rahilly, S. (2003). Clinical spectrum of obesity and mutations in the melanocortin 4 receptor gene. *New England Journal of Medicine*, 348(12), 1085-1095. doi:10.1056/NEJMoa022050

Farooqi, I. S., Wangensteen, T., Collins, S., Kimber, W., Matarese, G., Keogh, J. M., ... O'Rahilly, S. (2007). Clinical and molecular genetic spectrum of congenital deficiency of the leptin receptor. *New England Journal of Medicine*, 356(3), 237-247. doi:10.1056/NEJMoa063988

Fazel, S., & Danesh, J. (2002). Serious mental disorder in 23 000 prisoners: a systematic review of 62 surveys. *The Lancet*, 359(9306), 545-550. doi:10.1016/s0140-6736(02)07740-1

Fearon, R. M., Reiss, D., Leve, L. D., Shaw, D. S., Scaramella, L. V., Ganiban, J. M., & Neiderhiser, J. M. (2015). Child-evoked maternal negativity from 9 to 27 months: Evidence of gene-environment correlation and its moderation by marital distress. *Development and Psychopathology*, 27(4 Pt 1), 1251-1265.

Fearon, R. M., van IJzendoorn, M. H., Fonagy, P., Bakermans-Kranenburg, M. J., Schuengel, C., & Bokhorst, C. L. (2006). In search of shared and nonshared environmental factors in security of attachment: A behaviorgenetic study of the association between sensitivity and attachment security. *Developmental Psychology*, 42(6), 1026-1040.

Federenko, I. S., Schlotz, W., Kirschbaum, C., Bartels, M., Hellhammer, D. H., & Wust, S. (2006). The heritability of perceived stress. *Psychological Medicine*, 36(3), 375-385.

Feigon, S. A., Waldman, I. D., Levy, F., & Hay, D. A. (2001). Genetic and environmental influences on separation anxiety disorder symptoms and their moderation by age and sex. *Behavior Genetics*, 31, 403-411.

Feinberg, M. E., Button, T. M. M., Neiderhiser, J. M., Reiss, D., & Hetherington, E. M. (2007). Parenting and adolescent antisocial behavior and depression: Evidence of genotype x parenting environment interaction. *Archives of General Psychiatry*, 64(4), 457-465. doi:10.1001/archpsyc.64.4.457

Felsenfeld, S., & Plomin, R. (1997). Epidemiological and offspring analyses of developmental speech disorders using data from the Colorado Adoption Project. *Journal of Speech, Language, and Hearing Research*, 40, 778-791.

Ferencz, B., & Gerritsen, L. (2015). Genetics and underlying pathology of dementia. *Neuropsycholical Review*, 25(1), 113-124.

Ferentinos, P., Koukounari, A., Power, R., Rivera, M., Uher, R., Craddock, N., ... Lewis, C. M. (2015). Familiality and SNP heritability of age at onset and episodicity in major depressive disorder. *Psychological Medicine*, 45(10), 2215-2225. doi:10.1017/S0033291715000215

Ferguson, C. J. (2010). Genetic contributions to antisocial personality and behavior: A metaanalytic review from an evolutionary perspective. *Journal of Social Psychology*, 150(2), 160-180.

Filiou, M. D., Turck, C. W., & Martins-de-Souza, D. (2011). Quantitative proteomics for investigating psychiatric disorders. *Proteomics Clinical Applications*, 5(1-2), 38-49. doi:10.

1002/prca. 201000060

Finkel, D., Ernsth-Bravell, M., & Pedersen, N. L. (2014a). Sex differences in genetic and environmental influences on longitudinal change in functional ability in late adulthood. *The Journals of Gerontology Series B: Psychological Sciences and Social Sciences*, 70(5), 709–717.

Finkel, D., Gerritsen, L., Reynolds, C. A., Dahl, A. K., & Pedersen, N. L. (2014b). Etiology of individual differences in human health and longevity. *Annual Review of Gerontology and Geriatrics*, 34(1), 189–227.

Finkel, D., & Pedersen, N. L. (2000). Contribution of age, genes, and environment to the relationship between perceptual speed and cognitive ability. *Psychology and Aging*, 15(1), 56–64. doi: 10.1037/0882-7974.15.1.56

Finkel, D., & Pedersen, N. L. (2004). Processing speed and longitudinal trajectories of change for cognitive abilities: The Swedish Adoption/Twin Study of Aging. *Aging Neuropsychology and Cognition*, 11(2–3), 325–345.

Finkel, D., Pedersen, N. L., Berg, S., & Johansson, B. (2000). Quantitative genetic analysis of biobehavioral markers of aging in Swedish studies of adult twins. *Journal of Aging and Health*; 12(1), 47–68.

Finkel, D., Pedersen, N. L., Reynolds, C. A., Berg, S., De Faire, U., & Svartengren, M. (2003). Genetic and environmental influences on decline in biobehavioral markers of aging. *Behavior Genetics*, 33(2), 107–123.

Finkel, D., & Reynolds, C. A. (2009). Behavioral genetic investigations of cognitive aging. In Y.-K. Kim (Ed.), *Handbook of behavior genetics* (pp. 101–111). New York: Springer.

Finkel, D., & Reynolds, C. A. (2014). *Behavior genetics of cognition across the lifespan*. New York: Springer.

Finkel, D., Reynolds, C. A., MeArdle, J. J., & Pedersen, N. L. (2005). The longitudinal relationship between processing speed and cognitive ability: Genetic and environmental influences. *Behavior Genetics*, 35(5), 535–549.

Finkel, D., Wille, D. E., & Matheny, A. P., Jr. (1998). Preliminary results from a twin study of infant-caregiver attachment. *Behavior Genetics*, 28, 1–8.

Finn, C. T., & Smoller, J. W. (2006). Genetic counseling in psychiatry. *Harvard Review of Psychiatry*, 14(2), 109–121.

Fisher, R. A. (1918). The correlation between relatives on the supposition of Mendelian inheritance. *Transactions of the Royal Society of Edinburgh*, 52, 399–433.

Fisher, S. E. (2010). Genetic susceptibility to stuttering. *New England Journal of Medicine*, 362(8), 750–752. doi: 10.1056/NEJMe0912594

Fisher, S. E., & DeFries, J. C. (2002). Developmental dyslexia: Genetic dissection of a complex cognitive trait. *Nature Reviews Neuroscience*, 3, 767–780.

Fisher, S. E., & Vernes, S. C. (2015). Genetics and the language sciences. *Annual Review of Linguistics*, 1(1), 289–310.

Flachsbart, F., Caliebeb, A., Kleindorp, R., Blanche, H., yon Eller-Eberstein, H., Nikolaus, S., ... Nebel, A. (2009). Association of FOXO3A variation with human longevity confirmed in German centenarians. *Proceedings of the National Academy of Sciences of the United Stares of America*, 106(8), 2700–2705. doi: 10.1073/pnas.0809594106

Flegal, K. M., Kit, B. K., Orpana, H., & Graubard, B. I. (2013). Association of all-cause mortality with overweight and obesity using standard body mass index categories: A systematic review and meta-analysis. *JAMA*, 309(1), 71–82. doi: 10.1001/jama.2012.113905

Fletcher, R. (1990). *The Cyril Burt scandal: Case for the defense*. New York: Macmillan.

Flint, J., Corley, R., DeFries, J. C., Fulker, D. W., Gray, J. A., Miller, S., & Collins, A. C. (1995). A simple genetic basis for a complex psychological trait in laboratory mice. *Science*, 269(5229), 1432–1435.

Flint, J., & Kendler, K. S. (2014). The genetics of major depression. *Neuron*, 81(3), 484–503.

Flint, J., & Munafo, M. R. (2007). The endophenotype concept in psychiatric genetics. *Psychological Medicine*, 37(2), 163–180.

FlyAtlas 2. FlyAtlas 2. Retrieved from http://flyatlas.gla.ac.uk

FlyAtlas. FlyAtlas: The *Drosophila* gene expression atlas. Retrieved from http://flyatlas.org

Folsom, D., &Jeste, D. V. (2002). Schizophrenia in homeless persons: A systematic review of the literature. *Acta Psychiatrica Scandinavica*, 105(6), 404–413.

Folstein, S., & Rutter, M. (1977). Infantile autism: A genetic study of 21 twin pairs. *Journal of Child Psychology and Psychiatry*, 18, 297–321.

Fontaine, N. M. G., McCrory, E. J. P., Boivin, M., Moffitt, T. E., & Viding, E. (2011). Predictors and outcomes of joint trajectories of callous-unemotional traits and conduct problems in childhood. *Journal of*

Abnormal Psychology, 120(3), 730-742. doi: 10.1037/a0022620

Fontana, L., & Partridge, L. (2015). Promoting health and longevity through diet: From model organisms to humans. *Cell*, 161(1), 106-118.

Foroud, T., Edenberg, H. J., Goate, A., Rice, J., Flury, L., Koller, D. L., ... Reich, T. (2000). Alcoholism susceptibility loci: Confirmation studies in a replicate sample and further mapping. *Alcoholism: Clinical and Experimental Research*, 24(7), 933-945. doi: 10.1097/00000374-200007000-00001

Forsman, M., Lichtenstein, P., Andershed, H., & Larsson, H. (2010). A longitudinal twin study of the direction of effects between psychopathic personality and antisocial behaviour. *Journal of Child Psychology and Psychiatry*, 51(1), 39-47. doi: 10.1111/j.1469-7610.2009.02141.x

Fountoulakis, M., & Kossida, S. (2006). Proteomics-driven progress in neurodegeneration research. *Elecrrophoresis*, 27(8), 1556-1573.

Fountoulakis, M., Tsangaris, G. T., Marls, A., & Lubec, G. (2005). The rat brain hippocampus proteome. *Journal of Chromatography B*, 819(1), 115-129.

Fowler, J. H., Baker, L. A., & Dawes, C. T. (2008). Genetic variation in political participation. *American Political Science Review*, 102(2), 233-248. doi: 10.1017/s0003055408080209

Fowler, J. H., & Schreiber, D. (2008). Biology, politics, and the emerging science of human nature. *Science*, 322(5903), 912-914. doi:10.1126/science.1158188

Fowler, T., Lifford, K., Shelton, K., Rice, F., Thapar, A., Neale, M. C., ... van den Bree, M. B. (2007). Exploring the relationship between genetic and environmental influences on initiation and progression of substance use. *Addiction*, 102(3), 413-422. doi: 10.1111/j.1360-0443.2006.01694.x

Fraga, M. F., Ballestar, E., Paz, M. F., Ropero, S., Setien, F., Ballestar, M. L., ... Esteller, M. (2005). Epigenetic differences arise during the lifetime of monozygotic twins. *Proceedinu of the National Academy of Sciences (USA)*, 102(30), 10604-10609.

Franić, S., Borsboom, D., Dolan, C. V., & Boomsma, D. I. (2014a). The Big Five personality traits: Psychological entities or statistical constructs? *Behavior Genetics*, 44(6), 591-604.

Franić, S., Dolan, C. V., Borsboom, D., van Beijsterveldt, C. E. M., & Boomsma, D. I. (2014b). Three-and-a-half-factor model? The genetic and environmental structure of the CBCL/6-18 internalizing grouping. *Behavior Genetics*, 44(3), 254-268.

Franić, S., Dolan, C. V., Broxholme, J., Hu, H., Zemojtel, T., Davies, G. E., ... Hottenga, J.-J. (2015). Mendelian and polygenic inheritance of intelligence: A common set of causal genes? Using next-generation sequencing to examine the effects of 168 intellectual disability genes on normalrange intelligence. *Intelligence*, 49, 10-22.

Franić, S., Middeldorp, C. M., Dolan, C. V., Ligthart, L., & Boomsma, D. I. (2010). Childhood and adolescent anxiety and depression: Beyond heritability. *Journal of the American Academy of Child and Adolescent Psychiatry*, 49(8), 820-829. doi: 10.1016/j.jaac.2010.05.013

Frank, J., Cichon, S., Treutlein, J., Ridinger, M., Mattheisen, M., Hoffmann, P., ... Zill, P. (2012). Genome-wide significant association between alcohol dependence and a variant in the ADH gene cluster. *Addiction Biology*, 17(1), 171-180.

Franz, C. E., Finkel, D., Panizzon, M. S., Spoon, K., Christensen, K., Gatz, M., ... IGEMS Consortium. (2016). Facets of subjective health from early adulthood to old age. *Journal of Aging and Health*. doi: 10.1177/0898264315625488

Franz, C. E., Lyons, M. J., O'Brien, R., Panizzon, M. S., Kim, K., Bhat, R., ... Xian, H. (2011). A 35-year longitudinal assessment of cognition and midlife depression symptoms: The Vietnam Era Twin Study of Aging. *The American Journal of Geriatric Psychiatry*, 19(6), 559-570.

Frayling, T. M., Timpson, N. J., Weedon, M. N., Zeggini, E., Freathy, R. M., Lindgren, C. M., ... McCarthy, M. I. (2007). A common variant in the FTO gene is associated with Body Mass Index and predisposes to childhood and adult obesity. *Science*, 316, 889-894.

Frazer, K. A., Ballinger, D. G., Cox, D. R., Hinds, D. A., Stuve, L. L., Gibbs, R. A., ... Skol, A. (2007). A second generation human haplotype map of over 3.1 million SNPs. *Nature*, 449(7164), 851-853. doi: 10.1038/nature06258

Frazier, T. W., Thompson, L., Youngstrom, E. A., Law, P., Hardan, A. Y., Eng, C., & Morris, N. (2014). A twin study of heritable and shared environmental contributions to autism. *Journal of Autiam and Developmental Disorders*, 44(8), 2013-2025.

Frederiksen, H., Gaist, D., Christian Petersen, H., Hjelmborg, J., McGue, M., Vaupel, J. W., & Christensen, K. (2002). Hand grip strength: A phenotype suitable for identifying genetic variants affecting mid- and late-life physical functioning. *Genetic Epidemiology*, 23(2), 110–122.

Freitag, C. M. (2007). The genetics of autistic disorders and its clinical relevance: A review of the literature. *Molecular Psychiatry*, 12(1), 2–22.

Friedman, N. P., Miyake, A., Corley, R. P., Young, S. E., DeFries, J. C., & Hewitt, J. K. (2006). Not all executive functions are related to intelligence. *Psychological Science*, 17(2), 172–179. doi:10.1111/j.1467-9280.2006.01681.x

Friedman, N. P., Miyake, A., Young, S. E., DeFries, J. C., Corley, R. P., & Hewitt, J. K. (2008). Individual differences in executive functions are almost entirely genetic in origin. *Journal of Experimental Psychology-General*, 137(2), 201–225. doi:10.1037/0096-3445.137.2.201

Fromer, M., Pocklington, A. J., Kavanagh, D. H., Williams, H. J., Dwyer, S., Gormley, P., ... Ruderfel, D. M. (2014). De novo mutations in schizophrenia implicate synaptic networks. *Nature*, 506(7487), 179–184.

Fu, Q. A., Heath, A. C., Bucholz, K. K., Nelson, E., Goldberg, J., Lyons, M. J., ... Eisen, S. A. (2002). Shared genetic risk of major depression, alcohol dependence, and marijuana dependence: Contribution of antisocial personality disorder in men. *Archives of General Psychiatry*, 59(12), 1125–1132. doi:10.1001/archpsyc.59.12.1125

Fuller, J. L., & Thompson, W. R. (1960). *Behavior generics*. New York: Wiley.

Fuller, J. L., & Thompson, W. R. (1978). *Foundations of behavior genetics*. St Louis, MO: Mosby.

Fullerton, J. (2006). New approaches to the genetic analysis of neuroticism and anxiety. *Behavior Generics*, 36(1), 147–161.

Fullerton, J., Cubin, M., Tiwari, H., Wang, C., Bomhra, A., Davidson, S., ... Flint, J. (2003). Linkage analysis of extremely discordant and concordant sibling pairs identifies quantitative-trait loci that influence variation in the human personality trait neuroticism. *American journal of Human Genetics* 72(4), 879–890.

Fyer, A. J., Hamilton, S. P., Durner, M., Haghighi, F., Heiman, G. A., Costa, R., ... Knowles, J. A. (2006). A third-pass genome scan in panic disorder: Evidence for multiple susceptibility loci. *Biological Psychiatry*, 60(4), 388–401.

Fyer, A. J., Mannuzza, S., Chapman, T. F., Martin, L. Y., & Klein, D. F. (1995). Specificity in familial aggregation of phobic disorders. *Archives of General Psychiatry*, 52(7), 564–573.

Gallagher, E. J., & LeRoith, D. (2015). Obesity and diabetes: The increased risk of cancer and cancer-related mortality. *Physiological Reviews*, 95(3), 727–748.

Galton, F. (1865). Hereditary talent and character. *Macmillan's Magazine*, 12, 157–166 & 318–327.

Galton, F. (1869). *Hereditary genius: An enquiry into its laws and consequences*. Cleveland, OH: World.

Galton, F. (1876). The history of twins as a criterion of the relative powers of nature and nurture. *Royal Anthropological Institute of Great Britain and Ireland Journal*, 6, 391–406.

Galton, F. (1883). *Inquiries into human faculty and its development*. London: Macmillan.

Ganiban, J. M., Chou, C., Haddad, S., Lichtenstein, P., Reiss, D., Sports, E. L., & Neiderhiser, J. M. (2009a). Using behavior genetics methods to understand the structure of personality. *European Journal of Developmental Science*, 3(2), 195–214.

Ganiban, J. M., Ulbricht, J. A., Spotts, E. L., Lichtenstein, P., Reiss, D., Hansson, K., & Neiderhiser, J. M. (2009b). Understanding the role of personality in explaining associations between marital quality and parenting. *Journal of Family Psychology*, 23(5), 646–660. doi:10.1037/a0016091

Gao, W., Li, L., Cao, W., Zhan, S., Lv, J., Qin, Y., ... Hu, Y. (2006). Determination of zygosity by questionnaire and physical features comparison in Chinese adult twins. *Twin Research and Human Genetics*, 9(2), 266–271.

Gatt, J. M., Burton, K. L., Williams, L. M., & Schofield, P. R. (2015). Specific and common genes implicated across major mental disorders: A review of meta-analysis studies. *Journal of Psychiatric Research*, 60, 1–13.

Gatz, M., Jang, J. Y., Karlsson, I. K., & Pedersen, N. L. (2014). Dementia: Genes, environments, interactions. In D. Finkel & C. A. Reynolds (Eds.), *Behavior genetics of cognition across the lifespan* (pp. 201–231). New York: Springer.

Gatz, M., Pedersen, N. L., Berg, S., Johansson, B., Johansson, K., Mortimer, J. A., ... Ahlbom, A. (1997). Heritability for Alzheimer's disease: The study of dementia in

Swedish twins. *Journals of Gerontology Series A: Biological Science and Medical Science*, 52, M117 – M125.

Gatz, M., Pedersen, N. L., Plomin, R., Nesselroade, J. R., & McClearn, G. E. (1992). Importance of shared genes and shared environments for symptoms of depression in older adults. *Journal of Abnormal Psychology*, 101, 701 – 708. doi:10.1037/0021-843X.101.4.701

Gatz, M., Reynolds, C. A., Finkel, D., Pedersen, N. L., & Walters, E. (2010). Dementia in Swedish twins: Predicting incident cases. *Behavior Genetics*, 40(6), 768 – 775.

Gatz, M., Reynolds, C. A., Fratiglioni, L., Johansson, B., Mortimer, J. A., Berg, S., ... Pedersen, N, L. (2006). Role of genes and environments for explaining Alzheimer disease. *Archives of General Psychiatry*, 63(2), 168 – 174.

Gavrilov, K., & Saltzman, W. M. (2012). Therapeutic siRNA: Principles, challenges, and strategies. *The Yale Journal of Biology and Medicine*, 85(2), 187.

Gayán, J., Willcutt, E. G., Fisher, S. E., Francks, C., Cardon, L. R., Olson, R. K., ... DeFries, J. C. (2005). Bivariate linkage scan for reading disability and attention-deficit/hyperactivity disorder localizes pleiotropic loci. *Journal of Child Psychology & Psychiatry*, 46(10), 1045 – 1056.

Ge, X., Natsuaki, M. N., Martin, D. M., Leve, L. D., Neiderhiser, J. M., Shaw, D. S., ... Reiss, D. (2008). Bridging the divide: Openness in adoption and postadoption psychosocial adjustment among birth and adoptive parents. *Journal of Family Psychology*, 22(4), 529-540. doi:10.1037/a0012817

Gecz, J., Shoubridge, C., & Corbett, M. (2009). The genetic landscape of intellectual disability arising from chromosome X. *Trends in Genetics*, 25(7), 308 – 316. doi:10.1016/j.tig.2009.05.002

Gejman, P. V., Sanders, A. R., & Kendler, K. S. (2011). Genetics of schizophrenia: New findings and challenges. In A. Chakravarti & E. Green (Eds.), *Annual Review of Genomics and Human Genetics* (Vol. 12, pp. 121 – 144).

Gelernter, J., & Kranzler, H. R. (2010). Genetics of drug dependence. *Dialogues in Clinical Neuroscience*, 12(1), 77 – 84.

Gelernter, J., Kranzler, H. R., Panhuysen, C., Weiss, R. D., Brady, K., Poling, J., & Farrer, L. (2009). Dense genomewide linkage scan for alcohol dependence in African Americans: Significant linkage on chromosome 10. *Biological Psychiatry*, 65(2), 111 – 115. doi:10.1016/j.biopsych.2008.08.036

Gelernter, J., Kranzler, H. R., Sherva, R., Almasy, L., Koesterer, R., Smith, A. H., ... Rujescu, D. (2014a). Genome-wide association study of alcohol dependence: Significant findings in African- and European-Americans including novel risk loci. *Molecular Psychiatry*, 19(1), 41 – 49.

Gelernter, J., Kranzler, H. R., Sherva, R., Koesterer, R., Almasy, L., Zhao, H., & Farrer, L. A. (2014b). Genome-wide association study of opioid dependence: Multiple associations mapped to calcium and potassium pathways. *Biological Psychiatry*, 76(1), 66 – 74.

Gelernter, J., Sherva, R., Koesterer, R., Almasy, L., Zhao, H., Kranzler, H. R., & Farrcr, L. (2014c). Genome-wide association study of cocaine dependence and related traits: FAM53B identified as a risk gene. *Molecular Psychiatry*, 19(6), 717 – 723.

Gelhorn, H., Stallings, M., Young, S., Corley, R., Rhee, S. H., Christian, H., & Hewitt, J. (2006). Common and specific genetic influences on aggressive and nonaggressive conduct disorder domains. *Journal of the American Academic of Child and Adolescent Psychiatry*, 45(5), 570 – 577.

Genetics of Personality Consortium, de Moor, M. H. M., Van Den Berg, S. M., Verweij, K. J. H., Krueger, R. F., Luciano, M., ... Amin, N. (2015). Meta-analysis of genome-wide association studies for neuroticism, and the polygenic association with major depressive disorder. *JAMA Psychiatry*, 72(7), 642 – 650.

Gentile, J. K., Ten Hoedt, A. E., & Bosch, A. M. (2010). Psychosocial aspects of PKU: Hidden disabilities — a review. *Molecular Genetics and Metabolism*, 99, S64 – S67.

Geschwind, D. H. (2011). Genetics of autism spectrum disorders. *Trends in Cognitive Sciences*, 15(9), 409 – 416. doi:10.1016/j.tics.2011.07.003

Ghazalpour, A., Doss, S., Zhang, B., Wang, S., Plaisier, C., Castellanos, R., ... Horvath, S. (2006). Integrating genetic and network analysis to characterize genes related to mouse weight. *PLoS Genetics*, 2(8), e130.

Ghosh, R., Bloom, J. S., Mohammadi, A., Schumer, M. E., Andolfatto, P., Ryu, W., & Kruglyak, L. (2015). Genetics of intra-species variation in avoidance behavior induced by a thermal stimulus in C. elegans. bioRxiv, doi: http://dx.doi.org/10.1101/014290

Gialluisi, A., Newbury, D. F., Wilcutt, E. G., Olson, R. K., DeFries, J. C., Brandler, W. M., ... Simpson, N. H. (2014). Genome-wide screening for DNA variants associated with reading and language traits. *Genes, Brain and Behavior*, 13(7), 686-701.

Gibbs, R. A., Weinstock, G. M., Metzker, M. L., Muzny, D. M., Sodergren, E. J., Scherer, S., ... Collins, F. (2004). Genome sequence of the Brown Norway rat yields insights into mammalian evolution. *Nature*, 428(6982), 493-521.

Giedd, J. N., Clasen, L. S., Wallace, G. L., Lenroot, R. K., Lerch, J. P., Wells, E. M., ... Samango-Sprouse, C. A. (2007). XXY (Klinefelter syndrome): A pediatric quantitative brain magnetic resonance imaging case-control study. *Pediatrics*, 119(1), e232-e240.

Gilissen, C., Hehir-Kwa, J. Y., Thung, D. T., van de Vorst, M., van Bon, B. W. M., Willemsen, M. H., ... Schenck, A. (2014). Genome sequencing identifies major causes of severe intellectual disability. *Nature*, 511(7509).

Gill, S. C., Butterworth, P., Rodgers, B., Anstey, K. J., Villamil, E., & Melzer, D. (2006). Mental health and the timing of men's retirement. *Social Psychiatry and Psychiatric Epidemiology*, 41(7), 515-522. doi:10.1007/s00127-006-0064-0

Gillespie, N. A., Zhu, G., Heath, A. C., Hickie, I. B., & Martin, N. G. (2000). The genetic aetiology of somatic distress. *Psychological Medicine*, 30(5), 1051-1061.

Gillham, N. W. (2001). *A life of Sir Francis Galton: From African exploration to the birth of Eugenics*. Oxford: Oxford University Press.

Gillis, J. J., Gilger, J. W., Pennington, B. F., & DeFries, J. C. (1992). Attention deficit disorder in reading-disabled twins: Evidence for a genetic etiology. *Journal of Abnormal Child Psychology*, 20, 303-315.

Giot, L., Bader, J. S., Brouwer, C., Chaudhuri, A., Kuang, B., Li, Y., ... Rothberg, J. M. (2003). A protein interaction map of Drosophila melanogaster. *Science*, 302(5651), 1727-1736.

Giros, B., Jaber, M., Jones, S. R., Wightman, R. M., & Caron, M. G. (1996). Hyperlocomotion and indifference to cocaine and amphetamine in mice lacking the dopamine transporter. *Nature*, 379, 606-612.

Gizer, I. R., Ficks, C., & Waldman, I. D. (2009). Candidate gene studies of ADHD: A meta-analytic review. *Human Genetics*, 126(1), 51-90.

Glahn, D. C., Knowles, E. E. M., McKay, D. R., Sprooten, E., Raventós, H., Blangero, J., ... Almasy, L. (2014). Arguments for the sake of endophenotypes: Examining common misconceptions about the use of endophenotypes in psychiatric genetics. *American Journal of Medical Genetics Part B: Neuropsychiatric Genetics*, 165(2), 122-130. doi:10.1002/ajmg.b.32221

Godinho, S. I., & Nolan, P. M. (2006). The role of mutagenesis in defining genes in behaviour. *European Journal of Human Genetics*, 14(6), 651-659.

Godino, L., Turchetti, D., Jackson, L., Hennessy, C., & Skirton, H. (2015). Impact of presymptomatic genetic testing on young adults: A systematic review. *European Journal of Human Genetics*. doi:10.1038/ejhg.2015.153

Goldberg, D. (2011). The heterogeneity of "major depression." *World Psychiatry*, 10(3), 226-228.

Goldberg, L. R. (1990). An alternative description of personality: The Big Five factor structure. *Journal of Personality and Social Psychology*, 59, 1216-1229.

Goldberg, T. E., & Weinberger, D. R. (2004). Genes and the parsing of cognitive processes, *Trends in Cognitive Science*, 8(7), 325-335.

Goldman, D., Oroszi, G., & Ducci, F. (2005). The genetics of addictions: Uncovering the genes. *Nature Review Genetics*, 6(7), 521-532.

Goldsmith, H. H. (1983). Genetic influences on personality from infancy to adulthood. *Child Development*, 54, 331-355.

Goldsmith, H. H., Buss, A. H., Plomin, R., Rothbart, M. K., Chess, S., Hinde, R. A., & McCall, R. B. (1987). Roundtable: What is temperament? Four approaches. *Child Development*, 58, 505-529. doi:10.2307/1130527

Goldsmith, H. H., & Campos, J. J. (1986). Fundamental issues in the study of early development: The Denver twin temperament study. In M. E. Lamb, A. L. Brown, & B. Rogoff (Eds.), *Advances in developmental psychology* (pp. 231-283). Hillsdale, NJ: Erlbaum.

Goldstein, D. B., Tate, S. K., & Sisodiya, S. M. (2003). Pharmacogenetics goes genomic. *Nature Review Genetics*, 4(12), 937-947.

Goode, E. L., Cherny, S. S., Christian, J. C., Jarvik, G. P., & De Andrade, M. (2007). Heritability of longitudinal measures of body mass index and lipid and lipoprotein levels in aging twins. *Twin Research and Human Genetics*, 10(05), 703-711.

Goodrich, Julia K., Waters, Jillian L., Poole, Angela C., Sutter, Jessica L., Korea, O., Blekhman, R., ... Ley, Ruth E. (2014). Human genetics shape the gut microbiome. *Cell*, 159(4),

789-799. doi: http://dx.doi.org/10.1016/j.cell.2014.09.053

Goodwin, D. W., Schulsinger, F., Hermansen, L., Guze, S. B., & Winokur, G. (1973). Alcohol problems in adoptees raised apart from alcoholic biological parents. *Archives of General Psychiatry*, 28(2), 238-243.

Goodwin, D. W., Schulsinger, F., Knop, J., Mednick, S., & Guze, S. B. (1977). Alcoholism and depression in adopted-out daughters of alcoholics. *Archives of General Psychiatry*, 34(7), 751-755.

Gornick, M. C., Addington, A. M., Sporn, A., Gogtay, N., Greenstein, D., Lenane, M., ... Straub, R. E. (2005). Dysbindin (DTNBP1, 6p22.3) is associated with childhood-onset psychosis and endophenotypes measured by the Premorbid Adjustment Scale (PAS). *Journal of Autism and Developmental Disorders*, 35(6), 831-838.

Gottesman, I. I. (1991). *Schizophrenia genesis: The origins of madness*. New York: Freeman.

Gottesman, I. I., & Bertelsen, A. (1989). Confirming unexpressed geriotypes for schizophrenia. *Archives of General Psychiatry*, 46, 867-872.

Gottesman, I. I., & Gould, T. D. (2003). The endophenotype concept in psychiatry: Etymology and strategic intentions. *American Journal of Psychiatry*, 160(4), 636-645.

Gottfredson, L. S. (1997). Why g matters: The complexity of everyday life. *Intelligence*, 24(1), 79-132.

Gould, S. J. (2011). *Rocks of ages: Science and religion in the fullness of life*. New York: Ballantine.

Gould, T. D., & Gottesman, I. I. (2006). Psychiatric endophenotypes and the development of valid animal models. *Genes, Brain, and Behavior*, 5(2), 113-119.

Graft, M., Gordon-Larsen, P., Lim, U., Fowke, J. H., Love, S.-A., Fesinmeyer, M., ... Prentice, R. L. (2013). The influence of obesity-related single nucleotide polymorphisms on BMI across the life course: The PAGE study. *Diabetes*, 62(5), 1763-1767.

Granon, S., Faure, P., & Changeux, J. P. (2003). Executive and social behaviors under nicotinic receptor regulation. *Proceedings of the National Academy of Sciences of the United States of America*, 100(16), 9596-9601. doi: 10.1073/pnas.1533498100

Grant, J. D., Heath, A. C., Bucholz, K. K., Madden, P. A. F., Agrawal, A., Statham, D. J., & Martin, N. G. (2007). Spousal concordance for alcohol dependence: Evidence for assortative mating or spousal interaction effects? *Alcoholism: Clinical and Experimental Research*, 31(5), 717-728. doi: 10.1111/j.1530-0277.2007.00356.x

Grant, S. G., Marshall, M. C., Page, K. L., Cumiskey, M. A., & Armstrong, J. D. (2005). Synapse proteomics of multiproteifi complexes: En route from genes to nervous system diseases. *Human Molecular Genetics*, 14(Spec No. 2, Sep 8), R225-R234.

Gratten, J., Wray, N. R., Keller, M. C., & Visscher, P. M. (2014). Large-scale genomics unveils the genetic architecture of psychiatric disorders. *Nature Neuroscience*, 17(6), 782-790.

Green, A. S., & Grahame, N. J. (2008). Ethanol drinking in rodents: Is free-choice drinking related to the reinforcing effects of ethanol? *Alcohol*, 42(1), 1-11. doi: 10.1016/j.alcohol.2007.10.005

Green, E. D., & Guyer, M. S. (2011). Charting a course for genomic medicine from base pairs to bedside. *Nature*, 470(7333), 204-213. http://dx.doi.org/10.1038/

Green, R. C., Cupples, L. A., Go, R., Benke, K. S., Edeki, T., Griffith, P. A., ... Bachman, D. (2002). Risk of dementia among white and African American relatives of patients with Alzheimer disease. *JAMA*, 287(3), 329-336.

Greenspan, R. J. (1995). Understanding the genetic construction of behavior. *Scientific American*, 272, 72-78.

Greenspoon, P. J., & Saklofske, D. H. (2001). Toward an integration of subjective well-being and psychopathology. *Social Indicators Research*, 54(1), 81-108. doi: 10.2307/27526929

Gregory, S. G., Barlow, K. F., McLay, K. E., Kaul, R., Swarbreck, D., Dunham, A., ... Prigrnore, E. (2006). The DNA sequence and biological annotation of human chromosome 1. *Nature*, 441(7091), 315-321.

Greven, C. U., Asherson, E, Rijsdijk, F. V., & Plomin, R. (2011a). A longitudinal twin study on the association between inattentive and hyperactive-impulsive ADHD symptoms. *Journal of Abnormal Child Psychology*, 39(5), 623-632. doi: 10.1007/s10802-011-9513-7

Greven, C. U., Kovas, Y., Willcutt, E. G., Petrill, S. A., & Plomin, R. (2014). Evidence for shared genetic risk between ADHD symptoms and reduced mathematics ability: a twin study. *Journal of Child Psychology and Psychiatry*, 55(1), 39-48.

Greven, C. U., Rijsdijk, F. V., & Plomin,

R. (2011b). A twin study of ADHD symptoms in early adolescence: Hyperactivity-impulsivity and inattentiveness show substantial genetic overlap but also genetic specificity. *Journal of Abnormal Child Psychology*, 39(2), 265–275. doi:10.1007/s10802-010-9451-9

Grilo, C. M., & Pogue-Geile, M. F. (1991). The nature of environmental influences on weight and obesity: A behavior genetic analysis. *Psychological Bulletin*, 10, 520–537.

Groenman, A. P., Oosterlaan, J., Rommelse, N., Franke, B., Roeyers, H., Oades, R. D., ... Faraone, S. V. (2013). Substance use disorders in adolescents with attention deficit hyperactivity disorder: A 4-year follow-up study. *Addiction*, 108(8), 1503–1511.

Grof, P., Duffy, A., Cavazzoni, P., Grof, E., Garnham, J., MacDougall, M., ... Alda, M. (2002). Is response to prophylactic lithium a familial trait? *Journal of Clinical Psychiatry*, 63(10), 942–947.

Grotewiel, M., & Bettinger, J. C. (2015). Drosophila and Caenorhabditis elegans as discovery platforms for genes involved in human alcohol use disorder. *Alcoholism: Clinical and Experimental Research*, 39(8), 1292–1311.

Grubb, S. C., Bult, C. J., & Bogue, M. A. (2014). Mouse phenome database. *Nucleic Acids Research*, 42(D1), D825–D834.

Guedj, F., Bianchi, D. W., & Delabar, J.-M. (2014). Prenatal treatment of Down syndrome: A reality? *Current Opinion in Obstetrics and Gynecology*, 26(2), 92–103.

Guerrini, I., Quadri, G., & Thomson, A. D. (2014). Genetic and environmental interplay in risky drinking in adolescents: A literature review. *Alcohol and Alcoholism*, 49(2), 138–142.

Gunderson, E. P., Tsai, A. L., Selby, J. V., Caan, B., Mayer-Davis, E. J., & Risch, N. (2006). Twins of mistaken zygosity (TOMZ): Evidence for genetic contributions to dietary patterns and physiologic traits. *Twin Research and Human Genetics*, 9(4), 540–549.

Guo, S. (2004). Linking genes to brain, behavior and neurological diseases: What can we learn from zebrafish? *Genes, Brain, and Behavior*, 3(2), 63–74.

Gurung, R., & Prata, D. P. (2015). What is the impact of genome-wide supported risk variants for schizophrenia and bipolar disorder on brain structure and function? A systematic review. *Psychological Medicine*, 45(12), 2461–2480.

Gusella, J. E, Tazi, R. E., Anderson, M. A., Hobbs, W., Gibbons, K., Raschtchian, R., ... Wallace, M. R. (1984). DNA markers for nervous system diseases. *Science*, 225, 1320–1326.

Gusella, J. F., Wexler, N. S., Conneally, P. M., Naylor, S. L., Anderson, M. A., & Tanzi, R. E. (1983). A polymorphic DNA marker genetically linked to Huntington's disease. *Nature*, 306, 234–238.

Guthrie, R. (1996). The introduction of newborn screening for phenylketonuria. A personal history. *European journal of Pediatrics*, 155 (Suppl. 1), S4–5.

Guze, S. B. (1993). Genetics of Briquet's syndrome and somatization disorder: A review of family, adoption and twin studies. *Annals of Clinical Psychiatry*, 5, 225–230.

Guze, S. B., Cloninger, C. R., Martin, R. L., & Clayton, P. J. (1986). A follow-up and family study of Briquet's syndrome. *British Journal of Psychiatry*, 149, 17–23.

GWAS Catalog. (2015). The NHGRI-EBI Catalog of published genome-wide association studies. Retrieved from http://www.ebi.ac.uk/gwas

Haberstick, B. C., Ehringer, M. A., Lessem, J. M., Hopfer, C. J., & Hewitt, J. K. (2011). Dizziness and the genetic influences on subjective experiences to initial cigarette use. *Addiction*, 106(2), 391–399. doi:10.1111/j.1360-0443.2010.03133.x

Haberstick, B. C., Timberlake, D., Ehringer, M. A., Lessem, J. M., Hopfer, C. J., Smolen, A., & Hewitt, J. K. (2007). Genes, time to first cigarette and nicotine dependence in a general population sample of young adults. *Addiction*, 102(4), 655–665.

Haimovich, A. D., Muir, P., & Isaacs, F. J. (2015). Genomes by design. *Nature Reviews Genetics*, 16(9), 501–516.

Halaas, J. L., Gajiwala, K. S., Maffei, M., Cohen, S. L., Chait, B. T., Rabinowitz, D., ... Friedman, J. M. (1995). Weight-reducing effects of the plasma protein encoded by the obese gene. *Science*, 269, 543–546.

Hall, F. S., Markou, A., Levin, E. D., & Uhl, G. R. (2012). Mouse models for studying genetic influences on factors determining smoking cessation success in humans. *Annals of the Nero York Academy of Sciences*, 1248(1), 39–70.

Hallett, V., Ronald, A., Rijsdijk, F., & Eley, T. C. (2009). Phenotypic and genetic differentiation of anxiety-related behaviors in middle childhood. *Depression and Anxiety*, 26(4), 316–324. doi:10.1002/da.20539

Hallgren, B. (1957). Enuresis, a clinical and genetic study. *Acta Psychiarica Scandinavica Supplementum 114*, 1–159.

Hallmayer, J., Cleveland, S., Torres, A., Phillips, J., Cohen, B., Torigoe, T., ... Risch, N. (2011). Genetic heritability and shared environmental factors among twin pairs with autism. *Archives of General Psychiatry*, 68(11), 1095 – 1102. doi: 10. 1001/archgenpsychiatry. 2011. 76

Hamer, D. H., Hu, S., Magnuson, V. L., Hu, N., & Pattatucci, A. M. L. (1993). A linkage between DNA markers on the X chromosome and male sexual orientation. *Science*, 2(261), 321 – 327.

Hamilton, A. S., Lessov-Schlaggar, C. N., Cockburn, M. G., Unger, J. B., Cozen, W., & Mack, T. M. (2006). Gender differences in determinants of smoking initiation and persistence in California twins. *Cancer Epidemiology Biomarkers & Prevention*, 15(6), 1189-1197. doi:10. 1158/1055-9965. epi-05-0675

Harmon, G. J. (2002). RNA interference. *Nature*, 418(6894), 244 – 251.

Hansen, E. E., Lozupone, C. A., Rey, F. E., Wu, M., Guruge, J. L., Narra, A., ... Gordon, J. I. (2011). Pan-genome of the dominant human gutassociated archaeon, *Methanobrevibacter smithii*, studied in twins. *Proceedings of the National Academy of Sciences of the United States of America*, 108, 4599 – 4606. doi: 10. 1073/pnas. 1000071108

Hanson, D. R., & Gottesman, I. I. (1976). The genetics, if any, of infantile autism and childhood schizophrenia. *Journal of Autism and Developmental Disorders*, 6(3), 209 – 234.

Happé, F., Ronald, A., & Plomin, R. (2006). Time to give up on a single explanation for autism. *Nature Neuroscience*, 9(10), 1218 – 1220. doi:10. 1038/nn1770

Harakeh, Z., Neiderhiser, J. M., Spotts, E. L., Engels, R. C., Scholte, R. H. J., & Reiss, D. (2008). Genetic factors contribute to the association between peers and young adults smoking: Univariate and multivariate behavioral genetic analyses. *Addictive Behaviors*, 33(9), 1113 – 1122. doi: 10. 1016/j. addbeh. 2008. 02. 017

Hare, R. D. (1993). *Without conscience: The disturbing world of psychopaths among us*. New York: Pocket Books.

Harlaar, N. (2006). *Individual differences in early reading achievement: Developmental insights from a twin study*. University of London.

Harlaar, N., Butcher, L. M., Meaburn, E., Sham, P., Craig, I. W., & Plomin, R. (2005a). A behavioural genornic analysis of DNA markers associated with general cognitive ability in 7-year-olds. *Journal of Child Psychology and Psychiatry*, 46(10), 1097 – 1107. doi:10. 1111/j. 1469-7610. 2005. 01515. x

Harlaar, N., Hayiou-Thomas, M. E., & Plomin, R. (2005b). Reading and general cognitive ability: A multivariate analysis of 7-year-old twins. *Scientific Studies of Reading*, 9(3), 197 – 218. doi:10. 1207/s1532799xssr0903_2

Harold, G. T., Leve, L. D., Barrett, D., Elam, K., Neiderhiser, J. M., Natsuaki, M. N., ... Thapar, A. (2013). Biological and rearing mother influences on child ADHD symptoms: Revisiting the developmental interface between nature and nurture. *Journal of Child Psychology and Psychiatry*, 54(10), 1038 – 1046. doi: 10. 1111/jcpp. 12100

Harper, J. M., Leathers, C. W., & Austad, S. N. (2006). Does caloric restriction extend life in wild mice? *Aging Cell*, 5(6), 441 – 449. doi: 10. 1111/j. 1474-9726. 2006. 00236. x

Harris, J. R. (1998). *The nurture assumption: Why chihlren turn out the way they do*. New York: The Free Press.

Harris, K. M., Halpern, C. T., Whitsel, E., Hussy, J., Tabor, J., Entzel, P., & Udry, J. R. (2009). The National Longitudinal Study of Adolescent Health: Research design.

Harris, T. W., Antoshechkin, I., Bieri, T., Blasiar, D., Chan, J., Chen, W. J., ... Sternberg, P. W. (2010). WormBase: A comprehensive resource for nematode research. *Nucleic Acids Research*, 38, D463 – D467. doi:10. 1093/nar/gkp952

Hart, A. B., & Kranzler, H. R. (2015). Alcohol dependence genetics: Lessons learned from genome-wide association studies (GWAS) and post-GWAS analyses. *Alcoholism: Clinical and Experimental Research*, 39(8), 1312 – 1327.

Harter, S. (1983). Developmental perspectives on the self-system. In E. M. Hetherington (Ed.), *Handbook of child psychology: Socialization, personality, and social development* (Vol. 4, pp. 275 – 385). New York: Wiley.

Hartwell, L., Goldberg, M., Fischer, J., Hood, L., & Aquadro, C. (2014). *Genetics: From genes to genomes* (5th ed.). New York: McGraw-Hill Higher Education.

Hatemi, P., Medland, S., Klemmensen, R., Oskarsson, S., Littvay, L., Dawes, C., ... Martin, N. (2014). Genetic influences on political ideologies: Twin analyses of 19 measures of political ideologies from five democracies and genome-wide findings from three populations. *Behavior Genetics*, 44(3), 282 – 294. doi: 10. 1007/s10519-014-9648-8

Hatemi, P. K., Alford, J. R., Hibbing, J. R., Martin, N. G., & Eaves, L. J. (2009). Is there a "party" in your genes? *Political Research Quarterly*, 62(3), 584–600. doi: 10.1177/1065912908327606

Hatemi, P. K., & McDermot, R. (Eds.). (2011). *Man is by nature a political animal: Evolution, biology, and politics*. Chicago: University of Chicago Press.

Hatemi, F. K., & Verhulst, B. (2015). Political attitudes develop independently of personality traits. *PLoS One*, 10(3), e0118106.

Havekes, R., Meerlo, P., & Abel, T. (2015), Animal studies on the role of sleep in memory: From behavioral performance to molecular mechanisms. In P. Meerlo, R. M. Benca, & T. Abel (Eds.), *Sleep, neuronal plasticity and brain function* (Vol. 25, pp. 183–206). Berlin, Heidelberg: Springer.

Haworth, C. M. A., Davis, O. S. P., Hanscombe, K. B., Kovas, Y., Dale, P. S., & Plomin, R. (2013). Understanding the science-learning environment: A genetically sensitive approach. *Learning and Individual Differences*, 23, 145–150.

Haworth, C. M. A., Kovas, Y., Harlaar, N., Hayiou-Thomas, E. M., Petrill, S. A., Dale, P. S., & Plomin, R. (2009a). Generalist genes and learning disabilities: A multivariate genetic analysis of low performance in reading, mathematics, language and general cognitive ability in a sample of 8000 12-year-old twins. *Journal of Child Psychology and Psychiatry*, 50, 1318–1325. doi:10.1111/j.1469-7610.2009.02114.x

Haworth, C. M. A., & Plomin, R. (2011). Genetics and education: Towards a genetically sensitive classroom. In K. R. Harris, S. Graham, & T. Urdan (Eds.), *The American Psychological Association handbook of educational psychology* (pp. 529-559). Washington, DC: American Psychological Association.

Haworth, C. M. A., Wright, M. J., Luciano, M., Martin, N. G., de Geus, E. J. C., van Beijsterveldt, C. E. M., ... Plomin, R. (2010). The heritability of general cognitive ability increases linearly from childhood to young adulthood. *Molecular Psychiatry*, 15(11), 1112-1120. doi:10.1038/mp.2009.55

Hawrvlvcz, M. J., Lein, E. S., Guillozet-Bongaarts, A. L., Shen, E. H., Ng, L., Miller, J. A., ... Riley, Z. L. (2012). An anatomically comprehensive atlas of the adult human brain transcriptome. *Nature*, 489(7416), 391–399.

Hayden, E. C. (2014). The $1 000 genome. *Nature*, 507(7492), 294–295.

Heard, E., & Martienssen, R. A. (2014). Transgenerational epigenetic inheritance: Myths and mechanisms. *Cell*, 157(1), 95–109. doi: http://dx.doi.org/10.1016/j.cell.2014.02.045

Hearnshaw, L. S. (1979). *Cyril Burt, psychologist*. Ithaca, NY: Cornell University Press.

Heath, A. C., Jardine, R., Martin, N. G. (1989). Interactive effects of genotype and social environment on alcohol consumption in female twins. *Journal of Studies on Alcohol*, 50(1), 38–48.

Heath, A. C., Madden, P. A. F., Bucholz, K. K., Nelson, E. C., Todorov, A., Price, R. K., ... Martin, N. G. (2003). Genetic and environmental risks of dependence on alcohol, tobacco, and other drugs. In R. Plomin, J. C. DeFries, I. W. Craig, & P. McGuffin (Eds.), *Behavioral genetics in the postgenomic era* (pp. 309-334). Washington, DC: American Psychological Association.

Heath, A. C., Martin, N. G., Lynskey, M. T., Todorov, A. A., & Madden, P. A. (2002). Estimating two-stage models for genetic influences on alcohol, tobacco or drug use initiation and dependence vulnerability in twin and family data. *Twin Research*, 5(2), 113–124.

Heath, A. C., Neale, M. C., Kessler, R. C., Eaves, L. J., & Kendler, K. S. (1992). Evidence for genetic influences on personality from self-reports and informant ratings. *Journal of Social and Personality Psychology*, 63, 85–96.

Hebb, D. O. (1949). *The organization of behavior*. New York: Wiley.

Hebebrand, J. (1992). A critical appraisal of X-linked bipolar illness: Evidence for the assumed mode of inheritance is lacking. *British Journal of Psychiatry*, 160, 7–11.

Heiman, N., Stallings, M. C., Young, S. E., & Hewitt, J. K. (2004). Investigating the genetic and environmental structure of Cloninger's personality dimensions in adolescence. *Twin Research*, 7(5), 462–470.

Heisenberg, M. (2003). Mushroom body memoir: From maps to models. *Nature Reviews Neuroscience*, 4(4), 266–275.

Heitmann, B. L., Kaprio, J., Harris, J. R., Rissanen, A., Korkeila, M., & Koskenvuo, M. (1997). Are genetic determinants of weight gain modified by leisure-time physical activity? A prospective study of Finnish twins. *American Journal of Clinical Nutrition*, 66, 672–678.

Heller, D. A., de Faire, U., Pedersen, N. L., Dahlen, G., & McClearn, G. E. (1993). Genetic and environmental influences on serum lipid levels in twins. *New England Journal of Medicine*, 328(16), 1150–1156.

Hemmings, S. M., & Stein, D. J. (2006). The current status of association studies in obsessive-compulsive disorder. *The Psychiatric Clinics of North America*, 29(2), 411-444.

Henderson, N. D. (1967). Prior treatment effects on open field behaviour of mice — A genetic analysis. *Animal Behaviour*, 15, 365-376.

Henderson, N. D. (1972). Relative effects of early rearing environment on discrimination learning in housemice. *Journal of Comparative and Psychological Psychology*, 72, 505-511.

Hensler, B. S., Schatschneider, C., Taylor, J., & Wagner, R. K. (2010). Behavioral genetic approach to the study of dyslexia. *Journal of Devdopmental and Behavioral Pediatrics*, 31(7), 525-532. doi:10.1097/DBP.0b013e3181ee4b70

Herlihy, A. S., & McLachlan, R. I. (2015). Screening for Klinefelter syndrome. *Current Opinion in Endocrinology, Diabetes and Obesity*, 22(3), 224-229.

Herrera, B. M., Keildson, S., & Lindgren, C. M. (2011). Genetics and epigenetics of obesity. *Maturitas*, 69(1), 41-49.

Herrnstein, R. J., & Murray, C. (1994). *The bell curve: Intelligence and class structure in American life*. New York: Free Press.

Hershberger, S. L., Lichtenstein, P., & Knox, S. S. (1994). Genetic and environmental influences on perceptions of organizational climate. *Journal of Applied Psychology*, 79, 24-33.

Hershberger, S. L., Plomin, R., & Pedersen, N. L. (1995). Traits and metatraits: Their reliability, stability, and shared genetic influence. *Journal of Personality and Social Psychology*, 69(4), 673-684. doi:10.1037/0022-3514.69.4.673

Heston, L. L. (1966). Psychiatric disorders in foster home reared children of schizophrenic mothers. *British Journal of Psychiatry*, 112, 819-825.

Hetherington, E. M., & Clingempeel, W. G. (1992). Coping with marital transitions: A family systems perspective. *Monographs of the Society for Research in Child Development*, 57(2-3), 1-238.

Hettema, J. M., Annas, P., Neale, M. C., Kendler, K. S., & Fredrikson, M. (2003). A twin study of the genetics of fear conditioning. *Archives of General Psychiatry*, 60(7), 702-708.

Hettema, J. M., Neale, M. C., & Kendler, K. S. (2001a). A review and meta-analysis of the genetic epidemiology of anxiety disorders. *American Journal of Psychiatry*, 158(10), 1568-1578.

Hettema, J. M., Neale, M. C., Myers, J. M., Prescott, C. A., Kendler, K. S., Hettema, J. M., ... Kendler, K. S. (2006). A population-based twin study of the relationship between neuroticism and internalizing disorders. *American Journal of Psychiatry*, 163(5), 857-864.

Hettema, J. M., Prescott, C. A., & Kendler, K. S. (2001b). A population-based twin study of generalized anxiety disorder in men and women. *Journal of Nervous & Mental Disease*, 189(7), 413-420.

Hettema, J. M., Prescott, C. A., Myers, J. M., Neale, M. C., & Kendler, K. S. (2005). The structure of genetic and enviromnental risk factors for anxiety disorders in men and women. *Archives of General Psychiatry*, 62(2), 182-189.

Hicks, B. M., Foster, K. T, Iacono, W. G., & McGue, M. (2013). Genetic and environmental influences on the familial transmission of externalizing disorders in adoptive and twin offspring. *JAMA Psychiatry*, 70(10), 1076-1083.

Hicks, B. M., Krueger, R. F., Iacono, W. G., McGue, M., & Patrick, C. J. (2004). Family transmission and heritability of externalizing disorders: A twin-family study. *Archives of General Psychiatry*, 61(9), 922-928. doi:10.1001/archpsyc.61.9.922

Higuchi, S., Matsushita, S., Masaki, T., Yokoyama, A., Kimura, M., Suzuki, G., & Mochizuki, H. (2004). Influence of genetic variations of ethanol-metabolizing enzymes on phenotypes of alcohol-related disorders. In S. F. Ali, T. Nabeshima, & T. Yanagita (Eds.), *Current stares of drug dependence/abuse studies: Celhdar and molecular mechanisms of drugs of abuse and neurotoxicity* (Vol. 1025, pp. 472-480). New York Academy of Science.

Hill, S. Y. (2010). Neural plasticity, human genetics, and risk for alcohol dependence. *International Review of Neurobiology*, 91, 53-94. doi:10.1016/s0074-7742(10)91003-9

Hindorff, L. A., MacArthur, J., Morales, J., Junldns, H. A., Hall, P. N., Klemm, A. K., & Manolio, T. A. (2016). A catalog of published genome-wide association studies. Available at: http://www.genome.gove/gwastudies.

Hirschhorn, J. N., & Daly, M. J. (2005). Genome-wide association studies for common diseases and complex traits. *Nature Reviews Genetics*, 6(2), 95-108.

Hirschhorn, J. N., Lohmueller, K., Byrne, E., & Hirschhorn, K. (2002). A comprehensive review of genetic association studies. *Genetics in Medicine*, 4(2), 45-61.

Hjelmborg, J. V., Iachine, I., Skytthe, A., Vaupel, J. W., McGue, M., Koskenvuo, M., ... Christensen, K. (2006). Genetic influence on human lifespan and longevity. *Human Genetics*, 119(3), 312–321.

Ho, M. K., & Tyndale, R. F. (2007). Overview of the pharmacogenomics of cigarette smoking. *Pharmacogenomics Journal*, 7(2), 81–98. doi:10.1038/sj.tpj.6500436

Hobcraft, J. (2006). The ABC of demographic behaviour: How the interplays of alleles, brains, and contexts over the life course should shape research aimed at understanding population processes. *Population Studies*, 60(2), 153–187.

Hobert, O. (2003). Behavioral plasticity in *C. elegans*: Paradigms, circuits, genes. *Journal of Neurobiology*, 54(1), 203–223.

Hochberg, Z., Feil, R., Constancia, M., Fraga, M., Junien, C., Carel, J. C., ... Albertsson-Wikland, K. (2010). Child health, developmental plasticity, and epigenetic programming. *Endocrine Reviews*, 32(2), 159–224. doi:10.1210/er.2009-0039

Hogarth, W. (1735). A rake's progress (pp. Plate 8).

Hollingworth, P., Harold, D., Jones, L., Owen, M. J., & Williams, J. (2011). Alzheimer's disease genetics: Current knowledge and future challenges. *International Journal of Geriatric Psychiatry*, 26(8), 793–802. doi:10.1002/gps.2628

Hollister, J. M., Mednick, S. A., Brennan, P., & Cannon, T. D. (1994). Impaired autonomic nervous system habituation in those at genetic risk for schizophrenia. *Archives of General Psychiatry*, 51, 552–558.

Holmans, P., Weissman, M. M., Zubenko, G. S., Scheftner, W. A., Crowe, R. R., Depaulo, J. R., Jr., ... Levinson, D. F. (2007). Genetics of recurrent early-onset major depression (GenRED): Final genome scan report. *American Journal of Psychiatry*, 164(2), 248–258.

Hong, D. S., Dunkin, B., & Reiss, A. L. (2011). Psychosocial functioning and social cognitive processing in girls with Turner syndrome. *Journal of Developmental and Behavioral Pediatrics*, 32(7), 512–520. doi:10.1097/DBP.0b013e3182255301

Hong, D. S., & Reiss, A. L. (2014). Cognitive and neurological aspects of sex chromosome aneuploidies. *The Lancet Neurology*, 13(3), 306–318.

Horwitz, B. N., Ganiban, J. M., Spotts, E. L., Lichtenstein, P., Reiss, D., & Neiderhiser, J. M. (2011). The role of aggressive personality and family relationships in explaining family conflict. *Journal of Family Psychology*, 25(2), 174–183. doi:10.1037/a0023049

Horwitz, B. N., Marceau, K., Narusyte, J., Ganiban, J., Spotts, E. L., Reiss, D., ... Neiderhiser, J. M. (2015). Parental criticism is an environmental influence on adolescent somatic symptoms. *Journal of Family Psychology*, 29(2), 283.

Horwitz, B. N., & Neiderhiser, J. M. (2015). *Behavioral genetics of interpersonal relationships across the lifespan*. New York: Springer.

Hotta, Y., & Benzer, S. (1970). Genetic dissection of the *Drosophila* nervous system by means of mosaics. *Proceedings of the National Academy of Sciences*, 67, 1156–1163.

Hou, J., Chen, Z., Natsuaki, M. N., Li, X., Yang, X., Zhang, J., & Zhang, J. (2013). A longitudinal investigation of the associations among parenting, deviant peer affiliation, and externalizing behaviors: A monozygotic twin differences design. *Twin Research and Human Genetics*, 16(03), 698–706.

Hours, R. M., Caspi, A., Pianta, R. C., Arseneault, L., & Moffitt, T. E. (2010). The challenging pupil in the classroom: The effect of the child on the teacher. *Psychological Science*, 21(12), 1802–1810. doi:10.1177/0956797610388047

Howe, K., Clark, M. D., Torroja, C. F., Torrance, J., Berthelot, C., Muffato, M., ... Matthews, L. (2013). The zebrafish reference genome sequence and its relationship to the human genome. *Nature*, 496(7446), 498–503.

Hu, C.-Y., Qian, Z.-Z., Gong, F.-F., Lu, S.-S., Feng, F., Wu, Y.-L., ... Sun, Y.-H. (2014). Methylenetetrahydrofolate reductase (MTHFR) polymorphism susceptibility to schizophrenia and bipolar disorder: an updated meta-analysis. *Journal of Neural Transmission*, 122(2), 307–320.

Hu, S., Pattatucci, A. M. L., Patterson, C., Li, L., Fulker, D. W., Cherny, S. S., ... Hamer, D. H. (1995). Linkage between sexual orientation and chromosome Xq28 in males but not in females. *Nature Genetics*, 11, 248–256.

Hublin, C., Kaprio, J., Partinen, M., & Koskenvuo, M. (1998). Nocturnal enuresis in a nationwide twin cohort. *Sleep*, 21(6), 579–585.

Hudziak, J. J. (2008). *Developmental psychopathology and wellness: Genetic and environmental influences*. Arlington, VA: American Psychiatric Publishing, Inc.

Hudziak, J. J., Derks, E. M., Althoff, R. R., Rettew, D. C., & Boomsma, D. I. (2005). The genetic and environmental contributions to attention deficit hyperactivity disorder as measured by the Conners' Rating Scales — revised. *American Journal of Psychiatry*, 162(9), 1614–1620.

Hudziak, J. J., Van Beijsterveldt, C. E., Althoff, R. R., Stanger, C., Rettew, D. C., Nelson, E. C., ... Boomsma, D. I. (2004). Genetic and environmental contributions to the Child Behavior Checklist Obsessive-Compulsive Scale: A crosscultural twin study. *Archives of General Psychiatry*, 61(6), 608–616.

Hulshoff Pol, H. E., Schnack, H. G., Posthuma, D., Mandl, R. C., Baste, W. F., van Oel, C., ... Kahn, R. S. (2006). Genetic contributions to human brain morphology and intelligence. *Journal of Neuroscience*, 26(40), 10235–10242. doi:10.1523/jneurosci.1312-06.2006

Human Ageing Genomic Resources. (2016). Human ageing genomic resources. Retrieved from http://genomics.senescence.info/

Human Proteome Map. (2014). Human proteome map. Retrieved from http://humanproteo-memap.org/

Human Proteome Organization. (2014). Human proteome project. Retrieved from http://www.thehpp.org

Hunt, E. B. (2011). *Human intelligence*. Cambridge, UK: Cambridge University Press.

Hur, Y.-M., & Craig, J. M. (2013). Twin registries worldwide: An important resource for scientific research. *Twin Research and Human Genetics*, 16(Special Issue 01), 1–12.

Hut, Y.-M., & Shin, J.-S. (2008). Effects of chorion type on genetic and environmental influences on height, weight, and body mass index in South Korean young twins. *Twin Research and Human Genetics*, 11(1), 63–69. doi:10.1375/twin.11.1.63

Husén, T. (1959). *Psychological twin research*. Stockholm: Almqvist & Wiksell.

Huszar, D., Lynch, C. A., Fairchild-Huntress, V., Dunmore, J. H., Fang, Q., Berkemeier, L. R., ... Lee, F. (1997). Targeted disruption of the melanocortin-4 receptor results in obesity in mice. *Cell*, 88(1), 131–141. doi:10.1016/s0092-8674(00)81865-6

Idler, E. L., & Benyamini, Y. (1997). Self-rated health and mortality: A review of twenty-seven community studies. *Journal of Health and Social Behavior*, 21–37.

Iervolino, A. C., Pike, A., Manke, B., Reiss, D., Hetherington, E. M., & Plomin, R. (2002). Genetic and environmental influences in adolescent peer socialization: Evidence from two genetically sensitive designs. *Child Development*, 73(1), 162–175. doi:10.1111/1467-8624.00398

Illumina. (2015). HiSeq X series of sequencing systems. Retrieved from http://www.illumina.com/content/dam/illumina-marketing/documents/products/datasheets/datasheet-hiseq-x-ten.pdf

Inlow, J. K., & Restifo, L. L. (2004). Molecular and comparative genetics of mental retardation. *Genetics*, 166, 835–881.

International HapMap Project. International HapMap project. Retrieved from http://hapmap.ncbi.nlm.nih.gov

International Human Genome Sequencing Consortium. (2001). Initial sequencing and analysis of the human genome. *Nature*, 409, 860–921.

International Molecular Genetic Study of Autism Consortium. (1998). A full genome screen for autism with evidence for linkage to a region on chromosome 7q. *Human Molecular Genetics*, 7(3), 71–78.

Ioannides, A. A. (2006). Magnetoencephalography as a research tool in neuroscience: State of the art. *Neuroscientist*, 12(6), 524–544.

Ioannidis, J. P., Ntzani, E. E., Trikalinos, T. A., & Contopoulos-Ioannidis, D. G. (2001). Replication validity of genetic association studies. *Nature Genetics*, 29(3), 306–309.

Ionita-Laza, I., Lee, S., Makarov, V., Buxbaum, Joseph D., & Lin, X. (2013). Sequence kernel association tests for the combined effect of rare and common variants. *American Journal of Human Genetics*, 92(6), 841–853. doi:10.1016/j.ajhg.2013.04.015

Irons, D. E., McGue, M., Iacono, W. G., & Oetting, W. S. (2007). Mendelian randomization: A novel test of the gateway hypothesis and models of gene-environment interplay. *Developmental Psychopathology*, 19(4), 1181–1195. doi:10.1017/s0954579407000612

Isometsä, E. (2014). Suicidal behaviour in mood disorders — who, when, and why? *Canadian Journal of Psychiatry*, 59(3), 120–130.

Jacob, H. J., & Kwitek, A. E. (2002). Rat genetics: Attaching physiology and pharmacology to the genome. *Nature Reviews Genetics*, 3(1), 33–42.

Jacobs, P. A. (2014). An opportune life: 50 years in human cytogenetics. *Annual Review of Genomics and Human Genetics*, 15, 29–46.

Jacobson, K. C., & Rowe, D. C. (1999).

Genetic and environmental influences on the relationships between family connectedness, school connectedness, and adolescent depressed mood: Sex differences. *Developmental Psychology*, 35(4), 926–939.

Jacobson, P., Torgerson, J. S., Sjostrom, L., & Bouchard, C. (2007). Spouse resemblance in body mass index: Effects on adult obesity prevalence in the offspring generation. *American Journal of Epidemiology*, 165(1), 101–108.

Jaffee, S. R., Caspi, A., Moffitt, T. E., Dodge, K. A., Rutter, M., Taylor, A., & Tully, L. A. (2005). Nature × nurture: Genetic vulnerabilities interact with physical maltreatment to promote conduct problems. *Development and Psychopathology*, 17(1), 67–84.

Jaffee, S. R., & Price, T. S. (2007). Geneenvironment correlations: A review of the evidence and implications for prevention of mental illness. *Molecular Psychiatry*, 12(5), 432–442.

Jaffee, S. R., Strait, L. B., & Odgers, C. L. (2012). From correlates to causes: Can quasi-experimental studies and statistical innovations bring us closer to identifying the causes of antisocial behavior? *Psychological Bulletin*, 138(2), 272–295. doi:10.1037/a0026020

Jang, K. L. (2005). *The behavioral genetics of psychopathology: A clinical guide*. Mahwah, NJ: Lawrence Erlbaum Associates.

Jang, K. L., Lam, R. W., Livesley, W. J., & Vernon, P. A. (1997). The relationship between seasonal mood change and personality: More apparent than real? *Acta Psychiatrica Scandinavica*, 95(6), 539–543.

Jang, K. L., Livesley, W. J., Ando, J., Yamagata, S., Suzuki, A., Angleitner, A., ... Spinath, F. (2006). Behavioral genetics of the higher-order factors of the Big Five. *Personality and Individual Differences*, 41(2), 261–272.

Jang, K. L., Livesley, W. J., & Vernon, P. A. (1996). Heritability of the Big Five dimensions and their facets: A twin study. *Journal of Personality*, 64, 577–591.

Jang, K. L., McCrae, R. R., Angleimer, A., Riemann, R., & Livesley, W. J. (1998). Heritability of facet-level traits in a cross-cultural twin sample: Support for a hierarchical model of personality. *Journal of Personality and Social Psychology*, 74, 1556–1565.

Jang, K. L., Woodward, T. S., Lang, D., Honer, W. G., & Livesley, W. J. (2005). The genetic and environmental basis of the relationship between schizotypy and personality: A twin study. *Journal of Nervous & Mental Disease*, 193(3), 153–159.

Janzing, J. G., de Graaf, R., ten Have, M., Vollebergh, W. A., Verhagen, M., & Buitelaar, J. K. (2009). Familiality of depression in the community: Associations with gender and phenotype of major depressive disorder. *Social Psychiatry and Psychiatric Epidemiology*, 44(12), 1067–1074. doi:10.1007/s00127-009-0026-4

Jensen, A. R. (1978). Genetic and behavioural effects of nonrandom mating. In R. T. Osbourne, C. E. Noble, & N. Weyl (Eds.), *Human variation: The biopsychology of age, race, and sex* (pp. 51–105). New York: Academic Press.

Jensen, A. R. (1998). *The g factor: The science of mental ability*. Westport, CT: Praeger.

Jha, P., Ramasundarahettige, C., Landsman, V., Rostron, B., Thun, M., Anderson, R. N., ... Peto, R. (2013). 21st-century hazards of smoking and benefits of cessation in the United States. *New England Journal of Medicine*, 368(4), 341–350.

Jinks, J. L., & Fulker, D. W. (1970). Comparison of the biometrical genetical, MAVA, and classical approaches to the analysis of human behavior. *Psychological Bulletin*, 73, 311–349.

John, O. P., Robins, R. W., & Pervin, L. A. (Eds.) (2008). *Handbook of personality: Theory and research* (3rd ed.). New York: Guilford Press.

Johnson, W., & Krueger, R. F. (2005). Genetic effects on physical health: Lower at higher income levels. *Behavior Genetics*, 35(5), 579-590. doi:10.1007/s10519-005-3598-0

Johnson, W., Krueger, R. F., Bouchard, T. J., Jr., & McGue, M. (2002a). The personalities of twins: Just ordinary folks. *Twin Research* 5(2), 125–131.

Johnson, W., McGue, M., & Deary, I. J. (2014). Normative cognitive aging. In D. Finkel & C. A. Reynolds (Eds.), *Behavior genetics of cognition across the lifespan*. New York: Springer.

Johnson, W., McGue, M., Gaist, D., Vaupel, J. W., & Christensen, K. (2002b). Frequency and heritability of depression symptomatology in the second half of life: Evidence from Danish twins over 45. *Psychological Medicine*, 32(7), 1175–1185.

Johnson, W., McGue, M., & Krueger, R. F. (2005). Personality stability in late adulthood: A behavioral genetic analysis. *Journal of Personality*, 73(2), 523–552.

Johnson, W., McGue, M., Krueger, R. F., & Bouchard, T. J., Jr. (2004). Marriage and personality: A genetic analysis. *Journal of*

Personality and Social Psychology, 86(2), 285 – 294.

Jones, L. J., & Norton, W. H. J. (2015). Using zebrafish to uncover the genetic and neural basis of aggression, a frequent comorbid symptom of psychiatric disorders. *Behavioural Brain Research*, 276, 171 – 180.

Jones, P. B., & Murray, R. M. (1991). Aberrant neurodevelopment as the expression of schizophrenia genotype. In P. McGuffin & R. Murray (Eds.), *The new genetics of mental illness* (pp. 112 – 129). Oxford: Butterworth-Heinemann.

Jones, S. (1999). *Ahnost like a whale: The origin of species, updated*. New York: Doubleday.

Jones, S. R., Gainetdinov, R. R., Jaber, M., Giros, B., Wightman, R. M., & Caron, M. G. (1998). Profound neuronal plasticity in response to inactivation of the dopamine transporter. *Proceedings of the National Academy of Sciences of the United States of America*, 95, 4029 – 4034.

Jordan, K. W., Morgan, T. J., & Mackay, T. F. (2006). Quantitative trait loci for locomotor behavior in *Drosophila* melanogaster. *Genetic4* 174 (1), 271 – 284.

Joshi, A. A., Lepore, N., Joshi, S. H., Lee, A. D., Barysheva, M., Stein, J. L., ... Thompson, P. M. (2011). The contribution of genes to cortical thickness and volume. *Neuroreport*, 22(3), 101 – 105. doi: 10.1097/WNR.0b013e3283424c84

Joynson, R. B. (1989). *The Burt affair*. London: Routledge.

Judge, T. A., Ilies, R., & Zhang, Z. (2012). Genetic influences on core self-evaluations, job satisfaction, and work stress: A behavioral genetics mediated model. *Organizational Behavior and Human Decision Processes*, 117(1), 208 – 220.

Juraeva, D., Treutlein, J., Scholz, H., Frank, J., Degenhardt, F., Cichon, S., ... Lang, M. (2015). XRCC5 as a risk gene for alcohol dependence: Evidence from a genome-wide gene-set-based analysis and follow-up studies in *Drosophila* and humans. *Neuropsychopharmacology*, 40(2), 361 – 371.

Kafkafi, N., Benjamini, Y., Sakov, A., Elmer, G. I., & Golani, I. (2005). Genotype-environment interactions in mouse behavior: A way out of the problem. *Proceedings of the National Academy of Sciences of the United States of America*, 102(12), 4619 – 4624.

Kallmann, F. J. (1952). Twin and sibship study of overt male homosexuality. *Journal of Human Genetics*, 4, 136 – 146.

Kallmann, F. J., & Kaplan, O. J. (1955). Genetic aspects of mental disorders in later life. In O. J. Kaplan (Ed.), *Mental disorders in later life* (pp. 26 – 46). Stanford CA: Stanford University Press.

Kallmann, F. J., & Roth, B. (1956) Genetic aspects of preadolescent schizophrenia. *American Journal of Psychiatry*, 112(8), 599 – 606.

Kalueff, A. V., Echevarria, D. J., & Stewart, A. M. (2014). Gaining translational momentum: More zebrafish models for neuroscience research. *Progress in Neuro-Psychopharmacology and Biological Psychiatry*, 55, 1 – 6.

Kamakura, T., Ando, J., & Ono, Y. (2007). Genetic and environmental effects of stability and change in self-esteem during adolescence. *Personality and Individual Differences*, 42(1), 181 – 190.

Kamin, L. J. (1974). *The science and politics of IQ*. Potomac, MD: Erlbaum.

Kan, K.-J., Dolan, C. V., Nivard, M. G., Middeldorp, C. M., van Beijsterveldt, C. E. M., Willemsen, G., & Boomsma, D. I. (2013). Genetic and environmental stability in attention problems across the lifespan: Evidence from the Netherlands twin register. *Journal of the American Academy of Child & Adolescent Psychiatry*, 52(1), 12 – 25.

Kandler, C., & Riemann, R. (2013). Genetic and environmental sources of individual religiousness: The roles of individual personality traits and perceived environmental religiousness. *Behavior Genetics*, 43(4), 297 – 313.

Kanner, L. (1943). Autistic disturbances of affective contact. *Nervous Child*, 2, 217 – 250.

Karanjawala, Z. E., & Collins, F. S. (1998). Genetics in the context of medical practice. *Journal of the American Medical Association*, 280, 1533 – 1544.

Karg, K., Burmeister, M., Shedden, K., & Sen, S. (2011). The serotonin transporter promoter variant (5-HTTLPR), stress, and depression meta-analysis revisited: Evidence of genetic moderation. *Archives of General Psychiatry*, 68(5), 444 – 454. doi: 10.1001/archgenpsychiatry.2010.189

Karlsgodt, K. H., Bachman, P., Winkler, A. M., Bearden, C. E., & Glahn, D. C. (2011). Genetic influence on the working memory circuitry: Behavior, structure, function and extensions to illness. *Behavioural Brain Research*, 225(2), 610 – 622. doi:10.1016/j.bbr.2011.08.016

Kato, K., & Pedersen, N. L. (2005). Personality and coping: A study of twins reared apart and twins reared together. *Behavior Genetics*,

35(2), 147-158.

Kato, K., Sullivan, P. F., Evengard, B., & Pedersen, N. L. (2009). A population-based twin study of functional somatic syndromes. *Psychological Medicine*, 39(3), 497-505. doi: 10.1017/s0033291708003784

Kato, K., Sullivan, P. F., & Pedersen, N. L. (2010). Latent class analysis of functional somatic symptoms in a population-based sample of twins. *Journal of Psychosomatic Research*, 68(5), 447-453. doi: 10.1016/j.jpsychores.2010.01.010

Katon, W. J., Lin, E. H. B., Russo, J., Von Korff, M., Ciechonowski, P., Simon, G., ... Young, B. (2004). Cardiac risk factors in patients with diabetes mellitus and major depression. *Journal of General Internal Medicine*, 19(12), 1192-1199. doi: 10.1111/j.1525-1497.2004.30405.x

Kavanagh, D. H., Tansey, K. E., O'Donovan, M. C., & Owen, M. J. (2015). Schizophrenia genetics: Emerging themes for a complex disorder. *Molecular Psychiatry*, 20(1), 72-76.

Keller, L. M., Bouchard, T. J., Jr., Segal, N. L., & Dawes, R. V. (1992). Work values: Genetic and environmental influences. *Journal of Applied Psychology*, 77, 79-88.

Keller, M. C., Coventry, W. L., Heath, A. C., & Martin, N. G. (2005). Widespread evidence for non-additive genetic variation in Cloninger's and Eysenck's personality dimensions using a twin plus sibling design. *Behavioral Genetics*, 35(6), 707-721.

Keller, M. C., Garver-Apgar, C. E., Wright, M. J., Martin, N. G., Corley, R. P., Stallings, M. C., ... Zietsch, B. P. (2013). The genetic correlation between height and IQ: Shared genes or assortative mating. *PLoS Genetics*, 9(4), e1003451.

Kelly, T., Yang, W., Chen, C. S., Reynolds, K., & He, J. (2008). Global burden of obesity in 2005 and projections to 2030. *International Journal of Obesity*, 32(9), 1431-1437. doi: 10.1038/ijo.2008.102

Kelsoe, J. R., Ginns, E. I., Egeland, J. A., Gerhard, D. S., Goldstein, A. M., Bale, S. J., ... Paul, S. M. (1989). Re-evaluation of the linkage relationship between chromosome 11p loci and the gene for bipolar affective disorder in the Old Order Amish. *Nature*, 342, 238-242.

Kendler, K. S. (1996). Major depression and generalised anxiety disorder. Same genes, (partly) different environments — revisited. *British Journal of Psychiatry Supplement* (30), 68-75.

Kendler, K. S. (2001). Twin studies of psychiatric illness: An update. *Archives of General Psychiatry*, 58(11), 1005-1014.

Kendler, K. S. (2005). Toward a philosophical structure for psychiatry. *The American Journal of Psychiatry*, 162(3), 433-440.

Kendler, K. S., Aggen, S. H., Czajkowski, N., Roysamb, E., Tambs, K., Torgersen, S., ... Reichborn-Kjennerud, T. (2008a). The structure of genetic and environmental risk factors for DSM-IV personality disorders: A multivariate twin study. *Archives of General Psychiatry*, 65(12), 1438-1446. doi: 10.1001/archpsyc.65.12.1438

Kendler, K. S., Aggen, S. H., & Neale, M. C. (2013). Evidence for multiple genetic factors underlying DSM-IV criteria for major depression. *JAMA Psychiatry*, 70(6), 599-607.

Kendler, K. S., Aggen, S. H., & Patrick, C. J. (2012a). A multivariate twin study of the DSM-IV criteria for antisocial personality disorder. *Biological Psychiatry*, 71(3), 247-253. doi: 10.1016/j.biopsych.2011.05.019

Kendler, K. S., Aggen, S. H., Prescott, C. A., Crabbe, J., & Neale, M. C. (2012b). Evidence for multiple genetic factors underlying the DSM-IV criteria for alcohol dependence. *Molecular Psychiatry*, 17(12), 1306-1315.

Kendler, K. S., Aggen, S. H., Tambs, K., & Reichborn-Kjennerud, T. (2006b). Illicit psychoactive substance use, abuse and dependence in a population-based sample of Norwegian twins. *Psychological Medicine*, 36(7), 955-962.

Kendler, K. S., & Baker, J. H. (2007). Genetic influences on measures of the environment: A systematic review. *Psychological Medicine*, 37(5), 615-626.

Kendler, K. S., Czajkowski, N., Tambs, K., Torgersen, S., Aggen, S. H., Neale, M. C., & Reichborn-Kjennerud, T. (2006c). Dimensional representations of DSM-IV cluster A personality disorders in a population-based sample of Norwegian twins: A multivariate study. *Psychological Medicine*, 36(11), 1583-1591.

Kendler, K. S., & Eaves, L. J. (1986). Models for the joint effects of genotype and environment on liability to psychiatric illness. *American Journal of Psychiatry*, 143, 279-289.

Kendler, K. S., Gardner, C., & Dick, D. M. (2011). Predicting alcohol consumption in adolescence from alcohol-specific and general externalizing genetic risk factors, key environmental exposures and their interaction.

Kendler, K. S., & Gardner, C. O. (2011). A longitudinal etiologic model for symptoms of anxiety and depression in women. *Psychological Medicine*, 41(10), 2035 - 2045. doi: 10. 1017/s0033291711000225

Kendler, K. S., Gardner, C. O., Annas, P., Neale, M. C., Eaves, L. J., & Lichtenstein, P. (2008b). A longitudinal twin study of fears from middle childhood to early adulthood: Evidence for a developmentally dynamic genome. *Archives of General Psychiatry*, 65(4), 421 - 429. doi:10. 1001/archpsyc. 65. 4. 421

Kendler, K. S., Gardner, C. O., & Prescott, C. A. (2001). Panic syndromes in a population-based sample of male and female twins. *Psychological Medicine*, 31(6), 989 - 1000.

Kendler, K. S., Gardner, C. O., & Prescott, C. A. (2003a). Personality and the experience of environmental adversity. *Psychological Medicine*, 33(7), 1193 - 1202.

Kendler, K. S., Gatz, M., Gardner, C. O., & Pedersen, N. L. (2006a). Personality and major depression: A Swedish longitudinal, populationbased twin study. *Archives of General Psychiatry*, 63(10), 1113 - 1120.

Kendler, K. S., & Greenspan, R. J. (2006). The nature of genetic influences on behavior: Lessons from "simpler" organisms. *The American Journal of Psychiatry*, 163(10), 1683 - 1694.

Kendler, K. S., Gruenberg, A. M., & Kinney, D. K. (1994a). Independent diagnoses of adoptees and relatives, as defined by DSM-II, in the provincial and national samples of the Danish adoption study of schizophrenia. *Archives of General Psychiatry*, 51, 456 - 468.

Kendler, K. S., Jacobson, K. C., Gardner, C. O., Gillespie, N., Aggen, S. A., & Prescott, C. A. (2007a). Creating a social world: A developmental twin study of peer-group deviance. *Archives of General Psychiatry*, 64(8), 958 - 965.

Kendler, K. S., Ji, J., Edwards, A. C., Ohlsson, H., Sundquist, J., & Sundquist, K. (2015a). An extended Swedish national adoption study of alcohol use disorder. *JAMA Psychiatry*, 72(3), 211 - 218.

Kendler, K. S., Kessler, R. C., Walters, E. E., MacLean, C. J., Neale, M. C., Heath, A. C., & Eaves, L. J. (1995). Stressful life events, genetic liability, and onset of an episode of major depression in women. *American Journal of Psychiatry*, 152, 833 - 842.

Kendler, K. S., Maes, H. H., Lönn, S. L., Morris, N. A., Lichtenstein, P., Sundquist, J., & Sundquist, K. (2015b). A Swedish national twin study of criminal behavior and its violent, white-collar and property subtypes. *Psychological Medicine*, 45(11), 2253 - 2262.

Kendler, K. S., Myers, J., & Prescott, C. A. (2007b). Specificity of genetic and environmental risk factors for symptoms of cannabis, cocaine, alcohol, caffeine, and nicotine dependence. *Archives of General Psychiatry*, 64(11), 1313 - 1320. doi: 10. 1001/archpsyc. 64. 11. 1313

Kendler, K. S., & Neale, M. C. (2010). Endophenotype: A conceptual analysis. *Molecular Psychiatry*, 15(8), 789 - 797. doi: 10. 1038/mp. 2010. 8

Kendler, K. S., Neale, M. C., Kessler, R. C., Heath, A. C., & Eaves, L. J. (1992). Major depression and generalized anxiety disorder. Same genes, (partly) different environments? *Archives of General Psychiatry*, 49(9), 716 - 722.

Kendler, K. S., Neale, M. C., Kessler, R. C., Heath, A. C., & Eaves, L. J. (1993). A test of the equal-environment assumption in twin studies of psychiatric illness. *Behavior Genetics*, 23(1), 21 - 27.

Kendler, K. S., Neale, M. C., Kessler, R. C., Heath, A. C., & Eaves, L. J. (1994). Parental treatment and the equal environment assumption in twin studies of psychiatric illness. *Psychological Medicine*, 24(3), 579 - 590.

Kendler, K. S., Neale, M. C., Sullivan, P., Corey, L. A., Gardner, C. O., & Prescott, C. A. (1999). A population-based twin study in women of smoking initiation and nicotine dependence. *Psychological Medicine*, 29(2), 299 - 308.

Kendler, K. S., Ohlsson, H., Sundquist, J., & Sundquist, K. (2015c). Triparental families: A new genetic-epidemiological design applied to drug abuse, alcohol use disorders, and criminal behavior in a Swedish national sample. *American Journal of Psychiatry*, 172(6), 553 - 560. doi:10. 1176/appi. ajp. 2014. 14091127

Kendler, K. S., & Prescott, C. A. (1998). Cannabis use, abuse, and dependence in a population-based sample of female twins. *American Journal of Psychiatry*, 155, 1016 - 1022.

Kendler, K. S., & Prescott, C. A. (2007). *Genes, environment and psychopathology: Understanding the causes of psychiatric and substance use disorders*. New York: Guilford Press.

Kendler, K. S., Prescott, C. A., Myers, J., & Neale, M. C. (2003b). The structure of genetic and environmental risk factors for common psychiatric and substance use disorders in men and women. *Archives of General Psychiatry*, 60(9), 929-937.

Kendler, K. S., Thornton, L. M., Gilman, S. E., & Kessler, R. C. (2000). Sexual orientation in a U. S. national sample of twin and nontwin sibling pairs. *American Journal of Psychiatry*, 157, 1843-1846.

Kennedy, J. L., Altar, C. A., Taylor, D. L., Degtiar, I., & Hornberger, J. C. (2014). The social and economic burden of treatment-resistant schizophrenia: A systematic literature review. *International Clinical Psychopharmacology*, 29(2), 63-76.

Kenrick, D. T., & Funder, D. C. (1988). Profiting from controversy: Lessons from the personsituation debate. *American Psychologist*, 43(1), 23.

Kenyon, C. J. (2010). The genetics of ageing. *Nature*, 464(7288), 504-512. doi: 10.1038/nature08980

Keski-Rahkonen, A., Neale, B. M., Bulik, C. M., Pietiläinen, K. H., Rose, R. J., Kaprio, J., & Rissanen, A. (2005). Intentional weight loss in young adults: Sex-specific genetic and environmental effects. *Obesity Research*, 13(4), 745-753. doi: 10.1038/oby.2005.84

Kessler, R., McGonagle, K. A., Zhao, C. B., Nelson, C. B., Hughes, M., Eshleman, S., ... Kendler, K. S. (1994). Lifetime and 12-month prevalence of DSM-III-R psychiatric disorders in the United States: Results from the National Comorbidity Study. *Archives of General Psychiatry*, 51, 8-19.

Kessler, R. C., Berglund, P., Demler, O., Jin, R., Merikangas, K. R., & Walters, E. E. (2005a). Lifetime prevalence and age-of-onset distributions of DSM-IV disorders in the National Comorbidity Survey Replication. *Archives of General Psychiatry*, 62(6), 593-602.

Kessler, R. C., Chiu, W. T., Demler, O., Merikangas, K. R., & Walters, E. E. (2005b). Prevalence, severity, and comorbidity of 12-month DSM-IV disorders in the National Comorbidity Survey Replication. *Archives of General Psychiatry*, 62(6), 617-627.

Kessler, R. C., Petukhova, M., Sampson, N. A., Zaslavsky, A. M., & Wittchen, H-U. (2012). Twelve-month and lifetime prevalence and lifetime morbid risk of anxiety and mood disorders in the United States. *International Journal of Methods in Psychiatric Research*, 21(3): 169-184. doi: 10.1002/mpr.1359

Kety, S. S. (1987). The significance of genetic factors in the etiology of schizophrenia: Results from the national study of adoptees in Denmark. *Journal of Psychiatric Research*, 21, 423-430.

Kety, S. S., Wender, P. H., Jacobsen, B., Ingraham, L. J., Jansson, L., Faber, B., & Kinney, D. K. (1994). Mental illness in the biological and adoptive relatives of schizophrenic adoptees: Replication of the Copenhagen study in the rest of Denmark. *Archives of General Psychiatry*, 51, 442-455.

Khan, A. A., Jacobson, K. C., Gardner, C. O., Prescott, C. A., & Kendler, K. S. (2005). Personality and comorbidity of common psychiatric disorders. *British Journal of Psychiatry*, 186, 190-196.

Khoury, M. J., Yang, Q. H., Gwinn, M., Little, J. L., & Flanders, W. D. (2004). An epidemiologic assessment of genomic profiling for measuring susceptibility to common diseases and targeting interventions. *Genetics in Medicine*, 6(1), 38-47.

Kidd, K. (1983). Recent progress on the genetics of stuttering. In C. Ludlow & J. Cooper (Eds.), *Genetic Aspects of Speech and Language Disorders* (pp. 197-213). New York: Academic Press.

Kieseppa, T., Partonen, T., Haukka, J., Kaprio, J., & Lonnqvist, J. (2004). High concordance of bipolar I disorder in a nationwide sample of twins. *American Journal of Psychiatry*, 161(10), 1814-1821.

Kile, B. T., & Hilton, D. J. (2005). The art and design of genetic screens: Mouse. *Nature Reviews Genetics*, 6(7), 557-567.

Kim, D. H., & Rossi, J. J. (2007). Strategies for silencing human disease using RNA interference. *Nature Reviews Genetics*, 8(3), 173-184. doi: 10.1038/nrg2006

Kim, M.-S., Pinto, S. M., Getnet, D., Nirujogi, R. S., Manda, S. S., Chaerkady, R., ... Pandey, A. (2014). A draft map of the human proteome. *Nature*, 509(7502), 575-581. doi: 10.1038/nature13302

Kim, Y. S., Leventhal, B. L., Koh, Y. J., Fombonne, E., Laska, E., Lim, E. C., ... Grinker, R. R. (2011). Prevalence of autism spectrum disorders in a total population sample. *American Journal of Psychiatry*, 168(9), 904-912. doi: 10.1176/appi.ajp.2011.10101532

Kimura, M., & Higuchi, S. (2011). Genetics of alcohol dependence. *Psychiatry and Clinical Neurosciences*, 65(3), 213-225. doi: 10.1111/i.1440-1819.2011.02190.x

Kirkpatrick, R. M., McGue, M., Iacono, W. G., Miller, M. B., Basu, S., & Pankratz, N. (2014). Low-frequency copy-number variants and general cognitive ability: No evidence of association. *Intelligence*, *42*, 98-106.

Klahr, A. M., & Burt, S. A. (2014). Elucidating the etiology of individual differences in parenting: A meta-analysis of behavioral genetic research. *Psychological Bulletin*, *140*(2), 544. doi:10.1037/a0034205

Kleinman, J. E., Law, A. J., Lipska, B. K., Hyde, T. M., Ellis, J. K., Harrison, P. J., & Weinberger, D. R. (2011). Genetic neuropathology of schizophrenia: New approaches to an old question and new uses for postmortem human brains. *Biological Psychiatry*, *69*(2), 140-145. doi:10.1016/j.biopsych.2010.10.032

Klose, J., Nock, C., Herrmann, M., Stuhler, K., Marcus, K., Bluggel, M., ... Lehrach, H. (2002). Genetic analysis of the mouse brain proteome. *Nature Genetics*, *30*(4), 385–393.

Klump, K. L. (2013). Puberty as a critical risk period for eating disorders: A review of human and animal studies. *Hormones and Behavior*, *64*(2), 399–410.

Klump, K. L., Suisman, J. L., Burt, S. A., McGue, M., & Iacono, W. G. (2009). Genetic and environmental influences on disordered eating: An adoption study. *Journal of Abnormal Psychology*, *118*(4), 797–805. doi:10.1037/a0017204

Knafo, A., & Plomin, R. (2006). Parental discipline and affection, and children's prosocial behavior: Genetic and environmental link. *Journal of Personality and Social Psychology*, *90*, 147–164. doi:10.1037/0022-3514.90.1.147

Knickmeyer, R. C., Kang, C., Woolson, S., Smith, J. K., Hamer, R. M., Lin, W., ... Gilmore, J. H. (2011). Twin-singleton differences in neonatal brain structure. *Twin Research and Human Genetics*, *14*(3), 268–276. doi:10.1375/twin.14.3.268

Knopik, V. S., Alarcón, M., & DeFries, J. C. (1997). Comorbidity of mathematics and reading deficits: Evidence for a genetic etiology. *Behavior Genetics*, *27*(5), 447–453. doi:10.1023/A:1025622400239

Knopik, V. S., Heath, A. C., Bucholz, K. K., Madden, P. A. F., & Waldron, M. (2009a). Genetic and environmental influences on externalizing behavior and alcohol problems in adolescence: A female twin study. *Pharmacology Biochemistry and Behavior*, *93*(3), 313–321. doi:10.1016/j.pbb.2009.03.011

Knopik, V. S., Heath, A. C., Jacob, T., Slutske, W. S., Bucholz, K. K., Madden, P. A. F., ... Martin, N. G. (2006). Maternal alcohol use disorder and offspring ADHD: Disentangling genetic and environmental effects using a children-of-twins design. *Psychological Medicine*, *36*(10), 1461–1471. doi:10.1017/s0033291706007884

Knopik, V. S., Heath, A. C., Madden, P. A. F., Bucholz, K. K., Slutske, W. S., Nelson, E. C., ... Martin, N. G. (2004). Genetic effects on alcohol dependence risk: Re-evaluating the importance of psychiatric and other heritable risk factors. *Psychological Medicine*, *34*(8), 1519–1530. doi:10.1017/s0033291704002922

Knopik, V. S., Jacob, T., Haber, J. R., Swenson, L. P., & Howell, D. N. (2009b). Paternal alcoholism and offspring ADHD problems: A children of twins design. *Twin Research and Human Genetics*, *12*(1), 53–62.

Koellinger, P., van der Loos, M., Groenen, P., Thurik, A., Rivadeneira, F., van Rooij, F., ... Hofman, A. (2010). Genome-wide association studies in economics and entrepreneurship research: Promises and limitations. *Small Business Economics*, *35*(1), 1–18. doi:10.1007/s11187-010-9286-3

Koenig, L. B., McGue, M., Krueger, R. F., & Bouchard, T. J., Jr. (2005). Genetic and environmental influences on religiousness: Findings for retrospective and current religiousness ratings. *Journal of Personality*, *73*(2), 471–488.

Koeppen-Schomerus, G., Spinath, F. M., & Plomin, R. (2003). Twins and non-twin siblings: Different estimates of shared environmental influence in early childhood. *Twin Research*, *6*(2), 97–105. doi:10.1375/136905203321536227

Kohnstamm, G. A., Bates, J. E., & Rothbart, M. K. (1989). *Temperament in childhood*. New York: Wiley.

Konradi, C. (2005). Gene expression microarray studies in polygenic psychiatric disorders: Applications and data analysis. *Brain Research Reviews*, *50*(1), 142–155.

Koopmans, J. R., Slutske, W. S., van Baal, G. C., & Boomsma, D. I. (1999). The influence of religion on alcohol use initiation: Evidence for genotype × environment interaction. *Behavior Genetics*, *29*(6), 445–453.

Koscielny, G., Yaikhom, G., Iyer, V., Meehan, T. F., Morgan, H., Atienza-Herrero, J., ... Di Fenza, A. (2014). The International Mouse Phenotyping Consortium Web Portal, a unified point of access for knockout mice and related phenotyping data. *Nucleic Acids Research*, *42*(D1), D802–D809.

Koten, J. W., Jr., Wood, G., Hagoort, P., Goebel, R., Propping, P., Willmes, K., & Boomsma, D. I. (2009). Genetic contribution to variation in cognitive function: An fMRI study in twins. *Science*, *323*(5922), 1737–1740. doi:10.1126/science.1167371

Kovas, Y., Haworth, C. M. A., Dale, P. S., & Plomin, R. (2007). The genetic and environmental origins of learning abilities and disabilities in the early school years. *Monographs of the Society for Research in Child Development*, 72, 1 - 144. doi: 10. 1111/j. 1540-5834. 2007. 00453. x

Kovas, Y., & Plomin, R. (2006). Generalist genes: Implications for the cognitive sciences. *Trends in Cognitive Sciences*, 10(5), 198 - 203. doi:10. 1016/j. tics. 2006. 03. 001

Kovas, Y., Voronin, I., Kaydalov, A., Malykh, S. B., Dale, P. S., & Plomin, R. (2013). Literacy and numeracy are more heritable than intelligence in primary school. *Psychological Science*, 24(10), 2048 - 2056.

Kozell, L., Belknap, J. K., Hofstetter, J. R., Mayeda, A., & Buck, K. J. (2008). Mapping a locus for alcohol physical dependence and associated withdrawal to a 1. 1 Mb interval of mouse chromosome 1 syntenic with human chromosome lq23. 2-23. 3. *Genes, Brain and Behavior*, 7(5), 560 - 567. doi:10. 1111/j. 1601-183X. 2008. 00391. x

Krapohl, E., Euesden, J., Zabaneh, D., Pingault, J. B., Rimfeld, K., von Stumm, S., ... Plomin, R. (2015). Phenome-wide analysis of genome-wide polygenic scores. *Molecular Psychiatry*. doi:10. 1038/mp. 2015. 126

Krapohl, E., & Plomin, R. (2015). Genetic link between family socioeconomic status and children's educational achievement estimated from genome-wide SNPs. *Molecular Psychiatry*, 21(3), 437 - 443.

Krebs, G., Waszczuk, M. A., Zavos, H. M. S., Bolton, D., & Eley, T. C. (2015). Genetic and environmental influences on obsessive-compulsive behaviour across development: A longitudinal twin study. *Psychological Medicine*, 45(07), 1539 - 1549.

Krebs, N. E, Himes, J. H., Jacobson, D., Nicklas, T. A., Guilday, P., & Styne, D. (2007). Assessment of child and adolescent overweight and obesity. *Pediatrics*, 120, S193 - S228. doi:10. 1542/peds. 2007-2329D

Kroksveen, A. C., Opsahl, J. A., Aye, T. T., Ulvik, R. J., & Berven, F S. (2011). Proteomics of human cerebrospinal fluid: Discovery and verification of biomarker candidates in neurodegenerative diseases using quantitative proteomics. *Journal of Proteomics*, 74(4), 371 - 388. doi: http://dx. doi. org/10. 1016/j. jprot. 2010. 11. 010

Krueger, R. F. (1999). The structure of common mental disorders. *Archives of General Psychiatry*, 56(10), 921 - 926.

Krueger, R. F., Caspi, A., Moffitt, T. E., Silva, A., & McGee, R. (1996). Personality traits are differentially linked to mental disorders: A multitrait-multidiagnosis study of an adolescent birth cohort. *Journal of Abnormal Psychology*, 105, 299 - 312.

Krueger, R. F., Hicks, B. M., Patrick, C. J., Carlson, S. R., Iacono, W. G., & McGue, M. (2002). Etiologic connections among substance dependence, antisocial behavior, and personality: Modeling the externalizing spectrum. *Journal of Abnormal Psychology*, 111(3), 411 - 424.

Krueger, R. F., Markon, K. E., & Bouchard, T. J., Jr. (2003). The extended genotype: The heritability of personality accounts for the heritability of recalled family environments in twins reared apart. *Journal of Personality*, 71(5), 809 - 833.

Krumm, N., Turner, T. N., Baker, C., Vives, L., Mohajeri, K., Witherspoon, K., ... He, Z. -X. (2015). Excess of rare, inherited truncating mutations in autism. *Nature Genetics*, 47(6), 582 - 588.

Kukekova, A. V., Trut, L. N., Chase, K., Kharlamova, A. V., Johnson, J. L., Temnykh, S. V., ... Lark, K. G. (2011). Mapping loci for fox domestication: Deconstruction/reconstruction of a behavioral phenotype. *Behavior Genetics*, 41(4), 593 - 606. doi:10. 1007/s10519-010-9418-1

Kumar, V., Kim, K., Joseph, C., Thomas, L. C., Hong, H., & Takahashi, J. S. (2011). Second-generation high-throughput forward genetic screen in mice to isolate subtle behavioral mutants. *Proceedings of the National Academy of Sciences of the United States of America*, 108, 15557 - 15564. doi:10. 1073/pnas. 1107726108

Kupper, N., Willemsen, G., Riese, H., Posthuma, D., Boomsma, D. I., & de Geus, E. J. C. (2005). Heritability of daytime ambulatory blood pressure in an extended twin design. *Hypertension*, 45(1), 80 - 85.

Labuda, M. C., DeFries, J. C., & Fulker, D. W. (1987). Genetic and environmental covariance-structures among WISC-R subtests: A twin study. *Intelligence*, 11(3), 233 - 244. doi: 10. 1016/0160-2896(87)90008-0

Lack, D. (1953). Darwin's finches. *Scientific American*, 188, 67.

Lai, C. S., Fisher, S. E., Hurst, J. A., Vargha-Khadem, F., & Monaco, A. P. (2001). A forkhead-domain gene is mutated in a severe speech and language disorder. *Nature*, 413(6855), 519 - 523.

Lajunen, H. -R., Kaprio, J., Rose, R. J., Pulkkinen, L., & Silventoinen, K. (2012). Genetic and environmental influences on BMI from late childhood to adolescence are modified by parental education. *Obesity*, *20*(3), 583-589. doi: 10.1038/oby.2011.304

Lamb, D. J., Middeldorp, C. M., van Beijsterveldt, C. E. M., Bartels, M., van der Aa, N., Polderman, T. J. C., & Boomsma, D. I. (2010). Heritability of anxious-depressive and withdrawn behavior: Age-related changes during adolescence. *Journal of the American Academy of Child and Adolescent Psychiatry*, *49*(3), 248-255. doi:10.1016/j.jaac.2009.11.014

Lambert, J.-C., Ibrahim-Verbaas, C. A., Harold, D., Naj, A. C., Sims, R., Bellengucz, C., ... Beecham, G. W. (2013). Meta-analysis of 74 046 individuals identifies 11 new susceptibility loci for Alzheimer's disease. *Nature Genetics*, *45*(12), 1452 – 1458.

Lana-Elola, E., Watson-Scales, S. D., Fisher, E. M. C., & Tybulewicz, V. L. J. (2011). Down syndrome: Searching for the genetic culprits. *Disease Models & Mechanisms*, *4*(5), 586 – 595. doi:10.1242/dmm.008078

Lander, E. S. (2011). Initial impact of the sequencing of the human genome. *Nature*, *470*(7333), 187 – 197. doi:10.1038/nature09792

Lanfranco, F., Kamischke, A., Zitzmann, M., & Nieschlag, E. (2004). Klinefelter's syndrome. *The Lancet*, *364*(9430), 273 – 283.

Langstrom, N., Rahman, Q., Carlstrom, E., & Lichtenstein, P. (2010). Genetic and environmental effects on same-sex sexual behavior: A population study of twins in Sweden. *Archives of Sexual Behavior*, *39*(1), 75 – 80. doi:10.1007/s10508-008-9386-1

Lanphier, E., Urnov, F., Haecker, S. E., Werner, M., & Smolenski, J. (2015). Don't edit the human germ line. *Nature*, *519*(7544), 410.

Larsson, H., Chang, Z., D'Onofrio, B. M., & Lichtenstein, P. (2014). The heritability of clinically diagnosed attention deficit hyperactivity disorder across the lifespan. *Psychological Medicine*, *44*(10), 2223 – 2229.

Larsson, H., Dilshad, R., Lichtenstein, P., & Barker, E. D. (2011). Developmental trajectories of DSM-IV symptoms of attention-deficit/hyperactivity disorder: Genetic effects, family risk and associated psychopathology. *Journal of Child Psychology and Psychiatry*, *52*(9), 954 – 963. doi:10.1111/j.1469-7610.2011.02379.x

Larsson, H., Lichtenstein, P., & Larsson, J. O. (2006). Genetic contributions to the development of ADHD subtypes from childhood to adolescence. *Journal of the American Academy of Child and Adolescent Psychiatry*, *45*(8), 973 – 981.

Larsson, H., Tuvblad, C., Rijsdijk, F. V., Andershed, H., Grann, M., & Lichtenstein, P. (2007). A common genetic factor explains the association between psychopathic personality and antisocial behavior. *Psychological Medicine*, *37*(1), 15 – 26.

Lau, B., Bretaud, S., Huang, Y., Lin, E., & Guo, S. (2006). Dissociation of food and opiate preference by a genetic mutation in zebrafish. *Genes, Brain and Behavior*, *5*(7), 497 – 505.

Laucht, M., Blomeyer, D., Buchmann, A. F., Treutlein, J., Schmidt, M. H., Esser, G., ... Banaschewski, T. (2012). Catechol-Omethyltransferase Val158Met genotype, parenting practices and adolescent alcohol use: Testing the differential susceptibility hypothesis. *Journal of Child Psychology and Psychiatry*, *53*(4), 351-359. doi:10.1111/j.1469-7610.2011.02408.x

Laurin, C. A., Hottenga, J. J., Willemsen, G., Boomsma, D. I., & Lubke, G. H. (2015). Genetic analyses benefit from using less heterogeneous phenotypes: An illustration with the hospital anxiety and depression scale (HADS). *Genetic Epidemiology*, *39*(4): 317 – 24. doi:10.1002/gepi.21897

Laursen, T. M., Agerbo, E., & Pedersen, C. B. (2009). Bipolar disorder, schizoaffective disorder, and schizophrenia overlap: A new comorbidity index. *Journal of Clinical Psychiatry*, *70*(10), 1432 – 1438. doi:10.4088/JCP.08m04807

Lavebratt, C., Almgren, M., & Ekström, T. J. (2012). Epigenetic regulation in obesity. *International Journal of Obesity*, *36*(6), 757 – 765.

Le, A. T., Miller, P. W., Slutske, W. S., & Martin, N. G. (2010). Are attitudes towards economic risk heritable? Analyses using the Australian twin study of gambling. *Twin Research and Human Genetics*, *13*(04), 330 – 339. doi:doi:10.1375/twin.13.4.330

Le Couteur, A., Bailey, A., Goode, S., Pickles, A., Robertson, S., Gottesman, I. I., & Rutter, M. (1996). A broader phenotype of autism: The clinical spectrum in twins. *Journal of Child Psychology and Psychiatry*, *37*, 785 – 801.

Leahy, A. M. (1935). Nature-nurture and intelligence. *Genetic Psychology Monographs*, *17*, 236 – 308.

Lee, H., Ripke, S., Neale, B., Faraone, S., Purcell, S., Perlis, R., ... Witte, J. (2013). Genetic relationship between five psychiatric disorders estimated from genome-wide SNPs. *Nature Genetics*, *45*(9), 984 – 994.

Lee, M. C., & Conway, G. S. (2014).

Turner's syndrome: Challenges of late diagnosis. *The Lancet Diabetes & Endocrinology*, 2(4), 333–338.

Lee, S. H., DeCandia, T. R., Ripke, S., Schizophrenia Psychiatric Genome-Wide Association Study Consortium, International Schizophrenia Consortium, Molecular Genetics of Schizophrenia Collaboration, ... Wray, N. R. (2012a). Estimating the proportion of variation in susceptibility to schizophrenia captured by common SNPs. *Nature Genetics*, 44(3), 247–250.

Lee, S. H., Harold, D., Nyholt, D. R., Goddard, M. E., Zondervan, K. T., Williams, J., ... Visscher, P. M. (2013). Estimation and partitioning of polygenic variation captured by common SNPs for Alzheimer's disease, multiple sclerosis and endometriosis. *Human Molecular Genetics*, 22(4), 832–841.

Lee, T., Henry, J. D., Trollor, J. N., & Sachdev, P. S. (2010b). Genetic influences on cognitive functions in the elderly: A selective review of twin studies. *Brain Research Reviews*, 64(1), 1–13. doi:10.1016/j.brainresrev.2010.02.001

Lee, T., Mosing, M. A., Henry, J. D., Trollor, J. N., Lammel, A., Ames, D., ... Sachdev, P. S. (2012). Genetic influences on five measures of processing speed and their covariation with general cognitive ability in the elderly: The Older Australian Twins Study. *Behavior Genetics*, 42(1), 96–106. doi:10.1007/s10519-011-9474-1

Leggett, V., Jacobs, P., Nation, K., Scerif, G., & Bishop, D. V. M. (2010). Neurocognitive outcomes of individuals with a sex chromosome trisomy: XXX, XYY, or XXY: A systematic review. *Developmental Medicine and Child Neurology*, 52(2), 119–129. doi:10.1111/j.1469-8749.2009.03545.x

Legrain, P., Aebersold, R., Archakov, A., Bairoch, A., Bala, K., Beretta, L., ... Omenn, G. S. (2011). The Human Proteome Project: Current state and future direction. *Molecular Cell Proteomics*, 10(7), M111.009993. doi:10.1074/mcp.M111.009993

Legrand, L. N., McGue, M., & Iacono, W. G. (1999). A twin study of state and trait anxiety in childhood and adolescence. *Journal of Child Psychology and Psychiatry*, 40(6), 953–958.

Lein, E. S., Hawrylycz, M. J., Ao, N., Ayres, M., Bensinger, A., Bernard, A., ... Jones, A. R. (2007). Genome-wide atlas of gene expression in the adult mouse brain. *Nature*, 445(7124), 168–176.

Lemery-Chalfant, K., Doelger, L., & Goldsmith, H. H. (2008). Genetic relations between effortful and attentional control and symptoms of psycho-pathology in middle childhood. *Infant and Child Development*, 17(4), 365–385. doi:10.1002/icd.581

Lemery-Chalfant, K., Kao, K., Swann, G., & Goldsmith, H. H. (2013). Childhood temperament: Passive gene-environment correlation, gene-environment interaction, and the hidden importance of the family environment. *Development and Psychopathology*, 25(1), 51–63. doi:10.1017/S0954579412000892

Lepage, P., Leclerc, M. C., Joossens, M., Mondot, S., Blottiere, H. M., Raes, J., ... Dore, J. (2013). A metagenomic insight into our gut's microbiome. *Gut*, 62(1), 146–158.

Lerner, I. M. (1968). *Heredity, evolution and society*. San Francisco: Freeman.

Letwin, N. E., Kafkafi, N., Benjamini, Y., Mayo, C., Frank, B. C., Luu, T., ... Elmer, G. I. (2006). Combined application of behavior genetics and microarray analysis to identify regional expression themes and gene-behavior associations. *The Journal of Neuroscience*, 26(20), 5277–5287.

Leve, L. D., DeGarmo, D. S., Bridgett, D. J., Neiderhiser, J. M., Shaw, D. S., Harold, G. T., ... Reiss, D. (2013a). Using an adoption design to separate genetic, prenatal, and temperament influences on toddler executive function. *Developmental Psychology*, 49(6), 1045–1057. doi:10.1037/a0029390

Leve, L. D., Harold, G. T., Ge, X., Neiderhiser, J. M., Shaw, D., Scaramella, L. V., & Reiss, D. (2009). Structured parenting of toddlers at high versus low genetic risk: Two pathways to child problems. *Journal of the American Academy of Child and Adolescent Psychiatry*, 48(11), 1102–1109. doi:10.1097/CHI.0b013e3181b8bfc0

Leve, L. D., Neiderhiser, J. M., Shaw, D. S., Ganiban, J., Natsuaki, M. N., & Reiss, D. (2013b). The Early Growth and Development Study: A prospective adoption study from birth through middle childhood. *Twin Research and Human Genetics*, 16(1), 412–423.

Levinson, D. F., Evgrafov, O. V., Knowles, J. A., Potash, J. B., Weissman, M. M., Scheftner, W. A., ... Holmans, P. (2007). Genetics of recurrent early-onset major depression (GenRED): Significant linkage on chromosome 15q25-q26 after fine mapping with single nucleotide polymorphism markers. *American Journal of Psychiatry*, 164(2), 259–264.

Levy, D., Ronemus, M., Yamrom, B., Lee, Y. H., Leotta, A., Kendall, J., ... Wigler, M. (2011). Rare de novo and transmitted copy-number variation in autistic spectrum disorders. *Neuron*,

70(5), 886-897. doi:10.1016/j.neuron.2011.05.015

Levy, D. L., Holzman, P. S., Matthysse, S., & Mendell, N. R. (1993). Eye tracking dysfunction and schizophrenia: A critical perspective. *Schizophrenia Bulletin*, 19, 461-536.

Lewis, C. M., Levinson, D. F., Wise, L. H., DeLisi, L. E., Straub, R. E., Hovatta, I., ... Helgason, T. (2003). Genome scan meta-analysis of schizophrenia and bipolar disorder, part II: Schizophrenia. *American Journal of Human Genetics*, 73(1), 34-48.

Lewis, G. J., Haworth, C., & Plomin, R. (2014). Identical genetic influences underpin behavior problems in adolescence and basic traits of personality. *Journal of Child Psychology and Psychiatry*, 55(8), 865-875.

Ley, R. E. (2015). The gene-microbe link. *Nature (London)*, 518(7540), S7.

Li, D., Sham, P. C., Owen, M. J., & He, L. (2006). Meta-analysis shows significant association between dopamine system genes and attention deficit hyperactivity disorder (ADHD). *Human Molecular Genetics*, 15(14), 2276-2284.

Li, D., Zhao, H., Kranzler, H. R., Li, M, D., Jensen, K. P., Zayats, T., ... Gelernter, J. (2014). Genome-wide association study of copy number variations (cnvs) with opioid dependence. *Neuropsychopharmacology*, 40(4), 1016-1076.

Li, J., Huo, Y., Zhang, Y., Fang, Z., Yang, J., Zang, T., ... Xu, X. (2009a). Familial aggregation and heritability of electrocardiographic intervals and heart rate in a rural Chinese population. *Annals of Noninvasive Electrocardiology*, 14(2), 147-152.

Li, M. D., Cheng, R., Ma, J. Z., & Swan, G. E. (2003). A meta-analysis of estimated genetic and environmental effects on smoking behavior in male and female adult twins. *Addiction*, 98(1), 23-31. doi:10.1046/j.1360-0443.2003.00295.x

Li, W., & Pozzo-Miller, L. (2014). BDNF deregulation in Rett syndrome. *Neuropharmacology*, 76, 737-746.

Li, Y., Breitling, R., & Jansen, R. C. (2008). Generalizing genetical genomics: Getting added value from environmental perturbation. *Trends in Genetics*, 24(10), 518-524. doi:10.1016/j.tig.2008.08.001

Li, Y., Wang, W.-J., Cao, H., Lu, J., Wu, C., Hu, F.-Y., ... Tian, X.-L. (2009b). Genetic association of FOXO1A and FOXO3A with longevity trait in Han Chinese populations. *Human Molecular Genetics*, 18(24), 4897-4904. doi:10.1093/hmg/ddp459

Li, Z., Chang, S.-h., Zhang, L.-y., Gao, L., & Wang, J. (2014). Molecular genetic studies of ADHD and its candidate genes: A review. *Psychiatry Research*, 219(1), 10-24.

Liao, C. Y., Rikke, B. A., Johnson, T. E., Diaz, V., & Nelson, J. F. (2010). Genetic variation in the murine lifespan response to dietary restriction: From life extension to life shortening. *Aging Cell*, 9(1), 92-95. doi:10.1111/j.1474-9726.2009.00533.x

Lichtenstein, P., Harris, J. R., Pedersen, N. L., & McClearn, G. E. (1992). Socioeconomic status and physical health, how are they related? An empirical study based on twins reared apart and twins reared together. *Social Science and Medicine*, 36, 441-450.

Lichtenstein, P., Holm, N. V., Verkasalo, P. K., Iliadou, A., Kaprio, J., Koskenvuo, M., ... Hemminki, K. (2000). Environmental and heritable factors in the causation of cancer — analysis of cohorts of twins from Sweden, Denmark, and Finland. *The New England Journal of Medicine*, 343(2), 78-85.

Lichtenstein, P., Yip, B. H., Bjork, C., Pawitan, Y., Cannon, T. D., Sullivan, P. F., & Hultman, C. M. (2009). Common genetic determinants of schizophrenia and bipolar disorder in Swedish families: A population-based study. *The Lancet*, 373(9659), 234-239. doi:10.1016/s0140-6736(09)60072-6

Lidsky, A. S., Robson, K., Chandra, T., Barker, P., Puddle, F., & Woo, S. L. C. (1984). The PKU locus in man is on chromosome 12. *American Journal of Human Genetics*, 36, 527-533.

Lilienfeld, S. O. (1992). The association between antisocial personality and somatization disorders: A review and integration of theoretical models. *Clinical Psychology Review*, 12, 641-662.

Lindblad-Toh, K., Wade, C. M., Mikkelsen, T. S., Karlsson, E. K., Jaffe, D. B., Kamal, M., ... Lander, E. S. (2005). Genome sequence, comparative analysis and haplotype structure of the domestic dog. *Nature*, 438(7069), 803-819.

Lindenberger, U. (2001). Lifespan theories of cognitive development. In N. J. Smelser & P. B. Bates (Eds.), *International encyclopaedia of the social and behavior sciences* (pp. 8848-8854). Oxford: Elsevier.

Linney, Y. M., Murray, R. M., Peters, E. R., MacDonald, A. M., Rijsdijk, F., & Sham, P. C. (2003). A quantitative genetic analysis of schizotypal personality traits. *Psychological*

Medicine, 33(5), 803-816.

Lipscomb, S. T., Laurent, H., Neiderhiser, J. M., Shaw, D. S., Natsuaki, M. N., Reiss, D., & Leve, L. D. (2014). Genetic vulnerability interacts with parenting and early care and education to predict increasing externalizing behavior. *International Journal of Behavioral Development*, 38(1), 70-80.

Liu, J., Yang, A., Zhang, Q., Yang, G., Yang, W., Lei, H., ... Zhang, Z. (2015). Association between genetic variants in SLC25A12 and risk of autism spectrum disorders: An integrated meta analysis. *American Journal of Medical Genetics Part B: Neuropsychiatric Genetics*, 168(4), 236-246.

Liu, X., & Davis, R. L. (2006). Insect olfactory memory in time and space. *Current Opinion in Neurobiology*, 16(6), 679-685.

Livesley, W. J., Jang, K. L., & Vernon, P. A. (1998). Phenotypic and genetic structure of traits delineating personality disorder. *Archives of General Psychiatry*, 55, 941-948.

Liyanage, V. R. B., & Rastegar, M. (2014). Rett syndrome and MeCP2. *Neuromolecular Medicine*, 16(2), 231-264.

Llewellyn, C., & Wardle, J. (2015). Behavioral susceptibility to obesity: Gene-environment interplay in the development of weight. *Physiological Behavior*. doi:10.1016/j.physbeh.2015.07.006

Llewellyn, C. H., Trzaskowski, M., Plomin, R., & Wardle, J. (2014a). From modeling to measurement: Developmental trends in genetic influence on adiposity in childhood. *Obesity*, 22(7), 1756-1761. doi:10.1002/oby.20756

Llewellyn, C. H., Trzaskowski, M., van Jaarsveld, C. M., Plomin, R., & Wardle, J. (2014b). Satiety mechanisms in genetic risk of obesity. *JAMA Pediatrics*, 168(4), 338-344. doi:10.1001/jamapediatrics.2013.4944

Llewellyn, C. H., vanJaarsveld, C. H., Johnson, L., Carnell, S., & Wardle, J. (2010). Nature and nurture in infant appetite: Analysis of the Gemini twin birth cohort. *The American Journal of Clinical Nutrition*, 91(5), 1172-1179. doi:10.3945/ajcn.2009.28868

Locke, A. E., Kahali, B., Berndt, S. I., Justice, A. E., Pers, T. H., Day, F. R., ... Speliotes, E. K. (2015). Genetic studies of body mass index yield new insights for obesity biology. *Nature*, 518(7538), 197-206. doi:10.1038/namre14177

Loehlin, J. C. (1989). Partitioning environmental and genetic contributions to behavioral development. *American Psychologist*, 44, 1285-1292.

Loehlin, J. C. (1992). *Genes and environment in personality development*. Newbury Park, CA: Sage Publications Inc.

Loehlin, J. C. (1997). Genes and environment. In D. Magnusson (Ed.), *The lifespan devdopment of individuals: Behavioral, neurobiological, and psychosocial perspectives: a synthesis* (pp. 38-51). New York: Cambridge University Press.

Loehlin, J. C. (2009). History of behavior genetics. In Y.-K. Kim (Ed.), *Handbook of behavior genetics* (pp. 3-11): Springer New York.

Loehlin, J. C. (2010). Is there an active geneenvironment correlation in adolescent drinking behavior? *Behavior Genetics*, 40(4), 447-451. doi:10.1007/sl0519-010-9347-z

Loehlin, J. C., Horn, J. M., & Willerman, L. (1989). Modeling IQ change: Evidence from the Texas Adoption Project. *Child Development*, 60, 993-1004.

Loehlin, J. C., Horn, J. M., & Willerman, L. (1990). Heredity, environment, and personality change: Evidence from the Texas Adoption Study. *Journal of Personality*, 58, 221-243.

Loehlin, J. C., Neiderhiser, J. M., & Reiss, D. (2003). The behavior genetics of personality and the NEAD study. *Journal of Research in Personality*, 37(5), 373-387.

Loehlin, J. C., & Nichols, J. (1976). *Heredity, environment and personality*. Austin: University of Texas.

Loehlin, J. C., Willerman, L., & Horn, J. M. (1982). Personality resemblances between unwed mothers and their adopted-away offspring. *Journal of Personality and Social Psychology*, 42, 1089-1099.

Lohmueller, K. E., Pearce, C. L., Pike, M., Lander, E. S., & Hirschhorn, J. N. (2003). Meta-analysis of genetic association studies supports a contribution of common variants to susceptibility to common disease. *Nature Genetics*, 33(2), 177-182.

Long, A. D., Macdonald, S. J., & King, E. G. (2014). Dissecting complex traits using the Drosophila synthetic population resource. *Trends in Genetics*, 30(11), 488-495.

Long, J., Knowler, W., Hanson, R., Robin, R., Urbanek, M., Moore, E., ... Goldman, D. (1998). Evidence for genetic linkage to alcohol dependence on chromosomes 4 and 11 from an autosome-wide scan in an American Indian population. *American Journal of Medical Genetics (Neuropsychiatric Genetics)*, 81, 216-221.

López-Solà, C., Fontenelle, L. F., Alonso, P., Cuadras, D., Foley, D. L., Pantelis, C., ...

SorianoMas, C. (2014). Prevalence and heritability of obsessive-compulsive spectrum and anxiety disorder symptoms: A survey of the Australian Twin Registry. *American Journal of Medical Genetics Part B: Neuropsychiatric Genetics*, 165(4), 314 - 325.

Losoya, S. H., Callor, S., Rowe, D. C., & Goldsmith, H. H. (1997). Origins of familial similarity in parenting: A study of twins and adoptive siblings. *Developmental Psychology*, 33(6), 1012 - 1023.

Lott, I. T., & Dierssen, M. (2010). Cognitive deficits and associated neurological complications in individuals with Down's syndrome. *The Lancet Neurology*, 9(6), 623 - 633.

Lovinger, D. M., & Crabbe, J. C. (2005). Laboratory models of alcoholism: Treatment target identification and insight into mechanisms. *Nature Neuroscience*, 8(11), 1471 - 1480.

Lubke, G. H., Hottenga, J. J., Walters, R., Laurin, C., de Geus, E. J. C., Willemsen, G., ... Boomsma, D. I. (2012). Estimating the genetic variance of major depressive disorder due to all single nucleotide polymorphisms. *Biological Psychiatry*, 72(8), 707 - 709. doi: 10.1016/j.biopsych.2012.03.011

Luciano, M., Hansell, N. K., Lahti, J., Davies, G., Medland, S. E., Raikkonen, K., ... Deary, I. J. (2011a). Whole genome association scan for genetic polymorphisms influencing information processing speed. *Biological Psychology*, 86(3), 193 - 202. doi: 10.1016/j.biopsycho.2010.11.008

Luciano, M., Montgomery, G. W., Martin, N. G., Wright, M. J., & Bates, T. C. (2011b). SNP sets and reading ability: Testing confirmation of a 10-SNP set in a population sample. *Twin Research and Human Genetics*, 14(3), 228 - 232. doi: 10.1375/twin.14.3.228

Luciano, M., Svinti, V., Campbell, A., Marioni, R. E., Hayward, C., Wright, A. F., ... Prendergast, J. G. D. (2015). Exome sequencing to detect rare variants associated with general cognitive ability: A pilot study. *Twin Research and Human Genetics*, 18(02), 117 - 125.

Luciano, M., Wright, M. J., Geffen, G. M., Geffen, L. B., Smith, G. A., Evans, D. M., & Martin, N. G. (2003). A genetic two-factor model of the covariation among a subset of Multidimensional Aptitude Battery and Wechsler Adult Intelligence Scale - Revised subtests. *Intelligence*, 31(6), 589 - 605. doi: 10.1016/s0160-2896(03)00057-6

Lundstrom, S., Chang, Z., Rastam, M., Gillberg, C., Larsson, H., Anckarsater, H., & Lichtenstein, P. (2012). Autism spectrum disorders and autisticlike traits: Similar etiology in the extreme end and the normal variation. *Archives of General Psychiatry*, 69(1), 46 - 52.

Luo, D., Petrill, S. A., & Thompson, L. A. (1994). An exploration of genetic g: Hierarchical factor analysis of cognitive data from the Western Reserve Twin Project. *Intelligence*, 18, 335 - 348.

Luo, X., Kranzler, H. R., Zuo, L., Wang, S., Blumberg, H. P., & Gelernter, J. (2005). CHRM2 gene predisposes to alcohol dependence, drug dependence and affective disorders: Results from an extended case-control structured association study. *Human Molecular Genetics*, 14(16), 2421 - 2434. doi: 10.1093/hmg/ddi244

Lush, J. L. (1951). Genetics and animal breeding. In L. C. Dunn (Ed.), *Genetics in the twentieth century* (pp. 493 - 525). New York: Macmillan.

Lykken, D. T. (2006). The mechanism of emergenesis. *Genes, Brain and Behavior*, 5(4), 306 - 310.

Lykken, D. T., & Tellegen, A. (1993). Is human mating adventitious or the result of lawful choice? A twin study of mate selection. *Jurnal of Personality and Social Psychology*, 65(1), 56 - 68.

Lynch, M. A. (2004). Long-term potentiation and memory. *Physiologica*, 84(1), 87 - 136.

Lynskey, M. T., Agrawal, A., & Heath, A. C. (2010). Genetically informative research on adolescent substance use: Methods, findings, and challenges. *Journal of the American Academy of Child and Adolescent Psychiatry*, 49(12), 1202 - 1214. doi: 10.1016/j.jaac.2010.09.004

Lyons, M. J., Goldberg, J., Eisen, S. A., True, W., Tsuang, M. T., Meyer, J. M., & Henderson, W. G. (1993). Do genes influence exposure to trauma: A twin study of combat. *American Journal of Medical Genetics (Neuropsychiatric Genetics)*, 48, 22 - 27.

Lyons, M. J., True, W. R., Eisen, S. A., Goldberg, J., Meyer, J. M., Faraone, S. V., ... Tsuang, M. T. (1995). Differential heritability of adult and juvenile antisocial traits. *Archives of General Psychiatry*, 52(11), 906 - 915.

Lyst, M. J., & Bird, A. (2015). Rett syndrome: A complex disorder with simple roots. *Nature Reviews Genetics*, 16(5), 261 - 275.

Ma, D. Q., Cuccaro, M. L., Jaworski, J. M., Haynes, C. S., Stephan, D. A., Parod, J., ... Pericak-Vance, M. A. (2007). Dissecting the locus heterogeneity of autism: Significant linkage to chromosome 12q14. *Molecular Psychiatry*, 12

(4), 376-384.

Mabb, A. M., Judson, M. C., Zylka, M. J., & Philpot, B. D. (2011). Angelman syndrome: Insights into genomic imprinting and neurodevelopmental phenotypes. *Trends in Neurosciences*, 34(6), 293-303. doi:10.1016/j.tins.2011.04.001

Maccani, M. A., & Knopik, V. S. (2012). Cigarette smoke exposure-associated alterations to non-coding RNA. *Frontiers in Genetics*, 3, 53. doi:10.3389/fgene.2012.00053

Maccani, M. A., & Marsit, C. J. (2009). Epigenetics in the placenta. *American Journal of Reproductive Immunology*, 62(2), 78-89. doi:10.1111/j.1600-0897.2009.00716.x

MacGillivray, I., Campbell, D. M., & Thompson, B. (1988). *Twinning and twins*. Chichester: Wiley.

Mackay, T. F., & Anholt, R. R. (2006). Of flies and man: Drosophila as a model for human complex traits. *Annual Review of Genomics and Human Genetics*, 7, 339-367.

MacKillop, J. (2013). Integrating behavioral economics and behavioral genetics: Delayed reward discounting as an endophenotype for addictive disorders. *Journal of the Experimental Analysis of Behavior*, 99(1), 14-31.

MacKillop, J., & Munafò, M. R. (2013). *Genetic influences on addiction: An intermediate phenotype approach*. MIT Press.

MacKillop, J., Obasi, E., Amlung, M. T., McGeary, J. E., & Knopik, V. S. (2010). The role of genetics in nicotine dependence: Mapping the pathways from genome to syndrome. *Current Cardiovascular Risk Report*, 4(6), 446-453. doi:10.1007/s12170-010-0132-6

Mackintosh, M.-A., Gatz, M., Wetherell, J. L., & Pedersen, N. L. (2006). A twin study of lifetime generalized anxiety disorder (GAD) in older adults: Genetic and environmental influences shared by neuroticism and GAD. *Twin Research and Human Genetics*, 9(01), 30-37.

Mackintosh, N. J. (1995). *Cyril Burt: Fraud or framed?* Oxford: Oxford University Press.

Mackintosh, N. J. (2011). *IQ and human intelligence* (2 ed.). Oxford: Oxford University Press.

MacLeod, A. K., Davies, G., Payton, A., Tenesa, A., Harris, S. E., Liewald, D., ... Gow, A. J. (2012). Genetic copy number variation and general cognitive ability. *PLoS One*, 7(12), e37185.

Maes, H. H., Neale, M. C., & Eaves, L. J. (1997). Genetic and environmental factors in relative body weight and human adiposity. *Behavior Genetics*, 27(4), 325-351.

Maes, H. H., Sullivan, P. F., Bulik, C. M., Neale, M. C., Prescott, C. A., Eaves, L. J., & Kendler, K. S. (2004). A twin study of genetic and environmental influences on tobacco initiation, regular tobacco use and nicotine dependence. *Psychological Medicine*, 34(7), 1251-1261.

Maguire, E. A., Gadian, D. G., Johnsrude, I. S., Good, C. D., Ashburner, J., Frackowiak, R, S., & Frith, C. D. (2000). Navigation-related structural change in the hippocampi of taxi drivers. *Proceedings of the National Academy of Sciences of the United States of America*, 97(8), 4398-4403.

Maguire, E. A., Woollett, K., & Spirts, H. J. (2006). London taxi drivers and bus driwrs: A structural MRI and neuropsychological analysis. *Hippocampus.*, 16(12), 1091-1101.

Maher, B. (2008). Personal genomes: The case of the missing heritability. *Nature*, 456(7218), 18-21.

Mahowald, M. B., Verp, M. S., & Anderson, R. R. (1998). Genetic counseling: Clinical and ethical challenges. *Annual Review of Genetics*, 32, 547-559.

Malhotra, D., & Sebat, J. (2012). CNVs: Harbingers of a rare variant revolution in psychiatric genetics. *Cell*, 148(6), 1223-1241. doi:http://dx.doi.org/10.1016/j.cell.2012.02.039

Malykh, S. B., Iskoldsky, N. V., & Gindina, E. V. (2005). Genetic analysis of IQ in young adulthood: A Russian twin study. *Personality and Individual Differences*, 38(6), 1475-1485.

Mandoki, M. W., Sumner, G. S., Hoffman, R. P., & Riconda, D. L. (1991). A review of Klinefelter's syndrome in children and adolescents. *Journal of the American Academy of Child and Adolescent Psychiatry*, 30, 167-172.

Manolio, T. A., Collins, F. S., Cox, N. J., Goldstein, D. B., Hindorff, L. A., Hunter, D. J., ... Visscher, P. M. (2009). Finding the missing heritability of complex diseases. *Nature*, 461(7265), 747-753.

Marceau, K., Horwitz, B. N., Narusyte, J., Ganiban, J. M., Spotts, E. L., Reiss, D., & Neiderhiser, J. M. (2013). Gene-environment correlation underlying the association between parental negativity and adolescent externalizing problems. *Child Development*, 84(6), 2031-2046. doi:10.1111/cdev.12094

Marceau, K., Knopik, V. S., Neiderhiser, J. M., Lichtenstein, P., Spotts, E. L., Ganiban, J. M., & Reiss, D. (2015a). Adolescent age moderates genetic and environmental influences on parent-adolescent positivity and negativity: Implications for genotype-environment correlation. *Development and Psychopathology*, *FirstView*, 1-18.

Marceau, K., McMaster, M. T. B., Smith, T. F., Daams, J. G., Beijsterveldt, C. E. M., Boomsma, D. I., & Knopik, V. S. (2016). The prenatal environment in twin studies: A review of chorionicity. *Behavior Genetics*, *46*(3), 286-303.

Marceau, K., Narusyte, J., Lichtenstein, P., Ganiban, J. M., Spotts, E. L., Reiss, D., & Neiderhiser, J. M. (2015b). Parental knowledge is an environmental influence on adolescent externalizing. *Journal of Child Psychology and Psychiatry*, *56*(2), 130-137. doi:10.1111/jcpp.12288

Margulies, C., Tully, T., & Dubnau, J. (2005). Deconstructing memory in *Drosophila*. *Current Biology*, *15*(17), R700-R713.

Marioni, R. E., Penke, L., Davies, G., Huffman, J. E., Hayward, C., & Deary, I. J. (2014). The total burden of rare, non-synonymous exome genetic variants is not associated with childhood or latelife cognitive ability. *Proceedings of the Royal Society of London B: Biological Sciences*, *281*(1781), 20140117.

Marks, M. J. (2013). Genetics matters: Thirty years of progress using mouse models in nicotinic research. *Biochemical Pharmacology*, *86*(8), 1105-1113.

Maron, E., Hettema, J. M., & Shlik, J. (2010). Advances in molecular genetics of panic disorder. *Molecular Psychiatry*, *15*(7), 681-701.

Martens, M. A., Wilson, S. J., & Reutens, D. C. (2008). Research Review: Williams syndrome: A critical review of the cognitive, behavioral, and neuroanatomical phenotype. *Journal of Child Psychology and Psychiatry*, *49*(6), 576-608. doi:10.1111/j.1469-7610.2008.01887.x

Martin, G. M. (2011). The biology of aging: 1985-2010 and beyond. *FASEB Journal*, *25*(11), 3756-3762. doi:10.1096/fj.11-1102.ufm

Martin, N., Boomsma, D. I., & Machin, G. (1997). A twin-pronged attack on complex traits. *Nature Genetics*, *17*, 387-392.

Martin, N. G., & Eaves, L. J. (1977). The genetical analysis of covariance structure. *Heredity*, *38*, 79-95. doi:10.1038/hdy.1977.9

Martinez, D., & Narendran, R. (2010). Imaging neurotransmitter release by drugs of abuse. In D. W. Self & J. K. Staley Gottschalk (Eds.), *Behavioral neuroscience of drug addiction* (Vol. 3, pp. 219-245).

Martynyuk, A. E., van Spronsen, F. J., & Van der Zee, E. A. (2010). Animal models of brain dysfunction in phenylketonuria. *Molecular Genetics and Metabolism*, *99*, S100-S105. doi:10.1016/j.ymgme.2009.10.181

Mascheretti, S., Riva, V., Giorda, R., Beri, S., Lanzoni, L. F. E., Cellino, M. R., & Marino, C. (2014). KIAA0319 and ROBO1: Evidence on association with reading and pleiotropic effects on language and mathematics abilities in developmental dyslexia. *Journal of Human Genetics*, *59*(4), 189-197.

Mataix-Cols, D., Boman, M., Monzani, B., Rück, C., Serlachius, E., Långström, N., & Lichtenstein, P. (2013). Population-based, multigenerational family clustering study of obsessive-compulsive disorder. *JAMA Psychiatry*, *70*(7), 709-717.

Matera, A. G., & Wang, Z. (2014). A day in the life of the spliceosome. *Nature Reviews Molecular Cell Biology*, *15*(2), 108-121. doi:10.1038/nrm3742

Matheny, A. P., Jr. (1980). Bayley's Infant Behavioral Record: Behavioral components and twin analysis. *Child Development*, *51*, 1157-1167.

Matheny, A. P., Jr. (1989). Children's behavioral inhibition over age and across situations: Genetic similarity for a trait during change. *Journal of Personality*, *57*(2), 215-235.

Matheny, A. P., Jr. (1990). Developmental behavior genetics: Contributions from the Louisville Twin Study. In M. E. Hahn, J. K. Hewitt, N. D. Henderson, & R. H. Benno (Eds.), *Developmental behavior genetics: Neural, biometrical, and evolutionary approaches* (pp. 25-39). New York: Chapman & Hall.

Matheny, A. P., Jr., & Dolan, A. B. (1975). Persons, situations, and time: A genetic view of behavioral change in children. *Journal of Personality and Social Psychology*, *14*, 224-234.

Mather, K., & Jinks, J. L. (1982). *Biometrical genetics: The study of continuous variation* (Vol. 3). New York: Chapman & Hall.

Mathes, W. F., Kelly, S. A., & Pomp, D. (2011). Advances in comparative genetics: Influence of genetics on obesity. *British Journal of Nutrition*, *106*, S1-S10. doi:10.1017/s0007114511001905

Matsumoto, J., Sugiura, Y., Yuki, D., Hayasaka, T., Goto-Inoue, N., Zaima, N., ... Niwa, S. (2011). Abnormal phospholipids distribution in the prefrontal cortex from a patient with schizophrenia revealed by matrix-assisted laser desorption/ionization imaging mass spectrometry. *Analytical and Bioanalytical Chemistry*, *400*(7),

1933-1943. doi:10.1007/s00216-011-4909-3

Matteson, L. K., McGue, M., & Iacono, W. G. (2013). Shared environmental influences on personality: A combined twin and adoption approach. *Behavior Genetics*, 43(6), 491-504.

Mattheisen, M., Samuels, J. F., Wang, Y., Greenberg, B. D., Fyer, A. J., McCracken, J. T., ... Grados, M. A. (2014). Genome-wide association study in obsessive-compulsive disorder: Results from the OCGAS. *Molecular Psychiatry*, 20(3), 337-344.

Matthews, K. A., Kaufman, T. C., & Gelbart, W. M. (2005). Research resources for *Drosophila*: The expanding universe. *Nature Reviews Genetics*, 6(3), 179-193.

Maubourguet, N., Lesne, A., Changeux, J.-P., Maskos, U., & Faure, P. (2008). Behavioral sequence analysis reveals a novel role for β2 * nicotinic receptors in exploration. *PLoS Computer Biology*, 4(11), e1000229, doi:10.1371/journal.pcbi.1000229

Maxson, S. C. (2009). The genetics of offensive aggression in mice. In Y.-K. Kim (Ed.), *Handbook of behavior genetics* (pp. 301-316). New York: Springer.

Mayford, M., & Kandel, E. R. (1999). Genetic approaches to memory storage. *Trends in Genetics*, 15(11), 463-470.

Mazzeo, S. E., Mitchell, K. S., Bulik, C. M., Aggen, S. H., Kendler, K. S., & Neale, M. C. (2010). A twin study of specific bulimia nervosa symptoms. *Psychological Medicine*, 40(7), 1203-1213. doi:10.1017/s003329170999122x

McAdams, T. A., Gregory, A. M., & Eley, T. C. (2013). Genes of experience: Explaining the heritability of putative environmental variables through their association with behavioural and emotional traits. *Behavior Generics*, 43(4), 314-328.

McAdams, T. A., Neiderhiser, J. M., Rijsdijk, F. V., Narusyte, J., Lichtenstein, P., & Eley, T. C. (2014). Accounting for genetic and environmental confounds in associations between parent and child characteristics: A systematic review of children-of-twins studies. *Psychological Bulletin*, 140(4), 1138-1173. doi:10.1037/a0036416

McAdams, T. A., Rijsdijk, F. V., Neiderhiser, J. M., Narusyte, J., Shaw, D. S., Natsuaki, M. N., ... Eley, T. C. (2015). The relationship between parental depressive symptoms and offspring psychopathology: Evidence from a children-of-twins study and an adoption stud). *Psychological Medicine*, 45(12): 2583-1294.

McBride, C. M., Koehly, L. M., Sanderson, S. C., & Kaphingst, K. A. (2010). The behavioral response to personalized genetic information: Will genetic risk profiles motivate individuals and families to choose more healthful behaviors? *Annual Review of Public Health*, 31, 89-103. doi:10.1146/annurev.publhealth.012809.103532

McCaffery, J. M., Papandonatos, G. D., Lyons, M. J., & Niaura, R. (2008). Educational attainment and the heritability of self-reported hypertension among male Vietnam-era twins. *Psychosomatic Medicine*, 70(7), 781-786.

McCartney, K., Harris, M. J., & Bernieri, F. (1990). Growing up and growing apart: A developmental meta-analysis of twin studies. *Psychological Bulletin*, 107, 226-237.

McCay, C. M., Crowell, M. F., & Maynard, L. A. (1935). The effect of retarded growth upon the length of life span and upon the ultimate body size. *The Journal of Nutrition*, 10(1), 63-79.

McClearn, G. E. (1963). The inheritance of behavior. In L. J. Postman (Ed.), *Psychology in the making* (pp. 144-252). New York: Knopf.

McClearn, G. E. (1976). Experimental behavioural genetics. In D. Barltrop (Ed.), *Aspects of Genetics in Paediatrics* (pp. 31-39), London: Fellowship of Postdoctorate Medicine.

McClearn, G. E., Johansson, B., Berg, S., Pedersen, N. L., Ahern, F., Petrill, S. A., & Plomin, R. (1997). Substantial genetic influence on cognitive abilities in twins 80 + years old. *Science*, 276, 1560-1563. doi:10.1126/science.276.5318.1560

McClearn, G. E., & Rodgers, D. A. (1959). Differences in alcohol preference among inbred strains of mice. *Quarterly Journal of Studies on Alcohol*, 52, 62-67.

McClearn, G. E., Svartengren, M., Pedersen, N. L., Heller, D. A., & Plomin, R. (1994). Genetic and environmental influences on pulmonary function in aging Swedish twins. *Journal of Gerontology*, 49(6), M264-M268.

McGeary. J. (2009). The DRD4 exon 3 VNTR polymorphism and addiction-related phenotypes. A review. *Pharmacology Biochemistry and Behavior*, 93(3), 222-229. doi:10.1016/j.pbb.2009.03.010

McGettigan, P. A. (2013). Transcriptomics in the RNA-seq era. *Current Opinion in Chemical Biology*, 17(1), 4-11. doi:http://dx.doi.org/10.1016/j.cbpa.2012.12.008

McGough, J. J., Loo, S. K., McCracken, J. T., Dang, J., Clark, S., Nelson, S. F., & Smalley, S. L. (2008). CBCL pediatric bipolar disorder profile and ADHD: Comorbidity and quantitative trait loci analysis. *Journal of the American Academy of Child and Adolescent Psychiatry*, 47(10), 1151–1157. doi:10.1097/CHI.0b013e3181825a68

McGrath, M., Kawachi, I., Ascherio, A., Colditz, G. A., Hunter, D. J., & De, V. I. (2004). Association between catechol-O-methyltransferase and phobic anxiety. *American Jrournal of Psychiatry*, 161(9), 1703–1705.

McGue, M., Bacon, S., & Lykken, D. T. (1993a). Personality stability and change in early adulthood: A behavioral genetic analysis. *Developmental Psychology*, 29, 96–109.

McGue, M., Bouchard, T. J., Jr., Iacono, W. G., & Lykken, D. T. (1993b). Behavioral genetics of cognitive ability: A life-span perspective. In R. Plomin & G. E. McClearn (Eds.), *Nature, nurture, and psychology* (pp. 59-76). Washington, DC: American Psychological Association.

McGue, M., & Christensen, K. (2013). Growing old but not growing apart: Twin similarity in the latter half of the lifespan. *Behavior Genetics*, 43(1), 1–12.

McGue, M., & Gottesman, I. I. (1989). Genetic linkage in schizophrenia: Perspectives from genetic epidemiology. *Schizophrenia Bulletin*, 15, 453–464.

McGue, M., Keyes, M., Sharma, A., Elkins, I., Legrand, L., Johnson, W., & Iacono, W. G. (2007). The environments of adopted and non-adopted youth: Evidence on range restriction from the Sibling Interaction and Behavior Study (SIBS). *Behavior Genetics*, 37(3), 449–462. doi:10.1007/s10519-007-9142-7

McGue, M., & Lykken, D. T. (1992). Genetic influence on risk of divorce. *Psychological Science*, 3, 368–373.

McGue, M., Sharma, S., & Benson, P. (1996). Parent and sibling influences on adolescent alcohol use and misuse: Evidence from a U. S. adoption court. *Journal of Studies on Alcohol*, 57, 8–18.

McGuffin, P., Cohen, S., & Knight, J. (2007). Homing in on depression genes. *American Journal of Psychiatry*, 164(2), 195–197.

McGuffin, P., Farmer, A. E., & Gottesman, I. I. (1987). Is there really a split in schizophrenia? The genetic evidence. *British Journal of Psychiatry*, 50, 581–592.

McGuffin, P., & Gottesman, I. I. (1985). Genetic influences on normal and abnormal development. In M. Rutter & L. Hersov (Eds.), *Child and adolescent psychiatry: Modern approaches* (Vol. 2, pp.17–33). Oxford: Blackwell Scientific.

McGuffin, P., Gottesman, I. I., & Owen, M. J. (2002). *Psychiatric genetics and genomics*. Oxford: Oxford University Press.

McGuffin, P., & Katz, R. (1986). Nature, nurture, and affective disorder. In J. W. F. Deakin (Ed.), *The biology of depression* (pp. 26–51). London: Gaskell Press.

McGuffin, P., Katz, R., Watkins, S., & Rutherford, J. (1996). A hospital-based twin register of the heritability of DSM-IV unipolar depression. *Archives of General Psychiatry*, 53, 129–136.

McGuffin, P., Knight, J., Breen, G., Brewster, S., Boyd, P. R., Craddock, N., ... Farmer, A. E. (2005). Whole genome linkage scan of recurrent depressive disorder from the depression network study. *Human Molecular Genetics*, 14(22), 3337–3345.

McGuffin, P., Owen, M. J., O'Donovan, M. C., Thapar, A., & Gottesman, I. I. (1994). *Seminars in psychiatric genetics*. London, UK: Gaskell.

McGuffin, P., Rijsdijk, F., Andrew, M., Sham, P., Katz, R., & Cardno, A. (2003). The heritability of bipolar affective disorder and the genetic relationship to unipolar depression. *Archives of General Psychiatry*, 60(5), 497–502.

McGuffin, P., & Rivera, M. (2015). The interaction between stress and genetic factors in the etiopathogenesis of depression. *World Psychiatry*, 14(2), 161–163.

McGuffin, P., Sargeant, M., Hetti, G., Tidmarsh, S., Whatley, S., & Marchbanks, R. M, (1990). Exclusion of a schizophrenia susceptibility gene from the chromosome 5q11-q13 region, New data and a reanalysis of previous reports. *American Journal of Human Genetics*, 47, 534–535.

McGuffin, P., &Sturt, E. (1986). Genetic markers in schizophrenia. *Human Heredity*, 36(2), 65–88.

McGuire, S., Neiderhiser, J. M., Reiss, D., Hetherington, E. M., & Plomin, R. (1994). Genetic and environmental influences on perceptions of self-worth and competence in adolescence: A study of twins, full siblings, and step-siblings. *Child Development*(65), 785–799. doi:10.2307/1131418

McGuire, S. E., Deshazer, M., & Davis, R. L. (2005). Thirty years of olfactory learning and memory research in Drosophila melanogaster. *Progress in Neurobiology*, 76(5), 328–347.

McLoughlin, G., Rijsdijk, F., Asherson, P., & Kuntsi, J. (2011). Parents and teachers make different contributions to a shared perspective on hyperactive-impulsive and inattentive symptoms: A multivariate analysis of parent and teacher ratings on the symptom domains of ADHD. *Behavior Genetics*, 41(5), 668–679. doi:10.1007/s10519-011-9473-2

McMahon, R. C. (1980). Genetic etiology in the hyperactive child syndrome: A critical review. *American Journal of Orthopsychiatry*, 50, 145-150.

McRae, A. F., Matigian, N. A., Vadlamudi, L., Mulley, J. C., Mowry, B., Martin, N. G., ... Visscher, P. M. (2007). Replicated effects of sex and genotype on gene expression in human lymphoblastoid cell lines. *Human Molecular Genetics*, 16(4), 364–373.

McRae, A. F., Wright, M. J., Hansell, N. K., Montgomery, G. W., & Martin, N. G. (2013). No association between general cognitive ability and rare copy number variation. *Behavior Genetics*, 43(3), 202–207.

Meaburn, E., Dale, P. S., Craig, I. W., & Plomin, R. (2002). Language-impaired children: No sign of the FOXP2 mutation. *Neuroreport*, 13(8), 1075–1077. doi:10.1097/00001756-200206120-00020

Meaburn, E. L., Harlaar, N., Craig, I. W., Schalkwyk, L. C. & Plomin, R. (2008). Quantitative trait locus association scan of early reading disability and ability using pooled DNA and 100 K SNP microarrays in a sample of 5760 children. *Molecular Psychiatry*, 13, 729–740. doi:10.1038/sj.mp.4002063

Meaney, M. J. (2010). Epigenetics and the biological definition of gene × environment interactions. *Child Development*, 81(1), 41–79.

Medlund, P., Cederlof, R., Floderus-Myrhed, B., Friberg, L., & Sorensen, S. (1977). A new Swedish twin registry. *Acta Medica Scandinavica Supplementum*, 60, 1–11.

Mednick, S. A., Gabrielli, W. F., & Hutchings, B. (1984). Genetic factors in criminal behavior: Evidence from an adoption cohort. *Science*, 224, 891–893.

Mendel, G. J. (1866). Versuche ueber Pflanzenhybriden. *Verhandlungen des Naturforschunden Vereines in Bruenn*, 4, 3–47.

Mendlewicz, J., & Rainer, J. D. (1977). Adoption study supporting genetic transmission in manic-depressive illness. *Nature*, 268, 327–329.

Merikangas, K. R., He, J.-P., Brody, D., Fisher, P. W., Bourdon, K., & Koretz, D. S. (2010). Prevalence and treatment of mental disorders among U. S. children in the 2001–2004 NHANES. *Pediatrics*, 125(1), 75–81. doi:10.1542/peds.2008-2598

Merikangas, K. R., & McClair, V. L. (2012). Epidemiology of substance use disorders. *Human Genetics*, 131(6), 779–789.

Merikangas, K. R., Stolar, M., Stevens, D. E., Goulet, J., Preisig, M. A., Fenton, B., ... Rounsaville, B. J. (1998). Familial transmission of substance use disorders. *Archives of General Psychiatry*, 55(11), 973–979.

Merriman, C. (1924). The intellectual resemblance of twins. *Psychological Monographs*, 33, 1–58.

Merwood, A., Chen, W., Rijsdijk, F., Skirrow, C., Larsson, H., Thapar, A., ... Asherson, P. (2014). Genetic associations between the symptoms of attention-deficit/hyperactivity disorder and emotional lability in child and adolescent twins. *Journal of the American Academy of Child & Adolescent Psychiatry*, 53(2), 209–220.

Merwood, A., Greven, C. U., Price, T. S., Rijsdijk, F., Kuntsi, J., McLoughlin, G., ... Asherson, P. J. (2013). Different heritabilities but shared etiological influences for parent, teacher and self-ratings of ADHD symptoms: An adolescent twin study. *Psychological Medicine*, 43(09), 1973–1984.

Meyer, J. M. (1995). Genetic studies of obesity across the life span. In L. R. Cardon & J. K. Hewitt (Eds.), *Behavior genetic approaches to behavioral medicine* (pp. 145–166). New York: Plenum.

Middelberg, R. P., Martin, N. G., & Whitfield, J. B. (2006). Longitudinal genetic analysis of plasma lipids. *Twin Research and Human Genetics*, 9(04), 550–557.

Middeldorp, C. M., Cath, D. C., Van Dyck, R., & Boomsma, D. I. (2005). The co-morbidity of anxiety and depression in the perspective of genetic epidemiology. A review of twin and family studies. *Psychological Medicine*, 35(5), 611–624.

Milagro, F. I., Campion, J., Garcia-Diaz, D. F., Goyenechea, E., Paternain, L., & Martinez, J. A. (2009). High fat diet-induced obesity modifies the methylation pattern of leptin promoter in rats. *Journal of Physiology and Biochemistry*, 65(1), 1–9.

Miles, D. R., Silberg, J. L., Pickens, R. W., & Eaves, L. J. (2005). Familial influences on alcohol use in adolescent female twins: Testing for genetic and environmental interactions. *Journal of Studies of Alcohol*, 66(4), 445–451.

Miller, J. A., Ding, S. L., Sunkin, S. M., Smith, K. A., Ng, L., Szafer, A., ... & Lein,

E. S. (2014). Transcriptional landscape of the prenatal human brain. *Nature* 508, 199-206. doi: 10.1038/naturel 3185

Miller, N., & Gerlai, R. (2007). Quantification of shoaling behaviour in zebrafish (*Danio rerio*). *Behavioural Brain Research*, 184 (2), 157-166. doi:10.1016/j. bbr. 2007.07.007

Milne, B. J., Caspi, A., Harrington, H., Poulton, R., Rutter, M., & Moffitt, T. E. (2009). Predictive value of family history on severity of illness: The case for depression, anxiety, alcohol dependence, and drug dependence. *Archives of General Psychiatry*, 66(7), 738-747. doi:10.1001/archgenpsychiatry.2009.55

Minică, C. C., Dolan, C. V., Hottenga, J.-J., Pool, R., Fedko, I. O., Mbarek, H., ... Vink, J. M. (2015). Heritability, SNP-and gene-based analyses of cannabis use initiation and age at onset. *Behavior Genetics*, 45(5), 503-513.

Mistry, M., Gillis, J., & Pavlidis, P. (2013). Meta-analysis of gene coexpression networks in the post-mortem prefrontal cortex of patients with schizophrenia and unaffected controls. *BMC Neuroscience*, 14, 105. doi:10.1186/1471-2202-14-105

Mitchell, J. J., Trakadis, Y. J., & Scriver, C. R. (2011). Phenylalanine hydroxylase deficiency. *Genetics in Medicine*, 13(8), 697-707. doi:10.1097/GIM.0b013e3182141b48

Miyake, A., & Friedman, N. P. (2012). The nature and organization of individual differences in executive functions: Four general conclusions. *Current Directions in Psychological Science*, 21 (1), 8-14.

Moberg, T., Lichtenstein, P., Forsman, M., & Larsson, H. (2011). Internalizing behavior in adolescent girls affects parental emotional over-involvement: A cross-lagged twin study. *Behavior Genetics*, 41(2), 223-233. doi:10.1007/s10519-010-9383-8

Moehring, A. J., & Mackay, T. F. (2004). The quantitative genetic basis of male mating behavior in *Drosophila melanogaster*. *Genetics*, 167(3), 1249-1263.

Moeller, F. G., & Dougherty, D. M. (2001). Antisocial personality disorder, alcohol, and aggression. *Alcohol Research & Health*, 25 (1), 5-11.

Moffitt, T. E. (1993). Adolescence-limited and life-course-persistent antisocial behavior: A developmental taxonomy. *Psychological Review*, 100(4), 674-701.

Moffitt, T. E. (2005). The new look of behavioral genetics in developmental psychopathology: Gene-environment interplay in antisocial behaviors. *Psychological Bulletin*, 131 (4), 533-554.

Monks, S. A., Leonardson, A., Zhu, H., Cundiff, P., Pietrusiak, P., Edwards, S., ... Schadt, E. E. (2004). Genetic inheritance of gene expression in human cell lines. *American Journal of Human Genetics*, 75(6), 1094-1105.

Montague, C. T., Farooqi, I. S., Whitehead, J. P., Soos, M. A., Rau, H., Wareham, N. J., ... P'Rahilly, S. (1997). Congenital leptin deficiency is associated with severe early-onset obesity in humans. *Nature*, 387 (June), 904-908.

Moressis, A., Friedrich, A. R., Pavlopoulos, E., Davis, R. L., & Skoulakis, E. M. C. (2009). A dual role for the adaptor protein DRK in *Drosophila* olfactory learning and memory. *Journal of Neuroscience*, 29(8), 2611-2625. doi:10.1523/jneurosci.3670-08.2009

Morgan, T. H., Sturtevant, A. H., Muller, H. J., & Bridges, C. B. (1915). *The mechanism of Mendelian heredity*. New York: Holt.

Morley, K. I., Lynskey, M. T., Madden, P. A. F., Treloar, S. A., Heath, A. C., & Martin, N. G. (2007). Exploring the inter-relationship of smoking age-at-onset, cigarette consumption and smoking persistence: Genes or environment? *Psychological Medicine*, 37(9), 1357-1367. doi:10.1017/s0033291707000748

Morley, M., Molony, C. M., Weber, T. M., Devlin, J. L., Ewens, K. G., Spielman, R. S., & Cheung, V. G. (2004). Genetic analysis of genomewide variation in human gene expression. *Nature*, 430(7001), 743-747.

Mosher, L. R., Polling, W., & Stabenau, J. R. (1971). Identical twins discordant for schizophrenia: Neurological findings. *Archives of General Psychiatry*, 24, 422-430.

Mosing, M. A., Gordon, S. D., Medland, S. E., Statham, D. J., Nelson, E. C., Heath, A. C., ... Wray, N. R. (2009a). Genetic and environmental influences on the co-morbidity between depression, panic disorder, agoraphobia, and social phobia: A twin study. *Depression and Anxiety*, 26(11), 1004-1011. doi:10.1002/da.20611

Mosing, M. A., Pedersen, N. L., Cesarini, D., Johannesson, M., Magnusson, P. K. E., Nakamura, J., ... Ullén, F. (2012). Genetic and environmental influences on the relationship between flow proneness, locus of control and behavioral inhibition. *PLoS ONE*, 7(11), e47958, doi:10.1371/journal.pone.0047958

Mosing, M. A., Pedersen, N. L., Martin, N. G., & Wright, M. J. (2010a). Sex differences in the genetic architecture of optimism and health and their interrelation: A study of Australian and

Swedish twins. *Twin Research and Human Genetics*, 13(04), 322–329.

Mosing, M. A., Verweij, K. J. H., Medland, S. E., Painter, J., Gordon, S. D., Heath, A. C., ... Martin, N. G. (2010b). A genome-wide association study of self-rated health. *Twin Research and Human Genetics*, 13(04), 398–403.

Mosing, M. A., Zietsch, B. P., Shekar, S. N., Wright, M. J., & Martin, N. G. (2009b). Genetic and environmental influences on optimism and its relationship to mental and self-rated health: A study of aging twins. *Behavior Genetics*, 39(6), 597–604. doi:10.1007/s10519-009-9287-7

Muhle, R., Trentacoste, S. V., & Rapin, I. (2004). The genetics of autism. *Pediatrics*, 113(5), e472–e486.

Muhleisen, T. W., Leber, M., Schulze, T. G., Strohmaier, J., Degenhardt, F., Treutlein, J., ... Cichon, S. (2014). Genome-wide association study reveals two new risk loci for bipolar disorder. *Nature Communications*, 5. doi:10.1038/ncomms4339

Mullin, A. P., Sadanandappa, M. K., Ma, W., Dickman, D. K., VijayRaghavan, K., Ramaswami, M., ... Faundez, V. (2015). Gene dosage in the dysbindin schizophrenia susceptibility network differentially affect synaptic function and plasticity. *The Journal of Neuroscience*, 35(1), 325–338.

Mullineaux, P. Y., Deater-Deckard, K., Petrill, S. A., Thompson, L. A., & DeThorne, L. S. (2009). Temperament in middle childhood: A behavioral genetic analysis of fathers' and mothers' reports. *Journal of Research in Personality*, 43(5), 737–746. doi:10.1016/j.jrp.2009.04.008

Munafo, M. R., Clark, T. G., Moore, L. R., Payne, E., Walton, R., & Flint, J. (2003). Genetic polymorphisms and personality in healthy adults: A systematic review and meta-analysis. *Molecular Psychiatry*, 8(5), 471–484.

Munafo, M. R., Durrant, C., Lewis, G., & Flint, J. (2009). Gene × environment interactions at the serotonin transporter locus. *Biological Psychiatry*, 65(3), 211–219. doi:10.1016/j.biopsych.2008.06.009

Munafo, M. R., & Flint, J. (2011). Dissecting the genetic architecture of human personality. *Trends in Cognitive Sciences*, 15(9), 395–400. doi:10.1016/j.tics.2011.07.007

Murray, R. M., Lewis, S. W., & Reveley, A. M. (1985). Towards an aetiological classification of schizophrenia. *The Lancet*, 1, 1023–1026.

Mustelin, L., Joutsi, J., Latvala, A., Pietilainen, K. H., Rissanen, A., & Kaprio, J. (2012). Genetic influences on physical activity in young adults: A twin study. *Medicine and Science in Sports and Exercise*, 44(7), 1293–1301. doi:10.1249/MSS.0b013e3182479747

Mustelin, L., Silventoinen, K., Pietilainen, K., Rissanen, A., & Kaprio, J. (2009). Physical activity reduces the influence of genetic effects on BMI and waist circumference: A study in young adult twins. *International Journal of Obesity*, 33(1), 29–36.

Nadler, J. J., Zou, F., Huang, H., Moy, S. S., Lauder, J., Crawley, J. N., ... Magnuson, T. R. (2006). Large-scale gene expression differences across brain regions and inbred strains correlate with a behavioral phenotype. *Genetics*, 174(3), 1229–1236.

Nair, V. S., Pritchard, C. C., Tewari, M., & Ioannidis, J. P. A. (2014). Design and analysis for studying microRNAs in human disease: A primer on -omic technologies. *American Journal of Epidemiology*, 180(2), 140–152. doi:10.1093/aje/kwu135

Nan, C., Guo, B., Warner, C., Fowler, T., Barrett, T., Boomsma, D., ... Zeegers, M. (2012). Heritability of body mass index in pre-adolescence, young adulthood and late adulthood. *European Journal of Epidemiology*, 27(4), 247–253. doi:10.1007/s10654-012-9678-6

Narusyte, J., Neiderhiser, J. M., Andershed, A.-K., D'Onofrio, B. M., Reiss, D., Spotts, E., ... Lichtenstein, P. (2011). Parental criticism and externalizing behavior problems in adolescents: The role of environment and genotype-environment correlation. *Journal of Abnormal Psychology*, 120(2), 365–376. doi:10.1037/a0021815

Narusyte, J., Neiderhiser, J. M., D'Onofrio, B. M., Reiss, D., Spotts, E. L., Ganiban, J., & Lichtenstein, P. (2008). Testing different types of genotype-environment correlation: An extended children-of-twins model. *Developmental Psychology*, 44(6), 1591–1603. doi:10.1037/a0013911

Nash, M. W., Huezo-Diaz, P., Williamson, R. J., Sterne, A., Purcell, S., Hoda, F., ... Sham, P. C. (2004). Genome-wide linkage analysis of a composite index of neuroticism and mood-related scales in extreme selected sibships. *Human Molecular Genetics*, 13(19), 2173–2182. doi:10.1093/hmg/ddh239

National Human Genome Institute. (2010). Retrieved from https://www.genome.gov/

National Society of Genetic Counselors. National Society of Genetic Counselors. Retrieved from www.nsgc.org

Natsuaki, M. N., Ge, X., Leve, L. D., Neiderhiser, J. M., Shaw, D. S., Conger, R. D., ... Reiss, D. (2010). Genetic liability, environment, and the development of fussiness in toddlers: The roles of maternal depression and parental responsiveness. *Developmental Psychology*, 46(5), 1147–1158. doi:10.1037/a0019659

Natsuaki, M. N., Leve, L. D., Neiderhiser, J. M., Shaw, D. S., Scaramella, L. V., Ge, X., & Reiss, D. (2013). Intergenerational transmission of risk for social inhibition: The interplay between parental responsiveness and genetic influences. *Development and Psychopathology*, 25(1), 261–274. doi:10.1017/S0954579412001010

Naukkarinen, J., Rissanen, A., Kaprio, J., & Pietilainen, K. H. (2012). Causes and consequences of obesity: The contribution of recent twin studies. *International Journal of Obesity*, 36(8), 1017–1024.

NCBI. dbSNP Short Genetic Variations. Retrieved from http://www.ncbi.nlm.nih.gov/SNP/

NCHPEG. (2015). National Coalition for Health Professional Education in Genetics. Retrieved from http://www.nchpeg.org

Neale, B. M., Rivas, M. A., Voight, B. F., Altshuler, D., Devlin, B., Orho-Melander, M., ... Daly, M. J. (2011). Testing for an unusual distribution of rare variants. *PLoS Genetics*, 7(3), e1001322.

Neale, M. C., & Stevenson, J. (1989). Rater bias in the EASI temperament scales: A twin study. *Journal of Personality and Social Psychology*, 56, 446–455.

Nebel, A., Kleindorp, R., Caliebe, A., Nothnagel, M., Blanché, H., Junge, O., ... Wichmann, H.-E. (2011). A genome-wide association study confirms APOE as the major gene influencing survival in long-lived individuals. *Mechanisms of Ageing and Development*, 132(6), 324–330.

Need, A. C., Attix, D. K., McEvoy, J. M., Cirulli, E. T., Linney, K. L., Hunt, P., ... Goldstein, D. B. (2009). A genome-wide study of common SNPs and CNVs in cognitive performance in the CANTAB. *Human Molecular Genetics*, 18(23), 4650–4661. doi:10.1093/hmg/ddp413

Neiderhiser, J. M., & McGuire, S. (1994). Competence during middle childhood. In J. C. DeFries, R. Plomin, & D. W. Fulker (Eds.), *Nature and nurture during middle childhood* (pp. 141–151). Cambridge, MA: Blackwell.

Neiderhiser, J. M., Reiss, D., Hetherington, E. M., & Plomin, R. (1999). Relationships between parenting and adolescent adjustment over time: Genetic and environmental contributions. *Developmental Psychology*, 35(3), 680–692. doi:10.1037/0012-1649.35.3.680

Neiderhiser, J. M., Reiss, D., Pedersen, N. L., Lichtenstein, P., Spotts, E. L., & Hansson, K. (2004). Genetic and environmental influences on mothering of adolescents: A comparison of two samples. *Developmental Psychology*, 40(3), 335–351. doi:10.1037/0012-1649.40.3.335

Neiss, M. B., Stevenson, J., Legrand, L. N., Iacono, W. G., & Sedikides, C. (2009). Selfesteem, negative emotionality, and depression as a common temperamental core: A study of midadolescent twin girls. *Journal of Personality*, 77(2), 327–346. doi:10.1111/j.1467-6494.2008.00549.x

Neisser, U., Boodoo, G., Bouchard, T. J. Jr., Boykin, A. W., Brody, N., Ceci, S. J., ... Urbina, S. (1996). Intelligence: Knowns and unknowns. *American Psychologist*, 51, 77–101.

Neitz, J., & Neitz, M. (2011). The genetics of normal and defective color vision. *Vision Research*, 51(7), 633–651. doi:http://dx.doi.org/10.1016/j.visres.2010.12.002

Neubauer, A. C., & Fink, A. (2009). Intelligence and neural efficiency. *Neuroscience and Biobehavioral Reviews*, 33(7), 1004–1023. doi:10.1016/j.neubiorev.2009.04.001

Neubauer, A. C., Spinath, F. M., Riemann, R., Borkenau, P., & Angleitner, A. (2000). Genetic (and environmental) influence on two measures of speed of information processing and their relation to psychometric intelligence: Evidence from the German Observational Study of Adult Twins. *Intelligence*, 28(4), 267–289.

Neul, J. L., Kaufmann, W. E., Glaze, D. G., Christodoulou, J., Clarke, A. J., Bahi-Buisson, N., ... RettSearch Consortium. (2010). Rett syndrome: Revised diagnostic criteria and nomenclature. *Annals of Neurology*, 68(6), 944–950. doi:10.1002/ana.22124

Newbury, D. F., Bonora, E., Lamb, J. A., Fisher, S. E., Lai, C. S. L., Baird, G., ... and the International Molecular Genetic Study of Autism Consortium. (2002). FOXP2 is not a major susceptibility gene for autism or specific language impairment. *American Journal of Human Genetics*, 70(5), 1318–1327.

Newbury, D. F., Monaco, A. P., & Paracchini, S. (2014). Reading and language disorders: The importance of both quantity and quality. *Genes*, 5(2), 285–309.

Newcomer, J. W., & Krystal, J. H.

(2001). NMDA receptor regulation of memory and behavior in humans. *Hippocampus*, *11*(5), 529–542.

Newson, A., & Williamson, R. (1999). Should we undertake genetic research on intelligence? *Bioethics*, *13*(3–4), 327–342.

Nichols, P. L. (1984). Familial mental retardation. *Behavior Genetics*, *14*, 161–170.

Nichols, R. C. (1978). Twin studies of ability, personality, and interests. *Homo*, *29*, 158–173.

Nicolson, R., Brookner, F. B., Lenane, M., Gochman, P., Ingraham, L. J., Egan, M. F., ... Rapoport, J. L. (2003). Parental schizophrenia spectrum disorders in childhood-onset and adult-onset schizophrenia. *American Journal of Psychiatry*, *160*(3), 490–495.

Nicolson, R., & Rapoport, J. L. (1999). Childhood-onset schizophrenia: Rare but worth studying. *Biological Psychiatry*, *46*(10), 1418–1428.

Nigg, J. T., & Goldsmith, H. H. (1994). Genetics of personality disorders: Perspectives from personality and psychopathology research. *Psychological Bulletin*, *115*, 346–380.

Nikolas, M. A., & Burt, S. A. (2010). Genetic and environmental influences on ADHD symptom dimensions of inattention and hyperactivity: A meta-analysis. *Journal of Abnormal Psychology*, *119*(1), 1–17. doi:10.1037/a0018010

Nilsson, S. E., Read, S., Berg, S., & Johansson, B. (2009). Heritabilities for fifteen routine biochemical values: Findings in 215 Swedish twin pairs 82 years of age or older. *Scandinavian Journal of Clinical and Laboratory Investigation*, *69*(5), 562–569.

Nimptsch, K., & Pischon, T. (2015). Body fatness, related biomarkers and cancer risk: An epidemiological perspective. *Hormone Molecular Biology and Clinical Investigation*, *22*(2), 39–51. doi:10.1515/hmbci-2014-0043

Nishizawa, D., Fukuda, K., Kasai, S., Hasegawa, J., Aoki, Y., Nishi, A., ... Katoh, R. (2014). Genomewide association study identifies a potent locus associated with human opioid sensitivity. *Molecular Psychiatry*, *19*(1), 55–62.

Nivard, M. G., Dolan, C. V., Kendler, K. S., Kan, K. J., Willemsen, G., van Beijsterveldt, C. E., ... Bartels, M. (2015). Stability in symptoms of anxiety and depression as a function of genotype and environment: A longitudinal twin study from ages 3 to 63 years. *Psychological Medicine*, *4*, 1–11.

Novelli, V., Anselmi, C. V., Roncarati, R., Guffanti, G., Malovini, A., Piluso, G., & Puca, A. A. (2008). Lack of replication of genetic associations with human longevity. *Biogerontology*, *9*(2), 85–92. doi:10.1007/s10522-007-9116-4

Nudel, R., Simpson, N. H., Baird, G., O'Hare, A., Conti-Ramsden, G., Bolton, P. F., ... Francks, C. (2014). Genome-wide association analyses of child genotype effects and parent-of-origin effects in specific language impairment. *Genes, Brain and Behavior*, *13*(4), 418–429.

Nuffield Council on Bioethics. (2002). *Genetics and human behaviour: The ethical context*. Retrieved from http://nuffieldbioethics.org/project/genetics-behaviour/

Numata, S., Ye, T., Hyde, Thomas M., Guitart-Navarro, X., Tao, R., Wininger, M., ... Lipska, Barbara K. (2012). DNA methylation signatures in development and aging of the human prefrontal cortex. *American Journal of Human Genetics*, *90*(2), 260–272. doi:10.1016/j.ajhg.2011.12.020

Nurnberger, J. I., Koller, D. L., Jung, J., Edenberg, H. J., Foroud, T., Guella, I., ... Kelsoe, J. R. (2014). Identification of pathways for bipolar disorder: A meta-analysis. *JAMA Psychiatry*, *71*(6), 657–664.

Nurnberger, J. I., Wiegand, R., Bucholz, K., O'Connor, S., Meyer, E. T., Reich, T., ... Porjesz, B. (2004). A family study of alcohol dependence: Coaggregation of multiple disorders in relatives of alcohol-dependent probands. *Archives of General Psychiatry*, *61*(12), 1246–1256. doi:10.1001/archpsyc.61.12.1246

O'Connor, T. G., & Croft, C. M. (2001). A twin study of attachment in preschool children. *Child Development*, *72*(5), 1501–1511.

O'Connor, T. G., Neiderhiser, J. M., Reiss, D., Hetherington, E. M., & Plomin, R. (1998). Genetic contributions to continuity, change, and co-occurrence of antisocial and depressive symptoms in adolescence. *Journal of Child Psychology and Psychiatry*, *39*(3), 323–336.

Ogden, C. L., Carroll, M. D., Kit, B. K., & Flegal, K. M. (2014). Prevalence of childhood and adult obesity in the United States, 2011–2012. *JAMA*, *311*(8), 806–814. doi:10.1001/jama.2014.732

Ogdie, M. N., Fisher, S. E., Yang, M., Ishii, J., Francks, C., Loo, S. K., ... Nelson, S. F. (2004). Attention deficit hyperactivity disorder: Fine mapping supports linkage to 5p13, 6q12, 16p13, and 17p11. *American Journal of Human Genetics*, *75*(4), 661–668.

Ogliari, A., Spatola, C. A., Pesenti-Gritti, P., Medda, E., Penna, L., Stazi, M. A., ... Fagnani, C. (2010). The role of genes and environment in shaping co-occurrence of DSM-IV defined anxiety dimensions among Italian twins aged 8 – 17. *Journal of Anxiety Disorders*, 24(4), 433 – 439. doi:10.1016/j.janxdis.2010.02.008

Okbay, A., Beauchamp, J. P., Fontana, M. A., Lee, J. J. Pers, T. H., Rietveld, C. A., ... Benjamin, D. J. (2016). Genome-wide association study identifies 74 loci associated with educational attainment. *Nature*, 533, 539 – 542.

Okbay, A., Baselmans, B. M., De Neve, J. E., Turley, P., Nivard, M. G., Fontana, M. A., ... Cesarini, D. (2016). Genetic variants associated with subjective well-being, depressive symptoms, and neuroticism identified through genome-wide analyses. *Nature Genetics*, 48(6): 624 – 633. doi:10.1038/ng.3552.

Olfson, E., & Bierut, L. J. (2012). Convergence of genome-wide association and candidate gene studies for alcoholism. *Alcoholism: Clinical and Experimental Research*, 36(12), 2086 – 2094.

Oliver, B. R., Harlaar, N., Hayiou-Thomas, M. E., Kovas, Y., Walker, S. O., Petrill, S. A., ... Plomin, R. (2004). A twin study of teacher-reported mathematics performance and low performance in 7-year-olds. *Journal of Educational Psychology*, 96(3), 504 – 517. doi:10.1037/0022-0663.96.3.504

Olson, R. K. (2007). Introduction to the special issue on genes, environment and reading. *Reading and Writing*, 20(1 – 2), 1 – 11.

Öncel, S. Y., Dick, D. M., Maes, H. H., & Aliev, F. (2014). Risk factors influencing smoking behavior: A Turkish twin study. *Twin Research and Human Genetics*, 17(06), 563 – 573.

Ooki, S. (2005). Genetic and environmental influences on stuttering and tics in Japanese twin children. *Twin Research and Human Genetics*, 8(1), 69 – 75.

Ortega-Alonso, A., Pietilainen, K. H., Silventoinen, K., Saarni, S. E., & Kaprio, J. (2012). Genetic and environmental factors influencing BMI development from adolescence to young adulthood. *Behavior Genetics*, 42(1), 73 – 85. doi:10.1007/s10519-011-9492-z

Ortman, J. M., Velkoff, V. A., & Hogan, H. (2014). An aging nation: The older population in the United States. Washington, DC: U. S. Census Bureau, 25 – 1140.

Ostrer, H. (2011). Changing the game with whole exome sequencing. *Clinical Genetics*, 80(2), 101 – 103. doi:10.1111/j.1399-0004.2011.01712.x

Otowa, T., Hek, K., Lee, M., Byrne, E. M., Mirza, S. S., Nivard, M. G., ... Hettema, J. M. (2016). Meta-analysis of genome-wide association studies of anxiety disorders. *Molecular Psychiatry*. doi:10.1038/mp.2015.197

Ott, J., Kamatani, Y., & Lathrop, M. (2011). Family-based designs for genome-wide association studies. *Nature Reviews Genetics*, 12(7), 465 – 474. doi:10.1038/nrg2989

Owen, M. J., Liddle, M. B., & McGuffin, P. (1994). Alzheimer's disease: An association with apolipoprotein e4 may help unlock the puzzle. *British Medical Journal*, 308, 672 – 673.

Pagan, J. L., Rose, R. J., Viken, R. J., Pulkkinen, L., Kaprio, J., & Dick, D. M. (2006). Genetic and environmental influences on stages of alcohol use across adolescence and into young adulthood. *Behavior Genetics*, 36(4), 483 – 497.

Palmer, R. H., Button, T. M., Rhee, S. H., Corley, R. P., Young, S. E., Stallings, M. C., ... Hewitt, J. K. (2012). Genetic etiology of the common liability to drug dependence: Evidence of common and specific mechanisms for DSM-IV dependence symptoms. *Drug and Alcohol Dependence*, 123 Suppl 1, S24 – S32. doi:10.1016/j.drugalcdep.2011.12.015

Palmer, R. H. C., Beevers, C., McGeary, J. E., Brick, L. A., & Knopik, V. S. (in press). A preliminary study of genetic variation in the dopaminergic and serotonergic systems and genome-wide additive genetic effects on depression severity and treatment response. *Clinical Psychological Science*.

Palmer, R. H. C., Brick, L., Nugent, N. R., Bidwell, L., McGeary, J. E., Knopik, V. S., & Keller, M. C. (2015a). Examining the role of common genetic variants on alcohol, tobacco, cannabis and illicit drug dependence: Genetics of vulnerability to drug dependence. *Addiction*, 110(3), 530 – 537.

Palmer, R. H. C., Knopik, V. S., Rhee, S. H., Hopfer, C. J., Corley, R. C., Young, S. E., ... Hewitt, J. K. (2013). Prospective effects of adolescent indicators of behavioral disinhibition on DSM-IV alcohol, tobacco, and illicit drug dependence in young adulthood. *Addictive Behaviors*, 38(9), 2415 – 2421.

Palmer, R. H. C., McGeary, J. E., Heath, A. C., Keller, M. C., Brick, L. A., & Knopik, V. S. (2015b). Shared additive genetic influences on DSM-IV criteria for alcohol dependence in subjects of European ancestry. *Addiction*, 110(12), 1922 – 1931.

Panizzon, M. S., Lyons, M. J., Jacobson, K. C., Franz, C. E., Grant, M. D., Eisen, S. A., ... Kremen, W. S. (2011). Genetic architecture of learning and delayed recall: A twin study of episodic memory. *Neuropsychology*, 25(4), 488 – 498. doi:10.1037/a0022569

Panizzon, M. S., Vuoksimaa, E., Spoon, K. M., Jacobson, K. C., Lyons, M. J., Franz, C. E., ... Kremen, W. S. (2014). Genetic and environmental influences on general cognitive ability: Is g a valid latent construct? *Intelligence*, *43*, 65–76.

Papassotiropoulos, A., Stephan, D. A., Huentelman, M. J., Hoerndli, F. J., Craig, D. W., Pearson, J. V., ... de Quervain, D. J. (2006). Common Kibra alleles are associated with human memory performance. *Science*, *314*(5798), 475–478.

Pappa, I., Fedko, I. O., Mileva-Seitz, V. R., Hottenga, J. J., Bakermans-Kranenburg, M. J., ... & Rivadeneira, F. (2015). Single nucleotide polymorphism heritability of behavior problems in childhood: Genome-wide complex trait analysis. *Journal of the American Academy of Child & Adolescent Psychiatry*, *54*(9), 737–744.

Paris, J. (1999). *Genetics and psychopathology: Predisposition-stress interactions*. Washington, DC: American Psychiatric Press.

Park, B. L., Kim, J. W., Cheong, H. S., Kim, L. H., Lee, B. C., Seo, C. H., ... Shin, H. D. (2013). Extended genetic effects of ADH cluster genes on the risk of alcohol dependence: From GWAS to replication. *Human Genetics*, *132*(6), 657–668.

Park, J., Shedden, K., & Polk, T. A. (2012). Correlation and heritability in neuroimaging datasets: A spatial decomposition approach with application to an fMRI study of twins. *Neuroimage*, *59*(2), 1132–1142. doi:10.1016/j.neuroimage.2011.06.066

Park, J. H., Wacholder, S., Gail, M. H., Peters, U., Jacobs, K. B., Chanock, S. J., & Chatterjee, N. (2010). Estimation of effect size distribution from genomewide association studies and implications for future discoveries. *Nature Genetics*, *42*(7), 570–575.

Parker, H. G., Kim, L. V., Sutter, N. B., Carlson, S., Lorentzen, T. D., Malek, T. B., ... Kruglyak, L. (2004). Genetic structure of the purebred domestic dog. *Science*, *304*(5674), 1160–1164.

Parnas, J., Cannon, T. D., Jacobsen, B., Schulsinger, H., Schulsinger, F., & Mednick, S. A. (1993). Lifetime DSM-II-R diagnostic outcomes in the offspring of schizophrenic mothers: Results from the Copenhagen high-risk study. *Archives of General Psychiatry*, *50*, 707–714.

Pashler, H., & Wagenmakers, E. J. (2012). Editors' introduction to the special section on replicability in psychological science: A crisis of confidence? *Perspectives on Psychological Science*, *7*(6), 528–530.

Patel, S. (2012). Role of proteomics in biomarker discovery and psychiatric disorders: Current status, potentials, limitations and future challenges. *Expert Review of Proteomics*, *9*(3), 249–265.

Patterson, D., & Costa, A. C. (2005). Down syndrome and genetics — a case of linked histories. *Nature Reviews Genetics*, *6*(2), 137–147.

Pauls, D. L. (1990). Genetic influences on child psychiatric conditions. In M. Lewis (Ed.), *Child and adolescent psychiatry: A comprehensive textbook* (pp. 351–353). Baltimore: Williams & Wilkins.

Pauls, D. L., Leckman, J. F., & Cohen, D. J. (1993). Familial relationship between Gilles de la Tourette's syndrome, attention deficit disorder, learning difficulties, speech disorders, and stuttering. *Journal of the American Academy of Child and Adolescent Psychiatry*, *32*, 1044–1050.

Pauls, D. L., Towbin, K. E., Leckman, J. F., Zahner, G. E. P., & Cohen, D. J. (1986). Gilles de la Tourette's syndrome and obsessive compulsive disorder. *Archives of General Psychiatry*, *43*, 1180–1182.

Paunio, T., Korhonen, T., Hublin, C., Partinen, M., Kivimäki, M., Koskenvuo, M., & Kaprio, J. (2009). Longitudinal study on poor sleep and life dissatisfaction in a nationwide cohort of twins. *American Journal of Epidemiology*, *169*(2), 206–213. doi:10.1093/aje/kwn305

Pavuluri, M. N., Birmaher, B., & Naylor, M. W. (2005). Pediatric bipolar disorder: A review of the past 10 years. *Journal of the American Academy of Child & Adolescent Psychiatry*, *44*(9), 846–871.

Payton, A. (2009). The impact of genetic research on our understanding of normal cognitive ageing: 1995 to 2009. *Neuropsychological Review*, *19*(4), 451–477. doi:10.1007/s11065-009-9116-z

Pearson, R., Palmer, R. H. C., Brick, L. A., McGeary, J. E., Knopik, V. S., & Beevers, C. (2016). Additive genetic contribution to symptom dimensions in major depressive disorder. *Journal of Abnormal Psychology*, *125*(4), 495–501.

Pedersen, N. L. (1996). Gerontological behavioral genetics. In J. E. Birren & K. W. Schaie (Eds.), *Handbook of the psychology of aging* (4th Ed., pp. 59–77). San Diego: Academic Press.

Pedersen, N. L., Gatz, M., Plomin, R., Nesselroade, J. R., & McClearn, G. E. (1989a). Individual differences in locus of control during the second half of the life span for identical and fraternal twins reared apart and reared together. *Journal of Gerontology*, 44(4), 100-105. doi: 10.1093/geronj/44.4.P100

Pedersen, N. L., Lichtenstein, P., Plomin, R., deFaire, U., McClearn, G. E., & Matthews, K. A. (1989b). Genetic and environmental influences for type A-like measures and related traits: A study of twins reared apart and twins reared together. *Psychosomatic Medicine*, 51(4), 428-440.

Pedersen, N. L., McClearn, G. E., Plomin, R., & Nesselroade, J. R. (1992). Effects of early rearing environment on twin similarity in the last half of the life span. *British Journal of Developmental Psychology*, 10, 255-267.

Pedersen, N. L., Plomin, R., & McClearn, G. E. (1994). Is there G beyond g? (Is there genetic influence on specific cognitive abilities independent of genetic influence on general cognitive ability?). *Intelligence*, 18, 133-143. doi: 10.1016/0160-2896(94)90024-8

Peerbooms, O. L., van Os, J., Drukker, M., Kenis, G., Hoogveld, L., de Hert, M., ... Rutten, B. P. (2011). Meta-analysis of MTHFR gene variants in schizophrenia, bipolar disorder and unipolar depressive disorder: Evidence for a common genetic vulnerability? *Brain, Behavior, and Immunity*, 25(8), 1530-1543. doi: 10.1016/j.bbi.2010.12.006

Peirce, J. L., Li, H., Wang, J., Manly, K. F., Hitzemann, R. J., Belknap, J. K., ... Lu, L. (2006). How replicable are mRNA expression QTL? *Mammalian Genome*, 17(6), 643-656.

Pemberton, C. K., Neiderhiser, J. M., Leve, L. D., Natsuaki, M. N., Shaw, D. S., Reiss, D., & Ge, X. (2010). Influence of parental depressive symptoms on adopted toddler behaviors: An emerging developmental cascade of genetic and environmental effects. *Development and Psychopathology*, 22(4), 803-818. doi: 10.1017/s0954579410000477

Pennington, B. F., & Bishop, D. V. M. (2009). Relations among speech, language, and reading disorders. *Annual Review of Psychology*, 60, 283-306.

Pennington, B. F., Filipek, P. A., Lefly, D., Chhabildas, N., Kennedy, D. N., Simon, J. H., ... DeFries, J. C. (2000). A twin MRI study of size variations in the human brain. *Journal of Cognitive Neuroscience*, 12(1), 223-232.

Peper, J. S., Brouwer, R. M., Boomsma, D. I., Kahn, R. S., & Hulshoff Pol, H. E. (2007). Genetic influences on human brain structure: A review of brain imaging studies in twins. *Human Brain Mapping*, 28(6), 464-473. doi: 10.1002/hbm.20398

Perdry, H., Müller-Myhsok, B., & Clerget-Darpoux, F. (2012). Using affected sib-pairs to uncover rare disease variants. *Human Heredity*, 74(3-4), 129-141.

Pergadia, M. L., Agrawal, A., Heath, A. C., Martin, N. G., Bucholz, K. K., & Madden, P. A. F. (2010). Nicotine withdrawal symptoms in adolescent and adult twins. *Twin Research and Human Genetics*, 13(4), 359-369.

Pergadia, M. L., Glowinski, A. L., Wray, N. R., Agrawal, A., Saccone, S. F., Loukola, A., ... Madden, P. A. F. (2011). A 3p26-3p25 genetic linkage finding for DSM-IV major depression in heavy smoking families. *American Journal of Psychiatry*, 168(8), 848-852. doi: 10.1176/appi.ajp.2011.10091319

Pergadia, M. L., Heath, A. C., Martin, N. G., & Madden, P. A. (2006a). Genetic analyses of DSM-IV nicotine withdrawal in adult twins. *Psychological Medicine*, 36(7), 963-972.

Pergadia, M. L., Madden, P. A., Lessov, C. N., Todorov, A. A., Bucholz, K. K., Martin, N. G., & Heath, A. C. (2006b). Genetic and environmental influences on extreme personality dispositions in adolescent female twins. *Journal of Child Psychology & Psychiatry*, 47(9), 902-909.

Pergament, D., & Ilijic, K. (2014). The legal past, present and future of prenatal genetic testing: Professional liability and other legal challenges affecting patient access to services. *Journal of Clinical Medicine*, 3(4), 1437-1465.

Persson, M. E., Roth, L. S. V., Johnsson, M., Wright, D., & Jensen, P. (2015). Human-directed social behaviour in dogs shows significant heritability. *Genes, Brain and Behavior*, 14(4), 337-344.

Petrill, S., Logan, J., Hart, S., Vincent, P., Thompson, L., Kovas, Y., & Plomin, R. (2012). Math fluency is etiologically distinct from untimed math performance, decoding fluency, and untimed reading performance: Evidence from a twin study. *Journal of Learning Disabilities*, 45(4), 371-381. doi: 10.1177/0022219411407926

Petrill, S. A., Deater-Deckard, K., Thompson, L. A., Schatschneider, C., DeThorne, L. S., & Vandenbergh, D. J. (2007). Longitudinal genetic analysis of early reading: The Western Reserve Reading Project. *Reading & Writing*, 20, 127-146.

Petrill, S. A., Luo, D., Thompson, L. A., & Detterman, D. K. (1996). The independent prediction of general intelligence by elementary cognitive tasks: Genetic and environmental influences. *Behavior Genetics*, 26, 135-147.

Petrill, S. A., Plomin, R., Berg, S., Johansson, B., Pedersen, N. L., Ahern, F., & McClearn, G. E. (1998). The genetic and environmental relationship between general and specific cognitive abilities in twins age 80 and older. *Psychological Science*, 9(3), 183-189. doi: 10.1111/1467-9280.00035

Petrill, S. A., Plomin, R., DeFries, J. C., & Hewitt, J. K. (2003). *Nature, nurture, and the transition to early adolescence*. Oxford: Oxford University Press.

Petrill, S. A., Thompson, L. A., & Detterman, D. K. (1995). The genetic and environmental variance underlying elementary cognitive tasks. *Behavior Genetics*, 25, 199-209.

Petronis, A. (2006). Epigenetics and twins: Three variations on the theme. *Trends in Genetics*, 22(7), 347-350.

Pharoah, P. D. P., Antoniou, A., Bobrow, M., Zimmern, R. L., Easton, D. F., & Ponder, B. A. J. (2002). Polygenic susceptibility to breast cancer and implications for prevention. *Nature Genetics*, 31(1), 33-36.

Phillips, D. I. W. (1993). Twin studies in medical research: Can they tell us whether diseases are genetically determined? *The Lancet*, 341, 1008-1009.

Phillips, K., & Matheny, A. P., Jr. (1995). Quantitative genetic analysis of injury liability in infants and toddlers. *American Journal of Medical Genetics (Neuropsychiatric Genetics)*, 60, 64-71.

Phillips, K., & Matheny, A. P., Jr. (1997). Evidence for genetic influence on both cross-situation and situation-specific components of behavior. *Journal of Personality and Social Psychology*, 73, 129-138.

Phillips, T. J., Belknap, J. K., Buck, K. J., & Cunningham, C. L. (1998). Genes on mouse chromosomes 2 and 9 determine variation in ethanol consumption. *Mammalian Genome*, 9, 936-941.

Picchioni, M. M., Walshe, M., Toulopoulou, T., McDonald, C., Taylor, M., Waters-Metenier, S., ... Rijsdijk, F. (2010). Genetic modelling of childhood social development and personality in twins and siblings with schizophrenia. *Psychological Medicine*, 40(8), 1305-1316. doi:10.1017/s0033291709991425

Pietilainen, K. H., Kaprio, J., Rissanen, A., Winter, T., Rimpela, A., Viken, R. J., & Rose, R. J. (1999). Distribution and heritability of BMI in Finnish adolescents aged 16y and 17y: A study of 4884 twins and 2509 singletons, *International Journal of Obesity & Related Metabolic Disorders: Journal of the International Association for the Study of Obesity*, 23(2), 107-115.

Pike, A., McGuire, S., Hetherington, E. M., Reiss. D., & Plomin. R. (1996a). Family environment and adolescent depressive symptoms and antisocial behavior: A multivariate genetic analysis. *Developmental Psychology*, 32(4), 590-603. doi. 10.1037/0012-1649.32.4.590

Pike, A., Reiss, D., Hetherington, E. M., & Plomin, R. (1996b). Using MZ differences in the search for nonshared environmental effects. *Journal of Child Psychology and Psychiatry*, 37, 695-704. doi: 10.1111/j.1469-7610.1996.th01461.x

Pillard, R. C., & Bailey, J. M. (1998). Human sexual orientation has a heritable component, *Human Biology*, 70(2), 347-365.

Pilling, L. C., Atikins, J. L., Bowman, K., Jones, S. E., Tyrrell, J., Beaumont, R. N., ... Melzer, D. (2016). Human longevity is influenced by many genetic variants: Evidence from 75 000 UK Biobank participants. *Aging*, 8(3), 547-563.

Pingault, J. B., Viding, E., Galera, C., Greven, C. U., Zheng, Y., Plomin, R., & Rijsdijk, F. (2015). Genetic and environmental influences on the developmental course of attention-deficit/hyper-activity disorder symptoms from childhood to adolescence. *JAMA Psychiatry*, 72(7), 651-658. doi;0.1001/jamapsychiatry.2015.0469

Pinker, S. (2002). *The blank slate: The modern denial of human nature*. New York: Penguin.

Pinto, D., Delaby, E., Merico, D., Barbosa, M., Merikangas, A., Klei, L., ... Scherer, Stephen W. (2014). Convergence of genes and cellular pathways dysregulated in autism spectrum disorders. *American Journal of Human Genetics*, 94(5), 677-694. doi:10.1016/j.ajhg.2014.03.018

Plassman, B. L., & Breitner, J. C. S. (1997). The genetics of dementia in late life. *Psychiatric Clinics of North America*, 20(1), 59-76.

Plomin, R. (1986). *Development, genetics, and psychology*. Hillsdale, NJ: Erlbaum.

Plomin, R. (1987). Developmental behavioral genetics and infancy. In J. Osofsky (Ed.), *Handbook of infant development* (2nd ed., pp. 363-417). New York: Interscience.

Plomin, R. (1988). The nature and nurture of cognitive abilities. In R. J. Sternberg (Ed.), *Advances in the psychology of human intelligence*. Vol. 4 (pp. 1-33). Hillsdale, NJ: Lawrence

Erlbaum Associates.

Plomin, R. (1994). *Genetics and experience: The interplay between nature and nurture*. Thousand Oaks, CA: Sage Publications Inc.

Plomin, R. (1999). Genetics and general cognitive ability. *Nature*, 402, C25 - C29. doi:10.1038/35011520

Plomin, R. (2011). Commentary: Why are children in the same family so different? Non-shared environment three decades later. *International Journal of Epidemiology*, 40(3), 582 - 592. doi:10.1093/ije/dyq144

Plomin, R. (2014). Genotype-environment correlation in the era of DNA. *Behavior Genetics*, 44(6), 629 - 638. doi:10.1007/s10519-014-9673-7

Plomin, R., Asbury, K., & Dunn, J. (2001). Why are children in the same family so different? Nonshared environment a decade later. *Canadian Journal of Psychiatry*, 46(3), 225 - 233.

Plomin, R., & Bergeman, C. S. (1991). The nature of nurture: Genetic influence on "environmental" measures (with open peer commentary). *Behavioral and Brain Sciences*, 14(3), 373 - 414.

Plomin, R., & Caspi, A. (1999). Behavioral genetics and personality. In L. A. Pervin & O. P. John (Eds.), *Handbook of personality: Theory and research (2nd Edition)* (pp. 251 - 276). New York: Guildford Press.

Plomin, R., Chipuer, H. M., & Loehlin, J. C. (1990a). Behavioral genetics and personality. In L. A. Pervin (Ed.), *Handbook of personality theory and research* (Vol. 1, pp. 225 - 243). New York: Guilford.

Plomin, R., Coon, H., Carey, G., DeFries, J. C., & Fulker, D. W. (1991). Parent-offspring and sibling adoption analyses of parental ratings of temperament in infancy and childhood. *Journal of Personality*, 59(4), 705 - 732. doi:10.1111/j.1467-6494.1991.tb00928.x

Plomin, R., Corley, R., Caspi, A., Fulker, D. W., & DeFries, J. C. (1998). Adoption results for self-reported personality: Evidence for nonadditive genetic effects? *Journal of Personality and Social Psychology*, 75, 211 - 218. doi:10.1037/0022-3514.75.1.211

Plomin, R., & Crabbe, J. C. (2000). DNA. *Psychological Bulletin*, 126(6), 806 - 828. doi:10.1037/0033-2909.126.6.806

Plomin, R., & Craig, I. W. (1997). Human behavioral genetics of cognitive abilities and disabilities. *Bioessays*, 19, 1117 - 1124. doi:10.1002/bies.950191211

Plomin, R., & Daniels, D. (1987). Why are children in the same family so different from each other? *Behavioral and Brain Sciences*, 10, 1 - 16. doi:10.1017/S0140525X00055941

Plomin, R., & DeFries, J. C. (1985). A parent-offspring adoption study of cognitive abilities in early childhood. *Intelligence*, 9, 341 - 356. doi:10.1016/0160-2896(85)90019-4

Plomin, R., & DeFries, J. C. (1998). The genetics of cognitive abilities and disabilities. *Scientific American*, May, 62 - 69. doi:10.1038/scientificamerican0598-62

Plomin, R., DeFries, J. C., & Fulker, D. W. (1988). *Nature and nurture during infancy and early childhood*. Cambridge, U. K.: Cambridge University Press.

Plomin, R., DeFries, J. C., Knopik, V. S., & Neiderhiser, J. M. (2016). Top 10 replicated findings from behavioral genetics. *Perspectives on Psychological Science*, 11(1), 3 - 23. doi:10.1177/17456915617439

Plomin, R., DeFries, J. C., & Loehlin, J. C. (1977a). Assortative mating by unwed biological parents of adopted children. *Science*, 196, 499 - 450. doi:10.1126/science.850790

Plomin, R., DeFries, J. C., & Loehlin, J. C. (1977b). Genotype-environment interaction and correlation in the analysis of human behavior. *Psychological Bulletin*, 84, 309 - 322. doi:10.1037/0033-2909.84.2.309

Plomin, R., Emde, R. N., Braungart, J. M., Campos, J., Corley, R., Fulker, D. W., ... DeFries, J. C. (1993). Genetic change and continuity from fourteen to twenty months: The MacArthur Longitudinal Twin Study. *Child Development*, 64, 1354 - 1376. doi:10.2307/1131539

Plomin, R., & Foch, T. T. (1980). A twin study of objectively assessed personality in childhood. *Journal of Personality and Social Psychology*, 58, 680 - 688. doi:10.1037/0022-3514.39.4.680

Plomin, R., Foch, T. T., & Rowe, D. C. (1981). Bobo clown aggression in childhood: Environment not genes. *Journal of Research in Personality*, 14, 331 - 342. doi:10.1016/0092-6566(81)90031-3

Plomin, R., Fulker, D. W., Corley, R., & DeFries, J. C. (1997). Nature, nurture and cognitive development from 1 to 16 years: A parent-offspring adoption study. *Psychological Science*, 8, 442 - 447. doi:10.1111/j.1467-9280.1997.tb00458.x

Plomin, R., Haworth, C. M. A., & Davis, O. S. P. (2009). Common disorders are quantitative traits. *Nature Reviews Genetics*, 10(12), 872 - 878. doi:10.1038/nrg2670

Plomin, R., Haworth, C. M. A., Meaburn, E. L., Price, T. S., Wellcome Trust Case Control Consortium 2, & Davis, O. S. P. (2013). Common DNA markers can account for more than half of the genetic influence on cognitive abilities. *Psychological Science*, 24(4), 562-568.

Plomin, R., & Kovas, Y. (2005). Generalist genes and learning disabilities. *Psychological Bulletin*, 131, 592-617. doi:10.1037/0033-2909. 131.4.592

Plomin, R., Lichtenstein, P., Pedersen, N. L., McClearn, G. E., & Nesselroade, J. R. (1990b). Genetic influence on life events during the last half of the life span. *Psychology and Aging*, 5(1), 25-30. doi:10.1037/0882-7974.5.1.25

Plomin, R., Loehlin, J. C., & DeFries, J. C. (1985). Genetic and environmental components of "environmental" influences. *Developmental Psychology*, 21, 391-402. doi:10.1037/0012-1649.21.3.391

Plomin, R., & McClearn, G. E. (1993). Quantitative trait loci (QTL) analyses and alcoholrelated behaviors. *Behavior Genetics*, 23(2), 197-211. doi:10.1007/BF01067425

Plomin, R., Reiss, D., Hetherington, E. M., & Howe, G. W. (1994). Nature and nurture: Genetic contributions to measures of the family environment. *Developmental Psychology*, 30, 32-43. doi:10.1037/0012-1649.30.1.32

Plomin, R., & Schalkwyk, L. C. (2007). Microarrays. *Developmental Science*, 10, 19-23. doi:10.1111/j.1467-7687.2007.00558.x

Plomin, R., & Simpson, M. A. (2013). The future of genomics for developmentalists. *Development and Psychopathology*, 25(4pt2), 1263-1278.

Plomin, R., & Spinath, F. M. (2002). Genetics and general cognitive ability (g). *Trends in Cognitive Science*, 6(4), 169-176. doi:10.1016/S1364-6613(00)01853-2

Pluess, M. (2015). *Genetics of psychological wellbeing: The role of heritability and genetics in positive psychotogy*: OUP Oxford.

Poelmans, G., Buitelaar, J. K., Pauls, D. L., & Franke, B. (2011). A theoretical molecular network for dyslexia: Integrating available genetic findings. *Molecular Psychiatry*, 16(4), 365-382. doi:10.1038/mp.2010.105

Pol, H. E. H., van Baal, G. C. M., Schnack, H. G., Brans, R. G. H., van der Schot, A. C., Brouwer, R. M., ... Evans, A. C. (2012). Overlapping and segregating structural brain abnormalities in twins with schizophrenia or bipolar disorder. *Archives of General Psychiatry*, 69(4), 349-359.

Polanczyk, G., de Lima, M. S., Horta, B. L., Biederman, J., & Rohde, L. A. (2007). The worldwide prevalence of ADHD: A systematic review and metaregression analysis. *American Journal of Psychiatry*, 164(6), 942-948. doi:10.1176/appi.ajp.164.6.942

Polanczyk, G. V., Willcutt, E. G., Salum, G. A., Kieling, C., & Rohde, L. A. (2014). ADHD prevalence estimates across three decades: An updated systematic review and meta-regression analysis. *International Journal of Epidemiology*, 43(2), 434-442.

Polderman, T. J. C., Benyamin, B., de Leeuw, C. A., Sullivan, P. F., van Bochoven, A., Visscher, P. M., & Posthuma, D. (2015). Meta-analysis of the heritability of human traits based on fifty years of twin studies. *Nature Genetics*, 47(7), 702-709.

Pollak, D. D., John, J., Hoeger, H., & Lubec, G. (2006a). An integrated map of the murine hippocampal proteome based upon five mouse strains. *Electrophoresis*, 27(13), 2787-2798.

Pollak, D. D., John, J., Schneider, A., Hoeger, H., & Lubec, G. (2006b). Strain-dependent expression of signaling proteins in the mouse hippocampus. *Neuroscience*, 138(1), 149-158.

Poorthuis, R. B., Goriounova, N. A., Couey, J. J., & Mansvelder, H. D. (2009). Nicotinic actions on neuronal networks for cognition: General principles and long-term consequences. *Biochemical Pharmacology*, 78(7), 668-676. doi:10.1016/j.bcp.2009.04.031

Posthuma, D., de Geus, E. J. C., Baare, W. F., Pol, H. E. H., Kahn, R. S., & Boomsma, D. I. (2002). The association between brain volume and intelligence is of genetic origin. *Nature Neuroscience*, 5(2), 83-84.

Posthuma, D., de Geus, E. J. C., Mulder, E. J., Smit, D. J., Boomsma, D. I., & Stain, C. J. (2005). Genetic components of functional connectivity in the brain: The heritability of synchronization likelihood. *Human Brain Mapping*, 26, 191-198.

Posthuma, D., Neale, M. C., Boomsma, D. I., & de Geus, E. J. (2001). Are smarter brains running faster? Heritability of alpha peak frequency, IQ, and their interrelation. *Behavior Genetics*, 31(6), 567-579.

Powell, J. E., Henders, A. K., McRae, A. F., Kim, J., Hemani, G., Martin, N. G., ... Visscher, P. M. (2013). Congruence of additive and non-additive effects on gene expression estimated from pedigree and SNP data. *PLoS Genetics*, 9(5), e1003502.

Power, R. A., Keers, R., Ng, M. Y.,

Butler, A. W., Uher, R., Cohen-Woods, S., ... Lewis, C. M. (2012). Dissecting the genetic heterogeneity of depression through age at onset. *American Journal of Medical Genetics Part B: Neuropsychiatric Genetics*, 159B(7), 859–868.

Power, R. A., & Pluess, M. (2015). Heritability estimates of the Big Five personality traits based on common genetic variants. *Translational Psychiatry*, 5(7), e604.

Prescott, C. A. (2002). Sex differences in the genetic risk for alcoholism. *Alcohol Research & Health*, 26(4), 264–273.

Prescott, C. A., Sullivan, P. F., Kuo, P. H., Webb, B. T., Vittum, J., Patterson, D. G., ... Kendler, K. S. (2006). Genomewide linkage study in the Irish affected sib pair study of alcohol dependence: Evidence for a susceptibility region for symptoms of alcohol dependence on chromosome 4. *Molecular Psychiatry*, 11(6), 603–611.

Price, R. A., Kidd, K. K., Cohen, D. J., Pauls, D. L., & Leckman, J. F. (1985). A twin study of Tourette syndrome. *Archives of General Psychiatry*, 42, 815–820.

Prince, M., Bryce, R., Albanese, E., Wimo, A., Ribeiro, W., & Ferri, C. P. (2013). The global prevalence of dementia: A systematic review and meta-analysis. *Alzheimer's & Dementia*, 9(1), 63–75.

Purcell, S. (2002). Variance components models for gene-environment interaction in twin analysis. *Twin Research*, 5(6), 554–571.

Purcell, S., & Koenen, K. C. (2005). Environmental mediation and the twin design. *Behavior Genetics*, 35(4), 491–498. doi:10.1007/s10519-004-1484-9

Purcell, S. M., Moran, J. L., Fromer, M., Ruderfer, D., Solovieff, N., Roussos, P., ... Kähler, A. (2014). A polygenic burden of rare disruptive mutations in schizophrenia. *Nature*, 506(7487), 185–190.

Purcell, S. M., Wray, N. R., Stone, J. L., Visscher, P. M., O'Donovan, M. C., Sullivan, P. F., ... Moran, J. L. (2009). Common polygenic variation contributes to risk of schizophrenia and bipolar disorder. *Nature*, 460(7256), 748–752.

Qi, L., Kraft, P., Hunter, D. J., & Hu, F. B. (2008). The common obesity variant near MC4R gene is associated with higher intakes of total energy and dietary fat, weight change and diabetes risk in women. *Human Molecular Genetics*, 17(22), 3502–3508. doi:10.1093/hmg/ddn242

Quillen, E. E., Chen, X. D., Almasy, L., Yang, F., He, H., Li, X., ... Deng, H. W. (2014). ALDH2 is associated to alcohol dependence and is the major genetic determinant of "daily maximum drinks" in a GWAS study of an isolated rural Chinese sample. *American Journal of Medical Genetics Part B: Neuropsychiatric Genetics*, 165(2), 103–110.

Rabbani, B., Mahdieh, N., Hosomichi, K., Nakaoka, H., & Inoue, I. (2012). Next-generation sequencing: Impact of exome sequencing in characterizing Mendelian disorders. *Journal of Human Genetics*, 57(10), 621. doi:10.1038/jhg.2012.91

Räihä, I., Kapiro, J., Koskenvuo, M., Rajala, T., & Sourander, L. (1996). Alzheimer's disease in Finnish twins. *The Lancet*, 347, 573–578.

Raine, A. (1993). *The psychopathology of crime: Criminal behavior as a clinical disorder*. San Diego: Academic Press.

Ramachandrappa, S., & Farooqi, I. S. (2011). Genetic approaches to understanding human obesity. *Journal of Clinical Investigation*, 121(6), 2080–2086. doi:10.1172/jci46044

Rankin, C. H. (2002). From gene to identified neuron to behaviour in Caenorhabditis elegans. *Nature Reviews Genetics*, 3(8), 622–630.

Rankinen, T., Zuberi, A., Chagnon, Y. C., Weisnagel, S. J., Argyropoulos, G., Walts, B., ... Bouchard, C. (2006). The human obesity gene map: The 2005 update. *Obesity (Silver Spring)*, 14(4), 529–644.

Rasetti, R., & Weinberger, D. R. (2011). Intermediate phenotypes in psychiatric disorders. *Current Opinion in Genetics and Development*, 21(3), 340–348. doi:10.1016/j.gde.2011.02.003

Rasmussen, S. A., & Tsuang, M. T. (1984). The epidemiology of obsessive compulsive disorder. *Jurnal of Clinical Psychiatry*, 45, 450–457.

Raymond, F. L. (2010). Monogenic causes of mental retardation. In S. J. L. Knight (Ed.), *Genetics of mental retardation: An overview encompassing learning disability and intellectual disability* (Vol. 18, pp. 89–100).

Read, S., Vogler, G. P., Pedersen, N. L., & Johansson, B. (2006). Stability and change in genetic and environmental components of personality in old age. *Personality and Individual Differences*, 40(8), 1637–1647.

Redon, R., Ishikawa, S., Fitch, K. R., Fenk, L., Perry, G. H., Andrews, T. D., ... Hurles, M. E. (2006). Global variation in copy number in the human genome. *Nature*, 444(7118), 444–454.

Reed, E. W., & Reed, S. C. (1965). *Mental retardation: A family study*. Philadelphia:

Saunders.

Reich, T., Edenberg, H. J., Goate, A., Williams, J., Rice, J., Van Eerdewegh, P., ... Begleiter, H. (1998). Genome-wide search for genes affecting the risk for alcohol dependence. *American Journal of Medical Genetics*, 81, 207–215.

Reichenberg, A., Cederlöf, M., McMillan, A., Trzaskowski, M., Kapara, O., Fruchter, E., ... Lichtenstein, P. (2016). Discontinuity in the genetic and environmental causes of the intellectual disability spectrum. *Proceedings of the National Academy of Sciences*, 113(4), 1098–1103.

Reiss, D., Leve, L. D., & Neiderhiser, J. M. (2013). How genes and the social environment moderate each other. *American Journal of Public Health*, 103(Suppl 1), S111–S121. doi:10.2105/AJPH.2013.301408

Reiss, D., Neiderhiser, J. M., Hetherington, E. M., & Plomin, R. (2000). *The relationship code: Deciphering genetic and social patterns in adolescent development*. Cambridge, MA: Harvard University Press.

Rende, R. D., Plomin, R., & Vandenberg, S. G. (1990). Who discovered the twin method? *Behavior Genetics*, 20(2), 277–285.

Reyes, A., Haynes, M., Hanson, N., Angly, F. E., Heath, A. C., Rohwer, F., & Gordon, J. I. (2010). Viruses in the faecal microbiota of monozygotic twins and their mothers. *Nature*, 466(7304), 334–338. doi:10.1038/nature09199

Reynolds, C. A., & Finkel, D. (2014). Cognitive and physical aging: Genetic influences and geneenvironment interplay. In K. W. Schaie & S. L. Willis (Eds.), *Handbook of the psychology of aging* (8 ed.). Oxford: Elsevier.

Reynolds, C. A., & Finkel, D. (2015). A metaanalysis of heritability of cognitive aging: Minding the "missing heritability" gap. *Neuropsychology Review*, 25(1), 97–112.

Reynolds, C. A., Finkel, D., McArdle, J. J., Gatz, M., Berg, S., & Pedersen, N. L. (2005). Quantitative genetic analysis of latent growth curve models of cognitive abilities in adulthood. *Developmental Psychology*, 41(1), 3.

Reynolds, C. A., Finkel, D., & Zavala, C. (2014). Gene by environment interplay in cognitive aging. In D. Finkel & C. A. Reynolds (Eds.), *Behavior genetics of cognition across the lifespan* (pp. 169–199). New York: Springer.

Reynolds, C. A., Zavala, C., Gatz, M., Vie, L., Johansson, B., Malmberg, B., ... Pedersen, N. L. (2013). Sortilin receptor 1 predicts longitudinal cognitive change. *Neurobiological Aging*, 34(6), 1710–e1711.

Rhea, S.-A., Bricker, J. B., Wadsworth, S. J., & Corley, R. P. (2013). The Colorado Adoption Project. *Twin Research and Human Genetics*, 16(1), 10.1017/thg.2012.1109. doi:10.1017/thg.2012.109

Rhee, S. H., Hewitt, J. K., Young, S. E., Corley, R. P., Crowley, T. J., & Stallings, M. C. (2003). Genetic and environmental influences on substance initiation, use, and problem use in adolescents. *Archives of General Psychiatry*, 60(12), 1256–1264.

Rhee, S. H., & Ronald, A. (2014). *Behaviorgenetics of psychopathology*. New York: Springer-Verlag.

Rhee, S. H., & Waldman, I. D. (2002). Genetic and environmental influences on antisocial behavior: A meta-analysis of twin and adoption studies. *Psychological Bulletin*, 128(3), 490–529.

Rice, G., Anderson, C., Risch, N., & Ebers, G. (1999). Male homosexuality: Absence of linkage to microsatellite markers at Xq28. *Science*, 284, 665–667.

Rice, L. J., & Einfeld, S. L. (2015). Cognitive and behavioural aspects of Prader-Willi syndrome. *Current Opinion in Psychiatry*, 28(2), 102–106.

Richards, E. J. (2006). Inherited epigenetic variation — revisiting soft inheritance. *Nature Reviews Genetics*, 7(5), 395–401.

Ridaura, V. K., Faith, J. J., Rey, F. E., Cheng, J., Duncan, A. E., Kau, A. L., ... Gordon, J. I. (2013). Gut microbiota from twins discordant for obesity modulate metabolism in mice. *Science*, 341(6150).

Ridge, P. G., Mukherjee, S., Crane, P. K., Kauwe, J. S. K., & Alzheimer's Disease Genetics Consortium. (2013). Alzheimer's disease: Analyzing the missing heritability. *PLoS One*, 8(11): e79771. doi:10.1371/journal.pone.0079771

Riemann, R., Angleitner, A., & Strelau, J. (1997). Genetic and environmental influences on personality: A study of twins reared together using the self-and peer report NEO-FFI scales. *Journal of Personality*, 65, 449–476.

Riese, M. L. (1990). Neonatal temperament in monozygotic and dizygotic twin pairs. *Child Development*, 61(4), 1230–1237.

Rietschel, M., & Treutlein, J. (2013). The genetics of alcohol dependence. *Annals of the New York Academy of Sciences*, 1282(1), 39–70.

Rietveld, C. A., Cesarini, D., Benjamin, D. J., Koellinger, P. D., De Neve, J.-E., Tiemeier,

H., ... Bartels, M. (2013a). Molecular genetics and subjective well-being. *Proceedings of the National Academy of Sciences*, 110(24), 9692–9697.

Rietveld, C. A., Conley, D., Eriksson, N., Esko, T., Medland, S. E., Vinkhuyzen, A. A. E., ... Dawes, C. T. (2014a). Replicability and robustness of genome-wide-association studies for behavioral traits. *Psychological Science*, 25(11), 1975–1986.

Rietveld, C. A., Esko, T., Davies, G., Pers, T. H., Turley, P., Benyamin, B., ... Lee, J. J. (2014b). Common genetic variants associated with cognitive performance identified using the proxyphenotype method. *Proceedings of the National Academy of Sciences*, 111(38), 13790–13794.

Rietveld, C. A., Medland, S. E., Derringer, J., Yang, J., Esko, T., Martin, N. W., ... Agrawal, A. (2013b). GWAS of 126 559 individuals identifies genetic variants associated with educational attainment. *Science*, 340(6139), 1467–1471.

Rijsdijk, F. V., & Boomsma, D. I. (1997). Genetic mediation of the correlation between peripheral nerve conduction velocity and IQ. *Behavior Genetics*, 27, 87–98.

Rijsdijk, F. V., Vernon, P. A., & Boomsma, D. I. (2002). Application of hierarchical genetic models to Raven and WAIS subtests: A Dutch twin study. *Behavior Genetics*, 32(3), 199–210.

Rijsdijsk, F. V., Viding, E., De Brito, S., Forgiarini, M., Mechelli, A., Jones, A. P., & McCrory, E. (2010). Heritable variations in gray matter concentration as a potential endophenotype for psychopathic traits. *Archives of General Psychiatry*, 67(4), 406–413.

Riley, B., & Kendler, K. S. (2006). Molecular genetic studies of schizophrenia. *European Journal of Human Genetics*, 14(6), 669–680.

Rimfeld, K., Kovas, Y., Dale, P. S., & Plomin, R. (2016). True grit and genetics: Predicting academic achievement from personality. *Journal of Personality and Social Psychology* [Epub ahead of print].

Rimol, L. M., Panizzon, M. S., FennemaNotestine, C., Eyler, L. T., Fischl, B., Franz, C. E., ... Dale, A. M. (2010). Cortical thickness is influenced by regionally specific genetic factors. *Biological Psychiatry*, 67(5), 493–499. doi:10.1016/j.biopsych.2009.09.032

Ripke, S., Sanders, A. R., Kendler, K. S., Levinson, D. F., Sklar, P., Holmans, P. A., ... The Schizophrenia Psychiatric Genome-Wide Association Study (GWAS) Consortium. (2011). Genome-wide association study identifies five new schizophrenia loci. *Nature Genetics*, 43(10), 969–976. doi:10.1038/ng.940

Risch, N., Herrell, R., Lehner, T., Liang, K. Y., Eaves, L., Hoh, J., ... Merikangas, K. R. (2009). Interaction between the serotonin transporter gene (5-HTTLPR), stressful life events, and risk of depression: A meta-analysis. *Journal of the American Medieal Association*, 301(23), 2462–2471.

Risch, N., Hoffmann, T. J., Anderson, M., Croen, L. A., Grether, J. K., & Windham, G. C. (2014). Familial recurrence of autism spectrum disorder: Evaluating genetic and environmental contributions. *American Journal of Psychiatry*, 171(11), 1206–1213.

Risch, N., & Merikangas, K. R. (1996). The futhre of genetic studies of complex human diseases. *Science*, 273, 1516–1517.

Risch, N. J. (2000). Searching for genetic determinants in the new millennium. *Nature*, 405(6788), 847–856.

Ritsner, M. S. (2009). *The handbook of neuropsychiatric biomarkers, endophenotypes and genes. Vol. 1. Neuropsychological endophenotypes and biomarkers*. New York: Springer.

Ritsner, M. S., & Gottesman, I. I. (2011). The schizophrenia construct after 100 years of challenges. In M. S. Ritsner (Ed.), *Handbook of schizophrenia spectrum disorders, volume I* (pp. 1–44). New York: Springer

Rivera, C., & Ren, B. (2013). Mapping human epigenomes. *Cell*, 155(1), 39–55. doi: http://dx.doi.org/10.1016/j.cell.2013.09.011

Robbers, S. C. C., van Oort, F. V. A., Polderman, T. J. C., Bartels, M., Boomsma, D. I., Verhulst, F. C., ... Huizink, A. C. (2011). Trajectories of CBCL attention problems in childhood. *European Child and Adolescent Psychiatry*, 20(8), 419–427. doi:10.1007/s00787-011-0194-0

Roberts, C. A., & Johansson, C. B. (1974). The inheritance of cognitive interest styles among twins. *Journal of Vocational Behavior*, 4, 237–243.

Robins, L. N. (1978). Sturdy childhood predictors of adult antisocial behaviour: Replications from longitudinal analyses. *Psychological Medicine*, 8, 611–622.

Robins, L. N., & Price, R. K. (1991). Adult disorders predicted by childhood conduct problems: Results from the NIMH epidemiologic catchment area project. *Psychiatry*, 54, 116–132.

Robins, L. N., & Regier, D. A. (1991).

Psychiatric disorders in America. New York: Free Press.

Robinson, D. G., Woerner, M. G., McMeniman, M., Mendelowitz, A., & Bilder, R. M. (2004). Symptomatic and functional recovery from a first episode of schizophrenia or schizoaffective disorder. *American Fournal of Psychiatry*, 161(3), 473-479.

Robinson, E. B., Koenen, K. C., McCormick, M. C., Munir, K., Hallett, V., Happe, F., ... Ronald, A. (2011). Evidence that autistic traits show the same etiology in the general population and at the quantitative extremes (5%, 2.5%, and 1%). *Archives of General Psychiatry*, 68(11), 1113-1121. doi: 10.1001/archgenpsychiatry. 2011. 119

Robinson, J. L., Kagan, J., Reznick, J. S., & Corley, R. (1992). The heritability of inhibited and uninhibited behavior: A twin study. *Developmental Psychology*, 28, 1030-1037.

Robinson, S. W., Herzyk, P., Dow, J. A. T., & Leader, D. P. (2013). FlyAtlas: Database of gene expression in the tissues of *Drosophila melanogaster*. *Nucleic Acids Research*, 41(D1), D744-D750.

Rockman, M. V., & Kruglyak, L. (2006). Genetics of global gene expression. *Nature Reviews Genetics*, 7(11), 862-872.

Roisman, G. I., & Fraley, R. C. (2006). The limits of genetic influence: A behavior-genetic analysis of infant-caregiver relationship quality and temperament. *Child Devdopment*, 77(6), 1656-1667.

Roizen, N. J., & Patterson, D. (2003). Down syndrome. *The Lancet*, 361(9365), 1281-1289.

Ronald, A., Happé, F., Price, T. S., BaronCohen, S., & Plomin, R. (2006). Phenotypic and genetic overlap between autistic traits at the extremes of the general population. *Journal of the American Academy of Child and Adolescent Psychiatry*, 45(10), 1206-1214. doi: 10.1097/01. chi. 0000230165. 54117. 41

Ronald, A., & Hoekstra, R. A. (2011). Autism spectrum disorders and autistic traits: A decade of new twin studies. *American Journal of Medical Genetics Part B-Neuropsychiatric Genetics*, 156B(3), 255-274. doi: 10.1002/ajmg. b. 31159

Ronalds, G. A., De Stavola, B. L., & Leon, D. A. (2005). The cognitive cost of being a twin: Evidence from comparisons within families in the Aberdeen children of the 1950s cohort study. *British Medical Journal*, 331(7528), 1306.

Rooms, L., & Kooy, R. F. (2011). Advances in understanding fiagile X syndrome and related disorders. *Current Opinion in Pediatrics*, 23(6), 601-606. doi: 10.1097/MOP. 0b013e32834c7f1a

Rose, R. J., Broms, U., Korhonen, T., Dick, D. M., & Kaprio, J. (2009). Genetics of smoking behavior. In Y.-K. Kim (Ed.), *Handbook of behavior genetics* (1st ed., pp. 411-432). New York: Springer.

Rose, R. J., Dick, D. M., Viken, R. J., Pulkkinen, L., & Kaprio, J. (2004). Genetic and environmental effects on conduct disorder and alcohol dependence symptoms and their covariation at age 14. *Alcoholism: Clinical and Experimental Research*, 28(10), 1541-1548. doi: 10.1097/01. alc. 0000141822. 36776. 55

Rosenthal, D., Wender, P. H., Kety, S. S., & Schulsinger, F. (1971). The adopted-away offspring of schizophrenics. *American Journal of Psychiatry*, 128, 307-311.

Rosenrhal, D., Wender, P. H., Kety, S. S., Schulsinger, F., Welner, J., & Ostergaard, L. (1968). Schizophrenics' offspring reared in adoptive homes. *Journal of Psychiatric Research*, 6, 377-391.

Rosenthal, N. E., Sack, D. A., Gillin, J. C., Lewy, A. J., Goodwin, F. K., Davenport, Y., ... Wehr, T. A. (1984). Seasonal affective disorder. A description of the syndrome and preliminary findings with light therapy. *Archives of General Psychiatry*, 41(1), 72-80.

Roses, A. D. (2000). Pharmacogenetics and the practice of medicine. *Nature*, 405(6788), 857-865.

Ross, C. A., Aylward, E. H., Wild, E. J., Langbehn, D. R., Long, J. D., Warner, J. H., ... Tabrizi, S. J. (2014). Huntington disease: Natural history, biomarkers and prospects for therapeutics. *Nature Reviews Neurology*, 10(4), 204-216. doi: 10.1038/nrneurol. 2014. 24

Ross, M. T., Grafham, D. V., Coffey, A. J., Scherer, S., McLay, K., Muzny, D., ... Yen, J. (2005). The DNA sequence of the human X chromosome. *Nature*, 434(7031), 325-337.

Rothe, C., Koszycki, D., Bradwein, J., King, N., Deluca, V., Tharmalingam, S., ... Kennedy, J. L. (2006). Association of the Val158Met catechol O-methyltransferase genetic polymorphism with panic disorder. *Neuropsychopharmacology*, 31(10), 2237-2242.

Roussos, P., Giakoumaki, S. G., Georgakopoulos, A., Robakis, N. K., & Bitsios, P. (2011). The CACNA1C and ANK3 risk alleles impact on affective personality traits and startle reactivity but not on cognition or gating in healthy males. *Bipolar Disorders*, 13(3), 250-259.

Rowe, D. C. (1981). Environmental and genetic influences on dimensions of perceived parenting: A twin study. *Developmental Psychology*, 17, 203-208.

Rowe, D. C. (1983). A biometrical analysis of perceptions of family environment: A study of twin and singleton sibling relationships. *Child Development*, 54, 416-423.

Rowe, D. C. (1987). Resolving the personsituation debate: Invitation to an interdisciplinary dialogue. *American Psychologist*, 42, 218-227.

Rowe, D. C. (1994). *The limits of family influence: Genes, experience, and behaviour*. New York: Guilford Press.

Rowe, D. C., Jacobson, K. C., & van den Oord, E. J. (1999). Genetic and environmental influences on vocabulary IQ: Parental education level as moderator. *Child Development*, 70(5), 1151-1162.

Roy, M. A., Neale, M. C., & Kendler, K. S. (1995). The genetic epidemiology of self-esteem. *British Journal of Psychiatry*, 166(6), 813-820.

Roysamb, E., Tambs, K., Reichborn-Kjennerud, T., Neale, M. C., & Harris, J. R. (2003). Happiness and health: Environmental and genetic contributions to the relationship between subjective wellbeing, perceived health, and somatic illness. *Journal of Personality and Social Psychology*, 85(6), 1136-1146. doi: 10.1037/0022-3514.85.6.1136

Rubinstein, M., Phillips, T. J., Bunzow, J. R., Falzone, T. L., Dziewczapolski, G., Zhang, G., ... Grandy, D. K. (1997). Mice lacking dopamine D4 receptors are supersensitive to ethanol, cocaine, and methamphetamine. *Cell*, 90(6), 991-1001. doi: 10.1016/s0092-867q(00)80365-7

Rush, A. J., & Weissenburger, J. E. (1994). Melancholic symptom features and DSM-IV. *American Journal of Psychiatry*, 151, 489-498.

Rushton, J. P. (2002). New evidence on Sir Cyril Burt: His 1964 speech to the association of educational psychologists. *Intelligence*, 30(6), 555-567.

Rushton, J. P., & Bons, T, A. (2005). Mate choice and friendship in twins: Evidence for genetic similarity. *Psychological Science*, 16(7), 555-559.

Rutherford, J., McGuffin, P., Katz, R. J., & Murray, R. M. (1993). Genetic influences on eating attitudes in a normal female twin population. *Psychological Medicine*, 23(2), 425-436.

Rutter, M. (1996). Introduction: Concepts of antisocial behavior, of cause, and of genetic influences. In G. R. Bock & J. A. Goode (Eds.), *Genetics of criminal and antisocial behaviour* (pp. 1-15). Chichester: Wiley.

Rutter, M. (2006). *Genes and behavior: Naturenurture interplay explained*. Oxford: Blackwell Publishing.

Putter, M., Maughan, B., Meyer, J., Picldes, A., Silberg, J., Simonoff, E., & Taylor, E. (1997). Heterogeneity of antisocial behavior: Causes, continuities, and consequences. In D. W. Osgood (Ed.), *Nebraska Symposium on Motivation: Vol. 44: Motivation and delinquency* (pp. 45-118). Lincoln, NE: University of Nebraska Press.

Rutter, M., Moffitt, T. E., & Caspi, A. (2006). Gene-environment interplay and psychopathology: Multiple varieties but real effects. *Journal of Child Psychology & Psychiatry*, 47(3-4), 226-261.

Rutter, M., & Redshaw, J. (1991). Annotation: Growing up as a twin: Twin-singleton differences in psychological development. *Journal of Child Psychology and Psychiatry*, 32(6), 885-895.

Rutter, M., Silberg, J., O'Connor, T. G., & Simonoff, E. (1999). Genetics and child psychiatry: II. Empirical research findings. *Journal of Child Psychology and Psychiatry*, 40, 19-55.

Saba, L. M., Bennett, B., Hoffman, P. L., Barcomb, K., Ishii, T., Kechris, K., & Tabakoff, B. (2011). A systems genetic analysis of alcohol drinking by mice, rats and men: Influence of brain GABAergic transmission. *Neuropharmacology*, 60(7), 1269-1280.

Saccone, N. L., Culverhouse, R. C., Schwantes-An, T.-H., Cannon, D. S., Chen, X., Cichon, S., ... Bierut, L. J. (2010). Multiple independent loci at chromosome 15q25.1 affect smoking quantity: A meta-analysis and comparison with lung cancer and COPD. *PLoS Genetics*, 6(8), e1001053. doi: 10.1371/journal.pgen.1001053

Sadava, D. E., Hillis, D. M., Heller, H. C., & Berenbaum, M. (2010). High-throughput sequencing. In D. E. Savada et al., *Life: The science of biology*. (9th ed.). Sinauer Associates, Inc. and Sumanas, Inc.

Sadler, M. E., Miller, C. J., Christensen, K., & McGue, M. (2011). Subjective wellbeing and longevity: A co-twin control study. *Twin Research and Human Genetics*, 14(3), 249-256. doi: 10.1375/twin.14.3.249

Saha, S., Chant, D., Welham, J., & McGrath, J. (2005). A systematic review of the prevalence of schizophrenia. *PLoS Med*, 2(5), e141. doi: 10.1371/journal.pmed.0020141

Salahpour, A., Medvedev, I. O., Beaulieu, J. M., Gainetdinov, R. R., & Caron, M. G. (2007). Local knockdown of genes in the brain using small interfering RNA: A phenotypic comparison with knockout animals. *Biological Psychiatry*, 61(1), 65-69.

Sambandan, D., Yamamoto, A., Fanara, J. J., Mackay, T. F., & Anholt, R. R. (2006). Dynamic genetic interactions determine odor-guided behavior in *Drosophila melanogaster*. *Genetics*, 174(3), 1349-1363.

Samek, D. R., Hicks, B. M., Keyes, M. A., Bailey, J., McGue, M., & Iacono, W. G. (2015). Geneenvironment interplay between parent-child relationship problems and externalizing disorders in adolescence and young adulthood. *Psychological Medicine*, 45(02), 333-344.

Samuelsson, S., Byrne, B., Olson, R. K., Hulslander, J., Wadsworth, S., Corley, R., ... DeFries, J. C. (2008). Response to early literacy instruction in the United States, Australia, and Scandinavia: A behavioral-genetic analysis. *Learning and Individual Differences*, 18(3), 289-295. doi:10.1016/j.lindif.2008.03.004

Samuelsson, S., Olson, R., Wadsworth, S., Corley, R., DeFries, J. C., Willcutt, E., ... Byrne, B. (2007). Genetic and environmental influences on prereading skills and early reading and spelling development in the United States, Australia, and Scandinavia. *Reading and Writing*, 20(1-2), 51-57.

Sanders, A. R., Martin, E. R., Beecham, G. W., Guo, S., Dawood, K., Rieger, G., ... Kolundzija, A. B. (2015). Genome-wide scan demonstrates significant linkage for male sexual orientation. *Psychological Medicine*, 45(07), 1379-1388.

Sandin, S., Lichtenstein, P., Kuja-Halkola, R., Larsson, H., Hultman, C. M., & Reichenberg, A. (2014). The familial risk of autism. *Journal of the American Medical Association*, 311(17), 1770-1777.

Sartor, C. E., McCutcheon, V. V., Pommer, N. E., Nelson, E. C., Grant, J. D., Duncan, A. E., ... Heath, A. C. (2011). Common genetic and environmental contributions to post-traumatic stress disorder and alcohol dependence in young women. *Psychological Medicine*, 41(07), 1497-1505.

Saudino, K. J. (2012). Sources of continuity and change in activity level in early childhood. *Child Development*, 83(1), 266-281. doi:10.1111/j.1467-8624.2011.01680.x

Saudino, K. J., & Eaton, W. O. (1991). Infant temperament and genetics: An objective twin study of motor activity level. *Child Development*, 62, 1167-1174.

Saudino, K. J., McGuire, S., Reiss, D., Hetherington, E. M., & Plomin, R. (1995). Parent ratings of EAS temperaments in twins, full siblings, half siblings, and step siblings. *Journal of Personality and Social Psychology*, 68, 723-733. doi:10.1037/0022-3514.68.4.723

Saudino, K. J., & Micalizzi, L. (2015). Emerging trends in behavioral genetic studies of child temperament. *Child Development Perspectives*, 9(3), 144-148.

Saudino, K. J., Pedersen, N. L., Lichtenstein, P., McClearn, G. E., & Plomin, R. (1997). Can personality explain genetic influences on life events? *Journal of Personality and Social Psychology*, 72, 196-206. doi:10.1037/0022-3514.72.1.196

Saudino, K. J., & Plomin, R. (1997). Cognitive and temperamental mediators of genetic contributions to the home environment during infancy. *Merrill-Palmer Quarterly*, 43, 1-23.

Saudino, K. J., Plomin, R., & DeFries, J. C. (1996). Tester-rated temperament at 14, 20, and 24 months: Environmental change and genetic continuity. *British Journal of Developmental Psychology*, 14, 129-144. doi:10.1111/j.2044-835X.1996.tb00697.x

Saudino, K. J., Ronald, A., & Plomin, R. (2005). The etiology of behavior problems in 7-year-old twins: Substantial genetic influence and negligible shared environmental influence for parent ratings and ratings by same and different teachers. *Journal of Abnormal Child Psychology*, 33, 113-130. doi:10.1007/s10802-005-0939-7

Saudino, K. J., Wertz, A. E., Gagne, J. R., & Chawla, S. (2004). Night and day: Are siblings as different in temperament as parents say they are? *Journal of Personality and Social Psychology*, 87(5), 698-706.

Savelieva, K. V., Caudle, W. M., Findlay, G. S., Caron, M. G., & Miller, G. W. (2002). Decreased ethanol preference and consumption in dopamine transporter female knock-out mice. *Alcoholism: Clinical and Experimental Research*, 26(6), 758-764. doi:10.1111/j.1530-0277.2002.tb02602.x

Scarr, S., & Carter-Saltzman, L. (1979). Twin method: Defense of a critical assumption. *Behavior Genetics* 9, 527-542.

Scarr, S., & Weinberg, R. A. (1978a). Attitudes, interests, and IQ. *Human Nature*, April, 29-36.

Scarr, S., & Weinberg, R. A. (1978b). The influence of "family background" on intellectual attainment. *American Sociological Review*, 43, 674-692.

Scarr, S. , &. Weinberg, R. A. (1981). The transmission of authoritarianism in families: Genetic resemblance in social-political attitudes? In S. Scarr (Ed.), *Race, social class, and individual differences in IQ* (pp. 399–427). Hillsdale, NJ: Erlbaum.

Schadt, E. E. (2006). Novel integrative genomics strategies to identify genes for complex traits. *Animal Genetics*, 37(Suppl. 1), 18–23.

Schafer, W. R. (2005). Deciphering the neural and molecular mechanisms of C. *elegans* behavior. *Current Biology*, 15(17), R723–R729.

Schermerhorn, A. C. , D'Onofrio, B. M. , Turkheimer, E. , Ganiban, J. M. , Sports, E. L. , Lichtenstein, P. , … Neiderhiser, J. M. (2011). A genetically informed study of associations between family functioning and child psychosocial adjustment. *Developmental Psychology*, 47(3), 707–725. doi: 10.1037/a0021362

Scherrer, J. F. , True, W. R. , Xian, H. , Lyons, M. J. , Eisen, S. A. , Goldberg, J. , … Tsuang, M. T. (2000). Evidence for genetic influences common and specific to symptoms of generalized anxiety and panic. *Journal of Affective Disorders*, 57(1–3), 25–35.

Schizophrenia Working Group of the Psychiatric Genomics Consortium. (2014). Biological insights from 108 schizophrenia-associated genetic loci. *Nature*, 511(7510), 421–427.

Schmitt, J. E. , Prescott, C. A. , Gardner, C. O. , Neale, M. C. , &. Kendler, K. S. (2005). The differential heritability of regular tobacco use based on method of administration. *Twin Research and Human Genetics*, 8(1), 60–62.

Schmitt, J. E. , Wallace, G. L. , Lenroot, R. K. , Ordaz, S. E. , Greenstein, D. , Clasen, L. , … Giedd, J. N. (2010). A twin study of intracerebral volumetric relationships. *Behavior Genetics*, 40(2), 114–124. doi: 10.1007/s10519-010-9332-6

Schmitz, S. (1994). Personality and temperament. In J. C. DeFries &. R. Plomin (Eds.), *Nature and nurture during middle childhood* (pp. 120–140). Cambridge, MA: Blackwell.

Scholz, H. , Ramond, J. , Singh, C. M. , &. Heberlein, U. (2000). Functional ethanol tolerance in *Drosophila*. *Neuron*, 28(1), 261–271. doi: 10.1016/s0896-6273 (00)00101-x

Schousboe, K. , Willemsen, G. , Kyvik, K. O. , Mortensen, J. , Boomsma, D. I. , Comes, B. K. , … Harris, J. R. (2003). Sex differences in heritability of BMI: A comparative study of results from twin studies in eight countries. *Twin Research*, 6(5), 409–421.

Schulsinger, F. (1972). Psychopathy: Heredity and environment. *International Journal of Mental Health*, 1, 190–206.

Schulze, T. G. , Akula, N. , Breuer, R. , Steele, J. , Nalls, M. A. , Singleton, A. B. , … Rietschel, M. (2014). Molecular genetic overlap in bipolar disorder, schizo-phrenia, and major depressive disorder. *The World Journal of Biological Psychiatry*, 15(3), 200–208.

Schulze, T. G. , Hedeker, D. , Zandi, P. , Rietschel, M. , &. McMahon, F. J. (2006). What is familial about familial bipolar disorder? Resemblance among relatives across a broad spectrum of phenotypic characteristics. *Archives of General Psychiatry*, 63(12), 1368–1376.

Schumann, G. , Loth, E. , Banaschewski, T. , Barbot, A. , Barker, G. , Buchel, C. , … IMAGEN Consortium, (2010). The IMAGEN study: Reinforcementrelated behaviour in normal brain function and psychopathology. *Molecular Psychiatry*, 15(12), 1128–1139. doi: 10.1038/mp.2010.4

Schur, E. , Afari, N. , Goldberg, J. , Buchwald, D. , &. Sullivan, P. F. (2007). Twin analyses of fatigue. *Twin Research and Human Genetics*, 10(5), 729–733. doi: 10.1375/twin. 10.5.729

Schutzer, S. E. (2014). Rapidly maturing field of proteomics: A gateway to studying diseases. *Proteomics*, 14(9), 991–993.

Schwab, N. (2014). Social influence constrained by the heritability of attitudes. *Personality and Individual Differences*, 66, 54-57.

Schwartzer, J. J. , Koenig, C. M. , &. Berman, R. F. (2013). Using mouse models of autism spectrum disorders to study the neurotoxicology of gene-environment interactions. *Neurotoxicology and Teratology*, 36, 17–35.

Scott, J. P. , &. Fuller, J. L. (1965). *Genetics and the social behavior of the dog*. Chicago: University of Chicago Press.

Scriver, C. R. (2007). The PAH gene, phenylketonuria, and a paradigm shift. *Human Mutation*, 28(9), 831–845. doi: 10.1002/humu. 20526

Scriver. C. R. , &. Waters, P. J. (1999). Monogenetic traits are not simple: Lessons from phenylketonuria. *Trends in Genetics*, 15, 267–272.

Seale, T. W. (1991). Genetic differences in response to cocaine and stimulant drugs. In J. C. Crabbe &. R. A. Harris (Eds.), *The genetic basis of alcohol and drug actions* (pp. 279–321). New York: Plenum.

Segal, N. L. (1999). *Entwined lives: Twins*

and what they tell us about human behavior. New York: Dutton.

Seidman, L. J., Hellemann, G., Nuechterlein, K. H., Greenwood, T. A., Braff, D. L., Cadenhead, K. S., ... Gut, R. C. (2015). Factor structure and heritability of endophenotypes in schizophrenia: Findings from the Consortium on the Genetics of Schizophrenia (COGS-1). *Schizophrenia Research*, *163*(1), 73–79.

Sesardic, N. (2005). *Making sense of heritability*. Cambridge: Cambridge University Press.

Shakeshafr, N. G., Trzaskowski, M., McMillan, A., Rimfeld, K., Krapohl, E., Haworth, C. M. A., ... Plomin, R. (2013). Strong genetic influence on a UK nationwide test of educational achievement at the end of compulsory education at age 16. *PLoS ONE*, *8*(12), e80341. doi:10.1371/journal.pone.0080341

Sham, P. C., Cherny, S. S., Purcell, S., & Hewitt, J. (2000). Power of linkage versus association analysis of quantitative traits, by use of variance-components models, for sibship data. *American Journal of Human Genetics*, *66*, 1616–1630.

Shapira, N. A., Lessig, M. C., He, A. G., James, G. A., Driscoll, D. J., & Liu, Y. (2005). Satiety dysfunction in Prader-Willi syndrome demonstrated by fMRI. *Journal of Neurology Neurosurgery and Psychiatry*, *76*(2), 260–262. doi:10.1136/jnnp.2004.039024

Sharma, A., Sharma, V. K., Horn-Saban, S., Lancet, D., Ramachandran, S., & Brahmachari, S. K. (2005). Assessing natural variations in gene expression in humans by comparing with monozygotic twins using microarrays. *Physiological Genomics*, *21*(1), 117–123.

Sharp, S. I., McQuillin, A., & Gurling, H. M. D. (2009). Genetics of attention-deficit hyperactivity disorder (ADHD). *Neuropharmacology*, *57*(7–8), 590–600. doi:10.1016/j.neuropharm.2009.08.011

Sharpley, C. F., Palanisamy, S. K. A., Glyde, N. S., Dillingham, P. W., & Agnew, L. L. (2014). An update on the interaction between the serotonin transporter promoter variant (5-HTTLPR), stress and depression, plus an exploration of non-confirming findings. *Behavioural Brain Research*, *273*, 89–105.

Shaw, P., Greenstein, D., Lerch, J., Clasen, L., Lenroot, R., Gogtay, N., ... Giedd, J. (2006). Intellectual ability and cortical development in children and adolescents. *Nature*, *440*(7084), 676–679. doi:10.1038/nature04513

Sher, L., Goldman, D., Ozaki, N., & Rosenthal, N. E. (1999). The role of genetic factors in the etiology of seasonal affective disorder and seasonality. *Journal of Affective Disorders*, *53*(3), 203–210.

Sherrington, R., Brynjolfsson, J., petursson, H., Potter, M., Dudleston, K., Barraclough, B., ... Gurling, H. (1988). Localisation of susceptibility locus for schizophrenia on chromosome 5. *Nature*, *336*, 164–167.

Sherva, R., Wang, Q., Kranzler, H., Zhao, H., Koesterer, R., Herman, A., ... Gelernter J. (2016). Genome-wide association study of cannabis dependence severity, novel risk variants, and shared genetic risks. *JAMA Psychiatry*, *73*(5): 472–480. doi:10.1001/jamapsychiatry.2016.0036

Shih, R. A., Belmonte, P. L., & Zandi, P. P. (2004). A review of the evidence from family, twin and adoption studies for a genetic contribution to adult psychiatric disorders. *International Review of Psychiatry*, *16*(4), 260–283.

Shilyansky, C., Lee, Y. S., & Silva, A. J. (2010). Molecular and cellular mechanisms of learning disabilities: A focus on NF1. In S. E. Hyman (Ed.), *Annual Review of Neuroscience* (Vol. 33, pp. 221–243). Palo Alto: Annual Reviews.

Shimada-Sugimoto, M., Otowa, T, & Hettemâ, J. M. (2015). Genetics of anxiety disorders: Genetic epidemiological and molecular studies in humans. *Psychiatry and Clinical Neurosciences*, *69*(7), 388–401.

Shimoyama, M., De Pons, J., Hayman, G, T., Laulederkind, S. J. F., Liu, W., Nigam, R., ... Wang, S.-J. (2015). The Rat Genome Database 2015: Genomic, phenotypic and environmental variations and disease. *Nucleic Acids Research*, *43* (Database Issue), D743–D750. doi:10.1093/nar/gku1026

Shinozaki, G., & Potash, J. B. (2014). New developments in the genetics of bipolar disorder. *Current Psychiatry Reports*, *16*(11), 1–10.

Shorter, J., Couch, C., Huang, W., Carbone, M. A., Peiffer, J., Anholt, R. R. H., & Mackay, T. F. C. (2015). Genetic architecture of natural variation in *Drosophila melanogaster* aggressive behavior. *Proceedings of the National Academy of Sciences*, *112*(27), E3555–E3563.

Siever, L. J., Silverman, J. M., Horvath, T. B., Klar, H., Coccaro, E., Keefe, R. S. E., ... Davis, K. L. (1990). Increased morbid risk for schizophrenia related disorders in relatives of schizotypal personality disordered patients. *Archives of General Psychiatry*, *47*(7), 634–

640.

Sigvardsson, S., Bohman, M., & Cloninger, C. R. (1996). Replication of Stockholm adoption study of alcoholism. *Archives of General Psychiatry*, 53, 681–687.

Silberg, J. L., Gillespie, N., Moore, A. A., Eaves, L. J., Bates, J., Aggen, S., ... Canino, G. (2015). Shared genetic and environmental influences on early temperament and preschool psychiatric disorders in Hispanic twins. *Twin Research and Human Genetics*, 18(02), 171–178.

Silberg, J. L., Maes, H., & Eaves, L. J. (2010). Genetic and environmental influences on the transmission of parental depression to children's depression and conduct disturbance: An extended children of twins study. *Journal of Child Psychology and Psychiatry*, 51(6), 734–744. doi:10.1111/j.1469-7610.2010.02205.x

Silberg, J. L., Rutter, M., & Eaves, L. (2001). Genetic and environmental influences on the temporal association between earlier anxiety and later depression in girls. [erratum appears in Biological Psychiatry 2001 Sep 1; 50(5): 393.]. *Biological Psychiatry*, 49(12), 1040–1049.

Silva, A. J., Kogan, J. H., Frankland, P. W., & Kida, S. (1998). CREB and memory. *Annual Review of Neuroscience*, 21, 127–148.

Silva, A. J., Paylor, R., Wehner, J. M., & Tonegawa, S. (1992). Impaired spatial learning in à-calcium-calmodulin kinase mutant mice. *Science*, 257, 206–211.

Silventoinen, K., Hasselbalch, A. L., Lallukka, T., Bogl, L., Pietilainen, K. H., Heitmann, B. L., ... Kaprio, J. (2009). Modification effects of physical activity and protein intake on heritability of body size and composition. *American Journal of Clinical Nutrition*, 90(4), 1096–1103. doi:10.3945/ajcn.2009.27689

Silventoinen, K., & Kaprio, J. (2009). Genetics of tracking of body mass index from birth to late middle age: Evidence from twin and family studies. *Obesity Facts*, 2(3), 196–202. doi:10.1159/000219675

Silventoinen, K., Rokholm, B., Kaprio, J., & Sorensen, T. I. A. (2010). The genetic and environmental influences on childhood obesity: A systematic review of twin and adoption studies. *International Journal of Obesity*, 34(1), 29–40. doi:10.1038/ijo.2009.177

Singer, J. B., Hill, A. E., Burrage, L. C., Olszens, K. R., Song, J., Justice, M., ... Lander, E. S. (2004). Genetic dissection of complex traits with chromosome substitution strains of mice. *Science*, 304(5669), 445–448.

Singer, J. J., MacGregor, J. J., Cherkas, L. F., & Spector, T. D. (2006). Genetic influences on cognitive function using the Cambridge neuropsychological test automated battery. *Intelligence*, 34(5), 421–428.

Singh, A. L., D'Onofrio, B. M., Slutske, W. S., Turkheimer, E., Emery, R. E., Harden, K. P., ... Martin, N. G. (2011). Parental depression and offspring psychopathology: A children of twins study. *Psychological Medicine*, 41(7), 1385–1395. doi:10.1017/s0033291710002059

Siontis, K. C. M., Patsopoulos, N. A., & Ioannidis, J. P. A. (2010). Replication of past candidate loci for common diseases and phenotypes in 100 genome-wide association studies. *European Journal of Human Genetics*, 18(7), 832–837.

Sison, M., & Gerlai, R. (2010). Associative learning in zebrafish (*Danio rerio*) in the plus maze. *Behavioural Brain Research*, 207(1), 99–104. doi:10.1016/j.bbr.2009.09.043

Skelly, D. A., Ronald, J., & Akey, J. M. (2009). Inherited variation in gene expression. In *Annual review of genomics and human genetics* (Vol. 10, pp. 313–332). Palo Alto: Annual Reviews.

Skelton, J. A., Irby, M. B., Grzywacz, J. G., & Miller, G. (2011). Etiologies of obesity in children: Nature and nurture. *Pediatric Clinics of North America*, 58(6), 1333–1354. doi:10.1016/j.pcl.2011.09.006

Skinner, A., & Skelton, J. A. (2014). Prevalence and trends in obesity and severe obesity among children in the United States, 1999–2012. *JAMA Pediatrics*, 168(6), 561–566. doi:10.1001/jamapediatrics.2014.21

Skodak, M., & Skeels, H. M. (1949). A final follow-up on one hundred adopted children. *Journal of Genetic Psychology*, 75, 84–125.

Skoulakis, E. M., & Grammenoudi, S. (2006). Dunces and da Vincis: The genetics of learning and memory in *Drosophila*. *Cellular and Molecular Life Sciences*, 63(9), 975–988.

Slater, E., & Cowie, V. (1971). *The genetics of mental disorders*. London: Oxford University Press.

Slof-Op 't Landt, M. C., van Furth, E. F., Meulenbelt, I., Slagboom, P. E., Barrels, M., Boomsma, D. I., & Bulik, C. M. (2005). Eating disorders: From twin studies to candidate genes and beyond. *Twin Research and Human Genetics*, 8(5), 467–482.

Smalley, S. L., Asarnow, R. F., & Spence, M. A. (1988). Autism and genetics: A decade of research. *Archives of General Psychiatry*, 45, 953–961.

Smith, C. (1974). Concordance in twins: Methods and interpretation. *American Journal of*

Human Genetics, 26, 454-466.

Smith, C. F., Williamson, D. A., Bray, G. A., & Ryan, D. H. (1999). Flexible vs. rigid dieting strategies: Relationship with adverse behavioral outcomes. *Appetite*, 32(3), 295-305. doi: http://dx. doi. org/10. 1006/appe. 1998. 0204

Smith, C. J., & Ryckman, K. K. (2015). Epigenetic and developmental influences on the risk of obesity, diabetes, and metabolic syndrome. *Diabetes, Metabolic Syndrome and Obesity: Targets and Therapy*, 8, 295-302. doi:10. 2147/DMSO. S61296

Smith, E. M., North, C. S., McColl, R. E., & Shea, J. M. (1990). Acute postdisaster psychiatric disorders: Identification of persons at risk. *American Journal of Psychiatry*, 147, 202-206.

Smith, J., Cianflone, K., Biron, S., Hould, F. S., Lebel, S., Marceau, S., ... Marceau, P. (2009). Effects of maternal surgical weight loss in mothers on intergenerational transmission of obesity. *Journal of Clinical Endocrinology and Metabolism*, 94(11), 4275-4283. doi:10. 1210/jc. 2009-0709

Smith, S. D., Grigorenko, E., Willcutt, E., Pennington, B. F., Olson, R. K., & DeFries, J. C. (2010). Etiologies and molecular mechanisms of communication disorders. *Journal of Developmental and Behavioral Pediatrics*, 31(7), 555-563. doi:10. 1097/DBP. 0b013e3181ee3d9e

Smith, T. F. (2010). Meta-analysis of the heterogeneity in association of DRD4 7-repeat allele and AD/HD: Stronger association with AD/HD combined type. *American Journal of Medical Genetics Pars B-Neuropsychiatric Genetics*, 153B (6), 1189-1199. doi:10. 1002/ajmg. b. 31090

Smits, B. M., & Cuppen, E. (2006). Rat genetics: The next episode. *Trends in Genetics*, 22 (4), 232-240.

Smoller, J. W., Block, S. R., & Young, M. M. (2009). Genetics of anxiety disorders: The complex road from DSM to DNA. *Depression and Anxiety*, 26(11), 965-975. doi: 10. 1002/da. 20623

Smoller, J. W., & Finn, C. T. (2003). Family, twin, and adoption studies of bipolar disorder. *American Journal of Medical Genetics Part C-Seminars in Medical Genetics*, 123(1), 48-58.

Snyderman, M., & Rothman, S. (1988). *The IQ controversy, the media and publication*. New Brunswick, NJ: Transaction.

Sokolowski, M. B. (2001). Drosophila: Genetics meets behaviour. *Nature Reviews Genetics*, 2(11), 879-890.

Soler Artigas, M., Loth, D. W., Wain, L. V., Gharib, S. A., Obeidat, M. e., Tang, W., ... Huffman, J. E. (2011). Genome-wide association and largescale follow up identifies 16 new loci influencing lung function. *Nature Genetics*, 43(11), 1082-1090.

Sora, I., Li, B., Igari, M., Hall, F. S., & Ikeda, K. (2010). Transgenic mice in the study of drug addiction and the effects of psychostimulant drugs. *Annals of the New York Academy of Science*, 1187, 218-246. doi:10. 1111/j. 1749-6632. 2009. 05276. x

Spain, S. L., Pedroso, I., Kadeva, N., Miller, M. B., Iacono, W. G., McGue, M., ... Lubinski, D. (2015). A genome-wide analysis of putative functional and exonic variation associated with extremely high intelligence. *Molecular Psychiatry*.

Spearman, C. (1904). "General intelligence," objectively determined and measured. *American Journal of Psychology*, 15, 201-292.

Speliotes, E. K., Willer, C. J., Berndt, S. I., Monda, K. L., Thorleifsson, G., Jackson, A. U., ... Loos, R. J. (2010). Association analyses of 249 796 individuals reveal 18 new loci associated with body mass index. *Nature Genetics*, 42(11), 937-948. doi:10. 1038/ng. 686

Spence, J. P., Liang, T., Liu, L., Johnson, P. L., Foroud, T., Cars, L. G., & Shekhar, A. (2009). From QTL to candidate gene: A genetic approach to alcoholism research. *Current Drug Abuse Reviews*, 2(2), 127-134.

Spotts, E. L., Neiderhiser, J. M., Towers, H., Hansson, K., Lichtenstein, P., Cederblad, M., ... Reiss, D. (2004). Genetic and environmental influences on marital relationships. *Journal of Family Psychology*, 18(1), 107-119. doi:10. 1037/0893-3200. 18. 1. 107

Spotts, E. L., Pederson, N. L., Neiderhiser, J. M., Reiss, D., Lichtenstein, P., Hansson, K., & Cederblad, M. (2005). Genetic effects on women's positive mental health: Do marital relationships and social support matter? *Journal of Family Psychology*, 19(3), 339-349.

Spotts, E. L., Prescott, C., & Kendler, K. (2006). Examining the origins of gender differences in marital quality: A behavior genetic analysis. *Journal of Family Psychology*, 20(4), 605-613.

Sprott, R. L., & Staats, J. (1975). Behavioral studies using genetically defined mice — a bibliography. *Behavior Generics*, 5, 27-82.

Stallings, M. C., Hewitt, J. K., Cloninger, C. R., Heath, A. C., & Eaves, L. J. (1996). Genetic and environmental structure of the

Tridimensional Personality Questionnaire: Three or four temperament dimensions? *Journal of Personality and Social Psychology*, 70(1), 127 - 140.

Steel, Z., Marnane, C., Iranpour, C., Chey, T., Jackson, J. W., Patel, V., & Silove, D. (2014). The global prevalence of common mental disorders: A systematic review and meta-analysis 1980 – 2013. *International Journal of Epidemiology*, 43(2), 476 - 493. doi: 10. 1093/ije/dyu038

Stefansson, H., Sigurdsson, E., Steinthorsdottir, V., Bjornsdottir, S., Sigmundsson, T., Ghosh, S., ..., Stefansson, K. (2002). Neuregulin 1 and susceptibility to schizophrenia. *American Journal of Human Genetics*, 71(4), 877 - 892.

Stein, J. L., Medland, S. E., Vasquez, A. A., Hibar, D. P., Senstad, R. E., Winkler, A. M., ... Enhancing Neuro Imaging Genetics through Meta-Analysis Consortium. (2012). Identification of common variants associated with human hippocampal and intracranial volumes. *Nature Genetics*, 44(5), 552 - 561. doi: 10. 1038/ng.2250

Stein, M. B., Chartier, M. J., Hazen, A. L., Kozak, M. V., Tancer, M. E., Lander, S., ... Walker, J. R. (1998). A direct-interview family study of generalized social phobia. *American Journal of Psychiatry*, 155(1), 90 - 97.

Stent, G. S. (1963). *Molecular biology of bacterial viruses*. New York: Freeman.

Stephens, S. H., Hartz, S. M., Hoft, N. R., Saccone, N. L., Corley, R. C., Hewitt, J. K., ..., Chen, X. (2013). Distinct loci in the CHRNA5/CHRNA3/CHRNB4 gene cluster are associated with onset of regular smoking. *Genetic Epidemiology*, 37(8), 846 - 859.

Steptoe, A., Deaton, A., & Stone, A. A. (2015). Subjective wellbeing, health, and ageing. *The Lancet*, 385(9968), 640 - 648. doi: 10. 1016/s0140-6736(13)61489-0

Stergiakouli, E., Hamshere, M., Holmans, P., Langley, K., Zaharieva, I., Hawi, Z., ..., Thapar, A. (2012). Investigating the contribution of common genetic variants to the risk and pathogenesis of ADHD. *American Journal of Psychiatry*, 169(2), 186 - 194. doi: 10. 1176/appi. ajp. 2011. 11040551

Sterling, M. E., Karatayev, O., Chang, G. Q., Algava, D. B., & Leibowitz, S. F. (2015). Model of voluntary ethanol intake in zebrafish: Effect on behavior and hypothalamic orexigenic peptides. *Behavioural Brain Research*, 278, 29 - 39.

Stessman, J., Jacobs, J. M., Stessman-Lande, I., Gilon, D., & Leibowitz, D. (2013). Aging, resting pulse rate, and longevity. *Journal of the American Geriatrics Society*, 61(1), 40 - 45.

Stewart, S. E., Platko, J., Fagerness, J., Birns, J., Jenike, E., Smoller, J. W., ... Pauls, D. L. (2007). A genetic family-based association study of OLIG2 in obsessive-compulsive disorder. *Archives of General Psychiatry*, 64(2), 209 - 214.

Stewart, S. E., Yu, D., Scharf, J. M., Neale, B. M., Fagerness, J. A., Mathews, C. A., ... Osiecki, L. (2013). Genome-wide association study of obsessive-compulsive disorder. *Molecular Psychiatry*, 18(7), 788 - 798.

Stoolmiller, M. (1999). Implications of the restricted range of family environments for estimates of heritability and nonshared environment in behavior-genetic adoption studies. *Psychological Bulletin*, 125, 392 - 409.

Stratakis, C. A., & Rennert, O. M. (2005). Turner syndrome: An update. *Endocrinologist*, 15(1), 27 - 36.

Straub, R. E., Jiang, Y., MacLean, C. J., Ma, Y., Webb, B. T., Myakishev, M. V., ... Kendler, K. S. (2002). Genetic variation in the 6p22. 3 gene DTNBP1, the human ortholog of the mouse dysbindin gene, is associated with schizophrenia. *American Journal of Human Genetics*, 71(2), 337 - 348.

Strenze, T. (2007). Intelligence and socioeconomic success: A meta-analytic review of longitudinal research. *Intelligence*, 35(5), 401 - 426.

Strine, T. W., Chapman, D. P., Balluz, L. S., Moriarty, D. G., & Mokdad, A. H. (2008). The associations between life satisfaction and healthrelated quality of life, chronic illness, and health behaviors among U. S. community-dwelling adults. *Journal of Community Health*, 33(1), 40 - 50. doi: 10. 1007/s10900-007-9066-4

Stromswold, K. (2001). The heritability of language: A review and metaanalysis of twin, adoption and linkage studies. *Language*, 77(4), 647 - 723.

Sturtevant, A. H. (1915). Experiments on sex recognition and the problem of sexual selection in Drosophila. *Journal of Animal Behavior*, 5, 351 - 366.

Sullivan, P. F., Evengard, B., Jacks, A., & Pedersen, N. L. (2005). Twin analyses of chronic fatigue in a Swedish national sample. *Psychological Medicine*, 35(9), 1327 - 1336.

Sullivan, P. F., Kendler, K. S., & Neale, M. C. (2003a). Schizophrenia as a complex trait: Evidence from a meta-analysis of twin studies.

Archives of General Psychiatry, 60(12), 1187-1192.

Sullivan, P. F., Kovalenko, P., York, T. P., Prescott, C. A., & Kendler, K. S. (2003b). Fatigue in a community sample of twins. Psychological Medicine, 33(2), 263-281.

Sullivan, P. F., Neale, M. C., & Kendler, K. S. (2000). Genetic epidemiology of major depression: Review and recta-analysis. American Journal of Psychiatry, 157(10), 1552-1562.

Svedberg, P., Blom, V., Narusyte, J., Bodin, L., Bergström, G., & Hallsten, L. (2014). Genetic and environmental influences on performancebased self-esteem in a population-based cohort of Swedish twins. Self and Identity, 13(2), 243-256.

Svedberg, P., Gatz, M., & Pedersen, N. L. (2009). Genetic and environmental mediation of the associations between self-rated health and cognitive abilities. Experimental Aging Research, 35(2), 178-201.

Svedberg, P., Lichtenstein, P., & Pedersen, N. L. (2001). Age and sex differences in genetic and environmental factors for self-rated health: A twin study. The Journals of Gerontology Series B: Psychological Sciences and Social Sciences, 56(3), S171-S178.

Svenson, K. L., Gatti, D. M., Valdar, W., Welsh, C. E., Cheng, R., Chesler, E. J., ... Churchill, G. A. (2012). High-resolution genetic mapping using the mouse Diversity Outbred population. Genetics, 190(2), 437-447.

Swan, G. E., Benowitz, N. L., Lessov, C. N., Jacob, P., Tyndale, R. F., & Wilhelmsen, K. (2005). Nicotine metabolism: The impact of CYP2A6 on estimates of additive genetic influence. Pharmacogenetics and Genomics, 15(2), 115-125. doi:10.1097/01213011-200502000-00007

Swerdlow, N. R., Gur, R. E., & Braff, D. L. (2015). Consortium on the Genetics of Schizophrenia (COGS) assessment of endophenotypes for schizophrenia: An introduction to this special issue of schizophrenia research. Schizophrenia Research, 163(1), 9-16.

Szatmari, P., Paterson, A. D., Zwaigenbaum, L., Roberts, W., Brian, J., Liu, X. Q., ... Shih, A. (2007). Mapping autism risk loci using genetic linkage and chromosomal rearrangements. Nature Genetics, 39(3), 319-328.

Tabakoff, B., Saba, L., Kechris, K., Hu, W., Bhave, S. V., Finn, D. A., ... Hoffman, P. L. (2008). The genomic determinants of alcohol preference in mice. Mammalian Genome, 19(5), 352-365. doi:10.1007/s00335-008-9115-z

Tabakoff, B., Saba, L., Printz, M., Flodman, P., Hodgkinson, C., Goldman, D., ... Hoffman, P. L. (2009). Genetical genomic determinants of alcohol consumption in rats and humans. BMC Biology, 7, 70. doi:10.1186/1741-7007-7-70

Tabor, H. K., Risch, N. J., & Myers, R. M. (2002). Candidate-gene approaches for studying complex genetic traits: Practical considerations. Nature Reviews Genetics, 3(5), 391-397.

Tacutu, R., Craig, T., Budovsky, A., Wuttke, D., Lehmann, G., Taranukha, D., ... de Magalhães, J. P. (2012). Human ageing genomic resources: Integrated databases and tools for the biology and genetics of ageing. Nucleic Acids Research, 41(Database Issue), D1027-D1033. doi:10.1093/nar/gks1155

Talbot, C. J., Nicod, A., Cherny, S. S., Fulker, D. W., Collins, A. C., & Flint, J. (1999). High-resolution mapping of quantitative trait loci in outbred mice. Nature Genetics, 21, 305-308.

Tambs, K., Czajkowsky, N., Roysamb, E., Neale, M. C., Reichborn-Kjennerud, T., Aggen, S. H., ... Kendler, K. S. (2009). Structure of genetic and environmental risk factors for dimensional representations of DSM-IV anxiety disorders. British Journal of Psychiatry, 195(4), 301-307. doi:10.1192/bjp.bp.108.059485

Tambs, K., Sundet, J. M., & Magnus, P. (1986). Genetic and environmental contribution to the covariation between the Wechsler Adult Intelligence Scale (WAIS) subtests: A study of twins. Behavior Genetics, 16, 475-491.

Tang, W. W. C., Dietmann, S., Irie, N., Leitch, H. G., Floros, V. I., Bradshaw, C. R., ... Surani, M. A. (2015). A unique gene regulatory network resets the human germline epigenome for development. Cell, 161(6), 1453-1467.

Tang, Y. P., Shimizu, E., Dube, G. R., Rampon, C., Kerchner, G. A., Zhuo, M., ... Tsien, J. Z. (1999). Genetic enhancement of learning and memory in mice. Nature, 401, 63-69.

Tansey, K. E., Guipponi, M., Hu, X., Domenici, E., Lewis, G., Malafosse, A., ... Uher, R. (2013). Contribution of common genetic variants to anti-depressant response. Biological Psychiatry, 73(7), 679-682.

Tanzi, R. E., & Bertram, L. (2005). Twenty years of the Alzheimer's disease amyloid hypothesis: A genetic perspective. Cell, 120(4), 545-555.

Tartaglia, N. R., Howell, S., Sutherland, A., Wilson, R., & Wilson, L. (2010). A review of trisomy X (47, XXX). Orphanet Journal of

Rare Diseases, 5, 8. doi:10.1186/1750-1172-5-8

Taylor, E. (1995). Dysfunctions of attention. In D. Cicchetti & D. J. Cohen (Eds.), *Developmental psychopathology. Volume 2. Risk, disorder, and adaptation* (pp. 243-273). New York: Wiley.

Taylor, J., Roehrig, A. D., Hensler, B. S., Connor, C. M., & Schatschneider, C. (2010a). Teacher quality moderates the genetic effects on early reading. *Science*, 328(5977), 512-514. doi:10.1126/science.1186149

Taylor, J., & Schatschneider, C. (2010b). Genetic influence on literacy constructs in kindergarten and first grade: Evidence from a diverse twin sample. *Behavior Genetics*, 40(5), 591-602. doi:10.1007/s10519-010-9368-7

Taylor, J. Y., & Wu, C. Y. (2009). Effects of genetic counseling for hypertension on changes in lifestyle behaviors among African-American women. *Journal of National Black Nurses Association*, 20(1), 1-10.

Taylor, L. E., Swerdfeger, A. L., & Eslick, G. D. (2014a). Vaccines are not associated with autism: An evidence-based meta-analysis of case-control and cohort studies. *Vaccine*, 32(29), 3623-3629.

Taylor, M. J., Charman, T., Robinson, E. B., Hayiou-Thomas, M. E., Happé, F., Dale, P. S., & Ronald, A. (2014b). Language and traits of autism spectrum conditions: Evidence of limited phenotypic and etiological overlap. *American Journal of Medical Genetics Part B: Neuropsychiatric Genetics*, 165(7), 587-595.

Taylor, S. (2011). Etiology of obsessions and compulsions: A meta-analysis and narrative review of twin studies. *Clinical Psychological Review*, 31(8), 1361-1372. doi:10.1016/j.cpr.2011.09.008

Taylor, S. (2013). Molecular genetics of obsessive-compulsive disorder: A comprehensive meta-analysis of genetic association studies. *Molecular Psychiatry*, 18(7), 799-805.

Taylor, S., Asmundson, G. J. G., & Jang, K. L. (2011). Etiology of obsessive-compulsive symptoms and obsessive-compulsive personality traits: Common genes, mostly different environments. *Depression and Anxiety*, 28(10), 863-869. doi:10.1002/da.20859

Teslovich, T. M., Musunuru, K., Smith, A. V., Edmondson, A. C., Stylianou, I. M., Koseki, M., ... Willer, C. J. (2010). Biological, clinical and population relevance of 95 loci for blood lipids. *Nature*, 466(7307), 707-713.

Tesser, A. (1993). On the importance of heritability in psychological research: The case of attitudes. *Psychological Review*, 100, 129-142.

Tesser, A., Whitaker, D., Martin, L., & Ward, D. (1998). Attitude heritability, attitude change and physiological responsivity. *Personality and Individual Differences*, 24(1), 89-96.

Thakker, D. R., Hoyer, D., & Cryan, J. F. (2006). Interfering with the brain: Use of RNA interference for understanding the pathophysiology of psychiatric and neurological disorders. *Pharmacology & Therapeutics*, 109(3), 413-438.

Thapar, A., Langley, K., O'Donovan, M., & Owen, M. (2006). Refining the attention deficit hyperactivity disorder phenotype for molecular genetic studies. *Molecular Psychiatry*, 11(8), 714-720.

Thapar, A., & McGuffin, P. (1996). Genetic influences on life events in childhood. *Psychological Medicine*, 26(4), 813-820.

Thapar, A., & Rice, F. (2006). Twin studies in pediatric depression. *Child and Adolescent Psychiatric Clinics of North America*, 15(4), 869-881.

Thapar, A., & Scourfield, J. (2002). Childhood disorders. In P. McGuffin, M. J. Owen, & I. I. Gottesman (Eds.), *Psychiatric genetics and genomics* (pp. 147-180). Oxford University Press.

Tobacco and Genetics Consortium. (2010). Genome-wide meta-analyses identify multiple loci associated with smoking behavior. *Nature Genetics*, 42(5), 441-447.

The Tourette Syndrome Association International Consortium for Genetics. (2007). Genome scan for Tourette disorder in affected-sibling-pair and multigenerational families. *American Journal of Human Genetics*, 80(2), 265-272.

Theis, S. V. S. (1924). *How foster children turn out*. New York: State Charities Aid Association.

Thielen, A., Klus, H., & Mueller, L. (2008). Tobacco smoke: Unraveling a controversial subject. *Experimental and Toxicologic Pathology*, 60(2-3), 141-156. doi:10.1016/j.etp.2008.01.014

Tholin, S., Rasmussen, F., Tynelius, P., & Karlsson, J. (2005). Genetic and environmental influences on eating behavior: The Swedish Young Male Twins Study. *American Journal of Clinical Nutrition*, 81(3), 564-569.

Thomas, D. (2010). Gene-environment-wide association studies: Emerging approaches. *Nature Reviews Genetics*, 11(4), 259-272. doi:10.1038/nrg2764

Thomas, D. C., Lewinger, J. P., Murcray,

C. E., & Gauderman, W. J. (2012). Invited commentary: GE-Whiz! Ratcheting gene-environment studies up to the whole genome and the whole exposome. *American Journal of Epidemiology*, 175(3), 203-207.

Thompson, L. A., Detterman, D. K., & Plomin, R. (1991). Associations between cognitive abilities and scholastic achievement: Genetic overlap but environmental differences. *Psychological Science*, 2, 158-165. doi:10.1111/j.1467-9280.1991.tb00124.x

Thompson, P. M., Cannon, T. D., Narr, K. L., van Erp, T., Poutanen, V. P., Huttunen, M., ... Toga, A. W. (2001). Genetic influences on brain structure. *Nature Neuroscience*, 4(12), 1253-1258.

Thompson, P. M., Martin, N. G., & Wright, M. J. (2010). Imaging genomics. *Current Opinion in Neurology*, 23(4), 368-373. doi:10.1097/WCO.0b013e32833b764c

Thorgeirsson, T. E., Gudbjartsson, D. F., Surakka, I., Vink, J. M., Amin, N., Geller, F., ... Stefansson, K. (2010). Sequence variants at CHRNB3-CHRNA6 and CYP2A6 affect smoking behavior. *Nature Genetics*, 42(5), 448-453. doi:10.1038/ng.573

Tiainen, K., Sipilä, S., Alen, M., Heikkinen, E., Kaprio, J., Koskenvuo, M., ... Rantanen, T. (2004). Heritability of maximal isometric muscle strength in older female twins. *Journal of Applied Physiology*, 96(1), 173-180.

Tiainen, K., Sipilä, S., Alén, M., Heikkinen, E., Kaprio, J., Koskenvuo, M., ... Rantanen, T. (2005). Shared genetic and environmental effects on strength and power in older female twins. *Medicine and Science in Sports and Exercise*, 37(1), 72.

Tian, Z., Palmer, N., Schmid, P., Yao, H., Galdzicki, M., Berger, B., ... Kohane, I. S. (2009). A practical platform for blood biomarker study by using global gene expression profiling of peripheral whole blood. *PLoS ONE*, 4(4), e5157. doi:10.1371/journal.pone.0005157

Tielbeek, J. J., Medland, S. E., Benyamin, B., Byrne, E. M., Heath, A. C., Madden, P. A. F., ... Verweij, K. J. H. (2012). Unraveling the genetic etiology of adult antisocial behavior: A genome-wide association study. *PLoS ONE*, 7(10), e45086. doi:10.1371/journal.pone.0045086

Tienari, P., Wynne, L. C., Sorri, A., Lahti, I., Laksy, K., Moring, J., ... Wahlberg, K. E. (2004). Genotype-environment interaction in schizophrenia-spectrum disorder. Long-term follow-up study of Finnish adoptees. *British Journal of Psychiatry*, 184, 216-222.

Timberlake, D. S., Rhee, S. H., Haberstick, B. C., Hopfer, C., Ehringer, M., Lessem, J. M., ... Hewitt, J. K. (2006). The moderating effects of religiosity on the genetic and environmental determinants of smoking initiation. *Nicotine & Tobacco Research*, 8(1), 123-133. doi:10.1080/14622200500432054

Tissenbaum, H. A. (2012). Genetics, life span, health span, and the aging process in *Caenorhabditis elegans*. *The Journals of Gerontology Series A: Biological Sciences and Medical Sciences*, 67(5), 503-510.

Topper, S., Ober, C., & Das, S. (2011). Exome sequencing and the genetics of intellectual disability. *Clinical Genetics*, 80(2), 117-126. doi:10.1111/j.1399-0004.2011.01720.x

Torgersen, S. (1980). The oral, obsessive, and hysterical personality syndromes: A study of hereditary and environmental factors by means of the twin method. *Archives of General Psychiatry*, 37, 1272-1277.

Torgersen, S. (1983). Genetic factors in anxiety disorders. *Archives of General Psychiatry*, 40, 1085-1089.

Torgersen, S. (2009). The nature (and nurture) of personality disorders. *Scandinavian Journal of Psychology*, 50(6), 624-632. doi:10.1111/j.1467-9450.2009.00788.x

Torgersen, S., Edvardsen, J., Oien, P. A., Onstad, S., Skre, I., Lygren, S., & Kringlen, E. (2002). Schizotypal personality disorder inside and outside the schizophrenic spectrum. *Schizophrenia Research*, 54(1-2), 33-38.

Torgersen, S., Lygren, S., Oien, P. A., Skre, I., Onstad, S., Edvardsen, J., ... Kringlen, E. (2000). A twin study of personality disorders. *Comprehensive Psychiatry*, 41(6), 416-425.

Torkamani, A., Dean, B., Schork, N. J., & Thomas, E. A. (2010). Coexpression network analysis of neural tissue reveals perturbations in developmental processes in schizophrenia. *Genome Research*, 20(4), 403-412. doi:10.1101/gr.101956.109

Torrey, E. F., Bowler, A. E., Taylor, E. H., & Gottesman, I. I. (1994). *Schizophrenia and manicdepressive disorder*. New York: Basic Books.

Trace, S. E., Baker, J. H., Peñas-Lledó, E., & Bulik, C. M. (2013). The genetics of eating disorders. *Annual Review of Clinical Psychology*, 9, 589-620.

Trikalinos, T. A., Karvouni, A., Zintzaras, E., Ylisaukko-Oja, T., Peltonen, L., Jarvela, I., & Ioannidis, J. P. (2006). A heterogeneitybased genome search meta-analysis for autism-spectrum disorders. *Molecular Psychiatry*, 11(1), 29-36.

True, W. R., Rice, J., Eisen, S. A., Heath, A. C., Goldberg, J., Lyons, M. J., & Nowak, J. (1993). A twin study of genetic and environmental contributions to liability for posttraumatic stress symptoms. *Archives of General Psyhiatry*, 50, 257-264.

Trut, L., Oskina, I., & Kharlamova, A. (2009). Animal evolution during domestication: The domesticated fox as a model. *Bioessays*, 31 (3), 349-360. doi:10.1002/bies.200800070

Trut, L. N. (1999). Early canid domestication: The fox farm experiment. *American Scientist*, 87, 160-169.

Trzaskowski, M., Davis, O. S. P., DeFries, J. C., Yang, J., Visscher, P. M., & Plomin, R. (2013). DNA evidence for strong genome-wide pleiotropy of cognitive and learning abilities. *Behavior Genetics*, 43(4), 267-273.

Trzaskowski, M., Zavos, H. M. S., Haworth, C. M. A., Plomin, R., & Eley, T. C. (2012). Stable genetic influence on anxiety-related behaviours across middle childhood. *Journal of Abnormal Child Psychology*, 40(1), 85-94. dol: 10.1007/s10802-011-9545-z

Tsuangh, M., & Faraone, S. D. (1990). *The genetics of mood disorders*. Baltimore: John Hopkins University Press.

Tsuang, M. T., Bar, J. L., Harley, R. M., & Lyons, M. J. (2001). The Harvard Twin Study of Substance Abuse: What we have learned. *Harvard Review of Psychiatry*, 9(6), 267-279.

Tsuang, M. T., Lyons, M. J., Eisen, S. A., True, W. T., Goldberg, J., & Henderson, W. (1992). A twin study of drug exposure and initiation of use. *Behavior Genetics*, 22, 756.

Tucker-Drob, E. M., & Bates, T. C. (2016). Large cross-national differences in gene × socioeconomic status interaction on intelligence. *Psychological Science*, 27(2), 138-149.

Tucker-Drob, E. M., & Briley, D. A. (2014). Continuity of genetic and environmental influences on cognition across the life span: A metaanalysis of longitudinal twin and adoption studies. *Psychological Bulletin*, 140(4), 949.

Tucker-Drob, E. M., Reynolds, C. A., Finkel, D., & Pedersen, N. L. (2014). Shared and unique genetic and environmental influences on agingrelated changes in multiple cognitive abilities. *Developmental Psychology*, 50(1), 152.

Turkheimer, E., Pettersson, E., & Horn, E. E. (2014). A phenotypic null hypothesis for the genetics of personality. *Annual Review of Psychology*, 65(1), 515-540. doi:10.1146/annurev-psych-113011-143752

Turkheimer, E., & Waldron, M. (2000). Nonshared environment: A theoretical, methodological, and quantitative review. *Psychological Bulletin*, 126, 78-108.

Turnbaugh, P. J., & Gordon, J. I. (2009). The core gut microbiome, energy balance and obesity. *Journal of Physiology-London*, 587 (17), 4153-4158. doi:10.1113/jphysiol.2009. 174136

Turnbaugh, P. J., Hamady, M., Yatsunenko, T., Cantarel, B. L., Duncan, A., Ley, R. E., ... Gordon, J. I. (2009). A core gut microbiome in obese and lean twins. *Nature*, 457 (7228), 480-484. doi:10.1038/nature07540

Turner, J. R., Cardon, L. R., & Hewitt, J. K. (1995). *Behavior genetic approaches in behavioral medicine*. New York: Plenum.

Turri, M. G., Henderson, N. D., DeFries, J. C., & Flint, J. (2001). Quantitative trait locus mapping in laboratory mice derived from a replicated selection experiment for open-field activity. *Genetics*, 158(3), 1217-1226.

Tuttelmann, F., & Gromoll, J. (2010). Novel genetic aspects of Klinefelter's syndrome. *Molecular Human Reproduction*, 16(6), 386-395. doi:10.1093/molehr/gaq019

Tuvblad, C., Grann, M., & Lichtenstein, P. (2006). Heritability for adolescent antisocial behavior differs with socioeconomic status: Geneenvironment interaction. *Journal of Child Psychology & Psychiatry*, 47(7), 734-743.

U. S. Department of Health and Human Services. (2014). *The health consequences of smoking — 50 years of progress: A report of the Surgeon General*. Atlanta, GA: U. S. Department of Health and Human Services, Centers for Disease Control and Prevention, National Center for Chronic Disease Prevention and Health Promotion, Office on Smoking and Health, 17.

Uhl, G. R., Drgonova, J., & Hall, F. S. (2014). Curious cases: Altered dose-response relationships in addiction genetics. *Pharmacology & Therapeutics*, 141(3), 335-346.

United Nations, Department of Economic and Social Affairs, Population Division. (2013). *World population ageing 2013*.

Üstün, T. B., Rehm, J., Chatterji, S., Saxena, S., Trotter, R., Room, R., & Bickenbach, J. (1999). Multiple-informant ranking of the disabling effects of different health conditions in 14 countries. WHO/NIH Joint Project CAR Study Group. *The Lancet*, 354(9173), 111-115.

Uusitalo, A. L. T., Vanninen, E.,

Levälahti, E., Battle, M. C., Videman, T., & Kaprio, J. (2007). Role of genetic and environmental influences on heart rate variability in middle-aged men. *American Journal of Physiology-Heart and Circulatory Physiology*, 293(2), H1013-H1022.

Vaisse, C., Clement, K., Guy-Grand, B., & Froguel, P. (1998). A frameshift mutation in human MC4R is associated with a dominant form of obesity. *Nature Genetics*, 20(2), 113-114. doi: 10.1038/2407

Valdar, W., Solberg, L. C., Gauguier, D., Burnett, S., Klenerman, P., Cookson, W. O., ... Flint, J. (2006a). Genome-wide genetic association of complex traits in heterogeneous stock mice. *Nature Genetics*, 38(8), 879-887.

Valdar, W., Solberg, L. C., Gauguier, D., Cookson, W. O., Rawlins, J. N. P., Mott, R., & Flint, J. (2006b). Genetic and environmental effects on complex traits in mice. *Genetics*, 174(2), 959-984. doi: 10.1534/genetics.106.060004

van Baal, G. C., Boomsma, D. I., & de Geus, E. J. (2001). Longitudinal genetic analysis of EEG coherence in young twins. *Behavior Genetics*, 31(6), 637-651.

Van den Oord, J. C. G., & Rowe, D. C. (1997). Continuity and change in children's social maladjustment: A developmental behavior genetic study. *Developmental Psychology*, 33, 319-332.

van der Klaauw, A. A., & Farooqi, I. S. (2015). The hunger genes: Pathways to obesity. *Cell*, 161(1), 119-132. doi: http://dx.doi.org/10.1016/j.cell.2015.03.008

Van der Loos, M., Rietveld, C. A., Eklund, N., Koellinger, P. D., Rivadeneira, F., Abecasis, G. R., ... Biffar, R. (2013). The molecular genetic architecture of self-employment. *PLoS ONE*, 8(4), e60542.

van der Sluis, S., Dolan, C. V., Neale, M. C., Boomsma, D. I., & Posthuma, D. (2006). Detecting genotype-environment interaction in monozygotic twin data: Comparing the Jinks and Fulker test and a new test based on marginal maximum likelihood estimation. *Twin Research and Human Genetics* 9(3), 377-392. doi: 10.1375/183242706777591218

van der Sluis, S., Posthuma, D., & Dolan, C. V. (2012). A note on false positives and power in G × E modelling of twin data. *Behavior Genetics*, 42(1), 170-186. doi: 10.1007/s10519-011-9480-3

van der Zwaluw, C. S., Engels, R. C. M. E., Buitelaar, J., Verkes, R. J., Franke, B., & Scholte, R. H. J. (2009). Polymorphisms in the dopamine transporter gene (SLC6A3/DAT1) and alcohol dependence in humans: A systematic review. *Pharmacogenomics*, 10(5), 853-866. doi: 10.2217/pgs.09.24

Van Houtem, C., Laine, M. L., Boomsma, D. I., Ligthart, L., Van Wijk, A. J., & De Jongh, A. (2013). A review and meta-analysis of the heritability of specific phobia subtypes and corresponding fears. *Journal of Anxiety Disorders*, 27(4), 379-388.

van IJzendoorn, M. H., Bakermans-Kranenburg, M. J., Belsky, J., Beach, S., Brody, G., Dodge, K. A., ... Scott, S. (2011). Gene-by-environment experiments: A new approach to finding the missing heritability. *Nature Reviews Genetics*, 12(12), 881. doi: 10.1038/nrg2764-c1

van IJzendoorn, M. H., Moran, G., Belsky, J., Pederson, D., Bakermans-Kranenburg, M. J., & Fisher, K. (2000). The similarity of siblings' attachments to their mother. *Child Development*, 71, 1086-1098.

van Jaarsveld, C. M., Boniface, D., Llewellyn, C. H., & Wardle, J. (2014). Appetite and growth: A longitudinal sibling analysis. *JAMA Pediatrics*, 168(4), 345-350. doi: 10.1001/jamapediatrics.2013.4951

Van Ryzin, M. J., Leve, L. D., Neiderhiser, J. M., Shaw, D. S., Natsuaki, M. N., & Reiss, D. (2015). Genetic influences can protect against unresponsive parenting in the prediction of child social competence. *Child Development*, 86(3), 667-680. doi: 10.1111/cdev.12335

van Soelen, I. L. C., Brouwer, R. M., van Baal, G. C. M., Schnack, H. G., Peper, J. S., Collins, D. L., ... Hulshoff Pol, H. E. (2012). Genetic influences on thinning of the cerebral cortex during development. *Neuroimage*, 59(4), 3871-3880.

Vandenberg, S. G. (1972). Assortative mating, or who marries whom? *Behavior Genetics*, 2, 127-157.

Vanyukov, M. M., Tarter, R. E., Kirillova, G. P., Kirisci, L., Reynolds, M. D., Kreek, M. J., ... Bierut, L. (2012). Common liability to addiction and "gateway hypothesis": Theoretical, empirical and evolutionary perspective. *Drug and Alcohol Dependence*, 123, S3-S17.

Venter, J. C., Adams, M. D., Myers, E. W., Li, P. W., Mural, R. J., Sutton, G. G., ... Nodell, M. (2001). The sequence of the human genome. *Science*, 291(5507), 1304-1351.

Verkerk, A. J., Cath, D. C., van der Linde, H. C., Both, J., Heutink, P., Breedveld, G., ... Oostra, B. A. (2006). Genetic and clinical analysis of a large Dutch Gilles de la Tourette family. *Molecular Psychiatry*, 11(10), 954-964.

Verkerk, A. J. M. H., Pieretti, M., Sutcliffe, J. S., Fu, Y. H., Kuhl, D. P. A., Pizzuti, A., ... Warren, S. T. (1991). Identification of a gene (FMR-1) containing a CGG repeat coincident with a breakpoint cluster region exhibiting length variation in Fragile X syndrome. *Cell*, 65, 905–914.

Vernon, P. A., Jang, K. L., Harris, J. A., & McCarthy, J. M. (1997). Environmental predictors of personality differences: A twin and sibling study. *Journal of Personality and Social Psychology*, 72, 177–183.

Verweij, K. J. H., Vinkhuyzen, A. A. E., Benyamin, B., Lynskey, M. T., Quaye, L., Agrawal, A., ... Heath, A. C. (2013). The genetic aetiology of cannabis use initiation: A meta-analysis of genome-wide association studies and a SNP-based heritability estimation. *Addiction Biology*, 18(5), 846–850.

Verweij, K. J. H., Yang, J., Lahti, J., Veijola, J., Hintsanen, M., Pulkki-Råback, L., ... Widen, E. (2012). Maintenance of genetic variation in human personality: Testing evolutionary models by estimating heritability due to common causal variants and investigating the effect of distant inbreeding. *Evolution*, 66(10), 3238–3251.

Verweij, K. J. H., Zietsch, B. P., Lynskey, M. T., Medland, S. E., Neale, M. C., Martin, N. G., ... Vink, J. M. (2010). Genetic and environmental influences on cannabis use initiation and problematic use: A meta-analysis of twin studies. *Addiction*, 105(3), 417–430. doi:10.1111/j.1360-0443.2009.02831.x

Viding, E. (2004). Annotation: Understanding the development of psychopathy. *Journal of Child Psychology and Psychiatry*, 45, 1329–1337.

Viding, E., Blair, R. J. R., Moffitt, T. E., & Plomin, R. (2005). Evidence for substantial genetic risk for psychopathy in 7-year-olds. *Journal of Child Psychology and Psychiatry*, 46(6), 592–597. doi:10.1111/j.1469-7610.2004.00393.x

Viding, E., Fontaine, N., Oliver, B., & Plomin, R. (2009). Negative parental discipline, conduct problems and callous-unemotional traits: A monozygotic twin differences study. *British Journal of Psychiatry*, 195, 414–419. doi:10.1192/bjp.bp.108.061192

Viding, E., & McCrory, E. J. (2012). Genetic and neurocognitive contributions co the development of psychopathy. *Development and Psychopathology*, 124(Special Issue 3), 969–983.

Villafuerte, S., & Burmeister, M. (2003). Untangling genetic networks of panic, phobia, fear and anxiety. *Genome Biology*, 4(8), 224.

Vinck, W. J., Fagard, R. H., Loos, R., & Vlietinck, R. (2001). The impact of genetic and environmental influences on blood pressure variance across age-groups. *Journal of Hypertension*, 19(6), 1007–1013.

Vink, J., Willemsen, G., & Boomsma, D. (2005). Heritability of smoking initiation and nicotine dependence. *Behavior Genetics*, 35(4), 397–406. doi:10.1007/s10519-004-1327-8

Vink, J. M., & Boomsma, D. I. (2011). Interplay between heritability of smoking and environmental conditions? A comparison of two birth cohorts. *BMC Public Health*, 11(1), 316.

Vinkhuyzen, A. A. E., Pedersen, N. L., Yang, J., Lee, S. H., Magnusson, P. K. E., Iacono, W. G., ... Wray, N. R. (2012a). Common SNPs explain some of the variation in the personality dimensions of neuroticism and extraversion. *Translational Psychiatry*, 2, e102. doi:10.1038/tp.2012.27

Vinkhuyzen, A. A. E., van der Sluis, S., Boomsma, D. I., de Geus, E. J. C., & Posthuma, D. (2010). Individual differences in processing speed and working memory speed as assessed with the Sternberg Memory Scanning Task. *Behavior Genetics*, 40(3), 315–326. doi:10.1007/s10519-009-9315-7

Vinkhuyzen, A. A. E., van der Sluis, S., Maes, H. H. M., & Posthuma, D. (2012b). Reconsidering the heritability of intelligence in adulthood: Taking assortative mating and cultural transmission into account. *Behavior Genetics*, 42(2), 187–198.

Visser, S. N., Danielson, M. L., Bitsko, R. H., Holbrook, J. R., Kogan, M. D., Ghandour, R. M., ... Blumberg, S. J. (2014). Trends in the parent-report of health care provider-diagnosed and medicated attention-deficit/hyperactivity disorder: United States, 2003–2011. *Journal of the American Academy of Child & Adolescent Psychiatry*, 53(1), 34–46.

Vitaro, F., Brendgen, M., Boivin, M., Cantin, S., Dionne, G., Tremblay, R. E., ... Perusse, D. (2011). A monozygotic twin difference study of friends' aggression and children's adjustment problems. *Child Development*, 82(2), 617–632. doi:10.1111/j.1467-8624.2010.01570.x

von Gontard, A., Heron, J., & Joinson, C. (2011). Family history of nocturnal enuresis and urinary incontinence: Results from a large epidemiological study. *Journal of Urology*, 185(6), 2303–2306. doi:10.1016/j.juro.2011.02.040

von Gontard, A., Schaumburg, H., Hollmann, E., Eiberg, H., & Rittig, S. (2001).

The genetics of enuresis: A review. *Journal of Urology*, 166(6), 2438-2443.

von Knorring, A. L., Cloninger, C. R., Bohman, M., & Sigvardsson, S. (1983). An adoption study of depressive disorders and substance abuse. *Archives of General Psychiatry*, 40, 943-950.

von Linne, K. (1735). Systema naturae. *Regnum Animale*, L. Salvii, Holminae.

vonHoldt, B. M., Pollinger, J. P., Lohmueller, K. E., Han, E., Parker, H. G., Quignon, P., ... Wayne, R. K. (2010). Genome-wide SNP and haplotype analyses reveal a rich history underlying dog domestication. *Nature*, 464(7290), 898-902. doi: 10.1038/nature08837

Vrieze, S. I., Feng, S., Miller, M. B., Hicks, B. M., Pankratz, N., Abecasis, G. R., ... McGue, M. (2014). Rare nonsynonymous exonic variants in addiction and behavioral disinhibition. *Biological Psychiatry*, 75(10), 783-789.

Vrieze, S. I., McGue, M., Miller, M. B., Hicks, B. M., & Iacono, W. G. (2013). Three mutually informative ways to understand the genetic relationships among behavioral disinhibition, alcohol use, drug use, nicotine use/dependence, and their co-occurrence: Twin biometry, GCTA, and genome-wide scoring. *Behavior Genetics*, 43(2), 97-107.

Vrshek-Schallhorn, S., Mineka, S., Zinbarg, R. E., Craske, M. G., Griffith, J. w., Sutton, J., ... Adam, E. K. (2013). Refining the candidate environment interpersonal stress, the serotonin transporter polymorphism, and gene-environment interactions in major depression. *Clinical Psychological Science*, 2(3), 235-248. doi: 10.1177/2167702613499329

Vukasović, T., & Bratko, D. (2015). Heritability of personality: A meta-analysis of behavior genetic studies. *Psychological Bulletin*, 141(4), 769-785.

Waddell, S., & Quinn, W. G. (2001). What can we teach *Drosophila*? What can they teach us? *Trends in Genetics*, 17(112), 719-726.

Wade, C. H., & Wilfond, B. S. (2006). Ethical and clinical practice considerations for genetic counselors related to direct-to-consumer marketing of genetic tests. *American Journal of Medical Genetics. Part C, Seminars in Medical Genetics*, 142(4), 284-292.

Wade, T. D., Treloar, S. A., Heath, A. C., & Martin, N. G. (2009). An examination of the overlap between genetic and environmental risk factors for intentional weight loss and overeating. *International Journal of Eating Disorders*, 42(6), 492-497. doi:10.1002/eat.20668

Wagner, A. J., Mitchell, M. E., & Tomita-Mitchell, A. (2014). Use of cell-free fetal DNA in maternal plasma for noninvasive prenatal screening. *Clinics in Perinatology*, 41(4), 957-966.

Wahlsten, D. (1999). Single-gene influences on brain and behavior. *Annual Review of Psychology*, 50, 599-624.

Wahlsten, D., Bachmanov, A., Finn, D. A., & Crabbe, J. C. (2006). Stability of inbred mouse strain differences in behavior and brain size between laboratories and across decades. *Proceedings of the National Academy of Sciences of the United States of America*, 103(44), 16364-16369.

Wahlsten, D., Metten, P., Phillips, T. J., Boehm, S. L., Burkhart-Kasch, S., Dorow, J., ... Crabbe, J. C. (2003). Different data from different labs: Lessons from studies of gene-environment interaction. *Journal of Neurobiology*, 54(1), 283-311.

Wainwright, M. A., Wright, M. J., Luciano, M., Geffen, G. M., & Martin, N. G. (2005). Multivariate genetic analysis of academic skills of the Queensland core skills test and IQ highlight the importance of genetic g. *Twin Research and Human Genetics*, 8(6), 602-608.

Walker, F. O. (2007). Huntington's disease. *The Lancet*, 369(9557), 218-228. doi: http://dx.doi.org/10.1016/S0140-6736(07)60111-1

Walker, S., & Plomin, R. (2005). The nature-nurture question: Teachers' perceptions of how genes and the environment influence educationally relevant behaviour. *Educational Psychology*, 25(5), 509-516. doi: 10.1080/01443410500046697

Walker, S. O., & Plomin, R. (2006). Nature, nurture, and perceptions of the classroom environment as they relate to teacher assessed academic achievement: A twin study of 9-year-olds. *Educational Psychology*, 26, 541-561. doi: 10.1080/01443410500342500

Wallace, G. L., Eric, S. J., Lenroot, R., Viding, E., Ordaz, S., Rosenthal, M. A., ... Giedd, J. N. (2006). A pediatric twin study of brain morphometry. *Journal of Child Psychology and Prychiatry*, 47(10), 987-993.

Wallace, J. G., Larsson, S. J., & Buckler, E. S. (2014). Entering the second century of maize quantitative genetics. *Heredity*, 112(1), 30-38.

Waller, K., Kujala, U. M., Kaprio, J., Koskenvuo, M., & Rantanen, T. (2010). Effect of physical activity on health in twins: A 30-yr longitudinal study. *Medicine and Science in Sports and Exercise*, 42(4), 658-664. doi:10.1249/

MSS. 0b013e3181bdeea3

Waller, N. G., & Shaver, P. R. (1994). The importance of nongenetic influence on romantic love styles: A twin-family study. *Psychological Science*, 5, 268–274.

Walsh, C. M., Zainal, N. Z., Middleton, S. J., & Paykel, E. S. (2001). A family history study of chronic fatigue syndrome. *Psychiatric Genetics*, 11(3), 123–128.

Wang, Z., Gerstein, M., & Snyder, M. (2009). RNA-Seq: A revolutionary tool for transcriptomics. *Nature Reviews Genetics*, 10(1), 57–63. doi:10.1038/nrg2484

Ward, M. E., McMahon, G., St Pourcain, B., Evans, D. M., Rietveld, C. A., Benjamin, D. J., ... Timpson, N. J. (2014). Genetic variation associated with differential educational attainment in adults has anticipated associations with school performance in children. *PLoS ONE*, 9(7), e100248.

Ward, M. J., Vaughn, B. E., & Robb, M. D. (1988). Social-emotional adaptation and infantmother attachment in siblings: Role of the mother in cross-sibling consistency. *Child Development*, 59, 643–651.

Wardle, J., Carnell, S., Haworth, C. M. A., Farooqi, I. S., O'Rahilly, S., & Plomin, R. (2008a). Obesity associated genetic variation in FTO is associated with diminished satiety. *The Journal of Clinical Endocrinology & Metabolism*, 93(9), 3640–3643. doi:10.1210/jc.2008-0472

Wardle, J., Carnell, S., Haworth, C. M. A., & Plomin, R. (2008b). Evidence for a strong genetic influence on childhood adiposity despite the force of the obesogenic environment. *American Journal of Clinical Nutrition*, 87(2), 398–404.

Wardle, J., Llewellyn, C., Sanderson, S., & Plomin, R. (2009). The FTO gene and measured food intake in children. *International Journal of Obesity*, 33(1), 42–45.

Waszczuk, M. A., Zavos, H. M. S., Gregory, A. M., & Eley, T. C. (2014). The phenotypic and genetic structure of depression and anxiety disorder symptoms in childhood, adolescence, and young adulthood. *JAMA Psychiatry*, 71(8), 905–916.

Watson, J. B. (1930). *Behaviorism*. New York: Norton.

Watson, J. D., & Crick, F. H. C. (1953). Genetical implications of the structure of deoxyribonucleic acid. *Nature*, 171(4361), 964–967. doi:10.1038/171964b0

Wayne, R., & vonHoldt, B. (2012). Evolutionary genomics of dog domestication. *Mammalian Genome*, 23.

Weiner, J. (1994). *The beak of the finch*. New York: Vintage Books.

Weiner, J. (1999). *Time, love and menory: A great biologist and his quest for the origins of behavior*. New York: Alfred A. Knopf.

Weir, B. S., Anderson, A. D., &, Hepler, A. B. (2006). Genetic relatedness analysis: Modern data and new challenges. *Nature Reviews Genetics*, 7(10), 771–780.

Weiss, D. S., Marmar, C. R., Schlenger, W. E., Fairbank, J. A., Jordan, B. K., Hough, R. L., & Kulka, R. A. (1992). The prevalence of lifetime and partial posttraumatic stress disorder in Vietnam theater veterans. *Journal of Traumatic Stress*, 5, 365–376.

Weiss, P. (1982). *Psychogenetik: Humangenetik in psychologic and psychiatrie*. Jena: Gustav Fisher.

Welter, D., MacArthur, J., Morales, J., Burdett, T., Hall, P., Junkins, H., ... Hindorff, L. (2014). The NHGRI GWAS Catalog, a curated resource of SNP-trait associations. *Nucleic Acids Research*, 42(D1), D1001–D1006.

Wender, P. H., Kety, S. S., Rosenthal, D., Schulsinger, F., Ortmann, J., & Lunde, I. (1986). Psychiatric disorders in the biological and adoptive families of adopted individuals with affective disorders. *Archives of General Psychiatry*, 43, 923–929.

Wender, P. H., Rosenthal, D., Kety, S. S., Schulsinger, F., & Welner, J. (1974). Crossfostering: A research strategy for clarifying the role of genetic and experimental factors in the etiology of schizophrenia. *Archives of General Psychiatry*, 30, 121–128

Wesseling, H., Chan, M. K., Tsang, T. M., Ernst, A., Peters, F., Guest, P. C., ... Bahn, S. (2013). A combined metabonomic and proteomic approach identifies frontal cortex changes in a chronic phencyclidine rat model in relation to human schizophrenia brain pathology. *Neuropsychopharmacology*, 38(12), 2532–2544. doi:10.1038/npp.2013.160

Westerfield, L., Darilek, S., & van den Veyver, I. B. (2014). Counseling challenges with variants of uncertain significance and incidental findings in prenatal genetic screening and diagnosis. *Journal of Clinical Medicine*, 3(3), 1018–1032.

Wheeler, H. E., & Kim, S. K. (2011). Genetics and genomics of human ageing. *Philosophical Transactions, The Royal Society of London, B, Biological Science*, 366(1561), 43–50. doi:10.1098/rstb.2010.0259

Whitaker, K. L., Jarvis, M. J., Beeken, R.

J., Boniface, D., & Wardle, J. (2010). Comparing maternal and paternal intergenerational transmission of obesity risk in a large population-based sample. *The American Journal of Clinical Nutrition*, *91*(6), 1560-1567.

White, J. K., Gerdin, A.-K., Karp, N. A., Ryder, E., Buljan, M., Bussell, J. N., ... Podrini, C. (2013). Genome-wide generation and systematic phenotyping of knockout mice reveals new roles for many genes. *Cell*, *154*(2), 452-464.

Widiker, S., Kaerst, S., Wagener, A., & Brockmann, G. A. (2010). High-fat diet leads to a decreased methylation of the Mc4r gene in the obese BFMI and the lean B6 mouse lines. *Journal of Applied Genetics*, *51*(2), 193-197. doi: 10.1007/bf03195727

Wilhelm, M., Schlegl, J., Hahne, H., Gholami, A. M., Lieberenz, M., Savitski, M. M., ... Kuster, B. (2014). Mass-spectrometry-based draft of the human proteome. *Nature*, *509*(7502), 582-587. doi: 10.1038/nature13319

Wilicox, B. J., Donlon, T. A., He, Q., Chen, R., Grove, J. S., Yano, K., ... Curb, J. D. (2008). FOXO3A genotype is strongly associated with human longevity. *Proceedings of the National Academy of Sciences of the United States of America*, *105*(37), 13987-13992. doi: 10.1073/pnas.0801030105

Willcutt, E. G., Pennington, B. F, Duncan, L., Smith, S. D., Keenan, J. M., Wadsworth, S., ... Olson, R. K. (2010). Understanding the complex etiologies of developmental disorders: Behavioral and molecular genetic approaches. *Journal of Developmental and Behavioral Pediatrics*, *31*(7), 533-544. doi: 10.1097/DBP.0b013e3181ef42a1

Willemsen, M. H., & Kleefstra, T. (2014). Making headway with genetic diagnostics of intellectual disabilities. *Clinical Genetics*, *85*(2), 101-110.

Willemsen, R., Levenga, J., & Oostra, B. A. (2011). CGG repeat in the FMR1 gene: Size matters. *Clinical Genetics*, *80*(3), 214-225. doi: 10.1111/j.1399-0004.2011.01723.x

Williams, C. A., Driscoll, D. J., & Dagli, A. I. (2010). Clinical and genetic aspects of Angelman syndrome. *Genetics in Medicine*, *12*(7), 385-395. doi: 10.1097/GIM.0b013e3181def138

Williams, N. M., Franke, B., Mick, E., Anney, R. J. L., Freitag, C. M., Gill, M., ... Faraone, S. V. (2012). Genome-wide analysis of copy number variants in attention deficit hyperactivity disorder: The role of rare variants and duplications at 15q13. 3. *American Journal of Psychiatry*, *169*(2), 195-204. doi: 10.1176/appi.ajp.2011.11060822

Williams, R. W. (2006). Expression genetics and the phenotype revolution. *Mammalian Genome*, *17*(6), 496-502.

Wilson, R. K. (1999). How the worm was won: The C. elegans genome sequencing project. *Trends in Genetics*, *15*, 51-58.

Wilson, R. S. (1983). The Louisville Twin Study: Developmental synchronies in behavior. *Child Development*, *54*, 298-316.

Wilson, R. S., & Matheny, A. P., Jr. (1986). Behavior genetics research in infant temperament: The Louisville Twin Study. In R. Plomin & J. F. Dunn (Eds.), *The study of temperament. Changes, continuities, and challenges* (pp. 81-97). Hillsdale, NJ: Erlbaum.

Winterer, G., & Goldman, D. (2003). Genetics of human prefrontal function. *Brain Research Reviews*, *43*(1), 134-163.

Wolf, A. P., & Durham, W. H. (2005). *Inbreeding, incest, and the incest taboo: The state of knowledge at the turn of the century*. Stanford University Press.

Wooldridge, A. (1994). *Measuring the mind: Education and psychology in England, c. 1860-c.1990*. Cambridge: Cambridge University Press.

World Health Organization. (2011). *WHO report on the global tobacco epidemic, 2011: Warning about the dangers of tobacco*. Geneva: World Health Organization.

WormBase. Retrieved from http://www.wormbase.org/

Wray, N. R., Lee, S. H., Mehta, D., Vinkhuyzen, A. A. E., Dudbridge, F., & Middeldorp, C. M. (2014). Research review: Polygenic methods and their application to psychiatric traits. *Journal of Child Psychology and Psychiatry*, *55*(10), 1068-1087. doi: 10.1111/jcpp.12295

Wright, S. (1921). Systems of mating. *Genetics*, *6*, 111-178.

Wright, W. (1998). *Born that way: Genes, behavior, personality*. New York: Alfred A. Knopf.

Wu, T., Snieder, H., & de Geus, E. (2010). Genetic influences on cardiovascular stress reactivity. *Neuroscience and Biobehavioral Reviews*, *35*(1), 58-68. doi: 10.1016/j.neubiorev.2009.12.001

Xu, L.-M., Li, J.-R., Huang, Y., Zhao, M., Tang, X., & Wei, L. (2012). AutismKB: An evidencebased knowledgebase of autism genetics. *Nucleic Acids Research*, *40*(D1), D1016-D1022. doi: 10.1093/nar/gkr1145

Yalcin, B., Nicod, J., Bhomra, A., Davidson, S., Cleak, J., Farinelli, L., ... Flint, J. (2010). Commercially available outbred mice for genomewide association nstudies. *PLoS Genetics*, 6 (9), e1001085. doi: 10. 1371/journal. pgen. 1001085

Yalcin, B., Willis-Owen, S. A., Fullerton, J., Meesaq, A., Deacon, R. M., Rawlins, J. N., ... Mott, R. (2004). Genetic dissection of a behavioral quantitative trait locus shows that Rgs2 modulates anxiety in mice. *Nature Genetics*, 36 (11), 1197–1202.

Yamasaki, C., Koyanagi, K. O., Fujii, Y., Itoh, T., Barrero, R., Tamura, T., ... Gojobori, T. (2005). Investigation of protein functions through datamining on integrated human transcriptome database, H-Invitational database (H-InvDB). *Gene*, 364, 99–107.

Yang, C., Li, C., Kranzler, H. R., Farrer, L. A., Zhao, H., & Gelernter, J. (2014). Exploring the genetic architecture of alcohol dependence in African-Americans via analysis of a genomewide set of common variants. *Human Genetics*, 133(5), 617–624.

Yang, I. V., & Schwartz, D. A. (2012). Epigenetic mechanisms and the development of asthma. *Journal of Allergy and Clinical Immunology*, 130(6), 1243–1255. doi: http://dx. doi. org/10. 1016/j. jaci. 2012. 07. 052

Yang, J., Lee, S. H., Goddard, M. E., & Visscher, P. M. (2011a). GCTA: A tool for genome-wide complex trait analysis. *American Journal of Human Genetics*, 88(1), 76–82. doi: 10. 1016/j. ajhg. 2010. 11. 011

Yang, J., Manolio, T. A., Pasquale, L. R., Boerwinkle, E., Caporaso, N., Cunningham, J. M., ... Visscher, P. M. (2011b). Genome partitioning of genetic variation for complex traits using common SNPs. *Nature Genetics*, 43(6), 519–525. doi:10. 1038/ng. 823

Yang, L., Neale, B. M., Liu, L., Lee, S. H., Wray, N. R., Ji, N., ... & Faraone, S. V. (2013). Polygenic transmission and complex neuro developmental network for attention deficit hyperactivity disorder: Genome-wide association study of both common and rare variants. *American Journal of Medical Genetics Part B: Neuropsychiatric Genetics*, 162(5), 419–430.

Yeo, G. S. H., Farooqi, I. S., Aminian, S., Halsall, D. J., Stanhope, R. C., & O'Rahilly, S. (1998). A frameshift mutation in MC4R associated with dominantly inherited human obesity. *Nature Genetics*, 20(2), 111–112. doi: 10. 1038/2404

Yin, H., Kanasty, R. L., Eltoukhy, A. A., Vegas, A. J., Dorkin, J. R., & Anderson, D. G. (2014). Nonviral vectors for gene-based therapy. *Nature Reviews Genetics*, 15(8), 541–555.

Yin, J. C. P., Del Vecchio, M., Zhou, H., & Tully, T. (1995). CRAB as a memory modulator: Induced expression of a dCREB2 activator isoform enhances long-term memory in *Drosophila. Cell*, 8, 107–115.

Young, J. P. R., Fenton, G. W., & Lader, M. H. (1971). The inheritance of neurotic traits: A twin study of the Middlesex Hospital Questionnaire. *British Journal of Psychiatry*, 119, 393–398.

Young, S. E., Friedman, N. P., Miyake, A., Willcutt, E. G., Corley, R. P., Haberstick, B. C., & Hewitt, J. K. (2009). Behavioral disinhibition: Liability for externalizing spectrum disorders and its genetic and environmental relation to response inhibition across adolescence. *Journal of Abnormal Psychology*, 118(1), 117–130. doi: 10. 1037/a0014657

Young, S. E., Rhee, S. H., Stallings, M. C., Corley, R. P., & Hewitt, J. K. (2006). Genetic and environmental vulnerabilities underlying adolescent substance use and problem use: General or specific? *Behavior Genetics*, 36 (4), 603–615.

Young-Wolff, K. C., Enoch, M.-A., & Prescott, C. A. (2011). The influence of gene-environment interactions on alcohol consumption and alcohol use disorders: A comprehensive review. *Chinical Psychological Review*, 31(5), 800–816. doi:10. 1016/j. cpr. 2011. 03. 005

Yuferov, V., Levran, O., Proudnikov, D., Nielsen, D. A., & Kreek, M. J. (2010). Search for genetic markers and functional variants involved in the development of opiate and cocaine addiction and treatment. In G. R. Uhl (Ed.), *Addiction reviews 2* (Vol. 1187, pp. 184–207).

Zachar, P., & First, M. B. (2015). Transitioning to a dimensional model of personality disorder in DSM 5. 1 and beyond. *Current Opinion in Psychiatry*, 28(1), 66–72.

Zammit, S., Hamshere, M., Dwyer, S., Georgiva, L., Timpson, N., Moskvina, V., ... Jones, P. (2014). A population-based study of genetic variation and psychotic experiences in adolescents. *Schizophrenia Bulletin*, 40(6), 1254–1262.

Zarrei, M., MacDonald, J. R., Merico, D., & Scherer, S. W. (2015). A copy number variation map of the human genome. *Nature Reviews Genetics*, 16(3), 172–183. doi:10. 1038/nrg3871

Zavos, H. M. S., Freeman, D., Haworth, C. M. A., McGuire, P., Plomin, R., Cardno, A. G., & Ronald, A. (2014). Consistent etiology of severe, frequent psychotic experiences and milder, less frequent manifestations: A twin study of specific psychotic experiences in adolescence. *JAMA Psychiatry*, 71(9), 1049-1057.

Zeggini, E., Weedon, M. N., Lindgren, C. M., Frayling, T. M., Elliott, K. S., Lango, H., ... Hattersley, A. T. (2007). Replication of genome-wide association signals in UK samples reveals risk loci for type 2 diabetes. *Science*, 316 (5829), 1336-1341. doi: 10.1126/science. 1142364

Zhang, C., & Pierce, B. L. (2014). Genetic susceptibility to accelerated cognitive decline in the US Health and Retirement Study. *Neurobiological Aging*, 35(6), 1512-e1511.

Zhang, L., Chang, S., Li, Z., Zhang, K., Du, Y., Ott, J., & Wang, J. (2012). ADHDgene: A genetic database for attention deficit hyperactivity disorder. *Nucleic Acids Research*, 40 (D1), D1003-D1009. doi:10.1093/nar/gkr992

Zhang, T. Y., & Meaney, M. J. (2010). Epigenetics and the environmental regulation of the genome and its function. *Annual Review of Psychology*, 61, 439-466.

Zhang, X. (2014). Exome sequencing greatly expedites the progressive research of Mendelian diseases. *Frontiers of Medicine*, 8(1), 42-57. doi:10.1007/s11684-014-0303-9

Zhang, Y., Brownstein, A. J., Buonora, M., Niikura, K., Ho, A., Correa da Rosa, J., ... Ott, J. (2015). Self administration of oxycodone alters synaptic plasticity gene expression in the hippocampus differentially in male adolescent and adult mice. *Neuroscience*, 285, 34-46. doi: http://dx.doi.org/10.1016/j.neuroscience.2014. 11.013

Zhang, Y., Proenca, R., Maffei, M., Barone, M., Leopold, L., & Friedman, J. M. (1994). Positional cloning of the mouse obese gene and its human homologue. *Nature*, 372, 425-432.

Zheng, J., Xiao, X., Zhang, Q., & Yu, M. (2014). DNA methylafion: The pivotal interaction between early-life nutrition and glucose metabolism in later life. *British Journal of Nutrition*, 112 (11), 1850-1857.

Zhong, S., Chew, S. H., Set, E., Zhang, J., Xue, H., Sham, P. C., ... Israel, S. (2009). The heritability of attitude toward economic risk. *Twin Research and Human Genetics*, 12(1), 103-107.

Zhou, K., Dempfle, A., Arcos-Burgos, M., Bakker, S. C., Banaschewski, T., Biederman, J., ... Asherson, P. (2008). Meta-analysis of genome-wide linkage scans of attention deficit hyperactivity disorder. *American Journal of Medical Genetics Part B-Neuropsychiatric Genetics*, 147B(8), 1392-1398. doi:10.1002/ajmg.b.30878

Zhou, Z., Enoch, M.-A., & Goldman, D. (2014). Gene expression in the addicted brain. In H. Robert & M. Shannon (Eds.), *International review of neurobiology* (Vol. 116, pp. 251-273). New York: Academic Press.

Zigman, W. B. (2013). Atypical aging in Down syndrome. *Developmental Disabilities Researeh Reviews*, 18(1), 51-67.

Zombeck, J. A., DeYoung, E. K., Brzezinska, W. J., & Rhodes, J. S. (2011). Selective breeding for increased home cage physical activity in collaborative Cross and Hsd: ICR mice. *Behavior Genetics*, 41(4), 571-582. doi: 10.1007/s10519-010-9425-2

Zucker, R. A. (2006). The developmental behavior genetics of drug involvement: Overview and comments. *Behavior Genetics*, 36(4), 616-625.

Zucker, R. A., Heitzeg, M. M., & Nigg, J. T. (2011). Parsing the undercontrol-disinhibition pathway to substance use disorders: A Multilevel developmental problem. *Child Development Perspectives*, 5(4), 248-255. doi:10.1111/j.1750-8606.2011.00172.x

Zwijnenburg, P. J. G., Meijers-Heijboer, H., & Boomsma, D. I. (2010). Identical but not the same: The value of discordant monozygotic twins in genetic research. *American Journal of Medical Genetics Part B: Neuropsychiatric Genetics*, 153B(6), 1134-1149. doi:10.1002/ajmg.b.31091

Zyphur, M. J., Narayanan, J., Arvey, R. D., & Alexander, G. J. (2009). The genetics of economic risk preferences. *Journal of Behavioral Decision Making*, 22(4), 367-377. doi:10.1002/bdm.643

姓名索引*

A

Aristotle 亚里士多德,6

B

Ashten Bartz 阿什滕·巴茨,xix
Seymour Benzer 西莫尔·本则尔,68
Sarah Berger 萨拉·伯杰,xix
Bolton 博尔顿,248
Cyril Burt 西里尔·伯特,170,172

C

Christine M. Cardone 克里斯汀·M·卡多内,xix
Avshalom Caspi 阿夫沙洛姆·卡斯皮,xix
Francis Collins 弗朗西斯·柯林斯,10,49
Francis Crick 弗朗西斯·克里克,43,47

D

Charles Darwin 查尔斯·达尔文,7,11-15
Erasmus Darwin 伊拉斯谟斯·达尔文,7,11
Richard Dawkins 理查德·道金斯,10
John C. DeFries 约翰·C·德弗里斯,xiv,xviii
Theodosius Dobzhansky 西奥多修斯·杜布赞斯基,96
Langdon Down 兰登·唐,199

E

Thalia Eley 塔利亚·埃利,xix

F

R. A. Fisher R·A·费希尔,33,330-331
Flint 弗林特,73
John Fuller 约翰·富勒,57

G

Galen 盖伦,6
Francis Galton 弗朗西斯·高尔顿,11-15,30-31
Liz Geller 利兹·盖勒,xix
Irving Gottesman 欧文·戈特斯曼,213
Woody Guthrie 伍迪·盖瑟瑞,16

H

William Harvey 威廉·哈维,6
Leonard Heston 伦纳德·赫斯顿,82-83
William Hogarth 威廉·荷加斯,213
Oliver Wendell Holmes 奥利弗·温德尔·霍姆斯,315

J

Arthur Jensen 阿瑟·詹森,170-171
Juraeva 朱拉耶娃,284

K

Valerie S. Knopik 瓦莱丽·S·诺皮克,xiii,xviii
Emil Kraepelin 埃米尔·克雷佩林,212

L

Jean Baptiste Lamarck 让·巴蒂斯特·拉马克,7,14-15
Karl von Linne 卡尔·冯·林奈,6
J. L. Lush J·L·勒什,14

M

Gerald E. McClearn 杰拉尔德·E·麦克莱恩
John McGeary 约翰·麦吉里,xix
Peter McGuffin 彼得·麦格芬,xix,213
Gregor Mendel 格雷戈·孟德尔,10-34
T. H. Morgan T·H·摩尔根,27

N

Jenae M. Neiderhiser 杰纳·M·奈德希瑟,xiv,xviii

O

Richard K. Olson 理查德·K·奥尔森,xiv

P

Rohan Palmer 罗汉·帕尔默,xix
Nancy Pedersen 南希·佩德森,xix
Robert Plomin 罗伯特·普洛明,xv,xviii
Shaun Purcell 肖恩·珀塞尔,xviii,326-328
Karl Pearson 卡尔·皮尔逊,30

---

* 索引中的页码,为英文版原著页码,请按中文版边码检索。——编辑注

R

Chandra Reynolds 钱德拉·雷诺兹, xix
Melissa Rostek 梅丽莎·罗斯泰克, xix
Rowe 罗韦, 115
Michael Rutter 迈克尔·路特, xix

S

J. Paul Scott J·保罗·斯科特, 57
Skeels 斯基尔斯, 126
Skodak 斯科达克, 126
A. H. Sturtevant A·H·斯特蒂文特, 66
Charles Spearman 查尔斯·斯皮尔曼, 167
Eliot Slater 埃利奥特·斯莱特, 212
Pak Sham 沈伯松, 328

T

Helen Tam 海伦·塔姆, xix
Tesser 特瑟, 265
Lyudmila N. Trut 吕德米拉·N·特鲁特, 59
Ming Tsuang 庄明哲, 213
E. A. Thomas E·A·托马斯

V

Andreas Vesalius 安德烈·维萨里, 6
Leonardo da Vinci 莱昂纳多·达·芬奇, 6

W

James Watson 詹姆斯·沃森, 43, 47
Watson 华生, 6
Sewall Wright 休厄尔·赖特, 33
Michael Rutter 迈克尔·路特
Peter McGuffin 彼得·麦格芬

主题索引

注：页码后面跟着 f、t 和 b 分别表示图片、表格和专栏。

A

ACE model. See also Model fitting ACE 模型。另参见模型拟合
  multivariate 多元变量,363-370
  univariate 单变量,358-362,360t,361t
Acrophobia 恐高症,229-230
Active genotype-environment correlation 主动型的基因型-环境相关性,117-118,117t
Adaptability, assessment of 的适应性,评估,261
Addiction. See substance use disorders 成瘾。参见物质使用障碍
Additive alleles 加性等位基因,33
Additive genetic values 加性遗传值,343-344,344f
Additive genetic variance 加性遗传方差,184-185
Additive polygenic model 加性多基因模型,345-346
ADH gene ADH（乙醇脱氢酶）基因,281-282,282f
ADH1B gene ADH1B（乙醇脱氢酶-1B）基因,282f,283
Adolescents. See also Children; Developmental psychopathology 青少年。另参见儿童;发展精神病理学
  alcohol dependence in 酒精依赖在,276-277. See also Alcohol dependence 另参见酒精依赖
  conduct disorder in. See Conduct disorder 品行障碍在。参见品行障碍
  nicotine dependence in 尼古丁依赖在,286
Adoption studies 收养研究 38,80-82,353
  adoptee's family method in 被收养者家系研究法在,83b
  adoptee's study method in 被收养者研究方法在,83b
  of alcohol dependence 酒精依赖的,276
  of antisocial behavior 反社会行为的,270-272
  of cognitive ability 认知能力的,81,82f
  with family studies 通过家系研究,90
  Galton and Galton 与,12b-13b
  of general cognitive ability 一般认知能力的,171f,172
  "genetic" vs. "environmental" parents in "遗传"父母与"环境"父母,80-81,81f
  "genetic" vs. "environmental" siblings in "遗传"同胞与"环境"同胞,80-81,82f
  genotype-environment correlation and 基因型-环境相关性与,118-120,118f
  of genotype-environment interaction 基因型-环境互作的,125-126
  of heritability changes during development 发育过程中遗传力变化的,180,180f,182,183f,184f
  methodological issues in 方法论问题在,84b-85b
  of mood disorders 情绪障碍的,226-227
  of schizophrenia 精神分裂症的,82,83b,215-217,216f,217f
  selective placement and 选择性安置与,38,85b
  shared environment and 共享环境与,103-104
  with twin studies 通过双生子研究,90-91
Adoptive siblings 收养同胞,81
Affected sib-pair linkage design 患病同胞对连锁分析设计,141,142b,206
Aggregate risk scores 综合风险评分,146
Aggression. See also Antisocial behavior; Conduct disorder 攻击性。另参见反社会行为;品行障碍
  in children 在儿童中,245-247
Aging 衰老,306-316
  cognitive ability and 认知能力与,306-309
    general 一般的,307-308,308f
    specific 特定的,308-309
  dementia and 痴呆与,2,309-312
  demographic trends and 人口结构变化趋势与,306
  diet and 饮食与,315-316
  health and 健康与,312-315
    behavioral functioning and 行为功能与,312
    molecular genetics and 分子遗传学与,314-315
    physical functioning and 物理功能与,312
    physiological functioning and 生理功能与,312,314

---

* 索引中的页码，为英文版原著页码，请按中文版边码检索。——编辑注

self-rated status 自评状态,313-314
locus of control and 控制点与,313-314
longevity and 寿命与,313,315-316
normal cognitive 正常认知,312
obesity and 肥胖症与,314
personality and 人格与,313-314
psychopathology and 精神病理学与,313-314
subjective well-being and 主观幸福感与,303,313-314
Agoraphobia 广场恐惧症,229-230
comorbidity and 共病与,233-235
Agreeableness 宜人性,255-257
Albinism 白化症,66
Alcohol dehydrogenase (*ADH*) gene 乙醇脱氢酶 (*ADH*)基因,281-282,282f
Alcohol dependence 酒精依赖,275-284.
See also Substance use disorders 另参见 物质使用障碍
adoption studies of 的收养研究,276-278
animal models of 的动物模型,278-281,279f,283-284
drug therapy for 的药物治疗,282
as externalizing disorder 作为外化障碍,235
gene identification for 的基因鉴定,281-284
gene networks in 基因网络在,281-282,282f
genotype-environment interactions in 基因型-环境互作在,277-278
molecular genetic research on 的分子遗传研究,281-284,282f
molecular pathways and gene networks in 分子遗传通路和基因网络在,281-284,282f
psychiatric comorbidity in 精神疾病共病在,235
quantitative trait loci for 的数量性状基因座,283
twin studies of 的双生子研究,276-278
Aldehyde dehydrogenase (*ALDH2*) gene 乙醛脱氢酶 (*ALDH2*)基因,281-282,282f,283,290
Algebra, matrix 代数,矩阵,340-342
Allele(s) 等位基因,2,343
additive 加性的,33
definition of 的定义,20
dominant 显性的,17-20. See also Dominance 另参见显性
genotype and 基因型与,20
in Mendel's experiments 在孟德尔实验中,19b
phenotype and 表型与,20
recessive 隐性的,20. See also Recessive traits 另参见隐性性状
Allele sharing 等位基因共享,141,142b
in linkage analysis 在连锁分析中,376
Allelic association, 等位基因关联,66,141-147.
See also Association studies 另参见关联研究
Allelic frequency 等位基因频率,22b
Allen Brain Atlas 艾伦脑图谱,156
Alternative splicing 可变剪接,48-49
Alzheimer disease 阿尔茨海默症,2,309-312. See also Dementia 另参见痴呆

apolipoprotein E in 载脂蛋白 E 在,142-143,311
early-onset 早发型,311
Amino acids 氨基酸,17. See also Protein(s)另参见蛋白质
in genetic code 在遗传密码中,44-45,46b-47b,48t
in protein synthesis 在蛋白合成中 44,46b-47b
substitution of, mutations from 的替代,突变来源于,132
Amniocentesis 羊膜穿刺术,3
Amphetamine abuse 安非他命滥用,289-290
β-Amyloid, in Alzheimer disease β 淀粉蛋白,在阿尔茨海默症中,311
Analysis of variance (ANOVA) 方差分析 (ANOVA),330
Angelman syndrome 天使综合征 202,203f
Animal research 动物研究,55-78
bacteria in 细菌在,67-68
candidate pathway and gene networks in 候选通路和基因网络在,283-284
CRISPR gene editing in CRISPR 基因编辑在,71
diallel studies in 双列杂交研究在,52,64f
dogs in 犬在 55-57,56f,58f
fruit flies in 果蝇在,68-69
gene silencing in 基因沉默在,71
gene-environment interactions in 基因-环境互作在,65
inbred strains in 近交系在,20,62-65,63f,64f
chromosome substitution 染色体替换,77
quantitative trait loci in 数量性状基因座在,75-77,76f
recombinant 重组的,75-77,76f
induced mutations in 诱导突变在,66-71,67f
mice in. See Mice 小鼠在。参见小鼠
molecular 分子的,283-284
mosaic mutants in 嵌合体突变,69
neurogenetic 神经遗传的,160-164
open-field activity in 旷场行为在,58-61,59f-61f,64f
in quantitative genetics 在数量遗传学上,55-65
quantitative trait loci in 数量性状位点在,72-77,74f,76f,283.
See also Quantitative trait loci (QTLs) 另参见数量性状基因座
roundworms in 线虫在,68
selection studies in 选择研究在,58-62,59f-61f
synteny homology in 共线性同源在,77
targeted mutations in 靶向突变在,70-71
zebrafish in 斑马鱼在,69-70
ANK3, in bipolar disorder 锚蛋白 3(*ANK3*)基因,在双相障碍中,228,229
Anorexia nervosa 神经性厌食症,232
Antabuse 安塔布司,282
Anticipation, genetic 早现,遗传,133
Antidepressants, response to 抗抑郁药,反应,224
Antisocial behavior 反社会行为,268-272

adoption studies of 的收养研究,270-272
  in conduct disorder. See Conduct disorder 在品行障碍中。参见品行障碍
  gene identification for 的基因鉴定,244-245,272-273
  monoamine oxidase A and 单胺氧化酶A 与,127,128f,272
  psychopathy and 精神病与,270
  somatic symptom disorder and 躯体症状障碍与,232
  twin studies of 的双生子研究,245-247,251-252,251f,270-272
  by XYY males 通过XYY男性,202,272
Antisocial personality disorder 反社会人格障碍,268-272
  criminal behavior and 犯罪行为与,268-272,271f
  psychopathy and 心理变态与,270
  substance use disorders and 物质使用障碍与,270,271-272
  vs. conduct disorder 与品行障碍相比,269
Anxiety, separation 焦虑,分离,248,263
Anxiety disorders 焦虑障碍,229-230
  in children 在儿童中,247-249,251-252,251f,263
  comorbidity in 共病在,233-235,234f
  depression and 抑郁症与,234-235,234f
    in children 在儿童中,248-249
  family studies of 的家系研究,229-230
  gene identification for 的基因鉴定,235-236
  neuroticism and 神经过敏症与,235,266
  overlap among 之间的重叠,233-235
  substance use disorders and 物质使用障碍与,235
  twin studies of 的双生子研究,229-230
    in children 在儿童中,247-249,251-252,251f
Apolipoprotein E (*APOE*) gene 载脂蛋白E(*APOE*)基因
  in Alzheimer disease 在阿尔茨海默症中,142-143,311
  longevity and 长寿与,315
Argument from design 设计论证,9
Asians, alcohol metabolism in 亚洲人,酒精代谢在,281-282
Asperger syndrome 阿斯伯格综合征,239.
  See also Autism spectrum disorders 另参见自闭症谱系障碍
Association studies 关联研究,377-382.
  See also Gene identification 另参见基因鉴定
  candidate gene 候选基因,141-143,188-189,281-284,287-288,288f
    for schizophrenia 对于精神分裂症,219
  family-based 基于家系的,379. See also Family studies 另参见家系研究
  genomewide. See Genomewide association studies 全基因组。参见全基因组关联研究
  haplotype-based 基于单倍型的,380-381
  indirect 间接的,380

population stratification in 群体分层在,378-379
  population-based 基于群体的,377-378
  in schizophrenia 在精神分裂症中,219
  transmission/disequilibrium test in 传递/不平衡测试,379
Assortative mating 选型婚配,91,184-186
  alcohol dependence and 酒精依赖与,276
Attachment, personality and 依恋,人格与,263
Attention-deficit hyperactivity disorder (ADHD) 注意力缺陷多动障碍,1,242-245
  conduct disorder and 品行障碍与,245
  gene identification for 的基因鉴定,244-245,272
  heritability estimates for 的遗传力估算,252
  novelty-seeking in 猎奇性在,272
  overview of 的概述,242-245
  twin studies of 的双生子研究,242-244,246f,251-252,251f
Attitudes and beliefs, personality and 态度和信仰,人格与,264-265
Autism spectrum disorders 自闭症谱系障碍,1,239-242
  gene identification for 的基因鉴定,241-242
  SNP heritability estimates for 的SNP遗传力估算,252
  twin studies of 的双生子研究,240-241,251-252,251f
Autosomes 常染色体,51

B

Bacteria, as animal models 细菌,作为动物模型,67-68
Bands, chromosome 带,染色体,50f-51f,51-52
Base pairs, in DNA 碱基对,在DNA中,43-44,44f,45f,46
The Beak of the Finch (Weiner)《雀喙之谜》(Weiner),9
Bedwetting 遗尿,250
Behavior, gene effects on 行为,基因效应在,149-166.
    See also Behavioral genetics; Functional genomics; Gene expression 另参见行为遗传学;功能基因组学;基因表达
  brain structure and function and 脑结构和功能与,160-165
  environmental influences and 环境影响与,157-158
  epigenetics and 表观遗传学与,152-154
  proteome and 蛋白质组与,159-165
  transcriptome and 转录组与,155-158
Behavioral economics 行为经济学,265-266
Behavioral genetics 行为遗传学
  basic message of 的基本信息,325
  as descriptive vs. predictive 描述性与预测性,112
  disorders as normal variation in 疾病作为正常变异,240,254,266-267,273
  ethical issues in 伦理问题在,304b-305b,323-

324
  fundamental principle of 的基本原理, 49, 149
  future directions for 的未来方向, 317-325
  Galton as father of Galton 作为…之父, 11-13, 12b-13b
  historical perspective on 的历史视角, 6-15
  individual vs. population-based effects in 基于个体与基于群体的效应在, 318
  levels of analysis in 分析水平在, 151b
  scope of 的范围, 113
  social equality and 社会平等与, 323-324
  statistical methods in 统计学方法在, 326-382.
  See also Statistical methods 另参见统计学方法
  Behavioral Genetics Interactive Modules 行为遗传交互模块 327b
Behavioral genomics 行为基因组学, 150
Behavioral susceptibility hypothesis 行为易感性假说, 297
Behavioral variation. See also Variation 行为变异。另参见变异
  from DNA variation 来自 DNA 的变异, 149
Beliefs and values, personality and 信仰和价值, 人格与, 264-265
The Bell Curve (Hernstein & Murray)《钟形曲线》(Hernstein & Murray), 170-171
Bethlem and Maudsley Twin Register 贝特莱姆皇家-莫兹利医院双生子注册, 212b-213b
Bethlem Hospital 贝特莱姆皇家医院, 212b-213b
Binary variables 二进制变量, 330
Binge eating disorder 暴食症, 232
Bioinformatics 生物信息学, 69
Biometric model 生物识别模型, 342-348
  additive effects in 加性效应在, 343-344, 344f
  additive polygenic model and 加性多基因模型与, 345-346
  alleles and genotypes in 等位基因和基因型在, 343
  classic twin design and 经典双生子设计与, 353-362
  dominance deviation in 显性偏差, 344-345, 344f
  environmental variation and 环境变异与, 347
  genotypic values in 基因型值在, 343
  phenotypic values in 表型值在, 346
  polygenic model and 多基因模型与, 346
  variance components model and 方差分量模型与, 346-347
Biometricians 生物识别学家, 32, 131
Bipolar disorder 双相障碍, 222-229. See also Mood disorders 另参见情绪障碍
  in children 在儿童中, 249
  schizophrenia and 精神分裂症与, 219, 220
  vs. unipolar depression 与单相抑郁症相比, 223-226
Birth order, cognitive ability and 出生次序, 认知能力与, 94
Birth weight 出生体重, 296, 296f, 299.
See also Body weight and obesity 另参见体重和肥胖
Bivariate heritability 二元遗传力, 109, 367
Bivariate SNP-based analysis 基于 SNP 的二元分析, 187
Bivariate statistic 二元统计, 333
Blending hypothesis 混合假说, 14-15
Blood pressure, aging and 血压, 衰老与, 312
Body weight and obesity 体重和肥胖, 293-302
  aging and 衰老与, 314
  behavioral susceptibility hypothesis for 的行为易感性假设, 297
  birth weight and 出生体重与, 296, 296f, 299
  body mass index and 体重指数与, 294, 295-296
  in children, risk scores for 在儿童中, 的风险, 299
  epigenetics and 表观遗传学与, 299-300
  family, twin, and adoption studies of …的家系, 双生子, 与收养研究, 293-297, 293f, 296f, 297f
  gene-environment interactions in 基因-环境互作在, 296-297, 299-300
  gut microbiome and 肠道微生物组与, 301
  leptin in 瘦素在, 298
  maternal obesity and 母体肥胖与, 300
  melanocortin in 黑皮质素在, 298
  molecular genetics of 的分子遗传学, 297-299
  weight loss and 减肥与, 301-302
Brain 脑
  gene expression in 基因表达在, 160-165.
  See also Neurogenetic research 另参见神经遗传研究
  size and structure of, cognitive ability and 的大小和结构, 认知能力与, 176-177
  structure of 的结构, 165f
Brain activation, cognitive ability and 脑的激活, 认知能力与, 176-177
Brain atlases 脑图谱, 156
Brain Cloud 脑云, 156
Brain imaging 脑成像, 176-177
  functional 功能上的, 156, 164-165, 177
  structural 结构上的, 156, 164, 164f, 176-177
Breeding 繁殖
  inbreeding 近亲交配, 62-65, 63f, 64f
  selective 选择性的, 59f-61f, 60-61
Broad-sense heritability 广义遗传力, 350
Brute force strategy, for gene identification 暴力策略, 对于基因鉴定, 189
Bulimia nervosa 神经性暴食症, 232

C

CACNA1C gene, in bipolar disorder *CACNA1C*（L 型钙通道 α1C 亚单位）基因, 在双相障碍中, 228, 229
Caenorhabditis elegans, as animal model 秀丽隐杆线虫, 作为动物模型, 68
Callous-unemotional personality 冷漠无情人格, 246-247

Caloric intake 热量摄入
　　longevity and 长寿与, 315-316
　　weight and. See Body weight and obesity 体重与。参见体重和肥胖
α-CaMKII gene α-CaMKII(钙离子/钙调素依赖蛋白激酶 II)基因, 163
cAMP-responsive element cAMP(环磷酸腺苷)反应元件, 163
Candidate gene association studies 候选基因关联研究, 129, 141-143, 188-189, 219, 281-284, 287-288, 288f.
　　See also Association studies; Gene identification for schizophrenia 另参见关联研究; 精神分裂症的基因鉴定, 219
Candidate gene-by-environment interaction, 候选基因-环境互作, 129
Cannabis 大麻, 289-290
Cardiovascular function, aging and 心血管功能, 衰老与, 312, 314
Carriers 携带者, 21-23, 22b, 40, 41f
Catatonic schizophrenia 紧张型精神分裂症, 218
Cell(s) 细胞
　　sex 生殖细胞, 52
　　somatic 体细胞, 52
Cell division 细胞分裂, 52
Cell nucleus 细胞核, 24
Centimorgan 厘摩, 27
Central dogma 中心法则, 44, 46b-47b
Centromeres 着丝粒, 51
Children. See also Adolescents 儿童。另参见青少年
　　obesity in 肥胖症在, 293-297, 293f, 296f. See also Body weight and obesity 另参见体重和肥胖
　　personality traits in 人格特质在, 259-260, 261-262
　　psychiatric disorders in. See Developmental psychopathology 精神疾病在, 参见发展精神病理学
　　of schizophrenics, schizophrenia in 精神分裂症患者, 精神分裂症在, 211-217
Children-of-twins design 双生子后代设计, 91, 119
　　extended 扩展的, 121-122
Chi-square goodness-of-fit statistic 卡方拟合优度统计, 357
Chorion, shared 绒毛膜, 共享的, 86, 89b
CHRNA3 gene, in nicotine dependence CHRNA3(神经乙酰胆碱受体α3亚单位)基因, 在尼古丁依赖中, 287
CHRNA7 gene, in attention-deficit hyperactivity disorder CHRNA7(神经乙酰胆碱受体α7亚单位)基因, 在注意缺陷与多动障碍中, 245-246
Chromatids, sister 染色单体, 姐妹, 25-27, 26f
Chromosomal abnormalities 染色体异常, 52-53.
　　See also Genetic disorders 另参见遗传病
　　cognitive disability and 认知障碍与, 41, 52.

　　See also Cognitive disability 另参见认知障碍
　　deletions 缺失, 221
　　expanded triplet repeats 扩增的三核苷酸重复, 132-134, 196
　　insertions 插入, 221
　　nondisjunction 不分离, 52-53, 53f, 200
　　trisomy 三体型 2-3, 53, 199-201, 200f.
　　　　See also Down Syndrome 另参见唐氏综合征
Chromosome(s) 染色体, 2, 24, 50-53
　　autosomal 常染色体的, 51
　　gene loci on 基因座, 22b, 24. See also Gene locus 另参见基因座
　　in gene mapping 在基因定位中, 51-52
　　sex 性, 39-41, 40f, 41f, 51, 53.
　　　　See also X chromosome; Y chromosome cognitive disability and 另参见X染色体; Y染色体认知障碍与, 201-204
　　inheritance of 的遗传, 39-41, 40f, 41f
　　structure of 的结构, 50f-51f, 51-52
Chromosome bands 染色体带, 50f-51f, 51-52
Chromosome pairs 染色体对, 50f-51f, 51
Chromosome substitution strains 染色体替换系, 77
Chronic fatigue 慢性疲劳症, 232
Cigarette smoking. See Nicotine dependence 吸烟。参见尼古丁依赖
Claustrophobia 幽闭恐惧症, 229-230
Cluttering 言语错乱, 196
Cocaine 可卡因, 289-290
Coding regions 编码区, 137
Codons 密码子, 45-47, 48t
　　definition of 的定义, 45
　　in genetic code 在遗传密码上, 46b-47b, 48t
　　triplet 三联体, 45
Cognitive ability 认知能力, 167-191
　　adoption studies of 的收养研究, 81, 82f
　　assortive mating and 同型婚配与, 184-186
　　birth order and 出生次序与, 94
　　brain imaging and 脑成像与, 176-177
　　brain size and structure and 脑尺寸和结构及, 176-177
　　family resemblance for 的家系相似性, 81, 82f
　　general 一般的, 170-173
　　　aging and 衰老和, 307-308
　　　definition of 的定义, 167
　　　developmental change and 发育中的变化与, 179-183, 180f, 181f, 183f, 184f
　　　dominance and 显性与, 184
　　　environmental influence in 环境影响在, 169-170, 169f, 173
　　　epistasis and 上位性与, 184
　　　executive function and 执行功能与, 176
　　　gene identification for 的基因鉴定, 188-191
　　　Generalist Genes Hypothesis and 普适基因假说与, 186-188
　　　genetic correlations in 遗传相关性在, 187f, 196-191

genetic influence in 遗传影响在,170-173,171f
genetic research on 的遗传研究,170-197,171f
genotype-environment interactions and 基因型-环境互作与,170
heritability of 的遗传力,170-173,171f,188-191
hierarchy of 的层次结构,167-168,167f
impaired. See Cognitive disability 受损的。见认知障碍
inheritance of 的遗传,30,31f
learning ability and 学习能力与,170,186-188,187f,190-191
levels of 的水平,167-168,167f
neurocognitive measures of 的神经认知评估,176-177
nonadditive genetic variance and 非加性遗传方差与,184-185
overview of 的概述,167-168
peripheral nerve conduction and 周围神经传导功能与,176
processing efficiency and 处理效率与,177
racial/ethnic differences in 人种/种族差异,170-171
twin studies of 的双生子研究,88b-89b,89,90,104,127,171f,172,173
heritability of, increase during development 遗传力,在发育过程中增加,179-183,180f,181f,183f,184f
school achievement and 学业成就与,177-179,178f,183
specific 特定的,173-177
adoption studies of 收养研究,174,174f,175f
aging and 衰老与,308-309
components of 的组成成分,174
family studies of 的家系研究,173-174,174f,175f
gene identification for 的基因鉴定,188-191
heritability of 的遗传力,174,174f,175f
imaging genetics and 影像遗传学与,176-177
multivariate genetic analysis for 的多元遗传分析,186-187
neurocognitive measures of 的神经认知评估,176-177
shared environment and 共享环境与,174
speed of processing and 处理速度与,176
twin studies of 的双生子研究,173-174,174f,175f
working memory and 工作记忆与,176
terminology of 的术语,167-168
Cognitive disability 认知障碍,2-3,192-209
definition of 的定义,192
general 一般的,192
in Angelman syndrome 在天使综合征中,202,203f
chromosomal abnormalities and 染色体异常与,52,199-201,203f
in Down syndrome 在唐氏综合征中,2-3,199-201,200f,203f
in fragile X syndrome 在脆性 X 染色体综合征中,3,133-134,196-197,198f
heritability of 的遗传力,193-195,193f
IQ in 智商在,192
in Lesch-Nyhan syndrome 在莱施-尼汉综合征（自毁容症）中,198,198f
levels of 的水平,192-193
mild vs. severe 轻度与重度,194
in muscular dystrophy 在肌营养不良症中,198,198f
in neurofibromatosis 在神经纤维瘤中,198-199,198f
overview of 的概述,192-195
in phenylketonuria 在苯丙酮尿症中,17,21-23,22b,195-196,198f
in Prader-Willi syndrome 在普莱德-威利综合征中,202-203,203f
quantitative genetics model of 数量遗传学模型,205-206
in Rett syndrome 在雷特综合征中,41,197,198f
sex chromosome abnormalities and 性染色体异常与,201-204
in single-gene disorders 在单基因病中,195-199
small chromosomal deletions and 小片段染色体缺失与,202-204,203f
in triple X syndrome 在 X 染色体三体综合征中,201,203f
in Turner syndrome 在特纳综合征中,202
in Williams syndrome 在威廉姆斯综合征中,203,203f
in XXY males 在 XXY 男性中,201
in XYY males 在 XYY 男性中,201-202
specific 特定的,192,204-208
communication disorders 沟通障碍,207
comorbidity among 共病在,208
as low end of normal distribution 作为正态分布的尾端,205-206,208,240
mathematics disability 数学障碍,207-208
overview of 的概述,204
reading disability 阅读障碍,204-207
Color blindness 色盲,38-40,39f,41f
Colorado Adoption Project 科罗拉多收养项目,84b,119,120,121,180
Common liability model, of substance use disorders 常见易患性模型,物质使用障碍,289-290
Common-factor common-pathway model 共因子共同通路模型,368,369f
Common-factor independent-pathway model 共因子独立通路模型,368,369f
Communication disorders 沟通障碍,207
Comorbidity 共病,146
in psychopathology 在精神病理学中,233-235
in specific cognitive disabilities 在特定的认知障

碍中, 208
　　in substance use disorders 在物质使用障碍中, 235
COMT gene, in panic disorder COMT（儿茶酚-O-甲基转移酶）基因, 在恐慌障碍中, 236
Concordances 一致性, 95
Conditional knockout 条件敲除, 163
Conduct disorder 品行障碍, 245-247, 251f, 269
　　gene identification for 的基因鉴定, 272
　　twin studies of 的双生子研究, 245-247, 251-252, 251f
　　vs. antisocial personality disorder 与反社会人格障碍相比, 269
Conscientiousness 责任心, 255-257
Conserved synteny, in animal models 保守共线性, 在动物模型中, 283
Control, well-being and 对照, 幸福感与, 313-314
Copy number variants 拷贝数变异, 137-138, 204
　　in autism 在自闭症中, 242
　　body weight and 体重与, 299, 300f
　　in schizophrenia 在精神分裂症中, 220-221
Correlation 相关性, 4, 30, 337-338
　　genetic 遗传学的, 108-109
　　sibling 同胞, 30
　　twin 双生子, 30
Correlation coefficient 相关系数, 334
Correlation matrix 相关矩阵, 340-341
Covariance 协方差, 333-336, 334f-336f
　　model fitting and 模型拟合与, 353-362
　　in path analysis 在通径分析中, 363
　　between relatives 亲戚之间, 349
CRE-binding protein CRE 结合蛋白, 163
Criminal behavior. 犯罪行为。
　　See also Antisocial behavior; Conduct disorder 另参见反社会行为；品行障碍
　　by adolescents 通过青少年, 245-247, 251-252, 251f, 269
　　antisocial personality disorder and 反社会人格障碍与, 268-272, 271f
　　by XYY males 通过 XYY 男性, 202, 272
CRISPR gene editing CRISPR 基因编辑, 71
Cross-covariance 交叉协方差, 108-109
Crossovers（染色体之间的）交换, 26-27, 26f, 52
CYP2A6 gene, in nicotine dependence CYP2A6（细胞色素 P450 2A6）基因, 在尼古丁依赖中, 287
Cytogenetics 细胞遗传学, 199

D

Darwinian theory 达尔文进化论, 7-12. See also Evolution, Darwinian 另参见进化, 达尔文
DAT1 gene, in attention-deficit hyperactivity disorder DAT1（多巴胺转运体1）基因, 在注意缺陷与多动障碍中, 244
De novo (new) mutations 新发（新的）突变, 23, 41, 194
Deletions, chromosomal 缺失, 染色体, 221

Delinquency. 犯罪。
　　See also Antisocial behavior; Conduct disorder 另参见反社会行为；品行障碍
　　vs. antisocial personality disorder 与反社会人格障碍相比, 269
Dementia 痴呆, 309-312
　　Alzheimer 阿尔茨海默症, 2, 309-312
　　in Down syndrome 在唐氏综合征中, 200
　　gene identification for 的基因鉴定, 311
　　incidence of 的发病率, 309, 310f
　　multi-infarct 多发性脑梗塞, 310
　　types of 的类型, 310
Deoxyribonucleic acid. See DNA 脱氧核糖核酸。参见 DNA
Dependence. See Substance use disorders 独立性。参见物质使用障碍。
Depression 抑郁症, 222-229. See also Mood disorders 另参见情绪障碍。
　　aging and 衰老与, 313
　　anxiety and 焦虑与, 234-235, 234f
　　in children 在儿童中, 248-249
　　bipolar 双相
　　　in children 在儿童中, 249
　　　schizophrenia and 精神分裂症与, 219, 220
　　　vs. unipolar depression 与单相抑郁症相比, 223-226
　　comorbidity in 共病在, 233-255, 234f, 248-249
　　gene identification for 的基因鉴定, 236
　　5-HTTLPR and 5-HTTLPR（5-羟色胺转运体）基因与, 128-129, 128f
　　multiple forms of 多种形式的, 225
　　neuroticism and 神经质与, 235, 266
　　in seasonal affective disorder 季节性情感障碍, 231
　　substance use disorders and 物质使用障碍与, 235, 290
　　therapeutic response in 治疗反应在, 224
　　unipolar 单相, 223
Depressive disorder with seasonal pattern 具有季节性模式的抑郁症, 231
The Descent of Man and Selection in Relation to Sex (Darwin)《人类的由来及性选择》（达尔文）, 9, 11, 15
Descriptive statistics 描述性统计, 329
Development 发育
　　changes in heritability during 在⋯期间遗传力的变化, 179-183, 180f, 181f, 183f, 184f, 261-262, 320
　　changes in personality during 在⋯期间人格的变化, 254, 261-262, 313-314
　　in twins 在双生子中, 89
Developmental change, genetic influences on general cognitive ability and 发育变化, 遗传对一般认知能力的影响, 307-308
Developmental genetic analysis, future directions for 发育遗传分析, 的未来方向, 320

Developmental psychopathology 发展精神病理学，238 – 253。
    See also specific disorders 另参见特定疾病
    antisocial behavior 反社会行为，245 – 247
    anxiety disorders 焦虑障碍，247 – 249
    attention-deficit hyperactivity disorder 注意缺陷与多动障碍，242 – 245，251，251f
    autism 自闭症，239 – 242，251，251f
    bedwetting 遗尿，250
    bipolar disorder 双相障碍，249
    conduct disorder 品行障碍，245 – 247，251，251f
    disruptive behavior disorders 破坏性行为障碍，245 – 247，252
    heritability estimates for 的遗传力估算值，252
    overview of 的概述，238 – 239
    schizophrenia 精神分裂症，249
    tic disorders 抽搐障碍，250
    Tourette disorder 图雷特氏综合征，250
    twin studies of 的双生子研究，251 – 252，251f
Developmental studies 发展研究
    of personality 人格的，261 – 262
    of twins 双生子的，89，251 – 252，251f
DF extremes analysis DF 极端值分析，37b，194，205，372 – 373
Diagnostic and Statistical Manual of Mental Disorders（DSM – 5）《精神疾病诊断与统计手册》，192，210，223
    personality disorders and 人格障碍与，267
Diallel design 双列杂交设计，62，64f
Diasthesis-stress model 素质-应激模型，124
Diet 饮食
    longevity and 长寿与，315 – 316
    weight and. See Body weight and obesity 重量与。参见体重和肥胖
Differential parental investment 差异性亲代投入，105 – 106，107
Direct association 直接关联，143
Disease locus 疾病基因座，375 – 376
Disorganized schizophrenia 紊乱的精神分裂症，218
Disruptive behavior disorders 破坏性行为障碍，245 – 247
    heritability estimates for 的遗传力估算值，252
Disulfiram 双硫仑，282
Dizygotic twins 双卵双生子，86，87f。
    See also Twin(s); Twin studies 另参见 双生子；双生子研究
    genetic relatedness of 的遗传相关性，349，350t
    rates of 的比率，88b，89b
DNA 脱氧核糖核酸，2，43 – 53
    functions of 的功能，44
    genetic code and 遗传密码与，44 – 47，48t
    repeat sequences of 的重复序列，133 – 134
    replication of 的复制，44，45f
    structure of 的结构，43 – 44，44f，45f
    transcription of 的转录，45，46b – 47b
    DNA markers DNA 标记，21，27，136b。See also

DNA polymorphisms 另参见 DNA 多态性
    allelic frequency of 的等位基因频率，73
    future applications of 的未来应用，321 – 322
    identification of 的鉴定，135 – 138
    in linkage analysis. See Linkage analysis 在连锁分析中。请参阅连锁分析
    polygenic predictors using 多基因预测因子的使用，321 – 322
    in twins 在双生子中，86
    vs. genetic markers 与遗传标记相比，135，136b
DNA methylation DNA 甲基化，144b
    epigenetics and 表观遗传与，152 – 153
    in fragile X syndrome 在脆性 X 染色体综合征中，197
    in gene expression 在基因表达中，152
    in obesity 在肥胖中，299 – 300
DNA microarrays DNA 微阵列芯片，52，144 – 145，144b – 145b，189，190
DNA polymorphisms DNA 多态性，66。See also Mutations 另参见突变
    definition of 的定义，132
    identification of 的鉴定，135 – 138
    single nucleotide 单核苷酸，137
    SNP heritability method and SNP 遗传力方法与，96，98b – 99b
DNA probes DNA 探针，144b – 145b
DNA sequences DNA 序列，45 – 47
    repeat 重复，133 – 134
DNA sequencing DNA 测序，49，373。See also Genome sequencing 另参见基因组测序
DNA studies, of genotype-environment interaction DNA 研究，基因型-环境互作的，127 – 129
DNA variation. See also Variation DNA 变异。另参见变异
    behavioral variation from 行为变异，149
Dogs 犬
    in animal research 动物研究，55 – 57。See also Animal research 另参见动物研究
    genetic variability among 遗传性变异在，55 – 57，56f，58f
Dominance 显性，17 – 20，20f，24，25f
    independent assortment and 独立分配与，24，25f
    as nonadditive genetic effect 作为非加性遗传效应，184
Dominance deviation 显性偏差，344 – 345，344f
Dominance genetic variance 显性遗传方差，344 – 345
Dopamine 多巴胺
    in antisocial behavior 在反社会行为中，272
    in attention-deficit hyperactivity disorder 在注意缺陷与多动障碍中，244，272
    in novelty-seeking 在猎奇性中，272
Double helix 双螺旋，43 – 44，45f
Down syndrome 唐氏综合征，2 – 3，199 – 201
    clinical features of 的临床特征，199 – 200，200f
    dementia in 痴呆在，200

extra chromosome in 额外染色体在, 201
DRD4 gene DRD4（多巴胺受体 D4）基因
    in attention-deficit hyperactivity disorder 在注意缺陷与多动障碍中, 244
    in novelty-seeking 在猎奇性, 272
DRD5 gene, in attention-deficit hyperactivity disorder DRD5（多巴胺受体 D5）基因，在注意缺陷与多动障碍中, 244
Drosophila melanogaster 果蝇（拉丁文）
    as animal model 作为动物模型, 68-69
    learning and memory in 学习和记忆在, 160-164
Drug abuse 药物滥用, 289-290.
    See also Substance use disorders 另参见物质使用障碍
Drug development.
    See Pharmacogenetics; Pharmacogenomics 药物开发。另参见药物遗传学；药物基因组学
DSM-5 (*Diagnostic and Statistical Manual of Mental Disorders*)《精神疾病诊断和统计手册》, 210
Duchenne muscular dystrophy 杜氏肌营养不良, 198, 198f
dunce gene dunce（愚笨者）基因, 158, 162
dysbindin gene, in schizophrenia dysbindin（肌营养蛋白结合蛋白）基因，在精神分裂症中, 219
Dyscalculia 计算障碍, 207-208
Dyslexia 阅读障碍, 204-207

E

Early Growth and Development Study 早期生长发育研究, 84b, 85b, 125-126
Eating disorders 饮食失调, 232
    gene identification for 的基因鉴定, 236
Economics, behavioral 经济学，行为的, 265-266
Effect size 效应量, 72, 94, 273
    estimation of. *See* Heritability 估算。参见遗传力
    small, cumulative effect of 小的，的累积效应, 205-206, 208
Electroencephalography 脑电图, 165
Electrophoresis 电泳, 159
Emotional instability. *See* Neuroticism 情绪不稳定。参见神经质
Endophenotypes 内表型, 160, 161b, 188
    for schizophrenia 对于精神分裂症, 218
Enuresis 遗尿症, 250
Environment 环境
    definition of 的定义, 112
    equal environments assumption and 等量环境假设与, 86-88
    equalizing 均衡, 97
    genotype and 基因型与, 111-130.
        See also Genotype-environment interaction 另参见基因型-环境互作
    nonshared. *See* Nonshared environment 非共享的。参见非共享环境
    shared. *See* Shared environment 共享的。参见共享环境
Environmental influences 环境影响
    estimation of, multivariate genetic analysis in 的估算，在多元遗传分析中, 108-109
    future research directions for 的未来研究方向, 321
    gene expression and 基因表达与, 157-158
    on general cognitive ability 关于一般认知能力, 169-170, 169f, 173
    prenatal 产前的, 84b
    quantitative genetics focus on 数量遗传学集中在, 318
Environmental measures, personality and 环境测量，人格与, 262
Environmental variance 环境差异, 104, 347-348
    shared vs. nonshared 共享的与非共享的, 351-352
Environmentalism 环保主义, 83b
    limitations of 的局限性, 324
Environmentality 环境性, 102-108
    definition of 的定义, 109
    estimation of 的估算, 103-104
Enzymes, restriction 酶，限制
    in microarrays 在微阵列芯片, 144b
    in polymerase chain reaction 在聚合酶链式反应中, 136b
Epigenetics 表观遗传学, 152-154. *See also* Gene-environment interaction 另参见基因-环境互作
    in obesity 在肥胖中, 299-300
    transgenerational effects of 传代效应, 152-153
Epigenome 表观基因组, 49, 150, 152, 154
Epistasis 上位（遗传要素的）抑制性, 184, 346
Equal environments assumption 等量环境假设, 86-88, 352, 370
Error of estimation 估算误差, 94
Ethical issues 伦理问题, 323-324
    in genetic testing 在基因检测中, 304b-305b, 324
Evocative genotype-environment correlation 唤起型的基因型-环境相关性, 117-118, 117t, 119-121, 120f
Evolution 进化, 6-15
    blending hypothesis and 混合假说与, 14-15
    Darwinian 达尔文, 7-12
        Galton and Galton 与, 11-13, 12b-13b
        natural selection in 自然选择在, 9-10, 22b
        theory of use and disuse and 用进废退论与, 15
        vs. argument from design 与设计论证相比, 9
    pangenesis hypothesis and 泛生论与, 14, 15
    population genetics and 群体遗传学与, 22b
    pre-Mendelian concepts of 的孟德尔前派概念, 14-15
    teaching in public schools 在公立学校教学, 10
Executive function 执行功能
    IQ and 智商与, 176
    working memory and 工作记忆与, 176

Exons 外显子, 153
Expanded triplet repeats 扩增的三核苷酸重复,
   132 – 134
   in fragile X syndrome 在脆性X染色体综合征中,
      133 – 134, 134f, 196
   in Huntington disease 在亨廷顿舞蹈症中, 133
Experimental designs.
      See also Adoption studies; Family studies;
      Twin studies 实验设计。另参见 收养研究;
      家系研究; 双生子研究
   combined 组合的, 90 – 91
Expression analysis 表达分析, 373
Expression quantitative trait loci (eQTLs) 表达数
   量性状基因座, 157
Extended children-of-twins design 扩展的双生子后
   代设计, 91, 121 – 122
Externalizing psychopathology 外化精神病理学,
   235, 266 – 267
Extraversion 外向性, 255, 256t
Extremes analysis 极端分析, 37b, 194, 205, 372 –
   373
Eye tracking, in schizophrenia 眼球追踪, 在精神分
   裂症中, 218

F

F_1 generation F_1 代 (子一代), 18b – 19b
F_2 crosses F_2 代杂交 (子二代杂交), 73, 74f
   recombinant inbred strains from 来自于…的重组
      近交系, 75 – 77, 76f
F_2 generation 子二代, 18b – 19b
Factor analysis 因子分析, 168, 173 – 174
Families of twins method 双生子家系法, 90 – 91
Family resemblance 家系相似
   adoption studies and 收养研究与, 38, 80 – 82, 81f,
      82f, 83b – 85b
   for cognitive ability 对于认知能力, 81, 82f
   for genetic disorders 对于遗传性疾病, 96
   genetic relatedness and 遗传相关性与, 30, 33 –
      35, 35f
   heritability estimation from 从…遗传力估算, 96
Family studies 家系研究, 80
   with adoption studies 通过收养研究, 90
   of anxiety disorders 焦虑障碍的, 229 – 230
   of autism 自闭症的, 239 – 240
   of dementia 痴呆的, 310
   Galton and 高尔顿与, 12b – 13b
   of general cognitive ability 一般认知能力的, 172
   limitations of 的局限性, 213
   of mood disorders 情绪障碍的, 223 – 224, 224f
   of schizophrenia 的精神分裂症, 211 – 213
   of specific cognitive abilities 的特定认知能力,
      173 – 174, 175f
   of stepfamilies 的继亲家庭, 91
   with twin studies 通过双生子研究, 90 – 91
   whole genome sequencing and 全基因组测序与,
      146 – 147
Family-based association studies 家系关联研究, 379
Father. See Parent 父亲。参见父母
Fatigue, chronic 疲劳, 慢性的, 232
Fears. See also Anxiety 恐惧。另参见焦虑
   in children 在儿童中, 247 – 249
First-degree relatives 一级亲属, 29, 34
Five-Factor Model 五因素模型, 255 – 257, 256t
Fluency measures, for mathematics ability 流利度
   测量, 对于数学能力, 207 – 208
FMR1 gene FMR1 基因, 197
Fragile X mental retardation –(FMR) 脆性X智力
   低下蛋白-(FMR1), 197
Fragile X syndrome 脆性X染色体综合征, 3, 196 –
   197, 198f
   clinical features of 的临床特征, 196
   expanded triplet repeats in 扩增的三核苷酸重复,
      133 – 134, 134f, 196
   inheritance of 的遗传, 133 – 134, 196 – 197
Fraternal (dizygotic) twins 异卵 (双卵) 双生子, 86,
   87f, 88b.
      See also Twin(s); Twin studies 另参见 双生
      子; 双生子研究
Fruit flies, as animal models 果蝇, 作为动物模型,
   68 – 69
FTO gene, body weight and, FTO (脂肪量和肥胖
   相关) 基因, 体重与, 298 – 299
Full siblings 全同胞, 30
   genetic relatedness of 的遗传相关性, 34, 35f,
      349, 350t
Functional genetic neuroimaging 功能性遗传神经影
   像学, 156, 164 – 165, 176 – 177
   cognitive ability and 认知能力与, 176 – 177
Functional genomics 功能基因组学, 149 – 150,
   149f.
      See also Gene expression 另参见基因表达
   brain structure and function and 脑结构和功能
      与, 160 – 165
   environmental influences and 环境影响与, 157 –
      158
   epigenetics and 表观遗传学与, 152 – 154
   proteome and 蛋白质组与, 159 – 165
   transcriptome and 转录组与, 155 – 158

G

g. See Cognitive ability, general g. 参见 认知能
   力, 一般的
Gain of function mutations 功能突变的获得, 132
Galápagos finches, evolution of 加拉帕戈斯雀类, 进
   化, 7 – 10, 8f
Gametes 配子, 20, 52
Gateway hypothesis, for substance use disorders 网
   关假说, 对于物质使用障碍, 289 – 290
Gemmules 胚芽, 14, 15
Gender differences 性别差异
   in depression 在抑郁症中, 227
Gene(s) 基因, 2

behavioral effects of 的行为效应,149-166.
    See also Functional genomics 另参见功能基因组学
candidate 候选者,129,141-143,188-189,281-284,287-288,288f
definition of 的定义,20
housekeeping 管家,155
linked. See Linkage 连锁。参见连锁
X-linked X连锁,39-41,40f,41f
Gene editing,CRISPR 基因编辑,CRISPR,71
Gene enhancers,in schizophrenia 基因增强子,在精神分裂症中,220
Gene expression 基因表达,146
    as biological basis for environmental influence 作为环境影响的生物学基础,157-158
    in brain 在脑中,160-165.
        See also Neurogenetic research 另参见神经遗传学研究
    DNA methylation in. See Methylation DNA 甲基化在。参见甲基化
    environmental influences and 环境影响与,157-158
    epigenetic 表观遗传学的,150-154,154f.
        See also Epigenetics 另参见表观遗传学
    expression quantitative trait loci and 表达数量性状基因座与,157
    inbred strain studies of 的近交系研究,65
    individual differences in 个体差异在,157-158
    noncoding RNA in 非编码 RNA 在,153-154
    for non-protein-coding genes 对于非蛋白质编码基因,153
    overview of 的概述,150
    as phenotypic trait 作为表型特质,157
    for protein-coding genes 对于蛋白质编码基因,153-154,154f
    throughout genome 贯穿整个基因组,155-158
    transcription factors in 转录因子在,154,154f
    transcriptomics and 转录组学与,155-157
Gene expression profiling 基因表达谱,155-157
Gene identification 基因鉴定,51-52,131-148
    adoption studies in. See Adoption studies 收养研究在。参见收养研究
    for alcohol dependence 对于酒精依赖,281-284
    in animal models 在动物模型中,65
    for antisocial behavior 对于反社会行为,272-273
    for anxiety disorders 对于焦虑障碍,235-236
    association studies in 关联研究在,377-382.
        See also Association studies 另参见关联研究
    for attention-deficit hyperactivity disorder 对于注意缺陷与多动障碍,244-245,272
    for autism 对于自闭症,241-242
    brute force strategy for 的强力策略,189
    for cognitive ability 对于认知能力,188-191
    for conduct disorder 对于品行障碍,272
    of de novo mutations 新发突变的,194
    DNA markers in. See DNA markers DNA 标记在。参见DNA标记
    family studies in. See Family studies 家系研究在。参见家系研究
    genetic counseling and 遗传咨询与,303-304,304b-305b
    limitations of 的局限性,146-147
    linkage analysis in. See Linkage analysis 连锁分析在。参见连锁分析
    missing heritability problem and 遗传力缺失问题与,146-147,189
    for mood disorders 对于情绪障碍,227-229
    for neuroticism 对于神经质,272-273
    new directions in 新方向在,146-147
    for nicotine dependence 对于尼古丁依赖,287-288
    for novelty-seeking 对于猎奇性,272
    for obsessive-compulsive disorder 对于强迫症,236
    for panic disorder 对于恐慌障碍,235-236
    for personality disorders 对于人格障碍,272-273
    for personality traits 对于人格特质,272-273
    polygenic predictors for 的多基因预测,321-322
    polygenic scores and 多基因评分与,146
    for schizophrenia 对于精神分裂症,219
    for substance use disorders 对于物质使用障碍,281-284
    twin studies in. See Twin studies 双生子研究在。参见双生子研究
Gene inactivation. 基因失活。
    See Gene silencing; Methylation 参见基因沉默;甲基化
Gene locus 基因座,23b,24
    disease 疾病,375-376
    identification of. See Gene identification 的鉴定。参见基因鉴定
    quantitative trait. See Quantitative trait loci (QTLs) 数量性状。参见 数量性状基因座 (QTLs)
Gene mapping. 基因定位。
    See Association studies; Gene identification; Linkage analysis 参见关联研究;基因鉴定;连锁分析
Gene networks 基因网络
    in animal research 在动物研究中,283-284
    in substance use disorders 在物质使用障碍中,281-282,282f,283-284,287-288,288f
Gene set analysis 基因集分析,284
Gene silencing 基因沉默,71. See also DNA methylation 另参见DNA 甲基化
Gene targeting 基因靶向
    in mice 在小鼠中,70-71,163-164
    in neurogenetic research 在神经遗传学研究中,163-164
Gene therapy 基因治疗,49
Gene-environment correlation 基因-环境相关性,347.

See also Genotype-environment correlation 另参见基因型-环境相关性
Gene-environment interaction. 基因-环境互作。
    See also Epigenetics；Genotype-environment interaction 另参见表观遗传学；基因型-环境互作
    model fitting and 模型拟合与, 370-372
    personality and 人格与, 262
General cognitive ability. See Cognitive ability, general 一般认知能力。参见认知能力，一般
Generalist Genes Hypothesis 普适基因假说, 186-188
Generalized anxiety disorder 广泛性焦虑障碍, 229-230
    in children 在儿童中, 247-249, 251, 251f
    major depression and 重度抑郁症与, 234-235, 234f
Genetic amplification 遗传扩增, 182
Genetic analysis 遗传分析
    multivariate 多元变量, See Multivariate genetic analysis 参见多元遗传分析
    univariate 单变量, 108
Genetic anticipation 基因预测, 133
Genetic code 遗传密码, 44-47, 48t
    central dogma and 中心法则与, 44-45, 46b-47b
Genetic correlation 遗传相关性, 108-109
    in multivariate genetic model 在多元遗传模型中, 363-370
Genetic counseling 遗传咨询, 303-304, 304b
Genetic determinism, heritability and 遗传决定论，遗传力与, 100
Genetic disorders. See also specific disorders 遗传疾病。另参见特定疾病
    anticipation in 早现在, 133
    carriers of 的携带者, 21-23, 23b, 40, 41f
    concordances for 的一致性, 95
    diagnosis of 的诊断, 304b-305b, 324
    DNA markers for 的DNA标记, 21, 27
    dominant 显性的, 20-21, 20f, 24, 25f
    due to many genes of small effect size 由于许多小效应量基因, 205-206, 208
    ethical issues in 伦理问题在, 304b-305b, 324
    family resemblance for 的家系相似性, 96
    frequency of 的频率, 22b-23b
    genetic counseling for 的遗传咨询, 303-304, 304b-305b
    inbreeding and 近亲繁殖与, 22-23
    inheritance of 的遗传, See Inheritance 参见遗传
    liability-threshold model of 的易患性-阈值模型, 37b
    multiple-gene 多基因, 32-38, 34f
    new mutations causing 新突变导致, 23, 41
    as normal variations 作为正常变异, 240
    qualitative 定性的, 36b-37b
    as quantitative traits 作为数量性状, 36b-37b
    recessive 隐性的, 21-23, 21f, 24, 25f
    single-gene 单基因, 23, 32, 34f
        heritability of 的遗传力, 100-101
        linkage analysis for 的连锁分析, 139-140
Genetic effects 遗传效应
    additive vs. nonadditive 加性的与非加性的, 184-185
    individual vs. population-based 基于个体的与基于群体的, 318, 323
Genetic influences 遗传影响
    on environmental measures, personality and 在环境测量中，人格与, 262
    vs. environmental influences, relative importance of 与环境影响相比，的相对重要性, 323-325. See also Environmental influences 另参见环境影响
Genetic markers 遗传标记, 135, 136b. See also DNA markers 另参见DNA标记
Genetic mosaics 遗传嵌合体, 69
Genetic neuroimaging 遗传神经影像
    functional 功能性的, 156, 164-165, 176-177
    structural 结构性的, 156, 164, 164f
Genetic relatedness 遗传相关性, 30, 349-350, 350t
    cognitive ability and 认知能力与, 30, 31f
    definition of 的定义, 38
    degrees of 的等级, 20, 34-35, 35f
    family resemblance and 家系相似性与, 30, 34-35
    in genetic disorders 在遗传疾病中, 22-23
    quantitative genetics and 数量遗传学与, 33-38, 35f
    schizophrenia and 精神分裂症与, 29f
    of siblings 同胞的, 34, 35f, 91, 107, 349-350, 350t
Genetic research 遗传研究
    overview of 的概述, 1-4
Genetic testing 基因检测, 303-304, 304b-305b
    ethical issues in 的伦理问题, 304b-305b, 324
Genetic variance. See Variance 遗传方差。参见方差
Genetics 遗传学
    Behavioral. See Behavioral genetics 行为的。参见行为遗传学
    in behavioral sciences 在行为科学中, 4, 5f
    historical perspective on 的历史视角, 6-15, 47-49, 212b-213b
    imaging 影像, 156, 164-165, 164f
    molecular 分子的, 44, 46b-47b, 79, 149. See also Molecular genetics 另参见分子遗传学
    population 群体, 22b
    positive 阳性的, 146
    psychiatric. 精神病的。See Psychiatric genetics；Psychopathology 参见精神病遗传学；精神病理学
    quantitative 数量, 33-38, 79-92. See also Quantitative genetics 另参见数量遗传学
Genetics of Mental Disorders (Slater) 精神疾病遗

传学 (Slater), 213b
Genome 基因组, 4
  canine 犬科, 55
  definition of 的定义, 150
  epigenome and 表观基因组与, 150, 152
Genome mapping 基因组定位, 43
Genome scans 基因组扫描, 375–376
Genome sequencing 基因组测序, 4, 48–49
  DNA 脱氧核糖核酸, 49, 373
  future applications of 的未来应用, 49
  in mice and rats 在小鼠与大鼠中, 70
  personalized medicine and 个体化医疗与, 49
  RNA 核糖核酸, 155–156
  whole-genome 全基因组, 135, 139–141
    applications of 的应用, 147
    family studies and 家系研究与, 146–147
Genomewide association studies 全基因组关联研究, 75, 143–147, 189–190, 373, 381–382.
      See also Association studies; Gene identification 另参见关联研究；基因鉴定
  for cognitive ability 对于认知能力, 189–190
  for depression 对于抑郁症, 236
  for eating disorders 对于进食障碍, 236
  for general cognitive ability 对于一般认知能力, 189–190
  microarrays in 微阵列芯片在, 52, 144–145, 144b–145b, 189, 190
  for mood disorders 对于情绪障碍, 227–228
  for obsessive-compulsive disorder 对于强迫症, 236
  for personality 对于人格, 272–273
  for schizophrenia 对于精神分裂症, 220
Genomewide gene-by-environment interaction 全基因组基因-环境互作, 129
Genomic imprinting 基因组印记, 41, 202
Genomic profiles 基因组概况, 146
Genomics 基因组学
  behavioral 行为的, 150
  functional 功能的, 149–150, 149f
Genotype 基因型, 343
  definition of 的定义, 20
  haploid. See Haplotype 单倍体。参见单倍型
  heterozygous 杂合子, 23b, 343
  homozygous 纯合子, 22b, 343
Genotype-environment correlation 基因型-环境相关性, 113–123, 117–118
  active 主动型的, 117–118, 117t, 119–121, 120f
  for adoptive vs. nonadoptive families 对于收养家庭与非收养家庭, 118–120, 118f
  definition of 的定义, 113–114
  detection of 的检测, 118–122, 118f, 120f
  evocative (reactive) 唤起型的 (回应型的), 117–118, 117t, 119–121, 120f
  family interactions and 家系互动与, 114–116, 115t
  implications of 的意义, 122

multivariate analysis of 的多元分析, 120–122
nature of nurture and 教养的本质与, 114–117
passive 被动型的, 117t, 118, 118f, 120, 120f
  detection of 的检测, 117t, 118–119
phenotypic variance and 表型变异与, 114
Genotype-environment interaction 基因型-环境互作, 3–4, 112, 123–130.
    See also Genotype-environment correlation 另参见基因型-环境相关性
  adoption studies of 的收养研究, 125–126.
    See also Adoption studies 另参见收养研究
  in alcohol dependence 在酒精依赖中, 277–278
  animal models of 的动物模型, 124–125, 168–170, 169f
  candidate gene-by-environment 候选基因-环境, 129
  definition of 的定义, 112, 123
  diasthesis-stress model and 素质-应激模型与, 124
  DNA studies of 的 DNA 研究, 127–129
  general cognitive ability and 一般认知能力与, 170
  genomewide gene-by-environment 全基因组基因-环境, 129
  inbred strain studies of 的近交系研究, 65
  overview of 的概述, 111–112, 123–124, 124f
  twin studies of 的双生子研究, 126–127.
    See also Twin studies 另参见双生子研究
Genotypic frequencies 基因型频率, 23b
Genotyping 基因分型, 373
Glutamate, in long-term potentiation 谷氨酸, 在长时程增强, 163
Goodness-of-fit statistics 拟合优度统计, 357
Grit 毅力, 9
Group heritability 群体遗传力, 205
Gut microbiome 肠道微生物, 49
  obesity and 肥胖与, 301

H

Half siblings 半同胞, 30, 91
  genetic relatedness of 的遗传相关性, 35f, 349, 350t
  schizophrenia in 在精神分裂症中, 217
Haplotype (haploid genotype) 单倍型 (单倍体基因型), 137, 380
Haplotype blocks 单倍型域, 137
Haplotype phasing 单倍型分期, 381
Haplotype-based association studies 基于单倍型的关联研究, 380–381
HapMap Project 人类基因组单体型图计划, 137, 381–382
Hardy-Weinberg equilibrium 哈迪-温伯格平衡, 22b–23b
Health, subjective well-being and 健康, 主观幸福感与, 302–303.
    See also Well-being 另参见幸福感
Health psychology 健康心理学, 292–305

aging and 衰老与, 306-316
  body weight and obesity in 体重与肥胖在, 293-302
  genetic counseling and 遗传咨询与, 303-304, 304b-305b
Heart disease, aging and 心脏病, 衰老与 312, 314
Height, heritability of 身高, 的遗传力, 96-97
Hereditary Genius: *An Enquiry into Its Laws and Consequences* (Galton)《遗传的天才：探究其规律与后果》(Galton), 11, 12b-13b
Heredity 遗传
  biological basis of 的生物学基础, 43-53
  Mendel's laws of. See Mendel's laws 的孟德尔定律。参见孟德尔定律
  pre-Mendelian concepts of 的孟德尔前派概念, 14
Heritability 遗传力, 2, 93-102, 350-353. *See also specific traits* 另参见特定性状
  bivariate 二元变量, 109, 367
  broad-sense 广义, 350
  changes during development 发育过程中的变化, 179-183, 180f, 181f, 183f, 184f, 261-262
  definition of 的定义, 94, 96
  effect size and 效应量与, 72, 94, 273
  equalizing environments and 平衡环境与, 97
  estimation of 的估算, 94-95
    assortive mating and 同型婚配与, 185
    concordances and 一致性与, 95
    error of estimation and 估算误差与, 94
    from family resemblance 从家系相似性, 96
    indirect 间接的, 96
    liability-threshold model for 的易患性-阈值模型, 36b-37b, 95
    model fitting in 模型拟合在, 96, 353-372
    multivariate analysis in 多元分析在, 108-109
    for twins 对于双生子, 95
  genetic determinism and 遗传决定论与, 100
  group 群体, 205
  individual differences and 个体差异与, 96-100
  interpretation of 的解释, 96-101
  narrow-sense 狭义, 350
  polygenic 多基因, 96
  of single-gene disorders 的单基因疾病, 100-101
Heroin 海洛因, 289-290
Heterogeneous sample 异质性样本, 371
Heterozygous genotype 杂合基因型, 23b, 343
Home Observation for Measurement of the Environment (HOME) 家庭环境观察评定量表, 114
Homosexuality 同性恋, 263-264
Homozygous genotype 纯合基因型, 22b, 343
Housekeeping genes 管家基因, 155
5-HTTLPR gene, genotype-environment interaction and 5-HTTLPR 基因, 基因型-环境互作与, 128-129, 128f
Human Genome Project 人类基因组计划, 28, 49, 159

Human Proteome Project 人类蛋白质组计划, 159-160
Huntington disease 亨廷顿舞蹈症
  expanded triplet repeats in 扩增的三核苷酸重复在, 133
  genetic testing for 的基因检测, 304b-305b
  inheritance of 的遗传, 16, 16f, 20-21, 20f, 23, 27, 32
  linkage analysis for 的连锁分析, 27-28, 139-141, 140f
  pedigree for 的系谱, 16, 16f
Hyperlipidemia, aging and 高脂血症, 衰老与, 312, 314
Hypertension, aging and 高血压, 衰老与, 312

I

Identical twins. 同卵双生子。
  See Twin(s), monozygotic (identical) 参见双生, 单卵的(同卵的)
Imaging genetics 影像遗传学, 176-177
  functional imaging in 功能成像在, 156, 164-165, 177
  structural imaging in 结构成像在, 156, 164, 164f, 176-177
Imprinting 印记, 152
  genomic 基因组的, 41, 202
Inbred strains 近交系, 20, 62-65, 63f, 64f
  chromosome substitution 染色体替换, 77
  quantitative trait loci in 数量性状基因座在, 75-77, 76f
  recombinant 重组的, 75-77, 76f
Inbreeding 近亲交配, 62-65, 63f, 64f
  genetic disorders and 遗传疾病与, 22-23
Indels, chromosomal 插入缺失, 染色体的, 221
Independent assortment 独立分配, 24-28, 25f, 26f, 290
Index case 指示病例, 34-35
Indirect association 间接关联, 143
Individual differences 个体差异
  in gene expression 在基因表达中, 157-158
  heritability and 遗传力与, 96-100
  measurement of 的测量, 329-342
  vs. population-based effects 与基于群体的效应相比, 318, 323
Induced mutations 诱导性突变, 66-71
Infants. *See also* Children 婴儿。另参见儿童
  personality in 人格在, 261-262
Inferential statistics 推论统计学, 329
Inheritance 遗传
  dominant. *See* Dominance 显性的。参见显性
  multiple-gene 多基因, 32-33, 34f
  quantitative 数量的, 29-38
  recessive. *See* Recessive traits 隐性的。参见隐性性状
  single-gene 单基因的, 23, 32, 34f. *See also* Single-gene disorders 另参见单基因疾

病
Inhibition/shyness, in children 抑制/害羞,在儿童中,247-249
Insertions, chromosomal 插入变异,染色体的,221
Instincts 本能,15
Insulin signaling pathway, longevity and 胰岛素信号通路,长寿与,315
Intellectual disability. See also Cognitive disability 智力障碍。另参见认知障碍
　definition of 的定义,192
Intelligence. 智力。
　　See Cognitive ability, general; IQ 参见认知能力,一般的;智商
Intermediate phenotype 中间表型,161b
Internalizing psychopathology 内化精神病理学,235,248-249,266-267
International Schizophrenia Consortium 国际精神分裂症学会,220
Interpersonal relationships, personality and 人际关系,人格与,262-264
Interval scale 等距量表,330
Introns 内含子,153
IQ. See also Cognitive ability, general 智商。另参见认知能力,一般的
　in cognitive disabilities 在认知障碍中,192-193
　distribution of 的分布,192
　overview of 的概述,167-168
IQ tests 智商测试,170-171

J

Juvenile delinquency. 青少年犯罪。
　　See also Antisocial behavior; Conduct disorder 另参见反社会行为;品行障碍
　vs. antisocial personality disorder 与反社会人格障碍相比,269

K

Klinefelter syndrome 克莱恩费尔特综合征,201
Knock-out mice 基因敲除小鼠,70,163-164
Kronecker product 克罗内克积,342

L

Language disorders 语言障碍,207
Law of independent assortment 独立分配定律,24-28,25f,26f
Law of segregation 分离定律,17-23,20f,21f,22b-23b
Learning. See also Memory 学习。另参见记忆
　general cognitive ability and 一般认知能力与,170,186-188,187f,190-191.
　　See also Cognitive ability 另参见认知能力
　genetic influences in 遗传影响在,170
　long-term potentiation in 长时程增强在,163
　neurogenetic research on 的神经遗传学研究,162-164
Learning disabilities. 学习障碍。

See Cognitive disability, specific 参见认知障碍,特定的
Least squares regression line 最小二乘回归线,338-339
Leptin 瘦素,298
Lesch-Nyhan syndrome 莱施-尼汉综合征(自毁容症),169f,198
Levels of analysis 分析水平,151b
Liability-threshold mode 易患性-阈值模型,36b-37b,205
　for heritability estimation 对于遗传力估算,95
Life satisfaction. See Well-being 生活满意度。参见幸福感
Lifetime expectancy 预期寿命,29
Linear regression 线性回归,338f
Linkage 连锁,25,25f
　affected sib-pair 患病同胞对,141,142b,206
　X-linked genes X连锁基因,39-41,40f,41f
Linkage analysis 连锁分析,27-28,206,373-376.
　　See also Gene identification 另参见基因鉴定
　affected sib-pair 患病同胞对,106,141,142b
　allele sharing in 等位基因共享在,141,142b
　for complex disorders 对于复杂疾病,141
　gene flow patterns in families and 家系中的基因流动模式与,374-375
　in genome scans 在基因组扫描中,375-376
　for Huntington disease 对于亨廷顿舞蹈症,27-28,139-141,140f
　limitations of 的局限性,141-142
　in mood disorders 在情绪障碍中,227-228
　nonparametric 非参数的,376
　QTL 数量性状基因座,72-73,139-143,206
　in schizophrenia 在精神分裂症中,219
　for single-gene disorders 对于单基因疾病,139-141
Linkage disequilibrium 连锁不平衡,143,380
Lipids, serum, aging and 血脂,血清,衰老与,312,314
Lithium, response to 锂,对⋯的反应,224
Locus 基因座,23b,24
　disease 疾病,375-376
　identification of. See Gene identification 的鉴定。参见基因鉴定
　quantitative trait. See Quantitative trait loci (QTLs) 数量性状。参见数量性状基因座(QTLs)
Locus of control, aging and 控制点,衰老与,313-314
Longevity 寿命,313,315-316
Longitudinal model 纵向模型,370
Long-term memory 长期记忆,162
Long-term potentiation 长时程增强,163
Loss of function mutations 功能丧失性突变,132
Lung function, aging and 肺功能,衰老与,314-315

M

Magnetic resonance imaging 磁共振成像
　　functional 功能性的, 156, 164－165, 176－177
　　structural 结构性的, 156, 164, 164f
Magnetoencephalography 脑磁图描记术, 165
Major depressive disorder 重度抑郁症, 222－229.
　　See also Depression; Mood disorders 另参见抑郁症; 情绪障碍
Manic-depressive illness. See Bipolar disorder; Mood disorders 躁郁症。参见双相障碍; 情绪障碍
MAOA gene, antisocial behavior and MAOA（单胺氧化酶 A）基因（暴力基因）, 反社会行为与, 127, 128f, 272
Mapping 定位
　　association. See Association studies 关联。参见关联研究
　　protein 蛋白质, 159
　　of single nucleotide polymorphisms 的单核苷酸多态性, 137, 139－141
Marijuana 大麻, 289－290
Marital satisfaction 婚姻满意度, 263
Mass spectrometry 质谱法, 159
Mate selection 择偶, 263
Mathematics ability 数学能力, 179, 207－208.
　　See also School achievement 另参见学业成就
Mating, assortive 交配, 同型的, 91, 184－186
　　alcohol dependence and 酒精依赖与, 276
Matrices 矩阵, 340－342
　　in model fitting 在模型拟合中, 353－362
MC4R gene, in obesity MC4R（黑皮质素受体 4）基因（肥胖基因）, 在肥胖症中, 298, 299
Mean 平均值, 330
Medicine, personalized 医疗, 个体化的, 49
Meiosis 减数分裂, 52
　　crossovers during 在…期间（染色体之间的）交换, 26－27, 26f
　　recombination during 在…期间重组, 25－27, 26f
Melanocortin 黑皮质素, 298
Memory 记忆
　　executive function and 执行功能与, 176
　　impaired 受损的, 2, 309－312. See also Dementia 另参见痴呆
　　long-term 长时程, 162
　　long-term potentiation in 长时程增强在, 163
　　neurogenetic research on 的神经遗传学研究, 162－164
　　short-term 短时程, 162
　　working 工作, 176
Mendelian randomization 孟德尔随机化, 290
Mendel's laws 孟德尔定律
　　exceptions to 例外
　　　　expanded triplet repeats 扩增的三核苷酸重复, 132－134, 196
　　　　new mutations 新突变, 23, 41
　　　　nondisjunction （染色体）不分离, 52－53, 53f

　　　　X-linked inheritance X 连锁遗传, 39－41, 40f, 41f
　　extension to 的延长部分, 38－40
　　independent assortment (second law) 独立分配（第二定律）, 24－28, 25f, 26f, 290
　　polygenic traits and 多基因性状与, 33, 34f
　　quantitative inheritance and 数量遗传与, 29－38
　　segregation (first law) 分离（第一定律）, 17－23, 20f, 21f, 22b－23b
Mendel's pea plant experiments 孟德尔豌豆实验, 18b－19b, 30
Mental health, subjective well-being and 心理健康, 主观幸福感与, 302－303
Mental institutions, historical perspective on 精神病院, 的历史视角, 212b－213b
Mental retardation. See Cognitive disability 精神发育迟滞。参见认知障碍
Messenger RNA (mRNA) 信使 RNA(mRNA), 45, 47b, 134. See also RNA 另参见 RNA
　　alternative splicing of 的可变剪接, 48－49
　　in gene expression 在基因表达中, 152
　　translation of 的翻译, 46b－47b
Methamphetamine 甲基苯丙胺, 89－290
Methylation 甲基化, 144b
　　epigenetics and 表观遗传学与, 152－153
　　in fragile X syndrome 在脆性 X 染色体综合征中, 197
　　in gene expression 在基因表达中, 152
　　in obesity 在肥胖症中, 299－300
Methylome 甲基化组, 154. See also Epigenome 另参见表观基因组
Mice. See also Animal research 小鼠。另参见动物研究
　　as animal models 作为动物模型, 62－65, 63f, 64f, 70－71
　　inbred strains of 的近交系, 20, 62－65, 63f, 64f, 75－77, 76f
　　knock-out 基因敲除, 70－71, 163－164
　　obese gene in 肥胖基因在, 298－299, 301
　　quantitative trait loci in 数量性状基因座在, 73－77, 76f
　　targeted mutations in 靶向突变在, 70－71
Microarrays 微阵列芯片
　　DNA (SNP) 脱氧核糖核酸（单核苷酸多态性）, 52, 144－145, 144b－145b, 189, 190
　　RNA, in gene expression profling 核糖核酸, 在基因表达谱中, 155－15
Microbiome 微生物群系, 49
　　obesity and 肥胖症与, 301
MicroRNA 微小 RNA, 153
Microsatellite markers 微卫星标记, 135－137, 136b
Missing heritability problem 遗传力缺失问题, 146－147, 189
Mitosis 有丝分裂, 52
Model fitting 模型拟合, 96, 353－372
　　adoption studies and 收养研究与, 81

assumptions in 假设在, 370-372
complex effects and 复杂效应与, 370-372
degrees of freedom in 自由度在, 363-362
environmental mediation and 环境中介与, 372
equal environments assumption in 等量环境假设在, 86-88, 352, 370
example of 的例子, 356-358
extremes analysis and 极端分析与, 372-373
gene-environment interaction and 基因-环境互作与, 370-372
goals of 的目标, 353-354
for identified models 对于已识别模型, 358
for multivariate models 对于多元模型, 363-370, 364f, 365t, 369f
nonadditivity and 非加性与, 371
optimization in 最优化在, 357
parsimony in 简约性在, 359-361
path analysis and 通径分析与, 362-363, 362f
sample heterogeneity and 样本的异质性与, 371
for saturated models 对于饱和模型, 358-359
sex-limitation model and 性别限制模型与, 371
for underidentified models 对于未识别的模型, 360
for univariate models 对于单变量模型, 358-362, 360t, 361t
Molecular genetics 分子遗传学, 79, 149.
See also Gene identification 另参见基因鉴定
central dogma of 的中心法则, 44, 46b-47b
DNA markers in. See DNA markers DNA 标记在。参见 DNA 标记
future directions for 的未来方向, 321-323
in obesity 在肥胖症中, 297-299
quantitative genetics and 数量遗传学与, 131-132, 134f
statistical methods in 统计学方法在, 373-382
Monoamine oxidase A, antisocial behavior and 单胺氧化酶 A, 反社会行为与, 127, 128f, 272
Monozygotic twins 单卵双生子, 83-88, 87f. See also Twin(s); Twin studies 另参见双生子; 双生子研究
genetic relatedness of 的遗传相关性, 349, 350t
rates of 的比率, 88b, 89b
shared chorion of 的共享绒毛膜, 86, 89b
Mood disorders 情绪障碍, 22-229.
See also Bipolar disorder; Depression 另参见双相障碍; 抑郁症
adoption studies of 的收养研究, 226-227
family studies of 的家系研究, 223-224, 224f
gene identification for 的基因鉴定, 227-229
overview of 的概述, 222-223
twin studies of 的双生子研究, 225-226, 226f
types of 的种类, 222-223
Morbidity risk estimate 罹病率风险值, 29
Mosaics 嵌合体, 69
Mother. 母亲。See Parent 参见父母
Mouse. 小鼠。See Mice 参见小鼠

mRNA. See Messenger RNA (mRNA) mRNA。参见信使 RNA(mRNA)
Multi-infarct dementia 多发脑梗死性痴呆, 310
Multiple-gene inheritance 多基因遗传, 32-38, 34f
quantitative genetics and 数量遗传学与, 33-38, 35f
Multivariate genetic analysis 多元遗传分析, 3, 108-109, 363-370
of cognitive ability 的认知能力, 186-187
common-factor common-pathway model and 共因子共通路模型与, 368, 369f
common-factor independent-pathway model and 共因子独立通路模型与, 368, 369f
future directions for 的未来方向, 320
of genotype-environment correlation 基因型-环境相关性的, 120-122
longitudinal model and 纵向模型与, 370
in quantitative genetics 在数量遗传学中, 108-109
Muscular dystrophy 肌营养不良症, 169f, 198
Mushroom body neuron 蘑菇体神经元, 162-163
Mutations 突变, 132-137
definition of 的定义, 72
effects of 的影响, 132
gain of function 功能获得, 132
induced 诱导的, 66-71
loss of function 功能丧失, 132
new (de novo) 新的(新发的) 23, 41, 194
premutations and 前突变与, 133, 196-197
single-base 单碱基, 132
single-gene, pleiotropic effects of 单基因, 的多效性, 67
targeted 靶向的, 70-71, 163-164

N

Narrow-sense heritability 狭义遗传力, 350
Natural selection 自然选择, 9-11, 22b. See also Selection 另参见选择
Nature of nurture 教养的本质, 111, 114-117
Nature-nurture interaction. 天性-教养互作。
See also Environmental influences; Genetic influences; Genotype-environment interaction 另参见环境影响; 遗传影响; 基因型-环境互作
evolving concepts of 的进化概念, 323-325
Galton's view of Galton 的观点, 12, 12b-13b
model fitting and 模型拟合与, 370-372
personality and 人格与, 262
neuregulin1 gene, in schizophrenia 神经调节蛋白 1 基因, 在精神分裂症中, 219
Neurocognitive disorders 神经认知障碍, 310. See also Dementia 另参见痴呆
Neurofibromatosis 神经纤维瘤病, 169f, 198-199
Neurogenetic research 神经遗传研究, 160-165
animal models in 动物模型在, 160-164
gene targeting in 基因靶向在, 163-164

on learning and memory 在学习和记忆上, 162-164
on psychopathology 在精神病理学上, 165
Neuroimaging 神经影像学, 175f, 176-177
　functional genetic 功能遗传的, 156, 164-165, 176-177
　structural genetic 结构遗传的, 156, 164, 164f
Neurome 神经组, 150
Neuron, mushroom body 神经元, 蘑菇体, 162-163
Neuroticism 神经质, 235, 255-257, 256t
　definition of 的定义, 266
　gene identification for 的基因鉴定, 272-273
　personality disorders and 人格障碍与, 266-267
Nicotine dependence 尼古丁依赖, 284-288
　gene identification for 的基因鉴定, 287-288
　health effects of 的健康影响, 284-285
　twin studies of 的双生子研究, 285-287
Nicotinic acetylcholine receptor 烟碱型乙酰胆碱受体, 288
NMDA gene, in memory NMDA（N-甲基-D-天冬氨酸受体）基因, 在记忆中, 163-164
Nocturnal enuresis 夜间遗尿症, 250
Noise variance 噪音变异, 348
Nonadditive genetic variance 非加性遗传方差, 184-185, 243
Noncoding RNA 非编码 RNA, 137, 153-154
Nondisjunction, of chromosomes 不分离, 染色体的, 52-53, 53f
　in Down syndrome 在唐氏综合征中, 200
Nonparametric linkage analysis 非参数连锁分析, 376
Nonrandom sample 非随机样本, 329
Nonshared environment 非共享环境, 82, 103, 350. See also Environment 另参见环境
　definition of 的定义, 103
　estimating effects of 的估算效应, 103-104
　future research directions for 的未来研究方向, 321
　genetic factors in 遗传因素在, 107
　genotype-environment correlation and 基因型-环境相关性, 115-116
　identification of 的鉴定, 104-108
　in multivariate genetic model 在多元遗传模型中, 364-368
　predictive of behavior 行为预测, 106-108
　role of chance in 机遇的作用在, 108
　sibling correlations for 的同胞关系, 105t, 106-108
　twin studies of 的双生子研究, 107. See also Twin studies 另参见双生子研究
Nonshared Environment and Adolescent Development (NEAD) project 非共享环境与青少年发展（NEAD）项目, 105, 106-107, 115, 115t
Nonshared environmental correlation 非共享环境相关性, 364-368
Nonshared environmental influences 非共享环境影响, 82
Nonshared environmental variance 非共享环境变异, 351-352
Novelty-seeking 猎奇性, 272
Nucleus 细胞核, 24
Nuisance variance 干扰变异, 348

O

Obesity. See Body weight and obesity 肥胖症。参见体重和肥胖
Observational studies, of personality 观察研究, 人格的, 260
Obsessive-compulsive disorder 强迫症, 229-230
　in children 在儿童中, 247-249, 251, 251f
　comorbidity and 共病与, 233-235
　gene identification for 的基因鉴定, 236
Obsessive-compulsive personality disorder 强迫性人格障碍, 268
Occam's razor 奥卡姆剃刀定律, 359
OCEAN mnemonic OCEAN（人格的五大特质的首字母缩写）记忆的, 255
Odds ratios 优势比, 244, 378
Open-field activity 旷场行为
　albinism and 白化病与, 66
　selective breeding and 选择性繁殖与, 58-61, 59f-61f
Openness to experience 经验开放性, 255-257
Opiate dependence 阿片（鸦片）依赖, 289-290
The Origin of Species (Darwin) 物种起源（达尔文）, 7, 10-11

P

Pangenesis 泛生论, 14, 15
Panic disorder 恐慌障碍, 229-230
　comorbidity and 共病与, 233-235
　COMT gene in COMT（儿茶酚-O-甲基转移酶）基因在, 236
　gene identification for 的基因鉴定, 235-236
Paranoid schizophrenia 偏执型精神分裂症, 218, 219
Parent, "genetic" vs. "environmental," 父母, "遗传的"与"环境的", 80-81, 81f
Parent ratings, of personality 父母评定, 对人格, 259-260
Parenting behavior. See also under Family 养育行为。另参见家系下
　differential treatment of offspring and 对后代的差别对待与, 105-106, 107
　genotype-environment correlation and 基因型-环境相关性与, 118-122
　heritability of 的遗传力, 114-116, 115t
　personality and 人格与, 263
Partial regression coefficient 部分回归系数, 362
Passive genotype-environment correlation 被动型的基因型-环境相关性, 117-122, 117t, 118f, 120f
Path analysis 通径分析, 362-363, 362f
Pea plant experiments 豌豆植物实验

of Galton 高尔顿的,30-31
of Mendel 孟德尔的,18b-19b,30
Pearson product-moment correlation 皮尔森积差相关,30
Pedigrees 系谱,16,16f,17f,376,376f
Peer ratings, of personality 同伴评定,的人格,258-259,259f
Personality 人格,1,254-274
    aging and 衰老与,313
    attitudes and beliefs and 态度和信仰与,264-265
    callous-unemotional 冷漠无情的,246-247
    in children 在儿童中,259-260,261-262
    developmental studies of 的发展研究,261-262
    dimensions of 的维度,255-258
    economic behavior and 经济行为与,265-266
    effects on environmental influence 环境影响的效应,262
    Five-Factor Model of 的五因素模型,255-257,256t
    gene identification for 的基因鉴定,272-273
    genetic influences on environmental measures and 遗传因素对环境测量的影响与,262
    locus of control and 控制点与,313-314
    measures of 的测量,255-260
    normal variation in 正常变异在,254,266-267,273
    observational studies of 的观察研究,260
    parent ratings of 的父母评定,259-260
    parent-offspring relationships and 亲子关系与,263
    peer ratings of 的同伴评定,258-259,259f
    perception of life events and 对生活事件的感知与,262
    person-situation interaction in 人与情境的互动,254,261
    psychopathology and 精神病理学与,254
    romantic relationships and 恋爱关系与,263
    self-esteem and 自尊与,261
    self-report questionnaires on 的自陈问卷,255-258,259f
    sexual orientation and 性取向与,263-264
    situational studies of 的情境研究,261
    social psychology and 社会心理学与,262-266
    stability of 的稳定性,254,261-262,313-314
    temperament and,气质与,254
    twin studies of 的双生子研究,255-257,256t
    Type A A类人格,313
    well-being and 幸福感与,260-261
Personality disorders 人格障碍,266-267
    antisocial 反社会的,268-272
    as dimensions vs. categories 作为维度与类别,267
    gene identification for 的基因鉴定,272-273
    neuroticism and 神经质与,266-267
    obsessive-compulsive 强迫症状,268
    overview of 的概述,266-267

schizophrenia and 精神分裂症与,213
schizotypal 分裂型,267-268
    in children 在儿童中,249
    vs. psychopathology 与精神病理学相比,267
Personalized medicine 个体化医疗,49
Pharmacogenetics 药物遗传学,278
    quantitative trait loci research in 数量性状基因座研究在,75
Pharmacogenomics 药物基因组学,278
Phenome 表型组,150
Phenotype 表型
    allelic association and 等位基因关联与,66
    definition of 的定义,20
    intermediate 中间的,161b
Phenotypic values 表型值,346
Phenylketonuria (PKU) 苯丙酮尿症(PKU)17,17f,21-23,21f,22b-23b,195-196
Phobias 恐惧症,229-230
    in children 在儿童,247-249
    comorbidity and 共病与,233-235
Pleiotropy 基因多效性,67,188
Political psychology 政治心理学,264-265
Polygenic model 多基因模型,345-346
Polygenic predictors, using DNA markers 多基因预测因子,使用DNA标记,321-322
Polygenic risk scores 多基因风险评分,146
Polygenic susceptibility scores 多基因易感性评分,146
Polygenic traits 多基因性状,33,34f,67
    quantitative genetics and 数量遗传学与,33-38,35f
Polygenicity 多基因性,188
Polymerase chain reaction (PCR) 聚合酶链式反应(PCR),135,136b,144b
Polymorphisms 多态性,66. See also Mutations 另参见突变
    definition of 的定义,132
    identification of 的鉴定,135-138
    single nucleotide. 单核苷酸.
        See Single nucleotide polymorphisms (SNPs) 参见单核苷酸多态性(SNPs)
Population 群体
    definition of 的定义,329
    sampling of 的抽样,329
Population genetics 群体遗传学,22b
Population stratification 群体分层,378-379
Population-based association studies 基于群体的关联研究,377-378
Population-based effects 基于群体的效应
    vs. individual differences 与个体差异相比,318
Positive genetics 积极遗传学,146
Posttranslational protein modification 翻译后蛋白质修饰,47b,159
Posttraumatic stress disorder 创伤后应激障碍,231
    comorbidity and 共病与,232-235
Prader-Willi syndrome 普莱德-威利综合征,202-

203, 203f
Pregnancy 妊娠
　offspring obesity and 子代肥胖与, 300
Premutations 前突变, 133, 196–197
Primers 引物, 136b
Probands 先证者, 34–35, 38
Probes 探针, 144b–145b
Processing speed 处理速度
　cognitive ability and 认知能力与, 176
Protein(s). See also Amino acids 蛋白质。另参见氨基酸
　identification of 的鉴定
　　by electrophoresis 通过电泳, 159
　　by mass spectrometry 通过质谱, 159
　measurement of 的测量, 159
　posttranslational modification of 翻译后修饰, 47b, 159
　synthesis of 的合成, 44, 46b–47b
Protein expression 蛋白质表达
　in brain 在脑中, 160–165
　　See also Neurogenetic research 另参见神经遗传学研究
　proteome and 蛋白质组与, 159
Protein mapping 蛋白质定位, 159
Proteome 蛋白质组, 159–160. See also Protein(s) 另参见蛋白质
　definition of 的定义, 150, 159
　identification of 的鉴定, 159
　as phenotype 作为表型, 159
Psychiatric genetics 精神病遗传学, 210–211, 212b–213b.
　See also Psychopathology 另参见精神病理学
Psychiatric Genomics Consortium 精神疾病基因组学学会, 220
Psychological traits, as quantitative dimensions 心理特质，作为数量化维度, 30
Psychology 心理学
　evolutionary. See Evolution 进化。参见进化论
　health 健康, 292–305
　political 政治, 264–265
　social 社交, 262–266
Psychopathology. See also specific disorders 精神疾病。另参见特定疾病
　age at onset of 发病年龄在, 238
　aging and 衰老与, 313
　in children. 在儿童中, See Developmental psychopathology 参见发展精神病理学
　comorbidity in 共病在, 233–235
　diagnosis of 的诊断, 210–211
　as extreme of normal variation 作为正常变异的极端, 240, 254, 266–267, 273
　genetic counseling for 的遗传咨询, 304b–305b
　genetics of 的遗传学, 210–211, 212b–213b
　historical perspective on 的历史视角 212b–213b
　internalizing vs. externalizing 内化与外化, 235, 248–249, 266–267

neurogenetic research on 神经遗传学研究, 165
personality and 人格与, 254, 266–267, 273
schizophrenia 精神分裂症, 210–221
substance use disorders and 物质使用障碍与, 235, 290–291
vs. personality disorders 与人格障碍相比, 267
Psychopathy 心理变态, 270
Psychopharmacogenetics 精神药物遗传学, 278
Psychosis 精神病。See also Schizophrenia 另参见精神分裂症
　in children 在儿童中, 249
Pulmonary function, aging and 肺功能, 衰老与, 314–315

Q

QTL linkage analysis 数量性状基因座连锁分析, 72–73, 139–143, 206.
　See also Linkage analysis 另参见连锁分析
Qualitative disorders 定性障碍, 36b–37b
Quality of life. See Well-being 生活质量。参见幸福感
Quantitative dimensions 数量化维度, 30
　genetic disorders as 遗传性疾病作为, 36b–37b
Quantitative genetics 数量遗传学, 33–38, 79–92, 318–323, 342–373
　adoption studies in 收养研究在, 38, 80–82, 83b–85b
　animal research in 动物研究在, 55–65
　applications of 的应用, 318–322
　biometric model in 生物识别模型在, 342–348
　definition of 的定义, 79
　as descriptive vs. predictive 作为描述性与预测性, 112
　environmentality and 环境性与, 102–108
　future directions for 的未来方向, 318–322
　genotype-environment correlation and 基因型-环境相关性, 111–112, 113–123
　genotype-environment interaction and 基因型-环境互作与, 112, 123–130
　heritability in 遗传力在, 93–102. See also Heritability 另参见遗传性
　molecular genetics and 分子遗传学, 131–132, 134f
　multivariate analysis in 多元分析, 108–109
　scope of 的范围, 113
　statistical methods in 统计方法, 342–373.
　　See also Statistical methods 另参见统计方法
　twin studies in 双生子研究, 38
　variance components estimation and 方差分量估算与, 348–373
　variance components model and 方差分量模型与, 346–347
Quantitative genetics model 数量遗传学模型, 205–206
Quantitative inheritance 数量遗传, 29–38
Quantitative trait 数量性状, 30

Quantitative trait loci（QTLs）数量性状基因座（QTLs），72-77,131-132,134f
  in animal models 在动物模型中，72-77,74f,76f, 283
  conserved synteny and 保守共线性与，283
  definition of 的定义，131
  expression 表达，157
  in F_2 crosses 在 F_2 代（子二代）杂交中，73,74f
  in genomewide association studies 在全基因组关联研究中，75,143-147
  in heterogeneous stock and commercial outbred strains 异质种系和商品化远交系，73-75
  identification of 的鉴定，73-75,143-147. See also Gene identification 另参见基因鉴定
  inheritance of 的遗传，131
  in linkage analysis 在连锁分析中，72-73,139-143,206. See also Linkage analysis 另参见连锁分析
  in pharmacogenetics 在药物遗传学中，75
  in recombinant inbred strains 在重组近交系中，75-77
Quantitative trait locus hypothesis 数量性状基因座假设，206
Quantitative trait locus linkage analysis. 数量性状基因座连锁分析。See Linkage analysis 参见连锁分析
Questionnaires 调查问卷，114
  self-report, on personality 自陈报告，关于人格，255-258,259f

R

Random sampling 随机抽样，329
Rats, as animal models 大鼠，作为动物模型，70. See also Animal research 另参见动物研究
Reactive genotype-environment correlation 具有反应性的基因型-环境的相关性，117-118,117t, 119-121,120f
Reading ability 阅读能力，204-207. See also School achievement 另参见学业成就
Recessive traits 隐性性状，17,21-23,22f,24,25f
  independent assortment and 独立分配与，24,25f
  X-linked (sex-linked) X 连锁（性连锁），39-41, 41f,206
Recombinant inbred (RI) strains 重组近交（RI）系，62-65,63f,64f
  quantitative trait loci in 数量性状基因座，75-77, 76f
Recombination 重组，25-27,26f,374f,375
Recombinatorial hot spots 重组热点，137
Regression 回归，338-339
Regression coefficient 回归系数，334,338-339
  partial 部分的，362
Relatedness. See Genetic relatedness 关联性。参见遗传相关性
Relationships, personality and 人际关系，人格与，262-264

Religious beliefs 宗教信仰，265
  teaching of evolution and 进化教学与，10
Repeat sequences 重复序列，133
Replication 复制，44,45f
Residuals 残余，339
Restriction enzymes 限制酶
  in microarrays 在微阵列芯片中，144b
  in polymerase chain reaction 在聚合酶链式反应中，136b
Rett syndrome 雷特综合征，41,169f,197
Ribosomes 核糖体，47b
RNA 核糖核酸
  functions of 的功能，152
  in gene expression 在基因表达中，152
  messenger. See Messenger RNA(mRNA) 信使。参见信使 RNA(mRNA)
  micro 小，153
  noncoding 非编码，137,153-154
  small interfering 小干扰，71
  synthesis of 的合成，46b-47b
  transfer 转移，47b
  translation of 的翻译，46b-47b
RNA exome sequencing RNA 外显子组测序，155-156
RNA genome sequencing RNA 基因组测序，155-156
RNA interference (RNAi) RNA 干扰(RNAi)，71
RNA microarrays RNA 微阵列芯片，155-157
RNA sequencing RNA 测序，155-156
Romantic relationships 恋爱关系，263
Roundworms, as animal models 线虫，作为动物模型，68. See also Animal research 另参见动物研究
rutabaga gene *rutabaga* 基因，162

S

Sampling, of population 抽样，群体的，329,371
Scatterplots 散点图，334-336,335f
Schizophrenia 精神分裂症，210-221
  adoption studies of 的收养研究，82,83b,215-217,216f,217f
  association studies of 的关联研究，219
  bipolar disorder and 双相障碍，219,220
  catatonic 紧张型的，218
  childhood-onset 儿童期发病，249
  in children of schizophrenics 在精神分裂症患者的孩子中，211-217,216f,217f
  classification of 的分类，218-219
  comorbidity in 共病在，219,220
  copy number variants in 拷贝数变异，220-221
  disorganized 紊乱的，218
  endophenotypes for 的内表型，218
  environmental influences in 环境影响，82
  eye tracking in 眼球追踪在，218
  family studies of 的家系研究，211-213
  in Genain quadruplets Genain 在四胞胎中，214,

214f, 218
gene enhancers in 基因增强子在, 220
gene identification for 的基因鉴定, 219–221
genetic relatedness and 遗传相关性与, 29f
heritability of 的遗传力, 95
heterogeneity of 的异质性, 218–219
inheritance of 的遗传, 28–29, 29f
linkage analysis for 的连锁分析, 219
morbidity risk estimate for 的罹病率风险值, 29
overview of 的概述, 210–211
paranoid 偏执狂患者, 218, 219
personality disorders and 人格障碍与, 213, 267–268
severity of 的严重性, 218–219
substance use disorders and 物质使用障碍, 290
subtypes of 的亚型, 218–219
symptoms of 的症状, 211
twin studies of 的双生子研究, 90, 214–215, 214f
Schizotypal personality disorder 分裂型人格障碍, 267–268
 in children 在儿童中, 249
School achievement 学业成就, 177–179, 183
 cognitive ability and 认知能力与, 178. See also Cognitive ability 另参见认知能力
 developmental change and 发展变化与, 183
 genomewide association studies for 的全基因组关联研究, 189–190
 mathematics ability and 数学能力与, 179, 190
 multivariate analysis of 的多元分析, 186–187
 reading ability and 阅读能力与, 178–179, 178f
Science achievement 科学成就, 179
Scores, standardized, variance of 得分, 标准化的, 的方差, 332–333
Seasonal affective disorder 季节性情绪失调, 231
Second-degree relatives 二级亲属, 29, 35
Segregation, Mendel's law of 分离, 的孟德尔遗传定律, 17–23, 20f, 21f, 22b–23b
Selection 选择
 natural 自然的, 22b
Selection studies 选择研究, 58–62, 59f–61f
Selective breeding 选择性繁殖, 59f–61f, 60
Selective placement 选择性安置, 38, 85b
Self-esteem, personality 自尊, 人格, 261
Self-report questionnaires, on personality 自陈问卷, 在人格上, 255–258, 259f
Self-reported health, subjective well-being and 自报健康, 主观幸福感与, 302–303
Sensation seeking 感官追求, 257
Separation anxiety 分离焦虑, 247–249, 263
Serotonin, genotype-environment interaction and 血清素, 基因型-环境互作与, 128–129, 128f
Serum lipids, aging and 血脂, 衰老与, 312, 314
Sex cells 生殖细胞, 52
Sex chromosomes 性染色体, 39–41, 51, 52, 53. See also X chromosome; Y chromosome 另参见 X 染色体; Y 染色体

cognitive disability and 认知障碍与, 201–204
 inheritance of 的遗传, 39–41, 40f, 41f
Sex-limitation model 性别限制模型, 371
Sex-linked genes 性连锁基因, 39–41, 40f, 41f
Sexual behavior 性行为, 263–264. See also Mating 另参见交配
Sexual orientation, personality and 性取向, 人格与, 263–264
Shared environment 共享环境, 37b, 102–106, 350. See also Environment 另参见环境
 adoption studies of 的收养研究, 103–104. See also Adoption studies 另参见收养研究
 definition of 的定义, 102
 estimating effects of 的估算效果, 103–104
 genotype-environment correlation and 基因型-环境相关性与, 115–116
 in multivariate genetic model 在多元遗传模型中, 364–368
 twin studies of 的双生子研究, 104, 115–116. See also Twin studies 另参见双生子研究
Shared environmental correlation 共享环境的相关性, 364–368
Shared environmental influences 共享环境的影响, 102
Shared environmental variance 共享环境的差异, 351–352
Short-term memory 短时记忆, 162
Shyness/inhibition, in children 害羞/抑制, 在儿童中, 247–249, 251, 251f
Sibling(s) 同胞
 adoptive 收养的, 81. See also Adoption studies 另参见收养研究
 differential parental treatment of 有差别的父母待遇, 105–106, 107
 full 同父同母的, 30
 genetic relatedness of 的遗传相关性, 35, 35f, 91, 107, 349–350, 350t
 "genetic" vs. "environmental," "遗传的"和"环境的", 81, 82f
 half 同父异母或同母异父的, 30, 91
  genetic relatedness of 的遗传相关性 35f, 349, 350t
  schizophrenia in 精神分裂症在, 217
 shared/nonshared environment of 的共享/非共享环境, 102–109.
  See also Nonshared environment; Shared environment 另参见非共享环境; 共享环境
 step 继亲家庭中异父异母的, 91
 twin. See Twin(s) 双生子. 参见双生子
Sibling correlations 同胞相关性, 30
Sibling interaction 同胞互作, 370–371
Sib-pair linkage design 同胞对连锁设计, 141, 142b, 206
Single nucleotide polymorphisms (SNPs) 单核苷酸多态性, 98b–99b, 137, 146
 in bivariate SNP-based analysis 在二元 SNP 分析

中，187
　in genomewide complex trait analysis 在全基因组复杂性状分析中，381-382
　in heritability estimates. 在遗传力估算中。
　　See SNP heritability estimates 参见SNP遗传力估算
　mapping of 的定位，137，139-141
　microarrays 微阵列芯片，52，144-145，144b-145b，189，190
　synonymous vs. nonsynonymous 同义的与非同义的，137
Single-gene disorders 单基因遗传病，23，32，34f
　heritability of 的遗传力，100-101
　linkage analysis for 的连锁分析，139-141
Single-gene model, polygenic expansion of 单基因模型，的多基因扩展，345-346
Single-gene mutations, pleiotropic effects of 单基因突变，的多重效应，67
Single-gene traits 单基因性状，23，32，34f
siRNA (small interfering RNA) 小干扰RNA，71
Sister chromatids 姐妹染色单体，26-27，26f
Situational studies, of personality 情境研究，人格的，261
Situation-person interaction, in personality 情境-个人互作，在人格中，254，261
Skinfold thickness 皮褶厚度，294
Skip-a-generation phenomenon 隔代遗传现象，39，41
Small interfering RNA (siRNA) 小干扰RNA，71
Smoking. See Nicotine dependence 抽烟。参见尼古丁依赖
Smooth pursuit eye tracking, in schizophrenia 平滑追随眼动，在精神分裂症中，218
SNP heritability estimates SNP 遗传力估算值，96，98b-99b，172，189，318-319.
　　See also Single nucleotide polymorphisms (SNPs)另参见单核苷酸多态性
　for alcohol dependence 对于酒精依赖，277
　for Alzheimer's disease 对于阿尔茨海默症，310-311
　for cannabis use disorder 对于大麻使用障碍，289
　for childhood disorders 对于儿童期疾病，252
　for depression 对于抑郁症，227
　for nicotine dependence 对于尼古丁依赖，286
　for personality disorders 对于人格障碍，258，272-273
SNP microarrays SNP 微阵列芯片，52，144-145，144b-145b，189，190
SNP sets SNP 集，146
Social attitudes 社会态度，264-265
Social equality, behavioral genetics and 社会平等，行为遗传学与，323-324
Social phobia 社会恐惧症，229-230
　in children 在儿童中，247-249
　comorbidity and 共病与，233-235
Social psychology 社会心理学，262-266

attitudes and beliefs and 态度、信念与，264-265
behavioral economics and 行为经济学与，265-266
personality and 人格与，262-266
relationships and 人际关系与，262-264
Somatic cells 体细胞，52
Somatic symptom disorders 躯体化症状障碍，231-232
Somatization disorder 躯体化障碍，231
Specific cognitive ability. See Cognitive ability, specific 特定认知能力。参见认知能力，特定的
Specific phobias 特定恐惧症，229-230
　in children 在儿童中，247-249
　comorbidity and 共病与，233-235
Speed of processing 处理速度
　cognitive ability and 认知能力与，176
Splicing, alternative 剪接，可变的，48-49
Standard deviation 标准方差，332-333
Standardized scores 标准化分数，332-333
Statistical methods 统计方法，326-382
　Behavioral Genetics Interactive Modules and 行为遗传学互作模块与，327b
　biometric model and 生物计量模型与，342-348
　for complex effects 对于复杂效应，370-372
　correlation and 相关性与，337-338
　covariance and 协方差与，333-336，334-335，334f-336f
　DF extremes analysis and DF 极端值分析与，37b，194，205，372-373
　environmental mediation and 环境介导与，372
　Galton and Galton 与，11
　gene-environment interactions and 基因-环境互作与，370-372
　heritability and 遗传力与，351-353
　matrices and 矩阵与，340-342
　for measuring individual differences 对于测量个体差异，329-342
　model fitting and 模型拟合法与，353-362.
　　See also Model fitting 另参见模型拟合法
　in molecular genetics 在分子遗传学中，373-382
　multivariate genetic analysis and 多元遗传分析与，363-370，364f，365t，369f.
　　See also Multivariate genetic analysis 另参见多元遗传分析
　path analysis and 通径分析与，362-363
　in quantitative genetics 在数量遗传学中，342-373
　regression and 退化与，338-339，338f
　sample heterogeneity and 样本异质性与，371
　standardized scores and 标准化分数与，332-333，333f
　variance components estimation and 方差分量估算与，348-373，350t
　variance of a sum and 和的方差与，336-337
Statistical significance 统计显著性，93-94
Statistics, descriptive vs. inferential 统计学，描述

的与推论的, 329
Stepfamily studies 继亲家系研究, 91
Strange Situation 陌生情境法, 263
Stress, serotonin transporter gene and 压力, 血清素转运基因与, 128–129, 128f
Stroke, multi-infarct dementia and 中风, 多发脑梗死性痴呆与, 310
Structural genetic neuroimaging 结构遗传神经影像, 156, 164, 164f
Stuttering 口吃, 207
Subjective well-being. See Well-being 主观幸福感。参见幸福感
Substance use disorders 物质使用障碍, 275–291
    alcohol dependence 酒精依赖, 275–284. See also Alcohol dependence 另参见酒精依赖
    animal models of 的动物模型, 278–281
    antisocial personality disorder and 反社会人格障碍, 270, 271–272
    candidate pathways and gene networks in 候选通路和基因网络, 281–284, 282f, 287–288, 288f
    common liability model of 的共同易患性模型, 289–290
    comorbidity in 共病在, 235, 290–291
    drug abuse 药物滥用, 289–290
    as externalizing disorder 作为外化障碍, 235
    gateway hypothesis for 的网关假说, 289–290
    gene identification for 的基因鉴定, 278–284
    molecular genetic research on 分子遗传学研究, 281–284, 282f, 287–288, 289–290
    nicotine dependence 尼古丁依赖, 284–288
    pharmacogenetics and 药物基因组学与, 278
Suicide, in mood disorders 自杀, 在情绪障碍中, 222, 224
Synapses 突触, 160
Synaptic plasticity 突触可塑性, 162
Synteny, conserved, in animal models 共线性, 保守的, 在动物模型, 283
Synteny homology 共线性同源, 77
Systema Naturae (Linneaus) 自然系统（林奈）, 6–7

T

Targeted mutations 靶向突变, 70–71, 163–164
Task orientation 任务导向, 262
Taxonomic classification, of Linnaeus 分类学分类, 林奈的, 6–7
Temperament 性格, 254
Theory of use and disuse 用进废退论, 15
Third-degree relatives 三级亲属, 35
Tic disorders 抽动障碍, 250
Tourette disorder 图雷特氏综合征, 250
Traditionalism 传统主义, 264
Transcription 转录, 45, 46b–47b. See also Gene expression 另参见基因表达
Transcription factors 转录因子, 154, 154f
Transcriptome 转录组, 144b, 155–165

definition of 的定义, 150
gene expression profiling and 基因表达谱与, 154
as phenotype 作为表型, 157
protein expression throughout 蛋白质表达贯穿于, 159–160
Transcriptomics 转录组学, 155–157
Transfer RNA (tRNA) 转运 RNA, 47b
Transgenics 转基因学, 70
Translation 翻译, 45, 46b–47b
Transmission/disequilibrium test 遗传/连锁不平衡分析, 379
Triple X syndrome X 染色体三体综合征, 201, 203f
Triplet codons 三联体密码子, 45
Triplet repeats, expanded 三核苷酸重复, 扩增的, 132–134
    in fragile X syndrome 在脆性 X 染色体综合征, 133–134, 196
    in Huntington disease 在亨廷顿舞蹈症中, 133
Trisomies 三体综合征, 2–3, 53, 199–201, 200f. See also Down syndrome 另参见唐氏综合征
Turner syndrome 特纳综合征, 201, 202, 203f
Twin(s) 双生子
    children of 的儿童, 91, 119, 121–122
    development in 发展, 89
    dizygotic (fraternal) 双卵的(异卵的), 86, 87f
        genetic relatedness of 的遗传相关性, 35, 349, 350t
        rates of 的比率, 88b, 89b
    heritability and 遗传力与, 95
    monozygotic (identical) 同卵的(同卵双生的), 83–88, 87f
        genetic relatedness of 的遗传相关性, 35, 349, 350t
        rates of 的比率, 88b, 89b
        shared chorion of 的共享绒毛膜, 86, 89b
Twin correlations 双生子相关性, 30, 95
Twin studies 双生子研究, 38, 83–91
    with adoption studies 通过收养研究, 90–91
    of alcohol dependence 酒精依赖的, 276–278
    of antisocial behavior 反社会行为的, 245–247, 251–252, 251f, 270–272
    of anxiety disorders 焦虑障碍的, 229–230
        in children 在儿童中, 247–249, 251–252, 251f
    applications of 的应用, 89–90
    of attention-deficit hyperactivity disorder 注意力缺陷多动症的, 242–244, 246f, 251–252, 251f
    of autism 自闭症的, 240–241, 251–252, 251f
    children-of-twins method in 双生子后代研究方法, 91, 119, 121–122
    classic design for 的经典设计, 353–362
    of cognitive ability 认知能力的, 88b–89b, 89, 90, 104, 127
        general 一般的, 171f, 172, 173
        specific 特定的, 174, 175f
    of conduct disorder 品行障碍的, 245–247, 251–252, 251f

of dementia 痴呆的,310-311
DF extremes analysis in DF 极端值分析,205
equal environment assumption in 环境相同假说,86-88
families-of-twins method and 双生子家系研究方法与,90-91
with family studies 通过家系研究,90-91
Galton and Galton 与,11,12b-13b
of genotype-environment interaction 基因型-环境互作的,126-127
of heritability changes during development 遗传力在发育过程中发生变化的,181,181f,182
model fitting and 模型拟合法与,353-362
of mood disorders 情绪障碍的,225-226,226f
of nicotine dependence 尼古丁依赖的,285-287
of nonshared environment 非共享环境的,107
peer ratings in 同伴评定,258-259,259f
of personality 人格的,255-257,256t
of reading disability 阅读障碍的,204-205
registries for 的注册,212b-213b
of schizophrenia 精神分裂症的,90,213-215,214f
self-reported questionnaires in 自陈问卷,255-257,259f
of shared environment 共享环境的,104,115-116
sibling interaction in 同胞互作,370-371
Two-dimensional gel electrophoresis 双向凝胶电泳,159
Type A personality A 型人格,313

U

Unipolar depression 单相抑郁症,222-229. See also Mood disorders 另参见情绪障碍
vs. bipolar depression 与双相抑郁症相比,223-226
Univariate genetic analysis 单变量遗传分析,108
Univariate statistic 单变量统计,333

V

Values and beliefs, personality and, 价值观和信念, 人格与,264-265
Variables, binary 变量,二进制,330
Variance 变异,330-331
additive 加性的,184-185
analysis of 的分析,330
assortative mating and 选型婚配,91,184-186
calculation of 的计算,330-331
definition of 的定义,330
dominance genetic 显性遗传,344-345
environmental 环境的,104. See also Environmental influences 另参见环境影响
shared vs. nonshared 共享的与非共享的,351-352
model fitting and 模型拟合法与,353-362
mutations and 突变与,132-134

nonadditive 非加性的,184-185,243
notation for 的注释,347
nuisance (noise) 干扰物(噪音),348
partitioning of 的划分,331,339
of standardized scores 标准化分数的,332-333
of sum 总和的,336-337
Variance components estimation 方差分量估算,348-402
covariance between relatives and 亲属间的协方差与,349
genetic relatedness and 遗传相关性与,349-350
heritability and 遗传力与,351-353
model fitting and 模型拟合法与,353-362
multivariate genetic analysis in 多元遗传分析,363-370,364f,365t,369f
path analysis in 通径分析,362-363,362f
univariate analysis in 单变量分析,353-362
Variance components model 方差分量模型,346-347
Variance-covariance matrix 方差-协方差矩阵,341
Variation 变异,329-342
behavioral, from DNA variation 行为的,来自DNA 变异,149
environmental 环境的,347-348
normal 正常的
genetic disorders as 遗传性疾病,240
psychopathology as 精神病理学,240,254,266-267,273
in populations 在群体中,9
pre-Mendelian concepts of 的孟德尔前派概念,14-15
Violence. See Antisocial behavior 暴力。参见反社会行为

W

Weight. See Body weight and obesity 体重。参见体重和肥胖
Well-being 幸福感
aging and 衰老与,303,313-314
locus of control and 控制点与,313-314
personality and 人格与,260-261
self-reported health and 自报健康与,302-303
Whole-genome amplification 全基因组扩增,144b
Whole-genome sequencing 全基因组测序,135,139-141. See also Genome sequencing; Genomewide association studies 另参见基因组测序;全基因组关联研究
applications of 的应用,147
family studies and 家系研究与,146-147
Williams syndrome 威廉姆斯综合征,203-204,203f
Working memory model 工作记忆模型,176

X

X chromosome X 染色体,39-41,51

abnormalities of 的异常,53
    cognitive disability and 认知障碍与,201-204,203f
  extra 额外的
    in females 女性中,201,203f
    in males 男性中,201-202,203f,272
  homosexuality and 同性恋与,264
  inheritance of 的遗传,39-41,40f,41f
X-linked genes X 染色体连锁基因,39-41,40f,41f
X-linked recessive transmission X 连锁隐性遗传,206
XO females XO 女性,201
XRCC5 X-射线修复交叉互补蛋白5基因,284
XXX females XXX 女性,201,203f
XXY males XXY 男性,201,203f

XYY males XYY 男性,201-202,272

Y

Y chromosome Y 染色体,39,51
  abnormalities of 的异常,53
    cognitive disability and 认知障碍与,201-204,203f
  extra 额外的,201-202,203f,272
  inheritance of 遗传,39-41,40f,41f

Z

Zebrafish, as animal models 斑马鱼,作为动物模型,69
Zero sum property 零和属性,333
Zygotes 受精卵,52